HOW EMOTIONS ARE MADE

The Secret Life of the Brain

Lisa Feldman Barrett, Ph.D.

情動はこうしてつくられる

脳の隠れた働きと構成主義的情動理論

リサ・フェルドマン・バレット　高橋 洋 訳

紀伊國屋書店

情動はこうしてつくられる——脳の隠れた働きと構成主義的情動理論

Lisa Feldman Barrett, Ph.D.
HOW EMOTIONS ARE MADE
The Secret Life of the Brain

Japanese translation rights arranged with Lisa Feldman Barrett
through Brockman Inc., New York.

ソフィアへ

目次

・本文中の行間の数字は著者による注で、章ごとに番号を付し巻末に収録する。
・本文中の＊および†も著者による注で、ページ左端に配置する。
・〔　〕は訳者による注を示す。

序　二〇〇〇年来の前提

二〇一二年一二月一四日、アメリカ史上最悪の校内乱射事件が、コネティカット州ニュータウンのサンディフック小学校で発生した。校内に居合わせた二〇人の児童を含む二六人が、たった一人の犯罪者の犠牲になったのだ。この恐ろしい事件が起こってから数週間が経過した頃、私は、コネティカット州知事ダネル・マロイが、「州の状況」について年に一度のスピーチをするところをテレビで見ていた。彼は最初の三分間、力強く生き生きとした声で、州民の努力に感謝を述べていた。それから、ニュータウンで起こった悲劇に言及した。

私たちは皆、長く暗い道をともに歩んできました。ニュータウンに降りかかった災厄は、コネティカットの美しい町や村では類を見ない、予期せぬ出来事でした。とはいえ史上最悪とも言える日にあって、私たちは、わが州の最善の側面を見ました。何人かの教師と一人のセラピストが、自らの命を犠牲にして子どもたちを守ったのです。[1]

「子どもたちを守ったのです」という最後の言葉を発したとき、知事の声はかすかに震えていた。

注意深くスピーチを聴いていなかった人は、それに気づかなかっただろう。しかしそのかすかな震えは、私を乱した。胃はただちに締めつけられ、目からは涙がとめどなくあふれてきたのだ。カメラが映しだした聴衆もすすり泣いていた。マロイ自身はスピーチを中断し、うつむいていた。

マロイ知事や私が示した情動は、脳に固定配線され、反射的に引き起こされる、人間なら誰もが持つ原始的な能力のように思われるかもしれない。喚起された情動は、基本的に誰でも同じあり方で解き放たれるかのようだ。つまり、私の悲しみは知事の悲しみや聴衆の悲しみと同じに思えるのだ。

人類は二〇〇〇年にわたり、悲しみやその他の情動をそのように理解してきた。しかしそれと同時に、ここ数世紀間に得られた科学的発見から人類が何かを学んだとすれば、それは「ものごとは見かけによらない」ということだ。

「情動は、生まれつき組み込まれている、身体の内部で起こる明確に識別可能な現象なのだ」、というのが長く信じられてきた見方である。銃撃だろうが誘惑の視線だろうが、何かが外界で起こると、あたかも誰かがスイッチを入れたかのように、情動がたちどころに、そして自動的に生じる。私たちは、微笑む、眉をひそめる、顔をしかめるなど、誰にでもすぐにわかる特徴的な表現を顔に出すことで、情動をあたりに撒き散らす。声は、笑い、怒鳴り、叫びなどによって情動を表現する。またあらゆる動作や姿勢は、本人の感情をあらわにする。

現代科学は、このような話に合致した説明を提供してきた。私はそれを「古典的情動理論（classical view of emotion）」と呼ぶ。この理論に従えば、マロイ知事の声のかすかな震えは、脳に始まる連鎖反応を私に引き起こしたのである。つまり、（「悲しみの神経回路」とも呼べる）特定のニューロンのセットが活動を開始し、顔や身体に特定の反応を引き起こしたのだ。そして私は、眉をひそめ、肩を落とし、泣き出す。さらにこの「悲しみの神経回路」は、身体内部に変化を引き起こし、心臓の鼓動は速まり、発汗し、血管は収縮する。*このような身体の内部や表面のさまざまな動きは、指紋がその人を特定するのと同じように、悲しみを特定する「指標（フィンガープリント）」のようなものだとされる。

古典的情動理論とは、脳にはその種の情動神経回路が多数備わっており、それらのおのおのが、一連のはっきりした変化を引き起こす、すなわち指標を生むという考え方である。うっとうしい同僚が、あなたの「怒りのニューロン」を発火させたから、あなたは血圧が上がり、しかめ面（つら）をし、叫び、激怒したというわけだ。あるいはおぞましい記事を読んだから、「怖れのニューロン」が発火し、心臓の鼓動が速まり、身動きできなくなり、恐怖に打ち震えた。私たちは、怒り、幸福、驚きなどの情動をはっきりと経験する。だから、おのおのの情動には、その基盤となる特徴的なパターンが脳内や体内に存在するように思えるのだ。

古典的情動理論によれば、情動は、生き残るにあたって優位性を与えてくれる進化の産物であり、現在では生物学的な一構成要素として備わっている。だから情動は普遍的であり、どの文化に属していようが、世界中のあらゆる年齢の人々が、私たちと、さらに言えば一〇〇万年前にアフリカのサバ

＊＝本書では、「身体」という用語は、「脳は身体に動くよう指示する」などの言い回しに示されるように、脳を除外する。脳を含めた身体に言及するときには、「解剖学的身体」という言葉を用いる。

ンナをうろついていた人類の祖先とほぼ同じように、悲しみを経験していると見なされる。「ほぼ」と表現をぼかしたのは、誰かが悲しみを感じるたびに、まったく同一の活動が顔面、身体、脳に生じるなどと信じている人はいないからだ。心拍や呼吸や血流は、つねにまったく同じ量の変化を示すわけではない。眉のひそめ具合も、その都度、あるいは習慣によって、わずかずつ異なるはずである。[2]

かくして情動は、一種の野蛮な反射と見なされ、理性と対置されることも多い。脳の原始的な部位は、上司に向かって「おまえはバカだ」と言えと命令するが、理性的な部位は、そんなことをすれば間違いなくクビになることを知っている。だからあなたは自分を抑える。この種の情動と理性の内的相克は、西洋文明が生んだ偉大なる物語（ナラティブ）の一つだ。それは、あなたを人間として定義するのに役立つ。理性がなければ、あなたは情動に身をまかせた単なる野獣にすぎない。

その手の情動の見方は、数千年にわたりさまざまな形態をとって流通してきた。プラトンは、その解釈のうちの一つを信じていた。その点に関して言えば、ヒポクラテス、アリストテレス、釈迦、デカルト、フロイト、ダーウィンは皆同罪だ。今日でも、スティーブン・ピンカー、ポール・エクマン、そしてダライ・ラマなどの著名な識者も、古典的理論に基づく情動の解釈を提起している。また心理学のほぼすべての学部生向け教科書や、情動について論じた雑誌や新聞のほとんどの記事に、古典的理論への言及が見られる。[3] 顔面に現われた情動を特定するための普遍的言語と考えられている微笑み、しかめ面、への字に結ばれた口を描いたポスターが、アメリカ中の小学校に貼られている。フェイスブックでは、ダーウィンの著書に啓発されて制作された顔文字が使われている。[4]

古典的情動理論は、私たちの文化のなかにしっかりと根づいている。『ライ・トゥ・ミー　嘘の時間』『デアデビル』などのテレビ番組は、「心の奥深くに宿る感情は、心拍数や顔面の動きによってあらわになる」という前提に基づく。『セサミストリート』やピクサーの映画『インサイド・ヘッド』（米・二〇一五年）では、「情動とは、顔や身体にその表現を求める、私たちの内部に宿るはっきりとした何ものかである」と子どもに教える。アフェクティヴァ社やリアルアイズ社のような企業は、「情動分析」によって顧客の感情を分析するサービスを提供している。[5] バスケットボールチームのミルウォーキー・バックスはNBAのドラフトで、表情〔facial expression の訳。訳者あとがきを参照〕をもとに選手の「心理的特徴や人格」、さらにはチームの「結束力」を評価している。[6] FBIは数十年にわたり、捜査官の訓練に古典的情動理論を取り入れてきた。[7]

さらに重要な指摘をすると、古典的情動理論は社会制度に埋め込まれている。アメリカの法制度は、「情動は動物の本性の一部であり、理性によって抑制されなければ、愚行や暴力を生む」という前提に基づいて構築されている。医学では、怒りにともなう、たった一つの変化のパターンが存在することを前提に、健康への怒りの影響が研究されている。自閉症スペクトラム障害や、種々の精神疾患を持つおとなや子どもは、他者とコミュニケーションを図る方法を会得するためという理由で、「相貌」〔facial configuration の訳。第2章で説明されるように、これは著者の造語であり、「一連の顔面筋の動き」を意味する〕から特定の情動を判別する訓練を受けている。

古典的情動理論には輝かしい知的営為の歴史があり、文化や社会に重大な影響を及ぼしてきたとはいえ、それが真ではあり得ないことを示す科学的成果はたくさんある。一世紀にわたる努力のあとでも、いかなる情動に関しても、科学は一貫した身体的指標を見つけられずにいる。たとえば、被験者が情動を経験している最中に、顔に装着した電極を介して顔面筋の動きを測定したところ、均一性ではなく多様性が検出された。同様に、身体や脳の研究でも多様性、言い換えると身体的指標の欠如が見出された。怒りは、血圧が上昇しようがしまいが感じられる。怖れは、従来その拠点とされてきた脳の領域、扁桃体の働きがあろうがなかろうが感じられる。

　古典的理論をある程度裏づける結果が得られた研究が多数あるのは確かだが、それに疑問を呈する結果が得られた研究はさらに多い。私の見るところ、妥当と見なしうる唯一の科学的結論は、「情動は、私たちが自明視しているものとは異なる」というものになる。

　ならば、実のところ情動とは何か？　科学者たちが古典的理論を退けて、もっぱらデータに注目したところ、それまでとはまったく異なる情動の説明が視野に入ってきた。つまり、情動は組み込まれたものではなく、多数の基本的なパーツから構成されたものであることが、さらには、引き起こされるものではなく、本人が構築するものであることがわかってきたのだ。情動は、さまざまな身体特性、環境に合わせて自身を配線する能力を持つ柔軟な脳、文化、養育の結合として生じる。情動は実在するが、「分子やニューロンは実在する」と言うときに込められている客観性という意味において実在するのではなく、「お金は現実のものだ」などと言うときの意味で現実なのであり、情動は幻覚ではなく、人々のあいだで得られた同意の産物なのだ。[8]

　私が「構成主義的情動理論（theory of constructed emotion）」と呼ぶ理論に従えば、マロイ知事のスピーチをめぐるできごとは、古典的理論とは異なって解釈される。彼の声がかすかに震えたとき、私の脳の、悲しみを司る神経回路が活性化して、身体の特徴的な変化が生じたのではない。その瞬間に私が悲しみを感じたのは、ある特定の文化のもとで育ったことによって、「悲しみ」とは、ある種の身体的な感覚が、無惨な人命の喪失というできごとと一致した場合に生じる現象であることを、私がそれまでの人生を通じて学んできたからである。かつて起こった銃乱射事件やそのときに覚えた悲しみに関する、過去の経験の断片的な記憶を動員することで、私の脳は、新たに起こった同様な悲劇に対処するために身体がなすべきことをすばやく予測し、この予測によって、心臓の鼓動は速まり、顔面は紅潮し、胃は収縮したのだ。そして私は泣き出し、それによって神経系の興奮が鎮静した。このような経験が、マロイ知事のスピーチを聴いて生じた感覚刺激を、悲しみの事例の一つとして意味あるものに変えたのだ。

このような方法で、私の脳は情動経験を構築した。特定の動作や感覚刺激が悲しみの指標になるのではない。異なった予測をしていれば、皮膚は紅潮するのではなく青白くなり、胃は収縮したりはしなかっただろう。それでも脳は、マロイ知事のスピーチを聴いて生じた感覚刺激を悲しみに変換した。それればかりではない。心臓の高鳴り、顔面の紅潮、胃の収縮、落涙は、怒りや怖れなどの、悲しみとは異なる情動としても意味あるものになりうる。さらには、結婚式のようなまったく異なる状況のもとでは、同一の感覚刺激が喜びや感謝の念にもなりうる。

私のこの説明は、不可解で直感に反するように思えるかもしれない。実は私にもそう思える。マロイ知事のスピーチのあとでわれにかえって涙をぬぐっているとき、私は、科学者としての自分が情動について何を知っていようが、むしろ古典的理論が提起するあり方で情動を経験していることを思い知らされた。悲しみは、悲劇や人命の喪失に対する反応として私を圧倒する身体の変化や感情の波のごとく感じられたのだ。実際には、情動は引き起こされるのではなく構築されるものだという事実を実験によって明らかにする科学者でなければ、私自身もこの直接の経験を信用したことだろう。

反証が得られているにもかかわらず古典的情動理論に説得力があるのは、まさにその考えが直感に訴えるからだ。古典的情動理論は、「人間の進化的な起源はどこに求められるのか?」「情動に駆られてなされた行為に責任はあるのか?」「経験は外界を正確に示すのか?」などの根本的な問いに、確たる答えを与える。

構成主義的情動理論は、それらの問いに対して古典的理論とは異なる答えを出す。科学的により洗練された新しい光を通して、人間の本性をとらえ直す手助けをしてくれるのだ。この新たな理論は、あなたが情動を経験する典型的なあり方に合致しないように思われるかもしれない。というよりも、心の働きや人間の本性、あるいは行動や感情の性質に関する信念におそらく反するだろう。だがこの理論は、古典的理論によってはうまく解釈できないものを含め、情動に関する科学的証拠を、一貫して予測し説明することができる。

どちらの理論が正しいかを決める必要などあるのか?　その答えは「ある」だ。なぜなら、古典的理論への拘泥(こうでい)は、私たちの生活に思わぬ影響を及ぼすからである。空港警備を担当する米国運輸保安局(TSA)の無口な職員が、テロリストを摘発するためにあなたが履いている靴のX線写真を撮ったときのことを覚えていないだろうか。少し前までTSAの職員は、SPOTと呼ばれる訓練プログラムによって、顔や身体の動きに基づいて欺瞞をあばいたり、リスクを評価したりする技術を教え込まれていた。このプログラムは、顔や身体の動きによって内なる感情が露見するという理論に基づいていた。しかしSPOTはうまく機能せず、九億ドルの税金を無駄にした。[9] 誤った情動理論に依拠して、政府の職員が無実の人間を拘束したり、逆に要注意人物を見逃したりしないよう、私たちは情動を科学的に理解する必要がある。

たとえばあなたは診察室で、胸の痛みや息切れを訴えたとする。これらの症状は、心臓発作の前兆の可能性もある。あなたが女性なら、不安が原因だと片づけられて家に帰される可能性が高く、男性なら、心臓疾患と診断されて救命の予防医療を受けられる可能性が高い。その結果、六五歳を越える女性は、男性より心臓発作で死にやすい。医師、看護師、そして女性患者自身が、「私たちは不安などの情動を検知できる」「女性は男性より生まれつき感情的だ」などの古典的理論に基づく信念を抱いており、それが致命的な結果につながっているのだ。[10]

古典的理論への信念は、戦争すら生む。湾岸戦争が起こった理由の一つは、アメリカの交渉人の情動を読めると思い込んだサダム・フセインの異父弟が、アメリカが本気で攻撃してくることはないとサダムに告げたからだ。そのために起こった戦争で、一七万五〇〇〇人のイラク人と数百人の多国籍軍兵士が犠牲になった。[11]

私が信じるところでは、情動、心、脳の理解は現在革新されつつある。この革新は、身体疾患や精神疾患の治療、人間関係、子育て、そして究極的には人間の本性についての社会的通念の大幅な見直しを求める。他の科学分野は、何世紀にもわたって信じられてきた常識を打破する、その種の劇的な革新を経てきた。物理学においては、ニュートンの直感的な時空の理解は、アルベルト・アインシュタインの提起した相対的な理解、さらには量子力学へと移行した。生物学では、生物を理想的な形態を持つ決まった種に区分する自然観から、チャールズ・ダーウィンが提唱した自然選択の概念へと移行していった。

科学革命は、突然の発見とともに起こるというより、より妥当な問いを発することで起こる。情動は、引き起こされた反応などではないのだとすると、どうやって作られるのだろうか？　なぜかくも多くの種類の情動が存在するのか？　なぜ私たちは長いあいだ、情動には指標が存在すると信じてきたのか？　このような問いは、それだけでも興味深いものだが、未知の世界を探求する喜びは単なる科学的営為の範疇を超える。人間を人間たらしめているのは、冒険心なのだ。

ここで、本書ではどんな冒険に出会えるかを簡単に紹介しておこう。第1～3章は、新たな情動の科学を紹介し、心理学、神経科学、ならびにそれらの関連分野が、情動の指標の追求から、情動の構築を探究する方向へと舵を切るようになった経緯を説明する。第4～7章は、情動がいかに作られるのかを論じる。そして第8～12章は、この新たな情動の科学の、日常生活における（健康、情動的知性、子育て、人間関係、法体系、人間の本性についての）実践的な意義を検討する。本書を締めくくる第13章は、脳がどのように心を生むのかという古くからの謎に、情動の科学がいかなる光を当てられるかを検討する。

第1章

情動の指標の探求

The Search for Emotion's "Fingerprints"

昔むかし一九八〇年代のこと、私は臨床心理士になりたいと思っていた。ウォータールー大学〔カナダ・オンタリオ州〕の博士課程に進み、心理療法士としての研鑽を積んで、いつの日かおしゃれな診療室で患者の治療に専念するセラピストになるつもりだった。科学的知識の生産者ではなく、消費者になるつもりだったのだ。ましてや、プラトンの時代から受け継がれてきた心に関する基本概念を覆す革命に参加するつもりなど、毛頭なかった。

古典的情動理論に疑問を持ち始めたのは、大学院生の頃だった。当時の私は、自己評価が低下する原因と、それがいかに不安や抑うつを引き起こすのかについて研究していた。さまざまな実験によって、人は自分の理想に見合った人生を送っていないと感じたときに抑うつになり、他者の設定した基準に自分が達していないと感じたときに不安になることを示す結果が得られていた。[1] 大学院で私が最初に行なった実験の目的は、このよく知られた現象を追試し、自分の立てた仮説をその結果に基づいて検証することだった。この実験では、私は当時よく用いられていたチェックリストで、大勢のボランティアに抑うつや不安を感じたかを報告してもらった。

私は、学部生の頃にそれより複雑な実験をしたことがあったので、今度は楽にできると思っていたのだが、うまくいかず大失敗した。被験者たちは、私が予想していたパターンでは不安や抑うつを報告しなかったのだ。そこで別の実験を追試してみることにしたが、それもまた失敗した。数か月かかる実験を何度も繰り返してみたが結果は同じだった。こうして三年が経過した。私が得た成果と言えば、八度続けて同じ失敗を繰り返したことだけだった。科学の世界では、追試に失敗することはままあるが、八度続けての失敗というのはなかなかみごとな記録だ。私は内心、「世の中には科学に向いていない人もいる」と思い始めていた。

だが、それまでに集めたデータを詳細に分析したところ、八度の実験に一貫して奇妙な現象が見られることに気づいた。被験者の多くは、不安の感情と抑うつの感情を区別できない、もしくは区別したがらず、それら両方の感情を指摘するか、どちらも指摘しないかのいずれかがほとんどで、どちらか一方を報告する被験者はまれだった。この結果は理解しがたい。情動としての不安と抑うつが決定的に異なることは誰もが知っている。人は不安を覚えると、何か悪いことが起こるのではないかと心配になったときのように、興奮し、神経質になる。それに対し抑うつになると、みじめな気分になって何をするのも億劫になる。あらゆるものごとが恐ろしく思え、日常生活が苦痛になる。不安と抑うつは、身体をまったく反対の状態に置く。だから健康な人にとっては、この二つの情動は異なって感じられ、楽に区別できるはずだ。それにもかかわらず、データが示すところでは、私の被験者はその区別をしていない。なぜだろうか？

いずれにせよ、私の実験は失敗ではなかったことがやがて判明する。私が最初に「しくじった」実験は、実のところ「人は、不安の感情と抑うつの感情を区別しないことが多い」という正しい発見を示唆していたのだ。その後私が行なった七度の実験も失敗ではなく、最初の実験の結果を再検証したのである。また私は、他の科学者が集めたデータにも同じ要素が潜んでいるのに気づいた。そして博士課程を修了し大学教授になってからも、この謎を追い続けた。わが研究室では、日常生活を送るなかで感じた情動経験を数週間、もしくは数か月間にわたって追跡するよう数百人の被験者に依頼した。私も学生も、先の発見を一般化できるか調査するために、不安や抑うつのみならず、他のさまざまな情動経験も探ってみた。

かくして行なったいくつかの新たな実験によって、それまで報告されたことのなかった結果が得られた。被験者の誰もが、「腹が立つ（angry）」「悲しい（sad）」「怖い（afraid）」などの情動に関連する用語で自分の感情を伝えようとしたのだが、それらの用語は必ずしも同じ意味では使われていなかった。悲しさと怖れを質の異なる情動として経験するなど、きめ細かな区別をする被験者もいた。しかしその一方、「最低に感じる（I feel crappy）」（あるいはより科学的に言えば「不快感を覚える（I feel unpleasant）」）という意味を伝えるのに、「悲しい」「怖い」「不安な（anxious）」「落ち込んだ（depressed）」などの用語を十把一絡げにして使う被験者もいた。同じことは、幸福（happiness）、落ち着き（calmness）、自尊心（pride）などの快い情動にも当てはまった。こうして七〇〇人のアメリカ人を対象に実験したあと、われわれは、自己の情動経験を区別するあり方が、人によって著しく異なることを発見した。

熟練したインテリアデザイナーは、青の五つの濃淡を見分けて、淡青色、コバルトブルー、群青、ロイヤルブルー、シアン（青緑）を識別できる。それに対し私の夫は、それらすべてを「青」と呼ぶ。私と学生は、情動に関しても類似の現象を発見し、私はそれを「情動粒度（emotional granularity）」と呼ぶことにした。[2]

ここに古典的情動理論が関わってくる。それによれば情動粒度は、情動の内的状態をいかに正確に読み取れるかに関係する。次のような考えだ。「喜び（joy）」「悲しみ」「怖れ（fear）」「嫌悪（disgust）」「興奮（excitement）」「畏怖（awe）」などの言葉を用いて種々の感情を区別する人は、それぞれの情動に対して身体的な徴候や反応を検知し、正しく解釈できる。その一方、「不安な」「落ち込んだ」などの言葉を特に区別せずに用いる情動粒度の低い人は、そうした徴候を検知する能力を持たない。

私は、自己の情動の状態を正確に把握できるよう導くことで、人々の情動粒度を改善できるのではないかと考え始めた。ここでのカギは「正確に」という点にある。だが、われわれ科学者は、どうやって「私は幸福だ」「私は不安です」などの表現の正確さを測ればよいのか？　情動を客観的に測定し、その結果を被験者の自己報告と比較する、何らかの手段が必要なのは明らかだった。ある人が不安を感じていると報告し、さらに客観的な測定基準によって不安の状態にあることが示されれば、その人は、自分の情動を正確に検知していることになる。それに対し、客観的な測定基準によって落ち込み、怒り、熱狂などの状態にあることが判明すれば、その人の自己報告は不正確であることになる。このように、客観的な測定手段さえ手にすれば、あとはすべてがうまくいくはずだった。被験者にどう感じているかを尋ね、その答えを「真の」情動状態と比べさえすればよいのだから。そして、情動の種類を識別する徴候をより正確に認識できるよう導くことで、誤りを訂正し、情動粒度を高められるはずだった。

私は心理学を専攻するほとんどの学生と同様、各情動には、指紋のようなものとして独自の身体的変化のパターンがともなうと論じる文献を読んできた。ドアの取っ手をつかむたびに、あなたが残した指紋は、握りの強弱、表面のすべりやすさ、そのときの皮膚の温かさや柔らかさに応じて変わるだろう。それにもかかわらず、残された指紋はつねに、あなたを特定できる程度に類似したものになる。同様に情動の「指紋」は、時が経過しても、個人間でも、年齢、性別、性格、文化の相違に関係なく、個々の事例を通じて互いに類似すると見なされる。実験を行なう科学者は、顔や身体や脳を観察することで、被験者が悲しんでいるのか、幸福を感じているのか、はたまた不安を覚えているのかを識別できてしかるべきだ。

私は、そのような情動の指標が、情動の測定に必要な客観的基準を与えてくれるはずだと確信していた。私が読んだ科学論文が正しければ、情動検知の正確さを評価することは、いともたやすいはずだった。しかし、事態は私が期待していたとおりには進展しなかった。

❦ ❦ ❦

古典的情動理論によれば、情動を客観的かつ正確に評価するためには、顔がカギになる。この考えの起源は、チャールズ・ダーウィンの著書『人及び動物の表情について』にさかのぼる。それによれば、情動とその表現は、太古の時代から受け継がれてきた人間の普遍的な本性の一部であり、世界中のあらゆる人々が、いかなる訓練も積むことなく情動表現を顔に出し、認識できるのだ。[3]

だから私は、わが研究室では顔の動きを測定して被験者の真の情動状態を評価し、情動に関する自己報告とつき合わせてその正確さを計算できると考えたのである。たとえば、口をへの字に結んでいるにもかかわらず、悲しみの感情を自己報告しない被験者は、感じているはずの悲しみを認識できるよう訓練することが可能である。そう考えたのだ。

人間の顔の両側には、それぞれ四二本の小さな筋肉が走っている。[4]私たちが毎日他人の顔に見ている、ウインク、瞬(まばた)き、にやにや笑い、しかめ面、つりあがった眉、皺を寄せた眉などの動きは、何本かの顔面筋が組み合わさって収縮、あるいは弛緩し、結合組織や皮膚が動くことで生じる。また、肉眼ではまったく動いていないように見えるときでも、顔面筋は収縮したり弛緩したりしている。

古典的理論によれば、おのおのの情動は、特定の動きのパターン、すなわち「表情」として顔面に現われる。幸福を感じている人は微笑み、怒っている人は眉間に皺を寄せるのだ。その種の顔面の動きは、対応する情動の指標の一つとして考えられている。

一九六〇年代に、心理学者のシルヴァン・S・トムキンスと、弟子のキャロル・E・イザード、ポール・エクマンが、その検証を試みている。それにあたって彼らは、一連の注意深く作られた顔の写真(図1・2参照)を用意した。そこには、彼らが生物学的指標と見なす、六つのいわゆる基本情動(怒り、怖れ、嫌悪、驚き、悲しみ、幸福)が示されている。[5]周到に訓練された俳優を起用して撮影された顔写真は、対応する情動のもっとも明瞭な例を示すものとされていた(読者には、誇張されている、あるいはわざとらしいと感じられるかもしれないが、そもそもこれらの顔写真は、意図的にそのような効果

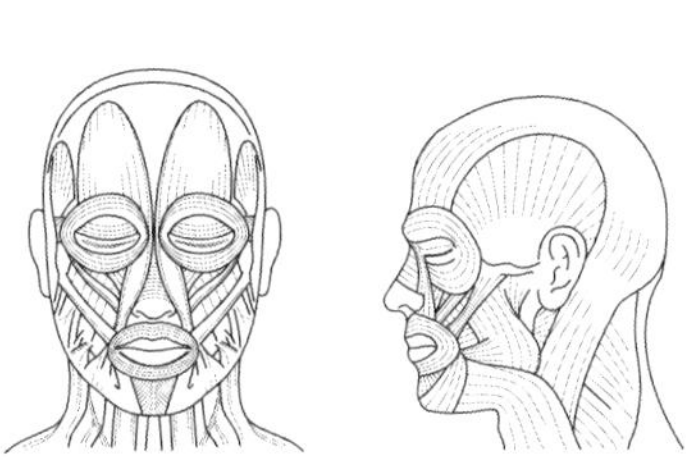

図 1.1　人間の顔面筋

を狙って撮影されている。というのもトムキンスは、それによってもっとも顕著で強力な情動の徴候が示されると考えていたからだ)。

トムキンスらは、このような作った顔を撮影した写真を用いることで、人々がいかに正確に情動表現を「認識」しているのかを、もっと細かく言えば、いかに正確に顔面の動きを情動表現として認知しているのかを研究しようとしたのである。これまでに、この方法を採用した数百の実験が発表されており、今日でもそれは至適基準（ゴールドスタンダード）として扱われている。実験は次のような手順で行なわれている。被験者は一枚の顔写真と、情動を表わすいくつかの言葉が印刷された、図1・3のようなカードを手渡される。

次に被験者は、写真の顔にもっともふさわしい言葉を選択する。[6] 図1・3のケースでは、「驚き」が選択されることが意図されている。あるいはそれとはやや異なる方式では、被験者は二枚の作られた顔の写真と、短いストーリーが印刷された図1・4のようなカードを手渡され、それに合った顔を選択する。[7] このケースでは、右側の顔が選択されることが意図されている。

この方法は（以下「基本情動測定法（basic emotion method）」と呼ぶ）、トムキンスらが「情動認識」と呼

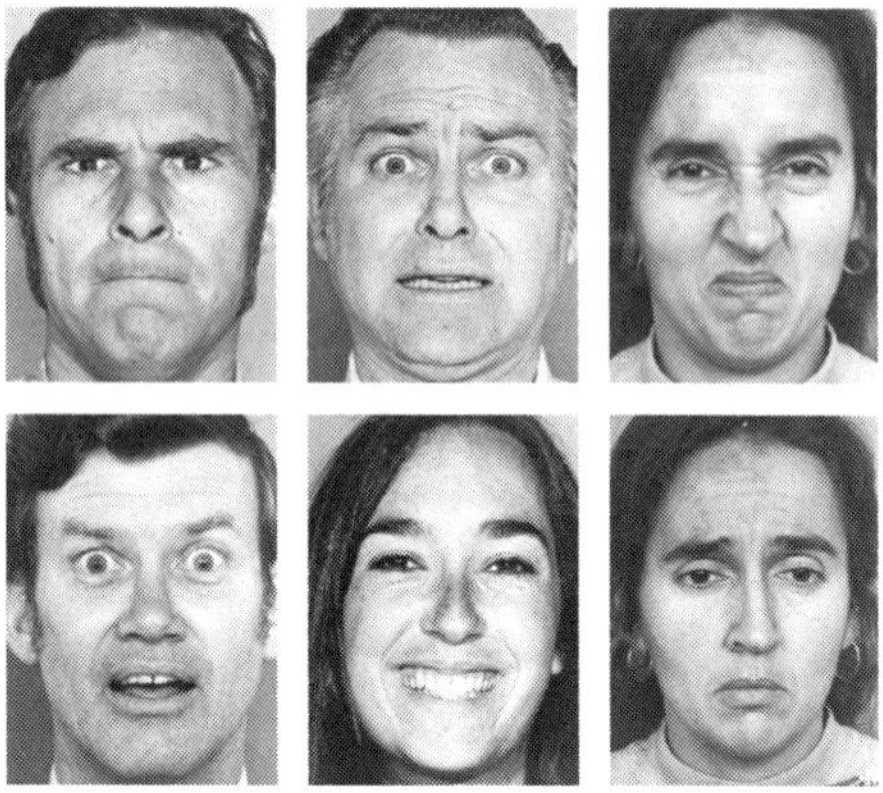

図 1.2　基本情動測定法を用いた研究で使われている顔写真

ぶ能力の研究を革新した。科学者たちはこの測定法を使って、世界中の人々が、特定の作られた顔に（それぞれの言語に翻訳された）同一の情動語を一貫してマッチさせることを示してきた。[8] ある著名な研究で、エクマンらはパプアニューギニアに赴き、過去に西欧世界とほとんど接触したことのなかったフォレ族の人々を対象に実験を行なった。この遠隔の地で暮らす部族民でさえ、それぞれの顔に対して予想される情動語やストーリーを一貫してマッチさせた。[9] その後科学者たちは、日本や韓国などのさまざまな国で類似の実験を行ない、いずれの実験でも被験者は、作ったしかめ面、への字に結んだ口、微笑みなどを撮った写真に対して、提示された情動語やストーリーを容易にマッチさせることができた。[10]

　科学者たちは得られた証拠から、情動認識が普遍的なものであると、つまりどこに生まれようが、どこで育とうが、誰もが

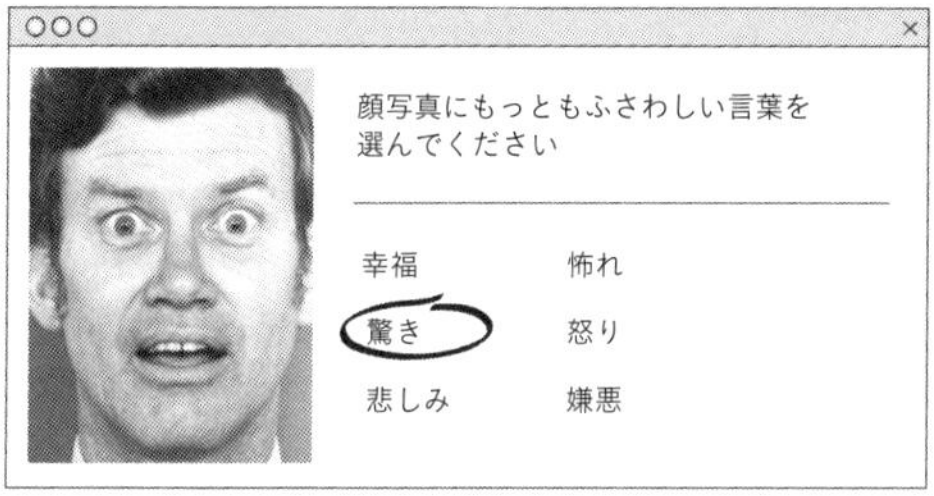

図 1.3　基本情動測定法——顔写真と合致する言葉を選択する

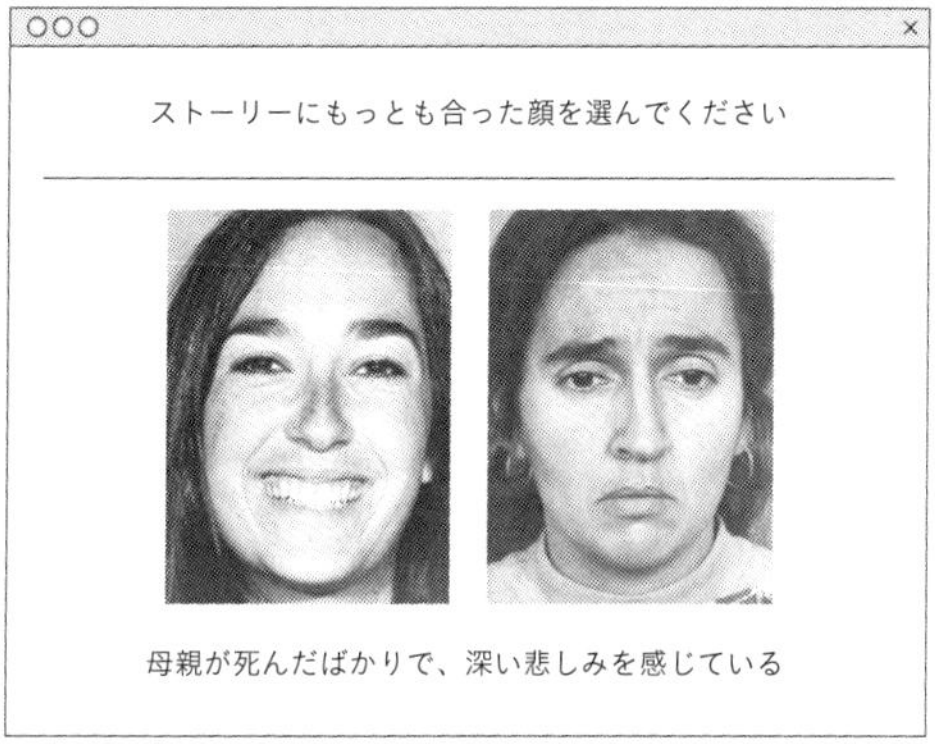

図 1.4　基本情動測定法——ストーリーと合致する顔を選択する

写真に示されているようなアメリカ流の表情を認識できると結論づけた。この考え方に従えば、表情を普遍的に認識できるのは、それが普遍的に生み出されるからこそであり、したがって表情は、信頼できる情動の指標として扱われるべきなのだ。[11]

とはいえ基本情動測定法は、人間の判断が介在するがゆえに間接的で主観的にすぎ、情動の指標を検出することなどできないのではないかと疑う科学者もいた。顔面筋電図と呼ばれる、より客観的な技法は、主観を完全に排除する。顔面筋電図は皮膚の表面に電極をとりつけ、顔面筋を動かす電気信号を検出する。そして顔面のどの部位が、どれくらいの頻度でどの程度動くかを精密に測定できる。[12]顔面筋電図を用いた典型的な研究では、被験者は眉、額、頰、あごの上に電極を装着され、画像や動画を見る、特定の状況を思い出したり想像したりするなどして、さまざまな情動を喚起させる。科学者は筋肉の活動によって生じた電気的な変化を記録し、おのおのの情動が喚起されるあいだに生じた各筋肉の動きの度合いを計算する。[13]怒りでしかめ面をする、幸福を感じて微笑む、悲しみで口をへの字に結ぶなど、被験者が特定の情動を経験するたびに同一の顔面筋が同じパターンで動けば、そしてその情動を経験しているときにのみ動いたら、それらの筋肉の動きは、該当する情動の指標と見なせる。

やがて顔面筋電図は、古典的情動理論に重大な疑問をつきつける。研究に次ぐ研究によって、筋肉の動きは、被験者が怒っているのか、悲しんでいるのか、怖れているのかを確実には示さず、個別の情動を予測する指標として役立たないことがわかったのだ。顔面筋電図には、せいぜい顔面の動きが快を示すのか不快を示すのかを区別できる程度の能力しかない。[14]さらに悪いことに、顔面筋電図を用いた研究で記録された顔面の動きは、基本情動測定法で用いられている写真の作られた顔とは正確に一致しない。

ここで、この発見の意義を考えてみよう。世界各地の人々が、俳優の作った、実際には感じていない「情動の表現」に対して情動語をマッチさせられることが、数百の実験で示されている。しかしそれらの表現は、人々が実際に情動を感じているときに示される顔面筋の動きの客観的な測定によっては、つねに明確に検知されるわけではない。もちろん私たちは、いつでも顔面筋を動かしており、お互いの顔を見て、その動きが示す情動を難なく読み取ることができる。それにもかかわらず純粋に客観的な観点から見れば、科学者が顔面筋の動きだけを測定すると、その動きは基本情動測定法の顔写真とは一致しない。

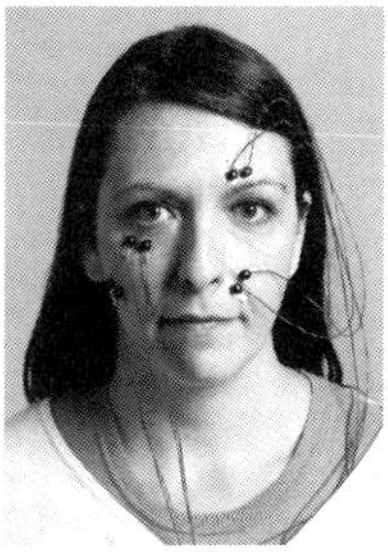
図 1.5　顔面筋電図

顔面筋電図に関して言うと、被験者が情動を経験するあいだに生じる、すべての意味ある顔面筋の動きをとらえきれていないという可能性は考えられる。被験者は、顔面の左右それぞれにおよそ六個の電極をとりつけられると不快感を覚え始めるが、四二本の顔面筋の動きを十分にとらえるには、その数では不十分である。そのため科学者は、顔面動作符号化システム（FACS）と呼ばれる代替技法を用いる。熟練した研究者は、それを用いて個々の顔面筋の動きを、生じるたびに分類できる。[15] FACSは、人間の観察者に依存するために、顔面筋電図より客観性において劣るが、基本情動測定法を用いて被験者に言葉と写真をマッチさせるよりは客観的だと考えられている。とはいえ、FACSによって観察された顔面筋の動きも、基本情動測定法の写真の作られた顔とつねに一致するわけではない。[16]

このような不一致は乳児にも見られる。表情が普遍的なものなら、おとな以上に乳児は怒りをしかめ面によって、また、悲しみをへの字に結んだ口によって示さなければならない。というのも、乳児は社会的規範をまだ習得していないからだ。[17] しかし科学者の手で情動を喚起する状況のもとに置かれた乳児は、予想された表情を示さなかった。たとえば発達心理学者のリンダ・A・カムラスとハリエット・オスターらは、世界のさまざまな文化圏の乳児に、うなり声をあげるゴリラの人形を見せることで驚かせて不安を引き起こしたり、腕を押さえて怒らせたりし、その様子をビデオに撮影した。それから二人はFACSを用いて評価すると、二つの状況下における一連の顔面の動きが、二つの状況のあいだで区別しえないものであることを見出した。[18] それにもかかわらず、この実験の様子のビデオを見せられたおとなは、乳児の顔が見えないよう映像が加工されていても、ゴリラのビデオには乳児の怖れを、腕を押さえるビデオには怒りを見出したのだ。つまりビデオを見たおとなは、顔面の動きをまったく見ずに、文脈に基づいて怖れと怒りを区別していたのである。[19]

誤解を招かないようつけ加えておくと、新生児や乳児も、意味のあるやり方で顔面を動かす。彼らは状況に迫られれば、関心や当惑、苦痛、いやなにおいや味に対する嫌悪を、さまざまな顔面の動きによって表現する。[20] だが新生児が、基本情動測定法の写真の顔のような、おとなが見せるはっきりと識別可能な表情を示すことはない。[21]

他の科学者も、カムラスとオスター同様、人は文脈から厖大な量の情報を引き出していることを明らかにしている。被験者は、汚れたおむつを手にした身体を怒ったしかめ面に貼り合わせたものなど、互いにマッチしない顔と身体を結びつけた写真を見せられた。すると彼らはほぼつねに、顔ではなく身体のほうに合った情動（このケースでは怒りではなく嫌悪）を特定した。[22] 顔面はつねに動いている。脳は、姿勢、声、全体的な状況、経験などのさまざまな要素に同時に依拠しつつ、それらのうちのどの動きに意味があり、それが何を意味するかを判断しているのだ。

情動という点になると、顔だけでは多くを語らない。そもそも、基本情動測定法の作られた顔は、実際の顔を観察することで得られたものではない。それらはダーウィンの著書に啓発された科学者によって規定され、それに応じて俳優に作らせた顔なのである。[23] 今やそのような顔が、情動の普遍的な表現だと見なされているのだ。

しかし、作られた顔は普遍的なものではない。その点を検証するために、わが研究室は、情動の専門家、すなわちベテラン俳優を起用して撮影された写真を使って研究を行なった。[24] 写真は、『役にはまる──演技する俳優（*In Character: Actors Acting*）』という本から抜粋したもので、そこでは何人かの俳優が、書かれたシナリオに合った顔を作ることで情動を表現している。[25] われわれはアメリカ人の被験者を三つのグループに分けた。第一のグループは、「彼は、樹木の立ち並ぶブルックリンの閑静な地区で人が撃たれるところを目撃した」などと書かれたシナリオだけを読んだ。第二のグループは、銃撃シナリオのために俳優マーティン・ランドーを起用して撮影した顔写真（図1・6中央）など、相貌だけを見せられた。第三のグループは、両方を見せられた。そして、どのグループの被験者も情動語をいくつか列挙したものを手渡され、自分が読んだり見たりした情動を、それに基づいて分類（カテゴライズ）するよう求められた。

この銃撃シナリオでは、シナリオだけを読むか、シナリオを読みランドーの顔写真を見た被験者の六六パーセントは、それを怖れとみなした。しかし文脈を知らずにランドーの顔写真のみを見た被験者は、三八パーセントのみがそれを怖れと、また五六パーセントが驚きと見なした（図1・6は、ランドーの相貌、ならびに基本情動測定法の「怖れ」と「驚き」の顔写真を示している。ランドーは怖れているように見えるだろうか、あるいは驚いているように見えるのか？　それとも両方に見えるだろうか？）。

他の俳優の作った怖れの相貌は、ランドーのものとは著しく異なる。女優のメリッサ・レオは、「彼女は、自分が同性愛者だといううわさが飛び交っていることを、夫が誰か他の人から聞く前に、自分で告げるべきかを決めかねている」というシナリオに対して、怖れの相貌を作っている。口は閉じられ、下に向かって曲がり、眉はわずかにひそめられている。[26] 彼女の顔だけを見た被験者のほぼ四分の三はそれを悲しみと見なしたが、シナリオと一緒に彼女の顔を見せると、七〇パーセントの被験者が怖れと見なした。

この種の判断のばらつきは、われわれが実験したすべての情動に見られる。「怖れ」のような情動は、たった一つの表現ではなく、状況ごとに変化する顔面の**多様な**動きによって外部に示される*（アカデミー賞を受賞した俳優が、どんな顔で悲しみを表現していたかを思い出してみればよい）。

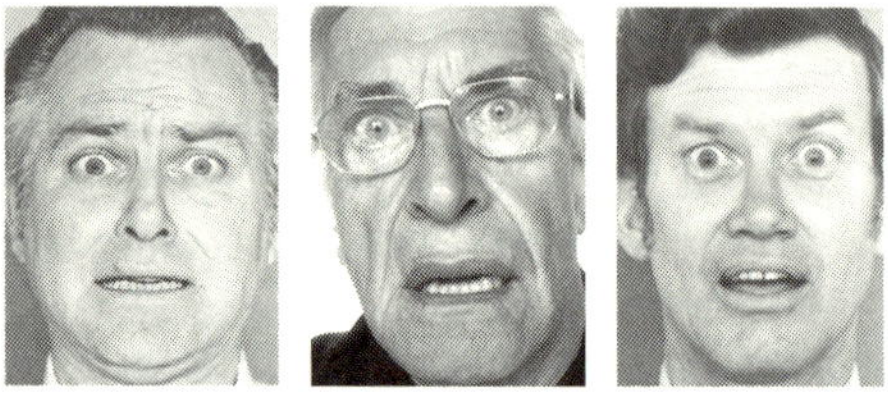

図 1.6　俳優マーティン・ランドーの顔（中央）と、それを挟む基本情動測定法の怖れ（左）と驚き（右）の顔

そのことは、自分の情動経験についてよく考えてみれば明らかであろう。怖れのような情動を経験

するとき、あなたは顔面をさまざまな様態で動かすのではないだろうか。座席で身をすくませてホラー映画を観ているとき、目を閉じたり手で覆ったりするのではないか。目の前にいる人が自分に暴力を振るわないかどうかが不確かなとき、相手の顔をもっとよく見ようとして目を細めるはずだ。角を曲がった先に危険が潜んでいる可能性があれば、周りをよく見るべく目を大きく見開くだろう。[27]「怖れ」は、たった一つの身体的な形態だけをとるわけではない。変化が標準なのである。同様に、幸福、悲しみ、怒りをはじめとするあらゆる情動は、さまざまな顔面の動きをともなう多様なカテゴリーをなす。

では、「怖れ」などのたった一つの情動カテゴリーに対応する顔面の動きに、それほどの変化が見られるのなら、なぜ私たちは、目を大きく見開いた顔を怖れの普遍的な表現だと当たり前のように考えるのだろうか？　実のところそれは、固定観念（ステレオタイプ）、すなわち自分が属する文化のもとで「怖れ」を示すものとしてよく知られている象徴（シンボル）だ。そのようなステレオタイプは、「しかめ面をしている人は怒っている」「口をへの字に結んでいる人は悲しんでいる」などと、幼稚園で教えられる。またそれらは文化的な記号、つまり慣習であり、漫画、広告、人形の顔、絵文字などのさまざまな図像やアイコンに見出すことができる。その種のステレオタイプを、心理学専攻の学生は教科書で学び、セラピ

＊＝本書では、たとえば怖れの情動一般を表わすために、怖れのインスタンス（三四頁の訳注参照）とは区別して「怖れ」のようにカギ括弧つきで記述する。

ストはクライアントに教え、メディアは欧米社会に広く普及させているのだ。「ちょっと待った。あなたは私たちの文化がそのような表現を生み、皆でこぞって学んだとでも言いたいのか？」と、読者は訝（いぶか）るかもしれない。そのとおり。私はそう言いたいのだ。古典的理論は、その種のステレオタイプを、あたかも情動の真正なる指標のごときものとして、私たちの心に植えつけたのである。

確かに、顔は社会的コミュニケーションの道具と見なせる。[28] 顔面の動きには意味のあるものもあれば、ないものもある。しかし現在のところ、どの顔面の動きに意味があり、どの動きにないのかを人々がいかに見分けているのかについては、文脈（ボディランゲージ、社会的状況、文化に基づく予想など）が重要だという点以外、ほとんど何も知られていない。眉を吊り上げるなどの顔面の動きによって心理的なメッセージが伝えられる場合、そのメッセージが必ずしも情動的なものだとは言えないし、それが表わす意味がつねに同じかどうかさえわからない。[29] 科学的な証拠を総合すると、各情動には、特定が可能な表情が必ずやともなうと言い切ることはできない。[30]

情動の独自の指標を探求するにあたり、人間の顔より信頼できる情報源が必要だった。そこで私は、次に人間の身体に着目した。心拍や血圧などの身体機能の変化は、情動をより正確に認識するために必要な指標を提供してくれるであろうと考えたのだ。

身体的な指標という考えをもっとも強く支持する研究は、ポール・エクマンと、心理学者のロバート・W・レヴェンソン、ならびにウォレス・V・フリーセンによって書かれ、一九八三年に『サイエンス』誌に掲載された著名な論文に見出せる。[31] 彼らは被験者を測定装置につないで、自律神経系の変化、具体的に言えば心拍数、体温、皮膚コンダクタンス（発汗）の変化、さらには骨格運動神経系に由来する腕の筋肉の緊張の変化を測定できるようにし、それから独自の実験技法を用いて、怒り、悲しみ、怖れ、嫌悪、驚き、幸福を喚起して、それぞれの情動が喚起されているあいだに生じた身体の変化を観察した。[32] エクマンらはこの実験によって得られたデータを分析し、特定の情動の喚起に相関する明確で一貫した身体反応の変化が引き起こされたと結論づけた。この研究は、実験の対象になったそれぞれの情動に対して、客観的な身体的、生物学的指標を特定したとされ、現在でも古典的な科学研究と見なされている。

一九八三年に実施されたこの名高い研究は、被験者に基本情動測定法の写真に示されている顔を作らせ、その状態を保たせるという特異な方法で情動を喚起している。たとえば被験者は、悲しみを引き起こすために一〇秒間眉をひそめるよう、あるいは怒りを喚起するためにしかめ面をするよう指示された。その際、被験者は鏡を持ち、特定の顔面筋を動かすようエクマンに指導された。[33]

「表情」を作ることで特定の情動を喚起できるとする考えは、顔面フィードバック仮説と呼ばれる。この説に従えば、自分の顔を特定の形状へと変化させると、対応する情動に見合った身体の生理的変化が引き起こされる。読者も試してみてほしい。眉をひそめて口をへの字に結び、その状態を一〇秒間保ってみよう。悲しく感じられただろうか？　思い切り微笑んでみよう。幸福な気分になっただろうか？　顔面フィードバック仮説の真偽をめぐっては議論が絶えない。そのような方法で情動経験を全面的に引き起こせるのか否かに関しては、否定的な見解を抱く人が多い[34]。

一九八三年の研究では、被験者が要求された相貌を作るあいだ、実際に身体的な変化が観察されている。これは注目すべき発見だ。特定の相貌を作るだけで、椅子にじっと座っている被験者の末梢神経系の活動に変化が引き起こされたのだから。しかめ面（怒った顔）を作ったときには、指先が温かくなった。しかめ面、目を見開いて仰天した顔（怖れている顔）、口をへの字に結んだ顔（悲しんでいる顔）を作ったときには、幸福、驚き、嫌悪の顔を作ったときに比べて心拍数が上がった[35]。残りの二つの測定方法、すなわち皮膚コンダクタンスと腕の筋緊張の測定は、相貌の違いを識別しなかった。

とはいえ、特定の情動に対応する身体的指標を発見したと主張するためには、それだけでは不十分だ。そもそも、たとえば怒りなどの特定の情動に対応する反応が、他の情動に対応する反応とは異なることを、すなわち怒りのインスタンス〔個々の具体的な経験に対応する心的構築物を指す著者独自の用語で、類似性に基づき、「概念」（後出する用語）によって分類され、グループ化される。詳細は訳者あとがき参照〕に特化したものだと示される必要がある。その点で、一九八三年の研究は問題を孕（はら）む。そこでは怒りに対する特定性はある程度示されているが、テストされた他の情動に関しては示されていない。この結果は、さまざまな情動に対する身体反応が、相互にきわめて類似しているために、明確な指標として機能しえないことを示している。

それに加え、他に説明方法がないことを示さなければならない。それができて初めて、怒りや悲しみなどの情動の身体的指標を発見したと言える。その点で言えば、一九八三年の研究は別の説明が可能である。なぜなら、この実験の被験者は顔の作り方を指示されているからだ。欧米の被験者なら、その指示から対象となる情動が何かをたいてい推定できるだろう。[36] 被験者によるそのような理解は、エクマンらが観察した心拍数などの生理的変化を実際に引き起こしうる。その事実は、エクマンらが実験した当時は知られていなかった。[37] この代替説明は、のちに彼らがインドネシアの西スマトラ州で暮らすミナンカバウ族を対象に実験したときに裏づけられた。[38] 欧米人が経験している情動に関する理解をほとんど持たない彼らは、欧米人の被験者と同じ身体的変化を示さなかったのだ。また、欧米の被験者に比べ、予想された情動を感じたと報告することがはるかに少なかった。[39]

それに続く研究では、さまざまな方法を用いて情動が喚起されているが、一九八三年の論文に記されている生理的な変化は再現されていない。ホラー映画や、お涙頂戴式（チックフリック）の映画などの喚情的な材料を用いて被験者に特定の情動を引き起こし、そのあいだに心拍、呼吸などの身体機能を測定した研究が数多くなされており、それらの研究によって、身体機能の測定値に大きなばらつきが見出されている。[40] この結果は、情動の識別を可能にする身体変化のはっきりしたパターンなど存在しないことを示唆する。[41] 情動を識別するパターンを特定した研究もあるが、まったく同じ映画が用いられていても、特定されたパターンが研究によって異なることが多い。[42] 言い換えると、ある研究で怒りと悲しみと怖れを区別する指標が見出されたとしても、必ずしもその指標の有効性が別の研究で再現されているわけではない。要するに、ある研究で喚起された怒り、悲しみ、怖れのインスタンスと、別の研究で喚起されたものは、必ずしも同じではないということだ。

この種の多様な実験があまた行なわれていると、そこに一貫したストーリーを探し出すことはむずかしい。だが幸いにも、科学者は得られたあらゆるデータを分析して、包括的な結論を導き出すことを可能にする、メタ分析と呼ばれる技法を駆使できる。さまざまな研究者が行なった無数の実験の結果を整理して、統計的に総括するのだ。ごく単純な例をあげよう。心拍数の増加が幸福の身体的指標の一つであることを確かめたかったとする。その場合、自分自身で実験するのではなく、被験者が幸福を感じているあいだに心拍数を測定した、他の研究者のいくつかの実験をメタ分析する。取り上げる実験の真の目的は特に問わない（たとえば対象になる研究は、性別と心臓発作の関係を調査するもので、情動の調査とは直接的な関係がなくても構わない）。かくして関連するあらゆる論文を精査し、適切な統計データを集め、ひとまとめに分析して自分が立てた仮説を検証するのである。

情動と自律神経系に関して言えば、最近二〇年のあいだに、四つの重要なメタ分析がなされている。そのうち最大のものは、被験者総数がほぼ二万二〇〇〇人に達する二二〇を超える生理学研究を分析している。[43]しかし四つのメタ分析のいずれにおいても、情動の一貫した身体的指標は発見されていない。[44]種々の器官から構成される身体のオーケストラは、その人が幸福、怖れなどの情動を感じるあいだ、さまざまな交響楽を奏でることができるのだ。

このような多様性は、世界各国の研究室で用いられている実験手順を用いて簡単に確認できる。その手順とは次のようなものだ。被験者は、一三飛ばしでできるだけすばやく逆向きに数える、あるいは妊娠中絶や宗教などの論議を呼ぶ話題について、やじを飛ばされながら意見を述べるなどの困難な課題を実行する。そのあいだ、実験者は批判的、あるいは侮辱的なコメントを浴びせつつ、被験者の成績の悪さを非難する。被験者は必ず怒り出すだろうか？　そんなことはない。[45]怒らない被験者もいる。さらに重要なことに、怒り出した被験者のあいだでも、身体変化のパターンは多様だ。激怒する者もいれば、泣き出す者もいる。落ち着き払って、うまく立ち回る者もいる。単に課題の実行をやめる者もいる。それぞれの態度（激怒する、泣き出す、うまく立ち回る、やめるなど）は、異なる生理的なパターンに支えられている。その詳細は、身体それ自体を研究する生理学者のあいだでは長く知られている。[46]「うしろにもたれかかる」「腕を組んで前かがみになる」などの身体の姿勢の小さな変化でさえ、怒りに駆られた被験者の生理的反応をまったく変えてしまうことがある。[47]

会議でこれらのメタ分析について話をすると、「フラストレーションがたまる屈辱的な状況に置かれながら、怒りではらわたが煮えくり返り、てのひらが汗ばみ、頬が紅潮しない人がいるとでも言いたいのかね？」などと言い、私の話の信憑性を疑ってかかる人が現われる。それに対する私の回答は「イエス」であり、まさにそれが私の言いたいことなのだ。実のところ、私がまだ駆け出しの頃にその考えについて最初に講演したとき、私の示す証拠をほんとうに嫌った聴衆が、さまざまな態度で怒りを表明するところをじかに観察できた。座席でもじもじしている人もいれば、静かに首を横に振って「ノー」の意思表示をする人もいた。あるときなど、顔を真っ赤にした同僚が、私に向かって叫び声をあげ、指を突き出したこともあった。また、別の同僚は同情するように、真の怖れを感じたことがないのではないかと尋ねてきた。ほんとうにひどく傷ついたことが一度でもあれば、そんなばかげた考えを開陳したりはしないはずだというわけだ。ある同僚など、私が情動の科学を台無しにしたと私の親戚（この同僚の知り合いの社会学者でもある）に報告してやると言い放った。私のお気に入りの例は、アメフトのラインバッカー〔ディフェンスの要のポジション〕のような体格をし、私より三〇センチメートルも背が高い、ある年長の同僚が示した反応だ。彼は、いかに自分が怒っているかを見せつけようとして、こぶしを振り上げて私の顔面を殴るぞと言った（私は微笑みながら、この心のこもった申し出に感謝した）。これらの反応は、私のプレゼンテーションよりはるかに手際よく、怒りの表現の多様さを実証してくれる。

数百の実験を要約した四つのメタ分析が、各情動に対応する自律神経系の独自の指標を一貫して見出すのに失敗したというのはいったいどういうことか？　それは、情動が幻想にすぎないことを意味するのでもなければ、身体反応が任意（ランダム）であることを意味するのでもなく、状況や文脈によって、あるいは研究によって、同一人物であろうが個人間であろうが、同じ情動カテゴリーに、異なる身体反応が関与しうることを意味する。[48]画一性ではなく、変化が標準なのだ。[49]これらの実験結果は、おのおのの行動にはそれ独自の動きを維持するために、それぞれに異なる心拍、呼吸などのパターンがともなうという生理学者たちの半世紀以上前からの知見とも合致する。

このように、膨大な時間と資金が投入されてきたにもかかわらず、いかなる情動に関しても、それに対応する一貫した身体的指標は見出されていないのである。

❦　❦　❦

私が行なった、情動の客観的指標を（顔と身体に）見出そうとする最初の二つの試みは、かくして固く閉ざされたドアにつきあたった。しかし、ドアは閉まっていても窓は開いていることがある。私にとっての窓は、「情動は事物ではなく、多数のインスタンスによって構成されるカテゴリーであり、いかなる情動カテゴリーにも途方もない多様性が存在する」という認識だった。たとえば怒りは、古典的情動理論が想定している範囲や説明可能な範囲をはるかに超えてきわめて多様だ。誰かに腹を立てたとき、あなたは怒鳴るだろうか、罵声を浴びせるだろうか、それとも冷静を装いつつ心のなかで怒りをたぎらせるか？　それとも嘲り返すか？　あるいは目を見開いて眉を吊り上げるだろうか？　そのあいだ、血圧は上がるかもしれないし下がるかもしれない。まったく変わらないかもしれない。胸の高鳴りを覚えることもあれば、覚えないこともある。てのひらが汗で湿るかもしれないし、乾いたままかもしれない。かくしてあなたの身体は、状況にもっとも即した行動をとるために万全の準備を整えるのだ。

　脳はどのようにして、かくも多様な怒りを生み出し、保持するのだろうか？　どの怒りが目下の状況にもっともふさわしいのかをどうやって知るのか？　怒りを喚起するさまざまな状況下でどう感じたかを尋ねられたら、あなたはそれぞれのケースで感じたことを「腹が立った」「いらいらした」「激怒した」「復讐心に燃えた」などと、特に考え込むことなく細かく区別して描写するだろうか？　それとも、あらゆるケースに対して「怒りを覚えた」「不快だった」などと同じ表現を用いて答えるだろうか？　そもそもどうやって答えを知るのか？　これらの問いは、古典的情動理論では謎として認識されていない。

　当時は気づいていなかったのだが、情動カテゴリーの多様性について考察していたとき、私はダーウィンが提唱した「個体群思考」と呼ばれる生物学の標準的な考え方をそれと知らずに適用していた。[50]動物種などのカテゴリーは、本質的な指標を持たない、それぞれに異なる個々のメンバーから構成される個体群を指し、抽象的、統計的な用語によって集団レベルでのみ記述できる。[51] 三・一三人から構成される家族などというものが実在しないのと同じように、いかなる怒りのインスタンスも、（仮に特定できたとしても）平均的な怒りのパターンなどというものを含んではいない。[52] また、雲をつかむような概念である、怒りの指標に類似するとも限らない。私たちが「指標」と呼んできたものの正体は、単なるステレオタイプなのかもしれない。

ひとたび個体群思考を導入すると、科学に対する私の見方は完全に変わった。変化をエラーと見なすことはなくなり、正常なもの、あるいは望ましいものとさえ見なすようになった。私は依然として、情動を識別する客観的な方法の探求を続けていたが、もはや以前と同じ探求ではなくなっていた。心に懐疑が芽生えつつあった私は、指標を見出せる可能性を宿す最後の場所に研究の焦点を絞った。それは脳だ。*

科学者たちはこれまで長く、脳を損傷した人々を研究して、特定の脳領域に情動を位置づけようと試みてきた。ある脳領域に損傷を負った人が、特定の情動を（そしてその情動のみを）経験あるいは知覚することに困難を覚えていた場合、その事実は、その情動が、とりわけ当該脳領域のニューロンの活動に依存することを示す証拠と見なせる（情動を「経験する」とは情動を自分で感じることを、「知覚する」とは他者に情動の発露を見出すことを意味する。これらの表現は頻出するので留意されたい）。これは、どのブレーカーが家の電気系統のいかなる範囲をカバーしているのかを確かめるようなものだ。最初はすべてのブレーカーがオンになっていて、家の電気系統は正常に機能している。そこで任意のブレーカーをオフにして（家の電気系統に一種の損傷を与えて）、台所の電灯が消えたとすると、オフにしたブレーカーが担当する範囲がわかる。

　脳内での怖れの探索は、そこから格好の教訓を引き出せる事例になる。というのも科学者は長年、情動をただ一つの脳領域に特定する教科書的な事例として怖れを扱ってきたからだ。それは扁桃体と呼ばれる領域で、側頭葉の奥深くに一連の神経核のグループとして存在する。[†] 初めて扁桃体が怖れに結びつけられたのは、二人の科学者ハインリヒ・クリューヴァーとポール・C・ビューシーが、アカゲザルの側頭葉から扁桃体を切除する実験を行なった一九三〇年代のことだ。扁桃体を切除されたアカゲザルは、ヘビ、見知らぬサルなど、手術を受ける前には躊躇なく避けていた、普段は脅威を感じるはずの物体や動物に近づいていったのである。[53] 二人はこの欠陥を、「怖れの欠如」に起因すると考えた。

　それからしばらくすると他の科学者も、扁桃体を損傷した患者を対象に、それでも怖れの経験や知覚が可能かを研究し始める。もっとも徹底的に研究された事例は、「SM」という略称で知られる女性に関するもので、彼女はウルバッハ・ビーテ病と呼ばれる、児童期・思春期を通じて徐々に扁桃体が破壊されていく遺伝病を持っていた。概して言えば、SMは心の健康と正常な知性を保ってはいた（現在でも保っている）が、怖れという点になると実験室できわめて特異な反応を示した。『シャイニン

＊＝ニューロン、葉（よう）など、脳の用語については補足説明Aを参照。
†＝私たちは左側頭葉と右側頭葉に一つずつ、合計二つの扁桃体を持つ。

グ』（英米・一九八〇年）や『羊たちの沈黙』（米・一九九一年）などのホラー映画を見せたり、生きたヘビやクモを見せたり、お化け屋敷に連れて行ったりしても、彼女は強い怖れの感情をまったく覚えなかったと報告している。[54] 基本情動測定法の大きく目を見開いた顔の写真を見せられても、そこに怖れを認めるのに困難を覚えた。[55] 他の情動については、SMは正常に経験し知覚することができた。

科学者たちが、恐怖学習と呼ばれる手続きを用いて怖れを感じられるようSMを導こうとしても、うまくいかなかった。彼らは、彼女に写真を見せた直後に一〇〇デシベルで警笛を鳴らして彼女を驚かせた。この音は、彼女に恐怖心があれば、それによる反応を引き起こすはずであった。同時に科学者たちは、彼女の皮膚コンダクタンスを測定した。科学者の多くは、皮膚コンダクタンスが扁桃体の活動に関係し、怖れの測定基準になると考えていたのである。写真を見せて警笛を鳴らすという手順を何度も繰り返したあと、彼らは写真を見せただけで、彼女の反応を測定した。扁桃体を損傷していない人なら、写真と驚かせる音を関連づけるよう学習する。したがって写真を見せるだけで、脳は警笛が鳴ることを予測して、皮膚コンダクタンスが跳ね上がる。だが何度写真と騒音をペアで提示しても、SMの皮膚コンダクタンスは、写真を見ただけでは上昇しなかった。かくして実験者たちは、彼女には新たな事象に対する怖れを学習する能力が備わっていないと結論づけた。[56]

概して言えば、SMはまったくの怖いもの知らずに見え、扁桃体の損傷がその原因のように思われた。これら、および他の類似の証拠から、科学者たちは扁桃体が脳における怖れの中枢だとする結論を引き出していた。

ところが、次に奇妙なことが起こった。SMは身体の姿勢に怖れを見出し、声に怖れを聞き分ける能力を持つことがわかったのだ。[57]また、二酸化炭素を過剰に含む空気を吸わせることで、恐怖を感じさせることさえできた。酸素の含有量が低下すると、彼女はパニックに陥ったのである（生命に危険はなかった）。つまり扁桃体を欠いても、特定の状況のもとでは明らかに怖れを感じ、知覚したのだ。[58]
脳損傷の研究が進展するにつれ、他にも扁桃体を損傷した患者が見つかり、彼らを対象に実験が行なわれた。そしてそれによって、怖れと扁桃体のあいだに認められていた明確な特定的結びつきは断ち切られた。おそらくもっとも重要な反証は、ウルバッハ・ビーテ病が原因で、怖れに関係する扁桃体の部位を失った一卵性双生児を対象とした研究で得られた。二人は一二歳のときにこの病気を診断された。また、正常な知性を備え、高等教育を受けていた。同一のDNAを持ち、同等の脳損傷を負い、子どもの頃もおとなになってからも同じ環境のもとで暮らしていたにもかかわらず、怖れに関しては、二人はまったく異なる特徴を示した。[59]一方のBGはSMとほぼ同じで、普段は怖れを感じなかったが、二酸化炭素過多の空気を吸わされると怖れを経験した。他方のAMは、怖れに関しては基本的に正常な反応を見せた。脳の他のネットワークが、失われた扁桃体の機能を肩代わりしていたのである。[60]つまり同一のDNAを持ち、同じ脳損傷を負い、きわめて類似した環境で暮らしながら、双子の一方は怖れに関する機能の一部を欠き、他方はそのような問題とは無縁だったのだ。
この発見は、扁桃体には怖れを司る神経回路が備わっているという考えに疑問符をつきつけ、その代わりに、「脳には怖れを生み出す複数の手段が備わっている」という考えを提起する。したがって、〈怖れ〉という情動カテゴリーは、必ずしも脳の特定の領域に位置づけられない。科学者たちは、脳を損傷した患者を対象に、怖れ以外の情動カテゴリーを研究し、同様に変動性を見出している。[61]扁桃体のような脳領域は、情動の働きに重要な役割を果たしているのは確かだが、情動にとって必要条件でも十分条件でもない。

怖れなどの一つの心的事象が、特定のニューロンの組み合わせのみによって生み出されるのではなく、さまざまな怖れのインスタンスが、異なる組み合わせのニューロンによって生み出されることを示すこれらの発見は、私が神経科学の研究を始めて以来学んだ知識のなかで、もっとも驚くべき知見であった。神経科学者はこの原理を「縮重（degeneracy）」と呼ぶ。縮重は「多対一」、すなわちニューロンのさまざまな組み合わせによって同一の結果が得られるという事実を指す。[62] 縮重は、情動の指標を脳にマッピングしようとする試みに厳しい現実をつきつける。

わが研究室では、被験者の脳をスキャンしながら縮重を観察することができた。われわれはその際、スカイダイビング、血まみれの死体などが写された喚情的な写真を被験者に見せ、身体にどの程度の覚醒〔arousalの訳。必ずしも意識的な覚醒を意味するわけではなく生理的な覚醒を指す〕を覚えたかを尋ねた。その結果、男性も女性も同等の覚醒感を報告し、脳画像では前部島皮質と低次の視覚皮質に活動の高まりが見られた。[63] とはいえ、女性における覚醒は前部島皮質に強く結びついていたのに対し、男性のそれは視覚皮質に強く結びついていた。[64] この結果は、覚醒という同じ経験が、縮重の一例をなす、神経活動の異なるパターンに結びついていることを示す証左になる。[65]

神経科学者になるための訓練を受けているときに学んだもう一つの驚くべき現象は、脳の部位の多くが、複数の目的に寄与していることだ。[66] 脳は、さまざまな心の状態の生成に関与する「中核システム」をいくつか備えている。たった一つの中核システムが、思考、想起、意思決定、視覚、聴覚、そして情動の経験や知覚に関与している場合がある。中核システムは「一対多」であり、たった一つの脳の領域やネットワークが、さまざまな心の状態に関与している。[67] それに対して古典的情動理論は、個々の脳領域がそれ専門の心理的機能を持つと見なす「一対一」の観点をとる。したがって中核システムは、神経学的指標という考えに対する反証になる。

ここで明確にしておくと、私は「脳のあらゆるニューロンが、まったく同じ機能を果たすことができる」、あるいは「あらゆるニューロンが、他のあらゆるニューロンの肩代わりをする」などと主張しているのではない（この考え方は「等潜在能力」と呼ばれ、とうの昔に反証されている）。私が言いたいのは、「小麦粉や卵がさまざまな料理に使えるのと同じように、ほとんどのニューロンは多目的なもので、複数の役割をこなせる」ということだ。

中核システムの働きは、神経科学で用いられている、ほぼあらゆる実験方法によって研究されているが、脳の活動をその場でとらえる脳画像技術によって簡単に観察できる。もっとも広く用いられている方法は機能的磁気共鳴画像法（ｆＭＲＩ）と呼ばれる技術で、それを用いれば、ニューロンの発火に応じて生じる磁気信号の変化を記録することで、情動を経験している被験者や、他者の情動を知覚している被験者の脳の活動を、非侵襲的に観察することができる。[68]

それでも科学者は、ｆＭＲＩを用いて脳内に情動の指標を探そうとしている。被験者が特定の情動を感じているときに、脳のどこかのかたまりが活性化すれば、そのかたまりが対応する情動を処理しているはずだと考えているのだ。彼らは当初、扁桃体に焦点を絞り、そこに怖れの神経学的指標が見つかるか調査した。かくして、スキャナーに寝かされ、基本情動測定法の「怖れ」の写真を見せられた被験者から、ある重要な証拠が得られた。彼らの扁桃体は、無表情な顔を見た被験者の扁桃体と比べ、活性化の度合いが高かったのである。[69]

しかしさらに研究が続けられると、例外的な結果が得られ始める。扁桃体に活動の増大が見られたのは確かだが、それが起こったのは、写真の人物の視線が、まっすぐこちらに向けられている場合などの特殊な状況に限られた。視線が横に向けられていた場合には、被験者の扁桃体の活動はほとんど変化しなかった。また被験者がステレオタイプ化された怖れの顔を繰り返し見せられると、扁桃体の活動は急速に低下していった。扁桃体がほんとうに怖れの神経回路を宿しているのなら、その種の慣れは起こるべくもなく、「怖れ」の刺激が提示されるたびに、該当する神経回路が忠実に発火しなければならない。[70]これらの相反する結果に鑑みて、扁桃体は脳内における怖れの拠点ではないことが、私にとって、またやがて多くの科学者にとって明白になった。

二〇〇八年、わが研究室は神経学者のクリス・ライトとともに、基本情動測定法の怖れの顔に反応して扁桃体の活動が高まった理由を明らかにした。扁桃体の活動は、怖れている顔であろうが無表情な顔であろうが、それが新奇なものでありさえすれば(つまり被験者が一度も見たことがなければ)、いかなる顔を見せられても高まったのである。[71]基本情動測定法の目を大きく見開いた怖れの相貌は、日常生活ではめったに見られないものなので、被験者が脳画像法を用いた実験でそれを目にしたときには、まったく新奇なものに見えたのだ。[72]この発見や類似の発見は、脳内の怖れの中枢として扁桃体を必要としない代替説明を提起する。[73]

証拠の提示と反証が繰り返される、過去二〇年以上にわたるこの行きつ戻りつの軌跡は、情動の神経学的指標として特定されたあらゆる脳領域をめぐって繰り返されている。そこでわが研究室は、脳の小さなかたまりが、ほんとうに情動の指標になるのか否かという問いに最終的な決着をつけることにした。[74] われわれは、脳画像法を用いて怒り、嫌悪、幸福、怖れ、悲しみについて調査したあらゆる論文を精査し、メタ分析によって統計的に処理できる研究を集めた。その作業を通じて、直近のほぼ二〇年のあいだに発表された、被験者総数一三〇〇人に及ぶ、およそ一〇〇本の研究を選び出すことができた。

大量のデータを分析するために、われわれはコンピューター上で、人間の脳をボクセルと呼ばれる小さな立方体（三次元バージョンのピクセル）に分割した。次に実験の対象にされているあらゆる情動に関して、それが生じているあいだに各ボクセルに活動の高まりが報告されているかチェックしていった。それによってわれわれは、それぞれの情動が経験もしくは知覚されているあいだに活動の高まりが生じる可能性を、ボクセルごとに計算することができた。その値が偶然のレベルより大きければ、そのケースは統計的に有意なものと見なせる。

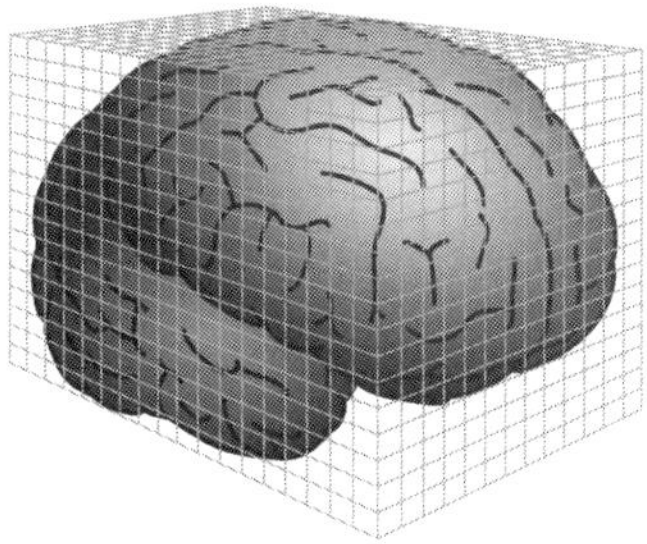

図 1.7　ボクセル単位に分割された人間の脳

われわれが行なった包括的なメタ分析では、古典的情動理論を裏づける証拠はほとんど得られなかった。たとえば怖れの研究では、扁桃体に偶然以上の活動の高まりが見られたが、怖れの経験については四分の一、怖れの知覚についてはおよそ四〇パーセントの研究に認められたにすぎない。この数値は、情動の神経学的指標として期待されるレベルには達していない。のみならず、扁桃体の活動の高まりは怒り、嫌悪、悲しみ、幸福の研究でも見られている。この結果から、扁桃体は、怖れのインスタンスが生じるあいだにいかなる機能を果たしていたとしても、他の情動のインスタンスが生じるあいだにも、対応する機能を果たしていることがわかる。

興味深いことに、扁桃体の活動は、痛みを感じる、何か新しいことを学習する、見知らぬ人と会う、判断を下すなど、通常は情動的とは見なされないことを行なっているあいだにも高まる。おそらくたった今本書を読んでいるあなたの扁桃体も、活動が高まっているはずだ。事実、情動作用に関与しているとされるいかなる脳領域も、思考や知覚などの非情動的な作用にも関わっている。

概して言えば、われわれはどの脳領域も、いかなる情動の指標も含まないことを発見した[75]。しかも複数の脳領域の結合（脳のネットワーク）をまとめて考慮した場合でも[76]、個々のニューロンに電気刺激を与えた場合でも、指標は見つかっていない[77]。情動を司る神経回路を持つとされるサルやラットなどの動物を用いた実験でも、同じ結果が得られている[78]。情動がニューロンの発火によって生じるのは確かだが、情動のみに関わっているニューロンは存在しない。私にとってこれらの発見は、情動を脳の個々の部位に特定しようとする考えを最終的に否定するものであった。

読者には、これまで長く情動に関して間違った見解が流布していたということを理解してほしい。

情動を識別する身体的な指標を特定できたと主張する研究は多い。いずれにせよ、これらの研究は、古典的理論を支持しない、はるかに広い科学的な文脈のもとでも見出すことができる。*

「古典的理論を反証する結果が得られた研究は、単なる間違いにすぎない。そもそも情動に関する実験は非常にむずかしい」と言う科学者もいる。[79] 実際、観察が困難な脳領域もある。心拍数は、昨夜何時間眠ったか、直前の一時間のあいだにカフェインを摂取したか、被験者は立っているか、座っているか、横になっているのかなど、情動とは無関係のさまざまな要因に左右される。また、決まったタイミングで被験者に情動を経験させるのはむずかしい。血も凍るような恐怖や、脳が沸騰するような怒りを被験者に感じさせるのは倫理規範に反する。どんな大学にも、私のような研究者が何の罪もない被験者に過剰な情動的苦痛を与えるのを防止するために、倫理委員会が設けられている。

しかし数々の留意事項をすべて考慮しても、古典的理論には、偶然や不適切な実験方法のせいにするにはあまりにも多くの実験によって疑問が呈されている。顔面筋電図を用いた研究によって、人間は、まったく同じ情動カテゴリーのインスタンスを感じても、たった一つの決まったあり方ではなく、

＊＝私はときに、古典的理論を支持する情動の研究者から、「情動の指標の明白な証拠を提示する、数千人の被験者を対象にした他の五〇の研究をどう説明するのか？」というコメントを聞くことがある。そのような研究がたくさんあるのは確かだが、情動の理論は、当該理論を支持する証拠のみならず、すべての証拠を説明しなければならない。五万匹の黒イヌを指して、それを「すべてのイヌは黒い」ことの証拠にすることはできない。

さまざまな様態で顔面筋を動かすことが明らかになった。また大規模なメタ分析は、ある一つの情動カテゴリーにも、たった一つの決まった反応ではなく、さまざまな身体反応が関与するという結論を導き出した。脳神経回路は多対一の縮重によって機能し、怖れなどの特定の情動カテゴリーに属する各インスタンスは、人によって、あるいは時間の経過につれ、異なった脳のパターンで処理される。またその逆に、同一のニューロンが、種々の心的状態の形成に関与している場合もある（一対多）。

ここには、「変化が標準である」という一つのパターンを見て取れるのではないか？　情動の指標という考えは神話にすぎない。

情動を真に理解したいのなら、変化を真剣に考慮に入れる必要がある。「怒り」などの情動語は、決まった身体的な指標をともなう一つの反応ではなく、それぞれが特定の状況に結びついたきわめて多様なインスタンスから成る一つのグループを指すものとして考えなければならない。怒り、怖れ、幸福などの、私たちが日常会話で「情動」と呼んでいるものは、情動カテゴリーとして考えたほうがよい。というのも、それぞれの情動は、多様なインスタンスの集合〔population の訳で、これは既出の「個体群思考（population thinking）」と関連する。以下 population は、文脈に応じて「個体群」もしくは「集合」に訳し分ける〕によって構成されているからだ。「コッカースパニエル」というカテゴリーに属するさまざまなインスタンスが、（尾の長さ、鼻の長さ、体毛の濃さ、足の速さなどの）身体的な特徴において、遺伝子のみによって説明可能な範囲を超えて多様であるように、「怒り」という情動カテゴリーに属するさまざまなインスタンスは、（顔面の動き、心拍数、ホルモン、音声、神経活動などの）身体的な特徴において相互に異なる。そしてこのような変化は、環境や文脈にも関連しうる。[80]

変化の考え方や個体群思考を受け入れれば、いわゆる情動の指標という考えは、もっとすぐれた説明に取って代わられる。一例をあげよう。ＡＩ技術を駆使して、怒りや怖れなどのさまざまな情動を経験している被験者を対象に撮影した大量の脳画像をもとに分析を行なうプログラムを学習させることができる。このプログラムは、各情動カテゴリーを要約する統計的パターンを計算し、ここがミソなのだが、新たな脳画像を分析して、それが要約された怒りや怖れのパターンに近いか判定できる。パターン分類と呼ばれるこの技術は非常にうまく機能するので、ときに「ニューラル・マインド・リーディング」と呼ばれる。

この技術を駆使する科学者には、そのような統計的な要約が、怒りや怖れの神経学的な指標をなすと主張する者がいる。しかし、これは途方もない論理的誤謬だ。怖れの統計的なパターンは、実際の脳の状態などではなく、多数の怖れのインスタンスの抽象的な要約にすぎない。彼らは数学的な平均を基準と取り違えているのである。[81]

われわれは、情動に関する脳画像研究のメタ分析にパターン分類を適用してみた。[82] コンピュータープログラムに、およそ一五〇本の研究によって得られた脳画像を分類し学習させたのだ。こうしてわれわれは、特定の研究の被験者が、怒り、嫌悪、怖れ、幸福、悲しみを経験しているかどうかを偶然以上の割合で予測する脳のパターンを発見できた。だが、かくして発見したパターンは情動の指標などではない。たとえば怒りのパターンは、脳の一連のボクセルから成り、怒りを感じている被験者のいかなる脳画像にも出現しない。パターンは抽象的な要約であり、実のところ、いかなる個々のボクセルも、すべての怒りの脳画像に現われるわけではない。

適切に用いられれば、パターン分類は個体群思考の一例になりうる。生物は、多様な個体の集合であり、統計的な手段でのみ要約できることを思い出してほしい。要約とは、現実には存在しない抽象であって、その生物のいかなる個体も記述しない。情動に関して言えば、怒りのような情動カテゴリーのインスタンスは、人によって、あるいは状況によって、ニューロンの異なる組み合わせを通じて生み出される。二度の怒りの経験が自分には同じだと感じられたにせよ、そのときに生じた脳のパターンは、縮重によってそれぞれに異なりうる。しかし、それでも私たちは、怒りの多様なインスタンスを要約することで、怒りのインスタンスが怖れのあらゆるインスタンスからどのように区別されるかを、抽象的なレベルで記述できる（たとえて言えば、いかなるラブラドールレトリバーのペアも互いに同一ではないが、あらゆるラブラドールレトリバーはゴールデンレトリバーから区別される）。

顔、身体、脳に情動の指標を見出そうとする私の長い探求は、「情動とは何か？」「それはどこからやって来るのか？」という問いに答えられる新たな理論が必要とされているという、予期せぬ認識をもたらした。以後の章では、古典的理論によって得られたあらゆる発見に加え、本章で見てきた数々の矛盾を説明しうる、この新たな理論を紹介する。情動の指標という考えを克服し、証拠に従うことで、情動に関してのみならず、人間の本性に関して、よりすぐれた、そして科学的に妥当な理解を手にできるはずだ。

第2章

情動は構築される

Emotions Are Constructed

まずは図2・1を見てほしい。

この図を初めて見たとき、あなたの脳は、それが何を表わしているのかを懸命に理解しようとするだろう。視覚皮質のニューロンは線と輪郭を処理し、新奇な情報ゆえに扁桃体が迅速に発火しているはずだ。また他の脳領域は、何か似たものにこれまで遭遇したことがないかどうかを決めようと過去の経験を検索し、さらに身体と会話してこれからなすべき行動の準備を整えさせているところであろう。おそらくあなたは、「経験盲（experiential blindness）」と呼ばれる状態に置かれ、何を示しているのかがはっきりしない、いくつかの黒いかたまりしか見えないのではないか。

この経験盲を治すには、五〇〇頁（補足説明B）の図を見ればよい。それからもう一度、図2・1を眺めてみよ

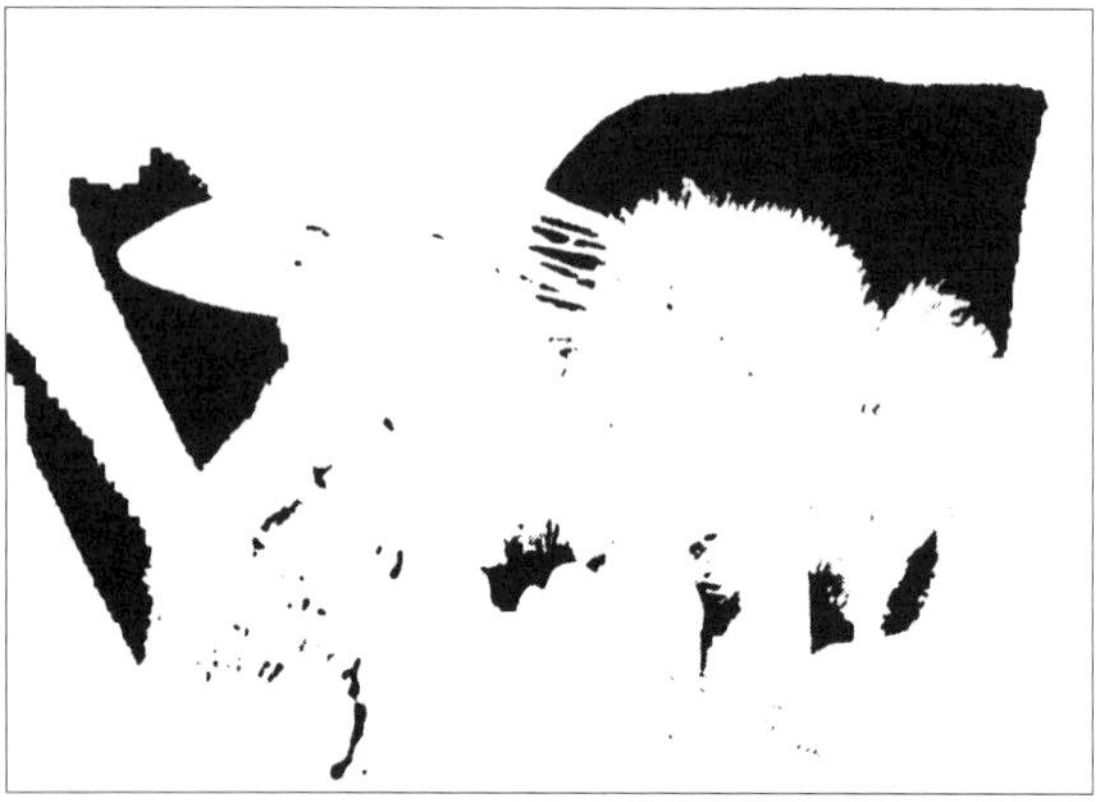

図 2.1　謎のかたまり

う。今度は不定形のかたまりには見えず、見慣れたオブジェクトが立ち現われてくるはずだ。

つまり黒いかたまりに対するあなたの知覚が変わったのだが、その際、脳内でいったい何が起こったのだろうか？　あなたの脳は、厖大な量の既存の経験に五〇〇頁の写真から得た素材をつけ加え、たった今あなたが見ている見慣れた何かを構築したのだ。つまり、視覚皮質のニューロンが発火の様態を変え、実在しない線を描き、いくつかの黒いかたまりを、実際には存在しない一つの形へと結びつけたのである。幻覚を見ているとも言えよう。「精神科で診てもらったほうがよさそうだ」と思わせるような幻覚ではなく、「私の脳はかくのごとく働くようにできている」と思わせるタイプの日常的な幻覚ではあるが。

この経験は、二つの洞察をもたらす。過去の経験（直接的なもの、写真や映画や本から得たもの）は、現在の感覚情報に意味を付与するという点がまず一つ。つけ加えておくと、この構築の過程は、自分には不可知である。いかに努力しようとも、自分がイメージを構築しているところを観察したり経験したりすることはできない。その種の構築が起こっている事実を白日のもとにさらすためには、そのために設計された実験を要する。あなたが未知のものが既知のものに変わるのを意識的に経験したのは、それが何かを示す写真を見て必要な知識を得る前にも、得たあとでも図2・1を見ているからだ。構築の過程はきわめて習慣化しやすいので、あなたがこの図を見なかったことにして経験盲を再度経験しようといくら努力しても、もはや不定形のかたまりとして見ることは二度とないだろう。

この脳のちょっとした魔術（マジック）はごくありふれたものなので、その機能が理解される前から心理学者によって再三再四発見されていた。われわれはそれを「シミュレーション」と呼んでいる[1]。これは、感覚刺激の入力なしに脳が感覚ニューロンの発火の様態を変えることを意味する。シミュレーションは、図2・1の例のように視覚的なものもあれば、他の感覚が関与するものもある。頭のなかでお気に入りの曲が流れるのを止められなくなった経験はないだろうか？　この聴覚的な幻覚もシミュレーションの一つである。

みずみずしい真っ赤なリンゴを手渡されたときのことを思い出してみよう。それに手を伸ばし、かぶりつき、すっぱい味を体験したとする。そのあいだ、脳の感覚野や運動野ではニューロンが発火している。運動ニューロンの発火は動作を生む。また感覚ニューロンの発火は、緑がかった赤、つるつるした手触り、花のような香り、かじったときの音、ほのかな甘さの混じったすっぱい味などといったリンゴに由来する感覚刺激を処理する。[2] 他のニューロンは、消化酵素を含有する唾液を分泌させて消化の過程を開始させる。また、リンゴに含まれる糖分を代謝する準備を身体に整えさせるためにコルチゾールを分泌させ、おそらくはわずかな攪拌（かくはん）を胃に引き起こす。だが、さらにおもしろいことが起こる。「リンゴ」という単語を目にしたその瞬間、脳はある程度、あたかもリンゴが目の前にあるかのごとく反応する。つまり脳は、以前に見たり味わったりしたリンゴに関する知識の断片をいくつか結合させて、感覚野や運動野のニューロンの発火の様態を変え、「リンゴ」という概念（コンセプト）〔著者独自の用語で、個々の具体的な経験（インスタンス）を、類似性に基づいて、分類し、グループ化して構築された心的構成要素をいう。概念とインスタンスは基本的に一対多の関係をなす。詳細は訳者あとがき参照。なお一五一頁の傍注にあるように「カテゴリー」と同意だが、そこに書かれている理由によって便宜的に使い分けられている〕の心的インスタンスを生成するのである。かくして脳は、感覚ニューロンや運動ニューロンを用いて実在しないリンゴをシミュレートする。[3] そしてこのシミュレーションは、心臓の鼓動と同様、きわめて迅速かつ自動的に生じる。

私は娘が一二歳の誕生日を迎えたときに、シミュレーションの力をぞんぶんに利用した「悪食（あくじき）」パーティーを催した（そして同時に少しばかり楽しんだ）。招待した子どもたちがやって来ると、緑色の着色料を混ぜて、チーズにけばけばしいカビが生えているように見せかけたピザや、野菜を細切れにして散りばめ吐瀉物のように見せかけたピーチゼラチンを出した。飲み物は、白ブドウジュースを検尿用のコップに注いで出した。誰もが元気いっぱい嫌悪の表情を浮かべていた（一二歳向けのユーモアとしては完璧だ）。なかには食物を口に運ぶことさえできない子もいた。知らず知らずのうちに、悪臭やひどい味をシミュレートしていたのだろう。ランチを食べ終えたあとは、においで食べ物の名前を言い当てるという単純なゲームをした。私たちは、すり潰したベビーフード（ピーチ、ホウレンソウ、ビーフなど）を、赤ちゃんのうんちに見えるよう巧妙におむつに塗りつけた。子どもたちの何人かは、それが食べ物だと知っているにもかかわらず、シミュレートされたにおいのために今にも吐きそうな顔をしていた。[4]

シミュレーションは、自分の周囲で起こっていることに関する脳の推測である。目覚めているときにはつねに、あいまいでノイズに満ちた情報が目、耳、鼻などの感覚器官から入って来る。脳は過去の経験を用いて、仮説、すなわちシミュレーションを構築し、感覚器官から入って来る雑多な情報と比べる。こうしてシミュレーションは、脳が、適切な情報を選択し不要なものを無視することで、ノイズに意味を付与することを可能にする。

一九九〇年代後半におけるシミュレーションの発見は、心理学と神経科学に新時代をもたらした。

科学的証拠に基づいて、私たちが見る、聞く、触る、かぐものは、たいていは外界に対する反応ではなく、それに関するシミュレーションであることが明らかにされたのだ。[5] 先見の明のある科学者は、シミュレーションを知覚のみならず、言語、共感、想起、想像、夢などの心理現象を理解するための一般的なメカニズムと見なすようになった。（少なくとも欧米人の）常識的な考えでは、思考と知覚と夢はそれぞれ異なる心的事象だと思われる。だがそれらはすべて、一つの普遍的な過程によって記述できる。シミュレーションは、あらゆる心的活動の基本をなし、脳がどのように情動を生成するのかという謎を解くカギでもある。

シミュレーションは、脳以外の身体にも顕著な変化を引き起こす。ここで、ミツバチの例を用いて、ちょっとした創意に富むシミュレーションをやってみよう。魅惑的な香りを放つ白い花のまわりを、図2・1のミツバチが花粉を求めて軽やかに飛んでいるところを想像してみる。ミツバチが好きな人なら、想像上の羽のはばたきは、たった今ニューロンを発火させて、もっと近くで図を眺めるよう、さらには心臓の鼓動を速め、汗腺を満たし、血圧を下げるよう身体を促していることだろう。あるいはハチに刺されて苦悶した経験がある人なら、脳は逃げるか、もしくはハチをたたく準備を身体に整えさせ、それにふさわしい身体の変化を引き起こすはずだ。かくして脳は、感覚入力をシミュレートするごとに、感情を変化させる力を持つ身体の自動的な変化を促すのである。

このように、ミツバチのシミュレーションの起源は、「ミツバチ」とは何かをめぐってその人が持つ心的な概念に求められる。[6] この概念は単にミツバチそのものに関する情報（外観、羽音、対処方法、自律神経のいかなる変化が行動を可能にするかなど）ばかりでなく、ミツバチに関連する他の概念（「草原」「花」

「ハチミツ」「針」「痛み」など）が持つ情報も含む。これらすべての情報が、「ミツバチ」の概念に統合され、目下の文脈におけるミツバチのシミュレーションの方法が決まる。したがって実際には、「ミツバチ」のような概念は、過去の経験を代理する脳の神経的なパターンの集合なのであり、脳は、これらのパターンをさまざまなあり方で結びつけ、新たな状況のもとで自己の行動を柔軟に導いていくのである。

脳は概念を用いて、いくつかのものを一つにまとめ、別のいくつかのものを切り離す。私たちは三つの大地の盛り上がりを見て、自分の持つ概念に依拠しつつ、二つを「丘」、残りの一つを「山」として知覚できる。このように、構築の過程は世界をパイのごとく扱い、概念はそれを切り分けるナイフとして機能する。その際、切り目は自然に決まるのではなく、有用性や自己の欲求に基づいて決まる。[7] もちろん、切り込みを入れることのできる箇所には限りがある。山を湖とは見なせない。あらゆる事象が相対的なわけではない。

概念は、脳が感覚入力の意味を推測するのに用いる主な道具である。たとえば概念は、音圧の変化に意味を与え、それをでたらめの雑音（ノイズ）としてではなく言葉や音楽として聴けるようにする。欧米の文化のもとでは、ほとんどの音楽は、ヨハン・セバスチャン・バッハの手で一七世紀に体系化された平均律、つまり音階が一二等分されたオクターブに基づいて作曲されている。正常な聴覚を持つ欧米人なら誰もが、この広く流布した音階に関する概念を、たとえ明快に説明できなかったとしても持っているはずだ。だが、すべての音楽がこの音階を用いているわけではない。調律の異なる七つの音の高さから成るオクターブを持つ、インドネシアのガムランの演奏を初めて聴いた欧米人には、それが音楽ではなくノイズのように聴こえるだろう。一二音から成る音階を聴くよう配線された脳は、インドネシアの音楽に対応する概念を持っていない。個人的な話をすると、私はダブステップ〔音楽ジャンルの一つ〕をよく理解できないが、一〇代の私の娘は、明らかにそれに対応する概念を持っている。

また概念は、味やにおいを生む化学物質にも意味を与える。私があなたにピンク色のアイスクリームを手渡せば、あなたはそれがストロベリーアイスだと予想（シミュレート）するだろう。だが魚のような味がしたら、変に思うか、場合によっては吐き気を覚える。しかし「これは冷凍したサーモンムースだよ！」と言いながら手渡してあなたの脳にあらかじめ警告を与えておけば、あなたは（サーモンが好物なら）それをおいしいと思うだろう。[8] 食物は物質界に属しているように思われるかもしれないが、実のところ「食物」という概念は、きわめて文化的なものだ。もちろん生物学的な限界はある。カミソリの刃を食べられる人などいない。しかし私たち欧米人が食物と見なしていないにもかかわらず、問題なく食べられるものはたくさんある。たとえば蜂の子は、日本では珍味とされているが、たいていのアメリカ人は食べようとしないだろう。このような文化的な相違は、概念によって生じているのだ。

生きている限り、脳はつねに概念を用いて外界をシミュレートしている。概念を欠けば、ミツバチが不定形のかたまりに見えたときのように経験盲の状態に置かれる。脳は、概念を用いて本人が気づかぬうちに自動的にシミュレートするため、視覚や聴覚をはじめとする感覚作用は、構築ではなく反射であるように思える。

さて今度は、次の問いを考えてみよう。脳がそれと同じ手順を用いて、心拍、呼吸、内臓の動きなど、体内から得られた感覚刺激の意味も作り出していたとしたらどうだろう？

脳の観点からすれば、自分の身体は感覚入力の源泉のうちの一つにすぎない。心臓や肺、代謝作用、体温の変化などに由来する感覚刺激は、図2・1に示されている不定形のかたまりのようなものだ。これら純然たる身体由来の感覚刺激には、客観的な心理的意味などまったく含まれていない。しかしひとたび概念が関与し始めると、追加の意味が感覚刺激に付与される。食卓にすわっているときに感じた胃の痛みは、空腹として経験されるだろう。インフルエンザが流行っていたら、同じ痛みを吐き気として経験するだろう。あるいは判事なら、被告を信用してはならないという虫の知らせとしてその種の痛みを受け取るかもしれない。[9] このように、脳は時と場合に応じて、概念を用いて、外界からの感覚刺激と体内に由来する感覚刺激の両方に同時に意味を付与するのだ。こうして脳は、痛む胃から空腹、吐き気、疑いなどのインスタンスを生成する。

さてここで、「悪食」誕生パーティーに招待された私の娘の友だちのように、あなたは、すり潰された子羊の肉がたっぷりと塗りつけられたおむつをかいで、同様な胃の痛みを感じたとしよう。その場合あなたは、それを嫌悪として経験するかもしれない。あるいは、そのときちょうど恋人が部屋に入ってきたら、欲望のうずきと感じるかもしれない。もしくは、病院で検査の結果を待っているところなら、不安として経験するかもしれない。嫌悪にしろ、欲望にしろ、不安にしろ、そのときあなたの脳で活性化している概念は、情動概念〔情動の経験や知覚を可能にする概念〕であり、前述のとおり、脳は該当する概念のインスタンスを生成することで、外界からの感覚刺激とともに胃の痛みから意味を作り出しているのだ。

もう一度言おう。情動のインスタンスである。
情動は、それによって生み出されるに違いない。

❦ ❦ ❦

私が大学院に通っていた頃、同じ心理学専攻の男性が私をデートに誘ってきた。彼のことはよく知らなかったし、正直言って私の目にはあまり魅力的に見えなかったので、デートはしたくなかった。とはいえ、その日は長時間研究室にこもっていたこともあって彼の誘いを承諾した。喫茶店で彼と話しているあいだ、驚いたことに私の顔面が何度か紅潮した。胃がそわそわし、なかなか集中できなかった。「さっきの考えは間違っていたらしい。明らかに私は彼に惹かれている」。そう思った。もう一度デートすることを約束したあと私たちは別れ、おもしろいこともあるものだと思いながら帰宅した。そして部屋に入った途端、カギを床に落として吐いた。その後一週間、インフルエンザで寝込む破目になった。

不定形のかたまりからミツバチをシミュレートした神経系の構築過程は、ここではそわそわする胃と紅潮する顔から、男性に惹かれているという感情を構築したのだ。情動とは、外界で生じている事象との関係において、身体由来の感覚刺激が何を意味するのかをめぐって作り出された、脳による生成物なのである。一七世紀のデカルトから、(アメリカ心理学の父とされている)一九世紀のウィリアム・ジェイムズに至るまで、哲学者たちは長らく、心が世界に内在する身体の意味を解釈すると主張してきた。しかしこれから見ていくように、最新の神経科学は、いかにこの過程（や他のさまざまな過程）が脳内で生じ、その場で情動を作り出しているのかを明らかにしてくれる。[10] 私は、このような説明を「構成主義的情動理論」と呼ぶ。[11] この考えは次のようにまとめられる。

目覚めているあいだはつねに、脳は、概念として組織化された過去の経験を用いて行動を導き、感覚刺激に意味を付与する。関連する概念が情動概念である場合、脳は情動のインスタンスを生成する。

あなたの心臓は早鐘を打っている。よく見るとミツバチの群れが玄関の隙間から羽音を立てて入って来ようとしている。するとあなたの脳は、ハチに関する既存の知識を用いて、身体から上がってくる感覚刺激（早鐘のような心拍など）や、視覚、聴覚、嗅覚などの外界から入ってくる感覚刺激（ハチの姿、羽音など）に意味を付与して、昆虫の群れ、ドア、怖れのインスタンスをシミュレートする。一方、それとまったく同じ身体感覚は、ミツバチの生態を描いたすばらしいドキュメンタリー映像を見たときなど、異なる文脈のもとでは、興奮のインスタンスを生成するかもしれない。あるいは絵本に描かれた微笑むミツバチの絵を見れば、愛らしい姪をディズニー映画に連れて行ったときのことを思い出し、ミツバチ、姪、そして甘美な郷愁のインスタンスが生成されることだろう。

インフルエンザにかかっていたときに、ほんとうは惹かれていなかった男性に惹かれていると感じた喫茶店での経験は、古典的理論では思い違い、あるいは誤帰属と見なされるであろう。だがそれは、いくつかの不定形のかたまりにミツバチを見出したのと同じように、誤りなどではない[12]。実際には、血中のインフルエンザウイルスによって熱と顔面紅潮が引き起こされたのだが、私の脳は、ランチデートをしているという文脈のもとで生じたさまざまな感覚刺激に意味を付与し、他のあらゆる心の状態が脳によって築かれるのと同様に、「惹かれている」という真正の感情を構築したのである。帰宅してから体温計をくわえてベッドに寝ているあいだにそれとまったく同じ身体感覚を経験したときには、私の脳は同じ製造工程を通じて「病気にかかっている」というインスタンスを生成したのだ[13]（それに対して古典的理論は、惹かれているという感情と病気にかかっているという不快感の両方を必要とし、おのおのに対して、別の脳神経回路によって引き起こされる個別の身体的な指標の存在を想定する）。

情動は、外界に対する反応ではない。人間は感覚入力の受動的な受け手ではなく、情動の積極的な構築者なのだ。感覚入力と過去の経験をもとに、脳は意味を構築し、行動を処方する。過去の経験を代理するインスタンスがなければ、すべての感覚入力は単なるノイズになり、それが何なのかも、何がそれらを引き起こしたのかも、ひいてはそれに対処するにはどのような行動をとればよいのかもわからなくなる。それに対して概念を持っていれば、脳は感覚刺激から意味を作り出すことができる。そしてその意味は、情動でもありうる。

構成主義的情動理論と古典的情動理論は、私たちが世界をどのように経験しているのかに関して、著しく異なる物語をつむぎ出す。古典的理論は直感的で、外界で生じたできごとが私たちの内部に情動反応を引き起こすと考える。その物語には、別個の脳領域に宿る思考や感情など、馴染みのキャラクターが登場する。それに対して構成主義的情動理論は、「脳はあなたが気づかぬうちに、自分が経験する、情動を含めたあらゆるものごとを構築している」という、日常的な感覚とは合致しない話を語る。その話には、シミュレーション、概念、縮重などの一般に馴染みのないキャラクターが登場し、物語は脳全体で同時に進行する。

この馴染みのない物語は、私たちに難題をつきつける。なぜなら、人々は自分たちが馴れ親しんだ構成の話を期待しているからだ。あらゆる英雄伝には悪人が登場するお約束になっている。あらゆるロマンティックコメディには、こっけいな誤解がもとでいがみあいながらも、最後には雨降って地固まる式の大団円を迎える魅力的なカップルが登場する。ここでの難題は、脳の動力学や情動の生成が、線形的（リニア）な因果関係に依拠した物語にはならない点にある（この難題は科学ではありふれている。たとえば量子力学では、原因と結果の区別は意味をなさない）。とはいえ、脳の機能のような非線形的なテーマを扱う本であっても、話を語らねばならない。というわけで私の話は、ときに人間が語る話に一般に認められる線形的な枠組みに反することがある。

当面の私の目標は、情動の構築に関する直感を読者に呼び起こし、そのような科学的な説明が有効な理由を理解してもらうことにある。そのあとで、この理論が脳の機能に関する最新の神経学的知見を取り入れ、日常生活における情動経験や知覚体験が持つ顕著な多様性を説明するものであることを見ていく。その理解を通して、幸福、悲しみ、怒り、怖れなどの情動カテゴリーのインスタンスが、いくつかの不定形のかたまりで描かれたミツバチ、みずみずしいリンゴ、すり潰したベビーフードで捏（こ）ね上げたうんちのにおいを作り出したものと同じ脳のメカニズムによって生成されたものであること、そして、その点を説明するために、情動の神経回路や、その他の生物学的指標を持ち出す必要はないことを理解できるようになるだろう。

❦ ❦ ❦

情動は作られるものだと主張したのは、私が初めてではない。構成主義的情動理論は、「構成主義」と呼ばれる、より包括的な科学的伝統に属する。ちなみに構成主義は、「人間の経験や行動は、脳や体内の生物学的な過程によってその都度生成される」と主張する。この考えは、古代ギリシアにさかのぼる古の考えに依拠している。古代ギリシアの哲学者ヘラクレイトスは、「同じ川に二度足を踏み入れた者は誰もいない」と書いたことで知られる。なぜなら、心のみが、不断に変化する川の流れを、一つの川として知覚するからだ。今日では、構成主義は記憶、知覚、精神疾患、そしてもちろん情動を含むさまざまな現象に適用されている。[14]

構成主義的情動理論には、二つの中心的な考えがある。一つは、怒りや嫌悪などの情動カテゴリーには指標が存在しないというもので、たとえば怒りのあるインスタンスは、別のインスタンスと同じように見えたり感じられたりするとは限らず、また同一のニューロン群によって引き起こされるとも限らない。変化が標準なのだ。あなたの怒りの範囲は、必ずしも私のそれと同じではない。ただし似たような環境で育っていれば、重なる部分が多く出てくることだろう。

構成主義的アプローチの核心をなすもう一つの考えは、「人間が経験し知覚する情動は、遺伝子によって必然的に決められているわけではない」というものだ。必然的なのは、「人間は、世界に内在する身体に起源を持つ感覚入力に意味を見出すための、ある種の概念を持つ」ことである。第5章で検討するように、脳はそのための神経回路を備えている。単細胞生物でさえ、環境の変化の持つ意味を理解できる。[15] しかし「怒り」や「嫌悪」などの個々の概念は、遺伝的に決まっているわけではない。身に染みついた情動概念は、まさにその概念が有意味かつ有用であるような特定の社会的な文脈のもとで育ったがゆえに組み込まれているのであり、脳は、本人の気づかぬうちに概念を適用し、経験を構築するのだ。心拍の変化は必然的だが、その情動的な意味は必然的なものではない。文化が異なれば、同じ感覚入力から異なる種類の意味が生成されうる。

構成主義的情動理論は、構成主義に属するいくつかの流派の考えを取り入れている。一つは社会構成主義と呼ばれるもので、この分野は、私たちがどのように世界を知覚し、そのもとで振る舞うのかを決めるにあたって、社会的な価値観や関心が果たす役割を研究している。[16] 一例に、冥王星が惑星なのか否かの決定がある。これは天体物理学ではなく、文化に基づく決定である。宇宙空間に漂う球状の岩は客観的な存在であり、さまざまな大きさを持つ。しかし私たちが関心を寄せるさまざまな特徴の組み合わせを表わす「惑星」という概念は、人々によって作られたものだ。私たちは、有用性に基づいて世界を理解するのであって、必ずしも絶対的、客観的な意味における真偽に基づいて理解するわけではない。情動という点に関して言えば、社会構成主義の理論は、感情や知覚が社会的な役割や信念によっていかなる影響を受けているのかを問う。たとえば私の知覚は、自分が女性、母親、ユダヤ文化のもとで暮らす無神論者であり、自分より皮膚にメラニンを多く含有する人々をかつて奴隷にしていた国で暮らす白い肌の人間であるという事実に影響を受けている。しかし社会構成主義には、情動とは無関係として生物学を無視する傾向があり、その代わりに、情動は自分の社会的な役割に応じたあり方で引き起こされると主張する。[17] したがって社会構成主義は、おもに外界の社会的状況に焦点を置き、脳の配線への社会的状況の影響を考慮しない。

もう一つの流派は、心理構成主義と呼ばれるもので、心の中に的を絞り、「知覚、思考、感情はそれ自体、より基礎的な要素から構成される」と主張する。一九世紀の何人かの哲学者は、原子同士が結合して分子になるように、より単純な感覚刺激を結合して思考や情動を生み出す大きな化学実験装置のごときものとして心をとらえた。また、認知や情動などのさまざまな心の状態に寄与する、レゴブロックのような万能部品のセットとして心をとらえる哲学者もいた。[18] たとえばウィリアム・ジェイムズは、きわめて多様な情動経験が、共通の要素から構築されていると主張した。彼は次のように記している。「脳の情動プロセスは、それが持つ通常の感覚プロセスに似ているばかりでなく、実のところそのようなプロセスがさまざまなあり方で結合したものにすぎない」[19]。一九六〇年代になると、心理学者のスタンレー・シャクターとジェローム・シンガーは、アドレナリンを注射された被験者が（本人にはその事実を知らせなかった）、原因不明の興奮を、文脈に応じて怒り、あるいは強い幸福として経験するのを観察した。[20] おのおのの情動には対応する独自のメカニズムが脳内に存在し、同一の用語（たとえば「悲しみ」）がそれら独自のメカニズムと、その生成物の両方を指し示すと考える古典的理論とはまったく対照的に、心理構成主義の見方では、怒りや幸福のインスタンスは、それに対応する因果メカニズムを明らかにしないと考える。[21] 最近では、新世代の科学者が、情動とその機能を理解するために心理構成主義に依拠する理論を提起している。[22] すべての理論があらゆる前提を共有するわけではないが、一般に「情動は引き起こされるのではなく作られる」「情動は多様であり、指標を持たない」「情動は、原理的に認知や知覚と区別されない」と主張する。[23]

構成主義が提起する原理は脳の物理的な構造にも当てはまると言えば、読者は驚くのではないだろうか。この考えは神経構成主義と呼ばれる。シナプスによって結合する二本のニューロンを考えてみよう。明らかに、脳細胞は客観的に存在する。しかし、二本のニューロンが、ある一つの「神経回路」や「システム」の一部を構成しているのか、それともそれぞれのニューロンが別個の神経回路に属し、一方が他方を「調節」しているのかを客観的に判別する方法はない。その答えは、答える人の視点に依存する。同様に脳神経回路の結合の様態は、遺伝子のみによって必然的に決まるのではない。今日では、それには経験が一つの要因になることが知られている。遺伝子は、脳の配線を形作る遺伝子を含め、文脈に応じて発現したりしなかったりする（科学者はこの現象を神経可塑性と呼ぶ）。つまりシナプスのなかには、誰かが特定の態度であなたに話しかけてきたり、あなたを扱ったりしたがゆえに出現するものも存在する。[24] このように、構築作用は細胞レベルにまで達しているのだ。脳のマクロ構造の大半はあらかじめ決まっているが、ミクロの配線はそうではない。その結果、過去の経験によって未来の経験や知覚が導かれる。[25] 神経構成主義は、顔を識別する能力を持たずに生まれた乳児が、誕生後数日で、その能力を発達させることができる理由を説明する。また、どれくらい頻繁に保護者と身体的なふれあいを持ったのか、あるいはゆりかごに一人で寝かされていたのか、それともベッドで家族と一緒に寝ていたのかなど、乳幼児期の文化的な経験に応じて、脳がいかに多様なあり方で配線されるのかも説明する。

構成主義的情動理論は、これら三つの構成主義の流派をすべて取り入れている。すなわち社会構成主義からは文化と概念の重要性を、心理構成主義からは情動が脳や身体の内部の中核システムによって構築されるとする考えを、そして神経構成主義からは経験によって脳が配線されるという考えを取り入れている。

❦　❦　❦

構成主義的情動理論は、古典的理論のもっとも基本的な前提を捨て去る。たとえば古典的理論は、幸福、怒りなどの情動カテゴリーのそれぞれが、独自の身体的な指標を持つことを前提とする。それに対して構成主義的情動理論は、変化が標準だと見なす。人は怒ると、しかめ面をする、眉をひそめる、叫ぶ、笑う、不気味なほど冷静に立ち回るなど、状況に応じてさまざまな態度をとる。心拍数は、目下の行動を促進する必要性によって、高まったり、低下したり、まったく変わらなかったりする。誰かが怒っているのを見たときにも、知覚は多様さを示す。したがって「怒り」などの情動語は、多様なインスタンスの集合を指し示し、それぞれのインスタンスは目下の状況に対する最善の行動の指針として生成される。怒りと怖れのあいだにたった一つの決まった差異などない。なぜなら、たった一つの「怒り」や「怖れ」など存在しないからだ。この考えは、情動的生活の多様性を徹底的に論じたウィリアム・ジェイムズの見方と、生物種などの生物学的分類が多数の独自の個体から構成される個体群だと考える、チャールズ・ダーウィンの画期的な見方に啓発されている。[26]

情動カテゴリーは、クッキーのようなものとして見ることができる。クッキーには、サクサクしたもの、噛み応えのあるもの、甘いもの、香ばしいもの、大きいもの、小さいもの、平たいもの、丸いもの、ロール状のもの、クリームなどをはさんだもの、小麦粉を使ったもの、小麦粉を使わないものなど、さまざまな種類がある。このように「クッキー」というカテゴリーに含まれる要素は途方もなく多様だが、おいしい菓子やデザートとして客に出すなどの特定の目的に照らして、同じものと見なされる。クッキーは相互に似通って見える必要もなければ、同じレシピに従って焼く必要もない。それは、多様なインスタンスの集合なのだ。「チョコチップクッキー」など粒度の細かな分類でさえ、チョコレートのタイプ、小麦粉の量、黒砂糖と白砂糖の比率、脂肪分、生地を冷やすのに費やした時間の違いなどのために多様性が生じる。[27] 同様に「幸福」「罪悪」など、いかなる情動カテゴリーも変化に富む。

構成主義的情動理論は、身体の指標のみならず脳の指標も不要とし、「怖れを引き起こすニューロンはどこにあるのか？」など、神経学的な指標の存在を前提とする問いを回避する。「どこに」という言い方は、地球上のあらゆる人々が怖れを感じるたびにニューロンの特定の集合が活性化されるという仮定を含む。構成主義的情動理論では、悲しみ、怖れ、怒りなどの情動カテゴリーは、脳内の特定の部位を占めるのではなく、情動の各インスタンスは脳の包括的な状態として理解し研究すべきだと見なされる。したがって、われわれは「どこに」ではなく「どのように」情動が構築されるのかを問う。より中立的な問い「脳はどのように怖れのインスタンスを生成するのか？」は、背景に神経学的な指標を前提としない。単に「怖れの経験や知覚は現実のものであり、研究に値する」と想定するだけだ。

情動のインスタンスをクッキーにたとえれば、脳は小麦粉、水、砂糖、塩などの、よく使われる材料を揃えた台所である。[28] これらの材料を使って、クッキー、パン、ケーキ、マフィン、ビスケット、パンケーキなどさまざまな食べ物を作り出せる。同様に脳は、第1章で中核システムと呼んだ、主たる「構成要素」を備えている。中核システムは、レシピを用いて料理を作るときのように複雑なあり方で組み合わされて、幸福、悲しみ、怒り、怖れなどのさまざまなインスタンスを生成する。構成要素それ自体は多目的なものであり、情動の成分になるのではなく、その構築に参加する。怖れと怒りのインスタンスなど、それぞれに異なる情動カテゴリーに属する二つのインスタンスが、クッキーとパンがどちらも小麦粉を含むように、類似の構成要素から作られることもありうる。また、怖れなどの同じ情動カテゴリーに属する二つのインスタンスが、木の実を含むクッキーもあれば含まないクッキーもあるように、ある程度異なる構成要素から作られることもある。この現象は、第1章で取り上げた縮重の結果であり、怖れの異なるインスタンスが、脳全体に散在するさまざまな中核システムの異なる結合によって生成されうることを示している。脳活動の特定のパターンによって、いくつかの怖れのインスタンスをまとめて記述できるが、このパターンは統計的な要約であり、必ずしも現実の怖れのインスタンスを指し示すわけではない。

科学に関するどんなたとえにも当てはまることだが、台所のたとえには限界がある。中核システムとしての脳のネットワークは、小麦粉や塩のような「モノ」ではない。それは、私たちが統計的に一つの単位として見るニューロンの集合を示すが、任意の時点ではその一部のみが仕事に参加する。[29] ある一つの脳のネットワークが関与する一〇種類の怖れの感情があったとすると、おのおのの怖れの感情の生成には、そのネットワークに属する異なるニューロンが参加していることも考えられる。* これはネットワークレベルで作用する縮重である。つけ加えておくと、クッキーやパンは、はっきりと区別される実体的なモノだが、情動のインスタンスは、継続的な脳の活動に基づく瞬間的なスナップショットであり、私たちはスナップショットを、単に個別的な事象として知覚するにすぎない。とはいえ、相互作用するネットワークが、いかにさまざまな心の状態を生むのかを思い浮かべるにあたり、台所のたとえは有用であろう。

心を構築する中核システムは、処理の進行を統括する管理者がいなくても、複雑に相互作用する。しかし中核システムは、分解された機械の部品のように、すなわちいわゆる情動モジュール、あるいは情動器官として個別に理解することはできない。なぜなら、中核システム間の相互作用によって、部品のレベルでは存在しない新たな性質が生まれるからだ。台所のたとえを続けるなら、小麦粉、水、イースト菌、塩を使ってパンを焼くとき、それらの材料の相互作用によって新たな生産物が生み出される。そして、「パリパリした」「噛み応え」など、原材料には含まれていなかった独自の性質が創発する〔部分の性質の総和にとどまらない性質が、全体として出現する〕。ゆえに、焼き上がったパンを食べることで

＊＝スポーツのたとえがお好みであれば、ネットワークは野球チームのようなものだ。任意の時点では、二五人のチームメンバーのうち九人のみが試合に参加できる。またこの九人は、ベンチのメンバーと試合中にいつでも途中交代することができる。それでも私たちは、「そのチーム」が勝った、負けたと言える。

すべての材料を言い当てるのはなかなかむずかしい。[30] 塩を考えてみればよい。パンは、塩が必須の材料であるにもかかわらず塩辛くない。同様に、怖れのインスタンスは、単なる構成要素には還元できない。パンが小麦粉ではないのと同じように、怖れは身体的なパターンではない。それは中核システム間の相互作用を通じて創発する。怖れのインスタンスは、その構成要素には見出すことのできない、快（うねるジェットコースターに乗ったときなど）や不快（運転している車が雪道でスリップしたときなど）のような、部分に還元不可能な創発的性質を備えている。よって、逆行分析（リバースエンジニアリング）をして、怖れの感情から怖れのインスタンスを割り出すことはできない。

たとえ情動のさまざまな構成要素を知りえたとしても、それらを個別に研究していたら、各構成要素がいかに相互作用しながら情動を構築しているのかを正確に理解することは不可能だ。塩だけを分離して味わったり計量したりしたところで、それがどのようにパン作りに寄与するのかはわからない。それと同じだ。塩はパンを焼くあいだに他の材料と相互作用しながら、イースト菌の増殖をコントロールし、生地に含まれるグルテンを補強し、そしてもっとも大切なこととして風味を向上させる。塩がいかにパンの作り方を変えるかを理解するためには、その作用を実地で観察する必要がある。同様に、情動の各構成要素は、それに影響を及ぼす脳の残りの部分を含めた文脈のもとで研究される必要がある。全体論（ホーリズム）と呼ばれるこの哲学は、私が台所でパンを焼くたびに、まったく同じレシピを使っても違う結果が得られる理由を説明する。私はすべての材料を正確に計量し、毎回一定時間生地を捏ね、オーブンを特定の温度に設定し、パンの表面をパリパリにするために決められた回数、水を噴霧している。このように、すべての作業をいたって系統的に行なっているにもかかわらず、できたパンは軽かったり、重かったり、ときにはいつもより甘かったりする。そうなる理由は、どれだけ強く生地を捏ねたか、台所の湿度、生地の温度が正確に何度まで上がったかなど、レシピには書かれていない付随的な文脈が影響を及ぼすからである。全体論は、ボストンのわが家で焼いたパンが、カリフォルニア州バークレーにある友人のアンの家で焼いたパンほどおいしくならない理由を説明する。バークレーで焼いたパンの風味が格別なのは、海抜や、大気中に漂うイースト菌の種類がボストンとは異なるからだ。その種の付随的な変動要素は、最終生産物に劇的な効果を及ぼすことがあり、パン職人はその事実をよくわきまえている。[31] 全体論、創発する性質、縮重は、指標とはまったく正反対の概念なのだ。

身体や神経の指標に次いで捨て去るべき古典的理論の主たる前提は、情動の進化に関するものである。古典的理論によれば、私たちは包装紙で包まれた動物の脳を持つ。つまり、あらかじめ焼いておいたケーキが糖衣（アイシング）で包まれているように、祖先の動物から受け継がれた、情動を司る太古の神経回路が、理性的な思考を可能にする人類独自の神経回路に包まれていると考える。この見方は、情動に関する進化理論の「決定版」と見なされることが多い。しかし実のところ、単に進化理論の一つにすぎない。

構成主義は、ダーウィン流の自然選択の概念や個体群思考に関する最新の科学的発見を取り入れている。たとえば、さまざまなニューロンの組み合わせによって同じ結果を生むことができるという縮重による多対一の原理は、生存をより確実なものにする。[32] あらゆるニューロンが複数の結果に寄与しうるとする一対多の原理は、代謝の効率性や、脳の計算能力の向上をもたらす。[33] このような原理に従う脳によって、指標など持たない柔軟な心が生み出されるのである。[34]

さて、古典的理論の最後の主たる前提は、「生得的で普遍的な情動があり、健康な人なら世界のどこに住んでいようと、それを示したり認識したりできる」というものだ。それに対して構成主義的情動理論は、「情動は生得的なものではない。普遍的であるのなら、それは概念の共有によってである」と主張する。つまり普遍的なのは、欧米の概念の「悲しみ」から、英語には正確に対応する言葉がないオランダ語の概念 *Gezellig*（友人と一緒にいることで心地よさを感じること）に至るまで、身体由来の感覚刺激を意味あるものにする、概念を形作る能力である。

たとえばマフィンとカップケーキを考えてみよう。どちらも同じ形状を持ち、小麦粉、砂糖、ショートニング、塩など、同じ材料から作られる。また、レーズン、ナッツ、チョコレート、ニンジン、バナナなどの具材が加わる。したがって、小麦粉と塩、あるいはミツバチと鳥を区別する場合のように、マフィンとカップケーキを化学的性質によって区別することはできない。それでも、一方は朝食に食べるもので、他方はデザートとして食べるものと見なせる。つまり、二つを区別する主たる基準は、いつそれを食べるのか、だ。[35] この差異は、学習された文化的なものであり物質的なものではない。マフィンとカップケーキの区別は「社会的現実」であり、そのもとでは、焼いた食べ物のような物質界に属するモノに、社会的合意を通して付随的な機能が加えられる。同様に、情動も社会的現実である。心拍数、血圧、呼吸の変化のような身体的な現象は、自文化から学んだ情動概念を介して、社会的合意に基づく付随的な機能が感覚刺激に吹き込まれることによってのみ情動経験として成立しうる。友人が目を大きく見開いていれば、私たちはそこに、自分が用いる概念に応じて、怖れか驚きのいずれかを見て取る。心拍数の変化や大きく見開いた目などの身体的現実と、情動概念に由来する社会的現実を混同してはならない。

社会的現実は単なる言葉の問題ではなく、身体にも関わる。ある研究によれば、同じ焼いた食べ物をぜいたくな「カップケーキ」と見るか、健康によい「マフィン」と見るかによって、身体がそれを代謝する方法が変わってくる。[36] それと同じく、自文化の持つ言葉や概念によって、情動が生じるあいだに脳の配線や、身体の変化が導かれる。

古典的理論の種々の前提を捨て去ったからには、情動を論じるための新たな語彙を手に入れなければならない。「表情」などの馴染みの表現は常識的に思えるが、そこには、情動の指標が厳然として存在し、顔を介して情動が広く外部に伝えられるという暗黙の前提が存在する。第1章を読んで、私がより中立的な用語「相貌（facial configuration）」を造語したのに気づかれたかもしれない。そうしたのは、「古典的理論が、協調し合う統一体として扱っている一連の顔面筋の動き」を指す言葉が英語には存在しないからだ。また、「情動」という用語の持つあいまいさ（たとえばそれは、幸福のたった一つのインスタンスにも、幸福の全カテゴリーにも言及しうる）を取り除いた。あなたが、独自の情動経験を構築する場合、私はそれを「情動のインスタンス」と呼ぶ。それに対して一般的な怖れ、怒り、幸福、悲しみなどは、「情動カテゴリー」と呼ぶ。というのも、それらの用語は「クッキー」という用語と同じように、さまざまなインスタンスの集合を指すからだ。本来は、「情動」という用語そのものを追放し、自然界に実在する客観的な事物ではなく、つねにインスタンスかカテゴリーのいずれかに言及するよう心がけるべきだが、それでは一般向けの科学書としてあまりにも厳密すぎるので、どちらに言及しているのかを示すよう留意するにとどめておくことにする。
また、私たちは他者に情動を「検知」したり、「認め」たりするのではない。そのような言い方は、情動カテゴリーには知覚者からは独立した客観的な指標が備わっており、見出されるのを待っていることを示唆する。情動を「検知する」ことをめぐるいかなる科学的な問いも、自動的にある種の答えを前提としている。構成主義を支持する私なら、情動のインスタンスを「知覚する」と言うだろう。知覚とは、情動の背後に神経学的な指標が存在することを前提としない複雑な心的プロセスであり、それを通じて何らかのあり方で情動のインスタンスが生じることを意味するにすぎない。私は「情動を引き起こす」「情動反応」「あなたに生じている情動」などの言い回しを避ける。そのような言い方は、情動が客観的な実体であることを意味する。情動経験にはたいてい主体性の感覚が欠けているとしても、あなたはその経験における積極的な参加者なのである。
また私は、他者の情動を「正確に」知覚するなどとは言わない。情動のインスタンスは顔、身体、脳に客観的な指標を持たない。だから、「正確に」という言い方にはいかなる科学的な意味もない。ただし社会的な意味はある。確かに私たちは、二人が情動の知覚に関して合意するか否か、あるいは個別の知覚が特定の基準に従うか否かを問うことができる。だが、知覚は知覚者の内部に存在することを忘れるべきではない。[37]
用語に関するこれらの指針は、一見すると厳密すぎるように思われるかもしれないが、その重要性を是非とも理解しておいてほしい。新たな語彙は、情動と、それがいかに作られるのかを理解するにあたり、決定的な役割を果たすのである。

本章の冒頭で、私たちは不定形のかたまりを見て、それに一連の概念を適用した。すると一匹のミツバチが姿を現わした。これは脳のトリックではなく、正常な機能である。つまりあなたは、何を見るのかの決定に自ら積極的に参加しているのだ。そしてたいてい、自分がそうしている事実に気づいていない。単なる視覚入力から意味を構築する過程と同じ手順が、情動の謎を解くカギを与えてくれる。わが研究室で何百もの実験を行ない、他の研究者によって書かれた何千もの論文を精査したあと、私は、きわめて非直感的ではあれ、ますます多くの科学者に支持されるようになりつつある結論に達した。情動は顔や、身体の中心で逆巻く大渦巻きから輝き出てくるのではない。脳の特定の部位から発しているのでもない。どんなに科学が進歩しようが、いかなる情動に関しても、生物学的な指標が奇跡的に発見されたりはしないだろう。なぜなら情動は、あらかじめ組み込まれ、発見されるのを待っているような類(たぐい)のものではないからだ。情動は、私たちによって作られる。私たちは情動を認識したり、特定したりはしない。そうではなく、私たちは自分の情動経験や他者の情動の知覚を、さまざまなシステムの複雑な相互作用を通じて、必要に応じてその場で構築するのだ。人間は、高度に進化した脳の、原初の動物的な部位に深く埋め込まれた謎めいた情動神経回路のなすがままになっているのではない。私たちは、自らの経験の建築家(アーキテクト)なのである。

このような考えは、情動が、直前まで考えていたこと、していたことは何であれ中断させてしまう小さな爆弾であるかのように感じられる日常の経験とは符合しない。同様に私たちは、他者の顔や身体を見ると、自分ではどんな努力もせず、また、いかなる入力情報も受け取ることなく、それどころか当の他者が気づいてさえいなくても、その人が何を感じているかがそこに示されているかのように感じる。また、吠えるイヌやのどを鳴らしているネコを見ると、そこに情動の発露を見出したと思い込む。しかし、どんなに説得力があろうと、その種の個人的な経験は、空を横切る太陽を眺める経験が、太陽が地球の周りを回っていることを証明するわけではないのと同様、脳がどのように情動を生んでいるのかを示すものではない。

構成主義を初めて知る読者にとっては、「情動概念」「情動の知覚」「相貌」などの言葉は、おそらく馴染みがないはずだ。だが、進化生物学や神経科学によって得られた知見に沿うあり方で情動を真に理解するためには、旧態依然たる思考様式を捨て去らなければならない。次章では、読者がその方向に沿って進めるよう、構築の実例を示そう。また、多くの人々が事実と見なし、半世紀にわたって心理学の中心的な地位を確保できるよう古典的理論をあと押しした、よく知られた科学的発見を詳細に検討する。そしてその経緯を構成主義の観点から解きほぐし、確実とされている考えに疑問を呈していく。ということで、しっかりと心のご準備を。

第3章

普遍的な情動という神話

The Myth of Universal Emotions

図3・1の、恐怖で悲鳴をあげている女性の写真を見てほしい。欧米の文化のもとで生まれ育ってきた人のほとんどは、文脈が示されていなくても、たやすく彼女の「表情」から情動を見て取れるだろう。

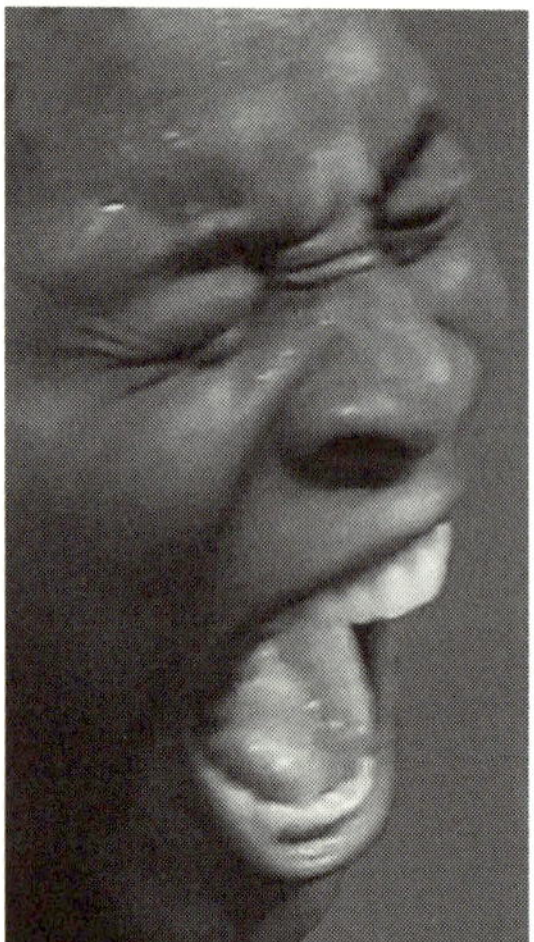
図3.1　女性の顔に恐怖を知覚する

　ただし、彼女は恐怖を感じているのではない点を除けば。実のところこの写真は、二〇〇八年の全米オープンテニス大会の準々決勝で姉のビーナスを破ったセリーナ・ウィリアムズを、その直後に撮影したものである。[1] 五〇二頁（補足説明C）に写真全体を掲載したので参照されたい。文脈が提示されると、彼女の相貌は違った意味を帯びて立ち現われてくるはずだ。

　文脈を知ったあとでウィリアムズの顔が微妙に変化したように感じたとすると、そう感じたのはあなただけではない。この経験はありふれたものだ。では、あなたの脳はいかにしてそれをなし遂げたのか？　私が最初に用いた情動語「恐怖」は、あなたがかつて恐怖を感じている人に見出した相貌をシミュレートするよう脳を仕向けた。自分では、このシミュレーションにほとんど気づかなかっただろう。だがそれは、ウィリアムズの顔の知覚を形成した。「彼女は準々決勝で勝利したばかりだ」という文脈が説明されると、あなたの脳はテニスや勝利の概念に関する知識を動員して、高揚を経験している人にかつて見出した相貌をシミュレートした。そしてこのシミュレーションも、ウィリアムズの顔の知覚に影響を及ぼしたのだ。どちらのケースでも、情動概念が、写真のイメージから意味を見出すよう導いたのである。[2]

日常生活では通常、特定の文脈のもとで人々の顔に遭遇する。顔は身体につながり、声、においなどの、周囲のさまざまな詳細情報に結びついている。脳は詳細情報を手がかりにし、特定の概念を用いて情動の知覚をシミュレートし、構築する。だから写真全体を見たときには、恐怖ではなく勝利を知覚したのだ。実のところ、人は他者の情動を知覚するときにはつねに、情動概念に依拠している。への字に結ばれた口を悲しみとして見るには、「悲しみ」という概念に関する知識が、また、大きく見開いた目を怖れとして見るには「怖れ」の概念が必要とされる。[3]

古典的理論によれば、情動は世界中の人々が生まれた瞬間から見分けることのできる普遍的な指標を備えているので、情動の知覚に概念は必要とされない。[4] その考えが間違いであることをこれから示そう。構成主義的情動理論を適用し、少しばかり逆行分析をしてみれば、概念が情動の知覚における主たる構成要素だとよくわかるはずだ。まず、情動には普遍的なものがあることを示す、もっともよく知られた実験技法を検討してみよう。それはシルヴァン・トムキンス、キャロル・イザード、ポール・エクマンが用いた基本情動測定法だ（第1章参照）。次に、被験者が利用可能な情動概念の知識の量を徐々に減らしてみよう。それによって被験者の情動の知覚が次第に損なわれていくようなら、概念が情動の知覚の構築に必須の役割を果たしていることが明らかになる。さらに、特定の状況下では、情動が普遍的に認識されているかのように見えるのはなぜかを学び、情動はどのように作られるのかに関する理解を深めていく。

第1章で述べたように、基本情動測定法は「情動の認識」を研究するために考案された。実験では、被験者は各試行（トライアル）で、たとえば幸福で微笑んだ顔、怒りでしかめ面をした顔、悲しみで口をへの字に結んだ顔を、訓練を積んだ俳優に作らせて撮影した顔写真で見せられる。図3・2にあるように、写真には情動語がいくつか添えられており、被験者は顔写真にもっとも合った言葉を選択する。試行ごとに同じ言葉が提示される。基本情動測定法の別のバージョンでは、被験者は、「彼女は、母親を失って悲しんでいる」などの短いストーリーや文章にもっとも合った写真を二、三枚のサンプル写真のなかから選ぶ。

世界各地（ドイツ、フランス、イタリア、イギリス、スコットランド、スイス、スウェーデン、ギリシア、エストニア、アルゼンチン、ブラジル、チリ）出身の被験者は、平均しておよそ八五パーセントの試行で、予想されていた単語や顔写真を選択した。[5] 日本、マレーシア、エチオピア、中国、スマトラ、トルコなど、アメリカとは文化がかなり異なる国で暮らす被験者は、顔写真と言葉のマッチングの成績がやや劣り、

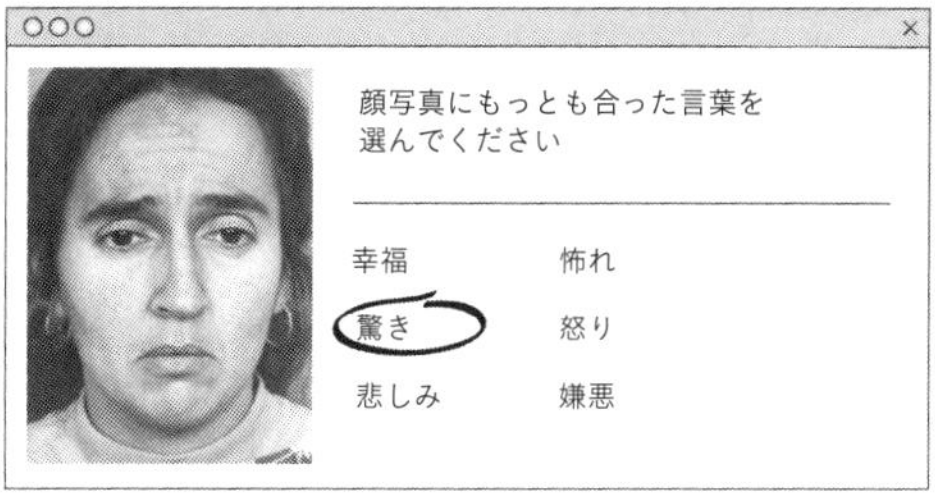

図 3.2　基本情動測定法——顔写真と合致する言葉を選択する

予想されていた回答はおよそ七二パーセントだった。[6] この発見をもとに数百の科学的な研究が、欧米とは接点がほとんどなかった遠隔地の文化のもとで暮らす人々によってさえ、表情は普遍的に認識され、それゆえ普遍的に形作られると結論づけている。情動の「認識」に関するこの種の発見は、ここ数十年のあいだに頻繁に再現されてきたため、普遍的な情動という概念はやがて、万有引力の法則に匹敵するような、間違いのない科学的事実の一つと見なされるまでになった。

とはいえ、普遍的な法則には、ときに普遍性を失うという、困った傾向が見受けられる。ニュートンの万有引力の法則は、相対性理論が登場するまで普遍的であったにすぎない。

基本情動測定法の実験手順を、微妙に変えたら何が起こるだろうか？　たとえば、情動語の一覧を取り除いたらどうなるのか？　その場合被験者は、俳優の作る表情が写った顔写真に対して、図3・2に示されているように適切と思う情動語を既存の一覧から選択するのではなく、図3・3にあるように、自分の知る数十（あるいは数百）の情動語のなかから自由に決めなければならない。われわれがこの実験を試してみたところ、被験者の成績は急激に落ちた。このような方式のもっとも初期の研究の一つでは、被験者は、五八パーセントの試行でのみ、予想されていた情動語（もしくはその類義語）を回答したにすぎなかった。また、それに続く実験では、数値はさらに低下した。それどころか、「この人物の心中をもっとも適切に表わす言葉は何か？」などのように、情動に言及しない中立的な言葉で問うと、成績はさらに落ちる。[7]

実験手順のわずかな変更によって、なぜそれだけの違いが生じたのだろうか？　なぜなら、「基本情動測定法で用いられている情動語の短い一覧〈強制された選択〉と呼ばれる）は、はからずも被験者のカンニングペーパーになる」からだ。そこに記述されているいくつかの言葉は選択の範囲を限定するだけでなく、対応する情動概念に見合った相貌をシミュレートして、そこに特定の情動を見、他の情動を見ないよう被験者を誘導する。[8]このような手法は「プライミング」と呼ばれる。同様に私は、「恐怖で悲鳴をあげている女性」と記述することで、初めてセリーナ・ウィリアムズの顔写真を見る読者にプライミングを施したのだ。[9]するとシミュレーションは、彼女の顔写真から得られる感覚入力を分類して、意味ある表現を見出すよう影響を及ぼし始める。それと同じく、情動語の一覧を見た被験者は、対応する情動概念によってプライミングを施され（つまりそれをシミュレートするよう仕向けられ）、目にした顔を分類したのである。[10]概念に関する知識は、他者を情動的として知覚することにおいて主たる構成要素をなし、情動語はまさにその構成要素に働きかける。またそれは、基本情動測定法を採用する数百の研究で見出された、普遍的情動の知覚と思し

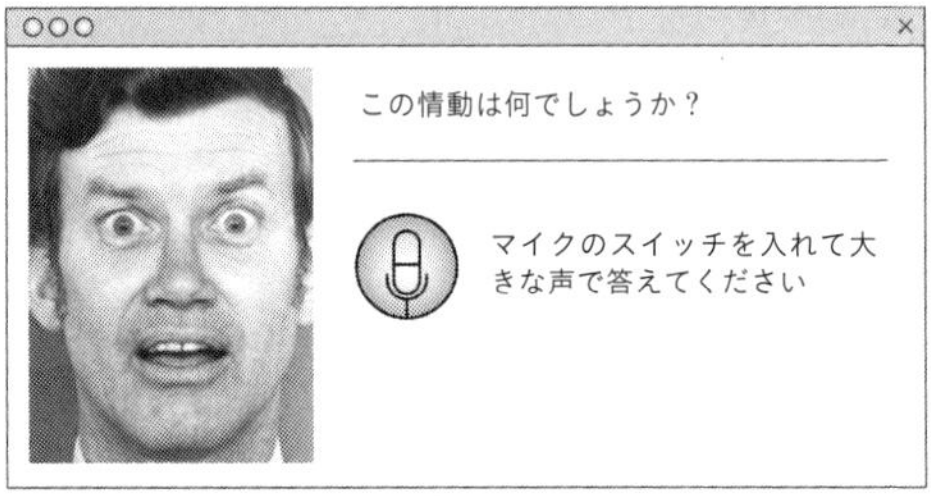

図 3.3　基本情動測定法から情動語を取り除く

きものを生み出した要因なのかもしれない[11]。

自由な言葉によるラベリングは、概念に関する知識の影響を低下させるが、それはいくぶんかにすぎない。わが研究室ではさらに一歩進めて、印刷されたものにせよ、口頭で伝えられるものにせよ、すべての情動語を除去した。構成主義的情動理論が正しければ、この些細な変更は情動の知覚をさらに損なうはずである[12]。われわれは、実験の各試行で、いかなる言葉も添えずに二枚の写真を並べ（図3・4参照）、「二人は同じ情動を感じているでしょうか？」と被験者に尋ねた。被験者は「イエス」か「ノー」で答えることが想定されていた。この顔マッチング課題の結果は示唆的で、被験者は四二パーセントの試行でのみ予想されていた回答を提示した。

次にわれわれは、概念に関する知識の影響をさらに低下させた。単純な実験技法を用いて、被験者自身が持つ情動概念へのアクセスを積極的に阻害したのだ。具体的に言うと、「怒り」などの情動語を被験者に繰り返し唱えさせたのである。そうすると、たとえば「怒り」という情動語は、やがて被験者にとっては心的にその意味と切り離された、単なる音の羅列（「い・か・り」）と化す。この実験技法は、一時的に脳損傷を引き起こすのと同じ効果を与えるが、まったく安全であり、その効果は

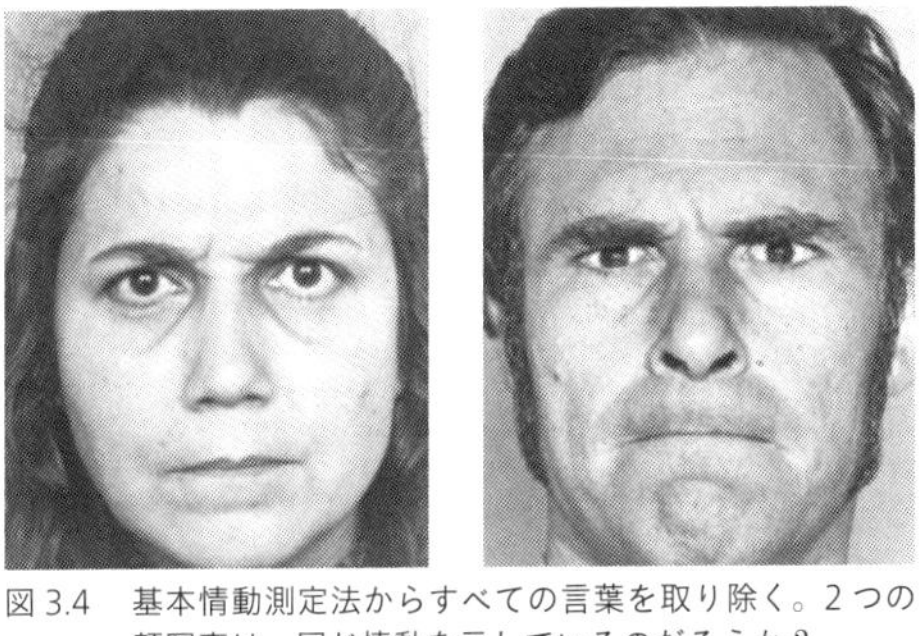

図 3.4　基本情動測定法からすべての言葉を取り除く。2 つの顔写真は、同じ情動を示しているのだろうか？

一秒すら続かない。[13] その直後に、先の実験同様、二枚の写真を並べて見せた。すると被験者の成績は、三六パーセントという惨憺たる数値に落ちた。つまり「イエス」か「ノー」かによる判断のほぼ三分の二が正しくなかったのだ。[14]

われわれはまた、脳に恒久的な損傷を負い、意味性認知症と呼ばれる神経変性疾患を抱える被験者を対象に実験を行なった。彼らは、情動に関するものを含め、言葉や概念の想起に困難を覚えている。われわれは彼らに、六人の俳優に六種類の基本情動測定法の相貌（微笑んだ顔〈幸福〉、口をへの字に結んだ顔〈悲しみ〉、しかめ面〈怒り〉、目を見開いて息をのんだ顔〈怖れ〉、鼻にしわを寄せた顔〈嫌悪〉、普通の顔）を作らせて撮影した、合計三六枚の顔写真を見せた。次に、自分にとって意味があると思うとおりに、顔写真を個別の山に分類するよう指示した。[15] その結果、彼らはしかめ面のすべてを怒りの山に、口をへの字に結んだ顔のすべてを悲しみの山に（以下同様）分類することはできず、[16] 快か不快かの区別を反映する、肯定的、否定的、中立の三つの山に分類できただけだった。[17] かくしてわれわれは、顔に情動を見出すには情動概念が必要であることを示す堅実な証拠を手に入れた。

われわれの発見は、情動概念がまだ十分に発達していない乳幼児を対象とする研究によっても裏づけられている。心理学者のジェイムズ・A・ラッセルとシェリ・C・ウィデンによる一連の研究では、基本情動測定法の相貌を見せられた二、三歳児が、「怒り」「悲しみ」「怖れ」などのはっきりと識別された概念を獲得するまで、それらを自由にラベリングできないことが示されている。また二、三歳児は、情動粒度の粗いおとなと同様、「悲しい」「怒り狂った」「おびえた」などの言葉を互換的に用いた。[18] これは情動語の理解の問題ではない。というのも、子どもたちが情動語の意味を学んでも、口をへの字に結んだ顔を「悲しみ」という言葉に容易に結びつけられるのに、口をへの字に結んだ二つの顔を互いにマッチしたものとして特定するのに苦労するからだ。乳児を対象とした実験でも類似の結果が得られている。たとえば、生後四〜八か月の乳児は、微笑んでいる顔としかめ面を区別できる。しかしこの能力は、情動そのものには関係しないことが判明している。実験では、幸福を表わす顔は歯を見せていたが、怒りを表わす顔は見せておらず、乳児はそれを手がかりにしたのだ。[19]

これら一連の実験（情動語の一覧を取り除いた実験→言葉を用いず写真だけを使った実験→一時的に情動概念を無効化した実験→情動概念を処理する能力を失った患者を対象にした実験→はっきりとした概念をまだ獲得していない乳幼児を対象にした実験）から、一つの結論が浮かび上がってくる。情動概念が希薄になればなるほど、人は俳優の作った定型的な顔が示しているはずの情動を認識することが困難になる。[20] 段階的に手がかりを剥奪していく一連の実験によって得られた結果は、「対応する情動概念を持つ場合に限って、人は顔に情動を見出す。なぜなら、その場で知覚を構築するためには、情動概念が必要とされるからだ」という考えを裏づける強力な証拠になる。

情動概念の力を真に理解するために、わが研究室のメンバーは欧米の文化的な慣習や規範に関する知識をほとんど、あるいはまったく持たない、アフリカの奥地の社会を訪ねた。急激に進行するグローバリゼーションのせいで、現在ではそこまで隔絶された文化はほとんど残っていない。博士課程に在籍し、私が指導していたマリア・ジャンドロンは、認知心理学者のデビ・ロバーソンとともに、アフリカのナミビアに赴いて、そこでヒンバ族という部族の情動の知覚を研究した。[21] ヒンバ族を訪問するのは楽ではない。マリアとデビは南アフリカに飛び、そこから車で一二時間かけてナミビア北部のオプウォにあるベースキャンプにたどり着いた。[22] さらにそこから通訳と一緒に不整地走行車に乗り、潅木地帯を貫く小道に沿いながら山と太陽を目印に、何時間もかけてアンゴラとの国境沿いにある村々を訪ねた。夜は、そこら中にいるヘビやサソリが近づくのを避けるために車の上にしつらえたテントで寝た。残念ながら私自身は同行できなかったが、彼女たちは衛星携帯電話と発電機を携行していたので、電波さえ受信できれば連絡をとれた。

ヒンバ族の生活は、まったくもって非欧米的だ。人々はおもに戸外、もしくは若木、泥、糞で建てられた共用の建物で暮らしている。男たちは日夜ウシの世話をし、女たちは食事の準備や育児にいそしんでいる。子どもたちは共用の建物の近くでヤギの面倒を見ている。ヒンバ族はヘレロ語の方言を話し、文字は持たない。

研究チームに対するヒンバ族の反応は、いたって控えめであった。子どもたちはチームのメンバーに関心を示して、早朝にはいつもの雑用を始める前に寄ってきた。何人かの女たちは当初、（彼女らの観点から見て）男のような服装をしていたマリアが女性か確信が持てないでいたらしく、うわさしたり笑ったりしていたという。しかし男たちはどうやら彼女が女性だとわかったらしい。というのも、あるとき一人の男が、彼女に結婚を申し込んできたからだ。そのときナミビア人の通訳は、「マリアは大きな銃を持った男とすでに結婚している」とヘレロ語で丁重に説明して、彼の申し出をかわしたとのことである。

マリアは、作った顔を写した例の三六枚の写真を使って分類実験を行なった。この実験は、情動語はもちろん、言葉にはまったく依存しないので、言語や文化の垣根を越えて適用できる。ただしわれわれは、わざわざ肌が黒い俳優を起用して写真を撮り直した。[23] というのも、もとの欧米人の顔ではヒンバ族に似ていなかったからだ。ヒンバ族の被験者は、われわれが期待していたとおり、ただちに自分のなすべき課題を理解し、俳優別に顔を分類することが自然にできた。情動によって顔を分類するよう指示すると、ヒンバ族の分類は欧米人のものとは明らかに異なっていた。彼らは微笑んでいる顔の写真すべてを第一の山に、目を見開いた顔の写真のほとんどを第二の山にまとめたが、残りの顔写真はまぜこぜにしてさまざまな山にまとめた。[24] 情動の知覚が普遍的なら、ヒンバ族の被験者は写真を六つの山に分類したはずだ。それぞれの山を自由にラベリングするよう求めると、微笑んでいる顔の山は「幸福な（*ohange*）」ではなく「笑っている（*ondjora*）」と、目を見開いた顔の山は「怖れ（*okutira*）」ではなく「見ている（*tarera*）」と名づけた。つまりヒンバ族の被験者は、心の状態や感情を推測するのではなく、行動を示すものとして顔面の動きを分類したのである。[25] 彼らは概して、普遍的な情動の知覚の存在を裏づけるような証拠をまったく示さなかった。この実験では、英語の情動概念への言及がすべて取り除かれている点を考えれば、基本情動測定法の適用が、情動に普遍性があることの証拠を提示するかのように見えた第一の理由は、まさしくそれが暗に含む概念が作用していたからではないかと考えられる。[26]

とはいえ、もう一つ謎が残っていた。その謎とは次のようなものだ。心理学者のディサ・A・ソーターが率いる研究チームが、その数年前にヒンバ族の村を訪れ、普遍的な情動の「認識」の証拠を報告していた。ソーターらは、ヒンバ族の被験者を対象に基本情動測定法を用いて実験しているが、彼女たちの実作った顔の写真の代わりに音声（笑い声、うなり声、鼻を鳴らす音、ため息など）を用いた。[27] 彼女たちの実験では、（ヘレロ語に翻訳した）情動に関連する短いストーリーが語られ、二つの音声のうちどちらがそのストーリーにふさわしいかが被験者に尋ねられている。ヒンバ族の被験者は、この課題で好成績を収めたので、ソーターらは情動の知覚が普遍的なものだと結論づけた[28]。われわれは、ヒンバ族の別の被験者を対象にこの実験を行なったが、報告されている方法を用い、ソーターらが起用した通訳を雇ったにもかかわらず、同じ結果は得られなかった。マリアはまた、ヒンバ族の別の被験者に、ストーリーを聞かせずに音声を自由にラベリングするよう求めた。その結果、またしても予想どおりに分類されたのは笑い声だけだった（「幸福な」ではなく「笑っている」とラベリングしたが[29]）。では、なぜソーターらは普遍性を見出し、われわれは見出さなかったのか？

二〇一四年後半、ソーターらは意図せずしてこの謎を解いた。彼女らによれば、実験には論文に報告されていなかった、概念に関する知識にまみれたステップが含まれていたのだ。ヒンバ族の被験者は、情動に関連するストーリーを聞いたあと、二つの音声を耳にする前に、登場人物がどう感じてい

図 3.5　トラックを利用して張ったテントの下で、ナミビアのヒンバ族の被験者と実験をするマリア・ジャンドロン

るのかを尋ねられた[30]。この課題の遂行を促進するために、ソーターらは「（必要であれば）自分の言葉で意図されている情動を説明できるようになるまで、録音されたストーリーを何度も聞くことを、被験者に許可した[31]」。つまり被験者が英語の情動概念に対応しない言葉を発した場合、負のフィードバックが与えられ、もう一度指定するよう求められたのだ。そして、期待される言葉を提示できない被験者は実験から除外された。しかしこのやり方では、ヒンバ族の被験者は、対応する英語の情動概念を学習して初めて、ストーリーに合った音声を選択することを許されたのと何ら変わりがない[32]。われわれがソーターらの実験を再現しようとしたとき、論文に記載されている手順しか用いなかったので、この未報告のステップを行なっておらず、われわれが募った被験者には、音声を聞く前に英語の情動概念を学習する機会がなかったのである。

われわれの実験方法と、ソーターらの実験方法のあいだにはもう一つ違いがある。ヒンバ族の被験者が（「悲しみ」などの）情動概念を十分に説明できるようになったあと、ソーターらは二種類の音声を聞かせた。たとえば被験者は泣き声と笑い声を聞かされ、「悲しみ」にふさわしいと思うほうを選んだ[33]。それからさらに、泣き声とため息、泣き声と悲鳴などといった具合に、どちらか一方が泣き声かのような二つの音声を続けて聞かされた。そしておのおののペアから、「悲しみ」にふさわしいと思うほうの音声を選んだのだ。この方法では、最初の試行で泣き声と「悲しみ」の結びつきに確信のなかった被験者も、最後の試行では確信を持つようになっていたはずだ。われわれはこの問題を回避した。マリアは各試行において、（通訳を通じて）ストーリーを語ってから、二つの音声を聞かせ、それから被験者はよりふさわしいと思うほうを選んだ。試行は無作為の順番で行なわれた（「悲しみ」↓

「怒り」→「幸福」など)。このようなやり方は、この種の実験で学習が生じないようにするためにとられている標準的な手順である。われわれは、その点を考慮した実験によって、普遍性を示す証拠が見出せないことを確認したのだ。

情動概念の効果なしに人々が知覚できるように思われる情動カテゴリーが一つある。それは「幸福」だ。用いられた実験方法にかかわらず、さまざまな文化のもとで暮らす人々が、微笑んだ顔と笑い声が幸福を表現すると見なす。よって「幸福」は、普遍的な表現形態を持つ普遍的な情動カテゴリーにもっとも近いのかもしれない。あるいはそうではないのかもしれない。そもそも「幸福」は、基本情動測定法を用いて普段テストされる唯一の快い情動カテゴリーである。したがって、被験者にとって、それを否定的な情動カテゴリーとは区別して分類するのは朝飯前だとも考えられる。また次のおもしろい事実を考えてみるとよい。歴史的な記録によれば、古代ギリシア人やローマ人は、幸福を感じているときに自然に微笑んだりはしなかった。ラテン語や古代ギリシア語には「微笑み」という言葉すら存在しない。微笑みは中世の発明であり[34]、歯を見せた満面の笑み(目尻にしわを寄せる笑みで、エクマンはデュシェンヌ・スマイルと呼んでいる)は、歯科医術が広く利用できるようになった一八世紀になって初めて普及した[35]。古典学者のメアリー・ビアードは、それについて次のように述べている。

ローマ人は、私たちに微笑みに見えるような形態で口角を上げることなど一切なかったというわけではない。もちろん、そうすることはあった。しかしそのような口元の動きは、ローマの社会的、文化的な身ぶりという点では、それほど大きな意味を持っていなかった。逆に、私たちにはほとんど無意味に見える他の身ぶりが、はるかに重要な意義を担っていたのである。[36]

おそらくは過去数百年間のいずれかの時点で、微笑みは普遍的でステレオタイプ化された、幸福を象徴する身ぶりになったのだろう。* あるいはもしかすると、そもそも幸福を感じての微笑みは、普遍的ではないというだけのことかもしれない。[37]

❦　❦　❦

情動概念は、基本情動測定法の成功の陰に隠れた構成要素である。実際には、誰もが他者の情動の知覚を構築しているにもかかわらず、情動概念は、特定の相貌を情動の表現として普遍的に認識可能かのように見せかける。私たちは、自分の持つ情動概念を他者の顔や身体の動きに適用することで、幸福、悲しみ、怒りを感じているとしてその人を知覚する。同様に情動概念を声に適用して、情動に満ちた音声を聞いているという経験を構築する。私たちは、気づかぬうちに情動概念が作用するほど迅速にシミュレートするため、顔や声やその他の身体部位から発信された情動を単に検知しているに

＊＝古典的理論の擁護者は、歯科医術が誕生するまで、幸福を感じて表わす先天的な微笑みを、社会的に不適切なものとして抑制していたのだと主張するかもしれない。

すぎないと思い込んでいるのだ。

ここで「あなたの研究チームは、なぜずうずうしくも、自分たちが行なった一握りの研究によって、表情のなかに情動を普遍的に認識しうることを示す証拠を見出した何百もの研究を否定できると考えているのか？」と訝る読者もいることだろう。この問いは検討に値する。たとえば心理学者のダッチャー・ケルトナーは、「エクマンの見解と一致する観点は、厖大な量のデータによって裏づけられる」と述べている。[38]

それに対する回答は、次のようなものだ。それらの厖大な量のデータのほとんどは、基本情動測定法を用いて得られたものである。たった今見てきたように、この測定法には情動概念に関する知識が潜んでいる。人間には、ほんとうに情動表現を認識する能力が生まれつき備わっているのなら、情動語を除去しても結果は変わらないはずだが、実際にはつねに変わった。情動語が実験に強力な影響を及ぼしていることにほとんど疑いはなく、このことは基本情動測定法を用いたこれまでのすべての研究にただちに疑問を投げかける。[39]

わが研究室は今日まで、ナミビアに二度、タンザニア（ハッツァ族と呼ばれる狩猟採集民族）に一度研究チームを送り、一貫した結果を得ている。また社会心理学者のホセ＝ミゲル・フェルナンデス＝ドルスは、ニューギニアのトロブリアンド諸島で、われわれが得た結果を再現している。[40]したがって、今や科学は「厖大な量のデータ」に関して、代わりの妥当な説明を手にしたことになる。基本情動測定法は、欧米流の情動の知覚を構築するよう被験者を誘導する。その点からもわかるように、情動の知覚は、生まれつき備わっているのではなく構築されるのだ。

一九六〇年代に行なわれた初期の異文化間実験を詳細に検討してみれば、基本情動測定法に内在する概念に関わる要素によって、結果が普遍性を示すような方向へと曲げられていることを立証する手がかりが見つかるはずだ。奥地の文化のもとで暮らす被験者を用いた七つの事例のうち、基本情動測定法を用いた四つは普遍性を示す強い証拠を提示しているが[41]、自由なラベリングを用いた残りの三つは提示していない。後者の三つの事例は、論文審査のある専門誌ではなく、（学問の世界では劣った出版形態と見なされている）書籍で発表されており、ほとんど引用されていない。その結果、普遍性を支持する四つの研究が、人間の本性についての研究における革新的な発見として賞賛され、その後の研究の方向を決定づけた。それに続く数百の研究は、基本情動測定法を強制的に選ばされて、おもに欧米の慣習や規範にさらされた文化を対象にし、実験の設計から普遍性の発見に有利な条件を引き出しながら、結果を事実として発表してきたのだ[42]。これは、「情動表現」や「情動認識」に関して知られていることが、今日多くの科学者や一般の人々によって根本的に誤解されている理由を科学的な観点から説明する。

では、それらの研究から誰かが異なる結論を引き出したなら、今日の情動科学はどのようなものに見えるのだろうか？ エクマンが初めてニューギニアのフォレ族を訪れたときに書いた次の文章について、まずは考えてみよう。

私は彼らにさまざまな表情（写真）を見せ、それをもとにストーリーを作るよう求めた。「今何が起こっているのか、何が起こったからこの人はそのように表現しているのか、そして次に何が起こるのかを私に語って聞かせてください」と言ったのである。それはきわめて困難だった。翻訳の問題だったのか、それとも私が何を聞きたいと思っているのか、私がなぜそんなことを知りたがっているのかが彼らにはまったくわからなかったからなのかは判然としない。もしかすると見知らぬ人に関する話を作るなどという試みは、フォレ族には無縁のことだったのかもしれない。[43]

エクマンの見方は正しいのかもしれない。しかし、フォレ族には、顔面の一連の動きを通して露呈する内的な感情を意味する「表情」という概念を、理解し受け入れることができなかったという可能性も考えられる。[44] あらゆる文化が、情動を内的な心の状態として理解しているわけではない。たとえばヒンバ族やハッツァ族の情動概念は、行動が重視されているように思われる。これは、日本のいくつかの情動概念にも当てはまる。[45] ミクロネシアのイファアリク島の住民は、情動を人々のあいだの取引として考えている。[46] 彼らにとって怒りは、一人の人間の腹立ち、しかめ面、机を叩くこぶし、怒鳴り声などではなく、共通の目標をめぐって書かれた筋書き（スクリプト）（ダンスと言ってもよいだろう）に関与する二人の人間のあいだで生じる状況を意味する。彼らの観点からすると、怒りは二人のどちらか、あるいは両者の内部に「宿る」ものなどではない。

基本情動測定法の考案と適用の歴史を調べてみると、科学的見地からの批判が驚くほどたくさん出されていることがわかる。心理学者のジェイムズ・A・ラッセルは、二〇年以上前に数多くの問題を列挙していた。[47] また前述のとおり、「六つの基本的な表情」は科学的な発見ではなく、基本情動測定法を考案した欧米人が規定して俳優に作らせたものであり、それを基盤に一つの科学が築かれたのである。基本情動測定法の作った顔にはいかなる妥当性も見出されておらず、また顔面筋電図や顔面分析法などの、より客観的な手法を用いた研究によっては、実生活での情動の発露において、恒常的にその種の顔面の動きが生じていることを示す証拠は見出されていない。それにもかかわらず、科学者は基本情動測定法を用い続けている。なにしろ、それによって一貫した結果が得られるのだから。

科学的な「事実」が覆されるたびに、新たな発見に至る道が開ける。物理学者のアルバート・マイケルソンは、「光は、エーテルと呼ばれる仮想物質を媒介として空虚な空間を伝わる」とする、アリストテレスの推測を反証して一九〇七年にノーベル賞に輝いた。[48] 彼のこの業績は、アルベルト・アインシュタインの相対性理論のお膳立てをした。われわれのケースでは、情動の普遍性を示す証拠に実質的な疑問をつきつけた。それらの証拠は特定の条件のもとで、具体的に言えば、意図的か否かを問わず、欧米の情動概念に関する情報を、わずかではあれ被験者に与えたときにのみ、普遍的なもののように見えるにすぎない。このような認識は、本書で読者が学ぼうとしている情動の新たな理論への先鞭をつけた。したがってトムキンスやエクマンらは、瞠目すべき発見への道を拓いたとも言えよう。ただしそれは、彼らが期待していた発見ではなかったのだが。

基本情動測定法を用いる異文化間研究の多くは、もう一つ興味深いことを示唆する。それは、「情動概念は、特に意図せずとも文化の垣根を越えてたやすく教えられる」ということだ。そのようなグローバルな理解には、途轍もない恩恵があるはずである。たとえば、サダム・フセインの異父弟がアメリカ人の怒りの情動概念を理解してさえいれば、彼は当時の国務長官ジェイムズ・ベイカーの怒りを認識してアメリカとの湾岸戦争を回避し、無数の命を救えたかもしれない。

いとも簡単に、特に意図せずに情動概念を教え込めることを考慮すると、情動に関する欧米のステレオタイプを文化研究に持ち込むことには、危険がつきまとうことがわかる。たとえば、現在でも続けられている普遍表現プロジェクト（Universal Expressions Project）と呼ばれる一連の研究は、顔、身体、声による情動表現に見られる普遍的な現象を記録しようと試みている。[49] それらの研究によって、「世界各国のあいだで高度に類似する、およそ三〇の表情と、二〇の声の表現」が、これまでに特定されている。問題は、このプロジェクトが基本情動測定法しか用いておらず、したがってその種の証拠を発見することなどできるはずのない道具を用いて普遍性が調査されている点にある（またこのプロジェクトでは、自分たちが文化的表現だと考えている表現を作るよう被験者に求めている。このやり方は、情動にともなって生じた実際の身体の動作を観察することとは異なる）。もっと重要な指摘をしておくと、このプロジェクトが目標を達成すれば、世界中の誰もが、情動に関する欧米のステレオタイプを学ぶ結果になるだろう。ならば長期的に見ると、基本情動測定法を支持する科学者は、彼らが発見しつつあると信じているまさにその普遍性を生み出す手助けをしている可能性がきわめて高い。

アメリカ国内に限っても、人々が情動を示すのは顔だけだと考えていると、重大な誤解を生み、悪影響を及ぼしかねない。この信念が大統領選挙の帰趨を左右したこともある。二〇〇三年から二〇〇四年にかけて、バーモント州知事ハワード・ディーンは民主党の大統領候補に名乗り出た。しかし最終的にこの栄誉は、マサチューセッツ州選出上院議員のジョン・ケリーに与えられた。当時の選挙民は、さまざまな誹謗中傷（ネガティブキャンペーン）を目にしていた。なかでも最大の誤解を招いたのは、演説中のディーンを撮影したビデオであった。あっという間に広がったビデオの断片には、文脈を切り離してディーンの顔だけが写っていた。彼の顔は、怒っているように見えた。しかし文脈を含めた完全なビデオを最初から見れば、ディーンは怒っているのではなく、高揚して観衆を熱狂させていることがわかったはずだ。この断片はさまざまなニュースで使われ、広く流布し、やがてディーンは競争から脱落していった。誤解を招くビデオの断片を人々が見たとき、情動がどのように作られるのかを理解していたら、結果はどうなっただろうか。

❦ ❦ ❦

科学者たちは、構成主義的アプローチに導かれ、わが研究室で得られた結果を他の文化のもとで再現し続けている（中国、東アフリカ、メラネシアなどの地域からのデータは有望に思われる）。それにつれ、欧米流のステレオタイプを克服した、新たな情動の理解に向けてのパラダイムシフトが急速に進展している。私たちは、「人はどれほど正確に怖れを認識できるのか？」などの問いを脇において、怖れを感じたときに人々が呈するさまざまな顔面の動きを研究することができる。また、そもそも人々が、人間の相貌に関してステレオタイプを抱いている理由や、それを抱くことの価値が何かを理解できる。

基本情動測定法は科学の展望を形作り、情動の理解に影響を及ぼしてきた。数千の科学研究が、情動は普遍的なものだと主張している。一般向けの本、雑誌記事、ラジオやテレビの番組は、誰もが同じ相貌を情動の表現として示したり認識したりしていると、お気楽にも仮定している。幼稚園児は、ゲームや絵本を通じて、いわゆる普遍的な情動について教えられる。政治やビジネスにおける国際取引も、そのような仮定に基づいて行なわれている。心理学者は類似の方法を用いて、精神病患者の情動の欠陥を評価したり治療したりしている。今や広く普及しつつある情動を読み取る装置やアプリも、普遍性を前提としている。その様子はあたかも、文脈を欠いても、本を読むかのごとく、顔や身体の変化のパターンに簡単に情動を読み取れると考えられているかのようだ。その手の営為には、途方もない時間、労力、資金がつぎ込まれている。だが、普遍的な情動という事実が、実際には事実ではなかったとしたらどうだろう？

実はそれが、知覚を形作る概念を用いる能力を私たちが持っていることを示す証拠だったとしたら？　この問いかけこそが構成主義的情動理論の肝であり、この理論は、普遍的な情動の指標に依存せずに、人間の情動の謎を十分に解明してくれる。このあとの第4～7章では、構成主義的情動理論の詳細と、それを裏づける科学的証拠を検討する。

第4章

感情の源泉

The Origin of Feeling

快楽に浸ったときのことを思い出してみてほしい。必ずしも性的な快楽を意味するのではなく、鮮やかな日の出を見たとき、猛暑で汗をかきながら一杯の冷たい水を飲んだとき、やっかいな仕事を終えて自宅でひと息ついたときなどに感じた、日々の喜びでもよい。

さて次に、そのような経験と、かぜで寝込んだときや親友と口論になったときなど、不快を感じたときの経験を比べてみよう。快と不快は、それぞれ質的に異なったものとして感じられる。[1]特定のモノやできごとによって、快か不快のどちらが引き起こされるかは人によって異なるかもしれないが（私はクルミをおいしいと思っているが、夫は自然に対する侮辱だと言う）、誰もがそれら二つの状態を区別できる。幸福や怒りなどの情動は普遍的ではないとしても、快や不快は普遍的であり、人生のあらゆる瞬間を通じて川のように流れている。[2]

単純な快や不快の感情は、「内受容」と呼ばれる体内の継続的なプロセスに由来する。内受容とは、体内の器官や組織、血中ホルモン、免疫系から発せられるあらゆる感覚情報の脳による表象（representationの訳。感覚刺激をもとに脳によって、身体や外界の事象の代理として形成される心的事象を指す。主観的な主体の存在は必ずしも前提とされていない）を意味する。[3]たった今、あなたの身体の内部で何が起こっているかを考えてみよう。そこには動きがある。心臓は動脈や静脈を流れる血液を送り出し、肺は空気で満たされたり空（から）になったりし、胃は食物を消化している。その種の体内の活動は、快から不快、落ち着きから苛立ち、さらには完全に中立的な状態に至る、基本的な感情のスペクトルを生んでいる。

実のところ、小麦粉と水がパンの主な材料なのと同じように、内受容は情動の主要な構成要素の一つではあるが、内受容に由来する感情は、喜びや悲しみなどの全面的な情動経験に比べるとはるかに単純だ。本章では、内受容がどのように機能し、情動の経験や知覚に寄与しているのかを学ぶ。それにあたってまず、脳一般について、そして脳がいかに身体のエネルギーを利用しながら、人を健康な状態に保っているのかについて少しばかり知っておく必要がある。その理解を通じて、感情の源泉たる内受容の要諦を理解できるはずだ。それに続き、内受容が日常の思考、意思決定、行動に及ぼしている意外な、というより率直に言って驚くべき影響を見ていく。

あなたが人生の移ろいに影響されず落ち着き払って何ごとにも冷静に対処するタイプであろうが、周囲のわずかな変化にもすぐに心をかき乱されて苦悶や陶酔に圧倒される敏感なタイプだろうが、あるいはそれらの中間だろうが、脳の配線を基礎とする、内受容の背景をなす科学は、自己を新たな光のもとで見つめ直す機会を与えてくれる。また、人は行動をコントロールしようとして勝手に生じてくる情動のなすがままになっているわけではないことも教えてくれる。そうではなく、あなた自身が、情動経験の建築家なのだ。あなたは感情に押し流されているかのように感じられるかもしれないが、実際にはあなたがその川の源流なのである。

❦ ❦ ❦

人類の歴史のほとんどの期間を通じて、教養ある人々は人間の脳の能力をひどく過小評価していた。この傾向は理解できないわけではない。というのも、脳は灰色のゼラチンのかたまりのように見え、重さは全体重のおよそ二パーセントを占めるにすぎないからだ。古代エジプト人は、脳を不要な器官と見なし、死んだファラオの鼻から抜き取っていた。

やがて脳は心の座としての地位を勝ち取るものの、依然としてその目覚ましい働きにふさわしい評価は受けてこなかった。脳領域はそもそも「反応的」なもので、たいがい休眠状態にあり、外界から刺激が到来したときにのみ目覚めて活動すると考えられた。刺激と反応に基づくこの見方は単純で理解しやすく、事実筋肉のニューロンはそのように作用する。つまり普段は静かにしているが、刺激されると発火して筋肉細胞を反応させるのだ。だから科学者は、脳のニューロンも筋肉細胞と同じように作用すると考えたのである。[4] 目の前に巨大なヘビが這っているところを目にすれば、その刺激は脳に連鎖反応を引き起こす。つまり、感覚野のニューロンが発火し、それによって認知や情動を司る脳領域のニューロンの発火が生じ、さらにそれが運動を司る脳領域のニューロンの発火を引き起こす。その結果、その人は反応する。古典的理論は典型的にそう考える。ヘビが出現すると、普段は「オフ」になっている脳の「怖れの神経回路」が「オン」に切り替わり、顔や身体に決まった変化を引き起こす。かくしてあなたは目を見開き、悲鳴をあげ、一目散に逃げ出すのだ。

刺激と反応による見方は、わかりやすいが誤っている。巨大なネットワークに結びつけられた脳の八六〇億のニューロンは、起動されるのを静かに待ってなどいない。[5] ニューロンはつねに刺激し合っている。ときには同時に数百万のニューロンが活動に参加することもある。十分な酸素と栄養分が与えられれば、「内因性脳活動」と呼ばれる、興奮の巨大な連鎖は誕生してから死ぬまで続く[6]。この活動は外界からの刺激によって引き起こされる反応とはまったく異なり、外的な触媒を必要としない呼吸のようなものである。

内因性脳活動は無作為に生じるのではなく、「内因性ネットワーク」と呼ばれる、絶えずともに発火するニューロンの集合によって組織化されている[7]。このネットワークは、スポーツチームのごとく機能する。スポーツチームには控えの選手たちがいる。試合の任意の時点では、特定の何人かの選手が出場し、他の選手は出番を待ちながらベンチに座っている。同様に内因性ネットワークは、利用可能なニューロンの蓄えを持つ。そしてネットワークが仕事をするたびに、蓄えられているもののうちで組み合わせの異なるニューロンの集合が、必要なポジションをすべて満たしつつ同期しながら出場（発火）する。このようなニューロンの振る舞いは、ネットワークの異なるニューロンの集まりが同一の基本機能を果たしているという点で、縮重を思い起こさせる[8]。内因性ネットワークは、最近の一〇年間における神経科学の、もっとも重要な発見の一つと見なされている[9]。

その種の持続的な内因性活動は、心臓の鼓動や肺の呼吸、あるいは他の内臓の機能を円滑に保つこと以外に何をしているのだろうか？　実のところ、内因性脳活動は、第2章で集合的にシミュレーションと呼んだ、夢、空想、想像、注意散漫、夢想の源泉である[10]。また、快、不快、落ち着き、苛立ちなどのもっとも基本的な感情の源泉たる内受容感覚を含めて、人間が経験するあらゆる感覚刺激を生み出す。

その理由を理解するために、ここで脳の視点から考えてみよう。古代エジプトのミイラ化されたファラオ同様、脳は永久に暗くて静かな箱のなかで過ごす。[11] 外には出られず、世界の驚異を直接見ることはできない。それぞれ視覚、聴覚、嗅覚となる光、振動、化学物質から構成される情報の断片を介して、間接的にのみ世界で起こっていることを学ぶ。脳は、光や振動や化学物質の意味を解き明かさねばならない。それにあたっておもな手がかりに利用できるのは、多数のニューロンが結合した巨大な神経ネットワークの内部にシミュレーションによって構築された、過去の経験だ。脳は、騒々しい音のようなただ一つの感覚情報が、勢いよく閉じられたドア、風船の破裂、拍手、銃撃など、数々のできごとによって引き起こされることを学習し、どの要因がもっとも妥当なのかを、さまざまな文脈における可能性に照らすことでのみ判断する。そして光や音など種々の感覚情報をともなう現在の状況のもとでは、過去の経験のいかなる組み合わせが、その音にもっとも合致するのかを問う。[12]

かくして頭蓋内に封じ込められ、過去の経験のみを指針とする脳は、「予測」する。[13] 私たちは通常、「明日は雨が降るだろう」「レッドソックスがワールドシリーズを制するだろう」「あなたは背が高く肌の浅黒い人と出会うだろう」などの未来に関する言明として予測をとらえる。しかしここでは、数百万のニューロンが会話を交わすミクロのレベルでの予測を指す。多数のニューロンの会話は、その人が経験するはずの視覚、聴覚、嗅覚、味覚、触覚に関するあらゆる情報の断片と、とるはずのあらゆる行動を予測しようとする。こうした予測は、外界で生じている事象に関する、また、無事に生きていくためにはそれにどう対処すべきかに関する、脳の最善の推測なのである。

脳細胞のレベルでは、予測は「外界からいかなる刺激を入力する必要もなしに、この脳領域のここにあるニューロンは、あの脳領域のあそこにあるニューロンを調節する」ことを意味する。内因性脳活動は、とめどなく発せられる無数の予測から成るのだ。

脳は予測することで、自己が経験する世界を構築する。過去の経験の断片を結びつけ、おのおのの断片が現在の状況にどの程度適合するかを見積もる。この過程は、第2章でミツバチをシミュレートしたときにも起こった。ひとたび完全な写真を見ると、脳は利用可能な新たな経験をつけ加えた。だから、不定形のかたまりからミツバチをすぐさま構築できるようになったのだ。また本書を一語ずつ読むたびに、あなたの脳は、これまでの読書経験から割り出された可能性に基づいて、次に来るはずの語を予測している。要するに、現在の経験は、一瞬直前に脳によって予測されていたものなのである。予測は、人間の脳のきわめて基本的な活動であり、それゆえそれを脳の主たる動作モードと見なす科学者さえいる。[14]

予測は頭蓋の外から届く感覚入力を予期するだけでなく、説明する。[15] そのあり方を理解するために、ここで簡単な思考実験をしてみよう。目を開けたまま、第2章でしたように赤いリンゴを想像してみる。ほとんどの人は、心の目で赤く丸い物体のぼんやりした像を難なく見ることができるだろう。そのような像が見えたのは、視覚皮質のニューロンが発火パターンを変えて、リンゴをシミュレートしたからである。たった今スーパーマーケットの果物売り場にいたとすると、それと同じニューロンの発火によって視覚的な予測がなされるはずだ。[16] 同じ文脈のもとでの（つまり果物売り場にいた）過去の経験によって、脳は、赤いボールや道化師の鼻ではなくリンゴを見るはずだと予測する。リンゴを手にすることで予測が確認された場合、その予測は、入力された視覚情報が一個のリンゴだとうまく説明できたのである。

脳の予測が完全なら（たとえばアップル社製品の販売コーナーに入ったときに、マッキントッシュのリンゴのマークを予測したとすると）、網膜によってとらえられたリンゴの実際の視覚入力は、予測されていたもの以上の新たな情報を何も運んでいない。この場合、視覚入力は単に予測が正しいことを確認するだけであり、よってそれ以上脳内で伝播される必要はない。視覚皮質のニューロンは、すでにあるべき形で発火しているのだから。この効率的な予測の過程は、脳が世界を理解し、世を渡っていくために用いている暗黙的な手段なのだ。それによって、あなたが見るもの、聞くもの、味わうもの、においをかぐもの、触れるもののすべてを知覚し説明するための予測が生み出されるのである。

脳はまた、リンゴを取ろうと手を伸ばす、ヘビから脱兎のごとく逃げるなど、予測を用いて身体の動作を開始する。このような予測は、身体を動かそうとする意識的な気づきや意図が生じる前に起こる。[17]神経科学者や心理学者は、この現象を「自由意志の幻想」と呼ぶ。[18]ただ「幻想」という言い方は、やや誤解を招く。あなたの脳は、あなたの背後で働いているのではない。あなたはあなたの脳であり、一連のできごとはすべて、脳の予測の力によって引き起こされる。実際には、動こうとする意図に自分で気づく前に、脳が身体を動かすために運動に関する予測を発しているのに、自分の動作が意思決定と動作という二段階で構成されているかのように感じられるので、「幻想」と呼ばれるのだ。しかも、リンゴやヘビを実際に目にする前でさえ、そのことは言える。

脳が単に反応的な器官にすぎないのなら、生きていくためにはあまりにも非効率なものになってしまうだろう。人はつねに感覚入力の一斉射撃を浴びている。人間の網膜は片方の目だけで、目覚めているあいだは一貫して、フル稼働しているコンピューターのネットワーク接続と変わらない量の視覚データを伝達している。[19] それに感覚経路の総数を掛けてみればよい。脳がただ反応するだけの器官だったら、近所の人々がこぞってストリーミングでネットフリックスの映画を観ていてインターネットの接続がやたらに重くなるのと同じように、動きがまったくとれなくなるだろう。しかもそのような脳は、代謝の面でも高くつく。というのも、維持できる以上の相互接続を必要とするからだ。[20]

進化は、効率的な予測が可能になるよう脳を実際に配線した。視覚系におけるその種の配線の例を図4・1にあげておく。この図は、脳が現実に受け取るものよりはるかに多くの視覚入力を予測していることを示す。

これが意味するところを考えてみよう。「足元をヘビが這っている」などの外界のできごとは、大雑把に言えば運動が呼吸を調整するのと同じようなあり方で、単に予測を調整するだけである。あなたはたった今、この文章を読みその意味を理解しようとしている。その際、おのおのの単語は、逆巻く波浪のうえを飛び跳ねていく小さな石のごとく、大規模な内因性活動をかすかに攪乱する。脳画像を用いた実験では、被験者に写真を見せたり、課題を遂行するよう求めたりしたときに検出される信号は、ほんの一部のみが写真や課題によって生じたものであり、そのほとんどは内因性活動によるものだ。[21] 外界の知覚は外界のできごとによって駆り立てられているように思えるかもしれないが、実際には予測に基づく。そして予測の成否は、外界から入って来る感覚入力という小さな飛び跳ねる石を使って検証できる。

予測と訂正を通じて、脳は継続的に世界の心的モデルを生成し更新する。この仕組みは、自分が知覚するあらゆる事象を構築しつつ、とるべき行動を決めていく、絶えず実行される巨大なシミュレーションなのだ。しかし実際の感覚入力と比較して、予測はつねに正しいとは限らない。だから脳は調整を行なう必要がある。飛び跳ねる石は、ときに水を飛び散らせるほど大きなものでもありうる。次の文章を考えてみよう。

むかしむかし、山の彼方の魔法の国で、美しいお姫さまが出血多量で死にました。

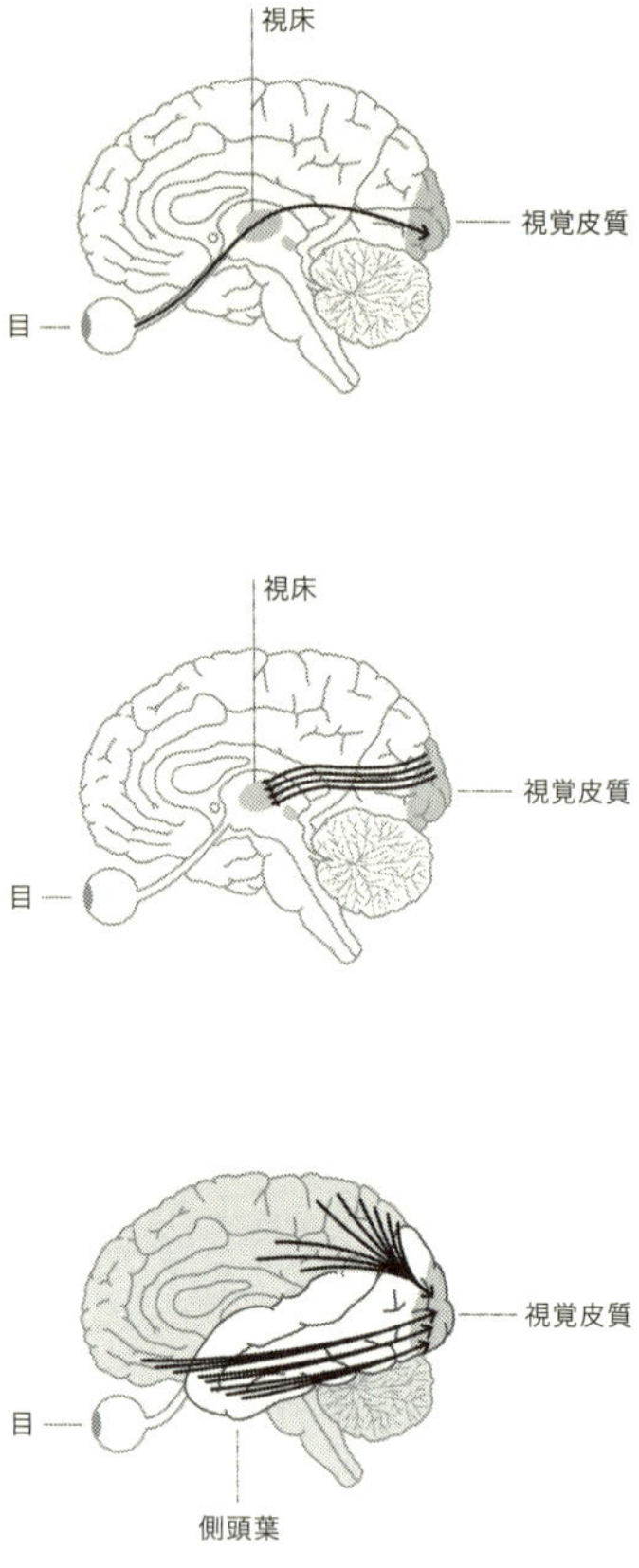

図 4.1　脳には視覚野の完全なマップが含まれる
マップの一つは、一次視覚皮質（V1）に位置する。網膜に当たり、視床を介して一次視覚皮質に送られる光の波に脳が単純に反応しているのなら、その視覚情報をV1 に伝達するニューロンを多数備えていなければならない。しかし実際には、その数は予想よりはるかに少なく（上段）、しかも視覚をV1 から視床に伝達する、逆方向の神経投射のほうがそれより 10 倍多い（中央）。同様に、V1 に入って来る神経結合の 90 パーセントは、皮質の別の部位に存在するニューロンから予測を伝達する（下段）。このように、外界からの視覚入力を伝達するニューロンは多くはない（原注 **109**）。

最後の部分を意外に感じたのではないだろうか。その理由は、おとぎ話に関する既存の知識に基づいて脳が不正確な予測をはじき出したからだ。脳は「予測エラー」を起こし、視覚情報の飛び跳ねる石たる最後の数語に基づいて、一瞬で予測を調整したのである。

このプロセスは、見知らぬ人の顔を友人の顔と見間違えたときや、空港の動く歩道が気づかぬうちに途切れていたために歩調が狂ってつんのめったときなどにも起こる。脳は、予測と実際の感覚入力を比較することですみやかに予測エラーを検出し、効率的かつ即座に訂正する。脳は、たとえば「あの人の顔は友人の顔とは違う」「動く歩道の端にたどり着いた」などと予測を変更できるのだ。

予測エラーは問題ではなく、脳が感覚入力を処理する際の正常な働きの一部である。予測エラーが生じなければ、人生はあくびが出るほど退屈なものになるだろう。意外なことや新奇なことはまったく起こらなくなり、脳は新たなものごとをいっさい学習しなくなる。ただし少なくとも成人では、予測はたいていい大きくははずれない。さもなければ、人生は驚きや不確実さ、あるいは幻覚の連続と化してしまうはずだ。

脳内で絶え間なく生じている予測と訂正の巨大な嵐は、無数の小さな水滴の集まりと見なすことができる。小さな水滴の一粒一粒は、図4・2に示されているような、私が「予測ループ」と呼ぶ特定の配線様式に対応する。この配線様式は、脳全体のさまざまなレベルで維持されている。多数のニューロンが、あるいはさまざまな脳領域がともに予測ループに関与する。このような無数の予測ループは、一生停止することなく大規模な並列処理を実行し続ける。そしてそれによって、経験を構成する視覚、聴覚、嗅覚、味覚、触覚が生み出され、次になすべき行動が決まる。

野球を例にとろう。誰かが投げたボールを、手を伸ばして捕るシーンを考えてみよう。あなたは、それを「ボールを見る」「ボールを捕る」という二つのできごととして経験するはずだ。しかし脳がそのように反応していたら、野球はスポーツとして成り立たない。通常、野球のボールを捕る準備に脳はおよそ〇・五秒をかけられる。[22]だがそれっぽっちの時間では、視覚入力を処理し、どこにボールが飛んでいくのかを計算し、その方向に動く決定を下し、すべての筋肉の動きを協調させ、ボールを捕る予定の位置まで移動するために運動指令を発するのには不十分である。

予測は、野球という競技を可能にする。[23]脳は、スーパーで赤いリンゴを予測したように、意識的にボールを見る前に過去の経験を用いて予測を発する。[24]おのおのの予測が無数の予測ループを通って伝播されると、脳は、予測によって示される視覚や聴覚などの感覚刺激、さらにはボールを捕るための行動をシミュレートする。次に脳は、シミュレーションと実際の感覚入力を比較する。合致すれば成功だ！　その場合予測は正しく、感覚入力はそれ以上脳内を伝達されない。今や身体はボールを捕る準備を整え、動作は予測に準拠したものとなる。最後にあなたは、意識的にボールを見て捕球する。[25]

このシナリオは、私がスポーツの得意な夫にボールを投げたときのように、予測が正しかった場合

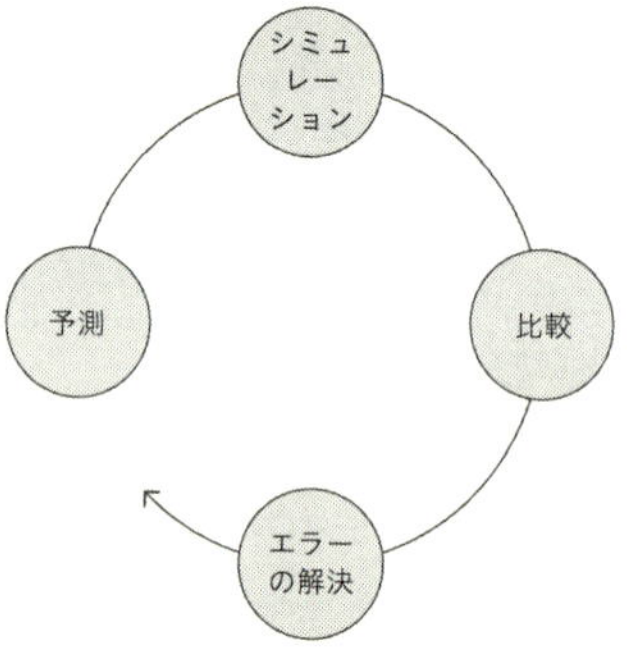

図 4.2　予測ループの構造
予測は、感覚刺激と動きのシミュレーションになる。シミュレーションは、外界からの感覚入力と比べられる。合致すれば、予測は正確であり、シミュレーションは経験になる。合致しなければ、脳はエラーを解決しなければならない。

に起こることだ。それに対し、彼が私にボールを投げ返すときには、私の脳の予測はとてもすぐれているとは言えない。というのも、私の予測は自分の希望する捕球のシミュレーションになるので、それを実際に外界から入ってくる情報と比べると、どうしても合致しないからだ。この状況は、まさに予測エラーである。すると私の脳は、それまでの予測を、（理論上）ボールを捕れるように調整しようとする。ボールが私に向かって飛んでくる最中、このような予測ループを通した処理が繰り返され、予測と訂正が何度も行なわれる。活動はすべてミリ秒単位で生じる。こうして、私はたいてい、伸ばした手の先を越えてボールが後方に飛んでいくのを見送る破目になる。

予測エラーが起こると、脳は一般的に二つの方法でそれを解決する。一つは、私がキャッチボールをする場合にはどうしても無様なものになってしまうのだが、柔軟に予測を変更する方法である。運動ニューロンは身体の動きを調整し、また、感覚ニューロンはさまざまな感覚刺激をシミュレートしながら、さらなる予測を導いていく。たとえば、ボールの落下点が予想と違う場合には、ダイビングキャッチを試みることができる。

もう一つの脳の解決手段は、意固地になってもとの予測に固執することで、それと一致するよう感覚入力を濾過する。キャッチボールの例で言えば、グラウンドに立って、ボールが飛んで来るあいだ空想にふけり（予測しシミュレートし）、ボールが完全に視野の内部にあったとしても、足にぶつかるまでそれに気づかないのである。また、もう一つの例として、娘の誕生日の悪食パーティーで使った、食物をなすりつけたおむつがあげられる。招待した子どもたちの脳が実行した、乳児のうんちのにおいのシミュレーションは、すり潰したニンジンから生じた実際の感覚入力を圧倒した。[26]

要するに、脳は外界からやって来る刺激に反応するだけの単純な機械なのではなく、内因性脳活動を生成する無数の予測ループとして構造化されている。視覚、聴覚、嗅覚、味覚、触覚、ならびに運動における予測は脳全体にわたって伝達され、相互に影響し、抑制し合う。[27] 予測は外界からの感覚入力によってチェックを受けるが、脳はそれを優先するときもあれば無視するときもある。

ここまで説明してきた予測と訂正の話がピンと来ないのなら、脳は科学者のごとく振る舞うと考えてみよう。科学者が競合するさまざまな仮説を立てるのと同じように、脳はつねに多数の予測を発している。また脳は科学者のごとく、既存の知識（過去の経験）を用いて、おのおのの予測の正しさに対する確信の度合いを見積もる。次に、外界からやって来る感覚入力と比較することで予測を検証する。この手続きは、科学者が自分の立てた仮説を、実験で得られたデータと比較することによって検証するのと似ている。脳がうまく予測できたときは、外界からの入力情報はその予測を確認する。しかし、普通はある程度の予測エラーが生じる。その場合、脳は科学者同様、いくつかのオプションを行使できる。誠実な科学者のように、脳はデータに合致するよう予測を変更できる。また、偏向した科学者のごとく、自分の仮説に適合したデータを選択し、他のデータを一切無視することもできる。あるいは悪辣な科学者のように、データを完全に無視して、予測こそが現実だと言い張ることもある。好奇心旺盛な科学者のように、入力に焦点を絞って新たな発見や学習をすることもあれば、典型的な科学者のごとく、思考実験を用いて世界について想像してみること、すなわち感覚入力や予測エラーの影響を受けずに純粋なシミュレーションを行なうこともある。

図4・3に示したように、予測と予測エラーのバランスは、自分の経験のなかで外界に起源を持つ

ものと、心に由来するものの比率を決定する。多くのケースでは、経験は外界と無関係である。ある意味で、脳は妄想するために配線されている。私たちは、絶え間ない予測を通じて、感覚世界によるチェックを受けつつ構築した独自の世界を経験しているのだ。予測が十分に正しければ、知覚や行動を生むだけでなく、感覚刺激の意味を説明する。これが基本的な脳の働きである。脳は驚くべきことに、未来を予測するだけでなく、自由に未来を思い浮かべることができる。知られている限り、他の動物の脳ではそのような営為は可能でない。

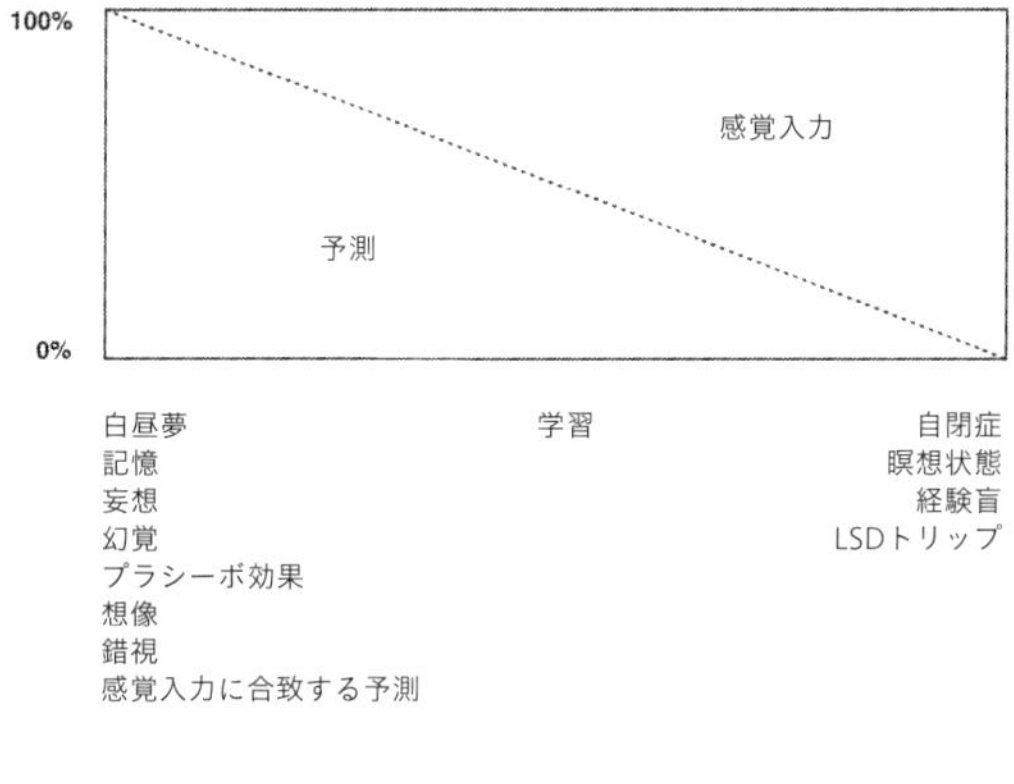

図 4.3　予測と感覚入力の組み合わせによって、さまざまな心的現象を理解することができる（原注 110）。

脳はつねに予測している。そのもっとも重要な役割は、身体のエネルギー需要を予測して無事に生存し続けられるようにすることだ。またそうした不可欠の予測と、それに関連する予測エラーは、情動の生成における重要な構成要素だと判明している。学者たちは数百年にわたり、情動による「反応」が特定の脳領域によって引き起こされると考えていた。だがこれから見るように、それらの脳領域は、数世紀間の科学者の信念を覆すようなあり方で情動の生成を支援しており、誰もが考えているものとは正反対のことを実行している。ここでも話は、動きによって始まる。ただし野球におけるような身体の動きではなく、体内の動きではあるが。

いかなる身体の動きも、身体内の動きをともなう。ボールを捕るために自分の立つ位置をすばやく変えるためには、より深く呼吸する必要がある。毒ヘビから逃げる際には、心臓は拡張した血管を通して血液を迅速に送り出し、筋肉にグルコースを急送する。それによって心拍数は上がり、血圧が変化する。[28]脳は、このような体内の動きによって生じる感覚刺激を表象するのである。前述のとおり、この作用は内受容と呼ばれる。[29]

体内の動きや、内受容へのその影響は、生きている限りつねに生じている。スポーツをしたりヘビから逃げたりしていなくても、寝ている最中や休んでいるときにも、脳は心拍、血液循環、呼吸、グルコースの代謝などの身体の活動を維持しなければならない。つまり、実際に積極的に特定の何かを見たり、何かの音に耳をそばだてたりしていなくても、視覚や聴覚のメカニズムがつねに機能しているのと同じように、内受容も持続的な活動なのである。

頭蓋内に封じ込められた脳の観点からすると、身体は説明を要する外界の一部にすぎない。心臓の鼓動、肺の呼吸、体温の変化、代謝によって、ノイズに満ちたあいまいな感覚情報が脳に送られてくる。[30]腹部の鈍痛などのたった一つの内受容情報が、胃の痛み、飢え、緊張、きつく締められたベルトなどの無数の原因を意味しうる。脳は、身体に由来する感覚刺激を意味あるものにして説明しなければならない。それを達成するための主な道具が予測なのだ。かくして脳は、自己の身体を持つ者の観点から世界をモデル化している。つまり頭部や手足の動きとの関係のなかで、外界から入って来た感覚刺激をもとに視覚、聴覚、嗅覚、味覚、触覚に関する予測を行なっているのと同様、体内の動きによる感覚の変化も予測しているのである。[31]

体内の動きによって引き起こされる小さな動揺は、普段は気づかれない（「今日は肝臓の胆汁の分泌量が多い」などと考えたことなどないはずだ）。もちろん、頭痛や満腹、あるいは心臓の鼓動をじかに感じることはある。[32] しかし神経系は、そのような感覚を正確に経験できるようには構築されていない。これは実に運がよい。というのも、さもなければ他のことに注意を向けられなくなるからだ。[33]

内受容は通常、単純な快、不快、興奮、落ち着きなどの一般的な様態でしか経験できない。しかしときに、激しい内受容感覚の生起を情動として経験することがある。これは、構成主義的情動理論の重要な要素をなす。目覚めているときはつねに、脳は感覚刺激に意味を与えている。それには内受容に関する刺激も含まれ、その結果生成される意味は、情動のインスタンスでもありうる。[34]

情動がどのように作られるのかを理解するためには、主要な脳領域の機能をある程度知っておく必要がある。実のところ内受容の処理には脳全体がかかわっているが、内受容にとって特に重要な役割を果たすために連携しながら貢献している脳領域がいくつかある。わが研究室は、それらの領域が、視覚、聴覚などの感覚を処理するネットワークと似たあり方で、脳に固有の「内受容ネットワーク」を形成していることを発見した。[35] 内受容ネットワークは身体に関する予測を行ない、そのシミュレーションの結果を身体からの感覚入力と比べ、脳が持つ、世界に内在する身体のモデルを更新する。[36]

議論をすっきりさせるために、独自の役割を担う二つの一般的な部位から成るものとして、内受容ネットワークを考えよう。一方の部位は、心拍を速める、呼吸のペースを落とす、多量のコルチゾールを分泌する、グルコースの代謝を高めるなどして、体内の環境をコントロールするために身体に予測を送る一連の脳領域である。われわれはこれを「身体予算管理領域（body-budgeting regions）」と呼んでいる。* もう一方の部位は、体内の感覚刺激を表現する「一次内受容皮質」と呼ばれる領域から成る。[37] 内受容ネットワークの二つの部位は、予測ループに関与している。身体予算管理領域が心拍数の高まりなどの運動の変化を予測するたびに、二つの部位は、それによってもたらされる胸の高鳴りなどの感覚の変化も予測する。このような感覚予測は「内受容予測」と呼ばれ、一次内受容皮質に入ってそこで通常どおりシミュレートされる。[38] 一次内受容皮質はまた、所定の処理を行なうあいだ、心臓、肺、腎臓、皮膚、筋肉、血管などの器官や組織から感覚入力を受け取る。一次内受容皮質のニューロンは、シミュレーションの結果と感覚入力を比べ、予測エラーがあればそれを計算して予測ループを完結させ、最終的に内受容刺激を生み出す。

　身体予算管理領域は、生存に重要な役割を果たす。脳が、内部であろうが外部であろうが身体のいかなる部位を動かすときにも、ある程度のエネルギー資源が消費される。エネルギーは、さまざまな内臓器官、代謝、免疫系の機能を維持するために使われる。身体資源は、食べる、飲む、眠ることで補給され、また身体のエネルギー消費量は、近しい人々とリラックスすることで（セックスすることでも）低減する。これらすべての消費や補給を管理するために、脳はつねに、身体の予算を立てるかのごとく、身体のエネルギー需要を予測しなければならない。[39] そのために、企業が会社全体の予算運用のバランスを保つべく、預金や引き出し、あるいは口座間での資金の移動を管理する経理課を設置し

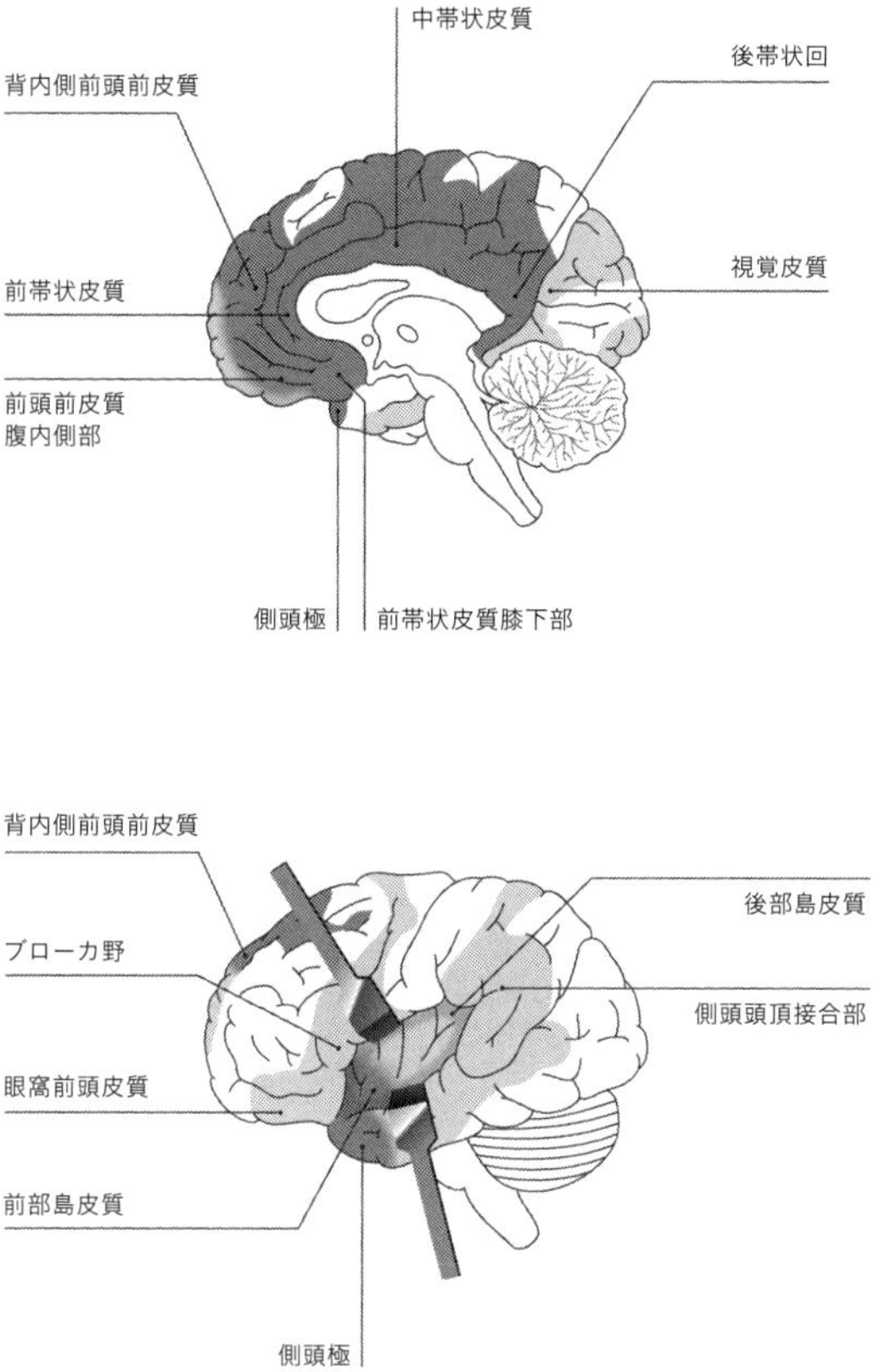

図 4.4　内受容ネットワークに属する皮質領域
濃い灰色の部分は、身体予算管理領域である。一次内受容皮質には、専門用語である「後部島皮質」があてられている。内受容ネットワークの皮質下の部位は省略されている。内受容ネットワークは、サリエンスネットワーク、ならびにデフォルトモードネットワークと一般に呼ばれているネットワークの2つのネットワークにまたがる（原注 **111**）。視覚皮質は、参考のためにつけ加えられている。

＊＝「辺縁」領域、「内臓運動」領域とも呼ばれる。脳は複雑な構造だが、話をわかりやすくするために、大脳皮質に位置する身体予算管理領域に的（まと）を絞る。扁桃体の中心核など、大脳皮質以外にも関連する領域は存在する。なお「大脳皮質」の意味で「皮質」という言葉を用いる。

ているように、脳は身体の予算管理の責任を負う神経回路を設置している。この神経回路は、内受容ネットワーク内に存在する。かくして身体予算管理領域は、過去の経験を指針として予測を行ない、無事に生きていくのに必要な資源の量を見積もるのだ。

なぜそれが情動と関係するのか？　なぜなら、人間の情動の拠点とされている脳領域はすべて、内受容ネットワーク内の身体予算管理領域でもあるからだ。[40] しかしこの領域は、情動の生成という形で反応するのではない。そもそも反応するのではなく、身体予算を調節するために予測する。視覚、聴覚、思考、記憶、想像、そしてもちろん情動に関する予測を行なうのだ。情動を司る脳領域という考えは、反応する脳という時代遅れの信念に基づく幻想と見なせる。今日の神経科学者はその点をわきまえているが、そのメッセージは、心理学者、精神科医、社会学者、経済学者、あるいはその他の情動の研究者の多くには伝わっていない。

朝ベッドから起き上がるときであろうが、コーヒーをすするときであろうが、脳が動きを予測する際、身体予算管理領域は予算を調節する。身体が瞬間的なエネルギーを即座に必要としていることが予測されると、この領域は腎臓のそばにある副腎に、ホルモンのコルチゾールを分泌するよう指示する。コルチゾールは俗に「ストレスホルモン」と呼ばれているが、この呼び方は間違っている。コルチゾールは、エネルギーの高まりが必要とされるときはつねに分泌される。ストレスを受けているときは、そのような状況の一つにすぎない。[41] そのおもな目的は、血流をグルコースで満たしてただちに細胞にエネルギーを供給し、たとえば走るために筋肉細胞が伸縮できるようにすることだ。また身体予算管理領域は、なるべく多くの酸素を血流に運ばせるために深い呼吸をさせ、動脈を拡張することで迅速に酸素を筋肉に送らせて、身体が動けるようにする。このような体内の動きはすべて、内受容刺激をともなうが、脳はそれを正確に経験できるようには配線されていない。こうして内受容ネットワークは身体をコントロールしたり、身体予算を管理したり、感覚刺激を表象したりする。そして、これらの処理はすべて同時に実行される。

実際に身体を動かさなくても、身体予算は引き出されることがある。上司があなたのほうに向かって歩いてきたとしよう。あなたは、上司があなたの発言や行動を逐一評価するはずだと思っている。いかなる身体の動きも必要とされてはいないように思えても、あなたの脳は、自分の身体がエネルギーを必要としていることを予測して予算を引き出し、コルチゾールを分泌して血流をグルコースで満たす。またあなたの内受容刺激は急に高まる。それについてよく考えてみるとよい。じっと立っているときに誰かが近づいてくるだけで、あなたの脳は「燃料が必要だ！」と予測するのである。このようにして、身体予算に大きな影響を及ぼすいかなるできごとも、その人にとって意味のあるものになる。

数年前、わが研究室は心拍を測定する携帯装置を評価していた。装着者の心拍数が正常時より一五パーセント上がると、警告音が鳴るという装置であった。私が指導していた大学院生の一人エリカ・シーゲルは、この装置を身につけて自分の机で静かに仕事をしていた。しばらくは静かだったが、博士論文の指導担当だった私が研究室に入ってきたのを見た途端、装置が高らかに警告音を鳴らした。驚いた彼女はきまりが悪そうな顔をし、他のメンバーは皆おもしろがっていた。[42] それから私も装置を身につけたが、エリカとミーティングをしている最中、助成機関から何度かｅメールを受け取り、そのたびに私の装置が高らかに鳴った（そのようなわけで、その日最後に笑ったのはエリカであった）。

わが研究室は（他の研究室と同じように）、脳の身体予算管理を何百回となく例証してきた。身体予算管理領域の神経回路の働きを介して資源が再配分され、ときに身体予算のバランスが崩れたり再び安定したりするのを確認してきたのだ。われわれは、コンピューター画面の前に被験者をじっとすわらせ、動物、花、乳児、食べ物、お金、銃、サーファー、スカイダイバー、交通事故などのモノや場面が映った画像を見せた。[43] するとそれらの画像は、被験者の身体予算に影響を及ぼし、心拍数を上げ、血圧を変化させ、血管を拡張した。[44] しかもこのような、身体に闘争もしくは逃走を準備させる変化は、動いていなくても、また、動こうとする意識的な意図を持っていなくても生じたのである。fMRIを用いた実験では、被験者がそれらの画像を見たときに、身体予算管理領域が体内の動きをコントロールしている様子が観察された。[45] さらに言えば、被験者が横になって完全にじっとしているときでも、この領域は、走る、サーフィンをするなどの動作を、また筋肉や関節や腱が動くときに伝達される感覚刺激をシミュレートしていた。また画像を見ることで、内受容の変化がシミュレートされ修正されるにつれ、被験者の感情も変化した。わが研究室による実験や他の数百の実験に基づいて言えば、実際に身体が動いていないときでさえ、類似の状況のもとで、あるいは同様な物体を対象にかつて得た既存の経験に依拠しつつ、脳が身体反応を予測していることを示す、すぐれた証拠が存在する。そしてその結果は、内受容感覚として現われる。

他者やモノが実際に存在しなくても、身体予算は攪乱されることがある。たとえば上司、教師、コーチなど、自分に関係する誰かを思い浮かべてみればよい。[46] いかなるシミュレーションも、情動になろうがなるまいが身体予算に影響を及ぼす。人々は、目覚めている時間の少なくとも半分を、周囲の世界に注意を払うのではなく、シミュレーションの実行に費やすことが判明している。この純粋なシミュレーションが、人々の感情を強く駆り立てているのである。[47]

自分の脳だけが身体予算の管理に関与しているのではない。他者も、あなたの身体予算を調節する。親友、両親、子ども、恋人、チームメイト、セラピスト、あるいはその他の近しい仲間とやりとりする際、あなたとパートナーは、呼吸、心臓の鼓動などの身体作用を同期させ、それによって実質的な利益を得ている。[48] 恋人と手をつないだり、恋人の写真を机の上に飾ったりすることで、身体予算管理領域の活動は低下し、痛みに悩まされる度合いが軽減される。[49] 丘のふもとに親友と立っていれば、その丘は、ひとりでいるときよりなだらかで楽に登れるように見える。[50] 身体予算の慢性的なバランスの乱れや、免疫系の活動過多をもたらしうる貧困家庭で育った人は、支えになる人がいれば、その種の問題は緩和される。[51] それに対し、親密な愛情関係が失われ、そのせいで身体的な病にかかったと感じられる場合、その原因の一端は、身体予算を調節してくれる近しい人を失ったことにある。[52] そのときあなたは、自分の一部を失ったかのように感じるはずだ。なぜなら、実際に自分の一部を失ってしまったからである。

出会う人々、自分の予測や考え、さらには視覚、聴覚、味覚、触覚、嗅覚などに関する予期されざる感覚入力はすべて、身体予算と、対応する内受容予測に影響を及ぼす。脳は、生きていくために必要な予測に由来する、絶えず変化しながら持続する内受容刺激の流れに対処しなければならない。私たちは、それに気づいていることもあれば、気づいていないこともある。しかしそれはつねに、脳が構築した世界のモデルの一部をなし、すでに述べたように、日常生活で誰もが経験している快、不快、興奮、落ち着きなどの単純な感情の科学的な基盤をなす[53]。この流れは、人によって清澄な小川の細流のようなものにもなれば、逆巻く大河のようなものにもなる。感覚刺激は情動に変換されることもあるが、これから見ていくように、背景に退いているときでも行動、思考、知覚に影響を及ぼす。

❦ ❦ ❦

朝目覚めたとき、あなたは爽快感を覚えているだろうか、それとも不機嫌だろうか？　あるいは、たった今どう感じているだろうか？　落ち着いているのか？　何かに興味津々なのか？　活力がみなぎっているか？　退屈や倦怠を感じているのか？　それらの感覚はすべて、本章の冒頭で論じた単純な感情で、一般に気分と呼ばれているものである〔「気分」の原文はaffectだが、これについては訳者あとがきを参照〕。

本書における「気分」は、人が日常生活で経験している一般的な感情（フィーリング）のことを表わす。それは情動とは異なり、次のような二つの特徴を持つごく単純な感情を意味する[54]。一つ目の特徴は、それがどれくらい快、もしくは不快に感じられるかで、科学者はこの特徴を「感情価（affective valence）」と呼ぶ[55]。たとえば肌にあたる日光の快さ、好物のおいしさ、胃痛やつねられたときの不快さはすべて感情価の例である。二つ目の特徴は、どれくらい穏やかに、あるいは興奮して感じられるかで、科学者は「覚醒（arousal）」と呼んでいる。よい知らせを期待しているときの活力あふれる感覚、コーヒーを飲みすぎたあとの苛立ち、長距離を走ったあとの疲労、睡眠不足に起因する倦怠感などは、覚醒の度合いの高さ、あるいは低さを示す例だ。また、投資のリスクや好機に対する直感、他者が信用できるか否かに関する本能的な感覚なども、本書で言う気分の例と見なせる。さらに言えば、気分には完全に中立的なものもある。

洋の東西を問わず哲学者たちは、感情価や覚醒を人間の経験の基本的な特徴としてとらえてきた。[56] ほとんどの科学者は、新生児が完全な形態の情動をもって生まれてくるか否かをめぐっては見解が分かれていても、人間には誕生時からすでに気分を感じる能力が備わっており、乳児が快や不快を感じ、知覚できるという点については一致している。[57]

気分は内受容に依存することを覚えておいてほしい。つまり生涯を通じ、じっとしているときでも眠っているときでも、恒常的な流れとして存在し続ける。情動として経験されるできごとに反応して、オンになったりオフになったりするようなものではない。その意味において気分は、明るさや音の強弱などと同様、意識の根本的な側面をなす。脳が物体から反射された光の波長を処理することで明るさや暗さが、また空気の圧力の変化を処理することで音の強弱が経験される。それと同様、脳が内受容刺激の変化を表象することで、快や不快、あるいは興奮や落ち着きが経験されるのである。このようにして、気分も、明るさも音の強弱も、生まれてから死ぬまで私たちにつきまとう。[58]

ここで一点明確にしておこう。内受容は、気分を作り出すことに専念しているのではなく、人間の神経系の基本的な作用の一つである。それにもかかわらず、それらの感覚刺激が気分として経験される理由は、科学の大きな謎の一つとして残されている。[59] 内受容は、感情を経験するためではなく、身体予算を管理するために進化したのであり、体温、体内のグルコースレベル、損傷を受けた組織の有無、心拍、筋肉の収縮などの身体の状況を追跡できるよう脳を支援している。[60] 快や不快、あるいは興奮や落ち着きの感覚は、身体予算をめぐる状況の簡素な要約と見なすことができる。「貯金は足りているだろうか？」「貯金を引き出しすぎただろうか？」「預金が必要だろうか？　必要なら今すぐにか？」などのように。[61]

身体予算のバランスが崩れると、気分はどう行動すればよいかを教えてくれなくなり、脳に説明を求め始める。[62] 脳はつねに、過去の経験を用いて、いかなるモノやできごとが身体予算に影響を及ぼすのかを予測し、気分を変化させている。そして、気分を変化させるモノやできごとは、集合的に「感情的ニッチ」〔訳者あとがきを参照〕を構成する。[63] 直感的な言い方をすれば、感情的ニッチには、その瞬間において身体予算と何らかの関係があるすべての事象が含まれる。たった今あなたが読んでいる本書は、あなたの感情的ニッチの範囲内にあり、そこに含まれる文字、考え、言葉によって喚起される記憶、室温、さらには似たような状況で過去に身体予算に影響を及ぼしたモノ、人間関係、できごとなども感情的ニッチを構成する。感情的ニッチの範囲外に存在するものはすべてノイズであり、それに関して脳が予測を立てることはなく、気づかれさえしない。たとえば衣服の肌触りは、自分の身体的な快さの感覚に反していれば別だが、通常は感情的ニッチの範囲内にはない（とはいえ私がそう述べたことで、あなたの感情的ニッチの範囲内に入ったはずだが）。

心理学者のジェイムズ・A・ラッセルが考案した、気分を追跡する方法は、臨床医、教師、科学者のあいだでよく知られている。彼は、「感情円環図」と呼ばれる二次元空間（図4・5のような円構造）上の点として、その瞬間の気分を記述できることを示した。ラッセルのこの図は、感情価と覚醒の度合いを、原点からの距離で表わしている。[64]

気分はつねに、さまざまな度合いの感情価と覚醒の組み合わせから成り、感情円環図内の一点として表わすことができる。静かに椅子にすわっているときには、気分は図上の、「感情価＝中立、覚醒＝中立」に相当する原点で示される。パーティーを楽しんでいるときには、右上の象限「感情価＝快、覚醒＝高」、また、パーティーが退屈に感じられるようになったときには、左下の象限「感情価＝不快、覚醒＝低」のどこかに位置する。[65] アメリカの成人のなかでも若年層は気分が右上の象限にあることを、また、中年や高齢者は、中国人や日本人などの東洋文化のもとで育った人々と同様、右下の象限「感情価＝快、覚醒＝低」にあることを好む。[66] ハリウッドが五〇〇〇億ドル産業になれたのは、この気分のマップ内を数時間往来できる映画を、人々が喜んで観ようとするからだ。それどころか、気分の世界で冒険をするには、目を開けている必要すらない。空想にふけり、内受容に大きな変化がもたらされると、脳は気分で渦巻く。

気分は、感情のみならず、もっと広い範囲に影響を及ぼす。あなたは、囚人の仮釈放を認めるか否かを裁定する判事だっ

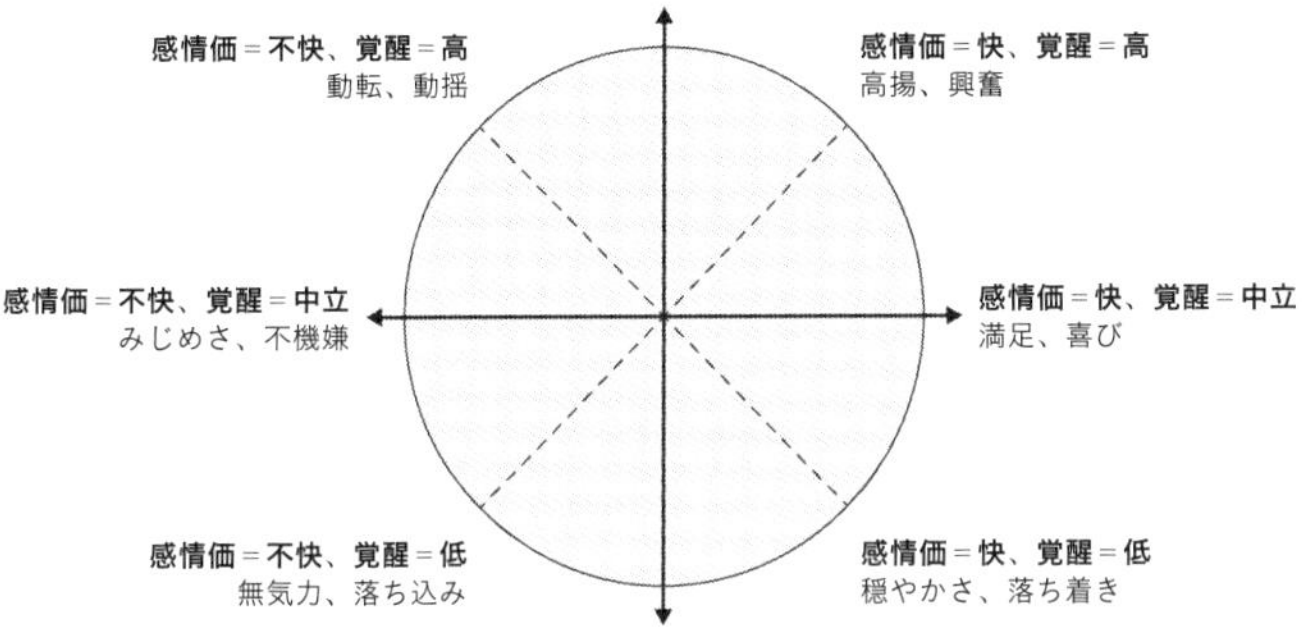

図 4.5　感情円環図

たとしよう。そして、ある囚人の刑務所内での行動に関する報告に耳を傾け、彼に悪い印象を持ったとする。仮釈放を認めれば、この男は誰かに危害を加えるかもしれない。そんな輩は牢屋に閉じ込めておくべきだと直感したあなたは、仮釈放を認めないことにする。あなたの感じた悪い印象、すなわち不快な気分は、自分の判断が正しいことを示す証拠のように思える。[67] しかし気分は、あなたを誤った判断に導くのだろうか？　まさにこの状況は、二〇一一年に行なわれた、判事の裁定に関する研究のテーマである。[68] イスラエルの科学者たちは、昼食前に審問があると、判事が仮釈放を認める可能性が低下することを見出した。つまり判事は、自分の内受容感覚を空腹としてではなく、仮釈放を認めるか否かを裁定する判断材料として経験したのだ。なお、昼食を済ませたあとでは、判事は通常の頻度で仮釈放を認めるようになる。

気分は、原因がわからないまま経験すると、自己の経験そのものとしてではなく周囲の世界に関する情報として扱われやすい。心理学者のジェラルド・L・クロアは数十年を費やして巧妙な実験を行ない、いかに人々が日常生活で直感に基づいて判断を下しているかに関して理解を深めてきた。[69] この現象は、私たちの経験している現実が一部は感情によって形成される、世界に関する想定であるという意味で、「感情的現実主義（affective realism）」と呼ばれる。たとえば人は、天候について明示的に尋ねられ**な****か****っ**た場合に限って、晴天の日に、より高い幸福感や満足感を報告する。[70] また、就職面接や大学や医学校の入学面接は、晴天の日に受けたほうが有利になる。なぜなら面接担当官は、雨天の日には応募者を否定的に評価しがちになるからだ。[71] 次回友人があなたに噛みついてきたときには、「感情的現実主義」を思い出そう。その友人は、あなたの行動にいらついているのかもしれないが、昨夜よく眠れなかったのかもしれないし、空腹なのかもしれない。[72] あなたとは何の関係もないことで友人の身体予算に変化が生じ、友人は、それを気分として経験しているのかもしれないということだ。[73]

気分は、周囲の人々や物体が本質的に否定的なものであったり、肯定的なものであったりすると私たちに思い込ませる。* 子ネコの写真は快いと、腐乱死体の写真は不快と見なされる。しかしイメージそのものに、気分の性質が含まれているわけではない。「不快なイメージ」という言葉は、実際には「身体予算に影響を及ぼし、不快なものとして経験される感覚刺激を生むイメージ」を意味する。「感情的現実主義」のもとでは、私たちは、自己の経験としてではなく外界のモノやできごとの性質として気分を経験する。「ぼくは気分が悪い。きみが何か悪いことをしたんだろう。きみは悪い人だ」というわけだ。わが研究室では、被験者の気づかぬうちに気分を操作すると、未知の人物に対する信頼度、能力、魅力、好悪に関する評価が左右されるという結果が得られている。のみならず、顔さえ違って見え始める。[74]

人々は、日常生活を送るにあたって自らの気分を情報として用い、感情的現実主義を築く。食べ物は「おいしい」か「まずい」か、絵は「美しい」か「醜い」か、人は「親切」か「卑劣」か、としてとらえられる。髪を見せることで「男性をそそのかさないよう」、女性がスカーフをかぶらなければならない文化もある。感情的現実主義は有益でもありうるが、非常に厄介な問題を引き起こすことも

*＝感情的現実主義は、感覚によって世界の客観的で正確な表現が得られると見なす単純なリアリズムの、ありきたりながら強力な一形態である。

ある。敵は「邪悪」と、あるいはレイプされた女性は、「自分で招き寄せた」と見なされる。家庭内暴力の被害者は、「自分のせいだ」と言われる。[75]

気分の悪さは、必ずしも何かが間違っていることを示唆するわけではなく、身体予算に負荷がかかっていることを意味するにすぎない。たとえば、努力して呼吸しなければならないほど運動すると、その人はエネルギーが枯渇する以前に疲労や不快感を覚え始める。あるいは、数学の問題を解こうとしたり、記憶を試す課題を遂行したりすると、よい成績を収められても、絶望感や悲惨な気分に満たされることがある。[76] 自分の指導する大学院生で、そのような苦痛を感じたことが一度もないという人がいれば、その人は明らかに間違ったことをしているのだと、私なら考えるだろう。

また、感情的現実主義は悲劇的な結果を生むことがある。二〇〇七年七月、イラクで、アパッチヘリコプターに搭乗していた米軍兵士が、ロイターの報道写真家を含む武装していない一一名の民間人を誤って銃撃し、殺した。この兵士は、写真家が持っていたカメラを銃と見間違えたのである。[77] この事件は、戦場のまっただなかにいたこの兵士の心中で、感情的現実主義によって無害な物体（カメラ）に不快な感情価が付与されていた、として説明できるだろう。兵士は毎日、他者をめぐってすばやい判断が求められる。そのことは戦闘部隊に属していようが、異文化に属する人々と交渉する平和維持部隊のメンバーであろうが、米国内の基地で戦闘部隊を支援している後方要員であろうが変わらない。一つの間違いが人命を犠牲にしかねない危険と緊張に満ちた環境下では特に、迅速に的確な判断を下すことが極端に困難になる。

アメリカ国内に目を向けると、感情的現実主義は、無防備な市民に対する警官の発砲にも関与している。合衆国司法省は、二〇〇七年から二〇一三年にかけて起こったフィラデルフィア市警の警官の発砲事例を分析し、犠牲者の一五パーセントが武器を携帯していなかったことを発見した。それらのケースの半分では、「脅威にならない物体（携帯電話など）や動作（ズボンのベルトを引っ張るなど）」を、武器や攻撃と勘違いしたことが原因だと報告されている。[78] このような悲劇には、不注意から人種差別に至るまでさまざまな原因が絡んでいるはずだが、強いプレッシャーがかかる危険な状況下に置かれた警官のなかには、感情的現実主義のせいで、何もないところに実際に武器を知覚する者もいるのではないだろうか。* 人間の脳は、その種の妄想が生じるよう配線されている。妄想が生じる理由の一つは、その瞬間の内受容刺激によって特定の気分で満たされた私たちが、それを世界に関する情報として用いるからだ。

「見ることは信じること」ということわざがある。しかし感情的現実主義は、「信じることは見ること」だと示唆する。ハンドルを握っている運転者は私たちが行なう予測であり、世界は後部座席にすわっていることが多い（車の内部にいることに違いはないが、乗客の場合が多い）。これから見ていくように、この事実は視覚に限った話ではない。

＊＝感情的現実主義が警官による発砲事件の第一の原因だと言いたいのではない。私が指摘したいのは、脳が予測のために配線されているという科学的な事実についてである。私たちの誰もが、外界からの感覚入力によって訂正されない限り、過去の経験に基づいて自分が信じているものを見るのだ。

あなたは、森のなかをひとりで歩いていたとする。そのとき、茂みのなかからかすかな音が漏れてくるのが聴こえ、何かがちらりと動くのが見えたとしよう。すると、あなたの身体予算管理領域はいつもどおりに仕事を始め、たとえば「すぐそばにヘビがいるに違いない」と予測する。この予測によって、あなたはヘビを見、ヘビがたてるもの音を聴く準備が整う。同時にこの領域は、たとえば走って逃げるために、心拍数が上がり、血管が拡張するであろうことを予測する。[79] またあなたの脳は、心臓の激しい鼓動と、血液の急激な流れによって内受容刺激が生じることを予測するはずだ。[80] その結果、脳はヘビ、身体の変化、身体由来の感覚刺激をシミュレートする。そして予測は感情に変わり、このケースでは、あなたは動揺を感じ始める。

では、次に何が起こるのか？　茂みのなかからヘビが飛び出してくるかもしれない。このケースでは、感覚入力は予測と一致し、あなたは走り出す。あるいは茂みは単に風に吹かれて音をたてたにすぎず、実際にはヘビはいないのかもしれない。しかし、それでもあなたはヘビの姿を見る。それが感情的現実主義というものだ。さてここで、ヘビもいないし、あなたもヘビを見ないという三つ目の可能性を考えてみよう。このケースでは、ヘビを見るだろうという視覚に関する予測はただちに訂正される。しかし、内受容予測には同じことが当てはまらない。[81] 身体予算管理領域は、予測されたニーズがとうに不要になったあとでも、予測に基づいて調節し続ける。[82] だから、安全が確認されても、落ち着くまでに相当な時間がかかるのだ。脳の働きを、仮説を立てて検証する科学者の営為にたとえたことを覚えているだろうか？　身体予算管理領域は、耳が遠くなった科学者のようなもので、予測は立ても、入って来る証拠に耳を傾けられない。

　身体予算管理領域は、ときに迅速な予測の訂正ができなくなる。[83] 動けなくなるほど食べ過ぎたときのことを思い出してみればよい。その責任は身体予算管理領域に帰せられるかもしれない。身体予算管理領域の仕事の一つは、体内を循環するグルコースのレベルを予測することで、それによって食物の摂取がどの程度必要とされているかが決まる。だが、身体から適切なタイミングで「満腹した」というメッセージを受け取らなかったので、食べ続けてしまったのだ。「ほんとうにまだ空腹なのかを確かめるために、お代わりをするまで二〇分待て」というアドバイスを聞いたことがないだろうか？　今や、なぜこのアドバイスが有効なのかがわかったはずだ。食べる、運動する、負傷するなどして、身体予算に高額の預金をしたり、そこから一挙に引き出したりすると、脳がその状況に追いつくのを待つ必要がある。マラソンランナーはそのことを学んでいる。マラソンに参加すれば、身体予算が依然として支払い可能な状態にあっても、競技の前半から疲労を感じ始めるが、経験によってその事実を知っている彼らは、不快さが消えるまで走り続ける。つまりエネルギーが枯渇したと言い張る感情的現実主義を無視するのだ。

　日常生活においてそれが意味するところをよく考えてみよう。ここまで、身体由来の感覚刺激は、必ずしも身体の実際の状態を反映するものではないことを学んだ。なぜなら、心臓の鼓動、空気をいっぱいに吸い込んだ肺の感覚、とりわけ一般的な快や不快、あるいは興奮や落ち着きの感覚は、実のところ身体の内部からやってくるのではなく〔ただ「身体」と記されている場合には、脳が含まれていないことを思い出されたい）、内受容ネットワーク内で生じるシミュレーションに駆り立てられているからだ。[84]

一言でいえば、あなたは脳が信じているものを感じるのだ。気分の生起は、第一に予測に由来するのだから。

私たちは、脳が信じているものを見るという「感情的現実主義」について学んだ。またそれは、私たちが日常生活で経験しているそれ以外の感覚にもあてはまることも。手首の脈の感覚ですらシミュレーションであり、脳の感覚領域で構築され、感覚入力（実際の脈）によって訂正される。私たちが感じるもののすべては、自分が持つ知識と過去の経験に基づいてなされる予測に依拠する。したがって私たちは、自己の経験の紛うことなき建築家であり、信じることは感じることなのである。

この考えは単なる憶測ではない。[85] 科学者は、必要な装置を持っていれば、予測を行なう身体予算管理領域を直接操作して、被験者の気分を変えることができる。先駆的な神経科学者のヘレン・S・メイバーグは、治療の効果が見られない重度の抑うつを抱える人々を対象とした、脳の深部を刺激する療法を開発した。[86] そのような人々は、深い抑うつの発作によって不安を経験しているばかりでなく、自己嫌悪と絶えざる苦悩にとらわれて悶々としている。動くことさえほとんどできない人もいる。メイバーグは、手術中に神経外科医のチームと協力し合いながら、頭蓋に小さな穴を開け、内受容ネットワークの予測に関与する主要領域に電極を挿入した。[87] 神経外科医が電極のスイッチを入れると、患者はただちに苦悶から解放されたと報告した。電極のスイッチをオンにしたりオフにしたりすると、それと同期して患者のひどい怖れは減退したり昂進したりした。[88] メイバーグの瞠目すべき業績は、科学史上初めて、脳の直接的な刺激が、その人の気分を一貫して変化させることを示し、精神疾患の新たな治療への道を開いた。[89]

気分の生起には、脳の予測回路は重要だが、必ずしも必須ではないのかもしれない。まれな病気のためにそれに対応する神経回路が破壊された五六歳の患者、ロジャーの場合を考えてみよう。[90]彼は平均以上のＩＱを持ち、大学で教育を受けてはいるが、重度の健忘症、嗅覚や味覚の機能不全など、種々の心的問題に苦しんでいる。[91]それでも彼は、何らかの気分を感じている。それを説明するもっとも有望な説は、彼の場合、身体由来の感覚入力によって何らかの気分が駆り立てられ、（ニューロンのさまざまな組み合わせによって同じ結果が生じる）縮重のおかげで他の脳領域によって予測されているというものだ。[92]それとは逆の状況も起こりうる。脊髄に損傷を負った患者や、自律神経系の変性疾患である純粋自律神経不全性の患者は、内受容予測は機能しているが、身体器官や組織から感覚入力を受け取ることがない。そのような患者は、訂正を受けていない予測に基づく気分を感じている可能性が高い。[93]

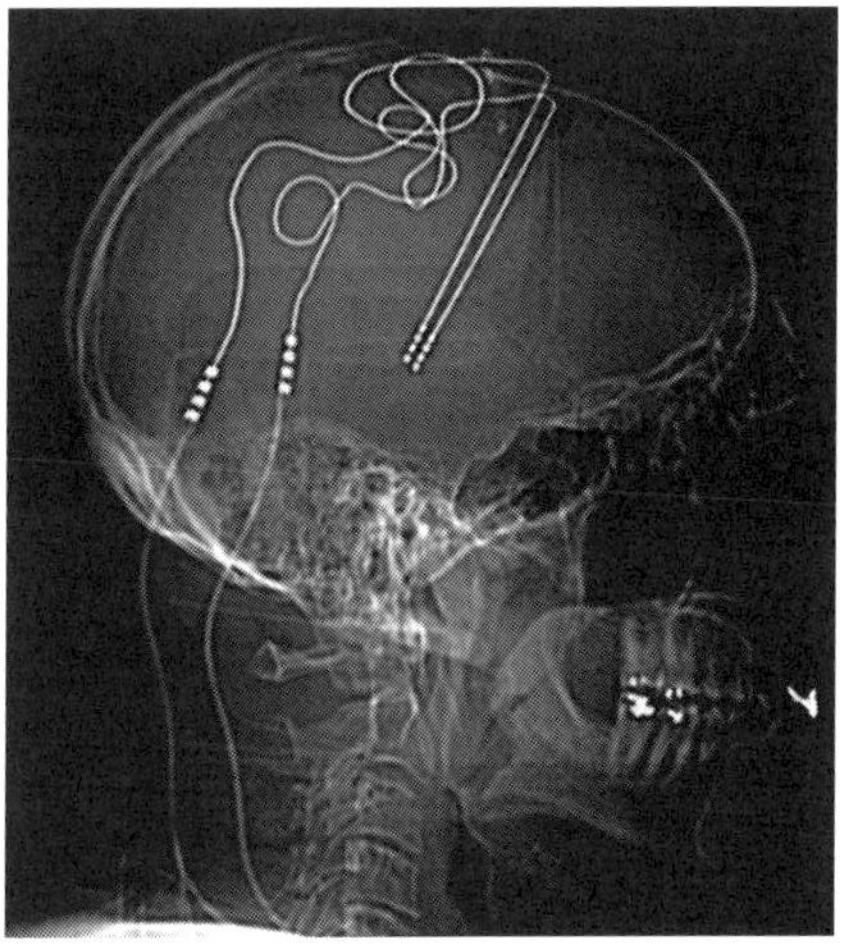
図 4.6　脳の深部への刺激

内受容ネットワークは、何を感じるかを決めることだけに関与しているのではない。その内部にある身体予算管理領域は、脳のなかでももっとも強力で濃密に結合された予測領域の一つである[94]。この領域は、大きなメガフォンを持った耳の遠い科学者のごとく、やかましく、さかんに命令を出す。すなわち、視覚、聴覚などの感覚に関する予測を発するのである。それに対し、予測を発する機能を持たない一次感覚領域は、それに聞き入るよう配線されている[95]。

これは次のことを意味する。日常生活において見るもの、聴くものが何を感じるかに影響を及ぼしているように思えるかもしれないが、通常はその逆が正しく、何を感じているかが、見るものや聴くものを変化させている。その瞬間に生じた内受容刺激は、外界より大きな影響を知覚や行動に及ぼす。あなたは、行動を起こすときには、その利点と不利な点を比較評価する理性的な存在として自分をとらえているかもしれない。しかし皮質の構造を考えてみれば、それはあり得ない。脳は、身体予算に耳を傾けるよう配線されている。ハンドルを握っているのは気分であり、理性は乗客なのだ。食べ物、職業、投資先、心臓外科医など、選択の対象が何であれ、日常生活における決定は、気分という色眼鏡で世界を見ている、口うるさくて耳が遠い科学者によって駆り立てられている[96]。

ベストセラー『デカルトの誤り――情動、理性、人間の脳』で、アントニオ・ダマシオは「心は知恵を獲得するために情念（私なら気分と呼ぶもの）を必要とする」と述べ、次のように主張する[97]。内受容ネットワーク、とりわけ身体予算管理領域の主たる組織に損傷を負うと、意思決定が損なわれる。ダマシオの患者は、内受容予測を形成する能力を奪われ、舵を失ったのだ。脳解剖学の新たな知見に基づけば、さらに理解を一歩進められる。気分は知恵の獲得に必要なばかりでなく、あらゆる判断に決定的に織り込まれている。[98]

身体予算管理領域の神経回路があげる叫びの力は、金融の世界にも重大な影響を及ぼしている。最近の例では、無数の家族を経済的な破綻に追いやった二〇〇八年の世界的な金融システムの崩壊など、最悪の経済的災厄をもたらしてきた。

かつて経済の科学は、自己の情動をコントロールし、合理的な判断を下す「合理的経済人（*homo economicus*）」という概念を用いていた。この概念は、欧米の経済理論の基盤をなし、経済学者のあいだでは人気が凋落したとはいえ、実業界においては影響を持ち続けている。[99] しかし、身体予算管理領域が、予測によって他のすべての脳のネットワークを駆り立てているのなら、合理的経済人というモデルは、生物学的な観点からして誤っている。脳が内受容刺激に影響されて予測しているのなら、人は理性的な行為者ではあり得ない。アメリカ経済（世界経済と言う人もいるだろう）の基盤をなす経済モデルは、いわば神経学的なおとぎ話に依拠しているのである。

ここ三〇年のあいだに起こった経済危機はすべて、少なくとも部分的には合理的経済人モデルに関連している。『世界を破綻させた経済学者たち――許されざる七つの大罪』の著者でジャーナリストのジェフ・マドリックは、経済学者が信奉しているもっとも基本的な見方のいくつかが、世界的金融不況に至る、一連の経済的な危機を引き起こしたと述べている。[100] それらの見方に共通して見られるテーマは、規制を受けない自由市場経済がうまく機能するというものである。自由市場経済においては、政府の規制や監視なしに、需要と供給によって投資、生産、分配に関する決定がなされる。数理モデルに従えば、規制を受けない自由市場経済は、特定の条件化ではうまく機能する。しかしその

「特定の条件」の一つは、「人々は、合理的な意思決定者である」というものだ。[101] ここ五〇年のあいだに、無数の実験によって、人々が合理的な行為者ではないことが明らかにされている。合理的思考によって情動を克服することはできない。なぜなら、あらゆる知覚と思考の基盤に身体予算の状態が横たわり、そのため内受容感覚と気分がつねに構築されているからだ。自分自身では合理的に振る舞っていると思っていても、身体予算と、それに結びついた気分は確固として存在し、水面下で作用しているのである。[102]

神経科学による裏づけのない「合理的な心」という考えが経済にとってかくも有害なら、なぜいつまでも、そのような考えが幅を利かせているのか？ なぜなら人類は、理性のおかげで、動物界において自分たちが特別な存在になれたと長く考えてきたからだ。この創造神話は、「人間の心は、知性と情動が行動のコントロールをめぐって争い合う戦場である」という、欧米の思想界でもてはやされてきた物語（ナラティブ）の一つを反映する。人を鈍感、愚かだとして非難するときに使う形容詞「無思慮」も、認知的なコントロールの欠如、言い換えれば自己の内なるミスター・スポック〔SFドラマ『スター・トレック』シリーズの登場人物で、感情を抑えて論理的な考え方をする〕と交信できないことを意味する。

この創造神話は固く信じられているため、科学者はそれに基づく脳のモデルさえ提起している。このモデルは、爬虫類から受け継いだとされる、生存に必要な皮質下の古い神経回路から始まる。この神経回路の上に、初期の哺乳類から受け継いだとされる、「大脳辺縁系」と呼ばれる情動システムが載っている。そして大脳辺縁系の周囲を、人類独自のものとされる理性的な皮質が、ケーキの飾りのように包み込んでいる。[103] ときに「三位一体脳」とも呼ばれる、この架空の層構造は、ヒト生物学でもっとも広く知られるようになった誤った概念の一つである。[104] カール・セーガンは、人間の知性の進化を論じたベストセラー（フィクションと大差はないと言う人もいるだろう）『エデンの恐竜――知能の源流をたずねて』によって、この説を普及させた。ダニエル・ゴールマンは、ベストセラー『ＥＱ――こころの知能指数』でこの説を用いた。[105] しかし脳の進化の専門家なら誰でも知っているように、人間は、知性という包装紙に包まれた動物の脳を持つのではない。[106]『*Behavioral and Brain Sciences*』誌の編集者で神経科学者のバーバラ・Ｌ・フィンレイは、「情動を脳の中間部に、そして理性や論理を皮質に単純に割り当てるのは、まったく愚かな所業だ」「すべての脳の部位が、あらゆる脊椎動物に備わっている」と述べている。[107] では、脳はいかにして進化したのか？　実のところ脳は、企業の営みのように、拡張するにつれ効率性と迅速な反応性を保つために、組織を再構築してきたのである。[108]

結論を述べよう。どこかの誰かが、人類が理性的な存在だというフィクションをいかに語ろうが、人間の脳は、いかなる判断や行動も内受容の影響を免れないように、解剖学的に構造化されている。あなたがたった今感じている身体感覚は、これから何を感じ、何をするかに反映され、影響を及ぼす。それは、脳の構造の内部に埋め込まれている、巧妙に仕組まれた自己充足的予言なのだ。

＊　＊　＊

数十億のニューロンから構成される人間の脳では、本章で概略を述べたものよりはるかに複雑な事象が生じている。ほとんどの神経科学者は、脳の機能、ましてや脳による意識の生成について詳細に解明できるようになるには、この先数十年はかかると見ている。それでも、いくつかの点はかなり明らかになっている。

この文章の意味を理解しようとしているたった今、あなたの脳は、身体予算の変化を予測している。あなたが構築するあらゆる思考、記憶、知覚、情動には、身体の状態に関する情報、すなわち内受容感覚の断片が含まれる。たとえば視覚的な予測は、「同じ状況に以前に置かれたとき、私は何を見ただろうか？」という問いばかりでなく、「以前私の身体がこのような状態にあったとき、私は何を見ただろうか？」という問いにも答える。この文章を読むあいだに感じる（快／不快、興奮／落ち着きなどの）気分の変化は、内受容予測の結果である。つまり気分は、身体予算の状態に関する脳の最善の推測なのだ。

また内受容は、現実として体験されるものごとの、もっとも重要な構成要素の一つをなす。内受容を欠けば、世界は無意味なノイズと化すだろう。次のことを考えてみればよい。気分を生成する内受容予測は、その人の現在の関心、すなわち感情的ニッチを決める。脳の観点からすると、感情的ニッ

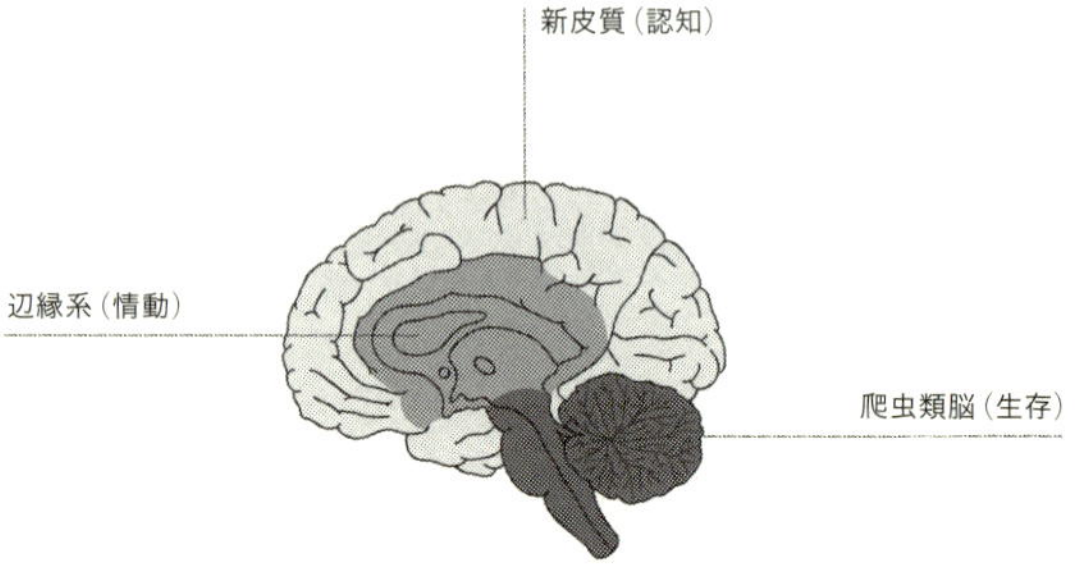

図 4.7　「三位一体脳」の考え
いわゆる情動神経回路のうえに、認知神経回路が層をなして載っている。この架空の配置は、いかに思考が感情を調節するかを説明するとされている。

チの内部にあるものは何であれ、身体予算に影響を及ぼしうるのであり、他の何ものも重要性を持たない。言い換えると、人は自分の生きる環境を自分自身で構築する。環境は、自分とは隔絶した外界に存在しているかのように思われるかもしれない。しかし、それは幻想にすぎない。人間（や他の生物）は、単に環境内に自分自身を見出して、それに適応したり死滅したりするのではない。人は、物理的環境から入ってきた感覚入力に対して脳が情報かノイズかを判別し、前者を選択し後者を無視することで、自己の環境、すなわち自分にとっての現実を構築する。そしてこの選択は、内受容に密接に結びついている。脳は身体の代謝需要に合わせるために、身体予算に影響を及ぼす可能性のある、あらゆる事象を予測の範囲に含める。気分が意識の性質とされるのはそのためだ。

予測手順の基本部位をなす内受容は、情動の主たる構成要素でもある。とはいえ、内受容のみで情動を説明することはできない。怒りや悲しみなどの情動カテゴリーは、不快や興奮などの単純な感情よりもはるかに複雑だ。

サンディフック小学校銃乱射事件が起こったあとの演説で、コネティカット州知事ダネル・マロイの声がふるえたとき、彼は泣いてもいなかったし、口をへの字に結んでいたわけでもなく、一瞬微笑みさえした。しかし聴衆は、彼が激しい悲しみを経験していると推測した。感覚や単純な感情によっては、数千人の聴衆がどれだけ知事の苦悩の深さを読み取ったのかを説明することはできない。

また、気分だけでは、私たちがどのように悲しみの経験を構築しているのか、あるいは悲しみのインスタンスがそれぞれどのように異なるのかを説明することはできない。さらには、感覚刺激の意味するところや、それにどう対処すればよいのかを教えてくれることもない。だから私たちは、疲れているときに食べたり、空腹時には被告に有罪を言い渡したりするのだ。脳がより具体的なアクションを起こせるようにするためには、気分を意味のあるものにしなければならない。その方法の一つは、情動のインスタンスを生成することである。

では、内受容刺激はいかにして情動になるのか？　なぜ私たちは、感覚刺激（実際には予測）を、身体的な徴候、世界の知覚、単純な感情、あるいはときに情動などとして、実にさまざまな様態で経験するのか？　次章では、この謎を解明しよう。

第5章

概念、目的、言葉

Concepts, Goals, and Words

虹を観察すると、図5・1の左図のような、はっきりと区分された色彩の縞模様が見える。だが実際には虹は、縞模様を持つわけではなく、右図のような波長およそ四〇〇〜七五〇ナノメートルの光の連続的なスペクトルから成る。このスペクトルには、いかなる境界も帯もない。

では、なぜ私たちは虹に縞模様を見るのだろうか？　なぜなら、「赤」「オレンジ」「黄」などの色に関する心的概念を持っているからだ。脳は色の概念を用いて、自動的にスペクトルの特定の領域の波長をグループ化し、同じ色として分類する。脳は、おのおのの色のカテゴリー内の変化の種類（バラエティ）を少なく見積もり、カテゴリー間の差異を強調する。だから私たちは、虹に色の帯を知覚するのである。[1]

人間の声は連続的な音の流れだが、母語に耳を傾けるときには、そこにはっきりとした言葉を聴き取る。どうしてそんなことが起こるのか？　ここでもあなたは、概念を用いて、連続的な入力情報を分類し

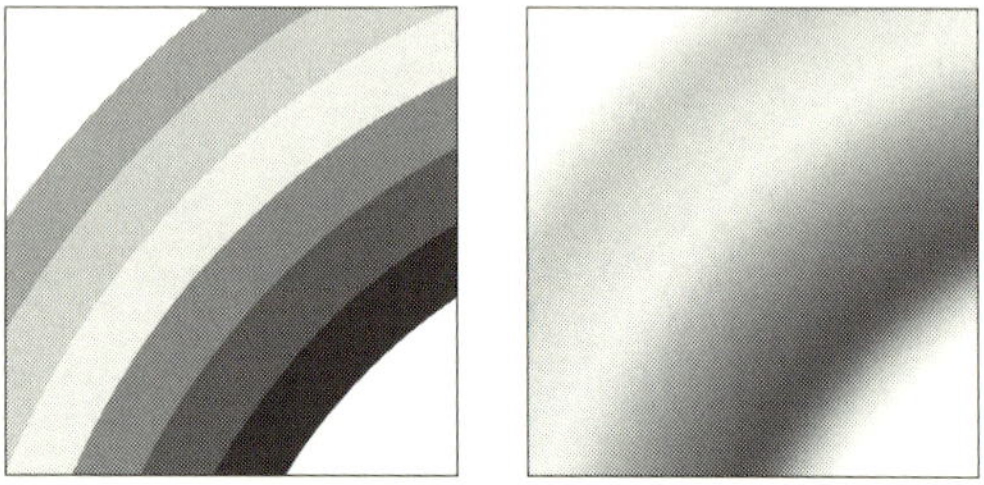

図5.1　縞模様の虹（左）と実際の連続的な虹（右）

ている。私たちは乳児の頃から、会話の流れのなかに音素間の境界を明確化する規則を学ぶ。音素とは、ある言語において識別可能な最小の音の断片であり、たとえば英語の「D」や「P」などの音がそれに該当する。このような規則は概念になり、脳はそれを用いて、音の流れを音節や単語へと分類していく。[2]

この過程では、数々の難題に対処する必要がある。というのも、音声の流れはあいまいで、変化が激しいからだ。子音は文脈によって変化する。たとえば「D」の音は、音響学的に言って「Dad」と「Dead」では異なるが、どちらも「D」の音として聴こえる。母音は、話者の年齢、性別、体格、さらには話す状況によっても変化する。[3]驚くべきことに、文脈を無視して個別に提示されると、五〇パーセントの単語が理解できなくなる。[4]しかし脳は概念を用いて分類することを学び、ノイズに満ち変化の激しい音声情報をもとに数十ミリ秒のあいだに音素を構築し、最終的に他者とコミュニケーションを図ることを可能にする。[5]

知覚の対象はすべて、脳内で概念によって表象される。近くにある物体を見てみよう。それから、その物体の若干左側を見る。するとあなたは、気づかぬうちに途轍もない離れ業を達成したことになる。頭と目の動きは取るに足らないように思えても、脳に達する視覚入力は甚大な変化を被（こうむ）っている。視野を大きなテレビ画面にたとえると、わずかな目の動きによって画面の無数のピクセルが変化する。それにもかかわらず、視野の内部にぼやけた流れが見えたりはしない。なぜなら、あなたはピクセル単位に世界を見ているわけではないからだ。モノを見ているのであって、目を動かしても、見ているモノはほとんど変化しない。あなたは、線、輪郭、縞、しみなどの低レベルの規則とともに、複雑なモノや場面などの高レベルの規則を知覚する。[6] 脳は子どもの頃に、その種の規則を概念として学習しており、今やそれを用いて絶えず変化する視覚入力を分類しているのだ。

概念がなければ、人は、絶えず変動するノイズの世界で生きることになり、出会うもののすべてが、他のいかなるものとも違って見えるようになるだろう。そのような状態は、第2章の冒頭で取り上げたあいまいな写真を初めて見たときの状態と同じく、経験盲に陥っていると見なせる。しかも、その状態が永続し、学習できないのである。[7]

いかなる感覚情報も、絶えず変化する巨大な謎をつきつけてくるので、脳はそれを解明していかなければならない。目に入ったモノ、聴こえてくる音、におい、手ざわり、さらには痛みなどの気分として経験される内受容感覚、これらはすべて、恒常的に変化するあいまいな感覚信号として脳に届く。脳の仕事は、信号が到着する前に感覚入力を予測し、欠けた詳細を埋め、可能な限り規則性を検出し、実際に外界に存在する「混沌状態」ではなく、モノ、人々、音楽、できごとなどから構成されるものとして、世界を経験できるようにすることだ。[8]

この壮大な営為をなし遂げるため、脳は概念を用いて感覚信号に意味を付与し、それがどこからやって来たのか、外界の何を指しているのか、そしてそれに対してどう反応すべきかを明確化する。知覚は鮮やかで直接的に感じられるため、私たちは、自分が世界をありのままに経験していると思い込む。しかし実のところ、自分が構築した世界を経験しているのであって、外界として経験しているものの多くは、自分の頭の内部から生じる。かくして概念を用いて分類するとき、不定形のかたまりにミツバチを見出したときのように、私たちは、利用可能な情報の範囲を超えてそれを実行しているのだ。

本章では、情動を自ら経験したり、他者の情動を知覚したりするたびに、人は概念を用いて分類し、内受容刺激や五感から意味を作り出していることを明らかにしていく。この考えは、構成主義的情動理論の主要なテーマをなす。

ここで言いたいのは、「人は分類によって情動のインスタンスを構築する。だから情動は、きわめてユニークなものだ」ということではない。本書の目的は、分類することで、私たちが経験する知覚、思考、記憶などのあらゆる心的事象が構築されるという点を示すことにある。だから当然、情動のインスタンスも同様の方法で構築される。それは、昆虫学者が新種のゾウムシをしげしげと見つめて、ヒゲナガゾウムシ科なのかチョッキリモドキ科なのかを判別するときのような、努力を要する意識的な処理なのではない。それは、目覚めているときにはつねに、脳によってミリ秒単位で実行されている自動的かつ迅速な処理であり、それを通じて感覚入力が予測され、説明される。分類は脳の通常の仕事であり、指標なくしてどのように情動が作られるのかを、それによって説明できる。

分類の内的な働き（神経科学）についてはしばらくおいておき、より基本的な問いのいくつかを検討しよう。「概念とは何か？」「それはいかにして形成されるのか？」「情動概念とは、いかなる種類の概念なのか？」、そしてとりわけ「一から意味を生成するために、人間の心はいかなる超越的な力を備えているのか？」などの問いである。これらの問いの多くに関しては、現在でもさかんに研究されている。確実な証拠が得られていればそれを紹介するが、確たる証拠がない場合は、ある程度の裏づけのある推測をする。その答えは、どのように情動が作られるのかを説明するだけでなく、人間性の核心も垣間見せてくれるだろう。[9]

❦ ❦ ❦

哲学者や科学者は、特定の目的に照らして等しいものとしてグループ化された、モノ、できごと、行動の集まりとして「カテゴリー」を、また、カテゴリーの心的な表現として概念を定義する。従来の考えでは、カテゴリーは外界に、また、概念は頭の内部に存在すると見なされる。「赤」という色の概念を考えてみよう。この概念を光の波長に適用して公園に咲く赤いバラを知覚するとき、そのバラの赤さは、「赤」というカテゴリーに属する一つのインスタンスと見なせる。[*] 脳は、同じカテゴリーに属するものの差異を（庭に咲いているバラの赤さにはさまざまな色合いがある）、すべてを同じ「赤いもの」として扱うために軽視する。また脳は、あるカテゴリーに属するものと属さないものの差異（たとえば赤いバラ対ピンクのバラ）を拡大し、カテゴリー間の境界を明確に知覚できるようにする。

頭にたくさんの概念を詰め込んで街を歩いているところを想像してみよう。あなたは、花、木、車、家、イヌ、鳥、ミツバチなど、さまざまなモノを一度に見る。顔や体を動かしながら人々が歩いている。雑多な音が聴こえ、さまざまなにおいが漂ってくる。脳は種々の情報を合わせて、公園で遊んでいる子どもたち、庭いじりをしている人、手をつないでベンチにすわっている老夫婦などの光景を知覚する。概念を用いて分類することで、あなたは、モノや行動やできごとに関する経験を築いているのだ。[10] つねに予測を行なっているあなたの脳は、感覚入力を予測して「これは、どの概念に合致するのだろうか？」という問いを立てる。たとえば、こちらに向かって来る車を目にし、次にわき道から入って来る車を見ると、車に関する概念を持っていれば、二つの方向から網膜に到来する視覚情報がまったく異なっていても、それらは同じモノだと理解できる。

脳は、たとえば「車」という概念を用いて、感覚入力を車としてただちに分類する。一見するとごく単純な言い方「車の概念」は、見かけ以上に複雑な内容を含む。では、正確に言って概念とは何か？　その答えは、科学ではよくあることだが、尋ねる科学者によって異なる。「人間の心のなかで、知識がいかにして組織化され、表わされるのか」などの基本的なトピックをめぐってさえ、ある程度の論争は避けられない。いずれにせよ、その問いに対する答えは、どのように情動が作られるのかを理解するにあたってカギになる。

＊＝私はここで、世界中の哲学者、賢者、啓蒙家などの知識人を代表して（英国の作家ダグラス・アダムスの言い回しを拝借した）、カテゴリーと概念の区別をめぐる混乱に対して謝罪したい。車や鳥などのカテゴリーは世界内に存在し、概念は脳内に存在するとされている。しかし少し考えれば、誰がカテゴリーを生成しているのかが疑問に思えてくるはずだ。誰があるカテゴリーに属する個々の構成要素をグループ化して、相互に等しいものとして扱っているのか？　それを行なっているのは、あなたの脳である。したがって、概念同様、カテゴリーは脳内に存在する（カテゴリーと概念の区別は、「本質主義」と呼ばれる問題に起源を求めることができるが、それについては第8章で検討する）。本書では、「赤さについての知識」のような知識に言及する場合に概念という言葉を、また、私たちが知覚する赤いバラのような、知識を用いて生成するインスタンスの総体に言及する場合に「カテゴリー」という言葉を用いる。

「車」の概念を説明するよう求められれば、普通は、四つの車輪とエンジンを持ち、燃料をもやすことで走る金属製の輸送手段などと答えるだろう。初期の科学のアプローチでは、概念はそのようなものと、すなわち必要にして十分な特徴を列挙する、脳に蓄積された辞書的な定義と考えられていた。[11]「車とは、エンジン、四つの車輪、座席、ドア、天井を備えた乗り物である」「鳥とは、卵を生み、翼を使って空を飛ぶ動物である」などといった具合だ。概念に関する古典的理論では、対応するカテゴリーには確たる境界が存在することが前提とされていた。「ミツバチ」カテゴリーに属するインスタンスが、「鳥」カテゴリーに入ることは絶対にない。また、あらゆるインスタンスが、当該カテゴリーにおいて等しく適切な代表と見なされる。つまり、いかなるミツバチの個体も、「ミツバチ」カテゴリーの代表としての資格を持つ。なぜなら、それらは皆、外観、行動、あるいはミツバチをミツバチたらしめている基本的な指標に関して、相互に共通性を有しているからである。そしていかなる個体間の差異も、ミツバチだという事実には無関係なものと見なされる。ここには、古典的情動理論との類似点を見出せるだろう。そこでは、「怖れ」カテゴリーのあらゆるインスタンスは相互に類似し、「怖れ」のインスタンスは、「怒り」のインスタンスとは異なるものと見なされる。

古代から一九七〇年代に至るまで、哲学、生物学、心理学は古典的理論に支配されていた。[12]しかし現実には、一つのカテゴリーに属する数々のインスタンスはそれぞれ著しく異なる。ゴルフカートのようにドアのない車もあれば、コヴィーニC6Wのように六輪の車もある。またインスタンスによって、そのカテゴリーを代表する度合いも異なる。鳥類の代表としてダチョウをあげる人はいない。[13]概念に関する古典的理論は、情動の科学を除き、一九七〇年代になってついに凋落する。[14]

そして古典的理論の灰のなかから、新たな見方が生まれてくる。それによれば、概念は、そのカテゴリーの最良の例（「原型」と呼ばれる）として脳内で表象される。[15] たとえば鳥の原型は、羽と翼を持ち、空を飛ぶことができる。ダチョウやエミューなど、「鳥」のインスタンスのすべてがこれらの特徴を持つわけではないが、それでもダチョウもエミューも、鳥である点に変わりはない。原型からの逸脱は、その程度が大きすぎなければ問題ない。ミツバチは、羽を持ち、空を飛べても鳥ではない。この見方に従えば、脳はあるカテゴリーを学ぶにつれ、その概念をただ一つの原型として表わす。原型は、そのカテゴリーのもっとも頻繁に用いられる典型例、すなわちそのカテゴリーの諸特徴の大部分を備えるか、あるいはそれにもっとも近似するインスタンスによって示される。[16]

情動に関して言えば、特定の情動カテゴリーの典型的な特徴をあげることは簡単なように思われる。[17] 悲しみの典型的な特徴をあげよと問われれば、アメリカ人なら、眉をひそめた顔、への字に結んだ口、うなだれた姿勢、泣き声、落ち込み、単調な声音などをあげるだろう。あるいは、悲しみとは、何かを失って無力さや疲労を感じることだと答えるかもしれない。悲しみのあらゆるインスタンスが、それらすべての特徴を持つわけではないが、その記述は、悲しみに典型的なものでなければならない。

したがって原型は、情動概念のすぐれたモデルのように思われるかもしれない。しかしそれには、逆説的な側面が一つある。科学的な計器で悲しみのインスタンスを測定すると、「しかめ面／への字に結んだ口」原型は、もっとも頻繁に観察される典型的なパターンではないことがわかる。誰もがこの原型を知っているはずにもかかわらず、日常生活でそれが見出されることはめったにない。[18] 第1章で見たように、悲しみにせよ、他のいかなる情動カテゴリーにせよ、大幅な変化が認められるのである。

脳に情動の原型が蓄積されていないのなら、なぜ人々はその特徴を楽に示すことができるのだろうか？　もっともありうる説は、必要になり次第、脳が即座に原型を構築するというものだ[19]。あなたはこれまでに、「悲しみ」という概念に属する多様なインスタンスを経験してきた。そしてそれは、頭のどこかに断片として残存し、脳は状況にもっとも合った悲しみの要約を一瞬にして構築するのだ[20]（これは脳に関する個体群思考の一例である）。

実験によって、人は類似性に基づいて原型を構築する能力を持つことが示されている。でたらめなパターンで点が打たれた紙を印刷して原型とし、この原型パターンのバリエーションを一〇種類ほど作成する。被験者には、原型は見せず、バリエーションだけを見せる。すると被験者は、単に一〇種類のバリエーションの類似点を見つけるだけで、それまで一度も見たことのない原型パターンを描くことができる[21]。この結果は、「原型は必ずしも実際に存在する必要がなく、脳は必要なときにそれを構築できる」ことを意味する。情動の原型も、それがほんとうに原型であるのなら、同様にして構築されるのであろう[22]。

このように、概念は脳内に固定された定義でも、もっとも頻繁に生じる典型的なインスタンスの原型でもない。そうではなく、脳は、車にしろ、点のパターンにしろ、悲しみにしろ、多数のインスタンスを持ち、目下の状況における目的に従って、インスタンス同士のあいだに類似性を与える。たとえば、乗り物の通常の利用目的は輸送であり、したがってあるモノがその目的に合致する場合、それは、車であろうが、ヘリコプターであろうが、はたまた四つの車輪が取りつけられたベニヤ板であろうが、乗り物であることに変わりはない。[23] ちなみに概念に関するこの説明は、概念やカテゴリーを研究する世界的な認知科学者の一人、ローレンス・W・バーサルーによる。

目的に基づいた概念〔以下「合目的的概念」と訳す〕は、きわめて柔軟に状況に適応できる。観賞魚を買おうとしてペットショップに入ったときに、店員に「どんな魚がお好みですか?」と尋ねられれば、あなたは「金魚」、あるいは「グッピー」などと答えるだろうが、「サンマ」とは答えないはずだ。この状況における「魚」の概念は、「ペットとして購入する」という目的にかなうものでなければならない。晩ご飯の食材を買おうとしているのではないのだから。よってこのケースでは、自宅に置かれている水槽にもっとも合った、「魚」概念のインスタンスが構築される。あるいは、これからシュ

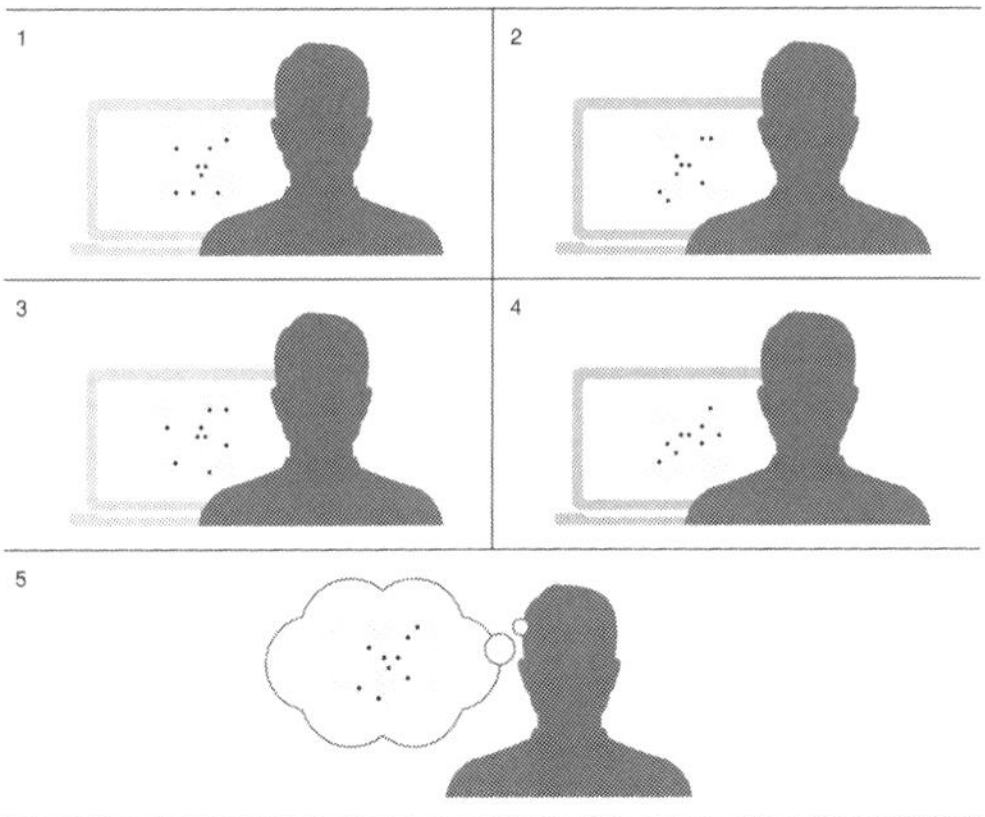

図 5.2 「原型」パターン(ステップ5)をいくつかのバリエーションから推測する(ステップ1〜4)

被験者はまず、30×30のグリッドのうえに表示された、9つのドットから構成されるさまざまなパターンを見せられる。そしておのおののパターンを、AかB、2つのカテゴリーのうちのどちらか1つに分類する。この段階は「学習フェーズ」と呼ばれる。次に被験者は、学習フェーズでは見ていないカテゴリーA、Bの原型を含め、新規あるいは既知のパターンをさらに分類する。すると被験者は、原型は楽に分類できるが、新規のバリエーションの分類には困難を覚える。つまり被験者の脳は、学習フェーズでは見ていないにもかかわらず、原型を構築していることを意味する。

ノーケルをつけて海に潜ろうとしているのなら、海洋生物の刺激的な生態を発見するという目的に沿って、「魚」概念を用いるだろう。この場合の最適なインスタンスは、たとえば「巨大なコモリザメ」「色鮮やかなまだら模様のハコフグ」などになる。このように、概念は固定されたものではなく、いたって柔軟で文脈に依存する。というのも、目的は状況に合わせて変化するからだ。

たった一つのモノが、複数の異なる概念の一部になる場合もある。たとえば、車の目的は必ずしも輸送に限られるわけではない。それは、「ステータスシンボル」概念のインスタンスになる場合もある。特定の状況のもとでは、ホームレスの「ねぐら」や、「殺人兵器」にすらなりうる。海に投棄すれば、「人工礁」にもなる。

合目的概念の真の力を知るには、「ハチの攻撃から身を守るも

モノ
空を飛ぶ動物
空を飛ぶ動物
空を飛ぶ動物
モノ＋目的
空を飛ぶもの
空を飛ぶもの
空を飛ぶもの
目的
恋愛
（情熱、あこがれ、肉欲）
目的＝欲望
愛のむち
（規律、批判、処罰）
目的＝援助
兄弟愛
（愛情、協力、連帯）
目的＝結びつき

図 5.3　概念と目的
上段は、羽などの知覚的な類似性に基づく概念を示す。中段は、モノのカテゴリーが合目的的でありうることを示す。コウモリ、ヘリコプター、フリスビーは知覚的な類似性を共有しないが、空中を移動するという共通の目的を持つ。下段は、純粋に心的な類似性を示す。「愛」という概念は、文脈に応じて異なる目的に結びつけられる。

の」などの、純粋に心的な概念を考えてみればよい。蠅叩き、養蜂家の防護服、一軒の家、マセラティ〔イタリア産のスポーツカー〕、大きなゴミ箱、南極大陸での休暇、落ち着いた態度、昆虫学の博士号――これらのように、このカテゴリーに属するインスタンスはきわめて多様で、しかもそれらに共通の知覚的特徴などない。このカテゴリーは、完全に人間の心によって作り出されたものだからだ。そもそも、すべてのインスタンスがあらゆる文脈で有効なわけではない。たとえばアヤメの花壇をいじっていたところ、誤ってハチの巣をつついたせいで、ハチの群れが襲いかかってきたとする。この場合、蠅叩きで迎え撃つより、家のなかに駆け込むほうがはるかに有効な防御手段になるだろう。しかし脳は、それらすべてのインスタンスを同一のカテゴリーとして一緒に扱う。いずれも、ハチの針から逃れるという目的を達成するための手段になるからだ。実のところカテゴリーは目的によってのみ、まとまりを保つ。

　何かを分類するとき、外界を観察して、モノやできごとの類似点を見つけているだけのように感じられるかもしれない。しかし、その印象は間違っている。「ハチの攻撃から身を守るもの」などの純粋に心的な合目的的概念は、分類が単純で固定的なものではあり得ないことを明らかにする。蠅叩きと一軒の家のあいだに、知覚的な類似性はない。したがって合目的的概念は、物理的な外観という軛（くびき）から私たちを解放してくれる。まったく新たな状況に直面したとき、人は視覚、聴覚、嗅覚情報のみに基づいてその状況を経験するのではなく、目的に基づいて経験するのだ。

　では、分類しているとき、脳内では何が起こっているのか？　人は外界に類似点を見つけるのではなく、**作り出す**。脳は概念が必要になると、過去の経験によって得られた数々のインスタンスを、現在の目的にもっとも適合するよう取捨選択したり混合したりして、その場で概念を構築する。[24] ここに、どのように情動が作られるのかを理解するカギがある。

情動概念は合目的的概念である。たとえば、幸福のインスタンスはきわめて多様であり、幸福を感じている最中には、微笑むこともあればすすり泣くこともあり、叫び声をあげる場合もある。あるいは万歳をしたりガッツポーズをしたり、飛び跳ねたりするかもしれない。場合によっては、呆然としてその場に立ち尽くすこともあろう。目を見開くかもしれないし、細めるかもしれない。呼吸は速くなる場合もあれば、遅くなる場合もある。宝クジを当てて興奮し、幸福で胸が高鳴ることもあれば、恋人と毛布にくるまって横になり、静かな満足感を覚えることもあろう。人々がそれぞれのあり方で幸福を表現しているところを、これまでに何度も目にしてきたはずだ。その種の多様な経験や知覚は、さまざまな行動や体内の変化をともなう。状況に応じて異質の感情を経験するかもしれないし、関与する視覚、聴覚、嗅覚情報は毎回変わりうる。しかし本人にとっては、そのような一連の身体的変化は、目的に照らせば同等なものである。目的は、仲間として受け入れられたと感じることでも、喜びを覚えることでも、野心を達成することでも、あるいは人生の意味を見つけることでもありうる。「幸福」の概念は、特定の目的を中心として、過去のできごとに由来する数々のインスタンスをその場で結びつける。

一例をあげよう。あなたは空港で親友の到着を待っている。彼女が来るのは久しぶりだ。ゲートを注視しつつ彼女が姿を現わすのを今か今かと待つあいだ、あなたの脳は無意識のうちに、さまざまな概念に基づいて無数の予測をミリ秒単位で発している。そのような状況のもとでは、種々の情動が生じるのは当然であろう。今にも彼女が姿を見せるのではないかという期待、もしかすると彼女は来ないのではないかという怖れ、もはや話が合わなくなったのではないかという不安、親友の姿を目にしたときの幸福などである。また同時に、空港まで長い道のりを運転してきたことによる疲れ、かぜのひき始めの徴候としての胸のつかえなどの非情動的な経験もしている。

あなたの脳は、嵐のように発せられる予測を用いて、空港、友人、病気、あるいは関連する状況をめぐる過去の経験に基づきながら、感覚刺激の意味を割り出す。その際脳は、確率に基づいて予測を評価する。おのおのの予測は、何が感覚入力を引き起こしているのかを説明しようと競い合いながら、何を知覚し、いかなる行動をとり、どう感じるかを決める。こうして、もっとも確率の高い予測、空港の例で言えば、親友がすぐにも到着ゲートに姿を現わし、幸福な気分に浸るだろうという予測が、あなたの知覚になる。過去の経験に由来するすべての「幸福」インスタンスが、現在の状況にマッチするわけではない。なぜなら「幸福」は、いたって多様なインスタンスから成る合目的的概念であり、競争に勝つのに十分なほど現状にうまく適合した断片を含むインスタンスは、いくつかに限られるからだ。予測は、外界や身体からやって来る実際の感覚入力と合致しているだろうか？　それとも、そこには訂正を要する予測エラーが含まれているのか？　その判断をして必要ならエラーを訂正する仕事は、予測ループによって遂行される。

さて、あなたの親友が無事に到着し、二人でコーヒーを飲んでいるときに彼女が、飛行機が揺れて怖かったという話をしたとしよう。その場合彼女は、飛行機がガタガタ揺れるなか、暑さと胃のむかつきを感じながら座席にじっとすわって目を閉じ、自分の身の安全を心配している状態をどのように感じたかを伝えるという目的を持った、「怖れ」のインスタンスを生成したのだ。彼女が「怖かった」と言ったとき、あなたも「怖れ」のインスタンスを生成する。しかしそれは、彼女のものとまったく同じ身体的特徴をともなうとは限らない。たとえばあなたは、目を閉じたりはしないかもしれない。それでもあなたは彼女の怖れを知覚して、彼女に共感を覚えるだろう。あなたのインスタンスが同じ状況（揺れる飛行機）における同一の目的（危険の検知）に関与している限り、あなたと親友のあいだで十分なコミュニケーションが成立しうる。それに対し、あなたが彼女とは違って、ジェットコースターに乗ったときなどに感じる、楽しさの入り混じった「怖れ」のインスタンスを生成した場合には、揺れる飛行機に乗った彼女がなぜ動転しているのかが、よく理解できないはずだ。コミュニケーションを成立させるためには、二人のあいだで同期した概念が用いられる必要がある。

ここで、生物種内における変化の重要性をめぐるダーウィンの考察を思い出そう（第1章参照）。各生物種は、互いに異なる独自の個体から構成される個体群をなす。いかなる特徴も、特定の個体群に属するあらゆる個体に求められる必要条件や十分条件にはならず、また出現頻度が高いとも典型とも見なしえない。個体群の要約は何であれ、いかなる個体にも当てはまらない統計的なフィクションなのだ。さらに重要なことに、種内の変化は、個体が生存する環境に結びついている。遺伝物質を次世代に受け渡す能力は個体によって異なる。それと同様、同じ概念に属していても、特定の文脈のもとで特定の目的を達成する際の効率は、インスタンスによって異なる。脳内でのインスタンスの競争は、ダーウィンの自然選択の理論に似ているが、ミリ秒単位で行なわれる。かくして、その瞬間の状況に最適なインスタンスが、他のライバルのインスタンスを出し抜いて生き残る。[25] まさにこれが、分類の何たるかだ。

❦　❦　❦

情動概念はどこからやって来るのか？　「畏怖」の概念は、宇宙の広大さに対する畏怖、視覚障害がありながらエベレストに登ったエリック・ヴァイエンマイヤーに対する畏怖、小さな働きアリが体重の五〇〇〇倍の物体を持ち上げられることへの畏怖など、なぜきわめて多様なのか？　古典的理論によれば、人は概念を持って生まれてくるか、人々の表情に情動の指標を見出して概念として内面化するかのいずれかである。しかしすでに述べたように、その種の指標は見つかっていない。また、乳児が「畏怖」を知りつつ生まれてくるという説を裏づける証拠も得られていない。

人間の脳は、生後一年以内で神経回路の内部に、概念に関わるシステム〔以下「概念システム」と訳す〕を立ち上げる。このシステムは、あなたがたった今、情動を経験したり知覚したりするために動員している、豊かな情動概念を運用する責務を担う。

新生児の脳には、「統計的学習」と呼ばれるパターン学習の能力が備わっている。[26]　この世に生まれてきたその瞬間から、人は外界や自己の身体から、ノイズに満ちたあいまいな信号を雨あられのように受け取る。この感覚入力の嵐はランダムなものではない。それには一定の構造がある。規則性があるのだ。新生児の小さな脳は、視覚、聴覚、嗅覚、触覚、味覚、内受容に由来する刺激のどれとどれが関連し、どれとどれが関連しないのかを計算し始める。「こっちのへりは境界をなす」「あっちの二つの小さなしみは、より大きなしみの一部だ」「あの短い静寂は区切りだ」――このように脳は少しずつ、しかしながら驚くほどのスピードで、視覚、聴覚、嗅覚、触覚、味覚、内受容に由来する刺激、ならびにそれらの結合によって混淆する雑多な感覚刺激の海を、いくつかのパターンへと分析できるよう学習していくのだ。

科学者は数百年にわたり、「もって生まれたもの」対「学習されたもの」をめぐって論争し続けてきたが、それには立ち入らない。[27] 人がもって生まれたものの一つとして、周囲の事象の規則性や起こりやすさをもとに学習する基本的な能力があるとだけ述べておく（実のところ、人は子宮内にいるときでも統計的に学習する。そのため、ある特徴が先天的なのか、後天的なのかを決めることがさらにむずかしくなっている）。統計的学習の並外れた能力は、概念システムを備えた心の形成に至る道を開く。あなたの心は、かくして形成されたのだ。

人間の統計的学習は、言語の発達の研究によって最初に発見された。乳児は、話し言葉に耳を傾けることに生まれつき関心を持っている。[28] おそらくは誕生時から、あるいは子宮内においてさえ、身体予算の調節にともなって音が生じるからだろう。[29] 漂ってくる音を聴くにつれ、音素、音節、単語の境界を徐々に推定できるようになっていく。「itstimefordinner」「areyouhungryfordinnernow」「dinnertimeyummyyummycarrots」などの音のかたまりから、乳児は、どの音節とどの音節が頻繁に結び合わされるのか（「din-ner（夕食）」「yum-my（おいしい）」など）、また、それゆえ単語の一部を構成する可能性が高いのかを学習していく。一単語内でまれにしか同時に生じない二つの音節は、それぞれが異なる単語の一部である可能性が高い。乳児は、そのような規則をきわめて迅速に学習する。数分以内に学ぶことさえある。[30]この学習過程はとても強力なため、脳の配線を変える。乳児は、あらゆる言語のいかなる音でも区別できる能力を持って生まれてくる。しかし一歳になる頃には、統計的学習によってこの能力は低下し、周囲の人々が話している言語に含まれる音しか識別できなくなる。[31]つまり乳児の脳は、統計的学習によって母語向けに配線されるのだ。

統計的学習は、人間が知識を獲得する唯一の方法ではないが、誕生直後に始まり、その対象は言語に限らない。研究の示すところでは、乳児は音や視覚情報の統計的な規則性を楽々と学習する。おそらく、他の感覚情報や内受容刺激にも同じことが当てはまるのだろう。さらに言えば、乳児には、複数の感覚にまたがる複雑な規則を学習する能力がある。かん高い音のする黄色いボールと、音のしない青いボールを箱に入れておくと、色と音の結びつきを一般化できるのだ。[32]

乳児は統計的学習に基づいて、外界の事象に関する予測を行なう。そしてそれによって行動が導かれる。統計学者のごとく、仮説を立て、自分の持つ知識に基づいて確率を見積もり、環境から得た新たな証拠を統合し、テストする。発達心理学者のフェイ・シューによる斬新な実験では、生後一〇〜一四か月の乳児に、まずピンク色の棒つき飴か黒い棒つき飴のどちらを好んでいるかを示させ、次に飴が入った二つの瓶を見せた。一方の瓶にはピンクの飴より黒い飴のほうが、もう一方の瓶には黒い飴よりピンクの飴のほうが多く入っている。それからシューは自分の目を閉じて、乳児には棒だけが見えて飴の色がわからないようにしながら、それぞれの瓶から一本ずつ飴を取り出し、二つの不透明なカップに棒だけが見えるようにして個別に入れた。すると乳児は、もとの瓶に入っていたときの「ピンク対黒」の比率から、自分の好みの色の飴が入っている確率が高いほうのカップに向かって這って行った[33]。この種の実験は、乳児が単に外界に反応しているだけではないことを示唆する。生後間もない頃から、乳児は、望みの結果が得られる可能性を最大にするために、観察し学習したパターンに基づきながら、蓋然性を積極的に見積もっているのである。

統計的に学習する能力を持つ動物は人間だけではない。人類以外の霊長類、イヌ、ラットなども、その能力を持つ。単細胞生物でさえ、統計的学習や予測を行なう。環境の変化に反応するだけでなく、それを予期するのだ[34]。しかし人間の乳児は、単純な概念を統計的に学ぶ以上のことをする。また、自分が必要としている情報には、周りの人々の心の内部に存在するものもあることを迅速に学ぶ[35]。

乳児は、他者が自分と同じ嗜好を持つと仮定することを、あなたはご存知だろうか？　ブロッコリーよりクラッカーが好きな一歳児は、他の誰もが同じように思っていると見なす[36]。確かに乳児は、サンディフック小学校銃乱射事件について語るマロイ知事の演説を聞いた聴衆が、彼が悲しみに満たされていると考えたのと同じようなあり方で、他者の心の状態を推測する能力は持ち合わせていない。それでもシューらは、乳児にさえ、統計的学習が進むにつれて心的推論能力の芽がきざすと報告している。彼女らは、生後一六か月の乳児に、何の変哲もない白い立方体が入った茶碗と、乳児の興味をかき立てる色とりどりのおもちゃがたくさん入った茶碗を見せた[37]。どちらかの茶碗から中の物を一個選ぶよう促すと、予想どおり、乳児は自分と実験者のためにおもちゃを選択した。次に実験者は、たくさんのおもちゃとわずかな立方体が入った三つ目の茶碗を持ってきて、乳児の見ている前で、自分のためにそのなかから立方体を五個取り出した。それから三つ目の茶碗から中の物を一個取り出すよう促すと、乳児は実験者のために立方体を選んだのだ！　つまり乳児は、自分のものとは異なる実験者の主観的な嗜好を学習できたのである。モノには他の誰かにとって肯定的な価値があるという認識は、心的推論の一例をなす。

乳児は他者の嗜好ばかりでなく、目的でさえ統計的に推論できる。実験者がさまざまな色合いのカラーボールを任意に選んだのか、それとも何らかのパターンを念頭に選んだのかを区別できるのだ。[38] 後者の場合、乳児は、実験者が特定の色のカラーボールを選ぼうと意図していることを推論し、そのパターンで選び続けることを予期する。* その様子は、乳児が他者の行動の背後にある目的を無意識のうちに推測しようとしているかのように見える。（類似の状況における過去の経験に基づいて）仮説を立て、数分後に生じる結果を予測しているかのように見えるのである。[39]

しかし統計的学習だけでは、インスタンス同士が知覚的な類似性を共有しない、純粋に心的な合目的的概念を学ぶことはできない。たとえば「お金」という概念を考えてみよう。それは、一片の色刷りの紙や金属のかたまり、あるいはかつてどこかの社会で通貨と見なされていたことのある貝殻、一山の大麦、塩などを、単に眺めていただけで学べるようなものではない。同様に、第1章で見たよう

*＝乳児が何を「期待」しているのかを、科学者がどうやって知ったのかと訝る読者もいることだろう。それは、次のような観察に基づく。乳児は、予期せぬものごとに、より強い注意を向ける。実験者が自分の目的に合ったカラーボールを選択するなど、予測可能な行動をとると、乳児はそれにほとんど注意を払わない。それに対し、実験者がそれまでとは異なるカラーボールのセットを選択すると、乳児は予期していなかったパターンに注意を向け、長いあいだ見つめる。心理学では、この現象は馴化（じゅんか）パラダイムと呼ばれる。

に、「怖れ」などの情動カテゴリーのインスタンスには、脳が知覚的な類似性に基づいて概念を構築することを可能にする統計的な規則性が存在しない。純然たる心的概念を構築するためには、もう一つの隠れた構成要素が欠かせない。そう、言葉だ。

乳児の頃から人間の脳は、音声信号の処理に馴染み、話し言葉が、他者の心の内部にある情報にアクセスするための一手段であることをすぐに学ぶ。乳児は、高く変化に富んだ声の調子（ピッチ）、短い文、強いアイコンタクトによって特徴づけられる、おとなの発する「赤ちゃん言葉」に、とりわけうまく順応する。[40]

話し言葉の意味を理解する能力を得る前の乳児にとってすら、言葉の音声は概念の学習を速める統計的な規則性を提供する。[41] この分野の研究を先導する発達心理学者のサンドラ・R・ワックスマンとスーザン・A・ゲルマンは、「乳児の概念の形成は言葉によって促されるが、それは、おとなが〈見て、あれは花だよ〉などと、伝達の意図を示しながら話す場合に限られる」という仮説を立てている。[42]

ワックスマンは、生後三か月の乳児にさえ、この言葉の力を見出している。彼はまず、乳児にさまざまな恐竜の絵を見せた。その際おのおのの絵を見せるごとに、適当に思いついた言葉「トマ」を口にした。それから、まったく別の恐竜の絵と、魚などの恐竜ではない動物が描かれた絵を見せると、それを聞いた乳児は、「トマ」を描いた絵をより確実に区別できた。この結果は、乳児がごく単純な概念を形成したことを意味する。同じ実験を人間の声ではなく録音された音を用いて行なったところ、効果はまったく得られなかった。[43]

話し言葉は、他者の心の内部にのみ存在し、外界を観察することでは得られない情報、つまり目的、意図、嗜好などの「心的類似性」へのアクセスを可能にする。乳児は言葉によって、情動概念を含め、合目的的概念を発達させていくのである。

周囲の人々が発する言葉に浸された乳児の脳は、単純な概念を蓄積していく。それには言葉なくして獲得されるものもあるが、言葉は発達中の概念システムに、はっきりとした優位性を与える。乳児にとって言葉は、最初は統計的学習の一部として、単なる音の流れとしてとらえられるのかもしれないが、すぐにそれ以上のものになる。さまざまなインスタンスのあいだに類似性を生成するよう乳児を導くのだ。言葉は乳児に、「これらのモノはみんな違って見えるよね？　でも、心のなかでは等しいものなんだよ」とささやく。[44] この等価性が、合目的的概念の基盤をなすのである。

フェイ・シューらは、生後一〇か月の乳児にいろいろなモノを見せ、それらに「ウグ」「ダク」などの無意味な名前を付けることで、実験を通じてその点を明らかにしている。[45] 乳児に見せたモノは、イヌのおもちゃ、魚のおもちゃ、色とりどりのビーズがついた筒、造花に覆われた四角い板など、いたって多様であった。また、どれも、鳴り響く音かガタガタという音を発した。それでも乳児は特定のパターンを学習していった。同じ無意味な名称とともにいくつかのモノを見せられると、外観が異なるにもかかわらず、乳児はそれらが同じ音を発するはずだと予期した。同様に、異なる名前が付けられた二つのモノに対しては、違う音を発するはずだと予期した。乳児としては、これは特筆すべき偉業だと言えよう。生後一〇か月の乳児が、単なる物理的な外観を超えたパターンを学習し、話し言葉を用いて二つのモノが同じ音を発するかどうかを予測したのだから。言葉は、さまざまなモノを等価なものとして扱うよう促すことで、合目的的概念の形成に向け乳児を導く。[46] 事実乳児にとっては、言葉を用いずに物理的な類似性によって定義される概念より、言葉によって獲得される合目的的概念のほうが学習しやすいことが研究によって示されている。[47]

それについて考えると、私は驚嘆の念を覚えずにはいられない。どんな動物でも、類似するいくつかのモノを見て、対応する概念を形成することができる。しかし乳児にさまざまな外観、音、感触を持つモノを見せ、それに言葉を、そう、**言葉**をつけ加えると、物質的な差異を超越した概念を形成する。乳児は、モノが五感によってただちに知覚することのできない、ある種の心理的な類似性を持ちうることを理解しているのだ。われわれは、この類似性を概念の目的と呼ぶ。このように乳児は、「鳴り響く騒音」を発するという目的を持つ「ウグ」と呼ばれるものなどのように、現実の新たな断片を生み出すのである。

乳児の観点からすると、「ウグ」という概念は、おとなが教えるまでは世界内に存在していない。純粋に心的な何ものかが現実の存在だという点に複数の人々が同意する、この種の社会的現実は、文化や文明の基盤をなす。したがって乳児は、私たち（話し手）にとって、そしてやがては自分にとって、一貫し、意味があり、予測可能なあり方で、世界を分類することを学習していく。世界に関する乳児の心的モデルは、やがておとなのモデルと類似したものになり、それによって私たちは、乳児とコミュニケーションをとり、経験を共有し、同じ世界を知覚できるようになるのだ。

私の娘ソフィアがよちよち歩きの幼児だった頃、私は彼女におもちゃの車を買ってあげたことがある。当時の私は、そうすることで彼女の持つ合目的的カテゴリーを拡張し、社会的現実を生む概念システムに磨きをかけているという点に気づいていなかった。彼女はおもちゃの車をトラックのそばにおいて、二台を「キス」させることで、一方を「おかあさん」に、そして他方を「赤ちゃん」に変えていた。わが家には、娘と同い年の、名づけ子のオリビアがときどき遊びに来ていた〔キリスト教の風習で、実の両親以外（親友や親族）が名づけ親となり、折々に名づけ子の世話をする〕。二人は風呂場で、おもちゃ、石鹸、タオル、その他の入浴用品に新たな機能を付与して小道具として使い、何時間も手の込んだ想像上のドラマを演じていた。あるとき、彼女たちの人間性をあらわにする決定的な瞬間が訪れた。一人が自分の頭に手ぬぐいをかけ、歯ブラシを指揮棒のように振りかざして全能の存在になり、もう一人が彼女の前で祈るように跪(ひざまず)いたのだ。

おとなが子どもに話しかけるとき、目立ちはしないが非常に大きな意義のある何かが生じる。その瞬間、私たちは子どもに現実（純然たる心的類似性）を拡張する道具を与えているのだ。そして子どもは未来のために、それを脳内のパターンとして取り込む。これから見ていくように、とりわけ注目すべきは、私たちが、情動を作り知覚する道具を子どもに与えている点である。

新生児は、顔を見る能力を持たずに生まれてくる。「顔」という知覚概念を持っておらず、それに対して経験盲の状態に置かれている。[48] しかし彼らはすぐに、知覚的な規則性のみから、上の方に目が二つあって、真ん中に鼻があり、その下に口があるなど、人の顔を見ることを学習していく。

古典的情動理論のレンズを通してこの過程を見ると、乳児は、幸福、悲しみ、驚き、怒りなど、自己の身体や、他者のいわゆる情動表現に内在する情動カテゴリーのインスタンスの規則性を知覚することで、情動概念を統計的に学習していくと説明できよう。古典的理論に啓発された多くの研究者は、子どもの情動概念が、先天的な、もしくはごく初期に発達する表情の理解を足場に築かれると、単純に仮定しているのである。[49] そしてそれによって、どのように子どもが情動語、さらには情動が生じる原因やその結果を学習するのかが説明される、と主張する。

ここまで見てきたように、この考えの問題は、一貫した情動の指標を顔や身体に見出すことはできないという点にある。したがって子どもは、別の方法によって情動概念を獲得しなければならない。

本章では、乳児は言葉の力によって、きわめて多様なモノを互いに等しいものと見なすようになることを見てきた。言葉は、物質的な外観を超えた類似性、すなわち概念を形成するための心的な接着剤として作用する類似性を見出すよう、乳児を仕向ける。かくして乳児は、情動概念を効率的に学習していく。「怒り」のインスタンス同士は、知覚的類似性を持たないかもしれない。しかし「怒り」という言葉は、乳児がいくつかの「ウグ」や「ダク」をグループ化するように、数々の怒りのインスタンスをただ一つの概念にグループ化する。これは今のところ私の推測の段階ではあるが、ここまで取り上げてきたデータに合致する。

私は今、娘のソフィアが幼児の頃に、夫と私が意図的に発した情動語に導かれて、どのように情動概念を学習していったのかを思い出そうとしている。私たちの文化のもとでは、「怒り」の目的の一つは、非難されるべき誰かが自分の眼前にもたらした障害を克服することにある。[50] だから、友だちに叩かれれば、ソフィアは泣き出したり、叩き返したりした。また食べ物が気に入らないと、吐き出すこともあれば、微笑みながら皿を床の上にひっくり返すこともあった。それぞれの行為には、異なる顔面の動き、（そのときにした行為に応じて）異なる身体予算の変化、さらには異なる内受容パターンがともなう。そのような彼女の行動を見て、夫と私は「ソフィーちゃん、怒っているの？」「怒らないで」「ソフィー、怒っているのね」などと口にした。

　ソフィアにとって、周囲のノイズは、最初は新奇なものであったはずだ。しかし私の仮説が正しければ、時が経つにつれ、乳児が鳴り響く音をたてるおもちゃを「ウグ」という音声に結びつけたのと同じように、彼女は多様な身体のパターンや文脈を、「怒り」という音声に結びつけることを統計的に学習していったのだ。やがて「怒り」という言葉は、たとえ表面的には違うように見えた、あるいは異なると感じたとしても、怒りのさまざまなインスタンスが、同じものだと理解する方法を発見するよう彼女を導いていった。かくしてソフィアは、障害を克服するという共通の目的によって特徴づけられる種々のインスタンスから成る、初歩的な概念を形成したのである。さらに重要なことに、彼女はそれぞれの状況のもとで、どの行動や感情によって、この目的がもっとも効率的に達成できるのかを学習していった。

　こうして、ソフィアの脳の神経構造に「怒り」という概念が組み込まれた。ソフィアに向かって「怒り」という言葉を最初に発したとき、私たちは、ソフィアと一緒に彼女の怒りの経験を構築したのだ。すなわち、彼女の注意を集中させ、おのおののインスタンスをあらゆる細かな感覚とともに蓄積できるよう彼女の脳を導いていったのである。[51] その言葉は、彼女の脳にすでにあったすべての「怒り」のインスタンスとの共通性を見出すのに役立った。また彼女の脳は、それらを経験する前に、また経験したあとで何が起こったかを記録した。そしてそのような経験や記録のすべてが、「怒り」の概念になったのだ。

本書の序文でコネティカット州知事マロイのエピソードを取り上げたとき、特定の状況のもとで彼の動作や声を観察することで、聴衆がいかに彼の内面（深い悲しみ）を推測したかを説明した。私の考えでは、子どももそれと同じことを学習する。「怒り」などの概念を学習するにつれ、子どもは、自分の身体感覚や、微笑み、すくめた肩、叫び、ささやき、噛みしめた唇、大きく見開いた目、まったく動かないことも含めて他者の動作や発声に意味を与えたり、予測したりすることで、怒りの知覚を構築できるようになる。[52] また、外界から入ってくる感覚刺激や自己の内受容刺激を予測したり、それらに意味を与えたりすることで、情動的な経験を構築できるようになる。ソフィアは、成長するにつれ、「怒り」の概念を、たとえばドアを勢いよく閉める人にも拡張して適用することで、インスタンスの数を増やしていった。また、くしゃみをしている人を見て「おかあさん、あの人、怒っているよ」と彼女が言うのを耳にし、私がその間違いを正すと、彼女は「怒り」の概念をさらに精緻なものへと磨きをかけていった。こうして彼女の脳は、状況に合った概念を用いて感覚刺激に意味を付与し、情動のインスタンスを生成する能力を獲得していったのである。

この考えが正しければ、子どもは「怒り」の概念を発達させるにつれ、あらゆる「怒り」のインスタンスが、同じ目的のために構築されるわけではないことを学んでいく。「怒り」はまた、不公正に振る舞う人、暴力を振るおうとする人、何としてでも競争に勝とうとする人、自分を強く見せようとする人に対処するなど、他者の攻撃に対する防御のためにも動員できる。[53]

この考えに従えばソフィアはいずれ、怒りに関連し、多様なインスタンスを融合する独自の目的を持つ、「いらだち」「軽蔑」「復讐」などの言葉を学習していくだろう。そしてそれとともに、アメリカのティーンエイジャーの典型的な生活を始めるにあたっての心構えを築いてくれる、怒りに関連する概念の専門的な語彙を発達させていくだろう（ちなみにソフィアは、軽蔑や復讐を恒常的に経験することはなかったが、その種の概念は、他の青少年にとっては有用なものになる）。

ソフィアの成長にまつわるこの話からもわかるように、指針となる私の仮説は、「情動語は、生物学的な指標が存在せず、変化が標準だという条件のもとで、子どもがどのように情動概念を学んでいくのかを理解するにあたってのカギになる」というものだ。ここで言う情動語とは、文脈と切り離された言葉なのではなく、子どもの感情的ニッチの内部に場所を占め、情動概念を駆使する他者によって話される言葉である点に留意してほしい。子どもはそのような言葉に促されながら、「幸福」「悲しみ」「怖れ」などの合目的概念や、たいていの子どもが持っている他のあらゆる情動概念を形成していく。

情動語に関する私の仮説は、ここまでのところ合理的な推測といった程度のものにすぎない。というのも、情動の科学は、この問いをめぐって系統的に探究してこなかったからだ。ワックスマン、シュー、ゲルマンら発達心理学者の創造的な研究に匹敵する研究は、情動の概念やカテゴリーに関してはまだ行なわれていない。とはいえ、私の仮説に合致するいくつかの説得力のある証拠が得られているのも確かだ。

証拠のなかには、実験室で子どもを注意深くテストすることで得られたものもある。それによれば、子どもはおよそ三歳になるまで、「怒り」「悲しみ」「怖れ」などの、おとなが持つ通常の情動概念を発達させることがない。[54] 欧米の幼い子どもは、「悲しい」「こわい」「怒った」などの言葉を、「悪い」を意味するものとして互換的に用いる。大学院生の被験者が、「落ち込んだ」や「不安な」などの言葉を、「不快」程度の意味で用いているのと同じように、欧米の幼い子どもの情動粒度は粗い。私たちは親として、子どもが泣いたり、もじもじしたり、微笑んだりするのを目にして、そこに情動の働きを見て取る。子どもは間違いなく、生まれた直後から喜びや苦しみを感じている。また、生後三〜四か月の頃には、気分（快／不快）に関連する概念が見受けられるようになる。[55] しかし、おとなが持つ通常の概念は、それよりのちになってから発達することを示す研究があまたある。ただし、何歳くらいになってから発達するのかは、まだわかっていない。

情動語に関する私の仮説を裏づける他の証拠は、意外にもチンパンジーの専門家を対象にした実験で得られている。以前私の研究室に研究員（ポスドク）として所属していたジェニファー・フューゲートは、「遊んでいるときの」顔、「叫んでいる」顔、「歯を剝き出しにした」顔、「はやしたてているときの」顔など、一部の科学者が情動表現と見なしている、チンパンジーの顔を撮影した写真を集めてチンパンジーの専門家と一般人に見せ、写った顔を識別できるかを尋ねてみた。[56] すると最初は誰も識別できなかった。そこでわれわれは、乳児を対象に行なったものに類似する実験をしてみた。その際、専門家と一般人の半分には、チンパンジーの顔写真だけを見せた。もう半分には、「遊んでいるときの」顔には「peant」、「叫んでいる」顔には「sahne」など、適当にでっちあげた言葉と合わせてチンパンジーの顔写真を見せた。その結果、対応する言葉を学んだ被験者のみが、新たに提示されたチンパンジーの顔を正しく分類できた。つまり彼らは、種々の顔のカテゴリーに対応する概念を習得したのである。[57]

子どもは、成長するにつれて情動概念を処理するシステムを形成していくことに間違いはない。それには生涯を通じて学んできたあらゆる情動概念が含まれ、情動概念は、それを名づける言葉に固く結びついている。情動概念は、顔や身体の多様な構成を同じ情動として、あるいは顔や身体の一つの構成を多数の情動に分類する。ここでは、変化が標準になる。ならば、「幸福」や「怒り」などの概念を一つにまとめる規則性はどこに求められるのか？　それは、言葉そのもののなかに存在する。「怒り」のあらゆるインスタンスが共有する、もっとも明確な共通点は、それらが「怒り」と呼ばれることである。

ひとたび子どもが最初の情動概念を習得すると、情動概念を処理する発達中のシステムにとって、言葉以外の要因が重要になる。そして子どもは、情動が時とともに発達するものだと認識し始める。情動には始まり、つまりそれに先立つ原因がある（「おかあさんが部屋に入ってきた」）。それから、目的が達成されつつある中間段階が存在する（「おかあさんの姿が見えてうれしい」）。最後に、目的が達成されたことによる結果が生じる（「ぼくが笑えば、おかあさんは笑い返して抱きかかえてくれるだろう」[58]）。つまり、情動概念のインスタンスは、しばらくのあいだ継続する感覚入力を個々のできごとに分割して、その意味を理解するための助けになる。

私たちは情動を、まばたき、しかめ面、筋肉のひきつりに見出し、声の抑揚や揺らぎに聞き取り、自分の身体に感じる。だが情動に関する情報は、信号そのものには含まれていない。脳は、表情や、他のいわゆる情動表現を認識して、それに反射的に働きかけられるよう先天的にプログラムされているわけではない。そうではなく、情動的な情報は自己の知覚に内在する。自然は脳に、意図的に情動語を話しかけてくる、親切なおとなの声を入力して、脳自体に概念システムを配線するために必要な素材を与えたのだ。

概念の学習は、子どもだけが行なうのではなく、人の一生涯続けられる。ときに新しい情動語が語彙に加わり、新たな概念を生む。たとえば「他人の不幸を喜ぶこと」を意味するドイツ語の情動語「シャーデンフロイデ（Schadenfreude）」は、現在では英語にも取り入れられている。[59] 個人的には、運命、絶望、窒息、圧縮を意味するギリシア語の *stenahoria* も、是非とも英語に加えたいと思っている。私は、この情動概念がピッタリ当てはまる恋愛関係をいくつか思い浮かべることができる。

対応する概念が英語には見当たらない数々の情動語を持つ言語もある。[60] たとえばロシア語は、アメリカ人が「怒り」と呼ぶものに対し、二つの異なる概念を持つ。さらに言えばドイツ語には三つの、標準中国語（マンダリン）には五つの「怒り」の概念がある。これらの言語を学ぶにあたり、該当する「怒り」を経験し知覚するためには、対応する情動概念を習得する必要がある。その言語を母語とする人と一緒に暮らしていれば、習得は早まるだろう。また、新たに習得する概念は、すでに習得した母語の概念に影響を受ける。[61] たとえば英語を母語とし、ロシア語を学習している人は、人に対する怒り（*serdit'sia*）と、政治的な状況などの、より抽象的な何かに対する怒り（*zlit'sia*）を区別できるよう学ぶ必要がある。[62] 後者の概念のほうが英語の「怒り」の概念に近いが、ロシア語を母語とする人は前者を頻繁に用いる。その結果、英語を母語とする人も前者を多用し、その結果ときに誤解を招く。これは、生物学的な意味での誤りではない。というのも、どちらの概念も生物学的な指標を持たないからだ。文化的な意味での誤りと言えるにすぎない。

それとは逆に、第二言語とともに新たに習得した情動概念が、母語のそれを変更する場合もある。神経科学を学ぶためにギリシアからわが研究室にやって来た科学者アレクサンドラ・トゥルトグローは、英語に習熟するにつれ、現代ギリシア語と英語の情動概念が融合するようになった。一例を紹介しよう。ギリシア語には、「罪」に関して二つの概念があり、一方は些細な違反を、他方は重大な犯罪を意味する。英語の「罪（guilt）」は、それら両方をカバーする。アレックスは、わが研究室が催した浜辺のパーティーでパイを食べ過ぎたことをギリシアで暮らす家族に伝える際に、「重大な」罪を意味する「*enohi*」を用いた。ギリシアで暮らす家族にとってその表現は、おおげさに聞こえた。つまりアレックスは、英語の罪の概念によってその状況を経験していたのである[63]。

何を言いたいかが理解できただろうか？　情動語は、コンピューターファイルのごとく脳内に蓄積されている、世界内に実在する情動的な事実に関する情報なのではない。それには、私たちが情動に関する知識を用いて、外界から入って来る単なる物理的な信号から構築した、種々の情動的な意味が反映されている。情動に関する知識の一部は、私たちに配慮し語りかけることで、社会的な世界を築き上げる手助けをしてくれた人々の脳内に蓄積されている、集合的な知識から得られたものなのだ。情動は世界に対する反応ではなく、私たちが築いた、世界に関する構築物なのである。

❦　❦　❦

ひとたび脳内に概念システムが確立されると、情動のインスタンスを構築するために、わざわざ情動語を思い出したり話したりする必要はなくなる。それどころか、対応する言葉が存在しなくても、情動を経験する、あるいは知覚するようになる。英語圏の人々の多くは、英語に「シャーデンフロイデ」という言葉が導入される以前から、他人の不幸を喜んでいた。概念がありさえすればよいのだ。では、言葉を用いずにどのように概念を習得できるのだろうか？　脳の概念システムは、「概念結合（conceptual combination）」と呼ばれる特殊な能力を備えている。[64] この能力は、いくつかの既存の概念を結びつけて、新たな情動概念のインスタンスを生成する。

私の友人に、オランダ出身の文化心理学者バチャ・メスキータがいる。私がベルギーの彼女の家を初めて訪問したとき、彼女は、私たちが*gezellig*という情動を共有していると言った。居間でワインを飲みチョコレートを食べながら、彼女は、この情動が、友人や恋人と家に一緒にいることで、快適さ、居心地のよさを感じることを意味すると説明してくれた。*gezellig*は、他者に対して持つ感情なのではなく、世界の中で自分が自分自身を経験するあり方を指す。英語には、それを一語で表わす単語はない。それでもバチャの説明を聞くと、私はたちどころにそれを経験できた。彼女がこの言葉を用いることで、私は乳児のように一つの概念を形成するよう促されたのだ。ただし私の場合は、「親友」「愛情」「喜び」、さらには少しばかり「快適さ」「健康」という既知の概念を無意識的に用いて概念結合を行なうことで、それを達成したのである。とはいえ、この翻訳は完全ではない。なぜなら、*gezellig*をアメリカ流に経験することで、私は、状況より内面の感情に焦点を絞って、この情動概念を用いたからだ。[65]

概念結合は、脳の持つ絶大な能力である。[66] 科学者は、その基盤となるメカニズムについて依然として議論しているが、それが概念システムの基本的な機能だという点では一致している。それによって既存の概念から、理論的には無限の新たな概念を構築することができる。それには「ハチの攻撃から身を守るもの」などの、短期的な目的を持つ合目的的概念も含まれる。

概念結合は強力ではあるが、対応する言葉を持つことに比べれば、はるかに効率が悪い。今晩何を食べたかを尋ねられれば、「トマトソースを塗り、チーズを載せた生地を焼いたもの」とも答えられるが、「ピザ」と言うほうがはるかに効率的だ。厳密に言えば、情動のインスタンスを構築するのに情動語は必要とされない。しかし、言葉を持つとそれが容易になる。効率的な概念を持ち、誰かに伝えたいのなら、言葉はとても有用である。

乳児は、話せるようになる前から「ピザ効果」の恩恵を受けられる。たとえば、言葉を話す前の乳児は一般に、およそ三つのモノを同時に心に留めておける。乳児が見ている前で箱におもちゃを隠すと、彼らは三つの隠し場所まで覚えていられる。しかし隠す前に、いくつかのおもちゃに「ダックス」のような無意味な言葉を与え、別のいくつかのおもちゃには「ブリケット」のような無意味な名前をつけると（おもちゃを特定のカテゴリーに割り当てると）、六つまでモノを心に留めておける。[67] その際、六つのおもちゃの外観がすべて同じでも構わない。この結果は、子どももおとなと同様、概念に関する知識によって効率性という恩恵を享受していることを強く示唆する。「概念結合＋言葉」は、現実を生み出す力なのだ。

多くの文化のもとで、数百、場合によっては数千の情動概念を持つ人々と遭遇することがある。彼らは情動粒度がとてもきめ細かい。たとえば英語を母語とする人なら、怒り、悲しみ、怖れ、幸福、驚き、やましさ、驚嘆、恥、思いやり、嫌悪、畏怖、興奮、誇り、きまりの悪さ、感謝、侮蔑、憧れ、喜び、欲望、歓喜、愛情などに対応する概念を持つ。また、「腹立たしさ」「苛立ち」「フラストレーション」「敵意」「激怒」「不機嫌」などの関連用語に対応する概念も持つ。多数の概念を操る人は情動の専門家、ソムリエだ。おのおのの言葉は独自の情動概念に対応し、おのおのの概念は少なくとも一つの、通常は多くの目的のために用いる。情動概念を道具にたとえれば、それを駆使する人は、熟練した職人が持つような巨大な道具箱を備えていると見なせよう。

並の情動粒度を示す人は、数百ではなく数十の情動概念を持つと考えられる。英語を母語とする人で言えば、怒り、悲しみ、怖れ、嫌悪、幸福、驚き、やましさ、恥、誇り、侮蔑に対応する概念くらいは持っているだろう。しかし基本的な情動の範囲を大きくは超えないはずだ。だから彼らにとって、「腹立たしさ」「苛立ち」「フラストレーション」「敵意」「激怒」「不機嫌」などの言葉は、すべて「怒り」の概念に属する。彼らが持つのは、いくつかの道具が入った、ありふれた小さな道具箱なのだ。特筆すべきことは何もないが、それでも仕事はこなせる。

情動粒度の粗い人は、わずかな情動概念しか持っていない。英語を母語とする人なら、語彙として「悲しみ」「怖れ」「やましさ」「恥」「きまりの悪さ」「苛立ち」「怒り」「侮辱」くらいは持っていても、すべての言葉は「不快に感じる」程度の目的を持つ同一の概念に対応している。つまり、ハンマーとスイス製アーミーナイフ程度の、わずかな道具しか持っていないのだ。そんな人でも無事に世の中をわたってはいけるだろうが、欧米の文化のもとで暮らしているのなら、もう少し道具を増やしたほうが楽になるだろう(私の夫は、私と会うまでは「幸福」「悲しみ」「空腹」の三つの情動しか持っていなかったと、ジョークを飛ばすことがある)。

情動概念を処理するシステムが貧弱な場合、心は情動を知覚できるのか? わが研究室の実験で、その答えは一般に「ノー」だと判明している。第3章で見たように、情動概念に対するアクセスを妨げることで、しかめ面に怒りを、への字に結んだ口に悲しみを、微笑みに幸福を知覚する能力を簡単に阻害できるのだから。

情動概念を処理するシステムの発達が阻害された場合、情動的な生活はいかなるものになるのか? 気分だけを感じるようになるのだろうか? この問いを科学的に検証するのはむずかしい。情動経験は、それに対する答えをはじき出せる客観的な指標を、顔や身体や脳に示したりはしない。最善の手段は、被験者にどう感じているかを尋ねることだが、それに答えるためには情動概念を用いなければならず、それでは実験の目的が挫かれる。

この難題を回避する方法の一つは、情動概念を処理するシステムに先天的な障害のある人々を研究することだ。その障害とはアレキシサイミア(失感情症)のことで、世界の総人口のおよそ一〇パーセントが抱えるとも推定されている。[68] 構成主義的情動理論によって予測されるとおり、この疾病を抱える人は、情動を経験することに困難を覚えている。正常な人が怒りを感じる状況で、アレキシサイミアを抱える人は胃の痛みを感じるのだ。身体的な症状を訴え、何らかの気分を感じていることを報告するが、それを情動的なものとして経験することがない。[69] また彼らは、他者の情動を知覚することにも難がある。[70] 二人の男が怒鳴り合っているところを見れば、健常者なら心的推論のもとに、そこに怒りを見出すだろう。ところがアレキシサイミアを持つ人は、二人の男が怒鳴り合っているという知覚的な事実だけを報告する。また情動に関する語彙が少なく、[71] 情動語を思い出すのに苦労する。[72] このような手がかりから、情動を経験したり知覚したりするのに、概念が必須であることがわかる。

❦ ❦ ❦

概念は、あらゆる行動や知覚に結びついている。そして前章で見たように、あらゆる行動や知覚は身体予算に結びついている。したがって、概念は身体予算に結びついていると見なせる。というより、事実結びついている。

新生児は、身体予算を自分で調節できない。だから保護者がその代わりをする。母親による授乳は新生児にとって、母親の顔を目にし、声を聞き、母親独自のにおいをかぎ、身体が触れ合うのを感じ、母乳（もしくは粉ミルク）を味わい、抱きかかえたりあやされたりすることで生じる内受容刺激を感じるなど、規則正しく起こる多感覚性のできごととして立ち現われる。新生児の脳は、視覚、聴覚、嗅覚、味覚、触覚、内受容感覚として、その瞬間の感覚的な文脈の全体をとらえる。[73] こうして、概念が形成されるようになる。つまり人間は、さまざまな感覚を動員して学習するのだ。体内の変化と、その内受容感覚への影響は、本人が気づいていようがいまいが、学習されたあらゆる概念の一部を構成する。

このような多感覚性の概念によって分類すると、同時に身体予算を調節する結果にもなる。乳児とボールで遊んでいるとき、私たちはそれを、色や形や手触り（さらには部屋のにおい、手や膝にあたる床の感覚、直前に食べたものの味覚など）ばかりでなく、その瞬間に生じた内受容刺激によっても分類している。そしてそれを通じて、ボールをたたく、あるいはくわえるなど、自己の行動の予測が可能になり、身体予算が影響を受ける。

おとなは、あるできごとが「きまりの悪さ」などの情動のインスタンスだと学ぶと、そのできごとに関連する視覚、聴覚、嗅覚、味覚、触覚、内受容感覚をまとめて概念としてとらえるようになる。また脳は、概念を用いてできごとの意味を理解するとき、状況全体を考慮に入れる。たとえば、海から浜に上がろうとしたとき、水着がずり落ちたとしよう。するとあなたの脳は、「きまりの悪さ」のインスタンスを構築するだろう。さらに概念システムは、過去に裸を見られたときに感じたきまりの悪さのインスタンスを抽出する。その種の裸体経験は、サウナから出て気分爽快になった裸体や、恋人と情熱的な午後を過ごしたあとの心地よい裸体を経験したときとは異なり、身体予算に多大な負荷をかける。あるいは脳は、そのときの状況によって、友人の誕生日を忘れたときのような個人的なきまりの悪さではなく、学校の授業中に間違った解答をした経験など、衣服を着ているときに公衆の面前で感じた「きまりの悪さ」のインスタンスを抽出するかもしれない[74]。このように、脳はその都度、状況に合った目的に従って、より包括的な概念システムから抽出する。かくして選ばれたインスタンスが、身体予算を適宜調節するよう促すのである。

どんな分類も、確率に依拠する。一例をあげよう。パリで休暇を過ごしているときに、地下鉄で見知らぬ人にしかめ面をされたとする。あなたは、それまでその人に出会ったことなどないし、そもそもパリを訪れるのは初めてだ。しかしあなたには、初めて訪れた場所で見知らぬ人にしかめ面をされた別の経験がある。だからあなたの脳は、過去の経験と確率に基づいて、予測に用いる概念の標本を構築できる。[75]その際脳は、「他に誰もいなかったか？　それとも車両は混雑していたか？」「その人は男性だったのか、それとも女性だったのか？」「その人は眉を吊り上げていたのか、それとも額に皺を寄せていたのか？」など、細かな文脈に配慮することで、予測エラーが生じる可能性を最小限に抑えられる最適な概念が得られるまで確率を高めていく。この手法は、情動概念を用いた分類だ。あなたは、誰かの顔に情動を検知したり、確認したりしようとしているのではない。自己の身体に何らかの生理的なパターンを見出そうとしているわけでもない。そうではなく、あなたは確率と経験に基づいて、感覚刺激の意味を予測し説明しようとしているのだ。このような状態は、情動語を聞いたり、一連の感覚刺激に満たされたりするたびに起こることなのである。

　分類、文脈、確率などの概念は、いずれもまったく直感に反するように思えるかもしれない。森の散歩中、おどろおどろしいヘビに出くわしたとき、私は「そう。私は、たった今経験している一連の感覚とそれなりに似ている過去の経験をもとに構築されたさまざまな概念の競合を通じて、ヘビの出現を予測していた。それによってヘビの知覚が生み出されたんだ」などと独りごとを言ったりはしない。私は単に「ヘビを見る」。それからおそるおそる回れ右をし、走り出す。その際、「たった今私は、たくさんの予測から情動カテゴリー〈怖れ〉のインスタンスを絞り込んだ。だから逃げた」などと考えたりはしない。単に怖れを感じて、逃げたいという衝動に駆られただけだ。怖れは、刺激（ヘビ）が小さな爆弾（神経的な指標）の起爆装置のスイッチを入れ、反応（怖れと逃走）を引き起こしたかのように、突然、そして抑えようもなく生じる。

友人とコーヒーを飲みながらこのヘビの話をするなら、「私の脳は、過去の経験を用いて現在の状況に合った〈怖れ〉の概念のインスタンスを生成することで、行く手にヘビが現われる前の視覚ニューロンの発火パターンを変え、ヘビを見て逆方向に走り出す準備を整えたんだ。そして自分の予測が正しいことが確認されると、感覚刺激が分類され、目的という用語でそのとき覚えた感覚の意味を説明する怖れの経験を構築し、心的推論を行なって怖れの原因をヘビに求め、その結果逃走することを選んだというわけさ」などと言うことはない。ただ「ヘビを見て、悲鳴をあげながら逃げたんだよ」と言うだけだ。

ヘビとの遭遇における何らかの要素が、自分がこの経験全体の構築者だと教えてくれるわけではない[76]。それでも、ぼんやりしたミツバチの写真を見たときと同様、たとえ実感が湧かなくても、私自身がこの経験を構築した建築家なのだ。ヘビに気づく前でさえ、私の脳は、怖れのインスタンスを懸命に生成しようとしていた。私がいつかヘビを飼いたいと思っている八歳の少女だったら、興奮のインスタンスを生成したことだろう。あるいは、その少女の母親で、ヘビを飼うなどもっての他と考えていたなら、苛立ちのインスタンスを生成したに違いない。「脳の仕事は刺激と反応」という考えは神話であり、脳の仕事は、予測とエラーの訂正である。そして私たちは、自分では気づかぬうちに情動経験を構築している。この説明は、脳の構造と機能に合致する。

簡潔に言えば、私はヘビを見て、しかるのちにそれを分類したのでもなければ、逃げたいという衝動に駆られて、しかるのちにそれを分類したのでもない。自分の心臓の鼓動を感じて、次にそれを分類したのでもない。そうではなくヘビを見るために、逃げ出すために、心臓の鼓動を感じるために、さまざまな感覚刺激を分類したのである。私は生じるはずの感覚刺激を正しく予測し、それにあたり「怖れ」の概念のインスタンスを用いて感覚刺激を説明した。情動はこのように作られるのだ。

たった今この文章を読んでいるあなたの脳は、情動を処理する強力な概念システムを備えている。このシステムは、統計的学習を通じて外界の知識を得ることを目的とした、純然たる情報収集システムとして始まった。しかし脳は、学習した物質的な規則性を言葉によって乗り越え、他者の脳との共存を通じて、外界の一部を構成できるようになった。こうしてあなたは、生きていくために身体予算をコントロールするのに役立つ、強力な心的規則性を生み出していったのだ。情動概念は、心的規則性の一つであり、なぜ心臓が激しく鼓動しているのか、なぜ顔面が紅潮しているのか、なぜ特定の状況のもとではかくかくしかじかのように感じたり行動したりするのかを示す、心的な説明として機能する。私たちは、分類するにあたって概念を同期させ、その説明を共有することで、情動を伝達し合い、知覚し合う。

これが、人はなぜ指標を必要とせずに楽々と情動を経験し知覚できるのかを説明する、構成主義的情動理論の要諦である。情動の種（たね）は、きわめて多様な状況で情動語（「いらいらする」など）を繰り返し耳にすることで、乳児期に蒔（ま）かれる。「いらいらする」という言葉は、一つの概念「苛立ち」として多様なインスタンスを一括し、保持する。この言葉は、たとえ類似性が他者の心の内部にしか存在しなかったとしても、そこにあるインスタンスに共通する特徴を探すようその人を導く。ひとたびこの概念が自分の概念システムに導入されると、きわめて多様な感覚入力をもとに、「苛立ち」のインスタンスを生成できるようになる。分類する際の注意の焦点が自己に絞られている場合には、苛立ちの「経験」が構築される。またそれが他者に絞られている場合には、苛立ちの「知覚」が構築される。そしていずれのケースでも、概念によって身体予算が調節される。

運転中に他の車から強引に割り込まれ、頭に血がのぼり、てのひらが汗ばみ、罵りながら急ブレーキを踏んで、苛立ったとき、あるいは幼い子どもが鋭利なナイフを拾い上げたのを見て、呼吸が遅くなり、てのひらが乾き、心中では苛立ちを感じつつ微笑みながらナイフを元に戻すよう穏やかに諭すとき、はたまた誰かが奇妙な目であなたを睨んでいるのを見て、その人が苛立っていると認識するとき、それらの知覚や行動や認識はすべて、分類に依拠している。つまり、「苛立ち」という概念に関する知識によって分類が促され、脳は文脈に即した意味を知るのだ。第2章で、大学院の同級生にランチに誘われたとき、最初は彼に魅力を感じていると思ったが、実はインフルエンザにかかっていることがやがて判明したというエピソードを紹介した。この件も、分類の一例としてとらえられる。私の身体予算は、実際にはウイルスによって攪乱されていたにもかかわらず、のぼせあがりのインスタンスが生成されたために、私はその結果生じた気分の変化を彼に魅力を感じているものとして経験したのである。異なる文脈のもとでこの症状を分類していたら、その経験を、解熱剤を飲んで二、三日休養をとれば治るものとして理解したことだろう。

脳は遺伝子によって、物理環境や社会環境に応じて配線する能力を与えられている。あなたの周囲にいる同じ文化のもとで暮らす人々は、概念を用いて物理環境や社会環境を維持している。そして、彼らの脳からあなたの脳に概念が伝えられることで、あなたはその環境で暮らせるようになり、やがては自分が習得した概念を次世代の脳に伝えていく。かくして一人の人間の心を作り出すためには、複数の人間の脳が必要とされるのだ。

この過程が脳内でどのように起こっているのかを説明する分類の生物学については、ここまで検討してこなかった。どの脳のネットワークが関与しているのだろうか？　この過程は、脳固有の予測の力とどのように関係し、いかにして身体予算に影響を及ぼしているのか？　次にその点を検討しよう。その作業を通じて、脳内でどのように情動が作られるのかを解明するための最後のピースが出揃うはずだ。

第6章

脳はどのように情動を作るのか

How the Brain Makes Emotions

上司を殴ってやりたいと思ったことがあるだろうか？　もちろん職場の暴力を擁護するつもりはさらさらないし、仕事のパートナーとして非の打ちどころのない上司も多い。とはいえ、ときにドイツ語の*Backpfeifengesicht*という情動語が、ピタリと当てはまる上司に不運にも出くわすこともある。ちなみにこの言葉は、「顔面に一発くらわせるべき」を意味する。

仮にあなたの上司が、その類のボスであったとしよう。その彼が、完成に一年はかかるプロジェクトをあなたに担当させようとしていたとする。これまで立派な仕事をなし遂げてきたあなたは、昇進できると思っている。しかし彼は、他の社員を昇進させるとのたまう。そんな状況に置かれたら、あなたはどう感じるだろうか？

欧米の文化のもとで暮らしている人なら、怒りを感じるだろう。脳は、「怒り」の予測を同時にたくさん発するはずだ。その一つは、こぶしで机を叩きながら上司に向かって怒鳴るというものだ。あるいは立ち上がってゆっくりと上司のいるほうに向かっていき、脅すように耳もとで「きっと後悔するぜ」とささやくという手もある。はたまた静かに椅子に座って、上司の足を引っ張る計略を練るという方法もあるだろう。

これらの「怒り」の予測には、上司、昇進の機会の喪失などに関する類似性や、復讐をなし遂げるという共通の目的が含まれる。また相違点も多い。「怒鳴る」「ささやく」「沈黙する」ことは、それぞれ異なる感覚的、運動的な予測をともなう。また行動も、それぞれのケースで異なり（こぶしで机を叩く、ゆっくり近づく、静かに座る）、したがって身体の変化や、それによる身体予算への影響、さらには内受容や感情への影響も違ってくる。最終的には、これから見ていく手法を通じて、脳は目下の状況における目的にもっともふさわしい「怒り」のインスタンスを選択する。こうして選ばれたインスタンスが、行動や経験を決める。この手法が、「分類」と呼ばれるものだ。

しかし上司との関係は、別の展開を見せるかもしれない。上司の決心を変える、昇進した同僚との関係を良好に保つなどの違った目的を抱きつつ、怒りを感じることもあろう。[2] あるいは「怒り」ではなく、「後悔」や「怖れ」などの別の情動のインスタンスや、「解放」などの情動とは無縁のインスタンスを生成するかもしれない。もしくは「頭痛」などの身体症状を呈したり、「私の上司はバカだ」などの知覚を形成したりする場合もある。いずれのケースでも、脳は類似の過程を経て、過去の経験に基づきながら、現在の全般的な状況と感覚刺激にもっとも合致した分類をする。分類とは、今後の知覚や行動を導く、最適なインスタンスを選ぶことである。

前章で見たように、情動を構築するためには豊富な概念が必要とされる。本章では、脳が*どの*ように、乳児期という人生の早い段階から概念システムを確立し、用いるようになるのかを学んでいく。それとともに、情動粒度、個体群思考、情動が構築されるのではなく引き起こされるかのように感じられる理由、身体予算管理領域があらゆる判断や行動を左右しうる理由など、ここまで取り上げてきたいくつかの重要なトピックに関して、その神経学的基盤を学ぶ*。これらの考えをすべて集めれば、人間の心をめぐる最大の謎の一つ、脳はどのように意味を生み出すのかを説明する統合的な枠組み(フレームワーク)を手に入れることができる。

乳児の脳は、おとなが持つ概念のほとんどを欠く。「気まぐれ」「シャーデンフロイデ」などの純然たる心的概念はもちろん、望遠鏡、ナマコ、ピクニックが何かも知らない。新生児は、重度の経験盲に近い状態に置かれていると言えるだろう。特に意外なことではないが、乳児は予測に長けていない。おとなの脳は予測に支配されているが、乳児の脳は予測エラーに満ちている。したがって乳児は、脳が世界のモデルを形成する能力を持つ以前に、感覚入力をもとに世界について学ぶ必要がある。乳児の脳の最初の課題は、この学習なのだ。

乳児の脳にとって、やって来る感覚入力の大部分は、最初はまったく新奇なもので、その意義は確定していない。だから、ほとんど無視されることがない。感覚入力を、脳の活動という大洋の、泡立つ波頭を跳躍する飛び石にたとえると、乳児にとってその石はとても大きな石だ。乳児は周囲からやって来る感覚入力を吸収し、学んで、学んで、学び続ける。発達心理学者のアリソン・ゴプニックによれば、乳児は、優雅に輝きながらもあたり一面に光を放散する、注意の「ちょうちん(ランタン)」を備えている[3]。それに対し、おとなの脳には、予測を狂わせる可能性のある情報を締め出し、たとえば気を取られずに本書を読めるようにしてくれるネットワークが備わっている。本書に印刷されている文字など、特定のものごとを照らし出し、それ以外のものごとを暗がりに置いたままにする注意の「スポットライト」が組み込まれているのだ。[4] 乳児の脳の「ランタン」は、そのような方法で注意の焦点を絞ることができない。

乳児の脳は生後数か月が過ぎると、すべてが順調に働いていれば、より効率的に予測をし始める。外界から入って来る感覚刺激は、乳児が持つ世界のモデルの内部で概念になる。外部のものが内部のものになるのだ。このような感覚経験は時が経つと、複数の感覚をまたぐ、組織的な予測を行なう機会を乳児の脳に提供する。[5] 明るい部屋で目覚め、おなかがゴロゴロ鳴っていれば、それは朝になったことを意味する。また、頭上から電灯のまぶしい光が差す、暖かく湿った部屋にいれば、それは夕方の入浴の時間が来たことを意味する。娘のソフィアがまだ生後数週間だった頃、私たちはそのような多感覚性の予測の能力を利用して、娘の世話で自分たちが睡眠不足のゾンビにならないよう、睡眠パターンの発達を彼女に促した。さまざまな歌や物語を聞かせたり、色のついた毛布をかけたり、他の儀式めいたことをしたりして、短い昼寝と、長い夜の眠りを統計的に区別できるよう、彼女を導いたのである。

具体的な概念をわずかしか持たず、予測エラーに支配された乳児の脳は、「畏怖」や「絶望」のよ

＊＝本章で取り上げる科学的証拠についてさらに理解を深めたい読者は、五〇三頁の補足説明Dを参照。

うな、おのおのがさまざまなインスタンスを持つ、非常に複雑な何千もの純然たる心的概念を、いかにして獲得していくのだろうか？　これは実のところ工学的な問いであり、その答えは、人間の大脳皮質の構造に見出すことができる。この問いは、効率とエネルギーに関する基本的な問題に帰着する。乳児の脳は、絶えず変化する環境のもとで、つねに概念の学習や更新をしなければならない。この課題を達成するためには、非常に強力で効率的な脳を必要とする。しかし、脳には物理的な限界がある。ニューロンのネットワークは、新生児が骨盤を通って出て来られる程度の大きさの頭蓋に収まらなければならない。また、ニューロンの維持は高くつく（相当な量のエネルギーを必要とする）。したがって脳が、代謝によって維持し運用できる神経結合の数には限界がある。そのため乳児の脳は、できるだけ少数のニューロンを通すことで、効率的に情報を伝達する必要がある。

この工学的な課題を解決する方法は、類似性が差異性から区別されるよう概念を構築する能力を秘めた、皮質の導入である。これから見ていくように、この区別は、途方もなく効率的な最適化をもたらす。

ユーチューブの動画では、情報の効率的な伝送が行なわれている。動画は、連続してすばやく表示される一連の静止画、すなわち「フレーム」から構成される。とはいえフレーム間で、かなりの量の同じ情報が繰り返される（冗長性が高い）。したがってユーチューブのサーバーがパソコンや携帯端末に向けて動画情報をインターネット上に送り出すとき、あらゆるフレームのすべてのピクセルを流す必要はない。フレーム間で変化した情報だけを伝送したほうがはるかに効率的だ。変化していない情報はすでに送られているのだから。このようにユーチューブは、類似性と差異性を区別することで伝送効率を上げている。あとは端末にインストールされているソフトウェアが、断片的な情報を組み立て直して一貫した映像を表示してくれる。

人間の脳は、予測エラーを処理する際、それと非常によく似たことをする。視覚情報は、ユーチューブの動画と同じく冗長性が非常に高い。また同じことは、聴覚、嗅覚などの他の感覚にも当てはまる。脳は感覚情報を、ニューロンの発火パターンとして表象する。その際、できる限り少数のニューロンを用いたほうが有利かつ効率的である。

一例をあげよう。視覚系は、直線を一次視覚皮質のニューロン群の発火パターンとして表象する。ここで二つ目のニューロン群が最初の直線と直交する二本目の直線を表象し、さらに三つ目のニューロン群が、これら二本の直線の統計的な関係を「角度」という単純な概念で要約できたとする。乳児の脳は、さまざまな長さ、幅、色を持つ二本の交差する直線のペアにそれまで一〇〇組ほど出くわしてきたとして、これら一〇〇組のペアはすべて「角度」のインスタンスであり、そのそれぞれがより小さなニューロン群によって〔角度の概念として〕効率的に要約されるのである。このような要約は、冗長性を排除する。かくして脳は、感覚刺激の差異性から統計的な類似性を区別するのだ。

同様に、「角度」という概念のインスタンスは、他の概念の一部も構成する。たとえば、乳児が、あやされているあいだや母親と対面しているあいだに、朝な夕な、数々の視点から母親の顔に由来する視覚入力を受け取る。すると、乳児の「角度」の概念は、さまざまな明るさと角度のもとで見た母親の目の連続的に変化する線や輪郭を要約する、「目」という概念の一部をなすようになるだろう。つまりそのたびに異なるニューロン群が発火して、「目」という概念のさまざまなインスタンスが生成される。それゆえ乳児は、感覚刺激の段階では毎回異なるものを、母親の目として認識できるのだ。[6]

このように、特定的な概念から次第に一般的な概念へと移行するにつれ（この例で言えば直線→角度→目）、脳は、それだけ効率的に情報を要約する類似性を生成していく。たとえば「角度」は、「直線」と比べれば効率的な要約だが、「目」と比べれば感覚的な詳細の範疇に属する。それと同じ論理は、「鼻」「耳」などの概念にも当てはまる。これらの概念は合わせて、「顔」概念の一部をなす。「顔」概念のインスタンスは、顔面の特徴を示す感覚刺激の規則性に関する、より効率的な要約だと言える。やがて乳児の脳は、視覚的な概念を十分に要約する表象を形成し、低レベルの感覚入力はいたって多様であるにもかかわらず、一個の安定したモノを見られるようになる。次のことを考えてみるとよい。今この瞬間あなたの両目から、無数の小さな情報の断片が瞬時に脳に送られているにもかかわらず、あなたは単純に「一冊の本」を見ている。

効率を上げるために類似性を見出そうとするこの原理は、視覚系のみに適用されるのではなく、それぞれの感覚系（聴覚、嗅覚、内受容感覚など）の内部でも、さらには異なる感覚系が結合して得られたパターンでも作用している。「母親」のような純然たる心的概念を考えてみよう。乳児が母乳を飲むとき、さまざまな感覚系のニューロン群が、統計的に関連したパターンで発火し、母親の姿、声、におい、抱きかかえられている感覚、母乳を飲むことによるエネルギーの増大、満腹感、そしてそれに由来する快さを表象する。これらの感覚はすべて相互に連関し、その要約は、より小規模なニューロン群の発火パターンによって、初歩的で多感覚性の「母親」のインスタンスとして別の場所に表象される。その日再び母乳を飲むと、「母親」概念の別の要約が、まったく同じではないとしても類似のニューロン群によって同様に生成される[7]。乳児がゆりかごの上に吊るされているおもちゃを叩き、それが空中で揺れるのを眺め、それに結びついた触覚や内受容感覚を感じるとき、乳児の脳は、統計的に関連するできごと（それらのできごとはすべて、自分が動くことでエネルギーの低下をもたらす）を、「自己」という概念の初歩的な多感覚性のインスタンスとして要約する。

このように、乳児の脳は、個々の感覚刺激に対応する広範に分散した発火パターンを一つの多感覚性の要約へとまとめていく。このプロセスは冗長性を削減し、未来の使用のために、情報を最低限の効率的な形態で表象する。それはあたかも、保管するのに場所をとらないが食べる前に戻す必要のある乾燥食品のようなもので、この効率性によって脳は、「母親」や「自己」などの初歩的な概念を、学習を通じて実際に形成できるのだ。

子どもが成長するにつれ、脳は概念を用いて、より効率的に予測するようになる。もちろんそれでも予測エラーは生じる。三歳になったソフィアとショッピングモールに出かけたとき、彼女は前方にドレッドヘアの男性が歩いているのを目にした。当時彼女は、ドレッドヘアをした人物を三人知っていた。一人は、彼女がなついていたおじのケヴィンで、彼は、背丈は中程度で肌が浅黒かった。他の二人は、同じく浅黒い肌をしているが、背が高く肩幅が広い知人と、背が低く白い肌をした近所に住む女性だった。そのときソフィアの脳は、自分の経験を導く可能性のある、競合するいくつもの予測を猛然と発していたのだ。ここで、ケヴィンおじさんと過ごしたさまざまな過去の経験に基づく予測が一〇〇、知人に関する予測が一四、近所の女性に関する予測が六〇あったとする。おのおのの予測は、脳の無数の断片的なパターンから、照合され混合されたうえで組み立てられている。またこれら一七四の予測は、ソフィアが過去に遭遇した人物やモノ、あるいは行ったことのある場所など、眼前の光景に統計的に関連するあらゆるものごとに関する他の無数の予測をともなう。

この一七四の予測が、私が概念と呼んできたものの一つを構成する（このケースでは「ドレッドヘアをした人」という概念）。これらのインスタンスが一つの概念として「グループ化されている」と言うとき、「グループ化されたもの」がソフィアの脳内のどこかに蓄積されていることを意味するわけではない。いかなる概念も、特定の決まったニューロン間での情報の流れによって表象されるわけではない。各概念は、それ自体がインスタンスの集合をなし、各インスタンスは、そのたびごとに異なるニューロンのパターンによって表象される（縮重）[8]。すなわち、ソフィアの脳内で、一七四の予測からなる概念がその場で構成されるのだ。そして無数のインスタンスのうちの一つが、ソフィアがたった今直面している状況に、（パターンマッチングによって）もっとも近似する。私は、このインスタンスを「勝者インスタンス」と呼ぶ。

その日ソフィアは、ベビーカーから飛び出して、モールを走って横切り、その男性の脚に小さな腕をまきつけながら「ケヴィンおじさん！」と叫んだ。しかしケヴィンおじさんはそのとき、およそ一〇〇〇キロメートル離れた場所にいたので、彼女の喜びはすぐに消え去った。見知らぬ人の顔を見て、金切り声をあげたのだ。*

それと同じような過程は、「悲しみ」などの純然たる心的概念にも起こる。ある子どもが「悲しい」という言葉を、三つの状況のもとで耳にしたことがあるとする。これら三つのインスタンスは、子どもの脳内で、さまざまな断片によって表象され、いかなるあり方でも一つのものとして「グループ化」されていない。[9] 次にその子どもは、四番目の状況のもとで、教室で同級生が泣いているところを目撃し、そのとき担任の先生が「悲しい」と口にするのを聞いたとする。するとその子どもの脳は、すでに持っている三つのインスタンスを予測として生成し、さらには何らかのあり方で現在の状況に統計的に類似する別の予測を構築する。かくして構築された予測の集合が、数々の「悲しみ」のインスタンスのあいだに存在する純粋に心的な類似性に基づいて、一つの概念としてその場で形作られたのである。ここでも、現状にもっとも適合した予測が情動のインスタンスとなり、その子どもの経験になる。

❦ ❦ ❦

さて、ここまでは暗示的に述べてきたことを、より明確にする段階に到達した。これまで論じてきた現象のうちの二つは、実際には同一のものである。二つの現象とは、概念と予測のことだ。たとえば「幸福」のインスタンスなど、「脳が、ある概念のインスタンスを生成する」と言うとき、それは脳が、幸福に関する「予測を発する」と言うに等しい。[10] ソフィアの脳が、ケヴィンおじさんに関して一〇〇の予測を発したとき、そのそれぞれが、彼女が見知らぬ人の脚にしがみつく前に形成した、「ケヴィンおじさん」という一時的な概念の一インスタンスをなす。

＊＝偶然にも、その人の名前はケヴィンだった。

私は説明を簡略化するために、予測と概念を分けて論じてきた。本書を通じて「予測」か「概念」のどちらか一方だけを用いることもできたが、情報の伝達は、脳内を飛び回る予測という用語で、また、知識は概念という用語で論じたほうが理解しやすいと考えて分けて説明してきた。しかし、概念が脳内でどのように機能しているのかを検討する段になった今や、概念が予測だと認識しておく必要がある。

人は人生の初期の段階で、身体や外界から（予測エラーとして）得られた細かな感覚入力をもとに概念を築き上げていく。脳は、ユーチューブが動画を圧縮するように、受け取った感覚入力を効率的に圧縮し、差異性から類似性を抽出しつつ最終的に多感覚性の要約を形成する。ひとたびこのようにして特定の概念を学習すると、脳はこの過程を逆方向に実行して、パソコンや携帯端末がダウンロードされてくるユーチューブの動画を表示するために圧縮データを復元するのと同じように、類似性から差異性を展開し、その概念のインスタンスを生成できる。これが予測の実体なのだ。概念を「適用」し、一次感覚野や運動野の活動を変え、必要に応じて訂正したり、洗練したりすることとして、予測をとらえるとよいだろう。

あなたは今、ショッピングモールを歩き回りながら買い物をしている。人で混みあうモールは騒音にあふれ、ショーウィンドウには商品が手招きするかのように並んでいる。そしてあなたの脳は、いつもどおり無数の予測を同時に発している。「前方に人の動きがあるはずだ」「左手に人の動きがあるはずだ」「呼吸が遅くなるだろう」「腹がゴロゴロ鳴りそうだ」「笑い声が聞こえてくるだろう」「すぐに落ち着くだろう」「孤独を感じそうだ」「隣人を見かけるかもしれない」「郵便局のあのすてきな係員に会えるかもしれない」「ケヴィンおじさんに会えるかも」などの予測だ。人物をめぐる最後の三つの予測は、友人に向けられた感情と関連する、「幸福」という概念のインスタンスだと言える。あなたの脳は、思いがけない場所で友人にばったりと出会ったという過去の類似の経験に基づいて、この概念の多数のインスタンスを同時に生成する。そのとき、おのおののインスタンスには、それが正しいという、ある程度の可能性が存在する。

ここで、インスタンスの一つ、ショッピングモールでわが愛しのケヴィンおじさんに思いがけず出くわすという予測に焦点を絞ってみよう。私の脳がこの予測を発したのは、類似の状況で彼を見かけ、「幸福」として分類される感覚を経験したことがあるからだ。この予測は、たった今入って来ようとしている感覚入力とどれほど正確に合致するのだろうか？　それが他のすべての予測より正確に合致するのなら、私はこの「幸福」のインスタンスを経験するだろう。さもなければ脳が予測を調節して、私は「失望」のインスタンスを経験するかもしれない。場合によっては、脳が予測と感覚入力を強引に合致させ、ソフィアのように見知らぬ人をケヴィンおじさんと誤認することもある。

かくしてショッピングモールを歩く私の脳は、ケヴィンおじさんをめぐる予測が最終的に知覚を構成して自分の行動を導き出すのか、それともまだ訂正が必要なのかを決めなければならない。脳は細部を決定するために、ユーチューブの圧縮された動画データを復元するかのように、あるいは水で乾燥食品を戻すかのように、感覚入力の要約をより詳細な予測の長大な連鎖（カスケード）へと展開する。この手順は図6・1に示されているとおり、詳細な感覚情報から一つの概念を構築する過程と同じものだが、処理方向は逆になる。

たとえば、「幸福」の予測が、視覚系の高次領域に到達すると、ケヴィンおじさんに関する予測は「彼はこちらを向いているのか、それとも別の方向を見ているのか」「どんな服を着ているのか」など、細かな外観に関するいくつかの予測へと展開されるだろう。このような詳細は、それ自体が確率に依拠する予測であり（「ケヴィンおじさんは決してチェック柄の服を着ない」など）、したがって脳は、それを感覚入力と比較することで、予測エラーの有無を計算し、解決する。この解決手段は、たった一段階で起こるのではなく、（第4章で論じた予測ループを通して）無数の断片的な段階を踏む。それによって展開された視覚的詳細のおのおの

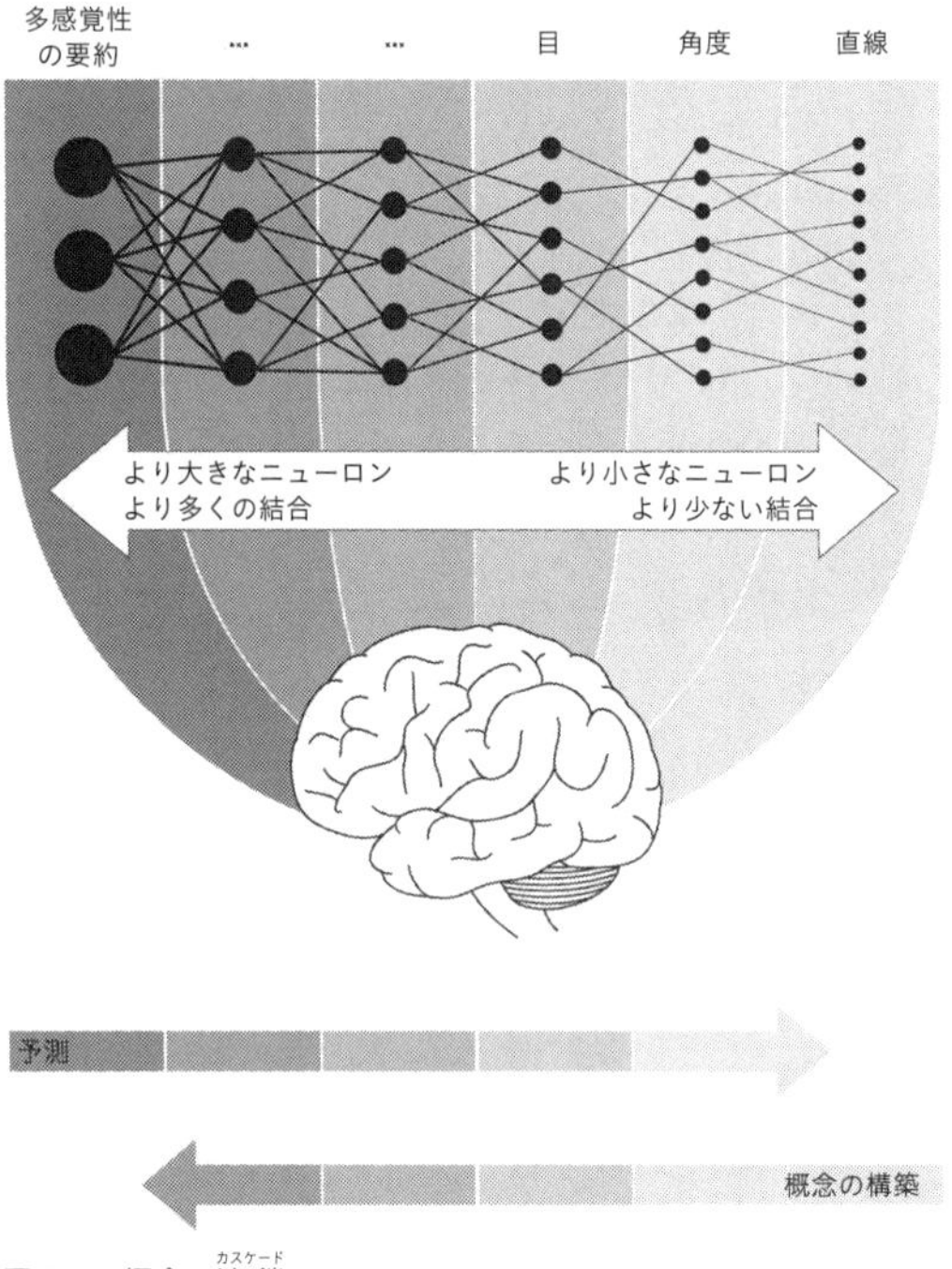

図 6.1　概念の連鎖（カスケード）
概念を構築するときには（右から左）、感覚入力は効率的な多感覚性の要約へと圧縮される。予測によって概念のインスタンスを生成するときには（左から右）、効率的な要約は、次第に詳細な予測へと展開されていく。そしてそれらは、各段階において実際の感覚入力に照合される。

は、たとえば色、シャツの生地などに関するさらに詳細な予測へと展開される。かくして展開された予測のそれぞれには、さらなる予測ループ、連鎖、もっと細かな予測への展開が含まれる。そして予測の連鎖は、猛然とうず巻きながら絶えず変化する線やへりに関する情報によって、もっとも低次の視覚概念が表象される一次視覚皮質で止まる。

ちなみに予測の連鎖は、読者にはもはやお馴染みの内受容ネットワーク内に端を発する。* 脳内で多感覚性の要約が構築されるのも、そこにおいてである。前述のとおり予測の連鎖は、一次感覚領域で終わる。そこでは視覚のみならず、聴覚、触覚、内受容感覚などのさまざまな感覚に関して、私たちの経験のもっとも些細な断片が表象される。

ある予測の連鎖が、到来する感覚入力をうまく説明できれば（たとえば、それがケヴィンおじさんの独自の髪型、お気に入りのシャツ、特徴的な声にうまく合致すれば）、私の脳は、友人に結びついた感情に関連する、一つの「幸福」のインスタンスを生成する。つまりおじの姿をひと目見たとき、この予測の連鎖の全体が、「幸福」概念のインスタンスになり、私は幸福を感じるのだ。

概念を構成する予測の連鎖は、本書でこれまで提起してきたいくつかの主張に関して、神経学的な根拠を明らかにする。第一に、予測の連鎖は、幸福のような経験が、なぜ構築されるのではなく、引

＊＝とりわけデフォルトモードネットワークと呼ばれる、内受容ネットワークの一部。詳細は補足説明Dを参照。

き起こされるかのように感じられるのかを説明する。脳は、分類が完了する以前でさえ、「幸福」のインスタンスをシミュレートしている。また、動かすという主体性の感覚を覚える前に、顔や身体の動きを準備し、到来する前から感覚入力を予測している。[11]だから実際には、外界と身体の状態によって制約を受けつつ、脳が能動的に経験を構築しているにもかかわらず、情動は「生じている」かのように思えるのだ。

第二に、予測の連鎖は、生きていくうえで経験される、あらゆる思考、記憶、情動、知覚に、自分の身体に関する何かが含まれているとする、第4章で論じた主張を説明する。予測の連鎖は、身体予算を調節する内受容ネットワークに起点を持つ。したがって脳が実行する予測や分類はすべて、つねに心臓や肺の活動、代謝作用、免疫機能など、身体予算に影響を及ぼすシステムとの関係のもとで行なわれる。

第三に、予測の連鎖は、情動粒度がきめ細かなこと、つまりより緻密な情動経験を構築すること（第1章参照）の神経的な優位性を強調する。ケヴィンおじさんの姿を見て、私の脳が複数の「幸福」のインスタンスを生成したとすると、現在の感覚入力にもっとも適合したものが、勝者インスタンスとして選別されなければならない。これは脳にとって、代謝コストを要する大仕事だ。しかし英語の語彙に、韓国語の「情（정）」のような、親友に対する特別な感情を表わす用語があったとしたらどうだろう。[12]脳は、このより緻密な概念を用いて、楽にその仕事を達成できるだろう。「ケヴィンおじさんのそばにいられることの幸福」に対応する特別な言葉が存在すればなおよい。その場合脳は、勝者インスタンスをさらに効率良く決められるはずだ。それに対し、「幸福」よりさらに意味範囲の広

い「快さ」などの概念が用いられると、脳の仕事はより困難なものになる。つまり緻密さによって高い効率性が得られる。言い換えると情動粒度をきめ細かくすれば、生物学的な恩恵が得られるのである。

最後に、一つの概念がその場で複数の予測から構築されることが示されている点で、脳内における個体群思考の作用を見出すことができる。私たちは、ただ一つの「幸福」のインスタンスを生成して経験するのではなく、おのおのが独自の予測の連鎖を持つ多数の予測から成る、大規模な集合を構築する。この集合が概念なのだ。それは、幸福について自分が知っているあらゆるものごとの全体ではなく、類似の状況における（友人に出会うという）自分の目的に合った要約を表象する。贈り物をもらったり、好きな曲を聴いたりなど、幸福が関係する異なる状況のもとでは、内受容ネットワークは友人に出会ったときとは非常に異なる、その瞬間の「幸福」を表象する要約（と予測の連鎖）を構築する。このような動的な構築は、脳の持つ効率性の一例をなす。

科学者は、脳内の神経結合によって配線された過去の知識が、想像などのシミュレートされた未来の経験を生むことを、かなり以前から知っていた。[13] また、この知識がどのように現在の経験を生むのかに研究の焦点を絞る科学者もいる。[14] ノーベル賞受賞者で神経科学者のジェラルド・M・エーデルマンは、経験を「想起された現在」と呼んだ。[15] 今日では、神経科学の発展のおかげで、エーデルマンの主張の正しさが判明している。脳全体の状態としての概念のインスタンスは、たった今どのように振る舞うべきかに関する、また感覚刺激の意味をめぐる予期的な推測だと言える。

概念の予測の連鎖に関する私の説明は、それよりはるかに大規模な並行処理過程の一面を描いたにすぎない。日常生活では、脳は決して、ある一つの概念だけを用いて分類したりはしない。予測は、それよりずっと確率的な事象に満ちている。[16] 脳は一瞬一瞬、蓋然性の嵐のなかで、同時に無数の予測を発し、たった一つの勝者インスタンスにこだわったりはしない。私の脳が、ケヴィンおじさんに関する一〇〇のさまざまな予測を同時に発したとすると、そのそれぞれが、一つの予測の連鎖をなす（これに関する神経科学に興味のある読者は巻末の補足説明Dを参照）。

❦ ❦ ❦

概念を用いて分類するごとに、脳は、感覚入力の猛攻にさらされながら、競合する多数の予測を生む。どの予測が勝者になるか？　どの感覚入力が重要で、どれがノイズにすぎないのか？　脳は、その種の不確実性の解消を支援する、「コントロールネットワーク」と呼ばれる連絡網を備えている。[17] コントロールネットワークは、乳児の「ランタン」式の注意を、おとなの「スポットライト」に変えるメカニズムなのである。

図6・2のよく知られた錯視の例は、コントロールネットワークの働きを示す。水平に読むか、垂直に読むかという文脈の違いによって、中央の記号は「B」とも「13」とも読める。その瞬間、どちらが勝利の概念になるか、すなわち文字か数字かの選択は、コントロールネットワークに支援される。[18] またコントロールネットワークは、情動のインスタンスの生成を支援する。夫と口論になったあとで胸に痛みを感じたとしよう。心臓発作なのか、それとも消化不良のせいか？　あるいは不安のせい

か、それとも夫の理不尽な行動に対する怒りのせいだろうか？　内受容ネットワークは、この難題を解決するために、さまざまな概念の無数の競合するインスタンス（そのそれぞれが脳全体にわたる予測の連鎖をなす）を発行するだろう。その際コントロールネットワークは、脳がインスタンスを効率的に生成し、そのなかから勝者を選べるよう支援する。そして、特定のインスタンスの生成にニューロンを関与させることで、いくつかのインスタンスを存続させ、それ以外のインスタンスを抑制するよう導く。現状にもっとも即したインスタンスが生き残って知覚や行動を形作るという点で、この手法は自然選択にも似る。[19]

図 6.2　コントロールネットワークは、候補となる分類方法（このケースでは「B」か「13」か）のどれを選択すべきかをめぐる脳の決定を支援する。

「コントロールネットワーク」という名称は、適切とは言えない。というのも、このネットワークが中心的な位置を占め、決定を下し、全過程を支配しているかのような印象を与えるからだ。その見方は正しくない。コントロールネットワークは、むしろ最適化に関与していると言うべきだろう。それはつねに、特定のニューロンの発火率を上げ、他のニューロンの発火を遅らせることで、ニューロン間の情報の流れを調整する。そしてそれによって、注意のスポットライトが当たるべき感覚入力を特定し、目下の状況に合った予測を選択できるようにする。それはあたかも、エンジンと車体をつねに最適な状態に保つことでレーシングカーを少しでも速く安全に走れるよう整備する、カーレースのチームのようなものである。脳はこの調整に導かれることで、身体予算の調節、安定した知覚の形成、行動の喚起を同時に行なえるのだ。[20]

コントロールネットワークはまた、情動概念と非情動概念の識別（不安なのか消化不良なのか）、情動概念間の識別（興奮なのか怖れなのか）、一つの情動概念が持つさまざまな目的間の識別（怖れの概念であれば闘争すべきか、それとも逃走すべきか）、インスタンス間の識別（逃走する場合、悲鳴をあげるかあげないか）を支援する。[21] 映画を観ているとき、コントロールネットワークは、視覚系と聴覚系を選好して、私たちを物語の世界へと誘う。別の状況のもとでは、より強力な気分を選好して通常の五感を背景に押しやることで、情動経験が得られるだろう。なおこれらの調整は、気づきの埒外でなされる。

コントロールネットワークを「情動調節」ネットワークと呼ぶ科学者もいる。彼らは、たとえば上司の態度に腹が立ちながら、一発お見舞いするのを抑えるなどのように、情動の調節が、情動それ自体とは独立して存在する認知プロセスだと仮定している。[22] だが脳の観点からすると、調節は分類を意味するにすぎない。理性が情動を抑制していると感じられるとき（これは神話であり、脳の配線はそのような見方を支持しない）、私たちは「情動調節」という概念のインスタンスを生成しているのだ。

すでに見たように、情動の構築には、コントロールネットワークと内受容ネットワークが不可欠である。さらに言えば、この二つの核心的なネットワークは両者を合わせて、脳全体にわたる情報伝達に関与している主たる中枢（ハブ）のほとんどを含む。多数の航空会社が乗り入れる世界最大級の空港を思い浮かべてみればよい。ニューヨーク市にあるジョン・F・ケネディ国際空港では、旅行者はアメリカン航空からブリティッシュ・エアウェイズに乗り換えられる。というのも、両社の便が乗り入れているからだ。同様に脳内では、内受容ネットワークとコントロールネットワークの主たるハブを介して、情報は異なるネットワークのあいだを効率的に伝達される。[23]

それらの主要なハブは、脳内における大量の情報の流れを同期させるべく支援をする。もしかするとそれは、意識が生じるための一つの前提条件である可能性も考えられる。[24] したがって、主要なハブがどれか一つでも損傷すると、脳は大きな災厄を被る。うつ病、パニック障害、統合失調症、自閉症、失読症、慢性疼痛、認知症、パーキンソン病、注意欠如・多動性障害（ADHD）はすべて、ハブの損傷に関係する。[25]

内受容ネットワークとコントロールネットワークという主要なハブは、日常生活における意思決定が、気分という色眼鏡で世界を見る、やたらに口うるさくてほとんど聞く耳をもたない内なる科学者たる身体予算管理領域によって駆り立てられるという、第4章で論じた過程を可能にしている。つまり脳の身体予算管理領域は、主要なハブをなす。この領域は、その大規模な神経結合を介して、視覚、聴覚などの知覚や行動を変える予測をさまざまな領域に向けて一斉に発する。ゆえに脳神経回路のレベルでは、いかなる判断も気分の影響を免れられないのだ。

❦　❦　❦

私はここまで、「脳は科学者のように振る舞う」と何度か述べてきた。脳は予測に基いて仮説を立て、感覚入力という「データ」を用いて検証する。そして、科学者が得られた反証をもとに仮説を変更するのと同じように、予測エラーが起こると予測を訂正する。それに対し、脳の予測が感覚入力と合致すると、正しい仮説が科学の確実性に至る道だと科学者が確信しているのと同じように、それに沿ってその瞬間の世界のモデルが構築される。

数年前、ボストンのわが家のキッチンで夕食をとっていたとき、突然家族全員がそれまで一度も感じたことのなかったまったく新たな感覚を覚えた。椅子が一瞬うしろに傾き、それから元に戻ったのだが、それには大海原の波に乗ったかのような感覚がともなっていた。この新奇な体験によって経験盲の状態に陥った私たちは、皆で仮説を立て始めた。単純に一瞬バランスを失っただけなのだろうか？　いやそんなはずはない。三人同時に体験したのだから。家の外で交通事故が起こったのか？　それも違う。音が伝わってこないほど遠くでビルが崩壊し、地面の震動だけが伝わってきたのだろうか？　そうかもしれないが、震動のパターンはそれとは違っていたと思う。ならば地震だろうか？その可能性はあるが、私たちはこれまで一度も地震に遭ったことがない。しかも一秒しか続かなかったが、かつてパニック映画で観た地震はもっと長く続いたはずだ。とはいえ、正弦波に近い上下の揺れは、地震に関する私たちの理解と一致する。というわけで、地震説がその状況にもっともふさわしいと考えた私たちは、それを採用することにした。数時間後私たちは、近くのメーン州でマグニチュード四・五の地震が発生し、ニューイングランド全体が揺れたことを知った。

私の家族が意識して行なったこの消去法を、脳は自動的に、そして驚くべき速さで実行する。脳は、過去の経験に基づいて構築した、一瞬先の世界に関する心的なモデルを保つ。これは概念を用い、外界や自己の身体に由来する情報に基づいて意味を生成するというメカニズムに他ならない。かくして脳は、目覚めているあいだはつねに、概念として組織化された過去の経験を用いて自己の行動を導き、感覚刺激に意味を与えているのだ。

私は、この手法を「分類」と呼んできた。だがそれは科学では、経験、知覚、概念化、パターン完成、知覚的推論、記憶、シミュレーション、注意、道徳性、心的推論など、さまざまな名称で呼ばれている。この種の用語は、一般的な用法ではさまざまな意味を持つ。また科学者は、それらの機能のおのおのが脳の異なる過程によって実行されると仮定し、異なる現象として研究することが多い。しかし実際には、すべて同一の神経プロセスを介して生じるのだ。

甥のジェイコブが、小さな腕を嬉しそうに私の首のまわりに巻きつけて抱きついてきたときには、私は愉快な気分になる。これは一般に「情動経験」と呼ばれる。抱きついている彼の顔に満面の笑みが浮かぶのを見るとき、私はもはや経験しているのではなく、「知覚」している。このできごとと、その経験がいかに自分をほのぼのとさせたかを心に思い浮かべるとき、今度は知覚しているのではなく「思い出して」いる。さらに言えば、自分がそのとき幸福に感じていたのか、それとも感傷的になっていたのかを考え始めると、思い出しているのではなく「分類」している。私の見方では、それぞれの用語は明確に区別されるのではなく、どの用語も、意味を生成するという、脳の同一の機能によって説明できる。

意味の生成とは、与えられた情報を超えることである。[26] 心臓の鼓動の高まりは、走れるよう十分な酸素を手足に供給するなど、身体的な機能を持つ。それに対して分類は、自文化のもとで理解されている意味や機能をつけ加えることで、身体機能を幸福や怖れなどの情動的な経験に変える。不快な感情価を帯びた気分や高い覚醒状態を経験すると、脳は、それをどのように分類するかに応じてそこから意味を生成する。それは怖れの情動のインスタンスなのか？　それとも、コーヒーの飲みすぎに起因する身体的なインスタンスなのか？　あるいは、自分に話しかけている男がいやな奴だと示唆する知覚なのか？　分類は、身体的な性質によってではなく、自分が持つ知識と、周囲の世界によって構成される文脈によって、生物学的な信号に新たな作用をつけ加える。感覚刺激を怖れとして分類するとき、私たちは、「怖れが、このような身体の変化を引き起こしている」という意味を生成しているのだ。そして関与する概念が情動概念である場合、脳は情動のインスタンスを生成する。

第2章のあいまいな写真をミツバチとして知覚したとき、視覚刺激から意味を生成した。脳はミツバチを予測し、しみのような点をつないで線をシミュレートすることで、この偉業を達成した。それに先立って完全なミツバチの写真を見た経験は、この予測が訂正されないようにする。その結果、不定形のかたまりにミツバチを見出すのだ。つまり、先立つ経験によって、その瞬間に受け取った感覚刺激から意味が形作られるのである。そして情動は、それと同じ驚異的な手法によって作り出される。

情動は意味である。情動は内受容の変化と、それに付随する気分を、目下の状況に照らして説明する。また、行動の処方箋でもある。内受容ネットワークやコントロールネットワークなどの、概念を実装する脳のシステムは、意味生成に関与する生物学的メカニズムなのである。

ここまでの説明で、脳内でどのように情動が作られるのかが理解できただろうか。私たちは、予測をし、分類する。他の動物と同様、身体予算を調節するが、その場で構築する「幸福」や「怖れ」などの純然たる心的概念でこの調節を包み込む。そして私たちは、心的概念を他のおとなと共有し、子どもに教える。かくして私たちは、まったく新たなタイプの現実を構築し、たいていはその事実に気づくことなく、そのもとで日々を暮らしている。次章では、それについて検討する。

第7章

社会的現実としての情動

Emotions as Social Reality

誰もいない森のなかで木が倒れたとする。その音を聴いた者はいない。その場合、木が倒れる音はしたのだろうか？　このよく耳にする問いは、哲学者や教師によって提起され続けてきた。しかしこの問いは、人間の経験、とりわけ私たちがどのように情動を経験し知覚しているのかについて非常に重要なことを教えてくれる。

この問いに対する常識的な答えは、「イエス。もちろん木が倒れれば音がする」であろう。そのときあなたがその森のなかを歩いていれば、あなたは木が砕ける音、揺れる葉がたてる音、そして幹が地面に倒れるときのすさまじい音をはっきりと聴いたはずだ。そこに誰もいなかったとしても、それらの音がしたことは自明に思える。

だが、この問いに対する科学的な答えは「ノー」だ。倒れる木自体が音をたてるわけではない。単に大気と大地に振動を引き起こすだけだ。振動は、それを受け取って翻訳する別の何か、たとえば脳につながる耳が存在する場合に限って音になる。いかなる哺乳類の耳も、その役割を果たせるだろう。外耳は気圧の変化を鼓膜に集中させ、中耳に振動を引き起こす。この振動は、内耳で小さな毛越しにリンパ液を流動させる。その動きをとらえた小さな毛は、気圧の変化を電気信号に変換し、それを脳に送る。この特殊な装置がなければ、音は存在しない。あるのは空気の振動だけだ。

電気信号を受け取っても、脳の仕事がそれで完了するわけではない。電気信号は、木が倒れる音として解釈されなければならない。そのためには、脳は「木」という概念と、森のなかで倒れるなど、何が木に起こりうるかに関する知識を持っていなければならない。この概念は、それまでに木をめぐって自分が経験したできごとや、木に関して本で読んだこと、あるいはそれについて誰かから聞いたことに由来する。「木」の概念がなければ、倒れて砕ける立ち木は存在せず、経験盲の無意味なノイズがあるにすぎない。

したがって音は、世界の内部に検知されるできごとなどではない。それは、気圧の変化を検知する身体、ならびにその変化に意味を与える能力を持つ脳と世界が相互作用する際に構築される経験なのである。[1]

知覚者がいなければ、音はなく、ただ物理的な現実が存在するにすぎない。本章では、私たち人間が構築する別種の現実を探究する。この現実は、それを知覚する能力を持つ者にとってのみ存在する。この自然な能力について考察することで、「情動とは何か?」という問いに答えられるだろう。それはまた、どのように情動が、身体的な指標を持たずして世代間で受け渡されるのかも説明する。

次に別の問いを考えてみよう。「リンゴは赤いか?」これも謎だが、木が倒れる音の例ほど謎には思えない。そして、この問いに対する常識的な答えも「イエス」である。リンゴは赤い（黄色い、あるいは青いとしてもよいが）。だが、科学的な答えは「ノー」だ。「赤」は、反射する光と人間の目と脳が関与する一つの経験であり、モノ自体に含まれているわけではない。（六〇〇ナノメートルなどの）特定の波長の光がモノから反射され、受け手によって視覚刺激に変換された場合にのみ、赤という色は経験される。この受け手、すなわち網膜は、錐体細胞と呼ばれる三種類の光受容体を用いて、反射された光を、脳が意味を解釈できる電気信号に変換する。[2] L錐体やM錐体を欠く網膜の部位では、六〇〇ナノメートルの波長の光は灰色として経験される。また脳が存在しなければ、反射光が世界の内部に存在するだけで、色の経験はまったく存在しない。

目と脳という装置が揃っていたとしても、それだけで赤いリンゴの経験が生じるわけではない。視覚刺激を赤さの経験に変換するためには、脳は「赤」という概念を持っていなければならない。この概念は、たとえばリンゴ、バラなどの「赤さ」として知覚されるモノをめぐるそれまでの経験や、他者から赤について学んだことに、その起源がある（先天的な視覚障害のある人でも、会話や本を通して学んだ「赤」の概念を持っている）。[3]「赤」という概念を持っていなければ、リンゴは違った様態で経験されるだろう。たとえばパプアニューギニアで暮らすベリンモ族にとって、六〇〇ナノメートルの波長の光を反射するリンゴは、茶色がかった色を持つものとして経験される。というのも、ベリンモ族の色の概念は、色のスペクトルを私たちとは違った様態で分割するからである。[4]

木やリンゴをめぐる謎は、知覚者としての私たちを二つの対立する見方へといざなう。常識的な考えでは、色や音は身体の外部にある世界に存在し、目や耳が検知して脳にその情報を伝える。その一方、第4章から第6章で学んできたように、人間は自己の経験の建築家だと考えられる。私たちは、外界の変化を受動的に検知するのではなく、たとえほとんど気づいていなくても、経験の構築に積極的に関与している。モノは、色に関する情報を脳に伝えるかのように思われる。だが、色を経験するために必要な情報はおもに、脳が外界から受け取る光によって訂正された予測に由来する。

私たちは、予測に基づきながら必要に応じて心の目で色を「見る」。試しに、うっそうとした森の緑を思い浮かべてみよう。その色は、実際に森を見たときのようにあざやかには見えないかもしれないし、すぐに消えていくかもしれない。だが、やってみよう。すると視覚皮質のニューロンは、発火パターンを変えるだろう。あなたは緑をシミュレートしているのだ。また木が倒れるところを想像して、その音を思い浮かべることもできる。試してみよう。すると聴覚皮質のニューロンは、発火パターンを変えるだろう。

気圧や光の波長の変化は外界に存在するが、私たちにとっては、それらは音であり、色である。私たちは、自分に与えられた情報の範囲を超え、過去の経験に基づく知識、すなわち概念を動員することで、感覚入力から意味を作り出す。あらゆる知覚は、通常は外界からの感覚入力を一つの構成要素として、知覚者によって構築される。特定の気圧の変化のみが木が倒れる音として聴こえ、網膜に当たった特定の波長の光のみが赤や緑の経験へと変換されるのだ。そうではないと考えることは、知覚が現実と同義と見なす、単純素朴な実在論（リアリズム）にすぎない。

三つ目の、そして最後の謎は、「情動は現実のものか？」という問いである。これは、学者ぶったばかげた問いのように響くかもしれない。もちろん、情動は現実のものだ。興奮を覚えたとき、悲しみを感じたとき、あるいは激怒したときのことを思い出してみればよい。それらは現実の感情だったはずだ。しかし実のところ、この三つ目の謎は、「外界に存在するもの」対「脳内に存在するもの」をめぐる難題という点で、木が倒れる音や赤いリンゴの例によく似ている。つまり、現実の本質と、その構築における私たちの役割についてよく思考を巡らせるよう促す。とはいえ、それに対する答えは想像以上に複雑で、「現実（リアル）」が何を意味するかに依存する。「現実のもの（リアル）」とは、化学者にとっては分子、原子、陽子であり、物理学者にとってはクォーク、ヒッグス粒子、あるいは一一次元で振動する小さなひもの集まりであろう。それらは、人間が存在しようがしまいが、自然界に存在するもの、言い換えると知覚者から独立して存在するカテゴリーとして考えられている。[5] 全人類が地球を去ったとしても、粒子は依然としてそこに存在する。

しかし進化を通じて、人類の心には、別種の現実、すなわち人間という観察者に完全に依存する現実を生む能力が授けられた。私たちは、気圧の変化から音を、光の波長から色を築く。パン生地から、名称以外によっては区別できないカップケーキとマフィンを焼き上げる（第2章参照）。二人の人間が何かが現実であることに同意し、それに名前をつければ、そこに現実が生まれる。正常な脳を備えた人間であれば、この小さなマジックを実行する能力を持ち、いつでもそれを発揮している。

現実を生む能力が自分に備わっていることを疑うのなら、図7・1を眺めてみればよい。ノラニンジン（*Daucus carota*）というこの植物は、クイーン・アンズ・レースという名で広く知られている。通常、外側に咲く花は白いが、まれにピンク色の花が咲く（つまり私が属する文化のもとではピンク色として経験される波長の光を反射する）。友人のケヴィン（前章で登場したケヴィンおじさん）はかつて、ピンク色をした花をつけるクイーン・アンズ・レースを苦労して手に入れ、誇らしげに庭の真ん

図7.1　クイーン・アンズ・レース

中に植えていた。ある日、彼と私が庭でお茶を飲んでいるとき、彼の女友だちがやって来た。二人で部屋に入って彼女のためにお茶を入れて庭に戻ってきたちょうどそのとき、彼女は、頭を横に振りながらかがみ込み、手馴れた様子でクイーン・アンズ・レースを引き抜いているところだった。

一本の植物が花なのか雑草なのかを決定的に示す指標は、自然界には存在しない。ケヴィンにとってクイーン・アンズ・レースは花だが、女友だちにとっては雑草だったのだ。その区別は、見る者に依存する。タンポポはたいてい雑草と見なされるが、野の花の花束に含められたり、二歳の息子に贈られたりすれば花になる。[6] このように、植物は自然界に客観的に存在するが、花や雑草が存在するためには知覚者が必要とされる。つまりそれらは、知覚者に依存するカテゴリーなのだ。アルベルト・アインシュタインは次のように述べて、この点をみごとに指摘している。「物理的な概念は、人間の心による自由な創造物であり、どう思われようが、外界のみによって決まるのではない」[7]

私たちは常識によって、ヒッグス粒子や植物と同様、情動が現実に存在するものであり、観察者からは独立していると思い込まされている。情動はくねくね動く眉、皺が寄せられた鼻、だらりと下がった肩、汗ばむてのひら、高鳴る心臓、コルチゾールの分泌、沈黙、悲鳴、ため息などに存在するかのように思われる。

しかし科学は、色や音と同じく、情動が知覚者を必要とすることを教えてくれる。情動を経験したり知覚したりするとき、感覚入力はニューロンの発火パターンに変換される。身体に注意を向けると、リンゴの赤い色や、外界の音を経験するのと同じように、身体の内部で生じているかのごとく情動を経験する。外界に注意を向けると、解読すべき情動が表現されているかのように顔や声や身体を知覚する。しかし第5章で見たように、感覚刺激を意味あるものにするために、脳は概念を用いて分類をしている。その結果として私たちは、幸福、怖れ、怒りなどの情動カテゴリーのインスタンスを生成するのだ。

情動は現実のものではあるが、木が倒れる音や赤さの経験、あるいは花と雑草の区別と同様な意味で現実のものなのだ。つまり、情動はすべて知覚者の脳内で構築される。

私たちは、顔面筋をつねに動かしている。眉をひそめ、唇を捻じ曲げ、鼻に皺を寄せる。これらの動作は知覚者とは独立しており、感覚世界をサンプリングする手伝いをしてくれる[8]。目を見開けば周辺視野が拡大し、周囲にある物体をより楽に検知できるようになる。目を細めれば眼前の物体への視力が高まる。鼻に皺を寄せれば、有毒な化学物質をまともに吸い込まずに済む。しかしそのような動きは、本質的に情動的なものではない。

身体の内部では、心拍、血圧、呼吸、体温、コルチゾールのレベルが、一日中変動している。それらの変化は、環境内に置かれた身体を調節する働きを持ち、知覚者からは独立している。よって、本質的に情動的なものではない。

筋肉の動きや身体の変化が情動のインスタンスとして機能するには、自分自身でそれらの変化を分類し、経験や知覚としての新たな機能をつけ加えなければならない。情動概念がなければ、この新たな機能は得られない。その場合、顔の動きや心臓の鼓動、あるいはホルモンの循環などが存在するにすぎない。この状況は、色の概念がなければ、光が存在するだけで、「赤さ」が存在しないのと同じである。

科学者はこれまで、怖れや怒りなどの情動カテゴリーが現実に存在するのか、それとも単なる錯覚なのかを論じてきた。第1章では、古典的理論に固執する人々は、情動カテゴリーを自然界に刻まれたものと見なし、たとえば「怖れ」のあらゆるインスタンスが生物学的な指標を共有すると信じていることを見た。彼らの主張によれば、人々の頭のなかにある情動概念は、自然界のカテゴリーとは別に存在する。それに対して批評家はたいてい、怒りや怖れとは単なる素朴な巷（ちまた）の用語であり、科学的な探究では捨て去るべきものだと主張する。[9] 当初私は後者の見方をとっていたが、[10] 今ではもっと現実に即した可能性があると考えている。

「実在」対「錯覚」という区分は誤っている。怒りや怖れは、身体や顔面の特定の変化が情動として意味を持つという点に同意する一群の人々にとって、現実のものになるのだ。この事実は、「情動概念は社会的現実を持つ」と言い換えられる。情動概念は、自然界の一部をなす人間の脳内に形成される心のなかに存在する。物理的な現実に根をおろして脳や身体に観察しうる、分類という生物学的な手法は、社会的に現実のカテゴリーを生む。「怖れ」や「怒り」などの素朴な概念は、科学的思考から排除されるべき言葉なのではなく、脳がどのように情動を作るのかを解明しようとする科学的探究において、非常に重要な役割を担っている。

❦　❦　❦

社会的現実とは、花や雑草や赤いリンゴなどの些細なもののように聞こえる事例に限ったことではない。文明は、文字どおり社会的現実によって築かれている。職業、住所、政府、法律、地位など、日常生活で通用しているものごとの多くは、社会的に築かれたものだ。もっぱら社会的現実のために戦争が引き起こされ、近隣同士で殺し合いが生じる。パキスタン首相であった故ベナジール・ブットーが「人を殺すことはできるが、考えを殺すことはできない」と言ったとき、社会的現実が持つ、世界を作り変える能力に言及していたのである。

お金は、社会的現実の典型例の一つだ。[11] 物故したリーダーの顔が表面に印刷された四角い紙片や、丸い金属、あるいは貝殻やある種の大麦があれば、そしてそれらをお金として分類する一群の人々がいれば、モノはお金になる。また、株式市場と呼ばれる社会的現実に基づいて、毎日数十億ドルの金銭が取り引きされている。私たちは、複雑な数理モデルを用いて科学的に経済を研究している。二〇〇八年の金融危機では、社会的現実のせいで悲惨な結果がもたらされた。あっという間に、それ自体社会的現実の構築物である担保物件が無価値なものと化して、人々を経済的な破滅へと追い込んだ。このできごとは、生物学的、あるいは物理学的な客観性に基づいて引き起こされたのではない。想像力（イマジネーション）の集合的で破壊的な変化がそれを引き起こしたのだ。次のことを考えてみればよい。一ドル札二〇〇枚の現物と、一ドル札二〇〇枚をキャンバスに描いた絵画の違いは何か？　その答えは、「およそ四三八〇万ドル」である。二〇〇九年に、それだけの金額がアンディ・ウォーホールの絵画『200 One Dollar Bills』に支払われたのだ。絵の内容は、まさにタイトルが示すとおりのもので、そこに描かれている紙幣とほとんど何の違いもない。この金額の巨大な差異は、もっぱら社会的現実に起因する。また、この絵の価格は変動しているが（一九八〇年代には三八万三〇〇〇ドルで取り引きされており、そのときは比較的安い買い物だったと言えよう）、このような価格の変動も社会的現実を反映する。四三八〇万ドルがべらぼうに思えるのなら、あなたもこの社会的現実の参加者だ。

何かを作り、それに名前を与え、概念を作り出す。その概念を他者に教え、その人がそれに同意する限り、現実の何かを作り出したことになる。いかにして、この創造のマジックを実行するのか？　分類することによってである。現実に存在する事物を取り上げ、それに物理的な特性を超えた新たな機能を付与する。それから、その概念を伝達し合い、それぞれの脳を社会に適合するよう配線し合う。このようなプロセスが、社会的現実の核心をなす。[12]

情動は社会的現実である。私たちは、色、倒れる木の音、お金などとまったく同じように、脳の配線によって実現される概念システムを用いて情動のインスタンスを生成する。私たちは、知覚者からは独立して存在する外界や、自己の身体に由来する感覚入力を、たとえば多数の人々の心に見出される「幸福」という概念の文脈のもとで、幸福のインスタンスに変換する。つまり概念は、感覚刺激に新たな機能を付与し、それまでには何もなかったところに、情動の経験や知覚という現実を構築する。

「情動は現実のものなのか？」と問うより、「情動はいかにして現実のものになるのか？」と問うべきだろう。理想を言えば、その答えは、内受容のような、知覚者からは独立した脳や身体の生物学と、「怖れ」や「幸福」などの、生活に密着した素朴な概念のあいだを架橋することにある。

情動は、社会的現実の成立に必要とされる人間の二つの能力を通じて、私たちにとって現実のものと化す。まず、「花」「現金」「幸福」などの概念が存在することに同意する一群の人々が必要になる。

この共有された知識は、「集合的志向性」と呼ばれる。[13] たいていの人には馴染みのない言葉だが、それでも集合的志向性は、あらゆる社会の基盤をなす。自分の名前でさえ、集合的志向性によって現実のものになるのだ。

私の見るところ、情動カテゴリーは、集合的志向性によって現実のものになる。怒りを感じていることを相手に伝えるためには、自分もその人も、「怒り」の理解を共有していなければならない。ある文脈のもとでの、特定の顔面の動きと循環器系の変化が怒りだと人々が同意すれば、それは怒りだ。この同意は、意識される必要がない。特定のインスタンスが怒りかどうかに同意する必要すらない。特定の機能を持つ怒りが存在することに、原則的に同意すればよいのである。その時点で、怒りの概念に関する情報を、人々のあいだできわめて効率的に伝達し合えるようになるので、怒りが生まれつき備わっているものかのごとく思われてくる。あなたと私は、特定の状況下でしかめ面をすることが怒りだと同意していたとする。そしてたった今、私がしかめ面をすれば、それによって私は、あなたと効率的に情報を共有できる。その際、空気の振動が音を運んでいるのではないのと同じように、私の顔面の動きそのものは、あなたに対する怒りを運んでいるわけではない。私たちがある一つの概念を共有しているという事実のおかげで、私の顔面の動きは、あなたの脳内に予測を引き起こす。このプロセスは、人間独自のマジック、すなわち協調的な相互行為としての分類なのだ。[14]

社会的現実は集合的志向性を必要とするが、それだけでは不十分である。社会的現実なくして原初形態の集合的志向性を形成する能力を持つ動物もいる。アリやミツバチは共同作業をする。鳥や魚の群れは同期して移動する。チンパンジーの集団は、シロアリを捕らえて食べるために棒を、木の実を割るために石を使うなど、道具を用い、その使用方法を子孫に伝えることがある。どうやらチンパンジーは、たとえば手に持った木片やねじ回しでエサを採取できるなど、外観が異なるモノを共通の目的のために使用できるという認識を通して、「道具」の概念を学習するらしい。

しかし人間は、集合的志向性に心的概念が関わっているという点で独自である。私たちは、ハンマー、チェーンソー、アイスピックを見て「道具」として分類し、しかるのちに考え直して「凶器」として分類できる。物理的には存在しない機能を付与して、現実を発明できるのだ。私たちがこのマジックを行使できるのは、社会的現実の二つ目の必要条件たる、言語を持っているからである。

言葉と結びついた集合的志向性を持つ動物は、人間以外に存在しない。ある種の記号的コミュニケーションを行なう動物は、わずかながら存在する。ゾウは、一マイル〔およそ一六〇〇メートル〕以上伝わる低周波の吠え声によってコミュニケーションを図るらしい。大型類人猿には、限られた方法ではあれ、通常は報酬を得ようとして、人間の二歳児に匹敵する程度にサインランゲージ〔手話のような手ぶりでの会話〕を用いる種がある。しかし、言語と集合的志向性の両方を持つ動物は人間に限られる。この二つの能力は、複雑に絡み合いながら築かれている。そしてそれによって、人間の乳児は、脳内に概念システムを立ち上げ、その過程で脳の配線は変化していく。またこの二つの能力が結びつくことで、人間は協力し合いながら分類を実行できるようになり、それによってコミュニケーションや社会的影響力の基盤が形成される。[15]

第5章で見たように、言葉は、相互に異なるものを特定の目的に沿ってグループ化することで、概念を形成するよう私たちを導く。トランペット、ティンパニ、バイオリン、大砲は、まったく似ていない。だが「楽器」という言葉は、ピョートル・チャイコフスキーの祝典序曲「一八一二年」の演奏のためなど、ある目的のためにそれらを類似するものとして扱うことを可能にする。「怖れ」という言葉は、それぞれにきわめて異なる動作、内受容感覚、外界のできごとを示す数々のインスタンスをグループ化する。前言語期の乳児でさえ、意図的に言葉を使って話しかけられれば、その言葉を用いて、たとえばボールやガラガラの概念を形成する。

言葉はまた、グループによって共有される概念を伝達するにあたって、もっとも効率的な記号になる。たとえばピザを注文するとき、私たちは次のような会話などしない。

私　もしもし。注文お願いします。

電話の声　何をご注文ですか？

私　平らにしたパン生地を丸くしたり、ときに四角くしたりしてトマトソースをかけ、その上にチーズをのせ、それらを非常に熱いオーブンで、チーズが溶けて、表面が茶色くなるまで十分に焼いたものを注文します。食べるために、です。

電話の声　九・九九ドルになります。時計の長い針が一二を、短い針が七を指すまでにお届けします。

「ピザ」という言葉は、このやりとりを大幅に短縮できる。なぜなら同じ文化のもとで暮らす私たちは、ピザに関して経験と知識を共有しているからだ。ピザを一度も見たことがなく、その詳細を特に知りたがっている人を相手にしているのでなければ、ピザの個々の特徴をいちいち説明したりはしない。

また、言葉には力がある。それを用いて、自分の考えを他者の頭に直接注ぎ込める。あなたを椅子にじっとすわらせ、私が「ピザ」と言えば、あなたの脳のニューロンは自然に発火パターンを変え、予測を行なうだろう。マッシュルームやペパロニの味をシミュレートして唾液が分泌されるかもしれない。言葉は私たちに、一種のテレパシーの能力を与えてくれる。

さらに言えば、言葉は、他者の意図、目的、信念を理解する心的推論を促す。第5章で学んだように、乳児は、他者の心のなかに重要な情報が詰まっていることを学習するが、言葉はこの情報を推論するための手段になる。

もちろん、概念を伝達する手段は言葉に限らない。自分が結婚したという情報を周囲の人々に伝えるために、「私は結婚しました。結婚したんです。結婚したのよ！」と繰り返し叫びながら触れ回る必要はない。結婚指輪を嵌(は)めればよいのだ。大きなダイヤモンドの指輪なら、なおよい。あるいはインド北部に住んでいるなら、額にビンディー(赤い点)を描いておけばいい。同様に幸福な気分を伝えたいとき、わざわざ言葉にする必要はない。単に微笑むだけで、周囲の人々は脳内で一斉に予測が発せられて、集合的志向性を通じて私の気分を理解してくれるだろう。私の娘がまだ小学校に上がる前、私は目を大きく見開くだけで、娘のいたずらをやめさせていた。その際、言葉は一切不要だった。

とはいえ、概念を効率的に教えるには言葉が必要だ。集合的志向性は、「花」だろうが「雑草」だろうが「怖れ」であろうが、グループに属する誰もが類似の概念を共有することを要請する。それぞれの概念のインスタンスは、物理的な特徴という面で統計的な規則性をほとんど持たず大幅に変化するが、それでもグループのメンバー全員が、どうにかしてそのような概念を学ばなければならない。そしてこの学習には、言葉が必要になる。

では、概念と言葉ではどちらが先なのか？　この問いをめぐっては現在でも、科学的にも哲学的にも議論が続いているが、それについては立ち入らない。ただし明らかに、人々は言葉を知る以前に何らかの概念を形成しているはずだ。第5章で述べたように、乳児は誕生後数日以内に、「顔」という言葉を知らずして、顔の知覚概念を迅速に学習する。というのも、顔には目が二つ、鼻と口がそれぞれ一つあり、統計的な規則性があるからだ。同様に私たちは、言葉を使わずに「植物」の概念と「人間」の概念をそれぞれ区別できる。植物は光合成をするが、人間はしない。二つの概念にどんな名前が与えられようと、二者間の相違は、知覚者からは独立している。[16]

その一方、言葉を必要とする概念もある。「電話ごっこ」というカテゴリーを考えてみればよい。子どもたちはよく、耳に何かをあてたり、それに話しかけたりして、電話をかけているまねをする。その際に使われるモノは、バナナ、手、コップなど、きわめて多様である。これらのインスタンスに有意な統計的規則性はない。それでも父親は幼い息子にバナナをわたして、「プルルルル。電話が鳴っているよ！」と言う。それだけでも、次に何をなすべきかを理解し合うのに十分だ。それに対し、「電話ごっこ」という概念を知らずに、二歳児がおもちゃの車を耳におしつけて話をしているところを見たら、子どもが自分の頭の側面におもちゃをつきつけて話していると思うだけであろう。

それと同様、情動概念は情動語を用いることで容易に学べる。情動カテゴリーが、顔面、身体、脳に一貫した指標を持つわけではないことは、すでに説明した。つまり、「驚き」のような、ただ一つの情動概念に属する数々のインスタンスを脳がグループ化するにあたり、物理的な類似性は必要とされない。また「驚き」と「怖れ」など、いかなる二つの情動概念を区別するのにも、一貫した指標は必要とされない。私たちは、一つの文化のもとで言葉を用いることで、心的な類似性を導入する。そのため子どもの頃から、まわりの人々が特定の文脈で「怖れ」や「驚き」という言葉を口にするのを耳にするのである。おのおのの言葉の響き（あるいはのちには書かれた言葉）は、各カテゴリー内における十分な統計的規則性、ならびに各カテゴリー間での統計的差異性を生む。そして言葉は、各概念に結びついた目的を推測するよう私たちを促す。「怖れ」や「驚き」という言葉がなければ、対応する概念は、おそらく人から人へと伝わっていかないだろう。言葉と概念のどちらが先に形成されるのかを知る人はいない。とはいえ、純然たる心的概念を発達させ、伝達する手段として、言葉が必須の役割を果たしていることは明らかだ。

❦　❦　❦

古典的理論を擁護する理論家は、何種類の情動があるのかをいつまでも議論している。愛情は情動なのか？　畏怖は？　好奇心は？　空腹感は？　幸福、機嫌のよさ、喜びなどの類義語は、それぞれ異なる情動を指しているのか？　欲望、欲求、情熱についてはどうか？　そもそもそれらは情動なのか？　社会的現実という観点からすれば、そのような問いは存在しない。愛情（や畏怖や空腹感）は、そのインスタンスが情動としての機能を果たすという点に人々が同意している限り、情動なのだ。[17]

前章までに、情動の機能のいくつかに関して特徴を検討した。その一つは、いかなる概念とも同様、情動概念が意味を作り出すという事実に関するものである。呼吸が速くなり、汗をかき始めたとする。興奮しているのか？　怖れているのか？　それとも肉体的に消耗しているのだろうか？　異なる分類によって、別の意味が、すなわちその状況に関する過去の経験に基づいた、身体の状態のさまざまな説明が示される。情動概念を用いて分類することで、ひとたび情動のインスタンスが生成されれば、感覚刺激や行動は説明されるのだ。

情動の二つ目の機能は、概念が行動を規定するという事実に関係する。呼吸が速くなり、汗をかき始めたら、何をすべきか？　興奮して満面の笑みを浮かべるべきか、怖くて逃げ出すべきか、それとも横になってうたたねをするべきか？　予測によって生成される、概念のインスタンスは、特定の状況下で特定の目的に合致するよう、過去の経験を指針にしながら行動を導く。

三つ目の機能は、身体予算を調節する概念の能力に関係する。発汗や喘（あえ）ぎをどのように分類するかによって、身体予算は異なる影響を受ける。興奮への分類は（たとえば腕をあげるために）少量のコルチゾールの分泌を、怖れへの分類は（逃げる準備を整えるために）コルチゾールの大量分泌を引き起こすが、うたたねに余分なコルチゾールは必要ない。このように、分類は実際に身体に影響を及ぼす。いかなる情動のインスタンスも、ただちに身体予算の調節を引き起こすのだ。

以上の三つの機能には、本人だけの問題であるという共通点がある。意味を作り出し、行動し、身体予算を調節するために、他者を引き入れる必要はない。しかし情動概念は、自己の社会的現実へと他者を引き入れる他の二つの機能を持つ。一つは、二人が同期しながら概念を用いて分類する「情動コミュニケーション」である。誰かが汗をかいて喘いでいるところを見たとき、彼がジョギングウェアを着ているのか、それともタキシードを着ているのかによって、伝達される情報が違ってくる。このケースでは、分類によって意味が伝達され、彼の行動の理由が説明される。[18]もう一つの機能は「社会的影響」だ。「興奮」「怖れ」「疲労」などの概念は、自分自身だけではなく、他者の身体予算を調節する手段としても使える。自分の発汗や喘ぎを怖れとして他者に知覚させられれば、身体的な徴候そのものによっては達成不可能なレベルで、他者の行動に影響を及ぼすことができる。かくして、私たちは他者の経験の建築家になれるのだ。

この二つの機能は、特定の文脈のもとでは身体の状態や行動が一定の機能を果たすという理解を、コミュニケーションの相手が共有していることを前提とする。そのような集合的志向性が存在しなければ、ある人の行動は、それがいかに当人にとっては意味のあるものであっても、他者には無意味なノイズとして知覚されるだろう。

あなたと友人が道を歩いているとき、見知らぬ男が舗道を思いきり踏みつけているところを目にしたとしよう。あなたは、この男を怒っている人として、友人は、落胆している人として分類する。この男自身は、実は靴にこびりついた泥を落とそうとしていた場合、あなたや友人は間違っていたのか？　それとも、この男は自分の情動に気づいていないのか？　誰が正しいのだろうか？

物理的現実に関する問いなら、決定的な答えを出せる。私が自分の着ているシャツが絹製だと言い、あなたが「いや違う。ポリエステル製だ」と反駁すれば、化学試験で正解を確かめられる。しかし社会的現実に関して言えば、正確さは存在しない。私が自分の着ているシャツがおしゃれだと言い、あなたが「いや、ダサい」と言えば、あなたも私も客観的に正しいとは言えない。そのことは、舗道を踏みつけている男に情動を知覚する例にも当てはまる。情動に指標は存在しない。ゆえに情動の知覚に正確さなどあり得ない。よくて、コンセンサスを得られるだけだ。つまり、自分の着ているシャツや、舗道を踏みつけている男に関して、自分の意見に同意するか否かを他者に尋ねる、もしくは自分の分類を文化的規範に照らし合わせることくらいならできる。[19]

あなたも、友人も、舗道を踏みつけている男も、予測によって知覚を構築している。舗道を踏みつけている男は、彼自身不快感を覚え、外界からの入力刺激に基づく予測によって生じた感覚とともに、内受容感覚を「自分の靴から泥を落とす」というインスタンスとして分類したのかもしれない。また彼を見て、あなたは怒りの、友人は落胆の知覚を構築した。どの知覚の構築も現実のものであり、正確さに関する問いは、厳密に客観的な意味では答えられない。これは科学の限界を意味するのではない。そもそも、問いの立て方が間違っているのだ。[20]この一件を確実に判定することのできる、観察者から独立した基準は存在しない。正確さを判定する客観的な基準が存在せず、コンセンサスに頼るしかないという事実は、それが物理的現実ではなく、社会的現実の問題であることの証左になる。

この点は誤解されやすいし、実際に多くの誤解を生んでいるので、ここではっきりさせておこう。私は、「情動は幻想だ」と主張しているのではない。それは現実のものだが、花や雑草と同じ意味で、社会的に現実のものなのである。万事が相対的だと言いたいのでもない。それがほんとうなら、文明は崩壊してしまうだろう。また、「情動は頭のなかにだけ存在する」と言いたいわけでもない。そのような言い方は、社会的現実の力を過小評価している。お金、評判、法律、政府、友情、あるいはその他のさまざまな信念も、「頭のなかにだけ存在する」。だが人々は、その種の信念のために生き、そして死ぬ。それらは、人々が現実であることに同意しているがゆえに現実なのであり、情動と同様、人間の知覚者がいる限りにおいてのみ存在する。

❦ ❦ ❦

ポテトチップスの袋に手を突っ込み、すでに空(から)になっていることに気づいたとしよう。その事実に落胆する一方、これ以上カロリーを摂取せずに済んだことに安堵する。また、まるまる一袋食べてしまったことに少しばかり罪悪感を覚え、それでもまだ空腹を感じる。私は今、一つの情動概念を発明したわけだが、それに対応する英単語は存在しない。とはいえ、この複雑な感情を描写した記述を読んだ読者は、手を突っ込んだときに袋が立てる音や、袋の底にたまったもの悲しい残りかすに至るまで、すべての過程をシミュレートし、言葉を用いずに該当する情動を経験できたはずだ。

脳は、「袋」「ポテトチップス」「落胆」「安堵」「罪悪」「空腹」など、既知の概念のインスタンスを組み合わせることで、この離れ業をなし遂げる。第5章で概念結合と呼んだ、脳の概念システムが持つ絶大な能力は、ポテトチップスに関連する新たな情動カテゴリーの最初のインスタンスを生成し、シミュレーションの準備を整える。この感覚を「ポテチ・ロス」と名づけて人々に教えれば、それは「幸福」や「悲しみ」と同様に現実の情動概念になる。この言葉を用いて人々は、予測、分類、身体予算が調節できるようになり、さまざまな状況のもとで「ポテチ・ロス」の多様なインスタンスを生成することができる。

この見方は、「情動を経験したり知覚したりするためには、情動概念が必要とされる」という、本書でもっとも斬新な考えの一つを導く。それは必要条件なのである。「怖れ」の概念がなければ、怖れを経験することはできない。また、「悲しみ」の概念がなければ、他者の悲しみを知覚することはできない。必要な概念を学習したり、概念結合によってその場で構築したりすることは可能だが、脳は該当する概念を作り出し、それを用いて予測する能力を備えていなければならない。さもなければ、該当する情動に対して経験盲に陥るだろう。

この考えは直感に反する。そこでいくつか例をあげよう。

読者はおそらく、*liget* と呼ばれる情動を知らないだろう。この情動は、フィリピンの首刈り族イロンゴト族によって経験される、熱狂的な攻撃性の感情をいう。それには、他集団と争い合う一群の人々が、危険な行為に及ぶときに生じる、極度の集中、熱情、活気が含まれる。危険や活力は、帰属や結束の感覚を高める。*liget* は単に心の状態を表わすだけでなく、いかなる活動を通してそのような感覚がもたらされるのか、どのような状況のもとで感じるべきか、そしてその感覚にとらわれている人をどう扱うべきかに関する社会的ルールが支配する、複雑な状況が関与する。イロンゴト族のメンバーにとって *liget* は、欧米人にとっての幸福や悲しみと同様、まったくもって現実の情動なのである。

確かに欧米人も、攻撃性を快く感じることがある。スポーツ選手は競技中にそれを感じている。その感覚は、一人称型のシューティングゲームをしているあいだにも養われる。しかしそれでも、概念結合を通じて*liget*を構築できなければ、意味、規定された行動、身体予算の変化、コミュニケーション、社会的影響などの一切合財を合わせて*liget*を経験できるわけではない。*liget*とは概念のパッケージ全体を指しているのであり、脳にそれを作り出す能力がなければ、たとえ部分的には経験できたとしても、快、覚醒、攻撃性、危険な行為を追求するスリル、グループの一員になることから得られる仲間意識を含めた完全なパッケージとして*liget*を経験することはできない。

次に、比較的最近になってアメリカ文化に導入された情動概念を考えてみよう。わが研究室のメンバーを集めた最近の会議で、ある知人（ロバートと呼ぶ）がノーベル賞を受賞できなかったことが話題にのぼった。かつて私は、（婉曲的な言い方をすると）ロバートにぞんざいな扱いを受けたことがあった。だからそのニュースを聞いたとき、私は複雑な情動的体験をしたことを認めざるを得ない。そこには、彼に対する共感、彼の不幸に対する少しばかりの喜び、自分の狭量さに対する罪悪感、自分のよからぬ感情を誰かに見抜かれるのではないかという困惑が入り混じっていた。

研究室のメンバーに対して、この概念結合を説明するにあたって、「きっとロバートは、ノーベル賞を手にできなかったから落ち込んでいることでしょう。でも私は嬉しい」と言ったとしよう。このような言い方は、非常に不適切だ。わが研究室のメンバーに、私とロバートとのいきさつを知っている人はいない。私の罪悪感や困惑に気づく人もいないはずだ。だから彼らは、私の視点を理解することなく、私をいやな奴と見なすだろう。そう考えた私は、「少しばかりシャーデンフロイデを感じた」と言ったところ、彼らは微笑み、うなずいて事態を了解したことを示した。こうして、たった一つの言葉によって、私の情動体験を効率的に伝えることができて、しかもそれが社会的に受け入れられるところとなったのだ。研究室の誰もが「シャーデンフロイデ」という概念を持ち、それに相当する知覚を構築できたからこそ、それが可能になったのである。他者の不幸に対して単に喜びの感情を表現するだけでは、それと同じ結果は得られなかっただろう。

欧米人のあいだでよく知られている悲しみなどの情動にも、同じことが当てはまる。健常者なら誰も、活力を奪い取る不快な気分を経験することがある。しかし、「悲しみ」の概念を持っていなければ、文化的な意味や、それにふさわしい行動のすべて、そしてその他すべての情動機能を含めた形態で悲しみを経験することはできない。

情動概念がなくても情動は存在しうるが、当人はそれに気づかない、すなわち意識の埒外で情動が作用すると主張する科学者もいる。その可能性は考えられるが、私はこの見方に疑問を感じる。あなたは「花」という概念を持っていなかったとしよう。そのあなたに誰かがバラを見せれば、あなたはそれを「花」ではなく、単に「植物」として経験するのではないだろうか。「その場合、あなたは花を見てはいるが、それが花だと認識していないのだ」と主張する科学者はいないだろう。同様に、第2章のあいまいなイメージには、ミツバチが隠れているのではない。対応する概念に関する知識を持っているからこそ、ミツバチとして知覚されたのだ。同じことは情動にも当てはまる。分類に動員できる、「*liget*」や「悲しみ」や「ポテチ・ロス」などの概念がなければ、情動は存在しない。単に感覚信号のパターンが存在するだけである。

liget という概念は、欧米文化のもとでもとても有用であろう。軍事教練では、士官候補生の数パーセントは、敵を殺すことに対する快感情を発達させるという報告がある。彼らは、喜びを感じるため

に殺しを求めているのではない。サイコパスではないのだから。だが、いざ殺すとなると、快を感じるのだ。戦記ものには、敵を追い詰める興奮や、仲間と任務をみごとに達成したという実感によって強い快感情を覚える様子がよく描かれている。[21] しかし欧米の文化のもとでは、喜んで人を殺すことはおぞましいこと、恥ずべきことだと見なされている。そのような感情を吐露する人物に共感したり、同情を感じたりするのはいたってむずかしい。ならば、*liget* という概念と言葉を、それを感じるべきときを示す一連の社会的ルールとともに、士官候補生に教え込んだらどうだろう? 私たちは、「シャーデンフロイデ」のケースと同じように、*liget* という情動概念を、文化的な価値や規範に関わる、より広い文脈に埋め込むことができるだろう。この概念は、任務を遂行するにあたって必要になったときに、*liget* を経験できるよううまく導いてくれさえするかもしれない。[22] *liget* のようなまったく新たな概念は、情動粒度を高め、結束力や、任務を達成するにあたっての効率を上げ、それと同時に、戦闘中にせよ帰国後にせよ、兵士の精神的な健康面を保護してくれる。

情動を経験したり知覚したりするためには、対応する情動概念が必要になるという主張が、挑発的であることは自分でもよくわかっている。この考えは、常識や日常の経験に合致しない。情動は、生まれつき備わっているように思われるからだ。だが、情動が予測によって構築されるのなら、そして自分が持つ概念を用いてのみ予測が可能なら、そう、あとは推して知るべし、である。

❦ ❦ ❦

私たちが自然に経験し、生まれつきのものかのように感じられる情動は、私たちの両親の世代や、祖父母の世代も同様に経験してきた可能性が高い。古典的理論は、「情動は、情動概念とは別に、進化を通じて神経系に組み込まれる」としてそれを説明してきた。私も進化の話を語ることができるが、その話は社会的現実に関するものであり、神経系に情動の指標を探し求める必要はない。

「怖れ」「怒り」「幸福」などの情動概念は、世代間で受け継がれる。この受け渡しは、遺伝子の授受のみでなく、それを通して次世代の人々の脳が一定のあり方で配線されることにも依拠する。乳児は、自文化の慣習や価値観を学習するにつれ、無数の概念を育んでいく。この過程は、脳の発達、言語の発達、社会化など、さまざまな呼び方で知られている。

人類が適応によって獲得した主たる利点の一つは、言い換えると、人類が動物種として繁栄するようになった理由の一つは、社会的な集団を形成して暮らすようになったことだ。それによって人類は地球全体に広がっていった。本来居住不可能な条件のもとで食糧を調達し、衣類を作り、学び合うことを通して、居住環境を整えていったのだ。私たちは、物語、レシピ、伝統などの記録によって、世代を越えて情報を蓄積していき、それによって子孫の脳の配線様式が導かれる。さらには、この世代間の知識の伝達を通して、人類はただ環境に適応するだけでなく、積極的に環境を構築できるようになり、それによって文明が生まれたのである。[23]

もちろん集団で暮らすことには、負の側面も存在する。とりわけ、他者に合わせながら無難に生きていくのか、それとも自分が先頭に立とうとするのかの選択は、誰もが直面しなければならない大きな問題だ。「怒り」や「感謝」などの日常的な概念は、これら競合する二つの関心に対処するための道具として用いることができる。そのような道具は文化の道具であり、状況に適した行動を規定する。そして他者とコミュニケーションを図り、他者に影響を及ぼすことを可能にし、それを通じて身体予算の管理に役立てられるようになる。

自文化のもとでは、何世代にもわたって怖れの情動が示されてきたからといって、その事実によって怖れが人間の遺伝子に組み込まれていることが証明されるわけでもなければ、数百万年前のアフリカのサバンナで自然選択によって私たちの先祖に刻み込まれたことが証明されるわけでもない[24]。原因をたった一つに絞るこれらの説明は、集合的志向性の強大な力を軽視しすぎている（現代の神経科学によって得られたさまざまな証拠をここに列挙する必要はなかろう）。確かに進化は、人類が文化を生み出せるよう導いてくれた。そしてその文化の産物の一つに、自分の生活や他者とのやりとりを管理するための合目的的概念のシステムがある。私たちの生物学的な構造によって、合目的的概念の形成が可能になったのは確かだが、正確にどの概念が形成されるのかは、文化的な進化の範疇に属する[25]。

人間の脳は文化の産物だが、コンピューターにソフトウェアをインストールするかのごとく、白紙の脳に文化が読みこまれるのではない。そうではなく、文化によって脳の配線が導かれるのであって、それによって脳は、文化の運び手になり、文化を生み出し維持するべく、支援するのだ。

集団を形成して暮らす人々は、共通の問題を解決しなければならない。それゆえ、複数の文化に類似の概念が見出されても不思議ではない。たとえば、たいていの社会は、超自然的な存在に関する神話を持つ。古代ギリシアのニンフ、ケルト神話のフェアリー、アイルランドのレプラコーン、アメリカ先住民の妖精、ハワイ先住民のメネフネ、スカンジナビア地方のトロール、アフリカのアジザ、イヌイットのアグルーリク、オーストラリア先住民のミミ、日本や中国の神など、枚挙にいとまがない。これらの魔術的生物にまつわる伝承は、人類の歴史や文化の重要な構成要素をなす。しかしその事実は、(いくらホグワーツ魔法魔術学校に入りたいと思っていたとしても)魔術的生物が実際に存在している、あるいはかつて存在していたことを意味するわけではない。「魔術的生物」というカテゴリーは、人間の心によって構築されたものであり、かくも多くの文化に見出されるからには、何らかの重要な機能を果たしているに違いない。同様に「怖れ」は、重要な機能を持つがゆえに、多くの文化に見出される(ただし、カラハリ砂漠に住むクン族のような例外もある)[26]。私の知る限り、いかなる情動概念も普遍的ではない。たとえ普遍的な情動概念が存在したところで、普遍性それ自体は、その情動概念が、知覚者から独立した現実であることを無条件に意味するのではない。

文化を背後で動かしているのは社会的現実である[27]。人は、社会的現実の構成要素としての情動概念を乳幼児期に、あるいは文化が異なる国や地域に移住した場合は、それよりかなり遅い時期にも(それについては後述する)、他者から学んでいることは当然考えられる。したがって社会的現実は、行動様式、嗜好、意味が、自然選択を通じて先祖から子孫へと伝えられる際の媒体として機能していると見なせる。概念とは、生物学的構造の表面に貼られた単なる社会的合板なのではなく、文化によって脳に配線される生物学的現実なのである。多様な概念を持つ文化のもとで暮らす人々は、子孫を残すという点でも、それだけ有利になるだろう[28]。

第5章で、自分の持つ色の概念に基づいて光の波長を分類することで、虹に実在しない縞を見出す例を取り上げた。ロシア語版のグーグル(www.google.ru)を開いてロシア語の「虹(радуга)」で検索すれば、[29] ロシアの虹の図では図7・2にあるとおり、青が明るい青と暗い青に分かたれ、六色ではなく七色に描き分けられていることがわかるはずだ（日本でも、青が水色と青に分けられ七色とされる）。

この図は、色の概念が、文化によって影響を受けることを如実に示している。ロシア文化のもとでは、синийという色（青）とголубойという色（水色）は、アメリカ人にとって青と緑がはっきり区別されるのと同様、異なるカテゴリーに属するのだ。[30] この相違は、ロシア人とアメリカ人の視覚系が生まれつき構造的に異なることに起因するのではなく、文化に固有な、学習された色の概念の違いに基づく。ロシアで育った人は、明るい青と暗い青が、異なる名称を持つ別の色だと教えられる。そして、そのような色の概念は脳に配線され、ロシア人は虹に七色の縞を知覚するようになる。

言語は概念を代理し、概念は文化の道具として機能する。たとえば「虹には六本の縞がある」「お金は商品の取引に使われる」「カップケーキはデザートで、マフィンは朝食に食べるもの」などの概念は、家宝のごとく親から子へと世代間で受け継がれる。

情動概念も、文化的な道具である。それには一連のルールがともない、自己の身体予算を調節し、他者の身体予算に影響を及ぼす。一連のルールは、いかなる状況でどの情動を構築することが受け入れられ

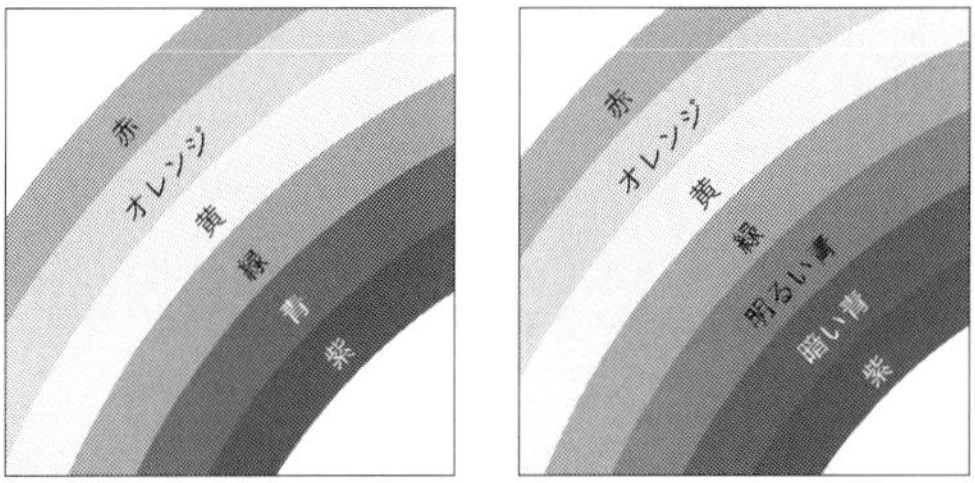

図 7.2　文化特有の虹の描写

るのかを規定し、そこには文化的な特異性が認められる。アメリカでは、ジェットコースターに乗ったときや、がん検診の結果を聞くとき、あるいは銃をつきつけられたときに怖れを表現することは妥当だ。しかし、特に危険な区域に住んでいるわけではないのに、家から一歩足を踏み出すたびに怖れを示すことは妥当とは見なされない。むしろ病理的な振る舞い（広場恐怖症と呼ばれる不安障害）と見なされるだろう。

ボリビア出身の友人カルメンは、私が「情動概念は、文化によって大きく変わる」と言うと、驚いた顔をした。彼女はスペイン語で「世界中の誰もが、同じ情動を感じているものと思っていた」と言い、それから「そう言えば、ボリビア人はアメリカ人より強い情動を持っているようね」と答えた。たいていの人々はそれまでの生涯を、一定の情動概念を持って生きてきている。そのため、カルメンと同じく、文化的な相対性に驚く。だが科学者は、英語にはない情動概念が世界中に存在することを報告している。[31] ノルウェー人は恋愛したときの激しい喜びを表わす概念を持ち、*Forelsket* と呼んでいる。[32] デンマーク人はある種の友情を表わす *Hygge* という概念を、[33] ロシア人は精神的な苦悩を表現する *Tocka* という概念を、[34] ポルトガル人は深い郷愁や寂しさなどを示す *Saudade* という概念を持つ。[35] さらに少しばかり調査してみると、*Pena Ajena* と呼ばれる、英語には直接対応する言葉のない情動概念がスペイン語にあることがわかった。[36] カルメンによれば、その言葉は「誰かを失ったことに対する悲しみ」を意味するのだそうだが、私が調査したところでは、誰かに代わって不快やきまりの悪さを感じることをも意味するらしい。もう少し紹介しよう。

・*Gigil*（フィリピン） 耐えがたいほどいとしい何かを抱き締めたいと感じる衝動。[37]
・*Voorpret*（オランダ） 実際にできごとが起こる前にそれに対して感じる喜び。[38]
・上げ劣り（日本） 髪を切って見栄えが悪くなったという感覚[39]〔元服して髪を結ったとき、以前より見劣りすること〕。

他文化の情動概念には、英語への翻訳が不可能に思える信じられないほど複雑なものもあるが、それを母語とする人々は、ごく自然に経験している。ミクロネシアのイファリク文化の持つ *Fago* という概念は、文脈によって愛情、共感、哀れみ、悲しみ、思いやりのいずれも意味しうる。[40] チェコ文化の持つ *Litost* という概念は、英語には翻訳不可能と言われているが、おおよそ「自分の不幸に対する苦悩と復讐への欲求が合わさったもの」を意味する。[41] 日本語の情動概念「ありがた迷惑」は、自分が望んでもいない親切な行為を他人から受け、それによって困難な状況がもたらされる可能性があるにもかかわらず、感謝の意を表明しなければならない場合に感じる。[42]

アメリカの聴衆を相手に、情動概念が文化ごとに異なる可変のものだと説明し、英語の概念も同じく自分たちの文化に限定されると言うと、友人のカルメンのように驚く人がいる。彼らは、「でも、幸福や悲しみは現実の情動なのでは？」と、あたかも他文化の情動には、私たちの文化のものほど現実性がないと思っているかのような主張をする。それに対し、私は次のように答えることにしている。「まさにそのとおりです。あなたにとっては、*Fago* も *Litost* も情動ではないのです。なぜなら、それに対応する情動概念を知らないからです。それに結びついた状況や目的は、アメリカで暮らす中流階級の人々には重要ではありません。あなたの脳は、*Fago*に基づく予測を発する能力を持たないため、その概念は、幸福や悲しみのようには自然に感じられないのです。*Fago*を理解するためには、あなたがすでに知っている概念を組み合わせるよう、つまり概念結合を行なうよう心的努力をする必要があります。しかしイファリク人は、すでにこの情動概念を持っています。だから彼らは、それを用いて自然に予測できるのです。彼らが*Fago*を経験するとき、私たちにとっての幸福や悲しみと同じように、彼らには、それがひとりでに湧き出してくるかのように現実的で自然に感じられるのです」

*Fago*や*Litost*などの言葉は、人々が作ったものだ。だが、「幸福」「悲しみ」「怖れ」「怒り」「嫌悪」「驚き」などの言葉にしたところで、その点に何ら変わりはない。言葉の発明は、社会的現実の定義そのものである。ドルだけが現実のお金で、他のすべての通貨はまがい物だなどと言えるだろうか？海外を旅行したことがなく、ドル以外の通貨に関する概念を持たない人にはそう思えるかもしれない。しかし頻繁に海外旅行をする人は、「他文化の通貨」という概念を持っている。ここで私が言いたいのは、読者も「他文化の情動」という概念を学んで、自己の情動が自分にとって現実のものなのと同じように、「他文化の情動」のインスタンスが、その文化のもとで暮らす人々にとっては現実のものである点を理解してほしいということだ。

この考えが理解しがたいのなら、次のことを考えてみよう。欧米人には馴染みの概念であっても、他の文化にはまったく存在しないものもある。たとえば、カナダ北部のウトカエスキモーは「怒り」の概念を、[43]また、タヒチ人は「悲しみ」の概念を持たない。[44]とりわけ後者は欧米人にとっては理解しがたいことだろう。悲しみのない人生などありうるのか？タヒチ人が、欧米人が「悲しい」と呼ぶ状況に置かれると、気分が悪くなる、悩む、疲れる、活気がなくなるなどの状態に陥るが、これらはいずれも*pe'ape'a*という意味範囲の広い言葉で表わされる。古典的情動理論を信奉している人は、「しかめ面をしているタヒチ人は、本人が気づいていようがいまいが、実のところ生物学的には悲しみの状態に置かれているのだ」として、欧米人とは異なるタヒチ人の振る舞いを説明してしまおうとするだろう。構成主義者には、そんな確信はない。なぜなら人は、考えているとき、踏ん張っているとき、あるいは冗談めかして、もしくは*pe'ape'a*を感じているときなど、さまざまな理由でしかめ面をするからだ。

個々の情動概念は別としても、「情動」とは何かという理解に関してさえ、文化間で相違が見られる。欧米人は、個人の体内で経験されるものとして情動をとらえている。[45] しかし他の多くの文化のもとでは、情動は、複数の人間を要する個人間のできごととしてとらえられている。[46] ミクロネシアのイファリク人、バリ人、フラ族、フィリピンのイロンゴト族、パプアニューギニアのカルリ族、インドネシアのミナンカバウ族、オーストラリア先住民のピンタピ族、サモア人などの文化がそれに該当する。さらに興味深いことに、欧米人が情動的なものとして一括してとらえている経験に対応する、包括的な「情動」の概念を持たない文化もある。[47] タヒチ人、オーストラリア先住民のギジンガリ族、ガーナのファンテ族やダバニ族、マレーシアのチェウォン族、そして第3章で取り上げたヒンバ族などの文化が、よく研究されている例として知られている。

情動に関する科学的な研究のほとんどは、アメリカの概念と情動語（とその翻訳）を用いて、英語でなされている。著名な言語学者アンナ・ヴィエジュビツカによれば、英語は情動の科学にとって概念の牢獄である。「英語の情動語は民間分類であり、特定の文化からは独立した客観的、分析的な枠組みを提供するわけではない。したがって明らかに、嫌悪、怖れ、恥などの英語の言葉が、普遍的な概念を導く手がかりであると、あるいは心理的な現実の基礎であると想定することはできない」[48]。さらに帝国主義的なことに、これらの情動語は、二〇世紀の英語に由来し、なかにはきわめて現代的なものもあるという証拠が存在する。そもそも「情動」という概念自体が、一七世紀の発明である[49]。それ以前の時代には、学者は情動とは意味がいくぶん異なる、情念、心情などの概念を論じていたのだ。

各言語は、情動やその他の心的事象、色、身体部位、方角、時間、空間関係、因果関係など、さまざまな経験を独自の方法で記述する[50]。言語間に見られる多様性は、実に驚くべきものだ[51]。第5章に登場した、私の友人で文化心理学者のバチャ・メスキータの経験は、一つの例になるだろう。彼女はオランダに生まれ育ち、その後研究員としてアメリカにやって来た。それから一五年のあいだに、結婚して子どもを育て、ノースカロライナ州にあるウェイクフォレスト大学の教授になった。オランダで暮らしていたときの彼女は、自分の情動を、あまりうまい言い方ではないが、ごく自然なものと感じていた。しかしアメリカに移住した途端、自分の情動が、アメリカ文化にうまく適合していないことに気づく。アメリカ人の幸福そうな様子が不自然に見えたのだ。アメリカ人はつねにテンポよくしゃべり、微笑みを絶やさない。彼女が周りの人々に機嫌を尋ねると、私たちアメリカ人はつねに肯定的に答える（「絶好調よ！」）。それに対し、彼女自身の情動的な反応は、アメリカ文化のもとではそぐわないように見えた。彼女は、気分を尋ねられると、十分な快活さをもって「とてもすばらしい」気分を表現しなかったのだ。彼女の経験について話を聞いていたとき、私は、彼女が話しているあいだじゅう相槌を打ち、話が終わると盛大に拍手してから彼女に歩み寄り、「実にすばらしかった」と言いながら抱擁した。まさに私自身が彼女の観察したとおりの典型的な態度を示していたことに気づくまで、少し時間がかかった。

バチャの経験は、例外的なものではない。私の同僚でロシア出身のユリア・チェントーヴァ・ダットンは、アメリカに移住してからは微笑みを絶やさなくなったのでいつも頰が痛むのだそうだ。[52] 私の隣人でイングランド出身の情動研究者ポール・ハリスの観察によれば、アメリカ人研究者は科学の難問を前にして、彼に馴染みの冷静で中立的な経験である好奇心、困惑、混乱ではなく、激しく快い感情の興奮をつねに感じている。一般にアメリカ人は、快活な興奮した状態を好む。[53] よく微笑み、賞賛し、愛想を言い、励まし合う。あらゆるレベルで成功者に賞を与え、「参加賞」などというものまである。テレビでは、一週間おきに何らかの賞を与える番組が放映されている。ここ一〇年のあいだに、アメリカで幸福をテーマとする本が何冊出版されたのか、見当すらつかない。私たちの文化は、前向き（ポジティブ）であることを称揚する。私たちアメリカ人は、つねに幸福でありたいと願い、成功や繁栄を祝う。

アメリカで時を過ごせば過ごすほど、バチャの情動はますますアメリカの文脈に順応していった。快に関する情動概念は拡張し、変化に富むようになった。情動粒度がきめ細かくなり、アメリカ流の幸福感を、満足感や充足感とは異なるものとして経験するようになった。こうして彼女の脳は、アメリカの規範や慣習に合った新たな概念を立ち上げていったのである。この過程は「情動の文化的変容（emotion acculturation）」と呼ばれ、それによってその人は、未知の文化から、新たな予測を生む概念を獲得していく。そして新たに獲得した予測を用いることで、移住先の文化が持つ情動を経験したり知覚したりできるようになるのだ。

「情動の文化的変容」を発見した科学者とは、実を言えばバチャその人である。彼女は、人々の持つ情動概念が、文化間で異なるばかりでなく、変化することを見出した。たとえばベルギーで自分の目標を同僚に邪魔されるなどの人を怒らせる状況は、トルコでは（アメリカ人が経験するところの）罪悪感、恥辱、尊敬を含む[54]。しかしベルギーに移住したトルコ人は、長くそこに住めば住むほど、それだけ自己の情動的な経験が「ベルギー人」に似てくる。

新たな文化に浸された脳は、おそらく乳児の脳にも似て、予測より予測エラーに駆り立てられているのだろう。新たな文化の情動概念を欠く移民の脳は、感覚入力を貪欲に吸い上げて、新たな概念を築く。新たな情動パターンが古いパターンを置き換えるのではない。ただし、第5章に登場したギリシア出身の同僚アレクサンドラのように、新旧のパターンが干渉し合うことはある。自分が住む地域の概念を知らなければ、効率的な予測はできない。努力を要し、おおよその意味しか生まない概念結合で対応していかなければならないからだ。さもなければ、四六時中予測エラーに見舞われてしまうだろう。それゆえ文化変容のプロセスは、身体予算に負荷をかける。それどころか、情動の文化的変容の度合いが低い人は、身体的な病気にかかりやすい[55]。ここでも、身体が分類の影響を受けているのである。

❦ ❦ ❦

本書の目的は、読者に、情動に関する考え方に馴れてもらうことにある。人は自分で気づいていようがいまいが、情動に関する一連の概念を持ち、それが何か、どこから来たのか、何を意味するのかを心得ている。おそらく読者は、「情動反応」「表情」「脳内の情動神経回路」などの古典的理論の概念を抱きながら本書を読み始めたのではないだろうか。そうだとすると、本書はその考えを、「内受容」「予測」「身体予算」「社会的現実」などの新たな概念で徐々に置き換えてきた。ある意味で、私は読者を、構成主義的情動理論と呼ばれる新たな文化に引き入れようとしてきたのだ。未知の文化の規範は、そのもとで暮らすようになってからしばらくはよく理解できず（よく理解できるようになることを私は望んでいる）、奇妙に、あるいは間違っているようにさえ思えるだろう。私や、同様の考えを抱く科学者が、古い概念を新しい概念で置き換えることに成功すれば、それは一種の科学革命になるであろう。

構成主義的情動理論は、顔、身体、脳に一貫した生物学的指標を持たずに、どのように情動を経験したり知覚したりできるのかを説明する。脳はつねに身体内外から受け取る感覚入力を予測し、シミュレートしている。だからそれが何を意味し、それに対して何をすればよいかを理解できるのだ。予測は皮質を伝わり、内受容ネットワークの身体予算管理領域から一次感覚皮質へと流れ、脳全体に分散されたシミュレーション（そのそれぞれが概念のインスタンスである）を生む。そして目下の状況にもっとも近似するシミュレーションが勝ち、それが経験になる。また、勝利したシミュレーションが情動概念のインスタンスであった場合、この経験は情動経験になる。これら全過程がコントロールネットワークの支援のもとで生じ、身体予算を調節して生存と健康を維持する。その過程で、無事に生き残って自己の遺伝子を次世代に伝えられるよう、周囲の人々の身体予算に影響を与える。かくして、脳と身体によって社会的現実が生み出され、情動が現実のものになるのだ。

すいぶんとややこしい話なのは確かであり、概念の連鎖のメカニズムなど、細かい点では妥当な推測といった程度にすぎないものもある。しかし、どのように情動が作られるのかを考えるにあたって、構成主義的情動理論は有効な手段を提供してくれると、われわれは確信している。この理論は、古典的理論が対象としているあらゆる現象に加え、情動経験、情動概念、情動の影響による身体の変化の際立った多様性などの例外的な現象も説明してくれる。また、身体的現実と社会的現実の両方を理解するための統一的な枠組みを用いることで、生まれか育ちか（「脳の固定配線」対「学習」）という無用な議論を葬り去り、社会と自然を架橋する科学的な見方の構築に向けて一歩を踏み出すための道筋をつけてくれる。この橋は、いかなる橋とも同じように、私たちを新たな場所へと導いてくれるだろう。人間の本性の起源を探究する次章で、それについて検討しよう。

第8章

人間の本性についての新たな見方

A New View of Human Nature

構成主義的情動理論は、どのように情動が作られるのかを説明する最新の理論であることにとどまらず、「人間であるとはどのようなことか」という問いに対して、これまでとは決定的に異なる見方をもたらす使節でもあり、最新の脳科学の成果とも合致する。また古典的理論とは異なり、自分の感情や行動をコントロールする手段を与えてくれる。ゆえに、あなたの生活にも深い意義を持つはずだ。私たちは、外界のできごとに反応するべく配線された動物などではない。経験や知覚という点になると、通常考えられているのとは違って、私たちは運転席に座っていると考えるべき理由が多々ある。私たちは予測し、構築し、行動するのだから。私たち人間は、自己の経験の建築家なのだ。

人間の本性についての別の説得力のある見解は古典的情動理論に基づくもので、これまで数千年間通用してきた。のみならず、依然として現在でも、法や医療など社会の枢要な営みに深く根づいている。これら二つの見方は、長らく対立してきた。あとで説明するように、これまでの争いでは古典的理論が優位を占めてきた。しかし心と脳の科学が革新されつつある現在、神経科学は、この争いに最終的な決着をつけるための道具を与えてくれた。そしてその結果、圧倒的な証拠に基づいて、古典的理論の敗北が宣言された。

本章では、構成主義的情動理論によって示される、人間の本性に関する新たな見方を紹介し、それを古典的理論によって生み出された従来の考え方と比較する。加えて、反証が次々に出されてきたにもかかわらず古典的理論を科学や文化に根づかせ、かくも長きにわたって優位な立場に置いてきた黒幕の正体を暴くつもりだ。

❦ ❦ ❦

私たちはたいてい、自己とは物理的に分離されたものとして外界をとらえている。その考えによれば、外界のできごとは「あちらで」生じ、それに対して人は、脳内の「こちらで」対応するのだ。しかし構成主義的情動理論では、脳と世界の境界における両者のあいだの行き来を許す。というより、おそらく境界は存在しない。脳の中核システムは、さまざまな方法で結びついて（第2章にあるように中核システムは複数の構成要素から成る）、知覚、記憶、思考、感情などの心的状態を構築する。脳がシミュレーションによって世界をモデル化していることを実感してもらうために掲載した、あいまいなミツバチの写真を眺めて、実際には存在しない形状をそこに見出したとき、読者もそれを経験したのだ。脳は嵐のように予測を発し、現に存在するかのごとく結果をシミュレートし、感覚入力に基づいて予測をチェックし、エラーがあれば訂正する。その過程で、内受容予測は気分を生み、あらゆる行動に影響を及ぼし、その瞬間に世界のどの側面に注意を向けるべきか（感情的ニッチ）を決める。内受容の働きがなければ、物理的環境にも他の何ものにも注意を向けられず、長くは生き残れないだろう。内受容は、自分が生きていく環境を脳が構築できるようにするのである。

脳が世界をモデル化すると同時に、外界は脳の配線を支援する。乳児期には、脳は感覚刺激に満たされ、外界から初歩的な概念の種を蒔かれる。そして周囲の物理的な世界の現実に応じて配線される。こうして乳児の脳は、人間の顔を認識できるようになるのだ。脳が発達し、言語を学び始めると、現実世界という社会に沿って配線されるようになり、「ハチの攻撃から身を守るもの」「悲しみ」などの純然たる心的概念が形成され始める。自文化に由来する概念は、外界に存在するように思われるが、実のところ概念システムの構築物なのだ。

この見方によれば、文化は、人々を取り巻く不定形の希薄なガスのようなものではない。それは脳の配線を導き、さらにその人の行動の様態が次世代の人々の脳の配線に影響する。たとえば、「特定の肌の色をした人々は劣る」と規定する文化のもとで暮らしていたとしよう。この社会的現実は、該当する集団に実体的な影響を及ぼす。給料は安くなり、子どもたちの生活環境や栄養状態は悪化する。そしてそのような状況は、子どもの脳の構造を損ない、すると学校の成績は落ち、そのために将来低収入に甘んじる可能性が高まる。[1]

概念の構築は、恣意的になされるのではない。脳（とそれが生み出す心）は、身体の健康を保って生きていくのに必要な、現実の断片と接していかなければならない。（突然変異によって超能力でも獲得しない限り）構築によって堅牢な壁をつき破ることはできないが、たとえば結婚、国、人物に関する定義や評価は変えることができる。遺伝子は、物理的環境や社会的環境に応じて配線する能力を脳に付与する。そして私たちは、同じ文化のもとで暮らす人々とともに、物理的環境や社会的環境を構築していく。このように、心の形成には、複数の脳が関わっている。

また構成主義的情動理論は、自己責任に関してもまったく新たな考えを提起する。あなたは上司に腹を立て、衝動的に彼のそばに行ってこぶしで机を叩き、「ばか野郎！」と叫んだとしよう。古典的理論は、その責を怒りの神経回路なるものに帰し、あなたの責任を部分的に免除するだろうが、構成主義的情動理論は、責任の概念を、危害が生じた瞬間に限定することなく適用する。脳は反応するのではなく、予測する。脳の中核システムは、生き残れるよう、次に何が起こるかをつねに予測しようとしている。それゆえあなたの行動と、行動を引き起こした予測は、その瞬間に至るまでに獲得した（概念としての）過去の経験によって形作られる。あなたが上司の机をこぶしで叩いたのは、脳が「怒り」の概念を用いて怒りのインスタンスを予測し、あなたの過去の経験に、同様な状況で机を叩いた行動（自分自身の行動か、映画や本に影響された行動かは問わない）が含まれているからだ。

コントロールネットワークは、つねに予測や予測エラーの流れを形成し、自分自身で制御していると感じられるか否かにかかわらず、行動の選択を導いていることを思い出そう。[2] このネットワークは、既存の概念を用いてしか機能しない。よって責任に関する問いは、「人は自分が持つ概念に対して責任があるのか？」になる。すべての概念に対してでないことは間違いないだろう。乳児の頃は、他者に教え込まれる概念を選択することなどできない。しかしおとなになれば、何に自分をさらし、何を学ぶのかを選択できる。そしてそれに基づいて、自分の意図に基づくと感じられるか否かにかかわらず、自己の行動を導く概念が形成される。したがって「責任」は、自分が持つ概念を変える意図的な選択を行なうことを意味する。

現実社会における例として、イスラエル人対パレスチナ人、フツ族対ツチ族（ルワンダ紛争）、ボスニア対セルビア、スンニ派対シーア派など、長期化した紛争について考えてみよう。反論を覚悟して敢えて言えば、これらのグループに属している現世代の人々の誰にも、相手に対して感じている怒りの責任はない。紛争は何世代も前から起こっていたのだから。しかし現世代のメンバーの一人ひとりが、紛争の継続に何らかの責任を負っている。なぜなら、各人が自分の持つ概念を変え、それを通じて行動を改めることが可能だからだ。いかなる争いも、進化によってあらかじめ定められているわけではない。争いは、社会に参加する個人の脳の配線を導く社会的状況のゆえに執拗に続けられるのだ。そのような状況や概念を変える責任を誰かが負わねばならない。当事者以外に誰が責任を負えるのだろうか？

この点に関して言えば、科学的な研究は、ある程度の希望を与えてくれる。研究者たちは、パレスチナ人によるロケットの発射や、イスラエル兵の誘拐などのさまざまな事件について考え、それらを負の事件ではないものとして分類するよう、イスラエル人のグループを訓練した。被験者たちは訓練を受けたあと、以前ほど怒りを表明しなくなり、「パレスチナ人を援助する」「ガザ地区に住むパレスチナ人を目標とする攻撃的な戦術を支持しない」など、より平和的で融和的な解決策の提示に向けた政策を擁護するようになった。パレスチナ人の国連加盟への試みを背景として、この再分類の訓練は、全面平和のために東エルサレム地区に対するセキュリティコントロールを放棄することを支持し、イスラエルの医療システムをパレスチナ人が利用することを禁じるような制限的政策を支持しないよう、訓練を受けた人々を導くことができたのだ。後者の変化は、訓練後五か月間持続した。[3]

怒りや憎悪にまみれた社会で育った人が、関連する概念を持っていたからといって、非難されるべきではないだろう。しかし、おとなとして自己啓発に努め、新たな概念を学ぶという選択をできるはずだ。簡単なことではないが、やればできる。これは、「あなたは自己の経験の建築家である」という私の主張を裏づけるもう一つの基盤である。私たちは自分の行為に対して、部分的に責任を負っている。自己のコントロールが及ばないものとして経験される情動反応に関してさえ、そう言える。私たちには、予測を介して、危害をもたらす行為を回避するよう導いてくれる概念を学ぶ責任がある。また、他者に対する責任も負わねばならない。なぜなら、私たちの行為は他者の概念や行動を形作り、それによって、種々の遺伝子の発現に影響を及ぼすことで、次世代の人々を含めた他者の脳の配線を導く環境が形成されるからだ。社会的現実とは、誰もが他者の行動に対する責任を部分的に負っていることを意味する。それは、すべてを社会のせいにすることではない。脳の配線に基づいた、確たる事実なのだ。

かつてセラピストとして働いていた頃、私は、幼児期に両親から虐待を受けた、大学生くらいの年齢の女性たちの治療をしたことがあった。私は訪れるクライアントに、彼女たちが二度虐待されたことを理解させるようにしていた。つまり彼女たちは、虐待されたその瞬間のみならず、自分の力で解決していかねばならない情動的なトラウマを負ったという意味で、二度虐待されたのだ。彼女たちの脳はこのようなトラウマのせいで、まともな環境で暮らすようになったあとでも、世界を敵対的な場所としてモデル化し続ける。脳が有害な環境に合わせて配線されてしまったことは、彼女たち自身のせいではない。しかし、事態を改善するために自己の概念システムを変更できるのは、彼女たち自身だけだ。私が言う責任とは、そのような形態の責任を指す。ときに責任は、「事態を改善できるのはあなただけだ」ということを意味する。

さて次は、人間の本性についての問いを検討しよう。私たちは一般に、長い進化の歴史における究極の到達点として人類をとらえている。構成主義的情動理論は、もっとバランスのとれた視座を提供する。自然選択は、人類の存在を最終的な目標として選んだわけではない。人類は、世代間の遺伝子の受け渡しにおいて特異な適応をした生物種の一つにすぎない。他の動物は、大きく跳躍する能力、壁をよじのぼる能力など、人間にはないさまざまな能力を進化させてきた。だから私たちは、スパイダーマンのようなスーパーヒーローに魅せられるのだ。明らかに人類は、他の惑星に向けてロケットを飛ばし、心の産物たる法律を作り、他者をどう扱うべきかを規定することに長けている。脳内の何かが人類独自の能力を生み出しているのだが、その「何か」とは、ロケットの開発や法の執行、さらに言えば情動にのみ寄与する、人類ではない祖先から受け継がれてきた特殊な神経回路である必要はない。

人類の適応のうちで特筆すべき側面の一つは、脳の配線のためにあらゆる遺伝物質を受け渡す必要がないことである。そんな方法では、生物学的に高くつく。その代わり人類は、他者の脳に囲まれた状況のもとで、文化を通じて自分の脳を発達させる遺伝子を持っている。個々の脳が、類似性と差異性に基づいて情報を圧縮し、冗長性を巧みに利用するように、複数の脳は、（同じ文化のもとで暮らし、同じ概念を学ぶという）社会的な冗長性を利用し配線し合う。実のところ、進化は文化を介してその効率をあげてきたのであり、また私たちは、脳の配線を介して子孫に文化を受け渡している。

人間の脳は、ミクロのレベルからマクロのレベルに至るまで、変化と縮重のために組織化されている。相互作用するネットワークでは、ニューロン群は部分的に独立していながら、多量の情報を効率的に共有している。この構造は、つねに変化するニューロンの個体群が、ミリ秒単位で形成されては解消されていくことを可能にする。そしてそれによって、一本のニューロンが、異なる状況のもとでは異なる構築作業に関与し、絶えず変化し部分的にしか予測できない世界をモデル化できるのだ。[4] そのような動的な環境にあっては、神経学的な指標の出る幕はない。人類は、世界中のさまざまな地域で、実に多様な地理的、社会的な環境のもとで暮らしていることを考えれば、誰もが決まった心的モジュールを受け継ぐという方法では、きわめて非効率だということがわかるはずだ。人類の脳は、さまざまな環境に適応し、多様な心を生み出せるよう進化してきた。私たち皆が同じ生物種に属することを示すために、たった一つの普遍的な心を生む、ただ一つの普遍的な脳を想定する必要はどこにもない。

概して言えば、構成主義的情動理論は、生物学的な知見を取り入れた、人間の本性の心理学的な説明であり、進化と文化の両方を考慮に入れる。人はある程度、遺伝子によって決定された脳の配線を持って生まれてくるが、環境によって発現したりしなかったりする遺伝子があり、そのメカニズムを通して経験に基づいて脳が配線される。脳は、人々のあいだの同意によって成立している社会を含めた世界の現実に基づいて、形作られる。心は、自分では気づいていない壮大な共同作業（コラボレーション）の賜物なのだ。構築のメカニズムによって、人間は、客観的に正確な感覚を通してではなく、（あいまいなミツバチの写真を見たときのように）自己のニーズ、目的、過去の経験に沿ったあり方で、世界を知覚する。人類は、進化の頂点に立っているわけではない。いくつかの独自の能力を備えた、非常に興味深い動物にすぎないのである。

構成主義的情動理論は、人間の本性に関して、古典的理論とは非常に異なる視点を提供する。人類の進化的な起源、自己責任、世界との関係に関して、欧米の文化は数千年間、古典的な考えに支配されてきた。この人間の本性についての古い見方と、それがなぜ欧米の文化にかくも堅固に根づいているのかを理解するために、多くの科学の物語と同様、まずはチャールズ・ダーウィンから始めよう。

一八七二年、ダーウィンは『人及び動物の表情について』と題した書物を刊行し、情動が動物の祖先から変化することなく受け継がれてきたと論じた。[5]ダーウィンによれば、現代人の情動は神経系の古い部位によって引き起こされ、おのおのの情動は独自の一貫した指標を持つ。

哲学用語を借りて言えば、情動はそれぞれ、独自の本質（エッセンス）を持つとダーウィンは主張する。悲しみのインスタンスがへの字に結んだ口や、心拍数の低下をともなうのなら、「への字に結んだ口と心拍数の低下」という指標は、悲しみの本質をなす。あるいは本質は、たとえば一連のニューロンなど、悲しみのあらゆるインスタンスを、悲しみという情動たらしめている根源的な要因なのかもしれない（以後、両者の可能性に言及して「本質」という用語を用いる）[6]。

本質が存在することに対する信念は、「本質主義」と呼ばれる。本質主義は、悲しみと怖れ、イヌとネコ、アフリカ系アメリカ人とヨーロッパ系アメリカ人、男性と女性、善と悪など、真の現実、すなわち本質を備えたカテゴリーが存在することを前提とする。各カテゴリーに属するメンバーは、表面的な違いはあれ、類似性をもたらす基本的な特質（本質）を共有していると見なされる。イヌには、大きさ、姿かたち、体色、歩きかた、気質などが異なるさまざまな個体がいるが、これらの差異は、あらゆるイヌが共有する本質と比べて表面的なものにすぎないと見なされる。イヌは決してネコではないのだ。

同様に、あらゆるタイプの古典的理論が、悲しみや怖れなどの情動には独自の本質が備わると見なしている。たとえば、神経科学者のヤーク・パンクセップによれば、情動の本質は皮質下脳領域の神経回路に求められる。[7] 進化心理学者のスティーブン・ピンカーの説では、情動は、特殊な機能を持つ身体組織にもたとえられる心的組織のようなものであり、その本質は一連の遺伝子にある。[8] 進化心理学者のレダ・コスミデスと心理学者のポール・エクマンが前提とするところでは、おのおのの情動は、観察不可能な生得的本質を持つ。彼らはそれを、隠喩的な「プログラム」と呼ぶ。[9] 基本情動理論と呼ばれるエクマン版の古典的理論は、幸福、悲しみ、怖れ、驚き、怒り、嫌悪の本質が、外界のモノやできごとによって自動的に喚起されると想定する。[10] 古典的評価理論と呼ばれる別のバージョンは、私たちと世界のあいだに段階を一つ追加して、脳がまず状況を判断（「評価」）し、情動を喚起するか否かを決めると主張する。[11] いずれにせよ、あらゆるタイプの古典的理論が、情動の各カテゴリーには独自の指標が備わっていると想定する点では一致し、本質の特徴をめぐって見解の不一致が見られるにすぎない。

本質主義は、古典的理論を退けることを極端に困難にしている最大の要因であり、感覚によって自然界の客観的な境界があらわになると人々に信じ込ませる。幸福と悲しみは、おのおの異なって見え、別のものに感じられる。だから脳内に別個の本質を持っているのだ。そう考える。人々はたいがい、自分がその種の本質化をしていることに気づいていない。要するに、自然界に境界を引いている自分の手の動きが見えていない。

『人及び動物の表情について』で表明されている情動の本質に対するダーウィンの信念は、古典的情動理論の隆盛をもたらした。この信念は、彼を偽善者のように見せざるを得ない。科学史上もっとも偉大な科学者の一人が提起した考えを批判するのはもちろんのこと、反駁するのは容易なことではない。だが、あえてやってみよう。

ダーウィンのもっとも有名な著書『種の起源』は、生物学を現代科学に変えるパラダイムシフトをもたらした。[12] 彼の偉業は、進化生物学者エルンスト・マイヤーのみごとに要約された言葉を借りれば、「すべてを麻痺させる本質主義の魔手」から生物学を解放した。[13] ところが情動に関して言えば、ダーウィンは、本質主義に染まった『人及び動物の表情について』を一三年後に著すことで、不可解にも回れ右をする。それによって彼は、少なくとも情動に関しては革新的な見方を捨て、「すべてを麻痺させる本質主義の魔手」に再び屈してしまったのである。

一九世紀に『種の起源』で提起されたダーウィンの理論が広く知られるようになる以前は、生物学は本質主義に支配されていた。動物種はそれぞれ、神によって創造された理想的な形態を持ち、その種を他の種と区別する決定的な性質（本質）を備えていると考えられていたのだ。[14] 理想からの逸脱は、欠点か事故によるものだと見なされた。生物学の「ドッグショー」とも言えよう。ちなみにドッグショーとは、参加しているイヌのなかから「最高の」イヌを選ぶコンテストのことだ。その際、イヌ同士が直接競い合うわけではなく、審査員によって、イヌの理想像を基準に、それにもっとも近いイヌが選ばれる。たとえばゴールデンレトリバーのコンテストであれば、審査員は参加しているイヌを、ゴールデンレトリバーの理想像と比較する。「背の高さはゴールデンレトリバーとしてふさわしいか？」「四肢のバランスはとれているか？」「鼻づらはまっすぐ伸び、頭の形と調和しているか？」「毛は光沢のある金色で、ふさふさしているか？」が評価される。[15] 理想像からのいかなる逸脱も欠点と見なされ、欠点の数が最も少ないイヌが栄冠に輝く。一九世紀前半の著名な思想家たちは、生物界を巨大なドッグショーが開催される場所と見なしていた。歩幅が平均より広いゴールデンレトリバーを目にすれば、それは理想像と比べて広すぎる、あるいは場合によっては欠点とすら見なされたのだ。

そこへダーウィンが登場し、歩幅などの種内での変化は欠点ではなく、想定されるものであり、意味のあるあり方で環境と結びついていると主張した。いかなるゴールデンレトリバーの集合にも、個体間に歩幅の差異があり、歩幅によっては、走ったり、登ったり、狩をしたりする際に有利になる機能的利点がその個体に付与されるのである。かくして環境にもっとも適合した歩幅を持つ個体は長生きし、より多くの子孫を残す。これは『種の起源』で提起された進化の理論にかなった見方であり、自然選択、もしくはときに「適者生存」とも呼ばれる。[16] ダーウィンにとっておのおのの種は、概念的な分類項、つまりそれぞれ異なりながら本質を持たない独自の個体の集合だったのである。[17] イヌの理想像などというものは存在しない。存在するのは、多様なイヌの個体の統計的な要約なのだ。いかなる特徴も必要にして十分ではなく、個体群に属するあらゆる個体の典型ですらない。個体群思考と呼ばれるこの考え方は、ダーウィンの進化論の核心をなす。[18]

個体群思考が変化に基礎を置くのに対し、本質主義は同一性に依拠する。これら二つの考えは相容れない。したがって『種の起源』は、根本的に反本質主義的な本だと言える。だからこそ、話が情動という点になると、『人及び動物の表情について』を著してそれまでに残してきた偉業を一八〇度ひっくり返したことには、当惑を禁じえない。[19]

さらに言えば、古典的情動理論が、生物学においてダーウィンが覆したまさにその本質主義に依拠しているという事実は、皮肉に思えるのはもちろん、それと同程度に私たちを当惑させる。「進化論的」と自らを称する古典的理論は、情動とその表現が自然選択の産物だと想定する。しかし、ダーウィンの情動に対する見方には、自然選択という視点がまったく欠如している。こうして見ると、ダーウィンを口実に利用するいかなる本質主義的理論も、進化に関する彼の中心的な考えを深く誤解しているとしか言いようがない。

本質主義の力は、ダーウィンをして、情動をめぐってみごとなまでに滑稽な考えを提起させた。『人及び動物の表情について』で彼は、身体の部位をこすり合わせて音を立てることで、「昆虫さえ、怒り、怖れ、嫉妬、愛情を表現する」と述べている。[20] 今度台所でハエを追う破目になったときにはこの話を思い出すとよい。また彼は、情動のバランスの悪さが髪の毛を縮れさせるとも書いている。[21]

本質主義は、強力なばかりでなく伝染する。情動の不変の本質に対するダーウィンの信念は、彼の死後も生き続け、他の著名な科学者の遺産を歪曲し続けてきた。その過程で、古典的情動理論が勢力を増してきたのだ。その代表的な例は、多くの人々がアメリカ心理学の創設者と見なしているウィリアム・ジェイムズの業績に見出される。ジェイムズはダーウィンほどにはよく知られていないかもしれないが、まさに知的巨人と言うにふさわしい人物であった。一二〇〇ページにのぼる大著『心理学の根本問題』は、欧米の心理学におけるもっとも重要な考えのほとんどを含み、刊行後一世紀以上が経過しても依然としてこの分野の基礎として扱われている。彼の名を冠したウィリアム・ジェイムズ・フェロー賞は、アメリカ心理科学学会（APS）に属し業績を残した科学者に与えられる最高の栄誉であり、ハーバード大学の心理学棟の名は、ウィリアム・ジェイムズ・ホールだ。

ジェイムズは、幸福や怖れなどの各情動が、身体に独自の指標を持つと主張したとして引用されることが多い。この本質主義的な見方は古典的理論のカギをなし、ジェイムズに影響を受けた数世代にわたる科学者たちは、心拍、呼吸、血圧などの身体的な徴候に、その種の指標を見出そうと努めてきた（そしてそれに基づいて情動をテーマとするベストセラーを書いてきた）。しかし、ジェイムズが言ったとされる主張には落とし穴がある。というのも、彼はそんなことは言っていないからだ。彼がそのように言ったとして広く信じられた主張は、本質主義のメガネを通して彼の言葉を解釈することで生じた、一世紀にわたる誤解に基づく。

ジェイムズは、情動の各カテゴリーではなく、各インスタンスが、身体の独自の状態に由来すると述べている。これは、先の解釈とは大幅に異なる。ジェイムズの考えによれば、人は怖れを引き起こす状況に直面したときには、震える、飛び上がる、凍りつく、悲鳴をあげる、息をのむ、隠れる、攻撃する、笑うなど、さまざまな行動をとる。怖れが生じるたびに、一連の異なる身体の変化や感覚がともなうのだ。あたかもジェイムズが情動の本質が存在すると主張したかのように解釈する古典的理論の誤解は、彼が意図した意味を逆転させている。皮肉にも、彼はそのような見方に反対していたのだから。ジェイムズの言葉は以下のとおり。「ずぶ濡れになることに対する怖れは、クマに対する怖れと同じものではない」[22]

なぜこのような誤解が生じ、世に広まってしまったのだろうか？ 私は、ジェイムズの同時代人の一人が混乱の種を蒔いたことを発見した。ジョン・デューイという名の哲学者だ。デューイは、『人及び動物の表情について』で敷衍されているダーウィンの本質主義的な見方を、まったく相容れないにもかかわらず、ジェイムズの反本質主義的な見方に接ぎ木することで、独自の情動理論を提起した。その結果、情動の各カテゴリーに本質を割り当てることでジェイムズの真意を逆転させる、フランケンシュタインの怪物のようなつぎはぎ理論ができ上がったのだ。そしてこともあろうに、このつぎはぎ理論にジェイムズの名前を冠して、「情動に関するジェイムズ＝ランゲ説」と呼んだのである。*今日では、このつぎはぎに果たしたデューイの役割は忘れ去られており、無数の文献がデューイの理論をジェイムズのものとして言及している。顕著な例は、『デカルトの誤り――情動、理性、人間の脳』を筆頭に、情動をテーマとする一般向けの科学書を著した神経科学者のアントニオ・ダマシオの著書に見られる。[23]ダマシオによれば、彼がソマティック・マーカーと呼ぶ、情動が持つ独自の身体的指標は、脳が適切な判断を下すために用いる情報源をなす。要するに、ソマティック・マーカーは知恵の断片のようなものだ。[24]彼の考えでは、情動経験は、ソマティック・マーカーが意識的な感情に変化すると生じる。[25]このダマシオの仮説は、ジェイムズの見方に基づくのではなく、「ジェイムズ＝ランゲつぎはぎ説」の嫡子だと言える。

ダーウィンの名のもとで本質主義に固められたデューイによるジェイムズの誤解は、現代心理学における大きな誤りのうちの一つだ。科学における本質主義的な見方に権威を与えるために、生物学にはびこる本質主義の克服に偉大な業績を残したダーウィンの名が持ち出されたことは、恐ろしく悲劇的なのはもちろん、まったくの皮肉であろう。

ではなぜ、偉大な科学者の言葉をねじ曲げ、科学をあらぬ方向へと誘導できるほど本質主義は強力なのか？

本質主義は直感に訴える、といったところがもっとも単純な答えになろう。私たちは、自己の情動を自然な反応として経験する。そのため情動は、太古の時代から存在する専用の脳領域で生じると考えられやすい。私たちはまた、情動の発露を、まばたき、しかめ面、顔面の引きつりに難なく見出し、声の調子や揺れに聴き取る。そのため、人間は情動表現を認識し、それに基づいて行動すべく先天的に作られているのだと信じられやすい。しかし、この結論はあやしい。世界中の多くの人々は、カーミット〔『セサミストリート』に登場するカエル〕の何たるかを認識できるが、だからと言って、人間の脳がカーミットを認識するために配線されていると言えるわけではない。私たちは非常に複雑な世界で生

＊＝「ランゲ」とは、ジェイムズやデューイと同時代人の生理学者カール・ランゲを指す。情動に関する彼の考えは、表面的にはジェイムズの理論に似るが、情動の各カテゴリーが明確な指標を持つと考える本質主義的信念を含んでいる。ランゲは、デューイの理論に自分の名前を残すのにちょうどよい時期と場所に生きていたと言えよう。

きているにもかかわらず、本質主義は、常識を反映した、原因をただ一つに絞る単純な説明を提供する。

本質主義は、反証が非常にむずかしい。本質とは観察不可能な特質を意味するので、どこにも見つからなくても、人々は信じていられるのだ。実験によって本質が検知されない理由を説明するのは簡単である。「あらゆる場所を探したわけではない」「まだメスを入れることのできない複雑な生物学的構造の内部に存在するのだ」「現在のところは、本質を発見できるほど科学は進歩していない。だが、いつの日か見つかるだろう」――このような希望的観測は心情としては理解できるが、論理的に反証できない[26]。つまり本質主義は、反証に対して免疫を持つのである。また、科学の実践方法まで変えてしまう。「発見されるのを待っている本質」という存在を信じ込んでいる科学者は、本質の発見という、おそらく終わりのない探究に生涯を捧げることになる。

さらに言えば、本質主義は人間の心理構成の生得的な部位を構成しているかのように思える。第5章で見たように、人間は、純然たる心的類似性をひねり出すことでカテゴリーを作り出し、言葉を用いてそれに名前をつける。だから「ペット」や「悲しみ」などの言葉が、複数の多様なインスタンスに適用されるのである。言葉は驚異的な発明ではあるが、人間の脳にとっては悪魔と契約するようなものだ。一方で「悲しみ」などの言葉は、さまざまな知覚の集合に適用される際、外見上の差異を超越した何らかの根本的な同一性を探す（あるいは発明する）よう促す。つまり「悲しみ」という言葉は、情動概念を形成するよう導くのである。そのこと自体はよいのだが、同一性の根拠、すなわち等価性をもたらし、真のアイデンティティを付与する、観察不可能な、それどころか不可知な特質が本源的に存在すると信じ込ませるようにも仕向ける。このように、言葉は本質が存在すると思わせる。まさにこの過程が、本質主義の心理的な源をなすのだ。[27] ウィリアム・ジェイムズは一世紀以上前に、「特定の現象群を記述するために、（……）言葉をあみ出すとき、私たちは、その現象群の背後に存在する、言葉によって指し示される実体を想定しようとする誘惑に駆られる」と述べ、同様な指摘をしている。[28] 概念の学習を支援するはずのまさにその言葉が、カテゴリーが自然界の確固たる境界を反映すると、私たちに信じ込ませるのである。[29]

子どもを対象にした研究によって、人間の脳が、どのように本質の存在への確信を築いていくのかが示されている。ある科学者は、子どもに赤い筒を見せて「ブリケット」という無意味な言葉で呼び、それには装置を照らし出す特殊な機能があることを示した。次に、二つの物体を見せた。一方は青い四角形で、それも「ブリケット」と呼んだ。もう一方は、赤い筒だったが、今回は「ブリケット」と呼ばなかった。するとその子どもは、最初に見せられた赤い筒とは外観がまったく異なるにもかかわらず、青い四角形だけが装置を照らし出すと予期した。[30] つまり子どもは、ブリケットと呼ばれるものはすべて、装置を照らし出す、目に見えない力を宿していると推測したのだ。科学者が帰納と呼ぶこの方法は、脳が個別的な差異を無視して概念を拡張するために利用できる、非常に効率的な手段になる。[31] しかし、帰納は本質主義を誘導する。子どもの頃、おもちゃをなくした友だちがうなだれて泣いているのを見て、「彼は悲しんでいる」と言われたとき、あなたの脳は、その子どもの内部で、悲しみの感情やうなだれた姿勢や泣き声を引き起こす目に見えない力が働いていると推測したはずである。そして、への字に結んだ口、癇癪（かんしゃく）、歯噛みなどの行動をおとなが悲しみと名づけるのを耳にするたびに、それらの行動を示す子どものインスタンスへと、悲しみの本質の存在への信念を拡張していったのだ。情動語は、自分たちが作り出した等価性が、世界の内部に客観的に存在し、発見されるのを待っているというフィクションを強化する。

本質主義は、脳の配線の自然な帰結と言えるかもしれない。概念を形成し、それを用いて予測を行なうことを可能にしているまさにその神経回路が、本質主義的な思考の形成を促しているのだ。第6章で見たように、皮質は類似性と差異性を区別することで概念を学習する。また、視覚、聴覚、内受容感覚などの感覚領域をまたいで情報を統合し、それらに由来する感覚刺激を効率的な要約へと圧縮する。[32] かくして圧縮された要約のおのおのは、過去の経験に基づく一群のインスタンスが相互に類似することを表わすために脳によって生成された、想像上の小さな本質のようなものとも見なせよう。

このように本質主義は直感に訴え、論理的に反証することが不可能で、私たちの心理や神経の構造の一部を構成し、科学の世界で永続する災厄と化している。また、情動が普遍的な指標を持つという、古典的理論のもっとも根本的な考えの基盤をなす。古典的理論に無尽蔵の持久力（スタミナ）があるのは、何ら不思議ではない。根絶することがほとんど不可能な信念に支えられているのだから。

本質主義を情動理論に埋め込むと、人間が感情を持つ理由やあり方に関する教義以上の何かができあがる。そう、人間であるとはどのようなことかをめぐる説得力のあるお話、すなわち人間の本性についての古典的理論を手にできるのだ。

古典的なお話は、人類の進化的な起源から幕を開ける。私たちの根幹をなすのは動物である。人間は、皮質下の奥深くに埋もれた情動の本質を含め、さまざまな心的本質を動物の祖先から受け継いでいる。ダーウィンを引用しよう。「人類は、その高貴な性質、（……）神のような知性、（……）称揚されてきたあらゆる能力とともに、（……）依然として身体の枠組みのなかに、その野卑な出自の消しようのない痕跡を留めている」[33]。それにもかかわらず、古典的理論は人間を特別な存在と見なす。なぜなら動物的な本質は、理性的思考という包装紙に包まれているからだ。理性という独自の本質を持つ人類は、理性的な手段を行使することで情動を調節し、動物界の頂点に君臨しているのである[34]。

古典的人間観は、自己責任に関しても一家言を持つ。それによれば、人間の行動は、自己のコントロールの及ばない内的な力によって支配される。外界の影響にさらされ、火山や沸騰するやかんのように、衝動的に情動を噴出させることで反応する。この見方に従えば、情動と認知の本質は、行動のコントロールを奪い合うこともあれば、協力し合いながらその人を賢明に振る舞わせることもある。いずれにせよ、強い情動に支配されていれば、自己の行動の責任はそれだけ軽減される。この前提は、欧米の司法制度の基盤をなし、激情に駆られてなされた行為は特別な扱いを受ける。それに加え、情動をまったく欠いていれば、非人間的な行動に走りやすいと見なされる。良心の呵責をまったく感じない連続殺人犯は、自分の犯した罪を深く後悔する犯罪者に比べ、人間性に劣ると考える人もいる。それが正しければ、道徳性は特定の情動を感じる能力に基盤を持つと言わざるをえない。

古典的理論は、自己と外界のあいだに厳密な境界線を引く。あたりを見渡せば、木、岩、家、ヘビ、人々などが見える。これらの対象は、自己の解剖学的身体の外部に存在する。この見方によれば、倒れる木は、知覚する人がいようがいまいが、音をたてる。それに対し、情動、思考、知覚は、自己の身体構造の内部に独自の本質を持ちつつ存在する。要するに、心は完全に自己の内部に、世界は外部に存在するのだ。[35]

ある意味で古典的理論は、人間性を宗教からもぎ取り、進化の手に委ねる。人はもはや不死の魂ではなく、それぞれが明確に区別される、特殊化した内的な力の集合と見なされる。そして神の姿に似せるのではなく、遺伝子によってあらかじめ形作られた世界のなかに誕生するのである。人は世界を正確に知覚する。なぜなら、神がそのように人間を設計したからではなく、次世代に無事に遺伝子を受け渡すには、それが必須になるからだ。また心は、善 対 悪、あるいは正義 対 罪ではなく、理性 対 情動、皮質 対 皮質下領域、内的な力 対 外的な力、脳内の思考と身体内の情動が争い合う戦場であり、理性的な皮質に包まれた動物の脳を持つ人間は、魂を持つがゆえではなく、洞察力と理性を備えた進化の頂点を極めた動物であるがゆえに、他の動物とは一線を画するのだ。

ダーウィンの考えは、人間の本性についてのこの本質主義的な見方を包含している。彼が自然界から本質主義を一掃したのは確かだが、世界における人間の地位という点になると、彼は本質主義に屈してしまった。『人及び動物の表情について』には、「動物と人類は、情動の普遍的な本質を共有する」「情動は本人のコントロールの及ばないところで、顔面や身体にその表現を示そうとする」「情動は外界によって引き起こされる」という、古典的な人間観の三つの要素が含まれる。

その後ダーウィンは、自分の本質主義に背後から噛みつかれることになる。ダーウィンの知的後継者が彼の考えを採用し、古典的理論に形を与えたとき、皮肉にも彼らは、より完璧に本質主義に適合するよう、ダーウィンの言葉を誤解した（ねじ曲げた？）のだ。

事実ダーウィンは、『人及び動物の表情について』で、人類が、動物と共通の祖先から進化した普遍的な表情を示すと述べている。

すさまじい恐怖のために毛が逆立つ、激しい怒りに駆られて歯を剝き出しにするなどの人類の表現様式は、かつて人類が、現在よりはるかに劣った動物のごとき状態のもとで生きていたためだと考えなければ説明がつかない。人類とは区別されるが近い関係にある動物が呈する表現のなかには、人類やサルが笑うときに示す、同じ顔面筋の動きなど、共通の祖先を想定するとよりよく理解できるものがある。[36]

一読しただけでは、ダーウィンは「表情は、有用で機能的な進化の産物である」と主張しているように思えるかもしれない。事実、古典的理論はこの考えに依拠している。しかしダーウィンの論旨はその逆だ。微笑み、しかめ面、見開いた目などの表現は、今となっては無用の長物と化した痕跡であり、人間の尾骨や盲腸、あるいはダチョウの羽と同様、もはや機能を失った進化の産物だと、彼は書く。『人及び動物の表情について』には、この種の発言が十箇所以上見られる。[37] そもそも情動表現は、進化をめぐって彼が提示する、より包括的な議論の説得力のある実例をなす。[38] ダーウィンによれば、人間が、自分たちにとって無用な表現を他の動物と共有しているのは、太古の時代に生きていた共通の祖先の段階では、それがうまく機能していたからだ。痕跡として残された表現は、人間が動物であることを示す強力な証拠をなす。これは、一八五九年に刊行された『種の起源』で提起されている自然選択の考えの論拠となる。また彼は、それを一八七一年の次著『人間の由来』に適用している。

ダーウィンは、情動表現が生存に役立つよう進化したなどと主張していなかったという見方が正しいのなら、なぜ大勢の科学者たちが、彼はそう主張したと執拗に言い張っているのか？　私はそれに対する答えを、二〇世紀前半に活躍し、ダーウィンの考えをテーマに多数の著作を残したアメリカの心理学者フロイド・オールポートの記述に見出した。[39] オールポートは一九二四年、ダーウィンの業績をもとに思い切った推測を駆使して、その意味を大きく変える解釈を提示した。オールポートによれば、新生児の段階では表現は痕跡として表われるが、すぐに一定の機能を担うようになる。「祖先は生物学的に有用な反応を示し、子孫はその痕跡たる表現を呈するというのではなく、私たちは、両者の機能が子孫に備わっていると見なす。そして前者は、後者が発達するための基盤をなす[40]」

オールポートによるダーウィンの考えの改変は、不正確であったにもかかわらず、古典的な人間観を支持するがゆえに、ある程度の権威と妥当性を得た。オールポートの見方は、チャールズ・ダーウィンの後継者を名乗り志を同じくする科学者たちに、好んで採用された。しかし現実を言えば、彼らは単に、ダーウィンをハッキングしたオールポートの後継者にすぎなかった。

このように、ダーウィンという名は、科学的な批判という悪霊の攻撃を免れるための格好の隠れ蓑として機能することがある。それは、ジョン・デューイとフロイド・オールポートらが、ウィリアム・ジェイムズとダーウィンその人の言葉をまったく正反対のものに変え、古典的理論を強化することを可能にした。この隠れ蓑がうまく機能したのは、ダーウィンの考えに異を唱えれば、進化を否定することを意味したからだ（「ほら、おまえは創造論者に違いない」）。

ダーウィンの名という魔法の隠れ蓑は、それぞれが専門化した機能を担うかたまりの集合として脳が進化したという、誤った考えを広めるのに一役買った。また、古典的理論のこの主たる信念は、情動の働きに関与するかたまりを脳内に探すよう多くの科学者を仕向けた。この無益な研究は、ダーウィンの衣装をまとい、言語を司る脳のかたまりを発見したと主張する、一九世紀中盤の外科医ポール・ブローカによって道筋をつけられたのである。彼は、左前頭葉のある領域に損傷を負った患者が、うまく言葉を話せなくなることを発見した。この症状は、非流暢性失語、あるいは表出性失語と呼ばれる。この症状のある患者は、何か意味のあることを話そうとしても、言葉がゴタ混ぜになって出てくる。たとえば「木曜日、え、え、え、いや、え、金曜日、……バー・バ・ラ、……妻、……そして車、……運転する、……パーンパイク〔おそらく「ターンパイク（有料道路）」と言いたかったのだと思われる〕、……そうさ、……休憩と、……テレビ」などのように。[41] このような患者を観察したブローカは、古典的理論を信奉する科学者が扁桃体の損傷による症状を怖れの神経回路の存在の証明としてとらえたのと同様、脳内に言語の本質を探し当てたと考えたのだ。それ以来、この領域はブローカ野という名で知られている。

実のところ、ブローカは自分の主張を裏づける証拠をほとんど持っていなかったのに対し、他の科学者たちは、彼が間違っていることを示唆する証拠をふんだんに手にしていた。[42] たとえば、非流暢性失語症の他の患者のブローカ野がまったく無傷であると指摘した。[43] しかし、本質主義によって強化されたダーウィンの隠れ蓑を身にまとったブローカの主張は、それでも通用した。[44] ブローカのおかげで科学者たちは、「言語は神によって与えられた」のだとする信念に対抗して、「言語は〈理性的な〉皮質に宿る」という、言語の起源をめぐる進化の物語をつむげるようになった。神経科学によってブローカ野は言語の機能に必要でも十分でもないことが示されているにもかかわらず、依然として今日でも、心理学や神経学の教科書は、局在化された脳の機能のもっとも明瞭な例としてブローカ野を取り上げている。[*] 事実を言えばブローカ野は、心理的な機能を脳の特定のかたまりに位置づけようとする試みに失敗した例なのである。だが、ブローカに有利なように歴史が書き換えられ、本質主義的な心の見方に力を貸す結果になった。[45]

ブローカと彼がまとったダーウィンの隠れ蓑は、情動と理性が脳内で層をなして進化したという、古典的理論のフィクション（第4章で取り上げた「三位一体脳」説）を強化した。ブローカは、「人間の心は身体同様、進化によって築き上げられる」とする、『人間の由来』に提示されているダーウィンの主張に啓発された。[46] ダーウィンは、「動物は、私たちのものと同じ情動によって興奮する」と書き、人間の脳が、それ以外の身体部位と同様、「野卑な出自」を持つと推測している。[47] そのためブローカや、他の神経学者、生理学者たちは、私たちの内なる野獣たる、情動を司る動物的な神経回路を大々的に探し始めたのだ。彼らは、進化的により新しい皮質によって調節されていると思しき、脳の太古の部位と彼らが考える組織に焦点を絞った。

ブローカは、人間の脳の奥深くに存在する、太古の「葉（ローブ）」であると彼が信じる領域に「内なる野獣」を特定し、「*le grand lobe limbique*」すなわち「辺縁葉」と名づけた。彼自身は、それを情動の宿る場所と見なしてはいなかったが（嗅覚やその他の、生存に必須の原初的な神経回路が宿ると考えた）、辺縁組織を単一の統合された実体として扱い、情動の宿る場所としてとらえる本質主義に至る道を開いた。それから一世紀が経つうちに、ブローカの辺縁葉は、他の古典的理論の信奉者に導かれて、統合された「辺縁系」へと変わっていった。この系（システム）と銘打たれた組織は、進化的に古く、心臓や肺などの内臓をコントロールするためのもので、その起源たる人類以外の哺乳類の頃からほとんど何も変わっていないと考えられた。また、空腹や渇きなどを司る、脳幹内に存在する太古の「爬虫類の」神経回路と、動物的な情動を調節する、より新しい人類独自の皮質のあいだに横たわるとされた。[48] この架空の階層は、最初に野卑な欲求が、次に動物的な情動が、そして最高の到達点として輝かしき理性が進化したという、人類の進化に関するダーウィンの考えを体現する。[49]

古典的理論に啓発された科学者たちは、数々の情動を、皮質と認知のコントロールのもとに置かれている（と彼らが考える）脳の辺縁領域に位置する、扁桃体などのさまざまな組織に特定したと主張する。しかし現代の神経科学によって、辺縁系と呼ばれている組織はフィクションにすぎないことが示されており、脳の進化の専門家は、それを系（システム）と見なしていないのはもちろん、真剣に取り上げようと

*＝非流暢性失語症の患者の相当数は、ブローカ野に損傷を負っていない。その逆にブローカ野を損傷した人々のおよそ半数は、非流暢性失語症に見舞われていない。科学者たちは現在でも、側方前頭前皮質と呼んだほうが妥当なブローカ野の機能について盛んに論じている。現在では、この領域が言語の生成、文法能力、あるいは一般的な言語処理に特化していると考える人はほとんどいない。現時点での一致した見方は、それが内受容ネットワークやコントロールネットワークを含む、いくつかの内因性ネットワークの一部を構成するというものだ。言語との関連で言えば、コントロールネットワークは、「your」と「you're」のような、対立する候補のなかから脳が言葉を選択するのを支援する。ただし第6章で見たように、このネットワークは非言語的な機能にも関与している。

さえしなくなってきている。[50] 彼らによれば、辺縁系は脳内の情動の拠点ではない。情動のみに寄与している脳領域などただの一つもないことを考えれば、この見方は特に意外なものではない。（脳の構造に言及する際には）「辺縁」という言葉は依然として意味を持つが、辺縁系という概念は、人間の身体や脳への、ダーウィンを隠れ蓑にした本質主義的イデオロギーの適用のもう一つの例だと言える。

ブローカが脳のかたまりを持ち出すよりはるか以前から、人間の本性をめぐって古典的理論と構成主義的理論が争っていた。古代ギリシアでは、プラトンが人間の心を、理性的思考、情念（現代の用語で言えば情動）、空腹や性衝動などの欲求という三種類の本質に区分した。理性的思考は、情念と欲求をコントロールする役割を担う。プラトンはそれを、羽の生えた二頭のウマを飼いならす御者にたとえた。[51] しかしその一〇〇年前には彼と同郷のヘラクレイトスが、人間の心は、川が無数の水滴から構成されるように、その場で知覚を構築すると論じていた（第2章参照）。古代の東洋哲学に目を向けると、伝統的な仏教は、「ダルマ」と呼ばれる五〇以上の心的本質を列挙する。そのうちのいくつかは古典的理論が提起する、いわゆる基本情動に驚くほどよく似ている。しかし数世紀後、仏教の劇的な革新によって、「ダルマ」は概念に依拠する人間の構築物として再定義された。[52]

古代の小競り合い以来、両者の争いは、人類の歴史を通じて続けられてきた。一一世紀の科学者で、科学の方法論の発達に大きく貢献したイブン・アル＝ハイサムは、人間が判断と推論を通じて世界を知覚するという構成主義的な見方を提起した。[53] 中世のキリスト教神学者は本質主義者であり、脳内のさまざまな空洞を記憶、想像、知性の本質に個別に結びつけた。[54] ルネ・デカルトやバールーフ・スピノザら一七世紀の哲学者は情動の本質を信じ、記述していたのに対し、デイヴィッド・ヒュームやイマニュエル・カントら一八世紀の哲学者は、知覚に基礎を置く、より構成主義的な人間観を擁護した。一九世紀の神経解剖学者フランツ・ヨーゼフ・ガルは骨相学を創始し、脳に関するおそらくは究極の本質主義的見方を提起して、何と！　頭蓋の突起に心的本質を検知し測定しようとした。そのすぐあとでウィリアム・ジェイムズとヴィルヘルム・ヴントは、心の構成主義的理論を提起した。それに関してジェイムズは、「心と脳の関係を解き明かす科学は、心の基本的な構成要素が、脳の基本的な機能にどのように対応するのかを示さなければならない」と書いている。[55] ジェイムズとダーウィンは、人間の本性をめぐるこの争いの被害者だとも言えよう。というのも、彼らの情動の見方は「適切な」解釈を得ることはできず、本質主義者の観点から見た進化の勝利を主張するブローカのような科学者が、そのおこぼれをせしめたからだ。[56]

プラトンが提起する心の本質には、名前が変わったとはいえ（また私たちは羽の生えたウマなどと言わなくなったとはいえ）、現在でも影響力がある。今日では、それは知覚、情動、認知という名で呼ばれている。フロイトは、それらをイド、エゴ、スーパーエゴと呼び、心理学者でノーベル賞受賞者のダニエル・カーネマンは、比喩的にシステム1とシステム2と呼んだ（カーネマンはそれがたとえだと非常に慎重に述べているが、多くの人々は彼のその言葉を無視して、システム1とシステム2を脳のかたまりとしてとらえ、本質主義的に解釈しているように思われる）。[57]「三位一体脳」説は、それら三つを爬虫類脳、辺縁系、新皮質と名づけている。最近では神経科学者のジョシュア・グリーンが、直感に訴えるカメラのたとえを用いている。このカメラは柔軟で、自動設定モードの手っ取り早い撮影もできるし、マニュアルモードにしてよく考えながら撮影もできる。

その一方、構成主義的な心の理論も、今日ではあまた提起されている。心理学者でベストセラー作家のダニエル・L・シャクターは、記憶に関して構成主義的な理論を提唱している。[58] また、知覚、自己、概念の発達、脳の発達（神経構築）、そしてもちろん情動を論じるにあたり構成主義的な理論を適用した文献は、すぐに見つかるだろう。

本質主義と構成主義の争いは、今日ますます激化している。というのも、両陣営とも相手を風刺画（カリカチュア）のようなものとして見ているからだ。古典的理論は構成主義を、あたかもそれが「心は単なる白板で、生物学的構造は無視してよい」と言いたいかのごとく、「すべては相対的である」と主張していると して退（しりぞ）けたがる。対する構成主義は、文化の強い影響力を無視し、現状を正当化しているとして古典的理論を叩く。この風刺画によれば、古典的理論は「生まれ」だと、また構成主義は「育ち」だと言い張り、その結果くだらない叩き合いが繰り広げられている。

しかし現代の神経科学は、どちらの風刺画も認めない。私たちは白板などではないし、子どもたちは自由自在に変形できる「シリーパティー（粘土状のおもちゃ）」などではない。[59] しかし、生物学的構造は運命ではない。生きた脳を覗き込んでも、心のモジュールなど見当たらない。そこに見出せるのは、つねに複雑に相互作用しつつ、文化に応じてさまざまな種類の心を生み出す中核システムなのだ。経験に基づいて配線される人間の脳は、文化的な産物である。私たちは、環境によって発現したりしなかったりする遺伝子を持つ。また、環境に対する感受性を調節する遺伝子も存在する。[60] この主張は、私独自のものではない。だが、脳の進化と発達、そしてその結果築かれた脳の構造は、情動の科学と人間の本性の研究が進むべき道をはっきり示していると指摘したのは、私が初めてかもしれない。

人間の本性をめぐる数千年の争いは、皮肉にもそれ自体が本質主義によって汚染されてきた。両陣営ともに、たった一つの上位の力が、脳を形作り、心を設計していると想定していたのである。この上位の力とは、古典的理論では、自然、神、そして進化を、また構成主義では、環境、そして文化を意味する。だが生物学的構造か文化か、ではない。この指摘はこれまでにもなされてきたが、今こそ真剣に考えるべきときであろう。私たちは、心や脳の機能に関して万事を知っているわけではない。それでも、生物学的な決定論も、文化的な決定論も正しくないと言い切れるだけの知識は持っている。皮膚を境界に定めることは恣意的で、そもそも皮膚は穴だらけだ。スティーブン・ピンカーがいみじくも述べるように、「〈人間は柔軟なのか、それともあらかじめプログラムされているのか?〉〈人間の行動は普遍的なのか、文化によって変わるのか?〉〈人間の行為は学習されたものなのか、生得的なものなのか?〉などと今になっても問うことは、端的に言って誤りだ[61]」。悪魔は細部に宿る[62]。そして細部は私たちに、構成主義的情動理論を与えてくれる。

❦ ❦ ❦

神経科学の時代になり、古典的理論にとどめの一撃が加えられた現在、今度こそ私たちは、本質主義を脱してイデオロギーの軛なしに心や脳を理解し始めると信じたい。これはすばらしいアイデアなのだが、歴史はそれに対して否と答える。構成主義は、前回優位を占めた後、結局争いに敗れ、その擁護者はどこへともなく消え去っていった。私の好きなSFテレビドラマ『宇宙空母ギャラクティカ』の言葉を借りると、「これは以前にも起こった。だからまた起こるだろう」。最後にそれが起こって以来、そのために費やされた無駄な労力や人命の損失によって社会が被ったコストは、数十億ドルに達する。

私が語る戒めの話は、ダーウィンに啓発され、変異したジェイムズ＝ランゲ説を信奉する科学者たちが、怒り、悲しみ、怖れなどの情動の本質を無益に研究していた二〇世紀初期に始まる。何度も失敗を繰り返したあと、彼らは創造的な解決策を見出す。それによれば、身体や脳を対象に情動を測定できないのなら、その前後に生じた事象、つまり情動を引き起こしたできごとと、結果として生じた反応を測定すればよい。頭蓋の内部で何が生じているのかは、気にせずともよい。そのような考えに基づいて、心理学の歴史上もっとも悪名高き「行動主義」の時代の幕が切って落とされる。情動は、闘争（fighting）、逃走（fleeing）、食物摂取（feeding）、生殖（mating）という「四つのF」で示される、単なる生存に資する行動として再定義された。[63] 行動主義者にとっては、幸福は微笑みに、悲しみは泣き叫びに、そして怖れは凍りつきに等しい。情動的感情の指標の探求という、科学者の心を悩ませ続けてきた問題は、筆先一つで消し去られたのである。

心理学者はよく、キャンプファイアーを囲んでの怪談のようなおどろおどろしい口調で、行動主義について物語る。思考や感情などの心の機能は、行動に比べて重要ではない。あるいはそもそも存在すらしない。情動研究におけるこの「暗黒時代」が数十年間続くあいだ、人間の情動に関して価値ある発見は何もなされなかった（とされている）。最終的にほとんどの科学者が行動主義を捨てたのは、その考えが、「誰もが心を持つ。そして目覚めているあいだはつねに、思考、感情、知覚が働いている」という基本的な事実を無視しているからだ。思考や感情や知覚、ならびにそれらと行動の関係は、科学的な言葉で説明されなければならない。公式の歴史によれば、心理学は、一九六〇年代に暗闇から抜け出し、心は認知科学の革命によって科学研究の主題として復権され、情動の本質は、コンピューターのごとく機能する心のモジュールや組織にたとえられるようになった。[64] この変化を通じて、古典的理論の最後のピースが出揃い、古典的理論の二つの主要な流派、すなわち基本情動理論と古典的評価理論が公式に認定されたのだ。

歴史書はそう語る。だが、歴史書は勝者によって書かれる。ダーウィンからジェイムズを経て行動主義から救済へと至る情動研究の公式の歴史は、古典的理論の副産物だ。実際には、いわゆる暗黒時代にも、情動の本質など存在しないことを示す研究が次々に行なわれていた。そう、第1章で検討したもののような反証は、すでに七〇年前からあり、……そして忘れ去られている。その結果、情動の指標を探し求める無駄な研究に、現在でも大量の労力と資金がつぎ込まれているのだ。

私はこれらの事実を、二〇〇六年にわが研究室を掃除している最中、情動研究が潰え去ったとされる一九三〇年代に発表された二本の古い論文を見つけて偶然に知った。[65] 二本の論文は行動主義を擁護せず、情動には生物学的な本質など備わっていないと主張する。参照文献を追うと、五〇年にわたって書かれた、同僚の研究者のほとんどが聞いたことすらないような一〇〇本を越える文献が挙げられていた。[66] 論文の著者は創成期の構成主義者であった。ただし彼ら自身は、構成主義という言葉を使っていない。彼らは、種々の情動の身体的な指標を見つけるための実験を行なって失敗し、古典的理論が支持しえないものだと結論づけたうえで、構成主義の可能性を論じている。[67] 私は、この一群の科学者を「失われた合唱（コーラス）」と呼んでいる。というのも、彼らの業績は、著名な雑誌に発表されたにもかかわらず、いわゆる暗黒時代が終わって以来、そのほとんどが見落とされ、無視され、誤解されてきたからだ。

なぜ「失われたコーラス」は、半世紀ほど興隆したあとで消えてしまったのか？　私の推測では、彼らは、説得力のある古典的理論に対抗できるだけの情動理論を完全な形で提起できなかったからである。堅実な反証を提示したのは確かだが、批判だけでは生き残れない。哲学者のトーマス・クーンが科学革命の構造に関して述べているように、「あるパラダイムを代替パラダイムの提示なくして否定することは、科学それ自体を否定することである」[68]。だから一九六〇年代になって古典的理論が再度自己主張をし始めると、半世紀間の反本質主義的研究は歴史の彼方に一掃されてしまったのだ。現在、ありもしない情動の本質を求めて労力と資金が無駄に費やされたことに思いを馳せると、なんとも不幸なできごとであった。本書が刊行されようとしている現在、マイクロソフト社は、情動の認識を試みて顔写真を分析している。アップル社は最近、ＡＩ技術を用いて表情に情動を読み取ろうと試みているベンチャー企業エモティエント社を買収した。自閉症児を支援するために、表情に情動を読み取るグーグルグラスアプリの開発を試みている企業もある。スペインやメキシコの政治家は、いわゆる神経政治学を用いて表情から有権者の政治的志向を識別しようとしている。情動に関する差し迫った問いのいくつかは、まだ答えられていない。なぜなら、一般の人々が、情動がどのように作られるのかを知ろうとしている一方、多くの企業や科学者は、いまだに本質主義を実践し続けているからだ[69]。

人間であるとはどのようなことか――この問いをめぐる強固な信念を代表する古典的理論を脱するのは、非常にむずかしい。それでも、繰り返し客観的に測定可能な信頼に足る情動の本質を、ただの一つでも発見した者などいないという事実に変わりはない。反証データが山のようにある理論が放棄されないのなら、科学者は、科学的方法論に沿って自らの研究を進めているとは言えない。実のところ、イデオロギーに従っているのだ。[70] 古典的理論は一つのイデオロギーとして数十億ドルの研究費を無駄にし、一〇〇年以上にわたり科学研究を迷走させてきた。「失われたコーラス」が情動の本質という概念をかなり強固に排除した七〇年前に、科学者たちがイデオロギーではなく証拠に従っていたら、精神疾患の治療や子育ての方法は現在どうなっていたかと思わざるをえない。

❦ ❦ ❦

いかなる科学の営為も、一つの物語をなす。ときにそれは、ゆっくりとした発見の物語になることもある。「昔むかし、人々は多くを知りませんでした。しかしやがて私たちは、時が経つにつれてさまざまなことを学び、今日ではたくさんのことを知るようになりました」などのように。また、「かつては誰もが、正しいと思われる何かを信じていました。でもそれは間違いでした。今や真実が明らかにされたのです」などと、劇的な変化の物語になる場合もある。

私たちの探求は、物語に埋め込まれた物語というほうが近い。内側の物語は、「情動はどのように作られるか」に関するもので、その外側を人間であることの意味にまつわる物語が包んでいる。「二〇〇〇年にわたり、さまざまな反証が出されてきたにもかかわらず、人々は情動をめぐって、ある説を信じていました。ご存知のように人間の脳は、知覚を現実と取り違えるよう配線されています。今日では強力な道具によって、確たる科学的証拠に裏づけられた無視することのできない説明が得られるようになりました。……それでも、いまだに古い説を信じている人たちがいます」

　幸いにも、私たちは心や脳の研究の黄金時代に生きている。多くの科学者は、情動と人間の本性を理解するために、イデオロギーではなくデータに基づいて研究している。データに基づくこの新たな理解は、健全で満たされた人生を送るにはどうすればよいかについての考えを革新しつつある。脳は予測と構築によって機能し、経験を通してそれ自体を再配線するのなら、今日の経験を変えれば明日の自分を変えられると言っても、過言ではないだろう。[71] 続くいくつかの章では、情動を手なずけること、健康、法、他の動物との関係などについて、構成主義的情動理論の意義を検討する。

第9章

自己の情動を手なずける

Mastering Your Emotions

みずみずしい桃にかぶりついたり、ポテトチップスをパリッと頰張ったりするたびに、私たちはエネルギーを補給するだけでなく、快や不快、あるいはそのあわいの経験をしている。また、汚れを洗い流すためばかりでなく、肌にかかる温水の快さを感じるためにもシャワーを浴びる。あるいは、群れの一員になって捕食者から自分の身を守るためだけでなく、温かい友情を感じたり、ひと休みしたりするためにも、仲間とともに過ごそうとする。

以上の例は、身体と心のあいだに特別な関係があることを示している。私たちは、身体予算を調節するべく何らかの行動を起こすたびに、概念を用いて心的な行為を実行している。また、いかなる心的活動も身体に影響を及ぼす。この結びつきをうまく利用すれば、自己の情動を手なずけることによって、活力を向上させ、友人、親、恋人として、より好ましい人間になれる。あるいは、自分自身に対する見方を変えられるかもしれない。

自分を変えるのは簡単ではない。それについてセラピストや仏教の僧侶に訊いてみればわかる。彼らは、自分の経験に気づき、それをコントロールできるようになるまで何年も訓練を続ける。それでも、私たちはたった今、構成主義的情動理論と、それが示す人間の本性についての新たな見方に基づいて、一歩を踏み出すことができる。

本章で示す提案のなかには、「十分に睡眠を取るべし」など、ありきたりなものもあるはずだが、そのような提案にしても、この新たな科学的知見をもって説明すれば、読者を動機づけられるだろう。また、「外国語から言葉を学ぶべし」など、おそらく情動の健康と結びつけて考えたことなど読者にはないはずの、目新しいアドバイスもあるはずだ。あらゆる提案がすべての読者に有効なわけではない。ライフスタイルに応じて当てはまるアドバイスもある。しかし、それらを忠実に取り入れれば、おおよそ健康と豊かさに恵まれるだろう。たとえば情動語の語彙が豊富な学生は、学校でうまくやっていける。バランスのとれた身体予算を持つ人は、糖尿病、心臓病などの深刻な病気にかかりにくく、高齢になっても頭脳を長く明晰に保っていられる。そして自分の人生が、より意味のある満たされたものになるだろう。

指をパチンと鳴らすことで、服を着替えるかのごとく気分を意のままに変えられるだろうか？　普通は無理だ。自分自身が情動経験を構築しているのだとしても、情動は一瞬にしてあなたを支配する。とはいえ、自分の未来の情動経験に影響を及ぼし、明日の自分を磨くための一歩を踏み出せる。私が言及しているのは、予測する脳という現実の実体であり、「あなたの広大無辺な魂を照らし出そう」などというあいまいな、えせスピリチュアルの作り話なのではない。

内受容、気分、身体予算、予測、予測エラー、概念、社会的現実をめぐってここまで述べてきたことにはすべて、私たち自身や私たちの生活様式に関して、深く実践的な意義がある。本書の終盤では、その点について考察する。具体的に言えば、本章では情動の健康、第10章では身体的な健康、第11章では法、第12章では動物を取り上げる。

このように、以下の章では、人間の本性についての新たな見方を適用しつつ、とりわけ身体と社会のあいだの穴だらけの境界を考慮に入れながら、生活のレシピを書き上げていく。このレシピの主要な材料は、身体予算と概念だ。バランスのとれた身体予算を維持すれば、全般的な健康を維持できるだろう。したがって本章はそこから始める。また、多様で豊富な概念を手にできれば、充実した生活を送るための道具として使えるはずだ。

❦ ❦ ❦

自己啓発書はたいてい、心に焦点を絞る。考え方を変えれば感じ方も変わってくる。情動は、まじめに努力すれば調節することができる[1]——しかしその種の本は、身体をあまり考慮していない。第4～8章から読者にぜひ学んで欲しかったのは、「身体と心は固く結びついている」「行動は内受容によって駆り立てられる」「文化は脳を配線する」という三点だ。

情動を手なずけるためのもっとも基本的な手段は、身体予算を良好な状態に保つことである。内受容ネットワークは、日夜予測を発して身体予算を健全な状態に保とうとすること、そしてこの過程が感情（快、不快、興奮、落ち着き）の源をなすことを思い出してほしい。良好な気分を維持したいのなら、心拍、呼吸、血圧、体温、ホルモン、代謝などに関する脳の予測は、身体のニーズに合致していなければならない。さもなければ身体予算の管理が破綻し、いくら自己啓発書を読んでまじめに従っても、気分の悪さはどうにも改善されないだろう。

現代文化のもとでは、残念ながら身体予算の運用はいとも簡単に攪乱される。スーパーマーケットの商品や、チェーン展開しているレストランの料理は、コストを削るための添加物――精製糖や質の悪い脂肪分――に満ちている。[2] 学校や職場は、朝早く起きて夜遅く寝るような生活を強いるので、一三歳から六四歳までのアメリカ人の四〇パーセント以上が、恒常的に睡眠不足に置かれている。[3] この状態は、身体予算の運用に慢性的な攪乱をもたらし、うつ病などの精神障害を引き起こす可能性がある。[4] 企業の広告は、相応の衣類や車を買わないと世間体が悪くなると示唆することで、消費者の不安定な心につけこむ。社会的拒絶が身体予算に有害な影響をもたらすことは言うまでもない。[5] ソーシャルメディアは、社会的拒絶を受ける機会を増やし、不確かさをもたらす。それによって身体予算はさらにひどい打撃を被る。友人や上司は、あなたがいつ何時でも携帯電話を持っていることを期待する。そのためあなたには気の休まるときがない。また、深夜に映画を観てしまい、睡眠パターンを混乱させる。[6] かくして仕事、休暇、社交に関する社会の期待は、身体予算の管理に影響を及ぼし、社会的現実は身体的現実へと変換される。

身体予算は、内受容ネットワークの、予測を司る神経回路によって調節されることを思い出してほしい。予測が慢性的に身体のニーズに同期しなくなると、崩れたバランスを元に戻すのは困難になる。脳の饒舌なスピーカーたる身体予算を司る神経回路は、身体から上がってくる反証（予測エラー）にすばやく反応しなくなる。予測が長期にわたり見当はずれのものになると、慢性的にいやな気分に見舞われるようになるだろう。

常時ひどい気分が続くと、多くの人は自分で治そうとする。アメリカで消費されている薬の三〇パーセントは、何らかの形態の苦痛に対処するために服用されている。[7] そのような人にとって、予測は恒常的に、身体の支出と合っていない。おそらく、身体が必要としている費用を、脳が正しく見積もっていないからであろう。だから彼らは、気分が悪くなって薬を服用するか、アルコールやドラッグに手を出すようになるのだ。

これが悪いニュースなのは言うまでもない。では、予測を的確に調整し、身体予算のバランスをとるために何ができるのだろうか？　唐突に母親めいた指南をすると、それにはまず、健康な食事をし、運動を欠かさず、十分に睡眠をとることだ。ありきたりなことは承知のうえだが、残念ながら、生物学的に言ってそれに代わる方法はない。身体予算は財政予算と同様、確たる基盤があればたやすく維持できる。乳児の頃は保護者が身体予算の面倒をすべてみてくれるが、成長するにつれ、その責任は徐々に本人が持つようになる。友人や親がアドバイスしてくれることもあるだろうが、栄養面の面倒は自分で見なければならない。だから自分で努力して、野菜を食べ、精製糖や質の悪い脂肪を控え、定期的に運動し、[8] 十分に睡眠をとるようにしよう。[9]

このアドバイスは、普段の生活様式や習慣を大幅に変えない限り、実践不可能のように思われるかもしれない。ジャンクフードに手を出す、テレビを見過ぎるなど、現代文化の誘惑をどうしても振り払えない人がいる。あるいは、家計のやりくりに苦労している人には、生活様式を変えることはむずかしいかもしれない。しかし、やれることはやろう。健康な食事、定期的な運動、十分な睡眠が、バランスのとれた身体予算や健康な情動生活の前提条件であることは、科学によってはっきりと示されている。次章で検討するように、身体予算に慢性的に負荷がかかっていると、さまざまな病気にかかりやすくなる。

次に実践すべきは、可能なら身体的な快適さを得ることだ。恋人や友人や（財布に余裕があれば）プロのマッサージ師にマッサージしてもらおう。人の手による接触は、内受容ネットワークを介して身体予算を改善し、健康によい。[10] とりわけ激しい運動をしたあとで、マッサージは有効である。炎症を抑え、激しい運動の結果生じた筋肉の小さな亀裂の治癒を促進する。それを放っておけば不快に感じられるかもしれない。[11]

身体予算のバランスを維持する他の手段に、ヨガがある。長くヨガを実践している人は、おそらく身体活動とゆっくりとした呼吸の組み合わせのおかげで、迅速かつ効率的に落ち着きを取り戻すことができる。[12] ヨガはまた、体内に有害な炎症の発現を長期にわたって促す、炎症性サイトカインと呼ばれるタンパク質のレベルを低下させる[13]（このタンパク質については、次章で取り上げる）。定期的な運動は、心臓病、うつ病などの発症の可能性を下げる、抗炎症性サイトカインと呼ばれるタンパク質のレベルを高める。[14]

環境も身体予算に影響を及ぼす。したがって、できるだけ騒音や人ごみを避け、緑が多く自然な光が差す場所で過ごすようにしよう。新しい家に引っ越したり改装したりすることで、環境を変えられる人はそれほど多くはいない。しかし驚くべきことに、単に室内に鉢植えを置くだけでも効果がある。このような環境要因は身体予算にとって非常に重要なので、精神神経科の患者の迅速な回復にさえ役立つらしい。[15]

迫真の物語が展開される小説に没頭することも、身体予算に有益な効果をもたらす。それは単なる現実逃避ではない。他の人の物語に関わることは、自分の物語を生きることと同じではない。そのような心の探究は、内受容ネットワークの一部を構成するデフォルトモードネットワークを関与させ、（身体予算に悪影響を及ぼす）考え過ぎを回避させてくれる。あなたが読書家でなければ良い映画を観ればいい。悲しい話には遠慮なく泣こう。それも身体予算には有益だからだ。[16]

身体予算のバランスの維持に有益な、ごく単純な方法を紹介しよう。友人と定期的なランチデートを設定し、交替でおごり合うのだ。研究によれば、贈り物や感謝の表明は、各人の身体予算に資する。だからおごり合えば、身体予算のバランスの維持に良い影響を与えられる[17]（しかも長い目で見れば、コストはお互い半々で済む）。

他にもさまざまな実践方法がある。ペットを飼えば、当然触れたり、無条件にかわいがったりできる。庭園や公園で散歩をしよう。自分の趣味に関する研究をネットで検索し、それがストレスの緩和に役立つかどうかを確かめてみよう。あるいは実際にさまざまなことを試してみるのもよいだろう。どうやら編み物もストレスの緩和になるらしい。[18]私の場合はクロスステッチの刺繍だ。

自分の身体予算に合わせて趣味を変えることは容易ではない。それどころか不可能な場合もある。それでも、できるだけ試してみよう。気分が晴れ、それほどストレスを感じなくなるはずだ。

❦ ❦ ❦

情動の健康を維持するために身体予算の管理の次に実践すべきことは、概念の補強である。私はそれを「心の知能を育むための実践」と呼ぶ。古典的理論の信奉者は、他者の情動を「正確に検知すること」として、心の知能（EI ― emotional intelligence）をとらえるだろう。あるいは、「正しいタイミング」で幸福を経験し、悲しみを避けることだと考えるかもしれない。だが新たな情動の理解に従えば、心の知能を別の角度からとらえられる。「幸福」も「悲しみ」も、さまざまなインスタンスから成る。したがって心の知能は、脳が、特定の状況のもとで、その状況にもっともふさわしく有益な情動概念の、最適なインスタンスを構築できるようにすることだと言える（また、情動概念で**は**な**い**、情動以外の概念のインスタンスを構築すべきときを知ることでもある）。

ベストセラー『EQ』の著者ダニエル・ゴールマンによれば、心の知能の高さは、学問、ビジネス、人間関係において、より大きな成功をもたらす。彼は次のように述べる。「どんな職業や分野でも、そこでトップに登りつめるにあたって、情動的な能力は、純粋に認知的な能力に比べ、二倍の重要性を持つ[19]」。だから、心の知能に関して広く受け入れられている科学的な定義や尺度などないと知ったら、読者は驚くだろう。ゴールマンの著書には、道理にかなった実践的なアドバイスが多数提示されているが、それらのアドバイスが有効である理由は説明されておらず、のみならず、そこで引き合いに出されている科学的根拠は、時代遅れの「三位一体脳」モデルに強い影響を受けている。それによれば、情動という内なる野獣をうまく手なずけられるのなら、あなたは高い心の知能を備えているというわけだ[20]。

心の知能は、概念という用語でうまく特徴づけられる。たとえばあなたは、「すばらしい気分」と「ひどい気分」という二つの情動概念しか知らなかったとしよう。すると自分自身で情動を経験したり他者の情動を知覚したりする際、あなたはたった二つのどんぶり勘定的な概念を用いて情動経験を分類する他はない。そのような人は、心の知能が高いとは言えない。それに対し、「すばらしい気分」のより細かな意味（幸福、満足、興奮、リラックス、喜び、希望、啓発、誇り、あこがれ、感謝、至福など）や、「ひどい気分」の五〇種類の陰影（怒り、腹立ち、警戒、悪意、不満、後悔、陰うつ、悔しさ、不安、恐怖、憤慨、怖れ、嫉妬、悲惨、憂うつなど）を識別する能力を持っていれば、脳は、予測、分類、情動の知覚に有用な多くのオプションを駆使して、状況に応じた柔軟な対応ができるだろう。感覚刺激を効率的に予測して分類し、状況や環境に即した行動を起こせるようになるのだ。

要するに、ここでの問題は情動粒度である。（第1章で述べたように）いかにしてきめ細かな情動を構築し経験できるかは、人によって異なる。粒度の細かな情動経験が可能な人は、情動の専門家と言えよう。彼らは、その都度の状況に緻密に合致した予測を発し、情動のインスタンスを生成することができる。その対極には、おとなが持つ情動概念をまだ発達させていない子どもが位置する。幼い子どもは、（第5章で見たように）不快な感覚を表現するのに「悲しい（sad）」と「怒っている（mad）」を混同して用いる。わが研究室は、おとなにも、さまざまな段階の情動粒度が見出されることを示してきた。[21] つまるところ、心の知能を高めるためのカギは、新たな情動概念を獲得し、すでに持っている情動概念を研ぎ澄ますことにある。

新たな概念を獲得する方法は、旅行に出る（森を散歩するだけでもよい）、本を読む、映画を観る、食べたことのない料理を食べてみるなどあまたある。それらを実践して、経験のコレクターになろう。真新しい服を着るように、新たな視点を身につけよう。その種の活動は、複数の概念を結びつけて新たな概念を構築するよう脳を促し、自分の予測や行動が変化する方向へと概念システムを改変してくれるだろう。

一例を紹介しよう。わが家では、夫のダンが、ごみと資源の分別を担当している。というのも、私はすぐに、単にリサイクルが可能なはずという理由で、セロファンや木片などの、本来入れてはならないものを資源回収箱に入れてしまう癖があるからだ。夫は、私のせいで余計な仕事が増えたのだからフラストレーションに駆られてもおかしくないはずだが、むしろヒーローものの漫画本を収集していた子どもの頃に得た概念を当てはめておもしろがっていた。彼は、現実を無視した私の無益な試みを願望的リサイクルと呼び、一種の「スーパーパワー」としてとらえていたのだ。こうして、人をいらいらさせる私の癖は、彼によっておもしろおかしい欠点に変えられたのだ。

もっとも手っ取り早く概念を習得する方法は、おそらく新たな言葉を学ぶことである。読者には、新たな言葉の習得が情動の健康をもたらすと考えたことはないのかもしれないが、この結論は、構築の神経科学から直接導き出される。言葉は概念の種(たね)を蒔き、概念は予測を駆り立て、予測は身体予算を調節し、身体予算は感情を左右する。したがって、語彙の粒度がきめ細かくなればなるほど、脳は予測するにあたり、それだけ正確に身体予算を身体のニーズに合わせられるようになる。事実、きめ細かな情動粒度を示す人は、医者や薬の世話になることが少ない。[22] これは魔法などではなく、身体と社会のあいだの穴だらけの境界をうまく利用したときに起こることである。

だから、できるだけ多くの言葉を覚えよう。自分の心の安全地帯を抜け出す機会を与えてくれるような本を読もう。ナショナル・パブリック・ラジオ〔米国の非営利団体による公共放送〕などの考えさせる聴覚メディアに耳を傾けよう。「幸福な」という言葉だけで満足してはならない。「陶酔的な」「至福の」「啓発された」などの、もっと細かな意味を持つ言葉を覚えて実際に使ってみよう。「悲しい」などの一般的な用語と、「落胆した」や「意気消沈した」などの用語の区別を学習しよう。関連するさまざまな概念を築いていくにつれ、よりきめ細かな経験を構築することが可能になるはずだ。また、覚える言葉は母語だけに限定しないようにしよう。外国語を調べて、たとえば一体感を表わすオランダ語の言葉*gezellig*や、強い罪悪感を表わすギリシア語の言葉*enohi*など、母語には対応する言葉がない概念を探そう。かくして覚えた言葉は、新たな方法で自己の経験を構築するきっかけになるはずだ。[23]

社会的現実と概念結合の力を利用して、独自の情動概念を発明するのもよい。作家のジェフリー・ユージェニデスは小説『ミドルセックス』で、一語を割り当てているわけではないが、「中年に始まる鏡への憎悪」「空想しながら眠ることの落胆」「ミニバー付きの部屋で過ごすことの興奮」などの興味深い例をいくつもあげている。自分でもやってみよう。目を閉じて車を運転している自分を思い浮かべてみる。もう二度と戻ってこないつもりで故郷の町を離れる。いくつかの情動概念を結びつけて、そのときの感情を描写できるだろうか？　このテクニックを毎日実践していれば、さまざまな状況に巧みに対処できるようになるはずだ。またおそらく、他者に強い共感を抱けるようになり、いさかいを調停し、人々とうまくやっていく能力が向上するだろう。第7章であげた「ポテチ・ロス」のように、それに名前をつけて、家族や友人に教えることもできる。いったん共有されれば、その概念は、他のいかなる情動概念とも同様に現実のものとなり、身体予算に同様の恩恵をもたらす。

心の知能が高い人は、たくさんの概念を持つばかりでなく、どの概念をいかなる状況で使うべきなのかを心得ている。画家が微妙な色の違いを見分け、ワイン愛好家が独自の味わい方に習熟していくように、あなたも実践を通して分類の能力を磨くことができる。髪は乱れ、よれよれの服にはしみがつき、たった今目覚めたばかりといった風情で息子が登校しようとしていたとする。そんな彼を叱って服を着替えさせることもできようが、その代わりに、次のように自分自身がどう感じているのかを自問することもできる。「学校の先生が息子を真剣に扱ってくれなくなるのが心配なのだろうか？」「油ぎった彼の髪の毛に嫌悪を感じているのか？」「あんな服装だと、親の自分が白い目で見られると考えているのだろうか？」「せっかく買ってあげた服を息子が着ないことに腹を立てているのか？」「小さかった息子が成長してしまったので、かつての無邪気さをなつかしんでいるのだろうか？」——その種の自問がおかしく感じられるのなら、人々はそのために大枚はたいてセラピーや人生相談を受け、状況の見直しに役立つ、つまり行動の指針としてもっとも有益な分類を見出そうとしていることを思い出してほしい。あなたも実践を積めば、情動の分類の専門家になれる。繰り返せば繰り返すほど、楽にできるようになるだろう。

クモ恐怖症の研究によって、きめ細かな情動の分類は、情動を「調節する」他の二つのアプローチにまさることが示されている。[24] それらの一つ、認知的再評価と呼ばれるアプローチでは、被験者は、「私の目の前にいるのは小さなクモで無害だ」などと、恐ろしくないものとしてクモを表現するよう教えられる。二つ目のアプローチは気を散らすことで、被験者の注意をクモとは無関係なものに向けさせる。三つ目のアプローチは、感覚刺激をより粒度の細かなレベルで分類するというもので、被験者は、たとえば「私の目の前にいるのは、とても醜いクモで私の神経を逆なでする。でも興味深い」

などと考える。実験の結果、クモ恐怖症の人がクモがいる方向に近づくときに不安をそれほど感じないようになるには、三つ目のアプローチがもっとも有効だとわかったのだ。なおこの効果は、実験終了後一週間持続した。

情動粒度の高さには、満ち足りた人生を送るにあたって、その他にも有益な効果がある。いくつかの研究によって、不快な感情をきめ細かく識別する能力を持つ人は（要するに、五〇種類の「ひどい気分」を識別できる人は）、情動の調節において三〇パーセントほど柔軟性が高くなり[25]、ストレスを感じたときに飲みすぎることが少なく[26]、自分を傷つけた相手に攻撃的に振る舞うこともあまりない[27]。統合失調症を抱える人のあいだでも、きめ細かな情動を示す人は、そうでない人に比べて、家族や友人と良好な関係を維持できていると報告することが多い。また、社会生活の場面で、正しい行動を選択する能力が高い[28]。

それに対して情動粒度の低さは、あらゆる種類の問題に結びつく。うつ病[29]、社交不安障害[30]、摂食障害[31]、自閉症スペクトラム障害[32]、境界性パーソナリティ障害[33]を抱える人や、単に不安や抑うつを頻繁に経験する人[34]は、負の情動に対して粒度の低さを示す。また統合失調症と診断された人は、正の情動と負の情動の識別において、情動粒度の低さを示す[35]。情動粒度の低さが疾病を引き起こすと言いたいのではないが、何らかの役割を果たしていると考えられる。

概念を磨くにあたって情動粒度の改善の次にできることは、セラピーや自己啓発書でよく取り上げられる方法だが、肯定的なできごとの日記をつけることである。少しでも微笑ましいできごとがあっただろうか？　肯定的なできごとを経験するたびに、概念システムが働きかけられ、その経験に関連する概念が強化される。すると世界に関する心的モデルのなかで、概念が際立ち始める。それを書き留めておくとよい。なぜなら、言葉は概念の発達を促し、肯定的なできごとを予測する心構えを涵養してくれるからだ[36]。

それに対し、不快なものごとに思いを巡らせていると、身体予算に変動が生じる。深く考え過ぎると悪循環を引き起こす。たとえば、恋人との関係の破綻に思いを巡らせるたびに、予測に動員されるインスタンスがつけ加えられ、考え悩む機会がさらに増える。破局に至ったときの罵り合いや別れ際の恋人の表情など、関係の破綻に関連する概念のいくつかが、世界のモデルのなかで確固たる位置を占める。そしてそのような概念は、踏み固められた道がそこを通る人によって本物の道路になるように、たとえ自分では望んでいなくても、神経活動のパターンの一つとして脳によってますます頻繁に再生されるようになるのだ。自分が構築する経験はすべて一種の投資なので、投資は賢明に行なう必要がある。だから、将来もう一度構築したくなるような経験を培うようにしよう。

ときには、故意に不快な情動のインスタンスを生成することにも意義がある。重要な試合の前に自分に怒りを焚きつけるアメフトの選手を思い出してみればよい[37]。彼らは、叫び、跳躍し、こぶしをつき上げて試合に勝つための心構えを築く。心拍を上げ、深呼吸をし、身体予算に何らかの影響を及ぼすことで馴染みの身体の状態を作り出し、特定の情動がパフォーマンスの向上につながった過去の経験に関する知識を基盤に、競技場という文脈のもとでそれを分類する。また攻撃的な心構えは、チームメイトとの連帯感を強め、相手チームに対して「覚悟しておけ！」という警告を発する。これは、意外な状況で心の知能が作用することを示す一例である。

あなたが親なら、子どもの心の知能を磨きあげられることを覚えておこう。子どもには理解がむずかしそうに思えても、できるだけ早い時期から、情動やその他の心的状態について語っておくとよい。乳幼児は、親が気づく前から概念を発達させるという事実を思い出そう。だから子どもの目を見て、自分の目を見開いて注意を引き、情動や他の心的状態に関する言葉を用いて、身体の感覚や動きについて教えよう。「あの子を見てごらん、泣いているね。転んでひざをすりむいたから痛がってるんだね。悲しくなって、お父さんかお母さんに抱っこしてもらいたいのかもしれないね」などと、物語の主人公の感情や自分自身や子どもの情動について、さまざまな情動語を用いながら詳しく説明するとよい。何が情動を引き起こすのか、また他者にどのような影響を及ぼすのかについても話してあげよう。その際、人間の存在そのものや人間の動き、あるいは人間が立てる音から成る神秘の世界をガイドする案内役になろう。[38] その詳細な説明を通して、子どもの概念システムと、それが生む情動の発達が育まれるはずだ。[39]

子どもに情動概念を教えることは単なるふれあいではなく、それを通して子どもにとっての社会的現実を創りあげていることを忘れてはならない。また、身体予算を調節し、感覚刺激の意味を解釈し、それに働きかけて自分の感情を伝え、より効果的に他者に影響を及ぼす道具を与えているのである。子どもは、かくして習得したスキルを生涯にわたって用いる。

子どもに情動概念を教えるときには、「幸福を感じたら微笑む」「怒ったらしかめ面をする」などの本質主義的なステレオタイプにとらわれないようにしよう（欧米流の情動のステレオタイプがたれ流しになるＴＶアニメとの闘いは困難だが）[*]。また、微笑みは文脈によって、幸福のほかにも、きまりの悪さ、怒り、場合によっては悲しみさえ意味しうることなどを教えることで、現実世界の多様性を子どもに理解させよう。自分の感情がよくわからなかったり、他者の感情を単に推測しているだけだったり、推測がひどくはずれていたりしたときには、そのことも率直に認めよう。

まだ話せない乳児を含め、幼い子どもと言葉を交わし合うことで、十分に会話をするようにしよう。子どもがよちよち歩きをする頃には、情動概念を築くために、言葉そのものと同じくらい会話のパターンが重要になる。[40] 夫と私は、「赤ちゃん言葉（ベイビートーク）」を使って娘に語りかけたことは一度もなく、彼女が生まれたときから、はっきりとおとなの言葉で話しかけ、彼女に可能なあり方で「反応」させるために、しばらく間を置くようにしていた。スーパーマーケットでは、私たちは他の買い物客からおかしな家族だと思われていたようだ。しかしそのおかげで私たちの娘は今や、おとなにきちんと話しかけられる、高い心の知能を備えたティーンエイジャーに育った（今や小数点以下三桁の情動粒度で私を悩ませる彼女を、私は誇りに思っている）。

あなたの子どもは、わめきちらしたり、癇癪を起こしたりするだろうか？ そのようなときには社会的現実を有効に活用して、情動を抑え、うまく鎮める手助けができる。私の娘のソフィアは、二歳になると癇癪を起こすようになった。もちろん、彼女に静かにするよう諭しても無駄だった。そこで

＊＝ピクサーの映画は、ステレオタイプに固執していない点で特筆に値する。情動に関する徹底的に本質主義的なファンタジーである『インサイド・ヘッド』でさえ、キャラクターが情動を表わすシーンで、顔面や身体の微細な動きが幅広く示されている。

私たちは、「怒りっぽい妖精」という概念をあみ出した。ソフィアが癇癪を起こしたときには（あるいは運よく直前にそれを察知できたときには）、私たちは彼女に「あら、いやだ。怒りっぽい妖精がまた来ているのね。妖精はソフィアちゃんまで怒りっぽくするから、あっちへ行ってもらうことにしましょう」と言うことにしたのだ。それから私たちは、気分を鎮める特別な場所として用意した椅子（『セサミストリート』のキャラクター、エルモの絵が描かれた、毛羽立った赤い椅子）に彼女をすわらせた。最初のうちこそ、すわらせようとしても、癇癪を起こして椅子をひっくり返したりしたが、やがて自分で椅子に向かって歩いて行き、不快感が鎮まるまでじっとすわっているようになった。「怒りっぽい妖精はあっちへ行っちゃった」と、私たちに報告することもあった。このようなやり方はばかげていると思えるかもしれないが、確かな効果があった。こうして、「怒りっぽい妖精」「エルモの椅子」などの概念をあみ出してソフィアと共有することで、彼女がひとりでいても落ち着けるよう手助けしてくれる道具を手にできたのだ。彼女にとってこれらの概念は、おとなにとってお金、芸術、権力などの社会的現実が現実であるのと同程度に、現実のものになったのである。

豊かな情動概念を持つ子どもは、学校で良い成績を収めることが多い。[41] イェール大学の心の知能センターで行なわれたある研究では、参加した児童は、一週間につき二〇分から三〇分間、情動語に関する知識を増やしながら使うよう指導された。その結果、社会的な行動の質と学校の成績が向上した。[42] この教育モデルを導入した教室は、秩序がより保たれていた。また事情を知らされていない観察者から、教育的サポートがしっかり行き届いているという評価を得た。[43]

それに反し、子どもの感覚について情動語で語りかけなかった場合、概念システムの発達を阻害する結果を招く。高所得世帯の子どもは、低所得世帯の子どもに比べ、四歳になるまでに四〇〇万回以上多くの言葉を見たり聞いたりしており、語彙が豊富で読解力が高い[44]。それゆえ物質的な利点を享受できない子どもは、社会で遅れをとらざるを得ない[45]。低所得世帯の両親に子どもとふれあう機会を増やすようアドバイスするなどの単純な介入方法でも、子どもの学業成績は向上する[46]。同様に情動語をより頻繁に用いることは、子どもの心の能力を向上させる。

同じ効果は、子どもの行動に対してフィードバックを与えても得られる。研究によれば、低所得世帯の子どもは四歳になるまでに、賞賛の言葉に比べて否定的な言葉を一二万五〇〇〇回多く聞き、高所得世帯の子どもは否定的な言葉に比べて賞賛の言葉を五六万回多く聞く。つまり低所得世帯の子どもは、身体予算により大きな負荷を受けており、しかもその対処に役立つ処方箋を多くは持っていない[47]。

誰もが、つい子どもに小言をいってしまう。しかし子どもへの対応は具体的なものにしよう。娘がいつまでも泣いているのなら、「やめなさい」と叱るのではなく、「あなたが泣いているといらいらしてくるから、泣くのはやめよう。何か困っていることがあるのなら、それを言葉にしよう」と言ったほうがよい。あるいは、息子が突然娘の頭を叩いたときには、彼に「悪い子ね」などと言わないようにしよう（「悪い子」という概念を発達させないよう）。もっと具体的に、「妹をたたくのはやめなさい。たたかれれば痛いし、いやな気分になるでしょう。だから彼女に謝りなさい」と言うべきだ。同じことは賞賛にも当てはまる。娘に「よい子ね」と言うのではなく、「お兄ちゃんをたたき返さなかったのは立派ね」と、彼女の行動面を褒めよう。そのような言い方は、子どもがより有益な概念を構築するのに役立つ。声音にも気をつけよう。というのも、声音はそれを発した人の気分を伝えやすく、子どもの神経系に直接的な影響を及ぼすからだ。[48]

子どもの身体予算を効率的に調節することで、より豊かな情動概念のシステムや、学業の向上につながる全般的な言葉の発達を促進できる。

❦ ❦ ❦

さてこれで、バランスのとれた身体予算が維持できるよう生活様式を見直し、概念システムを強化して情動の専門家になるためにベストを尽くせるだろう。それでも生活には浮き沈みがある。愛情、あいまいな社会生活、不誠実な職場、うつろいゆく友情や愛情に翻弄されることもあるだろう。もちろん年齢を重ねるごとに、身体は徐々に衰えていく。そんな状況のもとで、感情を手なづけるために何ができるだろうか？

もっとも単純なアプローチは身体を動かすことだ。いかなる動物も、動くことで身体予算を調節する。身体が必要としている以上にグルコースが供給された場合、勢いよく木に登れば、エネルギーのレベルを安定した状態に戻せる。しかし人間は、純然たる心的概念を用いることで、動かずに身体予算を調節する能力を持つ点で独自である。だがこの能力を発揮できなければ、人間も動物と同じだということを忘れてはいけない。億劫でも立ち上がって動き回ろう。音楽に合わせて踊ってみよう。公園で散歩しよう。[49] なぜその種の実践が有効なのか？ 身体を動かせば予測が変わり、それによって経験も変わるからだ。また動くことは、肯定的な概念を前面に出すよう脳のコントロールネットワークを促す。

情動を手なづけるもう一つのアプローチに、場所や状況を変えて予測を調節するという方法がある。一例をあげよう。ベトナム戦争中、アメリカ兵の一五パーセントはヘロイン中毒に陥っていた。故郷に帰還すると、最初の一年間、彼らの九五パーセントは麻薬に手を出さなかった。一般の人々のあいだでは、麻薬の再使用に至らずに済むのは一〇パーセントにすぎないことを考えれば、この数字は驚異的である。[50] 場所の変化が予測を変え、薬物に対する欲求を緩和したのだ（ときに私は、中年の危機と言われている現象が、文脈を変えることで予測を変えようとする思い切った試みなのではないかと思うことがある）*。

身体を動かすことや状況を変えることでは情動を抑えられない場合、次にできる試みは自己の感情を再分類することである。説明しよう。気分がすぐれないとき、人は内受容刺激に起因する不快な気分を経験している。脳は律儀に、そのような感覚刺激を引き起こしている原因を予測しようとする。もしかするとそれは、「胃が痛い」など、身体が発するメッセージなのかもしれない。あるいは、「生活習慣に大きな問題がある」というメッセージでもありうる。そこには、純然たる身体的な「痛み」と、個人的な生活様式に関わる「不快感」の違いが存在する。

*＝クイーン・アンズ・レースを栽培していたケヴィン（第7章参照）は、次のように言う。「すべてがうまくいってないと思うのなら、ゆったりとした美しいスカーフを身につけ、おしゃれなサングラスをかけ、オープンカーを買って乗り回せばいい」

体内に侵入するウイルスの観点から見た場合、あなたの身体がどのように見えるかを想像してみよう。あなたは、ウイルスがこっそりと増殖するために使えるDNA、タンパク質、水分、あるいはその他の生物学的材料が詰まった大きな袋にすぎない。感染しようとしているインフルエンザウイルスは、あなたの考えや性質、価値観には何の関心もない。したがって「こいつはひどい髪型をした俗物だから感染してやれ」などと、あなたの性格に対して何らかの道徳的判断を下すことはない。ウイルスは人を平等に扱う。病気をもたらしはするが、そこに私情を差し挟むことはない。睡眠不足の人は押しなべて、感染の可能性が高くなるということだ。

その一方、気分は内受容刺激を、独自の長所や短所を持つあなたに関わる何かに変える。この感覚は個人的なものであり、あなたの感情的ニッチの内部に宿る。みじめな気分になったときには、世界が陰惨な場所に思える。他人は自分をやたらに批判し、戦争があちこちで起こり、極地の氷は融けかかっている。ゆえに苦痛を覚える。たいていの人は、苦痛の緩和に多くの時間を費やしている。私たちはしばしば、栄養摂取のためではなく、楽しみや気晴らしのために食べる。[51]思うに薬物依存とは、身体予算の慢性的バランス失調から生じる苦痛を緩和しようとする試みではないだろうか。

身体的な痛みと個人的なライフスタイルに起因する不快感を、瞬時に区別するのはむずかしい。カフェインが効いているのか、それともいらいらしているのか？　読者が女性なら、月経周期に関連するあいまいな身体症状を経験しているはずだ。そしてその感覚刺激を、実際には生じていない情動の意味に結びつけて分類しているのかもしれない。わが研究室が、二〇人の研究員と数十万ドル相当の機器類とともに、ある大学から別の大学に移った二〇一〇年のことを私はよく覚えている。すべてがうまくいっていないように思えた。そのとき私は、二週間の旅行に出かけようとしていた。心に火がつくたびに何とか気を鎮め、すんでのところで抑えていたのだが、そのうち私のノートパソコンが故障してしまった。私は台所の真ん中でへたり込み、すすり泣き始めた。ちょうどそのとき、夫が台所に入ってきて私の哀れな姿に気づき、「生理前なの？」と無邪気にも訊いてきた。それを聞いた私は、「何？　この性差別主義者のブタ野郎！　こっちは必死なのに何て能天気なの！」と彼につかみかかった。この怒りは夫も私自身も驚かせた。三日後、彼の言葉の正しさが証明された。

実践を積めば、身体的な感覚刺激を、それを通して世界を見るフィルターに変えるのではなく、その逆に気分を単なる身体的な感覚へと解体できるようになる。たとえば、不安を速い心拍に置き換えられる。ひとたび身体的な感覚へと解体できれば、「この胸の高鳴りは、不安ではなく期待や興奮の現われなのだろう」などと、自分の持つ概念を利用して、それらを別の方法で再分類できる。

周囲を見回して、何かに注意を集中してみよう。そしてそれを、立体的な視覚対象としてではなく、その知覚を構築している、さまざまな色の光の個別的な断片として再分類してみよう。少しむずかしいかもしれないが、訓練を積めばできるはずだ。その物体のもっとも輝いている部分に注目し、その輪郭を目で追ってみよう。繰り返し実践すれば、このような方法でモノを解体する術を学べる。レンブラントのような偉大な画家は、まさにそれを行なってモノを現実にキャンバスに描くことができたのだ。あなたも同様にして、情動を解体する術を学べるだろう。

再分類は、情動の専門家が使う道具である。情動を手なずけて自己の行動を調節するにあたって、より多くの概念を知り、より多様なインスタンスを生成する能力を持っていれば、それだけ効率的に再分類ができる。たとえば、受験直前に頭がのぼせたように感じたとする。その場合、そのような感情を有害な不安としても（「もうだめだ。受かりっこない！」）、有益な期待としても（「活力がみなぎってきた。よし、やってやろうじゃないか！」）再分類できる。娘が通っている空手道場の師範ジョー・エスポジートは、黒帯昇段審査の前に神経質になっている生徒に「きみの蝶を一斉に飛び立たせなさい」とアドバイスする。彼はそれによって、「確かにきみは緊張している。でも、それを臆病のせいだととらえないようにしよう。決心のインスタンスを生成しなさい」と諭しているのだ。

この種の再分類は、日常生活において実質的な恩恵を与えてくれる。[52]ＧＲＥ〔大学院進学適性試験〕などの数学テストの成績を調査したさまざまな研究によって、身体による対処の徴候として不安を再分類すると、成績が上がることが見出されている。[53]不安を興奮として再分類する人にも同様な効果が見出されており、大勢の前で話すときや、カラオケで歌うときでさえ良好な結果が得られ、不安の典型的な徴候をあまり示さなくなる。彼らの交感神経系は依然として神経質な蝶を生んでいるはずだが、能力の発揮を阻害し、人をみじめな気分に陥れると一般に言われている炎症性サイトカインの分泌が抑えられるために、[54]より良い結果が得られるようになるのだ。[55]公立短期大学で行なわれた数学の補習クラスの学生を対象とする研究では、効果的な再分類を行なうことで、試験の点数と最終的な成績が上昇することが示されている。[56]学位が取得できるか否かは、経済的に成功するか生涯苦労するかを左右することを考えれば、この効果は、本人のその後の人生に多大な影響を及ぼすと言えるだろう。[57]

たとえば激しい運動をしているときに覚えた身体的苦痛を有益なものとして分類できれば、十分な持久力を培えるだろう。米国海兵隊は、「痛みは身体を去らんとしている虚弱さだ」という標語を掲げて、この原理を実行に移している。身体から入って来る感覚刺激を消耗として分類していれば、不快感を覚えた瞬間に運動を止めるだろう。運動の継続は健康に有益なのに、人はたいてい、つねにある一定の限界内でのみ運動している。[58] しかし再分類の力を借りて運動を継続することによって、やがて健康で強靱な身体も満足感も得られる。この実践を積めば積むほど、持続して運動できるように概念システムが調節可能になるはずだ。

腰痛、スポーツによる負傷、困難な治療による苦痛などの身体の問題は、純然たる身体の痛みと、気分が関わる苦痛の相違を判別する、同様な機会を与えてくれる。たとえば慢性疼痛を患う人は、痛みの強度に釣り合わないほど大きな影響が生活全般に及んでいると、悲観的に考えることが多い。[59] そのような人が身体の痛みと不快感を区別する術を学ぶと、鎮痛剤をそれほど所望しなくなり、使用頻度が減る。[60] これは、毎年ほぼ六パーセントのアメリカ人が慢性疼痛を緩和する薬の処方を受けており、その多くが、長期的には痛みの症状を悪化させることが現在では知られている、習慣性のあるオピエート〔ケシの実を由来にする鎮痛薬〕である点を考慮すれば、非常に重要な発見である。[61]『痛みの追跡(*Paintracking*)』の著者デボラ・バレット（私の親戚でもある）によれば、純然たる身体の問題として分類できれば、痛みは個人的な災いとして感じられなくなるという。

苦痛を身体の痛みとして再分類し、心的なものを身体的なものに解体するという考えは、古代から存在する。仏教で実践されているある種の瞑想法では、苦痛を軽減するために、感覚を身体症状として再分類する。仏教徒は、この実践方法を「自己の解体」と呼んでいる。「自己」とは「アイデンティティ」であり、記憶、信念、好悪、希望、人生の選択、道徳観、価値観などから成る一連の特徴の集まりを指す。また、遺伝子、身体的な特徴（体重、目の色など）、民族、性格（陽気、誠実さなど）、他者との関係（友人、親、子、恋人など）、社会的役割（学生、科学者、セールスマン、工場労働者、医師など）、所属するコミュニティ（アメリカ人、ニューヨーク市民、キリスト教徒、民主党支持者など）によって、あるいは運転している車によってさえ自分を定義することができる。これらの定義は、「自己とは、自分が誰であるかを示す感覚であり、その人の本質であるかのごとく長く保たれる」という考えに基づいている点で共通する。[62]

仏教徒は、自己を虚構ととらえ、人間の苦悩の主要な源泉と見なす。仏教徒の観点からすれば、高価な車や服を欲しがったり、名声を高めるために賛辞を得ようとしたり、自分の人生に役立つ地位や権力を追い求めたりすることは、虚構の自己を現実の自己と取り違えている（自己を具象化している）ことを意味する。その種の物質的な関心は、即座に快楽や満足をもたらしてくれるかもしれないが、黄金の手錠〔golden handcuffs は特別待遇も意味する〕のようにその人を罠に陥れ、われわれが「長引く不快な気分」と呼ぶ執拗な苦痛を引き起こす。[63] 仏教徒にとって、自己は一過性の身体的病気以上に大きな問題を孕む。要するに、自己は、永続する不幸の源泉なのである。[64]

「自己」に関する私の科学的な定義は脳の働きを考慮に入れたものだが、仏教の見解とも親和性がある。自己は社会的現実の一部であると、私は考える。虚構ではないとしても、中性子のように実在するものでもなく、他者の存在に依存する。[65] 科学的に言えば、予測や、それによって生じる行動は、他者による自分の扱いにある程度依存する。ひとりで自己を保つことはできない。[66] 今や私たちは、映画『キャスト・アウェイ』（米・二〇〇〇年）で、孤島に四年間置き去りにされたトム・ハンクス扮する主人公が、バレーボールを使ってウィルソンという名の仲間を作り出さねばならなかった理由を理解できるはずだ。[67]

行動や嗜好には、自分に合ったものや合わないものがある。好きな食べ物もあれば、あえて食べないものもある。イヌ派もいればネコ派もいる。これらの行動や嗜好は十人十色だ。フライドポテトが大好物だとしても、毎日食べたりはしない。熱狂的な愛犬家でさえ、実は見るのもいやなイヌがいたり、密かにネコを愛好していたりする。概して言えば、自己とは、そのときの自分の嗜好や習慣を要約する、自分がすることとやしないことの集合のようなものなのだ。

この見方には覚えがあるのではないか？　自分がすることとやしないことは、概念の特徴でもある。したがって私の見るところ、自己は、「木」や「ハチの攻撃から身を守るもの」や「怖れ」などの通常の概念と何ら変わりがない。[68]自分自身を一つの概念としてとらえている人などほとんどいないだろうが、もう少しおつき合い願いたい。

自己が一つの概念であれば、私たちはシミュレーションによって自己のインスタンスを生成していることになる。各インスタンスは、その瞬間の目的に合致している。私たちは、自己を自分の経歴によって分類することがある。親のこともあれば、子であることもあり、恋人の場合もあろう。ときに単なる身体でもありうる。社会心理学者は、私たちが複数の自己を備えていると言うが、[69]それらを「自己」と呼ばれる、たった一つの合目的的概念の複数のインスタンスとしてとらえることもできる。この見方では、目的は文脈によって変化しうる。[70]

私たちの脳は、乳児、幼児、青少年、中年、老年などの各時期を通して、「自己」の多様なインスタンスをどのように追跡しているのだろうか？　その答えは、「私たちの一部は、つねに一定しているからだ」というものだ。つまり、私たちはつねに身体を抱えている。あらゆる概念は、学んだときの（内受容予測としての）身体の状態を含む。内受容が大きく関与している、「悲しみ」などの概念もあれば、「ビニール袋」など、ほとんど関与していないものもあるとはいえ、それらの概念は、いずれもつねに同一の身体に関係している。[71]したがってモノにせよ、他者にせよ、あるいは「正義」などの純然たる心的概念にしろ、私たちが行なう分類はすべて、わずかでも自分自身を含んでいる。そしてそれが、自己の感覚の初歩的な心的基盤をなすのである。[72]

仏教徒が言うように、自己という虚構は、「人間には、その人をその人たらしめている恒久的な本質が備わっている」と見なすことに由来する。実際には、人間はそのような本質を備えていない。私の考えでは、自己は、外界と身体から入って来る持続的な感覚入力を分類するにつれ、今や読者にはお馴染みの二つのネットワーク（内受容ネットワーク、コントロールネットワーク）を含む、情動を生む予測中核システムによって、つねに構築し直されている。事実、デフォルトモードネットワークと呼ばれる内受容ネットワークの一部は、「自己システム」と呼ばれてきた。このシステムの活動は、内省しているあいだ一貫して増大する。アルツハイマー病に罹患したときなどデフォルトモードネットワークが萎縮すると、やがて自己の感覚が失われていく。[73]

自己の解体は、いかにして自己の情動のマスターになれるかについて新たな洞察をもたらしてくれる。概念システムにひねりを加え、予測を変えることで、未来の経験ばかりでなく、「自己」を改造することさえできるのだ。

家計のやりくりがうまくいかず不安に駆られている、当然と考えていた昇進が先送りされて腹が立っている、学校の成績の悪さに落胆している、あるいは恋人に捨てられて落ち込んでいるため気分が悪かったとしよう。仏教の教えでは、そのような感情は、自己を具象化するために富、名声、権力、安全に執着した結果によって生じる煩悩だとされる。構成主義的情動理論の用語で言えば、富や名声などは、自分の「感情的ニッチ」の内部に存在する。そして、身体予算に影響を及ぼし、やがて不快な情動のインスタンスの生成を導く。その瞬間の自己を解体すれば、「感情的ニッチ」が縮小し、「名声」「権力」「富」などの概念は不要になる。[74]

　欧米の文化にも、「モノに執着するな」「艱難汝を玉にす」「何を言われても平気だ」など、それに類する金言が存在する。だが私は、それをもう一歩進めるべきだと言いたい。病気や侮辱によって苦痛を感じたとき、「自分は、ほんとうに危険にさらされているのか？　それとも自己という社会的現実が脅かされているだけなのか？」と自問してみるとよい。それに対する答えは、高鳴る動悸や胸のつかえ、あるいは額に浮かぶ汗を純然たる身体的な感覚刺激として再分類し、水に溶かした胃腸薬のごとく不安、怒り、落胆を解消するのに役立つだろう。[75]

　この種の再分類は簡単にできるものではない。しかし実践を積めば不可能ではなくなり、健康に資するようになる。「自分に関係しないもの」として再分類したものは、感情的ニッチから去っていき、身体予算に大した影響を及ぼさなくなる。同様に、「うまくいった」「誇らしい」「光栄だ」「満足した」などと感じたときには、一歩下がって、その手の快い情動は社会的現実から生じ、虚構の自己を強化する結果をもたらすという点を思い出そう。自分の成功を祝福するのは構わないが、それを黄金の手錠にしてはならない。少し平静になるほうが有益だ。

この方法をもっと進めたいのなら、瞑想を試してみよう。瞑想にはさまざまなタイプがあるが、そのうちの一つ、マインドフルネス瞑想法は、今この瞬間に注意を集中し、さまざまな感覚が生じては消えていく様子を、いかなる判断も差し挟まずに観察するよう教える。* この状態は（それを達成するには多大な実践が必要とされる）、新生児が周囲を観察するときの、静かで注意を集中した状態を思い起こさせる。新生児の脳は予測エラーに心地よく満たされながら、不安のない状態に置かれている。新生児は感覚刺激を経験し、そして解き放つ。瞑想は、それに似た状態に入ることを可能にする。その状態が得られるようになるには何年もの実践が必要だが、次善の手段は、思考、感情、知覚を、より簡単に解き放てる身体的な感覚刺激として再分類することだ。少なくとも最初は、身体に焦点を絞る分類の優先度を上げ、自分や自分の置かれている立場に関して心理的な意味を付与する結果をもたらす分類の優先度を下げるために、瞑想を活用することができる。

科学者の手で詳細な結果が得られているわけではないが、瞑想は脳の構造と機能に強い影響を及ぼす。瞑想実践者の、内受容ネットワークとコントロールネットワークの主たる領域は拡大し、領域間の結合は強まっている。[76] この結果は、われわれの予想に一致する。というのも、内受容ネットワークは心的な概念を構築し、身体やコントロールネットワークから入って来る感覚刺激を表象するのに、またコントロールネットワークは分類の調節に、重要な役割を果たしているからだ。数時間トレーニングを行なっただけで、この結合が強まっていることを見出した研究もある。さらには、瞑想がストレスの軽減、予測エラーの検知とその処理の効率化、（「情動調節」と呼ばれる）再分類の促進、不快な気分の軽減をもたらすことを示した研究もある。ただしこれらの発見は、一貫して得られているわけではない。というのも、あらゆる実験が、比較対照群を十分に設定しているわけではないからだ。[77]

自己の解体は、非常に困難なものになりうる。だがその効果の一部は、畏敬の感覚を養い経験することで、すなわち自分よりはるかに大きなものの存在を感じることで、もっと単純に得られる。[78] この方法は、自己と距離を保つことに役立つ。

私は、ロードアイランド州の海辺の家で家族と一緒に夏の数週間を過ごしたとき、畏敬の念をじかに体験したことがある。私たちは毎晩、激しいコオロギの鳴き声の交響楽に包まれていた。私はそれまでコオロギの鳴き声に注意を向けたことはなかったが、今やそれは私の感情的ニッチに入って来たのだ。毎晩コオロギの鳴き声を聴くのが待ち遠しくなり、寝るときには、それを耳にすると気分が休まるようなった。[79] そして休暇から戻ってきたあとでも、夜静かに横たわっていると、わが家の厚い壁越しにコオロギの鳴き声が聴こえてくるのに気づくようになった。今や夏になって、研究室でストレスに満ちた一日を過ごしたあと、不安を感じて真夜中に目が覚めたときにコオロギの鳴き声を聴くと、すぐにもう一度眠りにつくようになった。こうして私は、自然に包まれて自分が小さな存在のように感じられる、畏敬に触発された概念を得たのだ。この概念を用いれば、望むときに身体予算の状態を

＊＝仏教徒の観点からすると、自己の解体は、「分類」を中断することだと言えるかもしれない。しかし神経科学の観点から言えば、脳が予測を中断することは決してない。したがって概念をオフにすることはできない。

変えられる。私は地面の裂け目から小さな雑草が伸びてくるのを目にして、文明によって自然を飼いならすのは不可能であることを悟り、自分というとるに足らない存在に慰めを見出すために、その概念を活用するようになった。

畏敬の感覚は、海岸の岩に砕け散る波の音に耳を傾ける、星を眺める、嵐雲の下を歩く、見知らぬ土地に出かける、スピリチュアルなイベントに参加することでも得られる。なお、頻繁に畏敬を感じると自己申告する人は、炎症を引き起こす悪性のサイトカインのレベルが低い（ただし因果関係はまだ立証されていない）[80]。

畏敬の感覚を養うにせよ、瞑想するにせよ、あるいは経験を身体的な感覚刺激に解体するためのその他の方法を見つけるにせよ、再分類は情動を手なずけるために不可欠な道具だ。気分がすぐれないときには、不快な感覚を個人的に何か意味があるものとしてとらえるのではなく、ウイルスに感染しているなどと考えるようにしよう。その感情は単なるノイズかもしれず、十分な睡眠をとれば済むかもしれないのだから。

❦ ❦ ❦

ここまで、自己の経験に対して心の知能を高めるためには何をすればよいかを見てきた。次に他者の情動を知覚する能力を高めることで、健康を向上させる方法を検討しよう。

私の夫ダンは、私たちが知り合う以前のことだが、数十年前に短いあいだながら困難な時期を過ごし、セラピストを紹介されたことがある。最初のセッションが始まって三〇秒くらいで、ダンは集中しているときに彼がよく見せるしかめ面をした。するとセラピストは、自分の知覚を疑うことなく、「抑圧された怒りが溜まっています」と宣告した。ちなみにダンは、私が知る限りもっとも穏やかな人物の一人である。ダンが「自分は怒ってなどいない」と返すと、クライアントの感情を読む自分の能力を過信していたセラピストは、「いや怒っています」と言い張った。それを聞いたダンは、入ってから秒針が一回転すらしないうちに診療室をあとにしていた。おそらくこれは、セラピー・セッションの世界最短記録に違いない。

セラピストをけなそうとしているのではない。私が言いたいのは、他者の心の状態に関する自分の知覚が「正しい」と確信することが（あるいは「正しくありうる」と考えることさえ）、誤りであるということだ。この確信は古典的理論に基づく。それによれば、ダンは、たとえ本人が気づいていなくても、明確な指標を持つ怒りを表明したのであり、セラピストはその怒りを検知したのだと見なされる。他者の情動経験の知覚に長じるためには、その手の本質主義的な仮定を捨て去る必要がある。

ダンのセラピーで、いったい何が起こったのか？　ダンは注意の集中という経験を、それに対してセラピストは怒りの知覚を構築したのだ。どちらの構築も、客観的な意味ではなく、社会的な意味で現実のものである。情動の知覚は推測であり、相手の経験と一致した場合にのみ、言い換えると、適用する概念が両者のあいだで一致した場合にのみ「正しい」。他者がどう感じているかがわかるという確信はつねに、実際の知識とは何の関係もない。ただ感情的現実主義にとらわれているだけだ[81]。

他者の情動を知覚する能力を向上させるためには、他者が何を感じているかが自分にはわかるという思い込みを捨てなければならない。あなたと友人が感情に関して意見の一致が見られなかった場合、ダンのセラピストのように、友人のほうが間違っていると決めつけてはならない。そうではなく「私たちは見解が一致していないようだ」と考え、好奇心をもって友人の視点を学ぶようにしよう。友人の経験に関心を持つことは、正しくあることより重要なのだから。

では、知覚が単なる推測にすぎないのなら、コミュニケーションは成立しうるのか？ 自分の子どもの学校の成績に誇りを持っているとあなたが私に言ったとしよう。「誇り」が一貫した指標を持たない多様なインスタンスの集合なら、あなたの言う「誇り」が、そのうちのどれを指しているのかを、私はどのように知るのか？（ちなみに、誇りにはただ一つの本質が存在すると見なす古典的理論では、この問いは生じない。その考えに従えば、あなたは誇りを伝達し、私はそれを認識するだけだからだ）。あなたと私は、脳の予測システムを動員することで、特定の情動をその多様性にもかかわらず伝達し合える。情動は予測に導かれる。だから私があなたを観察するとき、私が知覚する情動は、自分の予測に導かれている。つまり情動のコミュニケーションは、あなたと私が同期して予測し、分類するときに起こるのだ。[82]

科学者とバーテンダーは、人々がコミュニケーションを図るときには、とりわけ好意や信頼を分かち合っていると、行動が同期することを心得ている。私がうなずくとあなたもうなずく。あなたが私の腕に触ると、私はすぐにあなたの腕を触り返す。私たちの非言語的な行動は、同期がとれている。加えて、生物学的な同期が存在する。固い絆で結ばれた母親と子どもの心拍は同期している。同じことは、会話に熱中しているときに、誰にでも起こる。対応するメカニズムは現在でも不明だが、私の考えでは、母親と子どもが、お互いの胸がふくらんだり収縮したりするのを無意識に観察することで、呼吸が同期するからではないだろうか。[83] 私はセラピスト見習いだった頃、自分の呼吸と相手の呼吸を故意に同期させることで、クライアントを催眠状態に陥らせやすくする方法を学んだ。[84]

同様に私たちは、情動概念を同期させる。情動は予測に導かれる。ゆえに、あなたが私を観察するとき、あなたが知覚する情動は、あなたの予測に導かれる。私の声音や動作は、あなたの脳によって知覚される際、予測を確認するか、予測エラーを引き起こす。

あなたが私に「息子がクラス劇で主役を演じることになったんだ。実に誇らしい」と言ったとしよう。このあなたの言葉と行為によって、「誇り」という共有概念を二人のあいだで同期させるべく、私の脳内で一連の予測が発せられる。私の脳は、過去の経験に基づいて確率を計算し、多数の予測をただ一つの最適な勝者インスタンスに絞る。こうして私は、「それはおめでとう」と言う。この手順は、あなたが私を理解しようとする際にも逆方向に繰り返される。二人が共通の文化的背景や、過去の経験を持っていれば、また、特定の相貌、動作、声音などの特徴が、文脈に応じて一定の意味を持つという点に同意していれば、同期の度合いは高まる。こうしてあなたと私は、「誇り」という言葉で示される情動的経験を、少しずつ共同で構築していくのだ。

このシナリオでは、あなたがどう感じているかを私が理解するために、二人の概念が正確に一致している必要はないが、それなりに一致した目的を共有していなければならない。その一方、私が、不快なタイプの誇りのインスタンス、具体的に言えば傲慢さや見下した態度に基づく誇りというインスタンスを生成した場合には、あなたが使っている概念と私の想定は異なり、私は鈍感にも、あなたの言うことを理解し損なったことになる。なおここでは、この構築過程があなたと私のあいだで交互に生じているかのように述べたが、実際には両者の脳内でつねに継続的に生じている点に注意してほしい。

経験の共同構築は、各人の身体予算の調節を可能にする。集団で暮らすことの大きな利点の一つは、そこにある。社会的な生物では、ミツバチやアリ、あるいはゴキブリでさえ[85]、あらゆるメンバーが身体予算を調節し合っている。しかし、純然たる心的概念を教え合って同期して使うことでそれを実現しているのは、人間だけだ。人間は言葉を用いることで、たとえ相手が遠く離れた場所にいたとしても、それぞれの感情的ニッチに入っていく。異なる大陸で暮らしている人同士でさえ、電話やeメールを使って、あるいは相手のことを考えるだけでも、それぞれの身体予算の調節が可能なのである。

この過程では、言葉の選択が大きく影響する。自分が選択した言葉によって、相手の予測が形作られるためだ。「気分はどう?」などの一般的な問いではなく、「動転しているの?」などの、より具体的な問いを子どもに発する親は、子どもの答えに影響を及ぼし、情動を共同で構築して、子どもの概念を「動転」に向けて彫琢する。同様に、「落ち込んでいますか?」と患者に尋ねる医師は、「調子はどうですか?」と尋ねる場合より、問いを肯定する回答を引き出す可能性が高まる。これは一種の誘導尋問であり、弁護士が証人から証言を引き出すとき（や反対尋問を行なうとき）に使う手立てと同種のものである。日常生活においても、法廷と同様、自分の言葉使いに応じて相手の予測が左右されるという点に十分に留意しておく必要がある。

また、自分の感じていることを誰かに知らせたい場合、相手が効率的な予測をし、同期を取れるよう、はっきりした手がかりを与える必要がある。古典的情動理論では、責任はすべて知覚者にある。なぜなら、情動は普遍的に表現されると考えられているからだ。それに対し、構成主義的情動理論に基づけば、送り手も責任を負わなければならない。[86]

❦ ❦ ❦

あなたはまだ本書を読んでいなかったとしよう。そして誰かに「情動のマスターになりたくない？なりたければ、ジャンクフードをあまり食べず、新しい言葉をたくさん覚えよう」と言われたとする。これは、あまり直感に訴えない助言のように思えるかもしれない。しかし健全な食習慣は、バランスをとりやすい身体予算と、より的確な内受容予測の獲得へとつながる。また、新しく覚えた言葉は、情動の経験や知覚を構築する基盤となる新たな概念の種を蒔く。情動とは無関係のように思われる多くの事象が、実際には自分の感情に深甚な影響を及ぼす。なぜなら、社会と身体のあいだの境界は穴だらけだからだ。

人間は、身体の状態に影響を及ぼす純然たる心的概念を生み出すことのできる、特異な動物である。社会と身体は、身体と脳を介して密接に結びついており、社会と身体のあいだをどれだけ効率的に行き来できるかは、それまでに習得してきたスキルに依存する。だから情動概念を育てよう。社会の現実に合わせて脳を配線する機会を持つようにしよう。不快感を覚えているのなら、自分の経験を解体、もしくは再分類するとよい。そして他者に関する自分の知覚は推測であり、事実ではないと認識しておこう。

本章で紹介してきたスキルのなかには、育成が非常に困難なものもある。科学の知見を活用して自分の生活様式を劇的に変えることは、「かくのごとく脳は機能する」と私のような科学者に教えられることとはまったく異なる。食生活や睡眠の習慣を立て直したり、もっと運動したり、新たな概念を学んで分類を実践したりすることで、ときおり自己という虚構から抜け出すことができるほど余裕のある人が、どれほどいるだろうか？　誰もが仕事や学校、あるいは日常生活のこまごまとしたことで忙しく、自由に使える時間は限られている。その種の実践は、それによって最大の恩恵を受けられる人々にこそ確保がむずかしい、時間と金銭の投資を要する。とはいえ誰もが、散歩に出る、寝る前にいくつかの情動概念を結びつけてみる、ポテトチップスを食べないようにするなどの、自分でもできる**何がしか**の実践を本章に見つけられるはずだ。

　ここまで見てきたように、情動概念や身体予算は、効率的に運用すれば健康の改善につながる。しかし疾病の触媒にもなりうる。情動は、うつ病、不安障害、原因不明の慢性疼痛、2型糖尿病をもたらす代謝機能不全、心臓病、がんなどの消耗性疾患に影響を及ぼすと言われている。それとともに、神経系に関する新たな発見は、構成主義的情動理論が、身体と社会のあいだの境界をあいまいにしつつあるのと同様、身体の病気と心の病気のあいだに横たわっていると考えられてきた境界を解体しつつある。次章では、それについて検討しよう。

第10章

情動と疾病

Emotion and Illness

かぜをひいたときのことを思い出してみよう。鼻水、せき、熱など、さまざまな症状が現われたはずだ。たいていの人は、かぜの原因をウイルスに帰している。しかし科学者が一〇〇人の被験者の鼻からかぜウイルスを注入したところ、罹患したのは二五パーセントから四〇パーセントにすぎなかった。[1]したがって、かぜウイルスをかぜの本質と呼ぶことはできない。もっと複雑な何かが起こっているに違いない。つまりウイルスは、必要条件ではあっても十分条件ではない。

集合的に「かぜ」と呼ばれる種々の症状の集まりは、身体のみならず心にも関係する。たとえば内向的な人やネガティブ思考の人は、細菌にさらされるとかぜにかかりやすい。[2]

構成主義的情動理論に基づく新たな人間観は、疾病に関することがらを含め、心と身体の境界を解体する。それに対して従来の本質主義的思考は、はっきりとこの境界を画する。脳が問題なら神経科医に、心が問題なら精神科医に診てもらおう、というわけだ。昨今の見方は心と脳を統合し、疾病をより深く理解するための指針を提供してくれる。

たとえば、不安障害、うつ病、慢性疼痛、慢性ストレスなどの疾病に罹患すると出現するさまざまな症状は、銀の食器を収めた引き出しのように、いくつかのタイプにきっちりと区分されているわけではない。それぞれの疾病には驚くほど多くの変種がある。また、疾病間の症状の重なりも非常に多い。このような状況には、聞き覚えがあるのではないだろうか。ここまで学んできたように、幸福や悲しみなどの情動カテゴリーには本質など存在しない。情動カテゴリーは、他者の身体や脳との共存という文脈のもとで、自己の身体や脳に備わる中核システムによって作られる。私が本章で述べたいのは、明確に定義できる疾病と思われているものにも、著しく多様な生物学的パイを切り分ける人為的な手段によって構築されたものがあるということだ。

疾病の理解に構成主義的なアプローチを適用すれば、いくつかの未解明の難題に答えることができる。「なぜかくも多くの障害が、同じ症状を呈するのか?」「不安や抑うつを抱える人が非常に多いのはなぜか?」「慢性疲労症候群は明確に定義できる疾病なのか? それともうつ病が、通常とは異なる見かけによって現われただけなのか?」「いかなる組織も損傷していないのに慢性疼痛に苦しむ人は、心の病にかかっているのだろうか?」「なぜ心臓病患者の多くが、抑うつの症状を呈するのか?」などである。異なる病名をつけられたいくつかの疾病が、一連の同じ要因に由来し、疾病間の境界があいまいなのであれば、謎は謎ではなくなるだろう。

この章は、本書でも推測的な部分がもっとも多い章になるが、データによる裏づけがあり、ここに提起する考えが、刺激的で興味深いと感じてもらえることを願っている。本章では、痛みやストレスなどの現象、あるいは慢性疼痛、慢性ストレス、不安障害、うつ病などの病気は、通常考えられている以上に関連しており、情動と同様な様態で構築されるという点を見ていく。この見方を理解するカギは、予測する脳と身体予算について正しく把握することにある。

身体予算は通常、脳が身体のニーズを予期し、酸素、グルコース、塩分、水分などの資源を循環させることによって、一日を通じて変動する。食物を消化している最中は、胃や腸は筋肉から資源を「借り」、走るときには、筋肉は肝臓や腎臓から資源を借りてくる。これらのやりくりが進んでいるあいだ、身体予算は支払い可能な状態に置かれている。

身体予算のバランスは、脳の予測がひどくはずれると失われる。このような事態は普段でもよく起こる。上司やコーチと話をするとき、担任の先生がこっちに向かって来るときなど、心理的に何か意味のあるできごとが起こると、脳は、誤って燃料が必要だと予測し、それによって生存のための神経回路が活性化される。すると身体予算に影響が及ぶ。一般に、その種の短期的なバランスの乱れは、引き出した分を食事や睡眠で補える限り、心配には及ばない。

とはいえバランスの乱れが長引くと、体内の活動は悪化する。脳は、身体がエネルギーを必要としているという誤った予測を繰り返して発し、身体予算を赤字にする。身体予算の誤った割り当てが慢性化すると健康が劇的に損なわれ、免疫系の一部である身体の「借金取り」が呼び出される。

免疫系は通常、誤ってハンマーで指を叩いたときやハチに刺されたとき、あるいは病原菌に感染した際に腫れができるように、炎症を引き起こすことで侵入者や負傷から私たちを保護し、体内の善玉の一つとして機能する。炎症は、前章で言及した炎症性サイトカインと呼ばれる小さなタンパク質によって生じる。負傷したり病気にかかったりすると、細胞はサイトカインを放出し、血液が問題のある箇所に誘導される。そのため該当箇所の温度が上がり、腫れが生じる。*誘導されたサイトカインが治癒を助けるあいだ、その人は疲労や具合の悪さを感じる。

炎症性サイトカインはまた、「借金取り」の役割を与えられると悪玉になることがある。たとえば危険な地区で暮らしていて毎晩銃声が聞こえるような状況下に置かれているために、身体予算が慢性的にバランスを欠いていると、特に悪玉と化す。そのような過酷な環境のもとで脳は、実際の身体の需要以上にエネルギーが必要とされていると恒常的に予測する。そしてこれらの予測は、必要以上に頻繁かつ大量にコルチゾールを分泌するよう身体を促す。コルチゾールは通常、炎症を抑制する（だから、ヒドロコルチゾンクリームを塗ることでかゆみが治まり、ヒドロコルチゾン注射を打つことで腫れが引くのだ）。しかし、血中のコルチゾールレベルが長期間上がったままになると、炎症は激化し、活力の喪失を感じるようになり、[3]発熱することもある。そのようなときに鼻からかぜウイルスを注入されれば、かぜをひくだろう。

かくして悪循環に陥る。炎症のせいで疲労を感じると、限られた（と脳が誤ってとらえている）エネルギー資源を保存するために、あまり動かなくなる。食事の量が減り、睡眠の質が低下し、運動しなくなる。すると身体予算のバランスがさらに乱れ、深刻なほどのひどい気分に陥る。[4]体重が増える場合

*＝あらゆるタイプの炎症にサイトカインが関与しているわけではない。またあらゆるサイトカインが炎症を引き起こすわけでもない。ここでは、炎症性サイトカインが引き起こす慢性的な炎症に焦点を絞って説明している。簡潔さのために、「サイトカイン」と述べているにすぎない。

もあり、そうなると問題がさらに悪化する。というのも、脂肪細胞には炎症を激化させる炎症性サイトカインを産生するものがあるからだ[5]。自分の身体予算の調節を助けてくれるはずの人々に会うのを避けるようになるかもしれない。そもそも社会的なつながりが少ない人は、炎症性サイトカインのレベルがそうでない人より高く、病気にかかりやすい[6]。

一〇年ほど前、科学者たちは驚くべきことに、炎症性サイトカインが脳に侵入できることを発見した[7]。また現在では、脳には、炎症性サイトカインを分泌する細胞を持つ独自の炎症システムが備わることが知られている[8]。ひどい気分を引き起こしうるこの小さなタンパク質は、脳を作り直す。つまり脳内の炎症は、脳の構造、とりわけ内受容ネットワークに変化をもたらし、神経結合に干渉してニューロンを殺しさえする[9]。慢性的な炎症は、注意の集中、記憶の想起を困難にし[10]、ＩＱテストの成績を低下させる[11]。

たとえば、仕事仲間が突然飲みに誘ってくれなくなった、自分が送ったメールに友人が返信をくれないなど、ストレスのかかる社会的状況に置かれたとき、何が起こるかを考えてみよう。通常、あなたの脳は、実際には必要とされていない燃料を身体が必要としていると予測し、一時的に身体予算に打撃が加わる。しかし、この社会的状況がいつまでも続いたらどうだろう？　毎日、社会的拒絶を耐え忍ばなければならなくなったとしたら？　あなたの身体は警戒状態を解除できず、コルチゾールやサイトカインに満たされる[12]。そしてあなたの脳は、身体が何かの病気にかかっている、あるいはどこかが損傷していると見なし始め、慢性的な炎症が生じる[13]。

脳内の炎症は大きな問題である。予測、とりわけ身体予算を管理するための予測に悪影響を及ぼし、そこから過剰に予算を引き出そうとする。身体予算を運用する神経回路は聞く耳を持たない、すなわち身体の訂正要求をほとんど受けつけないことを思い出そう。炎症は、それを「完全に聞く耳を持たない」状態へと近づける。脳の身体予算管理領域は、状況に無感覚になり、身体予算の過剰な引き出しが止まらなくなる可能性が高まる。するとその人は、疲労や不快感によって消耗する。身体予算の慢性的な乱れは、資源を枯渇させて身体を消耗させ、さらなる炎症性サイトカインの蓄積を促す。こうなると、その人はまさしく、かなり危ない状態に陥る。[14]

慢性的にバランスを崩した身体予算は、疾病のこやしのごとく作用する。[15] 最近二〇年間で、糖尿病、肥満、心臓病、うつ病、不眠症、記憶能力の低下、さらには早期老化や認知症に関与する「認知的な」機能の劣化など、免疫系が一般に考えられている以上に多くの疾病の要因になりやすいことがわかってきた。たとえば、すでにがんに罹患している人は、炎症によって腫瘍が悪化する。またがん細胞が、血流という危険な媒体を生き延びて他の組織に転移する可能性が高まり、死期が早まる。[16]

炎症は、心の病気の理解に革新的な知見をもたらしてくれる。科学者や臨床医は長年、慢性ストレス、慢性疼痛、不安障害、うつ病などの心の病に対して、古典的理論を適用してきた。それぞれの疾病には、他のあらゆる疾病と区別される独自の生物学的指標が備わると考えられてきたのだ。[17] これまで研究者は、「うつ病は身体にどのような影響を与えるのか？」「情動はいかに痛みに影響を及ぼすか？」「不安障害とうつ病は、なぜ併発することが多いのか？」など、それぞれの障害は別個のものであるとする前提に基づく、本質主義的な問いを発してきた。

最近になって、それらの疾病間を分かつ境界はなくなりつつある。同名の障害を診断されても、人によって症状は大幅に異なる可能性がある。変化が標準なのだ。また、障害が異なっても症状は重複しうる。同じ脳領域に萎縮が引き起こされる場合もあれば、患者は同じ情動粒度の低さを示す場合もある。また同じ薬が、有効なものとして処方されるかもしれない。

このような発見がなされた結果、研究者は、それぞれの疾病に独自の本質が備わるとする古典的理論から離れて、その代わりに遺伝的因子、不眠、内受容ネットワークや脳の主要な中枢（ハブ）の損傷など、さまざまな疾病に対してその人を脆弱にする一連の共通因子に着目するようになりつつある（第6章参照）。それらの領域が損傷を受けると、脳は危険な状態に陥る。うつ病、パニック障害、統合失調症、自閉症、失読症、慢性疼痛、認知症、パーキンソン病、注意欠如・多動性障害（ADHD）はすべて、中枢の損傷に結びつく。[18]

私の見るところ、独自の「心の病」と考えられているいくつかの主要な疾病はすべて、身体予算のバランスの慢性的な乱れと、抑制のきかない炎症に起因する。しかし私たちは一般に、それぞれを異なる疾病として分類し、別の病名で呼ぶ。これは、同じ身体の変化を異なる情動として分類し、違う名称で呼ぶのと非常に似ている。私の考えが正しければ、「不安障害とうつ病は、なぜ併発することが多いのか？」などの問いは、謎ではなくなる。なぜなら、情動と同様、不安障害とうつ病は、厳然として画された境界によって分かたれているわけではないからだ。次に、ストレス、痛み、うつ病、不安障害について検討することで、この点をより明確にしよう。

❦ ❦ ❦

まずは、ストレスから。ストレスは、たとえば五つの仕事を同時にこなそうとしているとき、明日までに仕事を完成させるよう上司に指示されたとき、親しい人を失ったときなどに起こると、読者は考えているかもしれない。しかし、ストレスは外界からやって来るのではなく、自分が作り出すのだ。ストレスには、学校で未知の分野を学習する難題に直面したときなどの前向きなものもあれば、親友とけんかしたときなど、後ろ向きではあっても我慢できるものもある。あるいは、長引く貧困、虐待、孤独などに起因する、慢性的で有害なストレスもある。[19] 言い換えると、ストレスは多様なインスタンスの集合であり、「幸福」や「怖れ」と同じく一つの概念と見なすことができる。そしてこの概念は、バランスを欠いた身体予算から経験を構築する際に適用される。

ストレスのインスタンスは、情動を生成するものと同じ脳のメカニズムによって生成される。いずれの場合にも、脳は外界との関係において身体予算に関する予測を発し、意味を作り出す。予測は、内受容ネットワークによって発せられ、同じ経路を介して脳から身体へと伝えられる。また身体からの感覚入力を脳に伝える逆方向の経路も、ストレスと情動とで同じものが用いられる。そして内受容ネットワークとコントロールネットワークという二つのネットワークが、ストレスと情動に関して同一の役割を果たしている（情動の研究者もストレスの研究者も、この類似性に着目することがほとんどなく、ストレスと情動がそれぞれ独立していると考えているかのごとく、ストレスがどのように情動に影響を及ぼすのか、もしくはその逆を問うことに専念している場合が多い）[20]。構成主義的情動理論の観点からすれば、生じた感覚刺激を脳がストレスとして分類しようが、情動として分類しようが、異なるのは最終的な結果だけである。

なぜ予測する脳は、状況に応じてストレスのインスタンスを生成したり、情動のインスタンスを生成したりするのか？　その答えは誰にもわからない。単なる憶測にすぎないが、身体予算のバランスが崩れている時期が長くなればなるほど、「ストレス」という概念に分類される可能性が高くなるのかもしれない。

身体予算が長期にわたってバランスを失った状態に置かれていると、慢性ストレスを感じるようになるだろう（身体予算のバランスの慢性的な乱れは、ストレスとして診断される場合が多い。そのため、ストレスが疾病を引き起こすと一般に考えられている）。慢性ストレスは身体的な健康を損なう。内受容ネットワークとコントロールネットワークを文字どおり食いつぶして萎縮させる。慢性的にバランスを欠いた身体予算が、それを調節しているまさにその脳神経回路を変えてしまうのである。[21] ここには、心の病気と身体の病気の区別は存在しない。

現在でも科学者たちは、免疫系、ストレス、情動の謎の解明を目指しているが、いくつかのことはわかっている。たとえば、危険な地区でおびえながら暮らす、あるいは粗末な食事しか与えられない、はたまた安眠できないなどの逆境のもとで育てられることで、身体予算の乱れの影響が蓄積すると、内受容ネットワークの構造が変わり、脳が再配線されて身体予算を正確に調節する能力が損なわれる。[22] 子どもは、とても嫌な経験を何度かするだけで、戦場で暮らしているかのように感じ始め、おとなになるまでに身体予算管理領域が縮小する。けんかが絶えない混乱した家庭や、しかられてばかりの厳格な家庭で育つことは、思春期の少女の炎症を増大させ、子どもを慢性的な病気にかかりやすくする。[23] そのような状況は、子どもの虐待や養育放棄（ネグレクト）と同程度に、内受容ネットワークやコントロールネットワークの発達を阻害する。[24] また、いじめの対象になっても同様な問題が生じる。[25] 子どもの頃にいじめられた人は、おとなになっても持続する低レベルの炎症を抱えるため、さまざまな精神疾患や身体疾患にかかりやすくなる。[26] このように、バランスを失った身体予算はさまざまな様態で脳に刻印を押し、心臓病、関節炎、糖尿病、がんなどの疾病に罹患するリスクを高める。[27]

肯定的な側面に目を向けると、情動とストレスの結びつきは、前章で紹介したテクニックを適用すれば炎症を軽減できることを示唆する。たとえば、心の知能が高いがん患者は、炎症性サイトカインのレベルが低いらしい。いくつかの研究によれば、頻繁に自分の情動を分類する、言葉で示す、理解する、と答えた患者は、前立腺がんからの回復時や、[28] ストレスに満ちたできごとのあと、[29] サイトカインレベルの上昇があまり見られない。また、体内を循環するサイトカインのレベルがもっとも高いのは、自分自身では言葉では示せない、さまざまな気分を報告した男性においてであった。[30] 自分の情動をはっきりと表現し理解している乳がん患者は、より健康で、がん関連の症状のために通院することが少ない。[31] これらの事実は、「内受容感覚を情動としてうまく分類できる人は、健康の悪化につながる慢性的な炎症に対して、しっかり保護されている[32]」ことを意味する。

❦ ❦ ❦

ストレスや情動と同じく、痛みは、捻挫の痛み、頭のずきずきする痛み、蚊に刺されたあとの炎症、そして直径一〇センチメートルの子宮頸管から直径三五センチメートルの頭を押し出すときの激痛など、さまざまな経験の集合を表わす用語である。

負傷すると、単純に損傷した組織から脳へと情報が伝わることで、悪態をつきながらイブプロフェン〔鎮痛剤〕や絆創膏に手を伸ばしたくなるのだと思われるかもしれない。筋肉や関節が損傷したり、皮膚が過度の熱や冷たさによって傷ついたり、目に胡椒の粒が入って化学的刺激を受けたりすると、神経系を通じて脳に感覚入力が送られるのは確かだ。このプロセスは「痛覚」と呼ばれている。これまで科学者は、単純に脳が痛覚刺激を受け取り、処理することで、痛みが経験されると考えてきた。

しかし予測する脳における痛みの内的メカニズムはそれよりもっと複雑であり、痛みとは、身体が実際に損傷を負うだけでなく、損傷がさし迫っていると脳が予測するときに生じる経験でもある。[33] 痛覚が、脳内の他のあらゆる感覚系と同様に、予測によって作用するのなら、痛みは、「痛み」という概念を用いることで、より基本的な要素からインスタンスとして生成されるはずだ。

私の見るところ、痛みは情動と同じ方法で構築される。たとえば、病院で破傷風の予防接種を受けようとしていたとする。そのとき脳は、過去の経験に基づいて皮膚を刺す針に関する予測を発することで、「痛み」のインスタンスを生成する。そのため、針が腕に触れる前から、痛みが感じられるかもしれない。そしてその予測は、注射を打たれることで身体から伝えられる実際の痛覚入力に基づいて訂正される。こうしてひとたび予測エラーが訂正されると、痛覚が分類されて意味あるものになる。[34] このように、注射による痛みの経験は、実際には脳内に存在する。

予測に基づく痛みの説明は、いくつかの観察結果によって裏づけられる。注射を打たれる直前などに痛みを予期していると、痛覚を処理する脳領域は活動の様態を変える。[35] つまり痛みをシミュレートし、感じる。この現象はノシーボ効果と呼ばれる。読者はおそらく、薬効のない偽薬を用いて痛みを緩和するプラシーボ効果ならよく知っているはずだ。[36]それほど痛みを感じないだろうと信じていると、その思いが予測に影響を及ぼし、痛覚入力が抑制され、ゆえに実際に痛みをあまり感じなくなるのだ。プラシーボ効果もノシーボ効果も、痛覚を処理する脳領域における化学的な変化が関与している。これらの化学物質には、モルヒネ、コデイン、ヘロインなどのオピエート系薬物と同じあり方で作用し、痛みを緩和するオピオイドが含まれる。[37]プラシーボ効果が生じるあいだ、オピオイドが増大し、痛覚を緩和する。またノシーボ効果が生じるあいだは減少する。これらの効果には、「体内の薬箱」というあだ名がつけられている。[38]

私の娘がまだ乳児だった頃、九か月のあいだに耳感染症に一三回かかったときに、ノシーボ効果を体験するのを観察したことがある。治療を受けに初めて小児科に行ったとき、医師が耳を覗き込むと、娘は不快感を覚えて泣き出した（医師の態度に問題があったわけではない）。二度目には、娘は待合室で泣き出した。三度目には病院のロビーで、四度目には病院の駐車場で泣き出した。その後彼女は、病院のある通りを通過すると、つねに泣き出すようになった。まさに予測する脳のおかげと言えよう。幼いソフィアでさえ、痛みをシミュレートしていたのであろう。病院の近くを通り過ぎても、「お医者さんに行くの？」と彼女が言わなくなったのは、このできごとがあってから数か月が経過し、よちよち歩きをするようになってからのことだった。

痛みは、情動やストレスと同様、脳全体による構築作業のたまものかのように思われる。それには、例によって内受容ネットワークとコントロールネットワークが関与する。[39]類似点はそれにとどまらない。身体に痛覚予測を送る経路と、脳に痛覚入力を送る経路は、内受容に密接に関連する（痛覚が、動を区別することは、情動粒度の一形態だと見なせる。

内受容の一形態であるという可能性も考えられる）[40]。概して言えば、痛み、ストレス、情動として分類される身体感覚は、脳や脊髄のニューロンというレベルでさえ、基本的には同一だ。[*]痛み、ストレス、情

内受容と痛覚が密接な関係にあることを示すのは簡単である。実験室で、あなたの腕に強熱を加えて不快な感覚を引き起こすと、あなたは実際以上に激しい痛みを感じたと報告するだろう[41]。これは、身体予算管理領域が、テレビの音量のように痛みの激しさを上げ下げする予測を発するために起こる[42]。この予測は、脳が実行する痛みのシミュレーションに影響を及ぼし、また身体に達して、脳に送られる報告を増幅あるいは抑制する[43]。したがって身体予算管理領域は、身体で実際に何が起こっているかにかかわらず、身体組織が損傷したと脳に信じ込ませられるのである。だから不快感を覚えているとき、関節や筋肉に必要以上に痛みを感じたり、胃が痛くなったりするのだ[44]。また、身体予算のバランスが乱れていると、つまり内受容予測が調整不良の状態にあると、身体組織の損傷のせいではなく、神経が会話しているために、背中が激しく痛み、頭がひどくズキズキする。これは想像上の痛みではなく、現実の痛みだ。

身体組織に何の損傷も負っていないにもかかわらず痛みを経験することを、慢性疼痛と呼ぶ。よく知られた例として、線維筋痛症、片頭痛、慢性腰痛がある[45]。全世界で、一五億人以上が慢性疼痛に苦しんでいる。アメリカでは一億人の患者がおり、その治療に年間五〇〇〇億ドルが費やされている。生産性の損失を含めると、コストは毎年六三五〇億ドルに達する[46]。また、現在処方されている鎮痛剤は半数以上のケースで効き目がなく、いらだたしいほど治療が困難である[47]。慢性疼痛の世界的な流行

は、現代医学の大きな謎の一つだ。[48]

かくも多くの人々が、身体が損傷を受けているようには見えないのに、痛みを感じているのはなぜか？　この問いに対する答えを得るためには、脳が不必要な予測を発し、それに対して生じた予測エラーを無視した場合、何が起こるかを考えてみればよい。はっきりした理由がないにもかかわらず、まごうかたなき痛みを感じるはずだ。これは、あいまいな写真が、存在しない線を知覚するにつれてミツバチの写真に変わった例（第2章参照）とよく似ている。いずれのケースでも、脳は感覚情報を無視して、予測が現実であると主張する。こうしてミツバチの例を痛みに当てはめれば、誤った予測が訂正されないという、慢性疼痛を説明する一つのモデルを手にできる。

科学者は現在、慢性疼痛を炎症に起因する脳疾患としてとらえている。[49] 慢性疼痛を患う人の脳は、過去に激しい痛覚入力を受け取ったことがあり、損傷が回復しても、その情報が脳に伝えられず、その後も同じように予測や分類をし続けた結果、慢性疼痛が生じた可能性が考えられる。あるいは、体内の動きに関する予測によって、痛覚入力が、身体から脳へと送られるあいだに増幅されている可能性もある。

不運にも慢性疼痛を患ってしまうと、その経験をまったく理解していない懐疑家に立ち向かわなければならなくなる。彼らは「痛みはあなたの頭の内部にある」と言って、あなたの経験を説明し去ろ

＊＝議論の都合上、今後も内受容と痛覚を別物として記述する。

うとするだろう。つまり、「どこも損傷などしていない。精神科医に診てもらえ」というわけだ。だが、あなたは正気を失ったわけではない。実際にどこかが悪いのである。「頭の内部」に存在する予測する脳は、身体が治癒したあとでも正真正銘の痛みを生み続けている。この事態は、脳が予測を発し続けているために、失われた手や足を感じる幻肢症候群と似ている。[50]

　われわれは、ある種の慢性疼痛が予測によって生じることを示す興味深い証拠をすでに手にしている。生後まもない時期にストレスを受けたり負傷したりした動物は、持続性の痛みを発現しやすい。[51]手術を受けた乳児は、幼児期以後になると激しい痛みを感じやすい[52]（信じられないことに、一九八〇年代以前は、乳児には麻酔をかけないで手術することが当たり前だった。[53]乳児は痛みを感じないと考えられていたからだ）。また、負傷による痛みが、未知の原因で他の身体部位に広がる、複合性局所疼痛症候群と呼ばれる疾病があるが、これはおそらく、不適切な痛覚予測に関連していると考えられる。[54]

　つまり「ストレス」同様、「痛み」は、身体から入って来る感覚刺激をもとに意味を作り出す概念なのである。痛みやストレスを情動として、あるいは情動やストレスを一種の痛みとして特徴づけることも可能だろう。脳内では、情動と痛みのインスタンスは区別されないと言いたいのではない。だが、どちらも指標を持たない。歯痛を感じているときにスキャンした脳画像と怒っているときにスキャンした脳画像はいくぶん違って見えるはずだが、[55]異なるインスタンスの怒りを感じているときにスキャンした脳画像のあいだにも、いくぶん違いが認められるはずである。[56]異なる歯痛のインスタンスに関しても、同じことが言えるだろう。これは縮重の一例であり、変化が標準なのだ。

　情動、急性疼痛、慢性疼痛、ストレスは、同じネットワーク、身体から脳への神経経路、脳から身体への神経経路、そしておそらく同一の一次感覚皮質内で構築される。したがって、情動と痛みが、概念に基づいて区別されることは十分に考えられる。言い換えると、概念を媒介として、脳が身体から入って来る感覚刺激の意味を解釈しているのである。[57] たとえば慢性疼痛は、脳が「痛み」の概念を誤って適用することで引き起こされるのであろう。身体組織の損傷や、それに対する脅威が存在しないにもかかわらず、脳は痛みの経験を構築するのだ。[58] このように慢性疼痛は、不適切な予測と、脳が身体から誤解を招くようなデータを受け取ることで生じる、悲劇的な疾病の例だと言えよう。[59]

❦　❦　❦

慢性ストレスと慢性疼痛に関して学んだことを念頭に置きつつ、同様に人生に多大な悪影響を及ぼし消耗させる、うつ病に目を向けよう。大うつ病性障害とも呼ばれるうつ病は、健常者が「とても憂うつだ」などとぼやくときに感じている、日常生活における落ち込みよりはるかに重い症状を呈する。ダグラス・アダムスの『銀河ヒッチハイク・ガイド』に登場するうつ型アンドロイドのマーヴィンは、完全に抑うつ状態にある。彼はときに、生きることにひどく落胆して、自分をシャットダウンする。それと同様、重い抑うつは、生活を送るにあたって大きな障害になる。小説家のウィリアム・スタイロンは回想録のなかで、「重い抑うつの苦しみは、それを経験したことのない人の想像をはるかに超える。人を殺すことが多々ある。その苦悩に耐えられなくなるからだ」と書いている。[60]

多くの科学者や医師にとって、うつ病は心の病気であり続けている。[61] 気分障害として分類され、ネガティブな思考様式が原因とされることが多い。自分に対して厳しすぎる、あるいは自己否定的で破滅的に考えすぎると言われる。または、とりわけ脆弱性をもたらす遺伝子を親から受け継いでいる場合、トラウマを引き起こすできごとのせいで抑うつが生じたのかもしれない[62]。はたまた、情動をうまく調節できずに、否定的なできごとには敏感に、また肯定的なできごとには無感覚になっているという可能性もある。その手の説明はすべて、思考が感情をコントロールするという「三位一体脳」の考えを前提とする。その論理に従えば、考え方を変え、情動をうまく調節できるようになれば、抑うつは晴れる。要するに、「くよくよするな。楽しもう。それでもだめなら抗うつ薬を飲めばよい」というわけだ。

毎日二七〇〇万のアメリカ人が抗うつ薬を服用しているが、そのうちの七〇パーセント以上が症状を経験し続けている。心理療法も、万人に有効なわけではない[63]。思春期から成人前期にかけて発症することが多く、その後一生を通じて繰り返し発現する[64]。世界保健機関（WHO）は、二〇三〇年までに、うつ病が、がん、脳卒中、心臓病、戦争、事故以上に、早死にや、長引く障害の原因になると予測している[65]。これは、「心の病気」によってもたらされる、実に恐ろしい事態だと言えよう。

非常に多くの研究が、うつ病の遺伝的な本質や、神経学的な本質を見出そうとしてきた。しかし、うつ病をたった一つの構成要素に還元することはおそらく不可能であろう[66]。うつ病は多様なインスタンスの集合をなし、したがってそれに至る経路も多岐にわたる。そしてその多くは、バランスを失った身体予算から始まる。うつ病が気分の障害であり、気分が身体予算の現状を反映する統合的な要約なのであれば、うつ病とは実のところ、身体予算の管理と予測に関する障害だということになる。

ここまで学んできたように、脳はつねに、過去の経験に基づいて身体のエネルギー需要を予測している。また通常の状況下では、身体からの感覚情報に基づいて予測を訂正している。[67] しかし、この訂正がうまく機能しなくなったらどうだろう？　その場合、経験は過去の情報をもとに築かれはするが、現在の情報をもとに訂正されることがない。概して言えば、まさにその状態が抑うつで起こっていることだと、私は考えている。脳は、つねに代謝の需要を誤って予測し、そのために身体と脳は、慢性ストレスや慢性疼痛の場合と同様、実際には起こっていない感染と闘い、存在しない損傷から回復しようとするのである。その結果、気分のコントロールが失われ、消耗性の病気や疲労など、うつ病の症状が出現する。[68] 同時に身体は、実際には必要とされていない高いエネルギー需要を満たすために、不必要なグルコースをただちに代謝しようとする。それによって肥満の問題が生じ、糖尿病、心臓病、がんなど、抑うつと同時に発生する代謝関連の疾病にかかる危険性が増す。[69]

抑うつに関する従来的な見方では、ネガティブ思考が負の感情を引き起こすと考える。それでは話があべこべであり、たった今抱いている感情が、次の思考、知覚、予測を駆り立てるのだ。したがって抑うつ状態の脳は、過去における同様な身体予算の引き出しの経験に基づいて予測を行ない、同じことを執拗に行ない続ける。これは、困難で不快な状況を絶えず再体験することを意味する。そして身体予算がバランスを失い続ける悪循環に陥り、場合によってはその状況が断ち切れなくなる。なぜなら、予測エラーは無視あるいは抑制されるか、そもそも脳の必要な領域に届かなくなるからだ。こうして、予測はいつまでも訂正されず、その人は、代謝需要が高かった過去の逆境にとらわれたままになる。

このように、抑うつに苦しむ脳は、悲惨な状態に閉じ込められている。予測エラーを無視するという点では慢性疼痛を患う脳にも似ているが、それよりはるかに大規模に自己をシャットダウンする。[70]慢性的に身体予算を赤字にし、それゆえ支出を抑えようとする。どうしてそのような状態に陥るのか？　動くことをやめ、世界（予測エラー）に注意を払わないことによってだ。これが、抑うつによって引き起こされる、容赦のない疲労なのである。

慢性的な身体予算のバランスの乱れによって抑うつが引き起こされるのなら、それは厳密に言えば、単なる精神医学上の疾患ではないことを意味する。つまり神経、代謝、免疫の疾患でもあるのだ。抑うつは、神経系を構成する複雑に絡み合う多数の部位間のバランスの乱れによって生じる。[71]そしてこの事実は、人間を機械の部品の集まりのごとくとらえるのではなく、全体としてとらえるときにのみ理解が可能になる。重い抑うつの発作に至る分水嶺に達するには、さまざまな経路がある。とりわけ子どもの頃に、長期にわたってストレスや虐待を経験してきたために、有害な過去の経験から築き上げられた世界のモデルを持つようになったのかもしれない。[72]あるいは、不適切な内受容予測を引き起こす、慢性的な心臓疾患や不眠症を患っているのかもしれない。もしくは、環境や些細なできごとに敏感に反応するよう仕向ける遺伝子を受け継いでいる可能性も考えられる。[73]出産可能年齢の女性に関して言えば、内受容ネットワーク内の結合度は一か月を通して変化する。その過程の特定の時点で、不快な気分や内省に対してより鋭敏になり、おそらくはうつ病や心的外傷後ストレス障害（ＰＴＳＤ）などの気分障害に罹患する危険性が高まりさえすることがある。[74]身体予算のバランスを回復させるためには、「ポジティブ思考」や抗うつ薬の服用では不十分な場合もある。それ以外の生活様式の変更や、体内システムの調整も必要になるだろう。

構成主義的情動理論が教えるところでは、身体予算の乱れに起因する悪循環を断ち切り、内受容予測をより環境に合ったものに変えることで、うつ病を治療できる。その正しさを裏づける科学的証拠も得られている。抗うつ薬や認知行動療法などの治療が効果を発揮し始め、抑うつが軽減するにつれ、身体予算管理領域の活動は正常なレベルに戻り、内受容ネットワークの結合度も回復する。[75] これらの変化は、過剰な予測を減らすべしとする考えにも合致する。また、より多くの予測エラーを受けつけるよう導くことで、あるいはポジティブな出来事を日記につけさせるなどの手段によってうつ病を治療できるだろう。これらは、身体予算の枯渇の緩和に役立つ。もちろん問題は、万人に有効な治療法などないし、いかなる治療も効果がない人もいることだ。[76]

私が知る限りでもっとも有望な医学的成果の一つに、神経科学者ヘレン・S・メイバーグ（第4章参照）による画期的な研究がある。メイバーグはこの研究で、重いうつ病の患者の脳を電気的に刺激した。すると、電流が通っているあいだしか続かなかったとはいえ、抑うつの苦しみがただちに晴れた。これは、患者の脳が、消耗につながる内省モードから外向きモードへと焦点を切り替えたために、予測、ならびに予測エラーの処理が正常に行なえるようになったからであろう。この試験段階ながら有望な実験結果をきっかけにして、効果が持続するうつ病治療法が発見されるかもしれない。いずれにせよ、この結果は少なくとも、うつ病が、単なる前向きな思考の欠如ではなく、脳疾患であることを広く知らしめるのに役立つだろう。

不安障害は、慢性疼痛や抑うつとは非常に異なるようだ。不安になると何をすべきかがわからなくなって、心配になったり気持ちが高ぶったりする。そして概してみじめな気分になる。これは、同じようにみじめな気分になるが、生きていくのが困難に感じられるなどの気の重さによって特徴づけられるうつ病や、苦痛に満ちた慢性疼痛とは一線を画する。

ここまで、情動、慢性疼痛、慢性ストレス、抑うつはすべて、内受容ネットワークとコントロールネットワークが関与していることを学んできた。これらのネットワークは、不安障害でも重要な役割を果たす[77]。不安障害は依然として解明されねばならない謎だが[*]、この障害もそれら二つのネットワークにまたがる、予測、ならびに予測エラーの障害だと確実に言える[78]。不安障害に関しても、情動、痛み、ストレス、抑うつに関しても、予測や予測エラーに関与している神経経路は同じものである[79]。

従来の不安障害の研究は、認知が情動をコントロールするという、時代遅れの「三位一体脳」モデルに基づく。情動を司る扁桃体の活動が過剰になり、理性を司る前頭前皮質がそれをうまく調節できていないと主張するこの見方は、現在でも影響力を持っている[80]。扁桃体はいかなる情動の拠点でもないし、前頭前皮質は認知を宿す領域ではない。さらに言えば、情動も認知も、相互に調節し合うことなどできない、脳全体による構築物だ。それにもかかわらず、現在でも時代遅れの考えが通用している。では、いかにして不安障害は作られるのか？ 詳細はわかっていないが、いくつかの有望な手掛かりはある。

私の推測では、不安障害を抱える脳はある意味で、抑うつを抱える脳の対極にある。抑うつでは、予測が重視され、予測エラーが軽視される。したがって過去にとらわれる。それに対し不安障害では、外界に起因する予測エラーが過剰に受け入れられ、そのせいであまりにも多くの予測が失敗に終わる。予測が不十分であれば、次の瞬間に何が起こるのかがわからなくなる。すると、生きていくのが困難に感じられるようになる。まさにこれが、典型的な不安障害だ。[81]

いかなる理由にしろ、不安障害を抱える人は、扁桃体を含め、内受容ネットワークのいくつかの主要な中枢のあいだの結合が弱体化している。これらの中枢には、同時にコントロールネットワークに属するものもある。[82] 結合が弱体化しているために、予測をその瞬間の状況にうまく合わせることができず、経験から効率的に学べない、不安に駆られた脳が生み出されている可能性が考えられる。[83] そのような脳はむやみに脅威を予測するかもしれないし、あるいは不正確な予測をする、あるいはまったく予測しないことで不確実性を生み出すのかもしれない。[84] 加えて内受容入力は、身体予算がしばらく赤字になると普段より多くのノイズを含むようになり、そのため脳に無視される。[85] このような状況は、顕著な不確実性や、大量の解決不可能な予測エラーを引き起こす。[86] 不確実性は、明らかな損傷よりも

＊＝本章では、基本的にすべての不安障害を一つのグループとして扱った。というのも、共通の要因があることがよく知られているからだ。何年にもわたり、さまざまな不安障害が、それぞれ生物学的に識別可能だと考えられてきた。しかし、（本書の読者にはもはや驚きではないはずだが）症状には多くの重なりがあり、他を無視して特定の形態の不安障害だけを研究することを困難にしている。

不快感や興奮をもたらしやすい。なぜなら、未来が謎に包まれていれば、それに対する準備を整えられないからだ。たとえば、重病を患ってはいるが回復の見込みがかなりある人は、治らないとわかっている人より自分の生活の満足感が低い[87]。

証拠に基づいて言えば、不安障害は、抑うつ、情動、痛み、ストレスと同様、構築されたカテゴリーだと言える。不安障害や抑うつによる苦しい気分は、身体予算の管理に重大な問題があることを示している。脳が預金を確保しようとして不快な気分を強めているか、じっとしていることで預金の引き出しを減らそうとしているかのいずれかであろう。脳は、これらの感覚刺激を不安や抑うつ、場合によっては痛み、ストレス、情動として分類するのだ。

ここではっきりさせておくと、私は、うつ病と不安障害が、それぞれがどちらともとれる疾患だと言いたいのではない。そうではなく、いかなる心の病も多様なインスタンスの集合から成り、特定の症状の集まりは、相応の妥当性をもってうつ病にも不安障害にも等しく分類が可能だと言いたいのだ。また、重症度も関係するはずだ。緊張病性の患者など、ヘレン・メイバーグの研究で取り上げられている重度のうつ病患者の何人かは、間違いなく不安障害とは診断されないだろう。しかしそれ以外の患者には、不安障害、慢性ストレス、あるいは慢性疼痛とさえ診断されても妥当と見られる人もいる。一般に、中程度の重さのうつ病、不安障害、慢性ストレス、慢性疼痛、慢性疲労症候群は、症状がいくつか重なることがある[88]。

これらの観察結果は、第1章の冒頭に掲げた、「私が大学院で行なった実験の被験者は、なぜ不安と抑うつの感情を区別できなかったのか?」という問いに対する答えを与えてくれる。すでに述べた点だが、一つの理由は情動粒度に関するもので、被験者のなかには他の人々と比べ、よりきめ細かな情動を構築する能力を持つ人がいたからであろう。そして今や、もう一つの理由が明らかになった。つまり、「不安」と「抑うつ」が類似の感覚刺激を分類する二つの概念だからである。

この実験で私は、不快感を覚えた被験者に不安もしくは抑うつの評価尺度で感情を申告させた。被験者は、手渡された質問票に記されている尺度を用いて自分の感情を評価しなければならなかった。たとえば、不安の評価尺度を手渡された被験者は、不安を基準に自分の感情を評価し、報告しなければならなかった。この場合、被験者は「不安」という言葉に誘導されて「不安」のインスタンスをシミュレートし、不安を感じ始めたのかもしれない。同様に、抑うつの評価尺度を手渡された被験者は、抑うつを基準にして自分の感情を評価し、申告しなければならず、その結果抑うつを感じるようになったのかもしれない。この見方は、私が行なった実験で得られた奇妙な結果を説明する。「不安」や「抑うつ」のような概念は、非常に変化に富み、柔軟性を持つ。[89] したがって、基本情動測定法が、情動語の一覧によって被験者の知覚に影響を及ぼしたのと同様、質問票に書かれた言葉が、被験者の分類に影響を及ぼしたことが考えられる。

比較的最近、私は病院で似たような状況に遭遇したことがある。その頃、疲労が蓄積し、体重が増加していた。医師が「落ち込んでいますか?」と尋ねてきたので、私は「落ち込んではいませんが、つねにひどく疲れています」と答えた。この返答に対して医師は、「落ち込んでいることに自分では気づいていないのでしょう」と言った。どうやら彼は、身体的な原因によって不快な気分が生じうることを理解していなかったらしい。私の場合、身体的な原因とは、一〇〇人のメンバーを抱える研究室を運営していることから睡眠不足に陥っていたこと、夜遅くまで本書を執筆していたこと、ティーンエイジャーの娘の母親であること、さらには更年期というちょっとした問題にまつわるものだったと考えられる（私は彼に、内受容と身体予算について説明する破目になった）。いずれにせよ、そのとき彼が実際にうつ病と診断していたら、ただちに抑うつの感情を私に引き起こしただろう。疲労が蓄積していた私は、慢性ストレスが原因で炎症を起こしていたのかもしれない。医師の言うことを素直に聞いていたら、抗うつ薬の処方箋を受け取り、私の何かが、つまり状況にうまく対処できない自分の人生の何かがひどくおかしいという信念を抱き始めたことだろう。そしてこの信念は、そもそもバランスが崩れていた身体予算の状態をさらに悪化させたにちがいない。自分の人生に何か問題を見つけようとすれば、つねに問題は見つかるものだ。しかし幸いなことに、そのような事態にはならなかった。というのも医師と私は、私の身体予算の問題を見つけ出して改善する方法を探すことにしたからだ。彼自身は気づいていなかったであろうが、彼は私の経験を、共同で構築していたのである。

❦ ❦ ❦

外界から入ってくる情報に基づいて生じる予測エラーが予測を支配すると、不安が生じる。では、まったく予測できなくなったら何が起こるのか？

まず、身体予算をうまく維持できなくなるだろう。代謝のニーズを予測できなくなるからだ。さらには、視覚、聴覚、嗅覚、内受容感覚、痛覚などの感覚系から入って来る感覚入力を統合することが困難になる。そのために統計的な学習が損なわれ、基本的な概念を習得できなくなる。同じ人を別の角度から見ると、同一人物として認識できなくなることさえある。また、多くの事象が、自分の感情的ニッチの外部で生じる。そのような状況に置かれた乳児は、他者に対して関心を示さなくなるだろう。保護者の顔さえ見なくなる。すると、ひどく損なわれた乳児の身体予算を親が調節することは非常に困難になり、親子の絆が失われる。言葉を用いて習得しなければならない、社会的現実に関する心的概念を学ぶこともむずかしくなるだろう。ところが、他者に対する関心を失っていれば言語の習得が困難になり、そのため適切な概念システムを育めなくなるのだ。

つまるところ、そのような乳児は、あいまいな感覚入力の絶えざる流れのなかで、それを理解するための概念をほとんど持たずに生きていくことになる。感覚刺激を予測できないため、つねに不安を感じてしまう。それどころか、内受容、概念、社会的現実の完全な崩壊が引き起こされるかもしれない。学習が可能になるには、感覚入力は変化がなるべく少なく、高度に一貫している、あるいはステレオタイプ化されている必要がある。少なくとも私には、これら一連の症状は自閉症を思わせる。[90]

自閉症はきわめて複雑な障害であり、広大な研究領域をなす。したがってそれを数行の文章にまとめるのは土台不可能だ。また、自閉症には多様な症状があり、種々の複雑な病因によって引き起こされる諸症状の幅広い領域を構成する。[91]そのようなわけで、私がここで言いたいのは、自閉症が予測の障害である可能性についてだ。

自閉症者には、この考えに符合する経験を語る人もいる。自閉症者のなかでももっとも広く知られ、発言する機会も多いテンプル・グランディンは、自分が経験している予測の欠如と、圧倒的な予測エラーについて明確に述べている。彼女は『内側から見た自閉症（*An Inside View of Autism*）』で、「突然かん高い音が鳴ると、歯医者のドリルが神経に触れるかのごとく、私の耳が痛む」と記している[92]。また、いかに苦心して概念を形成しているかについて次のように書く。「私は子どもの頃、大きさによってイヌとネコを分類していた。わが家の周辺にいたイヌは皆大きかった。ダックスフントを飼う家が現われるまでは。そのとき私は小さなイヌを見て、なぜそれがネコでないのかを一生懸命考えたのを覚えている[93]」。『自閉症の僕が跳びはねる理由』を著した一三歳の自閉症の少年、東田直樹は、分類の努力を次のように書いている。「まず、今まで自分の経験したことのあるすべての事柄から、最も似ている場面を探してみます。それが合っていると判断すると、次に、その時自分はどういうことを言ったか思い出そうとします。思い出してもその場面に成功体験があればいいのですが、無ければつらい気持ちを思い出して話せなくなります[94]」。このように、東田は正常に機能する概念システムを持たないために、私たちの脳が自動的に行なっていることを、自分で努力してやらなければならないのである。

自閉症が予測の失敗だと考えている研究者は他にもいる[95]。おもにコントロールネットワークの機能不全に陥り、おのおのの状況に対してきわめて厳密な世界のモデルを構築してしまうので自閉症が引き起こされると主張する研究者もいれば、オキシトシンと呼ばれる神経化学物質に問題があり、それが内受容ネットワークに悪影響を及ぼしているために引き起こされると論じる研究者もいる。私の考えでは、自閉症は単に特定のネットワークの問題に還元しうるものではなく、縮重を考慮すればさまざまな可能性が考えられる。事実自閉症は、遺伝や神経生物学的構造や症状が、極端な多様さを示す神経発達障害として特徴づけられる。私の推測では、自閉症の問題は身体予算管理領域とともに始まる。そう言えるのは、この領域が誕生時から存在し、あらゆる統計的学習が身体予算の調節に依拠しているからだ（第4、5章参照）。この神経回路の変化は、脳の発達過程も変える。[96] フル稼働が可能な予測する脳を備えていなければ、環境のなすがままになるしかない。神経系は、効率的な代謝が可能な脳組織に最適化されているにもかかわらず、自閉症者の脳は、刺激と反応に駆り立てられているのだ。この見方は、自閉症者の経験を説明してくれるかもしれない。

❦　❦　❦

いくつかのよく知られた重い障害はすべて、予測する脳の内部にあって、心と身体の健康を結びつけている免疫系に関係があるのかもしれない。不適切な予測が検閲で引っかからなければ、身体予算のバランスが慢性的に崩れて脳内に炎症が引き起こされ、内受容予測がさらに劣化するという悪循環に陥る。かくして、情動を構築するまさにそのシステムが、疾病の発症の一因となる可能性があるのだ。

身体予算の赤字が、あらゆる心の病気の唯一の原因だと言いたいのではない。また、身体予算のバランスを取り戻すことが、万能薬になると言いたいわけでもない。私がここで言いたいのは、人間の本性についての新たな見方のおかげで、身体予算が、これまで別物と見なされてきたさまざまな疾病の共通要因をなすことが理解できるようになったという点である。

予測が過剰に発行され、十分に訂正されないと、その人はひどい気分に陥る。いかなるタイプのひどい気分かは、その人が用いる概念に依存する。予測の発行量が少なければ、怒りや恥辱を感じるだろう。極端に多ければ、慢性疼痛やうつ病を発症する。それに対し、感覚刺激を過剰に受け取り、予測が効率的に機能していないと、不安が引き起こされ、ひどくなると不安障害を発症する。予測がまったくなされなければ、自閉症に匹敵する状態になるだろう。

これらの障害はすべて、身体予算の乱れに起因するように思われる。ここで、若者が慢性的に身体予算を赤字にするさまざまな原因を考えてみよう。明白な虐待やネグレクトはもちろん、小さなできごとの積み重ねも考えられる。私たちは、テレビ番組、映画、動画、コンピューターゲームで暴力シーンを四六時中目にしている。ロックやポップスで汚い言葉を耳にしては、「やあ(ヘイ)、あばずれ(ビッチ)」などのスラングを仲間同士で交わしている（この言い回しは、友好的なあいさつなのか、侮辱なのか、それともおどしなのか？）。テレビ番組で、サウンドトラックにあらかじめ録音されている笑い声を背景に、人々がおぞましいことを言い合っているシーンが流されていることもあってか、冗談めかしたいじめが流行っている。[97] それに加え、最近ではショートメッセージのやり取り（テクスティング）やＳＮＳの普及を通じて、社会的拒絶の機会が際限なく増えており、それらの問題が睡眠不足、運動不足、栄養価の疑わしいあやしげな食品の食べ過ぎに結びつくと、身体予算が慢性的に乱れたおとなを生み出す文化的なレシピができあがる。

身体予算の慢性的な乱れに起因するみじめさは、アメリカのオピエート系薬物濫用の原因の一つなのだろうか？[98] 脳が生成する天然のオピオイドは、（痛覚ではなく）気分を調節することで痛みを緩和する。オピエート系薬物はこの効果を模倣する。この事実は、今日オピエート系薬物の濫用が拡大している理由を説明するかもしれない。一九九七年から二〇一一年にかけて、処方薬を常用するアメリカの成人は九〇〇パーセント増加している。街角で手に入る、ヘロイン、メタンフェタミンなどの苦痛を軽減する薬物に手を出す人も多い。また、かなりの人々に、睡眠不足、粗悪な食事、運動不足の問題がある。おそらく人々は、慢性的にバランスを欠いた身体予算に起因する不快感を、オピエート系薬物で緩和しようとしているのではないだろうか。そのような人々は、さまざまな理由でオピエート系薬物に手を出すようになるが、それを服用し続けたり、場合によっては濫用したりする理由は、コントロールが効かなくなった気分を調節し、不快感を和らげようとしているからではないかと、私は考えている。そのような人々の身体予算は、脳が生成する天然のオピオイドでは修復しきれないほど混乱しているのだ。

身体予算の慢性的な乱れによって生じる不快感は、オピエート系薬物に反応するものと同じ脳の受容体を刺激する食物によっても一時的に軽減できる。ラットを用いた実験では、ラットはこの刺激によって、空腹でなくても、炭水化物の含有率の高いエサをむさぼるようになった[99]。人間では、糖分の摂取は脳内のオピオイドの生成量を増大させる。だからジャンクフードや白パンを食べると気分が晴れたように感じるのだ。私がパリパリしたフランスパンを好むのも無理はない。また糖分は、軽い鎮痛剤としても作用する[100]。社会全体が糖分の中毒になっているという見解は、それほど的はずれではない[101]。人々が高炭水化物の食物をドラッグとして用いて、気分を晴らすようになっても不思議ではないだろう。すると、肥満が蔓延する。

社会が身体予算のバランスを欠いた人々を多数抱え込むようになれば、数十億ドルにのぼる医療費の負担がかかるばかりでなく、人々の健康、人間関係、そして生命にさえ悪影響が及ぶ。これらの疾病の研究者は、「不安障害」「うつ病」「慢性疼痛」などのカテゴリーを生む本質主義を捨て去り、共通の基盤要因を探し始めている。[102] 思うに、基盤要因の項目に内受容、身体予算、情動概念を加えれば、不安障害、うつ病、慢性疼痛などの消耗性疾患の治療がもっと進展するだろう。それとともに、共通要因に関する知識は病気を回避するために、また担当医師との効率的な話し合いにも役立つはずだ。

私たちは皆、世界と心のあいだ、そして自然と社会のあいだを綱渡りしながら歩んでいる。うつ病、不安障害、ストレス、慢性疼痛など、これまで純粋に心の問題と考えられていた障害の多くは、実のところ生物学的な用語で説明できる。また、痛みなどの純粋に身体的なものと見なされてきた障害は、同時に心的概念でもあることがわかってきた。熟達した自己の経験の建築家になるためには、身体的現実と社会的現実を区別し、二つが決定的にからみ合っていることを理解しつつも、それらを取り違えないよう留意する必要がある。

第11章

情動と法

Emotion and the Law

どんな社会にも、どの情動の発露がいつ許されるのか、またそれをいかに表現すべきかに関するルールがある。アメリカ文化のもとでは、誰かが亡くなったときに悲しみを表現することは適切だが、棺おけが墓穴に下ろされるときにクスクス笑いするのは不適切と見なされる。[1] サプライズパーティーはいったん驚いてから喜ぶ機会を与えてくれるが、自分のためにサプライズパーティーが催されることを事前に知っていたとしても、その場に行ったら驚いたふりをするのが作法だ。フィリピンのイロンゴト族のメンバーは敵の首を狩るためにチームで行動し、仕事を全うして祝福する際には、*liget* という情動を表現することが許される。

社会的現実に関するその文化のルールを破ると罰せられる。葬式で笑えば追い出されるだろう。自分のために催されたサプライズパーティーで驚かなければ、招待客はがっかりする。ほとんどの文化のもとでは、もはや首狩りが賞賛されることはない。

いかなる社会でも、情動に関するルールの最終的な決定は、法制度によって下される。[*] そのように言うと驚く人もいるかもしれないが、次のことを考えてみればよい。アメリカでは、会計士があなたの貯金を着服したり、銀行がひどい住宅ローンを組んだりしても、彼らを殺すことは許されない。浮気をした配偶者を怒りにまかせて殺害した場合、とりわけあなたが男なら、法は大目に見るかもしれない。あなたが暴力を振るう人物かもしれないという恐怖心を、近所の人に抱かせてはならない。それは攻撃の一形態と見なされる。しかし、「脅されても一歩も引かず」自分が先に相手を傷つけ、たとえその人が死んだとしても罰せられない州もある。異性に愛を告白することは認められるが、（アメリカの歴史を通じて）同性や人種の異なる人に告白してはならない時期もあった。そのような規範を破ると、金銭、自由、生命を失うこともある。

数世紀にわたり、アメリカの法は古典的情動理論によって形成され、本質主義的な人間観にとらわれてきた。たとえば判事は、情動を脇に置いて、純粋な理性に基づいて判決を下そうとする。これは、情動と理性が別物だという信念に基づいている。暴力犯罪で起訴された被告は、明晰な思考に抑制されなければ、情動の釜で怒りが煮え立ち、煮え場が沸きこぼれて攻撃性が解き放たれるとでも言いたいかのごとく、怒りによってハイジャックされたと申し立てる。陪審員は、自責の念が、検知可能なたった一つの表現として顔や身体に現われると考えているかのように、被告にその顕現の証拠を探す。専門家証人は、被告の悪行がある脳のかたまりの異常によって引き起こされたと証言する。これは、根拠のない「脳のかたまり学（blob-ology）」の一例と見なせる。

法は、社会の内部に存在する社会的な契約である。あなたは、自分の行動に責任があるだろうか[2]？

＊＝本章で私が提起した見解は、もちろん他の国の法制度にも当てはまるケースもあるが、基本的にアメリカの法制度に限定される。したがって「法」あるいは「法制度」といった言い方は、アメリカのものに言及している点に留意すること。

本質主義はこの問いに対し、「情動に支配されていない限り、責任がある」と答える。他の人々は、あなたの行動に責任があるだろうか？「ない。あなたは自由意志を持つ個人なのだ」[3]。被告が何を感じているのかが、どのようにしてわかるのか？「情動の表現を検知することで」。どうすれば公正かつ道徳的な判断を下せるのか？「情動を脇に置けばよい」。傷害の性質とは？「身体的な傷害、つまり細胞組織の傷害は、身体とは区別される有形性が低いと考えられる情動の傷害より、重篤である」――本質主義に基づくこの種の想定は、神経科学がその正体を神話としてあばいてきたにもかかわらず、法のもっとも深い層まで鋳込まれており、有罪／無罪の判決を左右し、量刑にも多大な影響を及ぼしている。

端的に言えば、科学ではなく信念に依拠する時代遅れの心の理論のために、不当に罰せられる人や、刑罰を免れている者がいるということだ。本章では、法制度において一般に見受けられる、情動にまつわる神話を精査する。そして生物学的な裏づけ、とりわけ神経科学による裏づけが豊富にある心の理論を導入することで、社会における正義の追求のあり方をいかに改善できるかを検討する。

❦　❦　❦

思春期にさしかかったティーンエイジャーなら誰もが発見するように、自由はとてもすばらしい。友人と真夜中まで外出する、宿題をしない、夕食にケーキを食べる――これらをどうするか、自分で決めることができる。だがやがて誰もが学ぶように、選択には結果がともなう。法は、「私たちは他者を正当にも、不当にも扱える」という単純な前提に基づく。選択は責任を付与する。誰かをあしざまに扱い、その結果その人に危害が及べば、とりわけそれが意図されていた場合、あなたは罰せられるだろう。[4] かくして社会は、あなたを個人として尊重していることを示す。ある法学者の言葉によれば、人間としてのあなたの価値は、あなたが自分の行動を選択し、それに対する責任を負うことにある。

法の規定するところでは、自由に行動する能力が妨げられると、あなたが引き起こした危害に対する責任は軽減される。ゴードン・パターソンの事例を紹介しよう。彼は、妻のロベルタが「半裸の状態で」愛人のジョン・ノースラップと一緒にいるのを目にして、ノースラップの頭に銃弾を二発撃ち込んで殺した。パターソンはノースラップを射殺したこと自体は認めながらも、犯罪に走ったその瞬間、「極端な情動の混乱」にとらわれていたので罪は軽いと主張した。[5] アメリカの法に従えば、突然の怒りの爆発が、自己の行動を十分にコントロールできない状態にパターソンを陥れたと見なすことは可能だ。それゆえ彼は、予謀が前提条件となる重い刑罰が科される第一級殺人ではなく、第二級殺人による有罪が宣告された。つまり理性的な殺人は、他の条件がすべて等しければ、情動的な殺人より罪が重いと考えられている。

アメリカの法制度は、情動を人間の動物的な本性の一部と見なし、理性的な思考で抑えられなければ、愚かな行動や暴力行為が引き起こされると仮定している。数世紀前には、挑発された人がときに殺人を犯すのは、十分に「頭が冷めて」おらず、怒りが抑制されずに噴出するからだと法律家は考えていた。怒りは、沸騰し、爆発し、噴出することで破壊の爪跡を残していく。[6] そして自己の行動を法から逸脱させる。したがって怒りは、自己の行動に対する責任を部分的に軽減する。[7] この論法は、「激情（heat-of-passion）」弁護と呼ばれる。

激情弁護は、古典的情動理論が提起するいくつかの前提に依拠している。一つは、特定の指標を持つ、たった一つの普遍的な怒りが存在し、それによって激情弁護を殺人罪に適用することが正当化されるという前提である。その指標には、紅潮した顔、真一文字に結ばれた口、広がった鼻孔、心拍や血圧の上昇、発汗などが含まれる。すでに見てきたように、その手のいわゆる指標は、データによる裏づけのない欧米の文化的ステレオタイプにすぎない。一般に、怒れば心拍数は上がるが、人によって大きなばらつきがあり、しかも心拍数の上昇は、幸福、悲しみ、怖れのステレオタイプの一部でもある。[8] だが、ほとんどの殺人は幸福や悲しみの情動を感じてなされるわけではないし、その場合でも、法はそれらの情動の突発を減刑要素と見なしたりはしない。

さらに言えば、怒りのほとんどのインスタンスは殺人を引き起こさない。わが研究室では、怒りを喚起する実験を二〇年間行なってきたが、被験者の誰一人として殺人を犯さなかったと明言できる。また私たちは、呪詛する、威嚇する、机を叩く、部屋を出て行く、泣き叫ぶ、何とか葛藤を解決しようとする、心中では悪態をつきながら顔では笑うなど、怒り心頭に発した人の多様な行動を普段目にしている。[9] つまり、殺人の原因を怒りに求める考えには、疑問の余地があると言うしかない。

「怒りに生物学的指標などない」と法律家に説明すると、「情動など存在しない」と私が主張しているかのようにとられることがよくある。もちろん、そんな主張はしていない。怒りは間違いなく存在する。だが、被告の顔や脳画像や心電図を指差して、「怒りはここに存在する」などと言うことはできないし、ましてやそれをもとに法的な結論を導くことなどできはしない。

激情弁護の背後にある法制度の第二の前提は、脳の「認知的なコントロール」が、理性的な思考、熟慮された行動、自由意志と同義であるというものだ。有罪とされるには、誰かを傷つける行為に走ったというだけでは十分ではなく（法律用語で「犯罪行為〈*actus reus*〉」と呼ばれる）、その行為が意図されたものでなければならない。つまり、悪意を帯びた自由意志（犯罪意思〈*mens rea*〉）によって危害を加えたのでなければならない。一方、情動は、自己の内なる太古の野獣性が自動的に引き起こした突発的な反応と見なされる。また人間の心は、理性と情動が争う戦場と見なされているため、十分に認知能力を発揮できなかった場合、行動は情動によって乗っ取られると考えられる。情動が行動の選択を左右したのだから、その人の罪は軽いとされるのだ。情動が人間の本性の原始的な部分を構成し、人類独自の理性が抑制しなければならないとするこの物語（ナラティブ）は、まさにプラトンに起源が求められる「三位一体脳」の神話（第4章）そのものである。

この考えによれば、情動と認知の区別は脳の区分に基づいており、一方が他方を調節する。情動を司る扁桃体は開けっ放しのレジを盗み見するが、理性は刑務所送りになる可能性を熟慮する。かくして前頭前皮質はブレーキを踏み、手がレジに向かって伸びるのを制止する。しかしここまで学んできたように、思考と感情は脳内で分離されているわけではない。金銭を盗もうとする欲望も、それを押しとどめる決意も、いくつかのネットワークの相互作用を通して脳全体で構築される。何らかの行動を起こすとき、それが自動的なものに感じられようが（相手の手に握られているものが銃であることを認識する場合など）、熟慮されたものに感じられようが（銃の照準を合わせる場合など）、脳内では、行動や経験を決めるために一斉に発せられては競い合う、さまざまな予測の嵐がつねに吹き荒れている。

主体性の感覚は、その都度変わりうる。ときに情動は、何の前触れもなくやって来る怒りの爆発のごとく制御不能に感じられるが、綿密に計画を練って誰かを殺す場合など、人は意図的に怒りによって行動するケースもある。加えて、記憶や思いつきのように、情動でなくても勝手に心に浮かんでくるものもある。それでも、「思考の発作」によって殺人を犯したと自己弁護する被告の話など聞いたことがない。

煮え立つ怒りの状態へと故意に自分を煽ることすらできる。[10] 二〇一五年六月、サウスカロライナ州で開催された聖書勉強会で九人を射殺した大量殺人犯ディラン・ルーフは、その日教会に足を踏み入れるまでの数か月間、アフリカ系アメリカ人に対する怒りを故意に増幅させていたらしい。本人の弁によれば、誰もが彼に親切にしてくれたから計画を貫徹できなくなりそうだったので、残虐な行為の実行に向けて自己を煽っていき、「やらねばならない」「きみたちは生きていてはならない」などの言葉を繰り返し叫んでいたそうだ。[11] この事例からもわかるように、概して言えば、情動の爆発の瞬間は、自己のコントロールを失った瞬間と同義ではない。

怒りは多様なインスタンスの集合であり、その真の意味において、たった一つの自動的な反応などではない。このことは、情動、認知、知覚など、心的現象に関係するあらゆる事象に当てはまる。脳には直感的で迅速な処理と、熟慮的で緩慢な処理の過程があり、前者は情動的で、後者は理性的かのように思われるかもしれない。しかし神経科学や人間の行動を考慮すれば、この考えはとても擁護できるものではない。コントロールネットワークは、構築過程に多大な貢献をする場合もあれば、それほど寄与しない場合もある。しかしそれはつねに関与しており、後者のケースは必ずしも情動的だとは限らない[12]。

二つのシステムから成る脳というフィクションがいまだに幅を利かせているのは、これまで述べたように本質主義が隆盛を極めてきたからという以外に、何か理由があるのだろうか？　その答えは、ほとんどの心理学の実験が、意図せずしてこのフィクションを永続化しているからだというものだ。実生活においては、脳は絶えず予測を行なっており、その瞬間の脳の状態は、直前の状態に依存する。研究室での実験は、この依存性を分断する。被験者は無作為な順序で提示される画像を見たり音を聴いたりした直後に、ボタンを押すなどして反応する。その種の実験は、脳が持つ自然な予測プロセスを混乱させる。そのため被験者の脳は、自動的な反応を迅速に示し、それからおよそ一五〇ミリ秒後に、制御された選択がなされたかのように反応する。つまりあたかも二つの反応が、脳の異なるシステムに由来するかのように見える結果が得られるのだ[13]。このように、二つのシステムから成る脳という幻想は、一世紀の長きにわたって通用してきた欠陥のある実験方法によって生み出されたのであり、法はこの幻想を維持しているのだ[*]。

心と脳に関する本質主義的見方に影響された法制度は、意志、すなわち脳が実際に行動の制御に寄与しているか否かに関する問いと、意志に対する気づき、すなわち特定の選択をしたことに本人が気

*＝皮肉な見方をすれば、「二システム脳」という考えは、自分たちの行動の責任を押しつけられる、脳の動物的で情動的な部位を、都合のよいスケープゴートに仕立てあげることで生き残っているとも考えられる。

づいているか否かに関する問いを混同している。神経科学者は、この区別に関して一家言を持つ。脚を曲げ、つま先を床につけないようにして椅子に座り、膝蓋骨のすぐ下を叩くと膝から下が跳ね上がる。炎に手をかざすと腕が引っ込む。角膜に空気を当てると、まぶたが閉じる。これらの現象はすべて、感覚刺激がじかに運動を導く反射である。末梢神経系で実行される反射は、感覚ニューロンが運動ニューロンにじかに結合していることに依拠する。それによって生じる運動は、不随意運動と呼ばれる。なぜなら、直接的な結合のゆえに、特定の感覚刺激に対してただ一つの運動しか生じないからである。[14]

しかし脳は、反射メカニズムのように配線されているわけではない。そうであったら、触手に触れた魚はすべて反射作用によって刺そうとするイソギンチャクのように、環境のなすがままになっているだろう。外界から刺激を受け取るイソギンチャクの感覚ニューロンは、動くための運動ニューロンに直接結合している。そこに意志は介在しない。

人間の脳の感覚ニューロンと運動ニューロンは、「連合ニューロン」と呼ばれる媒体を介して連絡を取る。そしてそれによって、神経系に特筆すべき能力が付与される。つまり意思決定の能力である。[15] 連合ニューロンは、感覚ニューロンから信号を受け取ると、一つではなく二つの行動を起こすことができる。運動ニューロンを刺激する、もしくは抑制することが可能なのだ。したがって同じ感覚入力から、状況に応じて異なる結果がもたらされることがある。この仕組みは、人間が持つもっとも貴重な能力である、選択の生物学的な基盤をなす。連合ニューロンのおかげで、魚があなたの肌に触れたら、あなたはイソギンチャクとは違って、無関心、笑い、叫びなど、さまざまなあり方で反応する。

イソギンチャクのように感じることはままあるかもしれないが、私たちは、自分が考えている以上に自己の行動を制御できるのである。

脳のコントロールネットワークは連合ニューロンによって構成され、つねに行動を能動的に選択している。ただし、必ずしも自分で自分を制御しているように感じられるとは限らない。言い換えると、自分で自分を制御しているという経験は、まさに経験以外の何ものでもない。[16]

この点に関して言えば、古典的理論の提起する人間観のおかげで、法は科学と歩調を合わせられていない。法は熟慮による選択、つまり自由意志を、自己の思考や行動を制御していると感じるか否かに基づいて定義する。[17] そして、コントロールネットワークの働きである選択の能力と、選択したという主観的な経験を区別していない。だがこの二つの事象は、脳内では同一ではない。

科学者は依然として、脳がどのように自己の制御の経験を生み出しているのかを解明しようとしている。[18] とはいえ、一つだけ確実に言えることがある。それは、「自己の制御に対する気づきが存在しない瞬間」を情動と名づけることに、いかなる科学的な根拠もないことだ。

法にとってこれは何を意味するのか？　法制度は、被告が危害を意図していたか否かによって有罪か無罪かを決定するという点を思い出してほしい。法は、情動が関与したか否か、あるいは被告が自分自身を意志決定の主体として経験しているか否かではなく、意図してどの程度危害を加えたのかに基づいて処罰し続けるだろう。

情動は、理性からの一時的な逸脱でも、同意なくして侵入してくる外的な力でもない。また、すべてを破壊する津波でもなければ、世界に対する自己の反応ですらない。それは、その人が作り出した、世界に関する構築物なのだ。情動のインスタンスは、思考、知覚、信念、記憶と同じく、自己の制御が及ばない対象ではない。実際には、人はあまたの知覚や経験を自ら構築して、さまざまな行動を起こす。そのなかには自分が十分に制御しているものもあれば、していないものもある。

❦ ❦ ❦

法制度は、社会の規範、すなわち文化内の社会的現実を代表する「通常人（reasonable person）」と呼ばれる基準（スタンダード）を持ち、被告はこの基準に照らして評価される。激情弁護の核心をなす法的議論について考えてみよう。それは、「通常人が、冷静になる機会を与えられず、〔被告人が受けたことと〕同様なあり方で挑発された場合、〔被告と〕同じように殺人を犯すだろうか？」というものだ。

通常人という基準と、その背後にある社会的規範は、単に法に反映されているだけでなく、法によって作り出される。言い換えれば、「これが人間の行動に期待されるものである。われわれは、それに従わない人を罰するだろう」と宣告しているのだ。それは社会契約であり、多様な個人から構成される集団に属する平均的な人々の行動を導く指針となる。そして通常人とは、平均的な人という考えと同様、いかなる個人にも完全には当てはまらないフィクションにすぎない。それはステレオタイプであり、古典的情動理論と、それを支える人間観の一部をなす、情動の「表現」、感情、知覚に関する紋切り型の考えを含む。

情動のステレオタイプに基礎を置く法の基準は、男性と女性の公平な処遇に関して、とりわけ問題を孕む。多くの文化のもとで流通している信念は、「男性が冷静で分析的であるのに対し、女性は情動的で共感力にあふれる」というものだ。[19] さまざまな一般向けの本が、このステレオタイプを事実として扱っている。『女性の脳（*The Female Brain*）』『男性の脳（*The Male Brain*）』『彼の脳と彼女の脳（*His Brain, Her Brain*）』『本質的な差異（*The Essential Difference*）』『脳の性（*Brain Sex*）』『女性の脳の力を解放せよ（*Unleash the Power of the Female Brain*）』など、選り取り見取りだ。このステレオタイプは、高い地位にのぼりつめて広く尊敬を集める女性にも影響を及ぼしている。アメリカ初の女性国務長官になったマデレーン・オルブライトは回想録のなかで、「同僚の多くは、私が過度に感情的に振舞っているような感覚を私に抱かせた。だから私は、何とかしてその感覚を克服しようとした。やがて私は、自分が重視する問題を話すときにも、感情を抑えて一本調子で話すことを学んだ」[20]と述べている。

自分の情動についてよく省(かえり)みてみよう。あなたはものごとを強く感じるほうだろうか、それとも軽く感じるほうだろうか？　わが研究室で、男性と女性の被験者を対象に、記憶を頼りに自分の感情について述べるよう求めると、女性は平均して男性に比べて、より強く情動を感じると答える。つまり女性は、自分たちが男性より情動的だと信じ、男性はそれに同意している。例外は怒りで、被験者は男性のほうが怒りっぽいと考えていた。ところが同じ被験者に、日常生活における情動経験について記録させると、性差は見られなかった。[21] 男性にも女性にも、いたって情動的な人もいれば、そうではない人もいる。同様に、女性の脳は情動や共感のために配線されているのでもなければ、男性の脳は冷静さや理性のために配線されているわけでもない。[22]

この性差のステレオタイプは、何に由来するのだろうか？　少なくともアメリカでは、男性に比べて女性は、より頻繁に情動を「表現」する。たとえば女性は、映画を観ているときに顔面筋を動かすことが多いが、鑑賞中に男性と比べてより激しい情動を感じたと報告するわけではない。[23]この発見は、冷静な男性と感情的な女性というステレオタイプが法廷にまで侵入し、判事や陪審員に大きな影響を及ぼしている理由を説明するかもしれない。

その種のステレオタイプによる影響のために、激情弁護（と訴訟手続き一般）は、被告が男性か女性かによって異なるあり方で適用される。被告の性別が異なるという点以外はきわめて類似した二つの殺人事件について考えてみよう。[24]一件目は、次のようなものだ。ロバート・エリオットという男性が、申し立てによれば「兄弟に対する圧倒的な怖れ」を含む「極度の情緒障害」のために兄弟殺しで有罪判決を受けた。陪審員は有罪の評決を下したが、この決定は、兄弟に対するエリオットの「激情」が「自制心」と「理性」を圧倒したという理由で、コネティカット州最高裁判所によって覆された。二件目は、何年も常習的に暴力や虐待を受けたジュディ・ノーマンという女性が、夫を殺害したケースである。この裁判でノースカロライナ州最高裁判所は、ノーマンの行動が「重大な傷害や差し迫った死に対する恐怖」による自己防衛だったとする弁護人の申し立てを退け、故殺の判決は覆らなかった。

二つの判決は、男性と女性の情動に関するいくつかのステレオタイプと符合する。それによれば、男性の怒りは普通である。なぜなら男性は攻撃的だと考えられているからだ。[25]女性は被害者であり、被害者たるもの怒りを表に出してはならず、怖れを抱いていなければならない。[26]怒りを表現する女性は罰せられ、敬意、金銭、そして職を失うかもしれない。[27]男性のずる賢い政治家が、女性の対立候補に対して「怒りっぽい性悪女（アングリービッチ）」戦術に訴えるところを目にすると、私はいつも、その女性候補がほんとうに有能で影響力がある政治家に違いないと思ってしまう[28]（私はこれまで、リーダーとして受け入れられるまでに、「性悪女」の烙印を押されることがなかった、成功した女性に出会ったためしがない）。

法廷では、ノーマンのように怒りを表現する女性は自由を失う。事実、家庭内暴力をめぐる訴訟では、男性の被告は女性に比べて軽い刑を宣告される。[29] 殺人を犯した夫は典型的な夫のように振る舞い、殺人を犯した妻は典型的な妻として振る舞わなかったと見なされるのだ。ゆえに後者は、めったに無罪にならない。

情動のステレオタイプ化は、家庭内暴力の被害者が女性のアフリカ系アメリカ人である場合、さらに悪い結果をもたらす。アメリカ文化のもとでは、被害者は怖れを抱き、受動的で、無力なはずだとされているが、[30] アフリカ系アメリカ人のコミュニティでは、女性は、虐待者に必死で立ち向かうことで、このステレオタイプ化された見方を打ち砕く。反撃することで彼女たちは、女性の情動をめぐる別のステレオタイプ「怒りに駆られた黒人女性」を強化する。このステレオタイプも、アメリカの法制度に浸透している。そのように振る舞う黒人女性は、たとえ彼女たちの行為が正当防衛によるもので、最初に自分が受けた暴力よりも程度の低い暴力だったとしても、彼女たち自身が家庭内暴力の罪を着せられることが多い（ここでは正当防衛は許されないのだ）。そして黒人女性が虐待者を負傷させたり殺したりしてしまうと、同じ状況に置かれたヨーロッパ系アメリカ人の女性よりも、たいてい悪い結果が待っている。

一例として、アフリカ系アメリカ人ジーン・バンクスの事例を取り上げよう。彼女は、何年にもわたって暴力を振るわれ、ときに病院での治療が必要なほどひどく殴られ続けた末に、同居していたパートナーのジェイムズ・〝ブラザー〟・マクドナルドを刺殺した。その日、酒を飲んでいた二人が口論になり、マクドナルドはバンクスを床に押し倒し、カッターで彼女に切りつけようとした。それに対してバンクスは、ナイフをつかんで応戦し、彼の心臓を刺した。彼女は正当防衛を主張したが、結局第二級殺人罪を言い渡された[31]（より軽い罪の故殺の判決が下った、白い肌をしたジュディ・ノーマンの事例を比べてみればよい）[32]。

怒りに駆られた女性は、家庭内暴力以外の訴訟でも分が悪くなる。判事は、怒った男性の被害者には付与することのない、あらゆる種類の負の性格を、怒った女性レイプ被害者には投影する。たとえば判事（や陪審員や警官）は女性のレイプ被害者に、証人席で深い悲しみを表現することを予期する。その場合、レイプ犯はより重い刑を宣告されやすくなる[33]。だが女性の被害者が怒りを表現すると、判事は彼女を否定的に評価する。そのように評価する判事は、別バージョンの「怒りっぽい性悪女」偏見にとらわれている。男性が示す情動は、通常その人が置かれた状況によるものと見なされるが、女性が示す情動は、その人の性格に結びつけられるのだ。「彼女は性悪女だが、彼は単にツイてなかっただけだ」というわけである[34]。

法廷外でも、性差に関するステレオタイプが、どんな情動を感じ、表現すべきかを規定している法が存在する。人工妊娠中絶法は、女性が感じるにふさわしい情動を示唆する。具体的に言えば、後悔、罪悪感であり、安堵、幸福については言及されていない[35]。また、同性婚の合法性をめぐる議論は、ある意味で同性の二人のあいだでの恋愛（ロマンチックラブ）を法が是認すべきか否かというものである[36]。同性愛の男性に適用される養子縁組み法は、父性愛が母性愛と等しいかどうかを問うている。

概して言えば、男性と女性の情動に関する法の見方を裏づける科学的証拠はなく、それは時代遅れの人間観に由来する信念にすぎない。ここに紹介したいくつかの事例は、法的側面においても科学的側面においても、氷山の一角にすぎない。たとえば、法廷の内外で同様な状況に直面している民族集団を対象とする情動のステレオタイプには、ほとんど触れていない。[37] 法が情動のステレオタイプを成文化する限り、人々は一貫性のない判決を下され続けるだろう。[38]

❦ ❦ ❦

ステファニア・アルベルタニが、毒薬を飲ませて女きょうだいを殺し、遺体に火をつけたとする罪状を認めたとき、弁護団は大胆にもそれを彼女の脳のせいにした。

脳画像はアルベルタニの皮質の二つの領域で、比較対照群の一〇人の健康な女性と比べて、ニューロンの数が少ないことを明らかにした。二つの領域とは島皮質と前帯状回で、弁護団は前者が攻撃性に、後者が抑制の低下に結びつくと主張した。二人の専門家証人は、彼女の脳の構造と犯罪のあいだに「因果関係」を認めることが可能だと結論づけた。[39] この証言のあと、アルベルタニは終身刑から禁固二〇年に減刑された。

二〇一一年にイタリアでメディアに大きく取り上げられたこの判例のような法的判断は、弁護側の戦略に神経科学の知見が動員されるようになった現在、次第に増えつつある。[40] だが、これらの判断は正当だと言えるのか？ 脳の構造から、その人が犯罪に走った理由を説明できるのか？ 特定の大きさや結合度を持つ脳領域が、実際に殺人を引き起こしうるのだろうか？　そしてそれを理由に、犯罪に対する被告の責任が軽減されるのだろうか？

アルベルタニ弁護団がしたような法的議論は、神経科学の知見と、そこから引き出せる結論をひどく歪曲している。「攻撃性」のような複雑な心理的カテゴリーを特定のニューロンの集合に位置づけることは土台不可能である。なぜなら「攻撃性」は、他のいかなる概念とも同様、縮重のゆえに、構築されるたびに脳内で異なるあり方で発現すると考えられるからだ。叩く、嚙むなどの単純な行動でさえ、脳内のたった一組のニューロン群に特定されたことはない。[41]

アルベルタニ弁護団が言及している脳領域の活動は、脳全体のなかでももっとも濃密に結合した領域のうちの二つである。それらの脳領域の活動は、言語から痛みや計算に至る、あらゆる心的事象が生じるあいだに高まる。[42]　したがって、攻撃性や衝動性に関与しているケースは間違いなくあるはずだ。[43]しかし、たとえアルベルタニの動機が最初から攻撃することにあったとしても、これらの脳領域と殺人という極端な攻撃性のあいだに、因果関係があると主張するのは行き過ぎである。

また、脳の大きさの違いが行動の相違をもたらすという主張も、行き過ぎている。まったく同じ脳は二つとない。脳は一般に、同じ部位がおおむね同じ位置に存在し、同様なあり方で各部位が結合しているのは確かだとしても、細かい尺度で見れば相当に異なる。そのような相違が行動の違いに帰結する場合もあるが、しない場合のほうが多い。あなたの島皮質が私のものより大きかったり濃密な結合をしたりしていても、行動に関しては私たちのあいだに目に見えて大きな違いが認められないかもしれない。さらに言えば、さまざまな攻撃性の度合いを持つ多数の人々の脳を調査して、島皮質の大きさに統計的に有意な差が見出されたとしても、その発見は、より大きな島皮質が攻撃性を、ましてや殺人を引き起こすことを意味するわけではない[44]（仮に、より大きな島皮質が実際に攻撃性の高さの要因だったとしても、殺人犯になるにはどれほど大きな島皮質が必要なのか？）。まれに、腫瘍が脳を圧迫して人格に大きな変化を引き起こすことがあるが[45]、一般に殺人の審理に脳領域を持ち出すことは科学的に正当とは言えない。

おそらくアルベルタニのケースでもっとも意外なのは、脳がアルベルタニの殺人に至る行動を「酌量すべき事情」になると、専門家証人や判事が考えている点であろう。いかなる行動も脳に由来する。ニューロンの発火なくしては、行動も思考も感情も存在しえない。生物学的説明によって無条件に被告の責任が免除されると論じることは、法廷における神経科学の誤用である[46]。あなたは、あなたの脳なのだから。

ときに法は、ただ一つの単純な原因を求める。そのため、犯罪行動を脳の異常のせいにしようとする。しかし実生活における人間の行動は、少しも単純ではなく、脳による予測、五感と内受容感覚に基づいて検出された予測エラー、無数の予測ループを含む複雑な予測の連鎖などの複数の構成要素が合わさって生じる。しかもそれは、個人の内部での話にすぎない。私たちの脳は、他者の身体に包まれた他者の脳に取り囲まれている。私たちが話したり行動したりすると、周囲の人々の予測はそれに影響を受け、彼らの行動がさらに私たちの予測に影響を及ぼす。私たちが構築する概念、私たちが行なう予測、そしてそれに基づく行動には、文化全体が集合的に関与している。文化の果たす役割がどの程度なのかに関しては議論の余地があるとしても、この事実に疑いはない。

結論を述べよう。生物学的な問題が、意図して自分の行動を選択する脳の能力に干渉することはある。脳腫瘍が大きくなっているのかもしれないし、重要な脳領域のニューロンが死滅しつつあるのかもしれない。だが、脳の構造、機能、化学反応、遺伝子が変化しうるという事実は、酌量すべき事情の理由にはならない。変化が標準なのだ。

❦ ❦ ❦

ボストンマラソン爆弾テロ事件の犯人ジョハル・ツァルナエフは、二〇一五年に有罪判決を受け、死刑を宣告された。ツァルナエフは、合衆国憲法によって保障されているアメリカ国民の権利である陪審裁判を受けた。BBCの報道によれば、「陪審員のうち、ツァルナエフが自責の念を感じていると信じたのは二人だけだった。残りの一〇人は、マサチューセッツ州の多くの住民と同様、彼が後悔していないと考えている[47]」。陪審員たちは、ツァルナエフの自責の念に関する見解を、裁判中に彼を注意深く観察することで形成している。報じられているところでは、彼は裁判のあいだ、ほぼずっと「能面のような表情で」すわっていたのだそうだ。Slate.com〔オンラインニュースマガジン〕は、「ツァルナエフの弁護士は、ジョハル・ツァルナエフが、検察側が彼に欠けていると主張する自責の念を、実際には感じていたことを裏づけるいかなる証拠も提出しなかった（できなかった）」と記している[48]。

陪審裁判は、刑事事件における公正性の至適基準だと考えられている。陪審員は、提出された証拠にのみ基づいて評決を下すよう指示される。しかし予測する脳にとって、これは不可能な課題である。

陪審員は、被告、原告、証人、判事、弁護士、法廷、そして証拠のすべてを、自分が持つ概念システムのレンズを通して見る。したがって、公平な陪審員という考えはフィクションにすぎない。実のところ陪審員とは、たった一つの客観的で公正な真実をもたらすことが求められている、一二の主観的な知覚なのである。

陪審員が被告の相貌、動作、言葉のなかに自責の念を検知できるという信念は、「情動は普遍的に表現され認知される」と考える古典的理論にどっぷりと浸かっている。また法制度は、自責の念が、怒りなどの情動と同様、検知可能な指標を備えた、たった一つの普遍的な本質を持つと仮定している。しかし自責の念とは、状況に応じて作られたり作られなかったりする、多様なインスタンスから成る情動のカテゴリーなのである。

被告による自責の念の構築は、その人が持つ「自責の念」概念に依存する。それは、その人が属する文化のもとでこれまでに経験したできごとから選び取られ、表現や経験を導く予測の連鎖として存在する。一方、法廷の反対側に陣取る陪審員の自責の念の知覚は、心的推論、すなわち被告の顔面の動き、姿勢、声の意味を解釈する、陪審員の脳内に存在する予測の連鎖に基づく推測だ。陪審員の知覚が「正確」であるためには、陪審員自身と被告の双方が、類似の概念を用いて分類しなければならない。誰かが自責の念を感じ、言葉による媒介なしに相手がそれを知覚するというこの種の同期は、二人が類似した経歴、年齢、性別、民族的背景を持つ場合に起こりやすい。[49]

ボストンマラソン爆弾テロ事件の裁判では、ツァルナエフが自分のした行為に自責の念を抱いていたら、それは外からはどう見えたのだろう。ところ構わず泣き出しただろうか？　被害者に許しを請うたのか？　自分の犯したあやまちを詳しく説明しただろうか？　彼がアメリカ人の持つ自責の念のステレオタイプに従っていたら、あるいはハリウッド映画の裁判シーンであれば、おそらく彼はそうしたのだろう。だがツァルナエフは、チェチェン共和国出身のイスラム教徒の若者である。彼はアメリカに住み、アメリカ人の親友を持ってはいたが、（彼の弁護団の説明によれば）チェチェン人の兄と多くの時間を過ごしていた。チェチェンの文化のもとでは、男性は逆境に置かれても冷静であることが求められる。戦いに負けたときには、敗北を勇敢に受け入れなければならない。この心構えは「チェチェンの狼」と呼ばれている。[50] したがってツァルナエフが自責の念を覚えていたとしても、能面のような無表情をしていたことに変わりはないのかもしれない。

ツァルナエフは、彼のおばが助命嘆願のために証人台に立ったとき、一瞬涙ぐんだという報告がある。チェチェン文化のもとでは名誉が重んじられ、家族の名誉を汚すことは苦痛以外の何ものでもない。[51] したがって、おばが彼のために命乞いをするなど、身内の誰かが公衆の面前で恥辱を受けたのなら、彼が涙の一粒や二粒をこぼしても、名誉に関するチェチェンの文化的規範から逸脱することにはならない。

私たち（およびこの裁判の陪審員たち）は、ツァルナエフの無関心な態度を説明する知覚を構築するにあたって、推測することしかできない。自責の念に関する欧米の文化的概念を用いることで、私たちは彼を、冷静というより冷淡で無関心、あるいは虚勢を張っていると知覚する。したがってこのケースでは、そのような推測が法廷で文化的な誤解を生み、そのために最終的に死刑が宣告された可能性が十分にある。[52] あるいはほんとうに、彼は自責の念を抱いていなかったのか？

のちに明らかにされたところでは、ツァルナエフは爆弾テロ事件の数か月後、裁判の二年前にあたる二〇一三年に謝罪の手紙を書き、そこで自分のした行為に対して自責の念を表明していた。しかし、陪審員はこの手紙を読んでいなかった。というのも手紙は、合衆国特別行政措置のもと、「国際安全保障に関する事項」とされて機密文書として扱われていたために、裁判の証拠として提出されなかったからだ。[53]

二〇一五年六月二五日の量刑審問手続きにおいて、ツァルナエフはついに、爆弾テロの実行を認め、自分が犯した罪の重大さを認識していると述べた。彼は落ち着いて、「私は、人の命を奪ったことを、そして多くの人々に苦痛と損傷、取り返しのつかない損害を与えたことを後悔しています」と述べて謝罪している。被害者や裁判を取材していた報道陣の反応は、予想どおりさまざまであった。呆然とした人や取り乱した人、あるいは怒り出す人もいた。また謝罪を受け入れた人もいた。しかし多くの人々は、ツァルナエフが本心を述べたのか決めかねていた。

私たちは、ツァルナエフが自分の行為に対して自責の念を感じていたのかどうかを、また彼の手紙が証拠として提出されていたら判決に影響を及ぼしたか否かを知ることは決してない。しかし、確実に言えることが一つある。死刑の可能性がある訴訟においては、被告の自責の念は、禁固刑か死刑かを決定するにあたり、法に従って判事が依拠しなければならない重大な要件として扱われる。[54] あらゆる情動の知覚に当てはまることだが、自責の念の知覚は、検知されるものではなく構築されるものにもかかわらずである。

その反対に、自責の念を示すことには何の意味もないケースもある。その例として、三〇年間武装強盗、暴行、脱獄を繰り返してきた暴力犯罪者ドミニク・シネリのケースを取り上げよう。二〇〇八年にマサチューセッツ州仮釈放委員会に姿を見せたとき、シネリは三件を併科した終身刑により服役中だった。仮釈放委員会は、心理学者、刑務官、ならびに服役者が最低量刑以上の期間服役すべきか、釈放すべきかの決定を行なう専門家から成る。彼らは、自責の念をさまざまな表現で並べたてる服役者の言葉を聞かされるが、そのなかには本心からのものもあれば、でっち上げもあり、一般市民に対する重大な責任は、その違いを識別する彼らの能力に依存する。

二〇〇八年一一月、シネリは自分がもはや悪意を抱く犯罪者ではないことを、仮釈放委員会に納得させた。その結果、仮釈放委員会は満場一致で彼を釈放することに決めた。しかし、シネリがまたもや強盗を働き始め、警官に銃で致命傷を負わせるまで長くはかからなかった。彼はのちに、警官との撃ち合いで射殺されている。マサチューセッツ州知事デヴァル・パトリックは、仮釈放委員会のメンバー七人のうち五人が辞職するのを見届けた[55]。どうやら彼は、五人が真の自責の念を検知する能力を欠いていたと考えたらしかった。

シネリは仮釈放委員会のメンバーの前で芝居をうっただけなのかもしれない。あるいは、証言したときにはほんとうに自責の念を抱いていたが、ひとたび出所すると、彼の昔ながらの世界観と予測が再浮上して本性を取り戻し、自責の念が吹き飛んでしまったのかもしれない。いずれにせよ、自責の念を測定する客観的な尺度など存在しないので、確かなことは決してわからないままだろう。同様に、怒り、悲しみ、怖れなどの、裁判に関係する他の情動を測定する客観的な尺度も存在しない。

合衆国最高裁判事アンソニー・ケネディはかつて、被告が公正な裁判を受けられるようにするためには、「陪審員は、犯罪者の心を知らねばならない」と述べたことがある。[56] だが情動は、顔面の動き、姿勢、身ぶり、声に一貫した指標を持つわけではない。陪審員やその他の裁判関係者は、被告の身ぶりや声音が情動的に何を意味しているのかを、自分の知識に基づいて推測しなければならない。だが、その指針となる客観的な正確性など存在しない。せいぜい陪審員のあいだで、知覚した情動について見解の一致を見るだけだ。残念ながら、被告と陪審員の経歴、信念、期待が異なれば、見解の一致は正確性の代わりとしては非常にお粗末なものにならざるを得ない。被告の態度に情動が表われないのなら、法制度は、「どのような状況にあれば裁判は完全に公正なものになるのか？」という難題に取り組まなければならない。

❦　❦　❦

被告の微笑みにうぬぼれを読み取ったり、証人の震え声を怖れと解釈したりする陪審員や判事は、情動概念を用いて、微笑みや震え声が特定の心の状態によって引き起こされたと推測することで、心的推論を行なっている。心的推論とは、脳が予測の連鎖を通して、他者の行動に意味を付与することだという点を思い出してほしい[57]（第6章参照）。

心的推論は、少なくとも欧米文化のもとでは当然のことのように実行されているため、私たちはそれを行なっていることにたいがい気づいていない。あたかも他者の行動を解読して、その人の意図を発見できる透視能力を備えているかのごとく、自分の感覚が世界に関する正確で客観的な情報をもたらすと信じきっているのだ（「私はあなたが何を考えているかを見透かすことができる」）。その瞬間私たちは、他者に関する自分の知覚を、その人の行動と自分の脳が持つ概念の組み合わせとしてではなく、その人に帰属する明々白々たる特質として経験する（本書では、この現象を「感情的現実主義」と呼んできた）。

刑事裁判で被告の自由や生命がかかっているときでも、見かけと現実のあいだには大きなギャップがありうる。心の奥底ではそれに気づいていても、同時に私たちは、法廷にいる他のバカどもより自分のほうがはるかに正確に事実とフィクションを見分けられると、信じ込んでいるのだ。法廷の問題はここにある。

陪審員や判事は、読心術者（マインドリーダー）、あるいはこう言ってよければ嘘発見器たれという、ほとんど達成不可能な課題を背負わされている。誰かが意図して危害を引き起こしたか否かを判断しなければならないのだ。法制度においては、意図とは、被告の顔に鼻があることと同程度に明白な事実である。しかし予測する脳にとっては、他者の意図に関する判断はつねに、検知可能な事実ではなく、被告の行動に基づいて構築した当て推量にすぎない。また情動と同じく意図にも、知覚者から独立した客観的な基準など存在しない。七〇年にわたる心理研究によって、情動や意図に関する判断が心的推論、すなわち当て推量であることが確認されている。[58] DNA鑑定による証拠が被告を犯行現場に結びつけたとしても、被告に犯罪の意図があったか否かがつまびらかになるわけではない。

陪審員や判事は、通常は自分の信念、ステレオタイプ、そのときの身体の状態に従って意図を推測する。一例をあげよう。ある研究で被験者は、抗議集会が警察によって解散させられているビデオを見せられ、それが妊娠中絶クリニックの前でピケを張る中絶反対の活動家の集団だと告げられる。中絶合法化賛成の立場をとることの多いリベラルな民主党支持者は、ビデオを見てそこに映し出されている活動家が暴力的な意図を持っていると、また社会的な保守主義を信奉する被験者は、平和的な意図を持っていると推測した。次に研究者は、同じビデオを別の被験者に見せ、ビデオに映っている人々が、「聞くな、言うな」政策〔同性愛者の軍への入隊禁止規定〕に反対している、同性愛者の権利を擁護する活動家だと告げた。すると今度は、同性愛者の権利を支持する立場をとることの多いリベラルな民主党支持者は、それらの活動家が平和的な意図を持っていると、また保守主義者は、暴力的な意図を持っていると推測した。[59]

ここで、このビデオが法廷に提出された証拠だったとしよう。陪審員は全員、同じシーンを見せられ、正確に同じ行動が画面上で繰り広げられるのを見る。しかし感情的現実主義によって、陪審員は、事実ではなく、まったく意識せずに自分の信念に沿って構築された知覚を得る。先入観は、陪審員の首にかけられた目立つ標識として現われたりはしない。だが、誰もが先入観を抱いている。なぜなら脳は、自分が信じているものを見るべく配線されているからだ。そして先入観は通常、自分でも気づかぬうちに生じている。

感情的現実主義は、公平な陪審員という理想を崩壊させる。殺人事件の裁判で有罪判決を誘導したければ、陪審員たちに身の毛もよだつ証拠写真を見せればよい。身体予算のバランスを失わせるよう仕向ければ、陪審員は、それによって生じた不快な気分を被告に投影するだろう。「気分が悪い。だからあなたは何か悪いことをしたに違いない。あなたは悪人だ」と思わせるのだ。あるいは、故人の家族に犯罪がどれだけ彼らを傷つけたかを証言させればよい。ちなみにこのやり方は、被害者影響陳述と呼ばれている。そうすれば陪審員は、より重い刑を勧告するようになるだろう。[60] 被害者影響陳述をビデオに撮影し、劇映画のように音楽やナレーションを加えて演出すれば、陪審員の心を揺さぶる傑作映像を制作できるはずだ。[61]

感情的現実主義は、法廷の外でも法と絡んでくる。午後の静かな時間に、突然戸外からドアを叩く大きな音が聴こえてきたとしよう。窓からのぞくと、一人のアフリカ系アメリカ人の男が、近所の家のドアを無理やりこじ開けようとしているのが見える。善き市民たるあなたは、警察に通報する。すぐに警官が駆けつけて、この男を逮捕する。かくして二〇〇九年七月一六日、ハーバード大学教授ヘンリー・ルイス・ゲイツ・ジュニアは逮捕された。旅行から帰宅したゲイツは、何かがつかえて開かなくなった自宅の玄関をこじ開けようとしていたのだ。[62] ここでも感情的現実主義が作用している。ゲイツの行動を目撃したこの隣人は、おそらく犯罪や肌の色に関する自分の概念に基づいて生じた気分のせいで、戸外の男が犯罪に走る意図を持っているという心的推論を行なったのだろう。

類似の感情的現実主義は、物議を醸したフロリダ州の「正当防衛（Stand Your Ground）」法を生み出している。この法律は、死や重大な身体的損傷が差し迫っていると妥当に判断される場合、自己防衛のために致死的な力を行使することを認める。実際に発生した事件がきっかけとなって成立したものだが、そこには誤解が含まれていた。一般に語られている話は次のようなものだ。二〇〇四年、フロリダ州に住む高齢の夫婦がトレーラーハウスで寝ていたところ、誰かが侵入しようとした。それに気づいた夫のジェイムズ・ワークマンは銃を取って、この男を射殺した。この事件の悲劇的な真相は、次のようなものだ。ワークマンのトレーラーはハリケーンの被害を受けた地域に止められており、彼が射殺したロドニー・コックスは、連邦緊急事態管理庁（FEMA）の職員であった。被害者のロドニー・コックスはアフリカ系アメリカ人で、ワークマンは白人であった。おそらくワークマンは、感情的現実主義の影響下で、コックスが自分に危害を加えようとしていると考え、無実の男性に向かって発砲したのだろう。それにもかかわらず、不正確な最初の話が、フロリダの「正当防衛」法を正当化する主たる原因になったのである。[63]

正当防衛法に関するこの話は、皮肉にも、その意義を反証する強力な証拠になる。人種差別主義のステレオタイプが蔓延し、感情的現実主義によって人々がお互いを見るあり方が歪曲されてしまう社会にあって、何が自分の生命の危険に対する正当な怖れなのかを決定することは不可能だ。かくして正当防衛法を正当化する論法は、感情的現実主義によって骨抜きにされる。

正当防衛法の事例では不十分だと思うのなら、合法的に武器を携帯している人に対する感情的現実主義の影響について考えてみればよい。感情的現実主義は確実に脅威に対する人々の知覚に影響を及ぼす。そのため、無実の人間が偶然に撃たれる可能性が高まる。これはきわめて単純なことだ。あなたは脅威を予測する。外界からの感覚情報は脅威ではないと告げる。ところが、あなたのコントロールネットワークは予測エラーを軽視して、脅威の予測に固執する。バン！　こうしてあなたは善良な市民に向かって発砲する。人間の脳は、白昼夢や想像を生むものと同じ過程を通して、その種の妄想が生じるよう構築されているのだ。

武器の携帯をめぐる政治的議論に深入りするつもりはないが、純粋に科学的な観点から次の点を考えてみればよい。合衆国の建国者たちは、合衆国憲法修正第二条で「武器を携帯する権利」を保護する正当な理由を持っていたが、彼らは神経科学者ではなかった。[64] 一七八九年の時点で、人間の脳があらゆる知覚を構築し、内受容予測に支配されていることを知っていた人は誰もいなかった。現在では、アメリカに住む人の六〇パーセント以上は、犯罪件数が増加しつつあり（歴史的に見れば少ないが）、銃を所持することで安全を確保できると考えている。[65] このような信念は、感情的現実主義を通じて、実際には存在しない重大な脅威を嘘偽りなく見出し、それに応じた行動をとるよう本人を仕向ける。私たちの感覚は客観的な現実を示すものではないと知った今、この重要な知見を法に適用せざるを得ないのではないか？

法制度は一般に、感覚が世界の実像を示さないという、山のような科学的証拠に適切に対応できずにいる。[66] 数百年間、目撃者の証言が、もっとも信頼のおける証拠の一つとして扱われてきた。「彼がやった」「彼女がそう言った」と証人が言えば、それらの証言は事実として認められたのである。また法は記憶を、無垢なまま脳に入り、完全な形態で保存され、あとから自由に取り出して映画のように再生できるものとして扱ってきた。

陪審員が、無垢の現実に直接アクセスするために、信念という幕を取り去ることなど不可能であるのと同様、被告や証人は、一連の事実ではなく、自分が知覚したできごとを記述するにすぎない。セリーナ・ウィリアムズの勝利に歓喜する顔を撮った写真（第3章冒頭参照）を見たあとで証人台に立ったとき、聖書に手を置いて「ウィリアムズは恐怖で悲鳴をあげていた」と陳述することは十分にありうる。目撃者によって発せられるいかなる言葉も、それ自体が構築されたものである過去の経験を用いて、その瞬間に構築された想起に基づいている。

記憶に関する世界的な第一人者、心理学者のダニエル・L・シャクターは、一九七五年にオーストラリアで起こった残忍なレイプ事件について語っている。[67] 被害者は警察に、加害者の顔をはっきりと見たと述べ、科学者のドナルド・トムソンを犯人として特定した。警察はこの証言に基づいてトムソンを署に連行したが、彼には鉄壁のアリバイがあった。レイプが起こった時刻に、彼はテレビ番組のインタビューを受けていたのだ。犯人が被害者の家に侵入したとき、テレビがついており、皮肉にも、画面には記憶の歪みに関する研究に関してトムソンがインタビューを受ける場面が映っていた。この哀れな被害者の女性は、トラウマを負い、トムソンを犯人と思い込んでしまったのである。

誤って訴えられた男性のほとんどは、トムソンほど幸運ではない。陪審員は目撃者の証言に重きを置くが、証人が確信を持って発言していれば、正しく犯人を特定している場合と同じくらい頻繁に、誤った証言を受け入れる。DNA鑑定によってのちに覆った有罪判決を調査した研究によれば、被疑者の七〇パーセントは、目撃者の証言に基づいて有罪が宣告されている。[68]

目撃者の報告は、おそらくもっとも信頼性の薄い証拠だと言える。記憶は写真とは異なり、情動の経験や知覚を構築するものと同じコアネットワークによって生み出されたシミュレーションなのである。記憶は、ニューロンの発火パターンとして断片的に脳内に表象される。また「想起」は、できごとを再構築する予測の連鎖によって形成される。そのため記憶は、たとえば疲労困憊の状態で証人台に立ったり、相手側の弁護士に執拗に質問されたりするなど、その都度の状況に応じて、いとも簡単に変形される。

法は、記憶が構築されるものだという事実を受け入れようとはしてこなかったが、状況は徐々に変わりつつある。ニュージャージー州、オレゴン州、マサチューセッツ州の最高裁判所は、この点において他の州を先導している。これらの裁判所の陪審員は、目撃者の証言で、記憶が間違った方向に誘導されるあらゆるあり方を順を追って詳細に説明する、長年の心理学研究の成果に基づく教示を受けている。[69]彼らは、どのように記憶が構築され、自分の信念に影響されてゆがみや錯覚がもたらされるのかについて、さらには弁護士や警官によって与えられた指示が先入観を生む場合があること、確信が正確さとは無縁なものであること、ストレスによって記憶が阻害される場合があること、身に覚えのない罪のために有罪を言い渡され、のちにＤＮＡ鑑定によって容疑が晴れた冤罪事件の四分の三以上が、目撃者の証言に基づく判決によるものであることについて教えられている。[70]

残念ながら、情動表現や心的推論とは何か、それらがいかにして構築されるのかを陪審員に説明する指針は、現在のところ存在しない。

❦ ❦ ❦

法に厳密に従って感情に左右されずに判決を下す冷静な判事という理想像は、多くの社会で一種の元型（アーキタイプ）として作用している。情動は公正な判断のじゃまになると考えられており、法は判事に中立的であることを求める。「すぐれた判事は、理性的な裁定を下し、とりわけ情動を含め、個人的な性向を抑制する自己の能力に誇りを持っている」と、元合衆国最高裁判事アントニン・スカリアは書いている。[71]

ある意味で、法的意思決定に対する純粋に理性的なアプローチには説得力がある。気高いとさえ言えよう。しかしここまで見てきたように、脳の配線は情動と理性を区別しない。これは、あえて強調する必要がないほど自明なことである。

まず、判事は感情に左右されないという前提から検討しよう（これは、「情動を持たずにいられる」というより「気分を感じずにいられる」と解釈すべきである）。この前提は、判事が脳に損傷を受けていない限り、生物学的にありえない。第4章で検討したように、声の大きな身体予算管理領域の神経回路が脳内で予測を駆り立てている限り、いかなる判断も気分の影響を免れえない。

気分の影響を受けていない意思決定などというものは、おとぎ話にすぎない。元最高裁判事ロバート・ジャクソンは、「感情に左右されない判事」を「サンタクロース」や「アンクル・サム」や「イースター・バニー」のような「神話的存在」と見なしている。[72] 科学的証拠に従えば、彼はまったく正しい。昼食をとる直前に仮釈放の裁定が下された場合、判事の公平さは、その状況に影響されることを思い出してほしい。不快な気分を空腹ではなく、受刑者に結びつけるからだ[73]（第4章参照）。別の一連の実験では、アメリカとカナダの連邦裁判所と州裁判所の一八〇〇人以上の判事に、民事ならびに刑事裁判のシナリオが手渡され、それに対していかなる判決を下すかが尋ねられている。シナリオには、被告が好ましい人物に見えるか見えないかに関する記述のみが異なるものもあった。実験の結果、判事は好ましい人や、思いやりのある人に対して、有利な判決を下しやすいことがわかった。[74]

合衆国最高裁でさえ、情動の影響を免れない。政治学者のチームが、三〇年間に最高裁のメンバーが口頭弁論や審問で発した言葉、八〇〇万語を調査した結果、判事が「より不快な言葉」を特定の弁護士に集中させていると、その弁護士の側が敗訴する可能性が高いことがわかった[75]。のみならず、口頭弁論中に発せられた判事の言葉の感情的な含みを調査すれば、その判事の判断を予測できる[76]。

常識的に考えれば、判事は法廷で強い気分を経験しているはずだ。していないはずはない。彼らは、人々の未来を握っている。そして日がな一日、凶悪犯罪やひどく傷つけられた被害者を相手に仕事をしなければならない。レイプ被害者や、性的虐待を受けた子ども、ときには加害者を対象にセラピーを行なっていた私は、それがどれだけ消耗する仕事かよく知っている。判事は、被害者よりも好ましく見える加害者に遭遇することがある。この状況は、傍聴席からのささやき声や、弁護士同士のいがみ合いが日常茶飯事の法廷では、とりわけ対処がむずかしい。さらに言えば、判事は国民感情を背負い込まねばならないときもある。元合衆国最高裁判事デイヴィッド・スーターは、「ブッシュ対ゴア裁判」が行なわれるあいだ、あまりの重責に苦しみ、（アメリカ国民の半分とともに）その審議の末に落涙したという[77]。このような心的努力は、判事の身体予算に多大な負荷をかける。このように判事は、冷静さというフィクションのもと、実際には激しい情動をつねに感じながら仕事を続けなければならないのだ[78]。

それにもかかわらず、法制度は頂点にあってさえ、感情に左右されない判事というフィクションを後生大事に抱き続けている。最高裁判事エレナ・ケイガンは、候補者だった二〇一〇年、判決に感情を持ち込むことが妥当か否かを尋ねられて、それに反対し「法は、上から下まで貫徹している」と答えた。ソニア・ソトマイヨール判事も指名承認公聴会で、彼女の情動と共感が公正な判断を下す能力と真っ向から対立するのではないかと怖れた議員に就任を反対された。この件によって彼女が得た教訓は、「判事も感情を持つが、それに基づいて判断してはならない」というものだった。

だが、判事の裁定が気分に左右されることを示す、はっきりとした証拠がある。次に問われるべきは、「気分に左右されてはならないのか?」「ほんとうに純粋な理性が、賢明な判決を下すための最善の要素なのか?」である。他者の生死に関して、メリットとデメリットを冷徹に評価する人について考えてみよう。『羊たちの沈黙』のハンニバル・レクターや『ノーカントリー』(米・二〇〇七年)のアントン・シガーのように、そのような能力を持つ人には情動の発露がまったく見られない。ハリウッド映画からの例は冗談半分で出したのだが、いずれにしても、基本的にその種の感情を交えない意思決定は、刑事事件における判事の裁定にあたって法が求めるところである。[79]だが、あたかも気分の影響などないふりをするより、賢明にそのとき感じた気分を用いたほうがよいのではないか。元合衆国最高裁判事ウィリアム・ブレナンはかつて、「直感的で感情的な反応に対する感受性や、人間の経験に関する気づきは、訴訟手続きにおいて必然的なものであるばかりでなく望ましいものでもあり、よってこれらの側面は、怖れられるべきではなく育成されるべきだ」と主張した。[80]カギとなるのは情動粒度であり、司法手続きの障害になる圧倒的な身体感覚の意味を解釈するために、さまざまな概念(情動的なもの、身体的なもの、それ以外のもの)を幅広く持っていなければならないのだ。

一例として、ジェイムズ・ホームズのような被告と接した判事について考えてみよう。ホームズは、コロラド州オーロラ市の映画館で、バットマン映画が深夜上映されている最中に一二人の観客を殺害し、七〇人を負傷させた。[81]彼のような被告と接した判事は、怒りの経験を構築してもまったくおかしくはない。[82]しかし、怒りを感じるだけでは問題が生じる。怒りは、報復を目的として被告を必要以上に厳しく罰しようとさせてしまう。これは、裁判が拠って立つ道徳秩序を脅かす。バランスをとるために、判事は、おそらく精神に問題があったり、本人自身がある種の被害者であったりする被告に対して、共感を抱くよう努めることができると主張する法学者もいる。[83] 怒りは無知の、このケースで言えば被告の視点に対する無知の一形態なのだ。[84] 明らかにホームズは、重度の精神疾患を何年も患っていた。一一歳のときに初めて自殺を試み、刑務所でも何度か自殺を企てている。とはいえ、映画館で無辜の人々に向かって発砲した人物に共感を抱くことはきわめてむずかしい。犯した罪がいかに残虐かつ重大なものでも、被告は人間であると思い起こすことさえ、葛藤を生むだろう。だがそこにおいてこそ、共感がもっとも重要になる。共感は、判事が被告の量刑を重くし過ぎないようにし、[85] 刑罰に関する意思決定や懲罰の道徳性の確保に資するだろう。法廷で情動を賢明に用いることを可能にするのは、このタイプの情動粒度なのである。[86]

つまるところ、判事にとってもっとも有用な情動は、判事が抱く目的のいかんによって変わることだ。刑罰の目的は何か？　報復なのか？　それとも、今後起こりうる危害を回避するための抑止なのか？　更生のためか？　これらの問いに対する答えは、法理論による人間の心の理解に依存する。目的は何であれ、刑罰は、被告がいかにおぞましい罪を犯したとしても、被害者の人間としての権利とともに、被告の人間としての権利が保護されるよう科す必要がある。さもなければ、法制度そのものが危殆に瀕するだろう。

❦　❦　❦

足を骨折させた人を訴えられるのに、なぜ心を折った人を訴えられないのか？　法は情動的なダメージを身体的なダメージより軽いものとし、懲罰には値しないと見なす。何と皮肉なことか。身体は人間を人間たらしめている組織、すなわち脳を収めた容器にすぎないにもかかわらず、法は解剖学的身体の統合性は保護しても、心の統合性は保護しないのだから。情動的なダメージは、身体的なダメージがともなわない限り、現実のものとは見なされない。要するに、心と身体は別物なのだ（デカルトに乾杯！）。

本書から学べることの一つに、「心と身体の境界は穴だらけだ」という理解がある。第10章では、慢性ストレス、親からの虐待、ネグレクトなどの心理的な問題に起因する情動のダメージが、やがて身体的な病気や損傷をもたらしうることを見た。また、ストレスや炎症性サイトカインが、脳の萎縮などの種々の健康問題を引き起こし、がん、心臓病、糖尿病、脳卒中、うつ病を含めたさまざまな疾病への罹患の可能性を高めることを見てきた[87]。

それだけではない。情動的なダメージは寿命を縮める。人間の身体は、染色体の末端に保護帽のごとく座す、テロメアと呼ばれる遺伝物質の小包を持つ。人間であれ、ショウジョウバエであれ、アメーバであれ、それどころか庭の植物でさえ、生物はすべてテロメアを持つ。細胞分裂の際につねに、細胞が持つテロメアはわずかに短くなる（ただしテロメラーゼと呼ばれる酵素によって修復されうる）。したがって、一般にはその長さは徐々に短くなっていく。そしてある時点で短くなりすぎると、その人は死ぬ。これは正常な老化現象だが、テロメアが短くなる原因は他にもある。それはストレスだ。子どもの頃に逆境を経験すると、テロメアはそれだけ短くなる[88]。つまり情動的なダメージは、骨折より重く長期的な障害を未来に向けてもたらす。この事実は、情動的なダメージに起因する長期的な障害に対する法制度の理解と評価が、誤っていることを意味する。

別の例として、慢性疼痛を考えてみよう。概して法は、外傷が見られないために慢性疼痛を「情動的な」ものとしてとらえる。したがってその苦痛は、補償に値するほど現実のものではないと見なされることが多い。慢性疼痛に苦しむ人に、心の病気の診断が下されることも多い。「想像上の」苦痛を緩和するべく侵襲的な手術を受けようとすればなおさらだ。医療保険会社は、身体的な病気ではなく心の病気と見なされているがゆえに、慢性疼痛の扱いを拒否する。かくして慢性疼痛の患者は、働けないにもかかわらず、補償を手にすることができない。しかしここまで見てきたように、慢性疼痛は、予測が機能不全に陥った脳疾患である可能性が高い[89]。苦痛は現実のものだ。法は、予測やシミュレーションが脳の機能として正常なものであり、慢性疼痛が種類ではなく程度の問題だという点を見落としている。

興味深いことに法は、現時点では存在しない他のタイプの障害が将来現われる可能性を認めている。顕著な例として、湾岸戦争中に生じた未知の要因によって引き起こされると見なされている、複数の症状から成る慢性疾患、湾岸戦争症候群（その効果はすぐには現われないと考えられている）などの、化学物質に起因する障害があげられる。湾岸戦争症候群は論争の的になっており、それが独自の疾病か否かに関して見解の一致が見られていない。それにもかかわらず、数千人の退役軍人が、湾岸戦争症候群への罹患を法廷に訴えている。それに対し、ストレスをはじめとする情動的と見なされる障害は、それに類する法的扱いを受けていない（痛みや苦痛に対する賠償は比較的まれである）。

ここで拷問に関する国際的な規範を考えると、情動的なダメージに関して法は一貫性を欠き、皮肉に聞こえることすらある点を特に指摘しておきたい。ジュネーブ条約は、戦争捕虜に対して心理的な危害を加えることを禁じている[90]。また合衆国憲法は、同様に「残酷で異常な処罰」を禁じている[91]。よって、政府が囚人を心理的に拷問することは違法である一方、監禁によってテロメアが短くなり、それゆえ寿命が縮まるにもかかわらず、囚人を長期間独房に監禁状態に置くことは完全に合法なのだ。

高校生のいじめっ子が、あなたの子どもを侮辱し、苦しめ、恥をかかせてテロメアと寿命を縮めても、違法ではない[92]。女子中学生のグループが意地悪をして一人の少女を仲間はずれにしても、訴訟になることはほとんどない。二〇一〇年、一五歳の少女フィービー・プリンスが、数か月間におよぶ言葉の暴力と身体的な虐待を受けたのちに首を吊って自殺した事件は、広く報道された[93]。この事件では六人のティーンエイジャーが、いやがらせ、ストーキング、暴行などで彼女をいじめ、のちにフェイスブック上の彼女の追悼ページに無礼なコメントを投稿したことによる人権侵害で起訴されている。この訴訟を受け、マサチューセッツ州は反いじめ法を制定した。この法律は出発点にはなるが、処罰は極端なケースに限られている。そもそも、いかに法律が遊び方の規定を設けられるのか[94]？

いじめは、相手に苦痛を引き起こすことが意図されている。だがそれは、危害を加えようとする意図なのか？ 確かなことは言えないが、ほとんどのケースではそうではないだろう。子どもは一般に、自分が相手にもたらした精神的苦痛が、やがて身体的な病気、脳の萎縮、IQの低下、テロメアの短縮につながりうるとは思っていない。子どもは子どもなのだ。しかしいじめは現在、全国で猖獗（しょうけつ）を極めている。ある研究によれば、全国の子どもの五〇パーセント以上は、少なくとも二か月に一度は、言葉の暴力、もしくは仲間はずれなど学校でいじめを受けたか、あるいは他の子どものいじめに関与している。また二〇パーセント以上が暴力によるいじめの被害者、もしくは加害者になったことがあると、さらには一三パーセント以上がネットいじめに加わったと報告されている。[95]子どものいじめは、生涯にわたる健康問題を引き起こすリスクになるほど重大なものと考えられており、米国医学研究所と、米国学術研究会議の法と正義委員会は、いじめの生物学的・心理的影響に関する包括的な報告書を現在作成中である。

いじめだろうがその他の原因だろうが、そのせいで受けた精神的苦痛を危害と見なして加害者を罰するべきなのか？ 最近の訴訟例を参照すると、その答えはときに「イエス」になるようだ。アトランタのある企業は、誰かが倉庫に糞便を撒いているという理由で、従業員に対しDNAサンプルの提出を求めた。[96]本人の同意無しに遺伝情報を取得することは違法だが（遺伝情報差別禁止法違反）、この訴訟は、おもに情動面の影響に鑑みて判決が下された。二人の原告のそれぞれに、高圧的な態度で侮辱されたことに対し、およそ二五万ドルの、そして特筆すべきことに「情動的、精神的な苦痛」を受けたことに対し一七五万ドルの損害賠償の支払いが言い渡された。[97]この巨額の賠償金は、原告が実際に受けた情動的な苦痛ではなく、将来感じる可能性のある情動的な苦痛に対するものであった。要は、健康に関する個人情報は、生涯にわたって自分の不利益になるよう使われる可能性があるということだ。未来に対するこの怖れを陪審員がシミュレートし、それに共感するのはたやすい。しかし慢性疼痛をシミュレートし、その苦痛に共感するのは容易ではない。不可視のものをどうやって見るのか？ 目に入る損傷はどこにも存在せず、脳はシミュレーションを実行するきっかけが得られない。したがって陪審員の共感が得られず、賠償金も獲得できない[98]。

法制度は、純粋に実践的な理由によって精神的苦痛の問題にうまく対処できずにいる。情動に本質や指標が備わっていないのなら、どうやってそれを客観的に測定すればよいのか？　また、足の骨折などの身体的な損傷は通常、変化の多い情動的なダメージより経済的な損失を予測しやすい[99]。さらに言えば、日常生活で生じるごくありふれた情動的苦痛と恒久的な危害をいかにして区別できるのか？

ここで重要になる問いは、「誰の苦痛をダメージと見なすのか？」「誰が共感の対象に値し、それゆえ法の完全な保護を受けるにふさわしいのか？」である。あなたが不注意から、あるいは意図的に私の腕の骨を折れば、あなたは私に賠償義務を負う。それに対し、不注意にせよ意図的にせよ、あなたが私の心を折っても、たとえあなたと私が、それぞれの身体予算を調節し合う長年の親友同士で、仲違いが、麻薬から足を洗うときの苦痛と同じくらい激しい身体的な痛みをともなったとしても、あなたは私に賠償義務を負わない[100]。自分の心を折ったという理由で誰かを訴えることは、いくら望もうが（いくら相手がそれに値しようが）できない。法とは、社会的現実を作り出し、執行することである。その意味で、共感に依拠する痛みの訴えは、根本的に誰の人権や人間性を取り上げるべきかに関するものだと言える。

❦　❦　❦

すでに述べたように、法は古典的情動理論と、そこから派生する人間観を具現化している。それがつむぎ出す本質主義的な物語は、脳や、脳と身体の結びつきによって裏づけられていないおとぎ話にすぎない。したがって、最新の脳科学の知見に基づいて、陪審員、判事、そして法制度全般に対し、ここであえていくつかの提言をしたい。私は法学者ではないし、科学の関心の対象が法のそれと異なることはよく心得ている。また、人間性の持つ基本的なジレンマを本で論じることと、それに基づいて判例を確立することは異なる。しかし、異分野を架橋する試みは重要である。神経科学と法制度のあいだには、人間の本性の基本的な理解をめぐって大きな行き違いが見られる。法制度が、社会的現実の最高到達点の一つとして、人々の持つ不可侵の生きる権利、自由、そして幸福の追求を擁護し続けようとするのなら、それらの矛盾は何としてでも解決する必要がある。

私なら、判事や陪審員（や弁護士、警官、保護観察官など、その他の司法関係者）を対象に、情動や予測する脳に関する基本的な科学について助言することから始めるだろう。ニュージャージー州、オレゴン州、マサチューセッツ州の各最高裁判所は、記憶が構築されるものであり、誤りやすいという事実を公式に陪審員に教えることで、正しい方向へと歩み出している。情動に関しても、私たちは類似のアプローチを必要としている。それに向けて、五つのポイントを指摘しておきたい。これは、法制度に向けられた、情動に関する科学的宣言書（マニフェスト）とも呼べるだろう。

一点目は、いわゆる情動表現に関するものである。情動は、顔、身体、声に客観的に表現されたり、示されたり、あるいは他のあり方で開示されたりするものではない。有罪／無罪や刑罰の決定者は、誰もがこの点を知っておく必要がある。他者の怒り、悲しみ、自責の念などの情動を検知、あるいは認知することはできない。推測できるだけだ。そして推測には、十分な情報に基づくものとそうでないものがある。公正な裁判は、証言する人（被告、証人）と、それを知覚する人（陪審員、判事）のあいだで同期がとれていることに依存する。だが、それを達成することがきわめて困難な状況になる場合も多い。たとえば、自責の念のような、情動に関する情報を伝達する非言語的な動作を用いることに長けた被告もいる。あるいは、自分の概念を被告の概念と同期させることに長けた陪審員もいる。[101] これは、陪審員と、被告や証人のあいだで政治的な見解が一致しなかったり、人種が異なったりした場合などの厄介な状況のもとで被告や証人の情動を検知するためには、陪審員に多大な努力が求められることを意味する。この同期を達成し共感を培うためには、陪審員は相手の立場になって考えるよう努力しなければならない。[102]

二点目は現実に関するものである。視覚、聴覚などの感覚は、つねに感情の影響を受けている。まったく客観的に見える証拠も、感情的現実主義の影響を受けている。陪審員も判事も、予測する脳や感情的現実主義、さらには法廷で見るもの、聴くものを感情が文字どおり変えてしまうことについて知っておく必要がある。政治的な信条によって抗議デモを暴力的なものとして見たり見なかったりすることを示した前述のビデオを用いた研究は、一つの実例として役に立つだろう。また陪審員は、目撃者も感情的現実主義の影響を受けていることを理解しておかなければならない。「彼がナイフを手にしているところを見た」などの単純な証言でも、感情的現実主義の影響を受けた知覚なのであり、目撃者の証言は、厳然たる事実を伝えるわけではない。

三点目は自制に関係する。自動的に生じていると感じられる事象のすべてが、自制のまったく及ばないものでもなければ、情動的な現象でもない。予測する脳は、思考や記憶を構築する場合と同じ範囲の抑制を、情動を構築する際にも与えてくれる。殺人事件の被告は、環境に支配され、怒りに駆られて必然的に暴力行為に至る、人間の姿をしたイソギンチャクなどではない。いかに自動的に生じていると感じられようが、怒りのインスタンスのほとんどは、殺人をもたらしはしない。怒りはまた、長期にわたって故意に引き起こされることもあり、自動的に生じることがその本性なのではない。私たちは、情動的なものか認知的なものかを問わず、自制が働いていればいるほど、自分の行動に対してそれだけ責任を負わなければならない。

四点目、「脳が私にそうさせた」式の弁護に注意しよう。陪審員や判事は、脳の特定の領域が暴力行為を引き起こしたとする主張に疑いを持つべきだ。それはトンデモ科学なのだから。あらゆる脳はその人に固有のものであり、変化が基準である（縮重を考えてみればよい）。しかも、必ずしも変化に意味があるとは限らない。そもそも法にもとる行為が、特定の脳領域に決定的に位置づけられたことはない。もちろん腫瘍などの異常や、明らかな神経変性の徴候はそれとは話が別だ。たとえばある種の前頭側頭型認知症などでは、自己の行動を法に合わせることが困難になるのは確かだが、それでも腫瘍や神経変性疾患は、法制度に難題をつきつけたりはしていない。

最後の五点目は、本質主義に注意せよ、である。陪審員や判事は、あらゆる文化が、性、民族、人種、宗教などの社会的なカテゴリーであふれていることを知っておく必要がある。これらのカテゴリーは、現実の確たる境界を持つ身体的、生物学的カテゴリーと取り違えてはならない[103]。また情動に関するステレオタイプは、法廷では無用である。女性は、加害者に対して怖れではなく怒りを感じたという理由で罰せられてはならない。男性は、勇敢に、そして攻撃的に振る舞わず、無力で脆弱だと感じたという理由で罰せられてはならない。通常人に関する法の基準はステレオタイプに基づくフィクションにすぎず、しかもその適用には一貫性がない。今や通常人という考えは捨てて、別の基準を生み出すべきときだ。

私たちはまた、感情に左右されない判事という神話をこれまで長く抱き続けてきた。この見方は、合衆国最高裁判所の面々や他の法律家によって流布されると同時に、疑問視もされてきた。裁判における情動の意義をめぐって、学者たちが法学専門誌でいかなる議論を戦わせていようが、判事を含めたいかなる人間も、脳の構造のゆえに、判断を下す際に内受容や気分の影響を免れられないという事実に変わりはない。情動は敵でもぜいたくでもなく、知恵の源泉なのだ。（情動を外に表わさないよう学習するセラピストと同様、）判事は自己の情動をおもてに出す必要はない。だが、自己の情動に気づき、それを最大限に活用しなければならない。

私の考えでは、情動を賢く用いるためには、判事は細かな粒度で情動を経験する必要がある。不快感を覚えたときに、たとえば苛立ちや空腹とはまったく別物として怒りが経験されるよう、きめ細かな分類ができれば、その能力はきわめて有用なものになるだろう。怒りは、冷淡な被告、だまされやすい原告、攻撃的な証人、とりわけ押しつけがましい弁護士に共感を抱くための一つのきっかけになりうる。共感なき怒りは、法制度の基盤をなす正義の概念を瓦解させる怖れのある、報復的な刑罰を助長するだろう。判事は、第9章で紹介した、経験を積む、もっと情動語を学ぶ、概念結合を用いて新たな情動概念を発明しその可能性を追究する、たった今感じている情動を解体し再分類するなどの実践を通じて、情動粒度を高められる。その達成にはたいへんな努力を要すると思われるかもしれないが、実践を積めば習慣になる。また判事は、自分とは異なる文化のもとで育った被告に接する際、情動経験やコミュニケーションに関する文化的な規範の相違について前もって知っておいても損はないだろう。

さらには、陪審員を選抜する際（「予備尋問」と呼ばれる）、感情的現実主義の影響をなるべく受けないよう判事は助言を与えられてもよい。判事や弁護士は往々にして、「この法廷において、客観的かつ公正な態度を保てますか？」「被告と知り合いですか？」などの直接的で明確な質問をすることで、陪審員を選抜する。また、陪審員候補者と被告の表面的な類似性を判断しようとする。たとえば、クライアントの数百万ドルの退職投資を着服した会計士の裁判がこれからはじまるとしよう。その場合判事は、金銭を着服された経験が自分にもあるか否か、あるいは金融機関に勤めている近親者がいるか否かを尋ねて陪審員を選抜しようとするだろう。しかし表面的な類似や差異は、氷山の一角にすぎない。それよりも、陪審員候補者の感情的ニッチを調査して、裁判中にその人がどのような予測を行なうかを見極めておくのが賢明なやり方であろう。それによって、その人の知覚を歪めている先入観がわかるかもしれない。たとえば判事は、心理学の標準的な尺度を用いて、購読している雑誌、よく観る映画のジャンル、一人称型シューティングゲームが好きかなどを候補者に尋ねるのだ。そうすれば、先入観についてじかに尋ねるのではなく（その種の自己申告は必ずしも有効ではない）、それらの情報に垣間見られる普段の生活様式に基づいて、候補者の持つ先入観を評価できるだろう。[104]

ここまでは、比較的扱いが容易な問題を取り上げてきたが、ここからは、法の根本的な想定を変える可能性のある科学的考察に関する非常に扱いがむずかしい問題を検討しよう。

感覚が現実を示すわけではないこと、また、判事や陪審員は感情的現実主義の影響を受けざるを得ないことについて学んできた。これらの要因は、心と脳に関するそれ以外の最新の知見とともに、私たちを革新的な考えに導く。思い切って言えば、有罪／無罪を決める基盤としての陪審員制度を、今や考え直すべきではないか。確かに陪審員制度は、合衆国憲法によって記されている。しかしこの画期的な法を起草した人々は、脳の機能に関して何も知らなかったし、被害者の爪から被告のDNAを検出できる日が来るとは思ってもいなかったはずだ。DNA鑑定が行なわれるようになる以前の法は、有罪判決の正当性を決定づける手段を持たなかった。[105] 法制度は、判決が公正になされたか否か、言い換えれば、法の規則や手続きが首尾一貫して遵守されたか否かを決定づけられただけだったのだ。法は、真理に関するものではなく一貫性に関するものだったとも言える。それゆえ適法手続きとは、判決自体の妥当性を意味するのではなく、有罪／無罪の判決を下すにあたって、手続き上の誤りを回避することを意味した。今日の法制度は、一貫性が公正な結果をもたらすと仮定した場合にのみ機能する。[106] DNA鑑定は、その状況を変えつつある。完全とは言えないが、陪審員の気分に影響された知覚に比べれば、DNA鑑定は、はるかに客観的である。

DNA鑑定による証拠が手に入らなかったり、手に入っても裁判に無関係だったりした場合、陪審員を不要とし、無作為に選抜された複数の判事が協力し合うことで、集合的な知恵を引き出せばよいのかもしれない。とはいえ、すでに述べたように私は法学者ではなく科学者であり、したがって賢明な法学者なら、もっとよい方法でバランスのとれた司法制度を建て直せるかもしれない。深い自覚と高い情動粒度を持つべく訓練された専門の判事から構成される陪審団は、一般の陪審員より効率的に、感情的現実主義の影響下から脱出できるだろう。もちろんそれは、完全な解決策ではない。少なくともアメリカでは、判事はたいてい高齢で、ヨーロッパ系アメリカ人が多数を占め、特定の信仰や信条を代表する人がほとんどであるにもかかわらず、自分ではその種の先入観から免れているという幻想を抱いていることが多い。また判事は、最高刑を科す傾向にある。[107] それでも、確実に言えることが一つある。アメリカでは毎日、数千人が陪審員の前に立ち、公正な裁判を望む一方、現実には、つねに利己的な観点から世界を見ている人間の脳によって裁かれている。それを否定することは、脳の構造に関する科学的な裏づけのないフィクションにすぎない。

さて、いよいよもっとも困難な問題の検討に移ろう。自制し、自分の行動に責任を負うとは、いったい何を意味するのだろうか？（たいていの心理学同様）法は通常、責任を二つの部分に分けてとらえる。自分自身が起こした行動には重い責任が、状況によって引き起こされた行動には軽い責任が科される。内因性の行動対外因性の行動というこの二分法は、予測する脳という現実と嚙み合わない。

構成主義的な人間観は、あらゆる人間の行動には、二つではなく三つのタイプの責任がともなうと考える。一つは従来的なもので、本人の行動に関するものである。あなたは銃の引き金を引く。あるいは金銭を奪って逃走する（法制度は、そのような行動を「犯罪行為」と呼ぶ）。

二つ目のタイプの責任は、不法行為をもたらした予測に関するものだ（「犯意」と呼ばれる）。行動は一瞬にして引き起こされるのではなく、つねに予測に駆り立てられている。開いたレジから金銭を盗むとき、あなたが行為者なのは確かだが、その行為の究極の原因には、「レジ」「金銭」「所有者」「盗み」などの概念も関わっている。これらの概念のそれぞれは、脳内では多様なインスタンスの集合に結びついており、それに基づいてあなたは予測を発し、行動を起こしたのである。ところで、類似の概念を持つ他の誰か（通常人）が同じ状況下で盗みを働いたとすると、あなたの罪はそれだけ軽くなると見なされる。だがその反対に、その人がレジの金銭に手を出さなかったとすると、あなたの罪はそれだけ重くなる。

三つ目のタイプの責任は、概念システムにおける内容が関係する。法を犯した瞬間に、脳がどのようにして概念システムを用いて予測を発したかは問わない。脳は無から心を形成しているのではない。人は皆、種々の概念の総体であり、それが予測となり行動を駆り立てる。概念は、個人が選択できるような類のものではない。予測は、その人が浸かっている文化の影響のもとで発せられる。[108] ヨーロッパ系アメリカ人の警官が、武器を携帯していないアフリカ系アメリカ人の市民に向かって発砲するとき、そしてその際、感情的現実主義の影響によって、前者が後者の手に嘘偽りなく銃を見るとき、事件の根源は、それが実際に起こった瞬間の埒外にある。[109] たとえその警官が人種差別主義に凝り固まっていたとしても、彼の行動の一部は、人種に関するアメリカ人のステレオタイプを含め、それまでの生涯を通じて形成されてきた概念によって引き起こされたのである。また被害者の概念や行動も、警官に関するアメリカ人の概念を含め、過去の経験の影響を受けている。あらゆる予測は、直接的な経験のみならず、テレビ番組、映画、友人、文化的なシンボルなどによって間接的に影響されながら形成される。[110] 犯罪映画や刑事ドラマを数時間観て現実から逃避し、日頃のストレスを発散するのはとても楽しいが、そこに映し出されるお決まりの暴力シーンは、観る者にとって負担になる。というのも、その種の映画やドラマは、特定の人種に属する人々や社会経済的な地位を占める人々による脅威に関する予測を、微調整するからだ。人間の心は、自分の脳の作用ばかりでなく、同じ文化のもとで暮らす他者の脳の作用の反映でもある。

三つ目の責任の領域は、二つの方向に分かたれる。ときにそれは、過度に同情するリベラルな心情の風刺である、「責められるべきは社会なり」という言い回しによって矮小化される。私の主張は、それよりもっとニュアンスに富む。罪を犯せば非難されてしかるべきだが、犯罪行為は、その人が持つ概念システムに依存する。そして概念は、魔法のように無から生じるのではなく、体内に浸透して遺伝子の発現やニューロンの配線に影響を及ぼす、社会的現実によって形作られる。人間には他の動物と同様、環境から学ぶ。その一方、いかなる動物も独自の環境を形成する。したがって人間は、環境を形成して自己の概念システムを変更する能力がある。つまり人は、自分が受け入れたり却下したりした概念に対して、最終的な責任を負っているのだ。

第8章で論じたように、予測する脳は、行動を起こしたその瞬間を超えて自己コントロールの地平を広げ、それゆえ責任の概念を複雑なあり方で拡大する。特定の肌の色をした人々は犯罪者になる可能性が高いと、文化によって教えられることもあるかもしれない。だが私たちは、その種の信念が引き起こす危害を緩和し、それとは異なる方向に予測を導く能力を備えている。だから肌の色の異なる人々と仲良くなって、彼らも法を遵守する善良な市民であることを自分の目で確かめられる。あるいは、人種差別のステレオタイプを強化するようなテレビ番組を見ないよう心がけることもできる。さもなければ、自分が属する文化の規範にやみくもに従って、ステレオタイプ化された概念を受け入れ、特定の人々を虐待する機会が増えるだろう。

聖書勉強会に参加していたアフリカ系アメリカ人を射殺したディラン・ルーフは、白人至上主義のシンボルのなかに身を置くことを自ら選択した。彼が人種差別の問題を抱えた社会で育ったのは確かだ。しかし、そのことは多くのアメリカの成人に当てはまるが、彼らは銃を乱射したりはしない。ニューロンのレベルでは、私たちと社会が相互作用して、脳内で特定の予測が起こりやすくなっている。だがそれでも、私たちは有害なイデオロギーを克服する責任を負う。認め難い真実ではあるが、各人が自分のした予測の最終的な責任を負わなければならないのである。

法には、このような予測に基づく責任という見方の先例がある。たとえば、酒酔い運転をして誰かをはねた場合、泥酔していたために手足を自在に動かせなかったのだとしても、それによって引き起こされたダメージに責任を負わなければならない。酒に酔えば的確な判断ができなくなることくらい、おとなであれば誰でも知っているはずだ。だから、それを無視して事故を起こせば、その人は罪に問われる。

法の世界では、これは予見可能性に関する議論と呼ばれている。危害を加える意図があったか否かにかかわらず、責任が問われるのだ。今や私たちは、予見可能性に関する議論を、常識のレベルからミリ秒単位の脳の予測のレベルへと拡張できるだけの科学的な証拠を手にしている。本章で明らかにしてきたように、人種に関するステレオタイプなど、本人をあらぬ方向へ誘導する概念がある。あなたの脳が、目の前に立つアフリカ系アメリカ人の若者が武器を携帯していると予測し、ありもしない銃を見た場合、感情的現実主義に影響されたとはいえ、あなたにはある程度の責任がある。なぜなら、自分の持つ概念を変えるのもあなたの責任のうちだからだ。予測を変えるという目標のもとに概念システムを拡張し、その種のステレオタイプの影響を受けないよう自発的に学んでも、ありもしない銃を見て悲劇的な結果に至る可能性はなくならないだろう。しかし、責任はある程度軽減される。なぜなら、変えられるものを変えることで、すでに責任を持って行動しているからだ。

法制度はいずれ、経験や行動を導く概念や予測に対して文化が持つ巨大な影響力に対処しなければならなくなるだろう。なにしろ脳は、自らが置かれている社会的現実に合わせて、それ自身を配線するのだから。この能力は、人類が持つ、進化の面でもっとも重要な利点の一つである。したがって私たちは、未来世代に属する人々の脳の配線を支援する概念に、ある程度の責任を負っている。しかしこれは刑法の問題ではなく、実のところ言論の自由を保障する合衆国憲法修正第一条をめぐる政策の問題である。修正第一条は、言論の自由によって議論が生まれ、それによって真理が追求されるとする考えに基づく。しかしこの条文の起草者は、文化が脳を配線するという事実を知らなかった。ものの見方は、単に長いあいだ流布することで、人々の体内に浸透していくのだ。そしてそれがひとたび脳に配線されると、それを取り除くことは困難になる。

❦　❦　❦

情動の科学は、法がこれまで長いあいだ抱いてきた、人間の本性に関するいくつかの想定を照らし出すための便利な懐中電灯になる。すでに述べたように、その種の想定は、人間の脳の構造に基づく裏づけがない。人間は理性という陣営と情動という陣営を抱え、前者が後者を統制しているのではない。判事は、そのとき感じている気分を脇に置いて、純粋な理性のみによって判決を下せるわけではない。陪審員は、被告に情動を検知することなどできない。もっとも客観的に見える証拠ですら、感情的現実主義に染まっている。犯罪行為を脳の特定のかたまりに位置づけることはできない。情動的な危害は単なる不快感なのではなく、寿命を縮める場合がある。要するに、他のいかなる場所とも同様、法廷で生じるあらゆる知覚や経験は、公正な手続きの結果として得られるのではなく、文化を吹き込まれ、高度にその人に特化され、外界からの感覚入力による訂正を受ける。

私たちは現在、心と脳の新たな科学が法改正に関与する新時代に突入しつつある。判事、陪審員、弁護士、証人、警官やその他の司法関係者に助言することで、やがてより公正な法制度を築き上げられるはずだ。ただちに陪審員制度を廃止することは不可能であろうが、情動は構築されるものだと陪審員に助言するという単純な方法でさえ、現状の改善につながるだろう。

少なくとも現時点では、法制度は私たち人間を、理性的な思考という衣服をまとった野獣と見なしている。本書を通じて私たちは、証拠と観察結果を用いながら、系統的にこの神話に挑戦してきた。だが、まだ検討していない前提が一つある。野獣も情動を持つのだろうか？　チンパンジーのような私たちに近い霊長類の脳は、情動を構築する能力を備えているのか？　イヌは私たちと同じように、概念や社会的現実を持っているのか？　人間の情動能力は、動物界においてどの程度独自のものなのか？　次章では、これらの問いについて検討しよう。

第12章

うなるイヌは怒っているのか？

Is a Growling Dog Angry?

わが家ではイヌを飼っていないが、友人が飼っている何頭かのイヌは拡大家族の一員になっている。私のお気に入りは、ゴールデンレトリバーとバーニーズ・マウンテン・ドッグの雑種のラウディーで、エネルギーに満ちあふれ、遊び好きで、つねに何かをしようとしている。その名にふさわしく、よく吠え、飛び跳ね、他のイヌや見知らぬ人が近寄るとうなり声をあげる〔rowdyは「騒々しい」「乱暴な」の意〕。要するに、ラウディーはイヌなのだ。

ときにラウディーは手に負えなくなることがある。そのために、ほとんど処分されかかったことさえある。ある日ラウディーは、飼い主で私の友人のアンジーに連れられて散歩していた。そのとき一人の少年が近づいてきて、なでようとした。ラウディーはこの少年を知らず、吠えながら彼に飛びかかっていった。見たところ少年にけがはなかったので、数時間後、（その場に居合わせていなかった）彼の母親がラウディーを役所に捕獲させて、「危険なイヌ」として登録したのは驚きだった。その後数年間、あわれなラウディーは口輪をはめて散歩しなければならなかった。そして、再度誰かに飛びかかったら「獰猛なイヌ」として登録され、場合によっては安楽死させられていただろう。

この少年はラウディーを怖れ、怒っていて危険だと見なした。吠えたりうなり声をあげたりしているイヌは、はたして怒りを感じているのか？　それとも、単になわばりを主張しているのか？　あるいは過度に騒々しい態度で友好的に振舞っているのか？　ひとことで言えば、イヌには情動を経験する能力が備わっているのだろうか？

常識に従えば、その答えは「もちろん備わっている」であろう。マーク・ベコフ『動物たちの心の科学——仲間に尽くすイヌ、喪に服すゾウ、フェアプレイ精神を貫くコヨーテ』、ヴァージニア・モレル『なぜ犬はあなたの言っていることがわかるのか——動物にも〝心〟がある』、グレゴリー・バーンズ『犬の気持ちを科学する』など多くの一般向けの科学書が、この問いを探究している。ニュース記事では、嫉妬するイヌ、[1] 後悔するラット、[2] 不安を感じるザリガニ、[3] 蝿叩きを怖れるハエなど、[4] 動物の情動に関する科学的発見が多数報告されている。[5] もちろん動物を飼っている人は、ペットが情動を表現しているかのように振る舞うのを見たことがあるはずだ。怖れを感じて走り回り、喜びを感じて跳ね、悲しみを覚えて鼻をならし、愛情を感じてじゃれつくなどのように。動物が私たちと同じように情動を経験していることは、明白に思える。* 『言葉を超えて——動物は何を考え、感じているか（*Beyond Words: What Animals Think and Feel*）』の著者カール・サフィナは次のように簡潔に述べている。「他の動物も、人間と同じ情動を持っているだろうか？　イエス。人間

図 12.1　ラウディー

＊＝単純化するために、「動物」「哺乳類」「霊長類」という用語には人間を含めない。もちろん人間は、これらすべてのカテゴリーに属している。

は動物と同じ情動を持つのだろうか？　イエス。それらはほぼ同じものだ」[6]

そこまでの確信はなく、動物の情動は錯覚にすぎないと言う科学者もいる。彼らの観点からすると、ラウディーは、情動を司る脳の神経回路ではなく、生き残るための行動を引き起こす神経回路を備えているのであり[7]、支配と服従の関係に応じて近づいたり遠ざかったりし、なわばりを守り、脅威を避けようとするのだ。また、そのような行動をとっているとき、ラウディーは、快、苦痛、興奮などのさまざまな気分を経験しているのかもしれないが、それ以上を経験する心の装置は備えていない。この説明は、日常的な経験を否定するがゆえに、非常に不満に感じられる。何百万人ものペット愛好家が、わが愛犬は怒りのためにうなり声をあげ、悲しみにうなだれ、恥じ入って頭を隠しているのだと証言することだろう。その種の知覚が、気分に対する一般的な反応をめぐって築かれた錯覚にすぎないと考えるのは非常にむずかしい。

かつては私も、動物の情動という考えの誘惑に抗しきれなかった。私の娘は何年ものあいだ、寝室で数匹のモルモットを飼っていた。ある日、小さなメスの赤ちゃん〝カップケーキ〟が生まれた。それから最初の一週間、見知らぬ檻に入れられていたカップケーキは毎晩、泣いているかのような音を立てていた。私は、セーターのポケットに彼女を入れて持ち歩いていた。セーターのポケットは暖かくて心地よく、彼女はうれしそうに鳴き声を立てていた。私が檻に近づくと、他のモルモットは金切り声をあげて逃げ回っていたが、小さなカップケーキだけは、私が拾い上げるのを待っているかのようにじっとしていた。それからすぐに私の首のあたりまで這い上がってきて鼻をこすりつけてきた。そのようなときに、彼女が私に愛情を抱いているという思いに逆らうのは非常にむずかしい。カップケーキは何か月も、私の深夜のお供だった。私が机に向かって仕事をしているとき、彼女は私の膝のうえで体を丸め、満足そうな鳴き声をあげていた。わが家の誰もが、カップケーキは身体こそモルモットだが実は子犬なのではないかと思っていたほどだ。それでも私は科学者として、小さなカップケーキが実際に何を感じているかについての自分の見解を開示しないよう心得ていた。

本章では、動物が何を感じることができるのかを、脳神経回路の研究や実験の成果に基づいて系統的に探究する。その際、証拠を注意深く検証するために、ペットに対する愛情や、本質主義的人間観は脇におく必要がある。科学者の多くは、昆虫から人間に至るまで、地球に生息する動物が、神経系の基本的な設計を共有すると考えている。[8] また、多かれ少なかれ動物の脳は、同じ一般的な設計に従って構築されているという点でも同意している。しかし、自宅の改装をしたことがある人なら誰でも知っているように、設計から実物を作り出すときには、細部に宿る悪魔に注意しなければならない。異なる動物種の脳を比較するとなると、同じネットワークを備えていたとしても、配線上のミクロの相違は、マクロレベルでの類似性と同じくらい重要になる場合がある。

構成主義的情動理論に従って考えれば、情動を生成するために必要な三つの要素を動物が備えているか否かを問うてみなければならない。第一の要素は内受容であり、「動物は、内受容刺激を生成し、それを気分として経験する神経装置を備えているのか？」と問う。第二の要素は情動概念で、「動物は、〈怖れ〉や〈幸福〉などの純然たる心的概念を学習する能力を持つのか？」「持つのなら、動物は人間同様、概念を用いて予測を行ない、感覚刺激を分類し、情動を生み出すのか？」と問う。第三の要素は社会的現実で、問いは「動物は情動概念を共有し、次世代に受け渡せるのか？」になる。

動物は何を感じるのかを検討するために、ここでは進化的に見て人類にもっとも近いチンパンジーや大型類人猿に着目しよう。それらの動物を検討する過程で、人類が備える情動を動物も共有しているのかがわかるはずだ――そしてその答えには、意外なひねりが含まれているだろう。

❦ ❦ ❦

どんな動物も、生きていくために身体予算を調節しなければならない。したがって何らかの形態の内受容ネットワークを備えている必要がある。わが研究室と、神経科学者のヴィム・ヴァンデュフェルとダンテ・マンティーニは、マカクザルにこのネットワークが備わっているか検証し、その存在を確認した（マカクザルと人間は、およそ二五〇〇万年前に共通の祖先を持つ）[9]。また、マカクザルの内受容ネットワークには、人間のものと同じ部位も異なる部位もあることがわかった。さらには、それが人間の内受容ネットワークと同じく、予測によって機能することが判明した[10]。

マカクザルは何らかの気分を経験している可能性がある。もちろんマカクザルは、何を感じているかを言葉で伝えることはできないが、かつて私が指導していた大学院生エリザ・ブリス゠モローは、私たち人間が何らかの気分を感じると生じる身体の変化と同じものを、マカクザルが同じ状況下で呈することを示す証拠を得た。彼女は、カリフォルニア大学デイヴィス校のカリフォルニア国立霊長類研究センターで、マカクザルを用いた次のような研究を行なっている。彼女はサルに、他のサルの個体が遊んだり、争ったり、寝たりしているところなどを映した三〇〇本のビデオを見せ、そのあいだに目の動きを追跡し、循環器系の反応を測定した。その結果、マカクザルの自律神経系が、人間が同じビデオを見た場合に生じるものと、そっくり同じ活動を呈することがわかった。人間では、この自律神経系の活動は気分に関係している。どうやらマカクザルは、エサを食べる、毛繕いをするなどの肯定的な行動を見ているときには快い気分を、また、すくむなどの負の行動を見ているときには不快な気分を経験しているらしい。[11]

これらの実験や他の生物学的な手がかりに基づいて言えば、マカクザルはまず間違いなく内受容を処理し、何らかの気分を感じている。ならば、チンパンジー、ボノボ、ゴリラ、オランウータンなどの大型類人猿も、同様に何らかの気分を感じているはずだ。哺乳類一般に関して言えば、判断は非常にむずかしい。快や痛み、さらには警戒、疲労は、間違いなく感じているだろう。多くの哺乳類は、私たちのものと外観は類似していながら、機能の異なる神経回路を持つ。したがって脳の配線を調査するだけでは、この問いに答えることはできない。特にイヌの内受容神経回路を研究している人は、私の知る限り誰もいないが、イヌの行動からして、何らかの気分を経験していることは明らかだと思われる。鳥類、魚類、爬虫類はどうか？　確かなところはわからない。この問いに私が関心を持っているのは、科学者としてより一市民（私の夫は、科学者としての仕事をしていないときの私をこう呼ぶ）としてである点を認めざるを得ない。なにしろ私は、「この生き物はいったい何を感じているの？」と自問せずにはいられないのだ。スーパーで肉や卵を買うときも、小うるさいハエを台所から追い払うときにも。

思うに、すべての動物が、何らかの気分を経験していると想定しておくべきだ。この問題には、実験動物の苦痛、工業型の畜産業、釣り針にかかった魚の痛みなどの道徳的な問題に限りなく近づき、科学の領域から倫理の領域へ移行してしまう側面があることを認めざるを得ない。人間の神経系の内部で痛みを緩和する役割を果たしている天然の化学物質オピオイドは、魚類、線虫、カタツムリ、エビ、カニ、そしていくつかの昆虫から見つかっている。小さなハエですら痛みを感じている可能性がある。ハエは、電撃と組み合わされたにおいを回避するよう学習できるのだ。[12]

一八世紀の哲学者ジェレミー・ベンサムは、快や痛みを感じることが証明できない限り、動物を人間と同じ道徳的範疇に含めることはできないと考えていた。[13] しかし私は、この見方に賛成できない。私の考えでは、動物に痛みを感じる可能性が少しでもある限り、動物と人間を同じ道徳的範疇に含めてしかるべきだ。ならばハエを殺してはいけないのか？　いや、私ならすばやく殺すのだが。

マカクザルには、気分に関して人間とは重要な違いがある。小さな昆虫から巨大な山に至るまで、多くのモノやできごとが、私たちの身体予算に影響を及ぼし、感情を変化させる。つまり私たちは、広大な感情的ニッチを持つ。それに対してマカクザルは、私たちほど多くのものごとに関心を持っているわけではない。要するに、マカクザルの感情的ニッチは私たちのものよりはるかに狭い。遠くに見える荘厳な山々の光景は、マカクザルの身体予算にまったく影響を及ぼさない。単純に言えば、私たちにとっては、より多くのものごとが重要な存在として立ち現われてくるのだ。[14]

感情的ニッチは、日常生活でも、もっとも大きさがものを言う領域の一つである。実験でよちよち歩きの乳児にさまざまなおもちゃを与えると、それらは通常、乳児の感情的ニッチの範囲内に置かれる。私の娘ソフィアは、形状、色、サイズに基づいて繰り返しおもちゃを分類するのを楽しんでいた。

そうすることで、関連する概念が統計的に研ぎ澄まされる。これは、マカクザルには当てはまらない。おもちゃだけではマカクザルの関心を引かず、身体予算が影響を受けないため、概念の形成も促されない。マカクザルの感情的ニッチにおもちゃを含め、統計的な学習を促すためには、報酬を与える必要がある（エリザによれば、サルが好む報酬は、白ブドウジュース、ドライフルーツ、ハニーナッツチェリオ、ブドウ、キュウリ、クレメンタイン〔オレンジの一種〕、ポップコーンなのだそうだ）。何度も報酬を与えれば、やがてマカクザルは、さまざまなおもちゃの類似性を学習する。

人間の乳児も、保護者から報酬をもらう。母乳や粉ミルクばかりでなく、保護者による日々の身体予算のケアも報酬になる。保護者は食べ物や快適な環境を与えてくれる存在なので、乳児の感情的ニッチの一部になるのだ。乳児は、子宮内にいるときに習得した、母親のにおいや声に関する初歩的な概念をもって生まれてくる。誕生後数週間は、母親の手で触られる感覚、やがては母親の顔に関する視覚情報など、母親が呈する知覚的な規則性を統合することを学んでいく。これが可能なのは、母親が乳児の身体予算を調節しているからだ。また母親や他の保護者は、外界で生じている注目すべき事象に乳児の注意を向けさせる。乳児は保護者の視線を追って明かりを見る。次に保護者は乳児を見てから、もう一度明かりを見る。そして乳児が見ているものが何なのかを教える。保護者は、「赤ちゃん言葉」の声音で、意図して「明かり」という言葉を発し、乳児の注意を惹くのである。[15]

人類以外の霊長類は、このような注意の能力を持たない。だから人間のように、それを用いて身体予算を調節し合うことができない。マカクザルの母親は、子ザルの視線を追うかもしれないが、あたかも自分の心を占めているものに関心を持たせるかのごとく、モノと子ザルを交互に見たりはしない。[16]

霊長類の乳児は、母親の存在という明確な報酬もなしに学習するが、その範囲や多様さは人間の乳児とは比べものにならない。

なぜ人間とマカクザルでは、感情的ニッチの広さがかくも異なるのか？　まず、マカクザルの内受容ネットワークは、人間より発達していない。それはとりわけ、予測エラーの制御を支援する神経回路に関して当てはまる。この事実は、マカクザルが、過去の経験に基づいて外界の事象に注意を向けることに長けていないことを意味する。さらに重要なのは、人間の脳が、マカクザルの脳のほぼ五倍の大きさを持つことだ。[17]また人間では、内受容ネットワークの一部とコントロールネットワークが、はるかに濃密に結合している。人間の脳は、この強力な装置を用いて、第6章で論じたような方法で予測エラーを圧縮し、要約する。そのおかげで私たちは、純然たる心的概念を学ぶために、マカクザルより効率的に、より多くの源泉から得られる感覚情報を統合し、処理できる。[18]だから私たちは、感情的ニッチに荘厳な山々を含めることができても、マカクザルはできないのだ。

❦ ❦ ❦

内受容ネットワークと、その支援を受けて生成される感情的ニッチだけでは、情動を感じ、認知するには不十分である。そのためには、脳は概念システムを築き、情動概念を構築し、感覚刺激を自分自身や他者の情動として意味あるものにする能力を備えている必要がある。情動能力を備えたマカクザルなら、他の個体が木にぶら下がっているところを目にして、単に動作を見るだけでなく、そこに

「喜び」のインスタンスを見出せなければならない。

動物は、概念を学習する能力を間違いなく持っている。サル、ヒツジ、ヤギ、ウシ、アライグマ、ハムスター、パンダ、ゼニガタアザラシ、バンドウイルカなどさまざまな動物が、においによって概念を学習する。[19] においを概念と結びつけて考えるのは私たちにはむずかしいかもしれないが、映画館で頬張るポップコーンを考えてみればわかるように、私たちは同じにおいを嗅ぐごとに、それを分類している。座席のまわりの空気に含まれる化学物質の構成はその都度変化しても、バターを添加されたポップコーンのにおいを知覚するのだ。同様に、ほとんどの哺乳類は、嗅覚概念を用いて、味方、敵、子孫を識別する。視覚や聴覚によって概念を学習する哺乳類も多い。[20] どうやらヒツジは顔によって、ヤギは鳴き声によって認識し合っているらしい。[21]

実験室では、飲み物や食べ物による報酬を与えれば、動物はさらに概念を学習し、感情的ニッチを広げられる。[22] ヒヒは、文字のフォントにかかわりなく、「B」と「3」の区別を学習する。[23] マカクザルは動物の画像と食べ物の画像を区別できる。[24] またアカゲザルは、「アカゲザル」という概念を「ニホンザル」とは別物として、両者が同じ種に属し、体色のみが異なるだけであるにもかかわらず学ぶことができる[25]（人間も似たようなことをしていないだろうか？）。さらに言えば、マカクザルには、モネ、ゴッホ、ダリの絵画の様式を識別するための概念を学習する能力がある。[26]

ただし動物が学習する概念は、人間のものと同じではないだろう。人間は合目的的概念を構築するが、マカクザルの脳はそれに必要とされる配線を欠く。マカクザルの感情的ニッチが狭いのも、同じ理由によって説明できる。

では、類人猿はどうだろうか？　類人猿は合目的的概念を構築する能力を持つのか？　遺伝的に人間にもっとも近いチンパンジーは、マカクザルより大きな脳を持ち、感覚情報の統合に必要な神経回路をより多く備える。それでも人間の脳は、チンパンジーの脳の三倍の大きさを持ち、神経回路もそれだけ多く備えている。[27]しかしだからといって、チンパンジーは合目的的概念を持っていないと結論づけられるわけではない。私たちの脳は、「富」などの純然たる心的概念を形成するメカニズムを備えているのに対し、チンパンジーの脳は、「食べる」「集める」「バナナ」などの行動や具体的なモノに関する概念を形成するメカニズムを備えていると考えられる。

類人猿が、たとえば枝から枝へと渡っていくなどの身体的な行動に関する概念を持っていることは、おそらく間違いない。ここで問われるべきは、「あるチンパンジーが、別の個体が枝から枝へと渡っていくところを見て、そこに〈喜び〉を知覚できるのか？」だ。そのためには、観察している個体が、純然たる心的概念を持ち、観察対象の個体の意図を推測する、つまり心的推論を実行する能力が必要である。[28]心的推論は人間の心の核心的な能力であると、たいていの科学者は考えているので、類人猿にもそれが可能かという問いには、多くがかかっている。私たちは、類人猿以外のサルにはその能力がないことを知っている。サルは、人間が何をしているのかを理解することならできるが、人間が何を考え、望み、感じているのかを理解することはできない。[29]

類人猿に関して言えば、合目的的概念を構築し、心的推論を実行する能力を持つ可能性は考えられるが、決定的な科学的証拠はまだ得られていない。チンパンジーはその素質を備えているかもしれない。というのも、多様な知覚情報から心的類似性を引き出せるからだ。[30]一例をあげると、チンパンジーはヒョウ、ヘビ、サルが木に登ることを知っている。たとえばネコなどの類似の行動を示す別の動物にこの概念を拡張し、「ネコは木に登るだろう」とチンパンジーが予測したとしても不思議ではない。だが人間が持つ「登る」という概念は、行動だけを指すのではなく、そこには目的も含まれる。[31]だから真のテストは、階段を上がる人、はしごをよじ登る人、壁面を這い上がる人はすべて、「登る」という目的を共有していることを、チンパンジーが理解できるか否かである。この心的偉業を達成できるのなら、チンパンジーは動作の類似性を超越して、外見は非常に異なりながら、心的な目的を共有する「登る」という行為のさまざまなインスタンスをグループ化する能力を、実際に持っていると言えるだろう。[32]そして、社会階級を這い上がっていくことも「登る」と呼べると理解できるなら、チンパンジーが持つ「登る」という概念は、私たちのものと同じだと結論できるだろう。第5章で見たように、対応する概念を表わす言葉を習得すれば、人間の乳児にはそれが可能だ。では次に、「大型類人猿は、言葉を習得し、それを用いて人間の乳児のように概念を学習する能力を持つのか？」という問いを考えてみる。[33]

一九六〇年代以後、科学者たちは類人猿に言語を教えようとしてきた。その際、通常はアメリカ手話などの視覚シンボルシステムが用いられている。というのも、類人猿の発声器官は人間の言葉に適応していないからだ。類人猿は、報酬をもらえれば、数百の言葉や他のシンボルを用いて、外界の特定の事象を指示できるよう学習できる。さらには、「チーズ、食べる、欲しい」「ガム、急いで、いくつか欲しい」など、複数のシンボルを組み合わせて複雑な要求を伝えることさえできる。[34]科学者のあいだでは、類人猿が、シンボルの意味を理解しているのか、それとも報酬をもらうためにトレーナーを真似しているだけなのかが、依然として議論されている。[35] いずれにせよ、本書の文脈においてもっとも重要な問いは、「類人猿は、あからさまに報酬を与えることなしに、言葉やシンボルを自力で学び、使えるのか?」、そして「類人猿は、〈富〉や〈悲しみ〉のような純然たる心的概念を構築する能力を持つのか?」である。

現時点では、類人猿が独力でシンボルを学んで用いる能力を持つことを示す証拠は非常に少ない。[36] しかし仮に類人猿が報酬なしにシンボルに結びつけることのできる概念は、「食べ物」だけらしい。しかし仮に言語の使用を学べたとすると、類人猿は次の段階に進めるのだろうか? つまり言葉の習得を踏み台として、見るもの、聴くもの、触れるもの、味わうものを超越して心的推論を実行できるようになるだろうか? その答えは、現在のところわかっていない。言葉は間違いなく、人間の乳児のように、他の生物の心に概念を見出すよう類人猿を促したりはしない。しかし、おもしろい可能性が考えられる。たとえばチンパンジーは、報酬を与えると、外観の異なるモノを、その機能をじかに経験したことがあれば、〈道具、容器、食べ物などと〉分類できるようになるらしい。さらには、特定のシンボルを「道具」などのカテゴリーに結びつけるよう報酬を与えて学習させると、そのシンボルを未知の道具に結びつけられるようになる。[37]

類人猿は、報酬を要求するためだけに、そのような方法で言葉を使うのだろうか? 懐疑家は、「類人猿が、シンボルや言葉を使って天気や子どものことについて語ったりするはずはない」「類人猿は、報酬以外のことに言及できるのだろうが、それも報酬が与えられればのことだ」と言うだろう。[38] 〈シンボルによる訓練を受けた類人猿に報酬を与えなくなると何が起こるのか、観察してみたいところだ。はたしてシンボルを使い続けるのか?」)。重要な点を指摘しておくと、人間の乳児とは異なり、言葉は、一般に類人猿の感情的ニッチの一部を構成するとは思えない。類人猿にとっては、言葉だけを学習することには価値がないのだ[39]。

それに関する注目すべき例外の一つに、ボノボがある。ボノボは非常に社会的な動物で、チンパンジーに比べてはるかに協力的で平等主義的に振る舞う[40]。また、より大きな社会ネットワークを維持し、成獣になるまで長い期間遊ぶ。チンパンジーとは違って、報酬を与えなくても課題を遂行できるボノボもいるらしい。カンジの話を紹介しよう。カンジはボノボの幼獣で、成獣が言語に似たシンボルを学習することで、報酬としてエサをもらう様子を見ていた。生後六か月になったカンジは、他の個体が報酬をもらっているところを見て、独力でシンボルを学習しているようだった。あるとき科学者は慎重なテストを行なって、カンジが英語の話し言葉を理解しているらしいことに気づいた。したがって、言語が行き交う環境に浸かったボノボの脳は、具体的な言葉の意味を理解できるのかもしれない[41]。

チンパンジーはボノボとは対照的に、邪悪な側面もあるチャーミングで賢い動物だと見なされてきた。チンパンジーは、なわばりを奪ったり、食べ物を確保したりするために、機会を見つけては殺し合いを繰り広げる。また、理由もなく見知らぬ個体を攻撃し、厳格な上下関係を維持し、メスを叩きのめして性的に服従させる。ボノボなら、争いは交尾によって解決しようとするはずだ。そのほうが大量虐殺よりはマシであろう。

とはいえチンパンジーは、概念の学習ともなると不当な扱いを受けやすい。言語の実験では、チンパンジーの子どもは母親から引き離され、自然な環境とは大幅に異なる人工的な環境で育てられる。

通常チンパンジーの子どもは五歳になるまで母親が授乳し、一〇歳になる頃まで母親とともに暮らす。したがってそのような早期の離別は、母子の内受容ネットワークの配線を変え、実験の結果に多大な影響を及ぼしている可能性がある（それが人間の乳児であった場合を考えてみればよい）[42]。

より自然な環境でテストを行なったところ、チンパンジーの感情的ニッチは、多くの実験が示すところより広いと見なせる結果が得られた。この知見に関して、私たちは京都大学霊長類研究所の霊長類学者、松沢哲郎に多くを負う。彼は、非常に印象深い課題を達成している。森林に似せて造成した戸外の敷地で三世代のチンパンジーが飼育されており、毎日チンパンジーは、実験をするために自ら進んで実験室にやって来るのだ。もちろん、それに対して報酬が与えられる場合もあるが、そこを強調すると肝心な点を見逃しかねない。チンパンジーは、松沢ら研究所のメンバーと長期にわたって信頼関係を結んでいる。たとえば、母親チンパンジーは自分のひざの上に子どもを乗せ、研究者たちが子どもを使って実験することを認めている。ある実験では、人間とチンパンジーの乳児を対象に、（本物に似せたミニチュアを用いて）哺乳類、家具、乗り物の概念の学習がテストされている。この学習は、母親チンパンジーのひざの上に乗せられた状態で、報酬を与えずに進められる。信頼関係を結んでいる実験者より母親の近くにいるという事実は、チンパンジーの子どもの感情的ニッチに実験の状況を引き入れることを可能にしているのかもしれない。驚いたことに、このような状況のもとでは、チンパンジーと人間の乳児は、同程度にうまく概念を形成するのだ[43]。それでも人間の乳児は、おもちゃのトラックを動かすなど、自発的にモノを操って概念の形成を促進できたが、チンパンジーの乳児にはできなかった。

松沢のチンパンジーの群れは、この動物の持つ概念形成能力の限界を調査するのに最適であろう。概念システムがまだ柔軟に変化しうるチンパンジーの乳児を母親のひざの上という自然環境でテストし、第5章で取り上げたような概念構築の実験を試みることは可能なはずだ。チンパンジーの乳児は、「トマ」などの無意味な言葉を用いて、知覚的な類似性がほとんどないモノやイメージを、人間の乳児と同じようにグループ化できるのだろうか？

しかし現時点では、チンパンジーが合目的的概念を形成する能力を持つことを示す確かな証拠は存在しない。チンパンジーは、マカクザルとともに人間のデフォルトモードネットワーク（内受容ネットワークの一部）（安静な状態のときに活動する脳の神経回路）に似たネットワークを備えているとはいえ、空飛ぶヒョウなど、まったく新たな何かを想像する能力は持っていない。[44] 同じ状況を異なる観点から考える能力も備えていなければ、[45] 現在とは異なる未来を思い浮かべることもできない。合目的的な情報が、他の動物の頭の内部に存在するという認識も持っていない。[46] それゆえ、チンパンジーを含めた大型類人猿は、合目的的概念を形成する能力を持たない可能性が高い。報酬をもらえれば、類人猿は言葉を学習できる。だが自発的に言葉を用いて、「シロアリと一緒に食べるとおいしいもの」などの目的を持つ心的概念を形成することはできない。

いかなる概念も、合目的的でありうる（「魚」は、ペットにも夕食のメニューにもなる）。だが情動概念は、合目的的でしかあり得ない。それゆえチンパンジーは、「幸福」や「怒り」のような情動概念を学習できない可能性が高い。たとえ「怒り」のような情動語を学習できたとしても、チンパンジーがその意味を理解し、他の動物の行動を「怒り」と分類して、合目的的に用いることが可能かどうかはわからない。

類人猿は、純然たる心的概念を、実際には理解していないにもかかわらず、理解しているかのように見えることがある。ある実験では、チンパンジーは課題を達成すると、食べ物と交換できるトークンを与えられた。そして、あとで望みの食べ物を手に入れるために、トークンをためることを自発的に学習した。その様子を観察していると、チンパンジーは「お金」という概念を理解しているのではないかと思いたくなるかもしれない。しかしこの実験に使われているトークンは、食べ物を獲得するための手段にすぎず、商品一般と交換可能な通貨としては扱われていない。[47] チンパンジーは人間と違って、お金が独自の価値を持つことを理解していない。

合目的的概念を形成する能力を持たないのなら、チンパンジーは概念を教え合う能力を備えていない、つまり社会的現実を持っていないことになる。人間のトレーナーから「怒り」のような概念を学習できたとしても、次世代の個体が、脳内にその概念を立ち上げられるような基盤を築けるわけではない。チンパンジーや他の霊長類は、石を使って木の実を割るなどの行為を個体間で共有できるが、チンパンジーの母親が、細かな調理方法について自発的に子どもに教えることはない。チンパンジーの子どもは、観察によって学ぶのだ。たとえば、日本に生息するマカクザルの群れでは、ある個体が、食べる前に食物を洗うようになった。それから一〇年が経過する頃には、群れの成獣の四分の三は、その行為を習得していた。[48] この種の集合的志向性は、人間が言葉や心的概念を用いて行なっていることに比べれば、非常に限られたものである。

社会的現実を構築する人間の能力は、動物界でも独自のものだと思われる。[49] 人間だけが、言葉を用いて純然たる心的概念を構築し、共有できる。また人間だけが、心的概念を用いて、協力したり競争したりしながら、効率良くそれぞれの身体予算を調節できる。さらには人間だけが、感覚刺激を予測し、その意味を理解するために、情動概念のような、心的な状態を示す概念を持つ。社会的現実とは、人間の持つスーパーパワーなのだ。

だからこそ、松沢と彼のチンパンジーが特筆に値するのである。彼がチンパンジーの群れを、その家族関係を維持しつつ、親密な関係を結ぶことで人間の文化に引き入れたのは注目すべきことだ。信頼関係を結ぶ愛情あふれる研究者に飼育され、人間の文化に適応した母親に育てられることで、子どものチンパンジーの脳の発達は、時が経つにつれ松沢の提供する非常に人間的な色合いの濃い文化的な文脈に影響を受けるのだろうか？

とりわけ私の目を惹いた例は、ヴァージニア・モレル『なぜ犬はあなたの言っていることがわかるのか』に報告されているもので、そこでは母親チンパンジーに社会的なサポートを提供する二人の研究者の事例が取り上げられている。母親チンパンジーは授乳をいやがっていたが、研究者たちが授乳するよう穏やかに励ました。モレルは次のように書く。「研究者の一人が、チンパンジーの赤ちゃんをやさしく抱え上げて、母親の腕に抱かせる。乳児の手が、母親の毛をつかむ。母親は授乳しようとするが、乳児が乳首を含むと叫び声を上げ、乳児を床に落としそうになる。すると科学者の穏やかな声が再び聞こえてくる。〈そうそう、最初は痛いかもしれない。でもすぐに痛みを感じなくなるよ〉となだめるように言う。母親は次第に落ち着きを取り戻し、胸の前で乳児をあやし、授乳する」[50]。毎日何千人もの人間の母親が、初めて赤ちゃんに母乳を飲ませている。自分の経験からも、それは非常に痛いことがわかる。だが他の人々（看護師、年配の女性の親戚、友人）が励まし、どうすべきかを教えてくれる。その結果、すべてがうまくいく。

母親チンパンジーにとって、親切な科学者は単なる世話役ではなく、身体予算を調節してくれる、感情的ニッチ内の際立った存在なのだ。母親チンパンジーとその子ども、そして母子の関係は、人間の文化に浸っている。このような社会的接触を長期間続ければ、言語や概念に関するチンパンジーの能力に変化が生じるのか？　やがて彼らの子孫が合目的的概念を形成する能力を持つようになれば、まったく新たな世界が開けるはずだ。

❦　❦　❦

とはいえ、チンパンジーや他の霊長類が、情動概念や社会的現実を持っているとは思えない。ラウディーのようなイヌはどうだろう？　そもそも私たちは、人間のお供をさせるためにイヌを繁殖してきた。だからイヌは人間同様、真に社会的な動物だと言える。人間以外の動物に情動能力が備わっているのなら、イヌは間違いなく最有力候補になるに違いない。

数十年前、ロシアの科学者ドミトリ・ベリャーエフは、およそ四〇世代かけただけで、野生のキツネをイヌに近い従順な動物に変えた。彼は、メスが子どもを生むたびに、人間に強い関心を持ち、攻撃的な行動がもっとも見られない個体を選んでかけ合わせたのだ。こうして実験的に交配されたキツネは、外観がイヌに似ていった。頭蓋は長く、鼻づらは広くなり、尻尾は巻き、耳は垂れるようになったのだ。ベリャーエフは、そのような特徴を意図して選択したわけではない。また化学組成も、キツネよりイヌに近くなった。しかもこれらのキツネは、人間と交流しようとする強い動機を持っていた。[51] 現代のイヌも、飼い主への慣れやすさなど、人間にとって望ましい特徴を選択することで育種されてきた。したがっておそらくは、人間の情動概念に類似するものを含め、その他のさまざまな特徴がつけ加えられてきたことに間違いはないだろう。

イヌの神経系は、育種によって意図せずして選択された特徴の一つと考えられる。私たちはイヌの、またイヌは私たちの身体予算を調節する[52]（イヌと飼い主が、人間同士のように心臓の鼓動を同期させていたとしても、私は驚かないだろう）。またおそらく人類は、複雑な心の状態を投影できるキャンバスになりうる、表情豊かに見える目や、よく動く顔面筋を備えたイヌを選択してきたのだろう。私たち人間は、自分に愛情を返してくれるよう、あるいは少なくとも返してくれているかのごとく見えるようになることを目指して育種を重ねるほど、イヌに愛情を注いできた。そして、四本の足を備え、毛皮をまとった小さな亜人間として扱ってきた。だが、イヌは人間の情動を経験したり知覚したりしているのだろうか？

イヌは、他の哺乳類同様、特定の気分を感じる。そのことに特に驚きはない。イヌが気分を表現する方法の一つは、尻尾を振ることだ。どうやらイヌは自分の尻尾を、飼い主がやって来るなどの快いできごとが起こっているときには右に、また見知らぬイヌに出くわしたなどの不快なできごとが起こっているときには左に、より大きく振るらしい。尻尾の振り方は脳の活動とも相関し、右に大きく振る場合には脳の左側に、左に大きく振る場合には脳の右側に、比較的大きな活動が見られるそうだ。[53]

またイヌは、他のイヌの気分を知覚するために、お互いの尻尾を見ているらしい。心拍数などの測定に基づくと、右に大きく尻尾を振っているイヌの動画を見たときはリラックスし、左に振っているイヌの動画を見たときはストレスを感じている。[54] さらに言えば、イヌは人間の顔や声に気分を知覚しているらしい。[55] 私の知る限り、それを確かめるためにイヌを対象にして行なった脳画像実験は今のところないが、気分を感じる能力を持つのなら、何らかの形態の内受容ネットワークを備えていると考えてもよいだろう。イヌの感情的ニッチの大きさがどの程度なのかは誰にもわからない。しかしイヌの社会的な本性を考慮すれば、イヌの感情的ニッチは、何らかのあり方で飼い主の感情的ニッチとつながっていると見てもよいのではないだろうか。

イヌは、概念を学習することもできる。これも、特に驚くべきことではない。たとえば、訓練すれば、写真を見てイヌと他の動物を区別できるようになる。[56] そのコツを得るまで、人間の乳児なら数十回の試行で済むのに対し、イヌでは千回以上必要になることは確かだが、写真のイヌが見知らぬイヌであったり、複雑な背景のなかに埋もれたりしていても、八〇パーセント以上の正確さで回答できるよう学習することが可能である。この成績は、イヌの脳にしては悪くない。

イヌはまた、嗅覚概念を形成することができる。一人の人間のさまざまな身体部位が発する異なるにおいを一括して同等のものとして扱いつつ、他の人間のにおいと区別することで、人間を一人ひとり嗅ぎ分けられるのだ。[57] 周知のように、においをもとに、特定のタイプの物体を追跡できるようイヌを訓練することもできる。違法ドラッグや食べ物をつめたスーツケースを所持していて、空港で捕まった経験のある人なら、それについてよく知っているだろう。

慎重な言い方をすると、イヌは、ある種の意図を推測できるのではないかと思われる。イヌは、人間の身ぶりを知覚し、視線を追うことにおいてチンパンジーにまさる。[58] ソフィアが幼かった頃、お気に入りのイヌ、ハロルドと砂浜でよく遊んでいた。その際、もっと遠くまで行ってもいいか許可を得るために、ソフィアは私のもとへ、ハロルドは飼い主のもとへと寄ってきたものだった。イヌは私たちに、何をすべきかを視線で指示させようとする。イヌはそのようなやり方に恐ろしく長けているので、私たちの目を見て心を読んでいるようにさえ思える。[59] さらに注目すべきことに、イヌはお互いの視線を追うことで、周囲の様子に関する情報を得ている。[60] ラウディーは何が起こっているのかを知りたいとき、ゴールデンレトリバーの「姉」、ビスケットの目を見て彼女の視線を追う。二頭はお互いの視線が合うと一瞬立ちすくみ、それから突然行動を開始する。その様子は、まるで無声映画を見ているようでもある。

とはいえ疑り深い私は、イヌが合目的的な心的推論を行なっているとは考えていない。イヌが人間の行動の知覚に長けているのは、率直に言って、人間のあらゆる気まぐれな行動に敏感になるよう育種されてきたからだ。

イヌは、人間がシンボルを用いて意図を伝え合うことを理解しているかのように見える。たとえば、ある研究では、実験者はイヌのおもちゃをいくつかの部屋に置き、おもちゃの、ミニチュアの複製（レプリカ）をシンボルとして用いた。すると被験動物（ボーダー・コリー）は、ミニチュアに対応するおもちゃを別の部屋から取って来るよう実験者が求めているのだということを理解した。これは、イヌにモノを取って来させる遊びより、はるかに高度だ。[61] また、いくつかの研究が示すところでは、イヌは種々のうなり声や吠え声を用いて、お互いにコミュニケーションを図っている。ただしこれに関しては、聴覚信号を用いて興奮（気分）を伝え合っているという可能性も考えられる。[62] またある研究では、ソフィアという名のイヌを、チンパンジーと同様、キーボード上のシンボルを押して、「散歩」「おもちゃ」「水」「遊び」「食べ物」「犬小屋」など、いくつかの基本的な概念を伝えられるよう訓練することさえできた。[63]

明らかにイヌの頭のなかでは何か重要なことが起こっているようだが、イヌが情動概念を持つことを示す科学的な証拠は得られていない。それどころか、イヌの行動の多くは情動的のように見えはするが、情動概念を持たないことを示す、かなり有力な証拠が存在する。イヌの飼い主は、飼いイヌが何かを隠していると思われるとき（たとえばアイコンタクトを避けているとき）や、従順なとき（耳を垂らす、横たわる、腹部を見せる、尻尾を低く保つなどしているとき）、罪の意識を感じているのではないかと推測する。だが、イヌは罪悪という概念を持っているのか？

それを調査した巧みな実験がある。[64] 各試行で、飼い主は飼いイヌに望みのビスケットを与え、食べずにただちに部屋を出るよう命じた。飼い主は知らなかったことだが、それから実験者が部屋に入ってきて、イヌにビスケットを手渡すか（イヌは食べた）、部屋からビスケットを取り除くかして、イヌの行動に影響を与えた。その後実験者は、飼い主に真実を告げるか、嘘をついた。飼い主の半分には、イヌは従順に振る舞ったので、温かく友好的な態度で接しなければならないと、もう半分には、イヌはビスケットを食べてしまったので、叱らなければならないと告げたのだ。この手順により四通りのケースが生じた。つまり、従順なイヌが飼い主に温かく扱われたケース、従順なイヌが叱られたケース、反抗的なイヌが温かく扱われたケース、そして反抗的なイヌが叱られたケースの四通りである。さて、何が起こったか？　叱られたイヌは、実際に反抗したか否かにかかわらず、典型的に罪悪を感じているような行動を多く呈していると飼い主に知覚された。この結果は、禁じられた行為に走ったことでイヌが罪悪を経験しているのではなく、自分の飼っているイヌがビスケットを食べたと信じ込んだときに、飼い主がイヌに罪悪を見出していることを示す証拠になる。

別の研究は、飼い主がおもちゃのイヌと遊んでいるところを見せることで、イヌの嫉妬を調査している。このおもちゃは、吠えたり、鼻を鳴らしたり、尻尾を振ったりした。その結果、そのような状況のもとに置かれたイヌは、飼い主が別のおもちゃ（ジャック・オー・ランタン）で遊ぶ、本を読むなどしていた場合に比べて、咬みつこうとする、鼻を鳴らす、飼い主やおもちゃを押す、飼い主とおもちゃのあいだに割って入るなどの行動を頻繁に見せた。著者らの解釈によれば、この発見は、とりわけテストされたイヌの多くがおもちゃのイヌの肛門を嗅いだことを考慮に入れれば、イヌが嫉妬を感じていることを示すものとしてとらえられる[65]。しかし残念ながら、実験者たちは、三つの条件（おもちゃのイヌ、ジャック・オー・ランタン、読書）のもとで飼い主が違った行動を見せたために、イヌの行動も変わった可能性を検証していない。つまり彼らは、どの条件のもとでも飼い主の行動が同じであると、また、イヌが、ある一つの条件下でのみ嫉妬が求められると理解していると仮定するのである[66]。このように、たとえ多くのペット愛好家が、飼いイヌの嫉妬の経験を確信していたとしても、それを裏づける確たる科学的証拠はない。

依然として科学者たちは、イヌが情動に関してどの程度のことができるのかを研究している。イヌの感情的ニッチは、ある面では人間のそれより広い。というのも、イヌの嗅覚と聴覚は人間のものより鋭敏だからだ。しかし別の面では、イヌの感情的ニッチのほうが狭い。たとえば、イヌは現在を越えた未来の世界を想像できない。証拠に基づく私の見立てでは、イヌは怒り、罪悪、嫉妬などの人間の情動概念を持たない。特定のイヌが、飼い主との関係のもとで、人間の情動概念とは異なる独自の情動的な概念を発達させることは考えられる。しかし言語なくしては、イヌの情動概念は、必然的に人間のものより狭いはずであり、他のイヌに教えることもできない。イヌが「怒り」の概念（や類似の概念）を経験している可能性は、きわめて低い。

たとえ人間と情動を共有していなかったとしても、イヌや他の動物が、気分のみに依拠してきわめて多くのものごとを達成できるという事実には驚嘆すべきものがある。多くの動物は、他の個体が近くで苦しんでいると、不快な気分を経験する。他の個体の苦痛によって自分の身体予算に負荷がかかるのだ。だからその様子を見ている動物は、状況を修正しようとする。* ラットでさえ、苦痛を感じている他の個体を助けようとする。[67] また人間の乳児は、苦痛を感じている他の乳児をなだめることがある。[68] ちなみにこの能力には、情動概念は必要とされず、気分を生む内受容神経回路を備えていればよい。

イヌが真に注目すべきスキルを持つことを示す証拠が次々に得られている一方、私たちはひどくイヌを誤解している。独自の存在としてではなく、時代遅れの本質主義的人間観を通して、人間との関係に照らしてイヌを見ているのだ。『犬はあなたをこう見ている――最新の動物行動学でわかる犬の心理』の著者ジョン・ブラッドショーは、「私たちは、文明の力と飼い主によって飼いならされなければならない、他個体の支配を目指す〈内なる狼〉を秘めた存在として、誤ってイヌを見ている」と書く（興味深いことに、これは、理性によって飼いならされねばならない、人間の内なる野獣という考えによく似ている）。ブラッドショーによれば、イヌは高度に社会的な動物であり、そのことは、動物園に見知らぬ個体と一緒に放り込まれたりはしていない野生のオオカミにも当てはまる。[69] イヌを二、三頭公園に集めれば、すぐに一緒に遊んでいることだろう。イヌにおいて支配のように見えるものは、実際にはブラッドショーが「不安」と呼ぶものであり、私ならバランスを失った身体予算と呼ぶものである。次のことを考えてみればよい。私たちは従順で愛らしい生き物を飼い、その身体予算に影響を及ぼしている。しかし毎日、ほとんどの時間、そのような生き物を放置している（人間の子どもにそんなことをするだろうか？）。だからペットが身体予算のバランスを崩し、ひどく興奮して不快な気分を感じるのは当然だ。私たちはそのような生き物を、気分という面で人間に依存するよう育種してきた。それゆえ飼い主は、飼いイヌの身体予算の面倒を見なければならない。イヌは、怖れや怒りなどの、人間が感じている情動を感じたりはしないのかもしれないが、喜び、苦痛、愛着（アタッチメント）などの気分は間違いなく経験している。イヌが人間と協力し合って暮らしながら種として繁栄するためには、気分で十分なのかもしれない。

＊＝ここでは、慎重を期して「共感」という言葉を用いないようにしている。共感を単に気分の同期としてとらえる科学者もいれば、社会的現実に根づいた複雑で純粋に心的な概念としてとらえる科学者もいる。残念ながら、まったく異なる二つの見方に、同じ言葉が割り当てられているのだ。

復習しておこう。動物は、内受容によって身体予算を調節しているのだろうか？　動物界全体を対象に答えることはできないが、ラット、サル、類人猿、イヌなどの哺乳類に関して言えば、「イエス」と答えても問題ないだろう。動物は気分を経験しているのか？　生物学、ならびに動物行動学の知見に基づけば、それに対する答えも確実に「イエス」である。動物は概念を学習し、それを用いて予測し、分類する能力を備えているのか？　もちろん備えている。行動に関する概念を学習できるのか？　疑いなく「イエス」だ。言葉の意味を学習できるのか？　シンボルが統計的なパターンの一部をなし、脳がそれをとらえて、将来の使用のためにとっておくという意味において、特定の状況のもとで言葉や他のシンボル体系を学習する能力を持つ動物はいる。

だが、動物は、言葉を用いることで外界の統計的な規則性を超越し、異なって見えたり、聴こえたり、感じられたりするさまざまなモノや行為を統合する合目的的な類似性の概念を生み出す能力を持っているのか？　言葉をきっかけに心的概念を形成できるのか？　外界に関する必要な情報の一部が、他の個体の心に宿ることを認識しているのか？　行動を分類して、心的事象として意味のあるものに変える能力を持つのか？

これらの問いに対する答えは、少なくとも人間と同じか否かという意味では「ノー」であろう。類人猿は、一般に考えられているよりもはるかに私たちのものに類似する分類を実行できる。とはいえ現時点では、人間以外の動物が、人間が持つものと同種の情動概念を備えていることをはっきりと示す証拠はない。人間だけが、情動概念を含めた社会的現実を生み出し、伝達するのに必要な能力を備えているようだ。これは、人類の最良の友であるイヌにも当てはまる。

さて、話をラウディーに戻そう。少年に向かってうなり声をあげ、飛びかかったとき、ラウディーは怒っていたのだろうか？ ここまでの議論に基づいて言えば、ラウディーは情動概念を持っていない。したがって、それに対する私の答えは「ノー」であろうと読者は予想するのではないか。だが、必ずしもそうではない（本章の最初のほうに述べた「意外なひねり」とは、ここから先の説明を指す）。

構成主義的情動理論の観点からすると、「うなるイヌは怒っているのか？」という問いは、そもそも問いの立て方が間違っている。もしくは、少なくとも不完全である。この問いは、客観的に測定可能な形態で、イヌが怒っているか、そうでないかを決定できるという考えを前提とする。しかしここまで見てきたように、情動カテゴリーは、一貫した生物学的指標など含んでいない。情動はつねに、知覚者の観点をもとに構築される。したがって「ラウディーは怒っていたのか？」という問いは、実際には次の二つの科学的な問いから成る。

・「ラウディーは、少年の観点から見て怒っていたのか？」
・「ラウディーは、ラウディー自身の観点から見て怒っていたのか？」

この二つの問いに対する答えは、実質的に異なる。

最初の問いを正確に言い直せば、「少年は、ラウディーの行動をもとに怒りの知覚を構築できるか？」になる。その答えは「もちろんできる」、だ。イヌの行動を観察するとき、私たちは自分の情動概念を用いて、予測を発し知覚を構築する。人間の観点からすれば、少年が怒りの概念を構築したのなら、ラウディーは怒っていたのである。

では、少年の評価は正しかったのか？　前述のとおり、社会的現実のカテゴリーの正確さは、コンセンサスの問題に帰される。あなたと私がラウディーの前を通ったとき、ラウディーが大きなうなり声をあげたとしよう。あなたは、ラウディーが怒っていると思う。私は、そうは思わない。この場合の正確さは、「あなたと私の見解は一致するか？」「私たちの経験は、ラウディーをもっともよく知っている、飼い主のアンジーの経験と一致するか？」「私たちの経験は、社会的現実として、同様な状況における社会的な規範に合致するか？」と問うことで評価される。あなたと私が同意すれば、構築された経験は、二人のあいだで同期していることになる。

次に二つ目の問い、ラウディーの経験について考えてみよう。ラウディーは、うなり声をあげたとき、怒りを感じていたのか？　感覚に関する予測によって怒りの経験を構築できるのか？　これらの問いに対する答えは、ほぼ間違いなく「ノー」である。イヌは、怒りのインスタンスを生成するのに必要な、人間の情動概念を持っていない。「怒り」という欧米流の概念を持たないイヌは、内受容情報や他の感覚情報を分類して情動のインスタンスを生成することができない。また、他のイヌや人間の情動を知覚することもできない。イヌは苦痛や喜びやその他いくつかの状態を知覚するが、それには気分しか必要とされない。

イヌは、情動概念に類似する概念なら持っているのかもしれない。イヌやゾウなどの社会的な動物は、死に関する何らかの概念を持ち、ある種の悲しみを経験する能力を持つと考える科学者もいる[70]。社会的な動物の悲しみは、人間の感じる悲しみと正確に同じものである必要はないが、愛着、身体予算、気分に関する神経科学的基盤など、類似の源を持つはずだ。人間では、親、恋人、親友の喪失は、身体予算を攪乱し、退薬症候にも似た作用を通じて多大な苦痛を引き起こすことがある[71]。ある動物が、身体予算を調節し合っていた仲間を失うと、身体予算のバランスが崩れてみじめに感じるだろう。ロックバンド、ロキシー・ミュージックのブライアン・フェリーは正しい。愛とは麻薬なのだ[72]。

ラウディーの災難には、運命の日の彼の行動に影響を及ぼしたと思しき裏話がある。その週のはじめの逮捕される直前、ラウディーはゴールデンレトリバーの「姉」で高齢だったセイディーを亡くしていた。飼い主のアンジーは、このできごとのせいでラウディーが少年に飛びかかったと考えている。彼女の言によれば、ラウディーは悲しんでいたそうだ。言い換えると、自分の身体予算を調節してくれる仲間を失い、躾けられて守っていたことを一時的に忘れたのである。ラウディーは少年に飛びかかってはならないことを知ってはいたが、おそらくその日のラウディーは、いつものラウディーではなかったのだろう。

一緒に飼われていたイヌが死んだあと、何も食べなくなったり、無気力になったりしたイヌに関する報告は多々ある。それをイヌが悲しみを感じていることの証拠としてとらえる人もいるが、不快な気分をともなう身体予算のバランスの乱れとして、もっと単純に理解することができる。つまるところ、セイディーの死を悲しんでいたアンジーの姿を見て、彼女の行動に非常に敏感なラウディーは、そこに何らかの気分の変化を見出し、それによって自身の身体予算のバランスを崩したことも十分に考えられる。

うなるイヌに関する問いを、人間の知覚とイヌの知覚を考慮する二つの問いに分割することは、単なる座興（トリック）ではない。確かにこの区別は非常に緻密である。構成主義的情動理論は、「イヌは情動を持たない」（それどころか場合によっては「人間は情動を持たない」）と主張していると誤解されることがしばしばある。そもそも、その種の単純な言明は意味をなさない。なぜなら、情動には知覚者とは独立して存在する、本質が備わっていると仮定しているからだ。情動は知覚であり、知覚はすべからく知覚者を必要とするがゆえに、情動のインスタンスに関する問いは、特定の視点から問われなければならない。

❦ ❦ ❦

類人猿やイヌやその他の動物には、人間と同じ情動を経験する能力が備わっていないのなら、動物、それどころか昆虫にさえ情動が見出されたというニュース記事があとを絶たないのはなぜだろうか？その原因は、些細な科学の誤りが繰り返されているからで、誤解をいちいち発見して訂正するのは非常にむずかしい。

次の例を考えてみればよい。床に電極が設置された箱にラットを放つ。科学者はラットに大きな音を聴かせてから電撃を加える。電撃が扁桃体の主要なニューロンを含む神経回路を刺激して、ラットは凍りつき、心拍数と血圧が上がる。科学者は大きな音を聴かせてから電撃を加えるという、この手順を何度か繰り返し、そのたびに同じ結果を手にする。次に科学者は、電撃を加えずに音だけを聴かせる。すると、大きな音のあとには電撃が加えられることを学習したラットは凍りつき、心拍数と血圧が上がる。ラットの脳と身体は、電撃を予期しているかのように反応するのだ。

古典的理論に執着する科学者は、「ラットは音を怖れるべく学習した」と主張し、この現象を「恐怖学習」と呼ぶ（この実験は第1章で取り上げた、扁桃体を失い、怖れを学習する能力を持たないとされるSMを被験者にしたものと同じタイプの実験である）。数十年間、世界中の科学者が、ラット、ハエなどのさまざまな動物に電撃ショックを加え、扁桃体のニューロンが、凍りつきの学習をどのように可能にしているのかを研究してきた。そして凍りつきの神経回路を特定した科学者は、扁桃体には怖れの神経回路、すなわち怖れの本質が含まれると推測し、心拍数や血圧の上昇、凍りつきは、怖れの一貫した生物学的指標だと主張した（それが怖れとされる理由が私にはよくわからない。ラットは、驚き、警戒、あるいは単に痛みを学習したとは言えないのだろうか？　私がラットなら、電撃を加えられればブチ切れるに違いない。それなのに、なぜ「怒りの学習」とは言えないのか？）[73]。

それでも古典的理論に執着する科学者は、扁桃体にある怖れの神経回路が、哺乳類の進化を通じて「三位一体脳」という形態で人類に受け継がれたという理由で、恐怖学習という分析が、ラットから人間に至るまで当てはまると主張する[74]。そしてこれらの恐怖学習の研究によって、扁桃体は、怖れの宿る場所として位置づけられたのである。

心理学や神経科学では、いわゆる恐怖学習が一分野を形成するようになった。科学者はそれを用いて、心的外傷後ストレス障害（PTSD）などの不安障害を説明する。また、薬品の開発や、睡眠障害の理解などにも利用されている。グーグルで「fear learning（恐怖学習）」を検索すると一〇万件以上がヒットすることからもわかるように、この言葉は、心理学や神経科学においてもっとも広く流布した用語の一つになっている。しかし実のところ「恐怖学習」は、別のよく知られた現象である古典的条件づけ、つまりパブロフの条件づけの、気のきいた別名にすぎない。生理学者のイワン・パブロフは、イヌを使った有名な実験によってこの現象を発見した。*古典的な恐怖学習の実験は、音のような穏やかな刺激が、不確実な危険の予期に結びつくと、扁桃体の特定の神経回路の活性化を引き起こす能力の獲得をもたらすことを示してきた。科学者たちは、それに対応する神経回路の特定に何年も費やしてきたのである。[75]

さて次に、前述した些細な誤りとは何かを説明しよう。凍りつきは一つの行動であるのに対し、怖れはそれよりはるかに複雑な心の状態である。恐怖学習を研究していると信じる科学者は、凍りつきを「怖れ」として、また凍りつきの基盤となる神経回路を怖れの神経回路として分類する。幸福の経験を構築する能力を持たないモルモットの〝カップケーキ〟を、私が「幸福」を感じているとして分類したように、彼らは知らず知らずのうちに、自分の持つ情動概念を適用して怖れの知覚を構築し、それを凍りついたラットに結びつけているのだ。私は、この種の科学的な錯誤を「心的推論の誤謬（ごびゅう）」と呼ぶ。

心的推論自体は正常なものであり、私たちは毎日、特に意図せずとも楽々と実行している。[76]友人が微笑む姿を見れば、あなたはすぐに彼女が幸福に浸っていると推測するはずだ。誰かが水を飲んでいるところを見れば、その人は喉が渇いていると推測するだろう。もしくは不安を感じて喉が渇いている、あるいはこれから何か重要なことを言おうとしていると、あなたは思うかもしれない。デート中に火照り(ほて)を感じたら、ロマンチックな感情のせいだと思うか、あるいはインフルエンザにかかっていると推測するかもしれない。

もちろん子どもは、おもちゃや安心毛布に情動を知覚し、それらとお話をする。だがその点では、おとなも専門家だ。一九四〇年代のよく知られた実験で、フリッツ・ハイダーとメアリ＝アン・ジンメルは、単純な図形のアニメーションを制作して、それを見た被験者が心の状態を推測するか否かを調査した。このアニメーションでは、二つの三角形と一つの円が、大きな四角形の周囲を動いている。音もなければ、図形の動きに関する説明もない。それでも被験者は、図形に情動や、他の心の状態を容易に見出す。大きな四角形が、何もしていない小さな三角形をいじめているところへ勇敢な円がやって来て三角形を救ったのだと言う被験者もいた。

科学者も人間なので、自分の行なった実験の結果を解釈するとき、心的推論を行なう。実のところ、「この心拍数の変化は興奮によって引き起こされた」「あの渋面は怒りの表現だ」「ここに見られる前部島(とう)皮質の活動は、嫌悪によって引き起こされた」「この被験者は、不安を感じているからキーボードのキーをわずかに早く押した」などと、何らかの測定を行なってそこに心的原因を割り当てるとき、

＊＝イヌにエサを与えると、唾液を分泌する。イヌにエサを与える前にベルを鳴らし、この手順を何度も繰り返すと、イヌはベルの音を聴いただけで唾液を分泌する。パブロフは、この発見により一九〇四年にノーベル生理学・医学賞を受賞している。

科学者は心的推論の誤謬を犯しているのだ。知覚者からは独立した客観的な要因という意味で、情動はこれらの行動を引き起こしたのではない。確かにその種の行動は、何らかの心理的な現象が起こっていることを示す証拠ではあるが、科学者はそれが何かを推測しているにすぎない。科学者は、何かを測定し、それによって得られた数値的なパターンを、推論することで何か意味のあるものに変えている。[77]だが科学的な説明という点では、推論には適切なものもあれば、不適切なものもある。

恐怖学習は、情動の科学における心的推論の誤謬の最たるものだ。[*]その信奉者は、動作、行動、経験のあいだの重要な区別をあいまいにしている。筋肉の収縮は動作だが、凍りつきは複数の筋肉の協調した動作を必要とする行動である。また怖れの感情は、凍りつきのような行動がともなったり、ともなわなかったりする経験である。凍りつきをコントロールする神経回路は、怖れの神経回路とは異なる。「恐怖学習」という用語とともに、このとんでもない科学的な誤謬は、何十年にもわたる混乱の種を蒔き、実質的には古典的条件づけの実験にすぎないものを怖れの研究という一大分野へと変えたのである。[78]

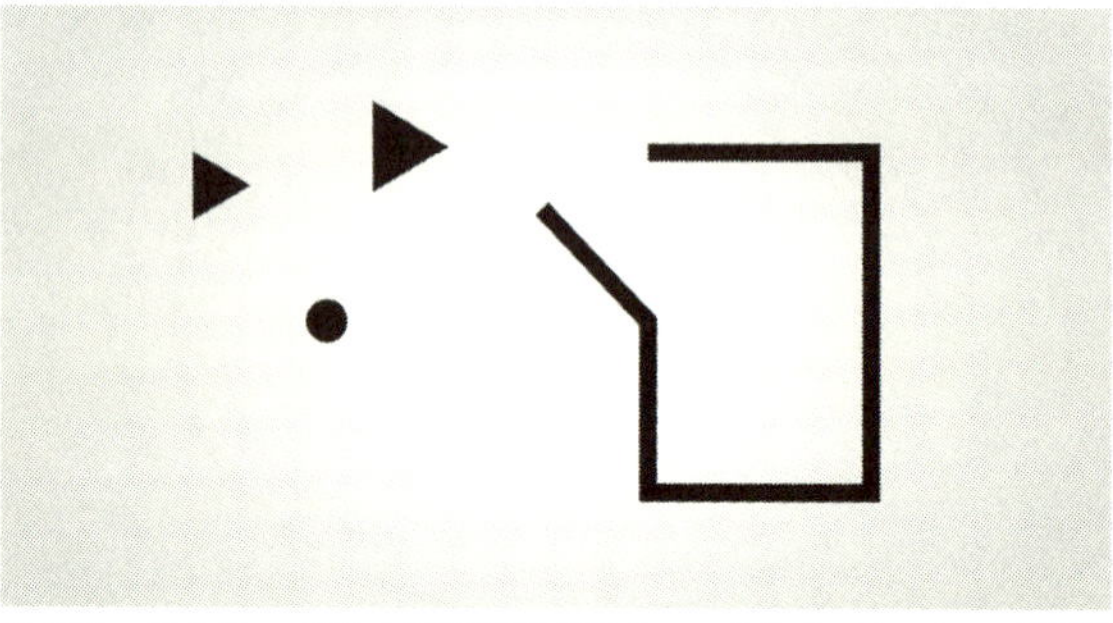

図12.2　ハイダー・ジンメル動画から抜粋（heam.info/heider-simmel参照）

恐怖学習という概念には、他にも問題がたくさんある。脅威にさらされたラットは、つねに凍りつくわけではない。ラットを小さな箱に押し込めて、任意のタイミングで音と電撃ショックを同時に与えると、ラットは確かに凍りつく。しかし、もっと広い檻に入れられた場合には、走って逃げようとし、[79] 隅に追い詰められると攻撃する。[80] 音が発せられるあいだ、ラットを押さえつけておくと（押さえつけなくてもどのみち凍りつく）、心拍数は上がるのではなく下がる。[81] しかも、これらの行動のすべてに、扁桃体が必要とされるわけではない。[82] 科学者は今日に至るまで、ラットの脳に、独自の行動に関与する少なくとも三つの怖れの経路を特定してきた。だがそれらはすべて、心的推論の誤謬の産物にすぎない。[83] 最後にもう一点指摘しておくと、凍りつきのような単純な行動でも、機能的に凍りつきや怖れに特化されない分散ネットワーク内の複数の神経回路によって支えられている。[84]

かいつまんで言えば、「怖れ」を「電撃ショックを受けたラットの凍りつきの反応」として前もって循環的に定義しない限り、ラットに電撃ショックを与えることで怖れを研究することはできない。人間はラットと同様、脅威にさらされると、凍りつく、逃げる、攻撃するなど、さまざまなあり方で振る舞う。あるいは、ジョークを飛ばすかもしれないし、気絶するかもしれない。状況をまったく無視する人もいるだろう。他の哺乳類と共有する神経回路によって引き起こされる行動もあるとはい

＊＝科学者が、「恐怖学習」をテーマとする論文を執筆しているあいだに脳をスキャンすれば、「ラットの凍りつきは怖れである」などと書いているときに生じる、内受容ネットワークやコントロールネットワークの結節点（ノード）の活動として、心的推論の証拠を見出せるかもしれない。

え、必ずしも情動的なものに限られるわけではないし、ましてやその事実が、情動に生物学的な本質が備わっていることを示す証拠になるわけでもない。

それにもかかわらず、複雑な心の状態を動物に特定したと主張する科学者はあとを絶たない。たとえばラットの乳児は、誕生後に母親ラットから離されると、泣き声のように聴こえる高音を発する。その行動に関与しているのは、苦痛を司る神経回路であろうと推測する科学者がいる。[85] しかし、ラットの乳児は寒いのであって、悲しんでいるのではない。高音は、ラットの乳児が、通常は母親ラットがやってくれる、身体予算の一部である体温の調節を自分で試みようとしたときに発せられる副産物なのであり、情動とは何の関係もない。[86] ここでも心的推論の誤謬に踊らされているのだ。

今後、動物の情動を扱う記事を読むときには、このパターンに注意しよう。科学者が凍りつきのような行動を、心の状態を表わす「怖れ」などの言葉を使って説明していたら、「おやおや、また心的推論の誤謬か!」と思ったほうがよい。

公正を期しておくと、科学者であっても、心的推論の罠を回避することは非常にむずかしい。助成機関は、人間に直接関係のある研究に助成金を出そうとする。科学者は、そもそも自分が心的推論を行なっていることに気づかなければならないが、その種の自己反省は簡単にできるものではない。しかも、主流の見解に逆らうことで批判されたり、同僚に軽蔑されたりすることを覚悟しておかねばならない。だが、やればできる。

著書『エモーショナル・ブレイン——情動の脳科学』で恐怖学習という考えを流布した神経科学者のジョセフ・E・ルドゥーは、現在ではラットを対象に「怖れ」という用語を使うことに反対している。この態度は、科学者の知的勇敢さとして、きわめてまれなものである。彼は、いわゆる恐怖学習に関して無数の論文を発表してきた。また、怖れの脳基盤として扁桃体を取り上げる一般向けの科学書を執筆してきた。だが彼は、それに対する反証を注意深く検討し、立場を変えたのである。[87] 新たな観点から説明すると、凍りつきは、脅威に直面した動物を、安全を保てるよう導くものとしてとらえられる。つまりそれは、生存するための行動なのだ。彼の画期的な実験は、怖れのような心の状態ではなく、凍りつきをコントロールする、今の彼が生存神経回路と呼ぶものを明らかにした。ルドゥーの理論的転向は、科学的により妥当な情動理論を導く、心と脳に関する新たな科学的革新の一例にすぎない。

ルドゥーを筆頭に何人かの科学者は考え方を変えたが、動物の情動を研究する他の研究者は、いまだに心的推論の誤謬に陥っている。そのことは、ユーチューブの動画やTEDトークを視聴すればわかるはずだ。彼らは、動物の行動を描く動画や画像を見せ、「ラットはくすぐられると嬉しい」「クンクン鳴くイヌは、どんなに悲しんでいることか」「凍りついたラットは、どれほど怖れを感じているることか」と言う。しかし情動は、観察されるものではなく、構築されるものだということを思い出してほしい。私たちはそれらの動画を観ているあいだ、概念を用いて推測している。しかし、不定形のかたまりをミツバチに変える過程（第2章参照）に気づいていないのと同じように、その事実に気づいていない。だから、動物が情動を表現しているかのように見えるのだ。

第4章で私は、情動的に反応するあらゆる脳領域が、予測を発し、身体予算を調節していると述べた。それに心的推論の誤謬を加えてよくかき混ぜると、脳内の情動の作用に関する壮大な神話が生まれるだろう。齧歯類の前帯状皮質が、そばにいる仲間が痛みを感じているときに活性化するのを観察するのと、齧歯類が共感を覚えていると主張するのとではまったく違う。[88] 多くの動物がするように、二匹の個体がそれぞれの身体予算に影響を及ぼし合っていると言えば、もっと単純に説明できる。

人間に似た動物は、心的推論の対象になりやすい。[89] 言うまでもなく、疾駆するゴキブリより跳ね回るイヌのほうが、あるいは子どもに自分の身体を食べさせる、ミミズに似た両生類アシナシイモリの母親より、子どもと一緒に眠る母親ウサギのほうが、心的推論の対象になりやすい。[90] アカデミー賞にノミネートされたSF映画『第9地区』（米・二〇〇九年）に、この現象のみごとな例を見出せる。最初エイリアンは、嫌悪を催す人間大の昆虫にしか見えないが、エイリアンにも家族や愛する者がいることがわかると、人々は彼らに共感を覚え始める。ハイダーとジンメルが用いた図形でさえ、人間のように見える。なぜなら、図形が動くスピードや描く軌跡が、人間の追いかけっこを思い起こさせるからだ。[91] 私たちは、さまざまな図形の動きを心的要因という観点から見るようになり、図形の動きが私たちの道徳的領域に入り込んでくるのである。

動物に対して心的推測を適用すること自体は、悪いことではない。まったく正常な営為である。[92] 毎日私は、かわいらしい赤ちゃんオランウータンが描かれた看板のそばを車で通る。オランウータンが私に向かって微笑みかけているわけではないことも、人間と同じ心を持つわけではないことも知っていながら、看板が近づいてくると、そのとき何を考えていようが、私は微笑む。率直に言えば、誰もが動物を見て心的推測の誤謬を犯し、それを通じて動物たちを自分の道徳領域に引き入れていれば、牙の取引のためにゾウやサイを殺したり、食料としてゴリラやボノボを狩ったりする密猟者の数は、もっと減るだろう。人間が人間を観察するときに心的推論にふけっていれば、暴力行為や戦争は減ることだろう。とはいえ、科学者の白衣を身につけている限りは、心的推論の誘惑に駆られないようにしなければならない。

「動物は、どの程度人間に似ているのだろう？」「人間に関して何を教えてくれるのか？」「動物の何が私たちに役立つのか？」「人間のどこが動物よりすぐれているのか？」など、私たちは、人間を基準に動物を考えることに慣れている。保護につながるのなら、動物を擬人化しても構わないだろう。しかし人間を基準に動物を考え始めると、気づかぬうちに動物に危害を加える結果になる。私たちは、不安そうに寄り添ってくるイヌを「あつかましすぎる」として邪険に扱い、本来はケアと愛情を与えるべきところを罰する。私たちは、チンパンジーの赤ちゃんを母親から引き離す。野生では、チンパンジーの乳児は五歳になるまで、母親の毛皮の暖かさとにおいに包まれて大事に育てられるというのに。

課題は、動物の心を、劣った人間としてではなく、動物自身のために理解することである。「動物＝劣った人間」という図式は、古典的人間観に由来し、チンパンジーや他の霊長類を、進化の段階が低い、型落ちバージョンの人間と見なす[93]。しかしこの見方は正しくない。動物は、彼らが生息する生態的なニッチに適応している。チンパンジーにはエサを採集する必要があるが、現代人にはほとんどない。だからチンパンジーの脳は、心的類似性を構築するためではなく、細かなことを見分けて覚えておくために配線されているのだ[94]。

つまるところ、動物の観点から動物について学べば、人間と動物の関係はより望ましいものになり、そこから利を得られるだろう。そして、私たち皆が暮らす地球や動物を損なうような行動も減るはずだ。

❦ ❦ ❦

少なくとも人間の目から見れば、動物は情動的な生物である。この状況は、私たちが作り出す社会的現実の一部と見なせる。私たちは、車、鉢植え植物、さらには動画に描かれた小さな円や三角形にさえ情動を見出す。しかしそのことは、動物が情動を経験していることを意味するのではない。小さな感情的ニッチしか持たない動物は、情動概念を構築する能力を持たない。ライオンはシマウマを追いかけ、獲物として殺す。だが、シマウマを憎む能力は持っていない。だから私たちは、ライオンの行為を不道徳だとは見なさないのだ。動物が人間の情動を経験していると主張する本や、(「【速報】ネコはネズミにシャーデンフロイデを感じる」などの見出しの)記事を読んだときには、このことを思い出そう。そうすれば、心的推論の誤謬が眼前で繰り広げられているのがすぐにわかるだろう。

動物が人間同様に感じているという自分の主張を正当化するために、あらゆる脊椎動物が、核として情動の神経回路を共有していると見なす科学者が依然としている。著名な神経科学者ヤーク・パンクセップは、うなるイヌやネコの写真や、「母親を求めて泣き叫んでいる」鳥のひなを撮影した動画に、その種の神経回路が存在することを示す証拠を見出すよう、つねに視聴者を誘導している。[95]だが、その種の情動神経回路は、いかなる動物の脳にも備わっていないはずだ。[96]あなたは、よく知られた四つのF〈戦う〈fight〉、逃げる〈fleeing〉、食べる〈feeding〉、生殖する〈mating〉〉をはじめとする行動を司る、生存のための神経回路を備えている。この神経回路は、内受容ネットワークに属する身体予算管理領域によってコントロールされており、気分として経験される身体の変化を引き起こす。だが、情動に特化しているわけではない。[97] 情動が生じるには、分類を可能にする情動概念が必要なのだ。

動物の心に情動の能力を探し出す研究は、現在も続けられている。ボノボと、私たちにもっとも近いチンパンジーは、独自の情動概念を構築するための神経回路を脳に備えているのかもしれない。寿命が長く、強い絆で結ばれた群れを形成する社会的動物のゾウにも可能性があるだろう。イルカも、そして数千年にわたって人間のもとで繁殖してきたラウディーのようなイヌも、有力な候補になる。たとえ人間の情動とは異なるとしても、これらの動物には何かが生じているのかもしれない。その一方、実験室のラット、モルモットの〝カップケーキ〟、あるいは情動を持つと私たちが考えているその他の動物のほとんどは、情動を構築する能力を持たない。なぜなら、それに必要とされる情動概念を持っていないからだ。人間以外の動物は何らかの気分を感じるが、情動という点になると、現在の知見に基づいて言えば、私たちが動物に投影しているにすぎない。情動を構築するための

第13章

脳から心へ——新たなフロンティア

From Brain to Mind: The New Frontier

人間の脳は稀代のペテン師だ。マジシャンのようにタネを明かすことなく、日々の経験が、からくりを明らかにしてくれるはずだという錯覚をもたらしつつ、経験を作り出し、行動を導く。喜び、悲しみ、驚き、怖れなどの情動は、いたって明瞭でしっかりと組み込まれているように感じられるので、私たちは自己の内部に、それらの情動が独立した源泉を持っているはずだと思い込む。そして本質主義に搦め捕られた脳は、いとも簡単に誤った心の理論をつむぎ出す。つまるところ私たちは、脳の機能を解明しようとしている一群の脳なのだ。

数千年間、このペテンはたいてい成功を収めてきた。心の本質に関する見方は一世紀から二世紀ごとに書き換えられたものの、心の器官という考えは非常に深く根づいている。* それを振り払うのは今日でも非常にむずかしい。というのも、脳は分類するべく配線されており、この分類することが本質主義を生んでいるからだ。私たちは名詞を口にするたびに、気づかぬうちに本質主義的な発明品を世に送り出している。

心の科学は、徐々にではあれ、ようやくその種の軛を脱しつつある。脳画像技術によって非侵襲的に頭の中をのぞき込めるようになった今日、頭蓋骨はもはや障壁とは見なされなくなった。携帯可能な測定装置の登場は、心理学や神経科学を実験室から日常社会へと拡張することを可能にした。二一世紀の最新技術によってペタ〔ギガ、テラの上の接頭語で、10^{15}〕バイト単位の脳のデータが蓄積されるにつれ、神経科学は、情動のみならずあらゆる心的事象に関して、経験に依存するよりはるかに正確な、脳や脳の機能の理解をもたらしている。それにもかかわらず、メディア、起業家、ほとんどの教科書、一部の科学者は、依然として一七世紀の心の理論（プラトン1・0から体のいい骨相学にバージョンアップされてはいるが）によってデータを解釈している。

本書をここまで読んで、教科書に書かれ、メディアで喧伝されている、情動に関するいかにもそれらしい主張の多くはきわめて怪しく、再考を要することがわかったのではないだろうか。情動は、人間の脳と身体から成る生物学的構成の一部ではあれ、各情動に特化した神経回路が存在するわけではないことが理解できたはずだ。情動は進化の産物ではあるが、その本質が祖先の動物から受け継がれてきたのではない。人間は、意識せずに情動を経験できる。しかしその事実は、人間が経験の受動的な受け手であることを意味しない。人間は、教えられなくても情動を知覚する。だがそのことは、情動が生得的なものであることを、つまり学習とは無関係なことを意味するのではない。生得的なのは、概念を用いて社会的現実を築く能力であり、社会的現実は脳を配線する。情動は社会的現実による現

＊＝要するに、概念は経験に依存するという考え（経験主義）は、概念が先天的なものであるがゆえに（生得説）、もしくは直感や論理に由来するものであるがゆえに（合理主義）、組み込まれたものだとする信念によって激しく反駁されてきた。経験主義に依拠する試みは、一七世紀の連合主義的哲学者から二〇世紀の行動主義者に至るまで、何らかのあり方ですべて失敗してきた。

実の構築物であり、人間の脳が他の人間の脳と協調することで形成される。

この最終章では、構成主義的情動理論を指南役として、心や脳に関する、より大きな問題を検討する。予測する脳と、それに関してここまで学んできたすべての知識、具体的に言えば、縮重、中核システム、概念の発達を支援する脳の配線などに関する知見をもとに、脳からはどのような種類の心がいかに生じるのかについて考えてみたい。また、心のどの側面が普遍的で必然的なのか、そしてそうでないのはどの側面か、さらにはそれが自己や他者の理解に対して持つ意味を考察する。

❦ ❦ ❦

人間が人間性について論じ始めた当初から、人間の心は、万能の力を持つ存在によって生み出されたとする前提が広く流布してきた。古代ギリシア人にとっては、その力は神々によって体現される自然であった。キリスト教は人間性を自然の手からもぎ取り、全能の唯一神の手に握らせた。ダーウィンはそれを神の手から取り戻し、進化という自然の作用にゆだねた。その結果、突如として人間は不滅の魂ではなくなり、心は善と悪、正義と罪が争う戦場ではなくなったのだ。こうして人間は、進化によって彫琢された、自己の行動を制御しようとする特化された内なる力の集合として、認識されるに至った。そして次のように考えられるようになった。脳は身体と、理性は情動と、皮質は皮質下領域と、体内の力は体外の力と戦う。理性的な皮質に包まれた動物の脳を持つ人間は、野生動物とは異なる。人間は魂を持ち他の動物は持たないからではなく、人間は洞察力と理性を備える、進化の頂点を極めた動物だからだ。それゆえ人間は、世界が課す特定の様相に対し、神の御業（みわざ）によってではなく、遺伝子によって反応するよう、あらかじめ設定されて生まれてくる。情動のような経験は、人間が徹頭徹尾動物であることを示す証拠とされる。それでも人間は、自己の内なる野獣を克服する能力を持つがゆえに、動物界において特別な位置を占めていると見なされるのだ。

しかしここまで学んできたように、脳をめぐる新たな発見は、人間の本性に関する理解を革新してきた。

心は間違いなく進化の産物ではあるが、遺伝子のみによって彫琢されるのではない。脳がニューロンのネットワークで構成されていることは確かだ。だがそれは、心が発達する必要条件の一つにすぎない。脳はまた、他者の身体に囲まれた、自己の身体の内部で発達する。そして他者の行動や言葉は自己の身体予算を調節し、感情的ニッチを拡大する。

心は、自己の行動の責任の程度を決定づける二つの内的な力（情念と理性）が争う戦場などではなく、つねに予測している脳の内部の、その瞬間における計算的な断面なのである。

脳は概念を用いて予測する。科学者たちは、個別の概念をめぐって、生得的なものか学習されたものかを議論しているが、脳が物理的環境や社会的環境に応じてそれ自体を配線するにつれ、学習してきた概念がたくさんあることを疑う余地はない。そのような概念は、自文化に由来し、集団で生活しなければならないという根本的なジレンマ、他人を出し抜くか、それとも他人とうまく折り合っていくかというジレンマ（この綱引きには複数の解決策がある）を緩和するのに役立つ。もちろん、他人とうまくやっていくことを選好する文化もあれば、他人を出し抜くことを選好する文化もある。

これらの発見は、「人間の脳は、文化という文脈のもとで、複数の種類の心を生むべく進化した」という決定的な洞察を導く。たとえば欧米文化のもとで暮らす人々は、思考と情動を根本的に異なり、ときに対立するものとして経験している。その一方で、バリ人やイロンゴト族の文化や、仏教哲学の影響を受けたいくつかの文化では、思考と感情は厳密に区別されていない。[1]

いかにして、同じ特定の機能を持つ同じ一連の神経回路を備えた脳から、さまざまな種類の心が生まれるのか？　いかにして、一定の情動概念や経験を備えたあなたの脳や、あなたのものとは異なる情動概念、あるいは同じ概念でもあなたのものとは異なるインスタンスを持つ私の脳が、さらには思考と感情を区別しない概念や経験を持つバリ人の脳が、独自の物理的環境や社会的環境に適応しつつ生まれるのだろうか？

表面上、正常に発達した人間の脳は、とりわけメガネをはずして目を細めて見れば、すべて同じように見える。必ず二つの半球があり、どんな皮質にも、五つの葉と、最大で六つの層がある。皮質のニューロンは、情報を効率的に要約するべく配線されており、行動や経験を形成する概念システムを生む。人間の皮質の特徴の多くは、他の哺乳類にも備わっており、神経系の真に原初的な特徴は昆虫とも共有している（脊椎動物の頭部から尾に至る神経系を組織化するホメオティック遺伝子はその一例である）。とはいえ脳は、皮質の脳溝や脳回の配置、皮質や皮質下領域のニューロンの数、ニューロン間のミクロの配線、そして脳神経回路内の結合度において大きな個人差がある。そのような詳細を考慮に入れると、同じ動物の脳であっても、個体間で構造的にまったく同じものは二つとない。[2]

また同じ脳であっても、配線は固定されていない。春に芽吹いた木の葉が秋には散るように、軸索や樹状突起の相互作用は、年齢を重ねるにつれて増大したり減退したりする。特定の脳領域では、新たなニューロンが成長しさえする。[3] 神経可塑性と呼ばれるその種の構造的な変化は、経験によっても生じる。[4] 経験は脳の配線としてコード化されたり、やがてもとの配線を変えたりする。それによって、再び同じ経験をする可能性が高められたり、既存の経験をもとに新たな経験が作り出されたりする。

そして数十億のニューロンは、一瞬一瞬、つねにパターンを再構築している。それを可能にしているのは、神経伝達物質と呼ばれる化学物質だ。[5] 神経伝達物質は、ニューロン間の信号の伝達を可能にし、神経結合を瞬時に強めたり弱めたりして、情報が流れる経路を変える。[6] かくして神経伝達物質は、一群のネットワークを持ったただ一つの脳が、多様な心的事象を構築し、単なる部分の総和以上の何かを作り出せるよう、支援しているのである。[7]

もちろん、異なるニューロン群によって同じ結果が生み出されるという縮重も忘れてはならない。さらに言えば、ネットワーク、領域、個々のニューロンなど、いかなる粒度で脳の組織をとらえても、その組織は心的事象の複数のカテゴリー（たとえば怒り、注意、視覚、聴覚）に寄与している。[8]

ミクロの配線、神経伝達物質、神経可塑性、縮重、多目的神経回路——神経科学者はこれら驚異的な変化の要因を、脳を「複雑なシステム」と呼ぶことで要約する。ここでいう「複雑」という用語は、「確かに脳は複雑だ」などの日常会話的な意味で使われているのではなく、より形式的な意味を持つ。「複雑性」とは、効率的に情報を生み出し伝達する、いかなる構造にも適用される尺度である。高度な複雑性を有するシステムは、既存の断片的なパターンを結びつけることで多数の新たなパターンを生成できる。その種の複雑なシステムは、神経科学、物理学、数学、経済学などのさまざまな学問分野でも見出される。[9]

人間の脳は、高度な複雑性を備えた系（システム）である。なぜなら、一つの物理的構造の内部で、数十億のニューロンを再構成して経験、知覚、行動に関する厖大な事象を構築できるからだ。人間の脳は、第6章で言及した主要な「中枢（ハブ）」を軸とする、非常に効率的なコミュニケーションメカニズムを介して、この高度な複雑性を実現する。このメカニズムは、複数の源泉から入力された大量の情報をきわめて効率的に統合し、それを通じて意識を維持する能力を脳に与えている。[10] この見方とは対照的に、独自の機能を備えたかたまりの集合として脳をとらえる古典的理論が提起するモデルは、複雑性の度合いが低いシステムのモデル化だと言える。なぜならこの見方では、おのおののかたまりが、ただ一つの機能を独力で果たすにすぎないからだ。[11]

高度の複雑性と縮重を備えた脳には、「多くの情報を生み、維持できる」「同じ目的に対してそれを達成するための複数の経路を持ち、堅固で信頼性が高い[12]」「負傷や疾病に強い」などの明確な利点がある。扁桃体に損傷を負った双子（第1章）や、予測を司る脳神経回路を損傷したロジャー（第4章）に、その実例を見てきた。そのような脳は、生き残って次世代に自分の遺伝子を受け渡す可能性を高める。[13]

自然選択は、複雑な脳を選好する。[14] 理性ではなく、複雑性が、人間を経験の建築家にしているのだ。遺伝子は、脳と心の再構成を可能にする。

脳が複雑であるという事実は、その配線図が、普遍的な心的機構を備えるたった一種類の心のために用意された一連の命令から構成されるわけではない、ということを意味する。人間の脳は、快／不快（感情価）、動揺／落ち着き（興奮）、音の強弱、明暗などを除けば、あらかじめ設定された心的概念をほとんど持たない。[15] 変化が標準なのだ。その代わり脳は、さまざまな概念を学習し、自己の置かれた状況に応じて社会的現実を構築するように、構造化されている。とはいえ、変化の可能性は無際限のものでも恣意的なものでもなく、脳が必要とする効率性や処理速度によって、また外界や他人を出し抜くか、それとも他人とうまく折り合ってやっていくかなどの、人間的なジレンマによって制約を受ける。自文化は、このジレンマを解決するために、概念、価値観、実践方法に関する独自のシステムを提供してくれる。[16]

私たちは皆同じ人間であると主張するために、一セットの普遍的な概念を備えるたった一つの心などというものを想定する必要などない。必要なのは、物理的環境や社会的環境に応じて配線され、最終的に多様な心を生み出す、並はずれて複雑な人間の脳なのである。

❦　❦　❦

人間の脳は、さまざまな種類の心を生み出す。しかしそれでも、あらゆる人間の心に共通する構成要素も含む。数千年のあいだ学者たちは、必須な本質的要素の数々の断片によって心が構成されると考えてきた。しかし、そうではない。心の構成要素は、本書で見てきた三つの側面、すなわち感情的現実主義、概念、社会的現実から成る。それらは（他にもあるかもしれないが）、脳の正常な構造や機能に基づく、必然的で、ゆえに普遍的なものなのだ。

感情的現実主義——自分が信じているものを実際に経験するという現象——は、脳の配線のゆえ必然的に生じる。内受容ネットワークの身体予算管理領域(メガフォンを持つ、口うるさくて聞く耳を持たない内なる科学者)は、脳内でもっとも強力な予測者と、また一次感覚領域は熱心な聞き手と見なせる。経験と行動の主たる操縦者は、論理や理性ではなく気分に駆り立てられた、身体予算に関する予測なのだ。私たちは皆、あたかも風味が食物のなかに宿っているかのように、「この食べ物はおいしい」と思い込む。実のところ、風味は構築物であり、おいしいという感覚は私たち自身が持つ一種の気分である。戦場で兵士が、非武装の村人の手に銃が握られているのを知覚するとき、彼はほんとうに銃を見ているのかもしれない。それは純粋な知覚であり、見間違いではない。空腹の判事は、囚人の仮釈放を認めるか否かの裁定に否定的な判断を下しやすい。

感情的現実主義の影響を完全に免れることのできる人はいない。知覚は、世界を撮影した写真などではない。フェルメールの絵のような写真と見まがう絵ですらない。それよりも、ヴァン・ゴッホやモネの絵に近い(運が悪ければ、ジャクソン・ポロックの絵かもしれない)[17]。

しかし感情的現実主義は、その効果に着目することでそれが作用していることを見抜ける。何かが正しいとわかっているという直感を抱いたときはつねに、感情的現実主義の影響を受けている。ニュース報道や物語を聞いて、その内容を頭から信じたとき、そこには感情的現実主義が働いている。特定のメッセージや、それを発した人にただちに反感を覚えたときにも。私たちは皆、自分の信念を支持するものごとを好み、それに反するものごとを嫌う。

感情的現実主義は、反証があるにもかかわらず、その人をして何かを信じさせ続ける。無知や悪意のせいではない。脳の配線や働き方の問題なのであり、見るもの、信じるもののすべてが、脳の身体予算管理の影響を受けているのだ。

感情的現実主義に歯止めをかけないと、考え方が独善的で柔軟性のないものになる。対立する二つのグループのそれぞれが、「自分たちは絶対に正しい」と信じ込んでいると、政争、イデオロギーをめぐる争い、さらには戦争すら起こりうる。その意味で言えば、本書で見てきた、人間の本性に関する二つの見方、すなわち古典的理論と構成主義も、数千年にわたって決着をつけようと殴り合いをしてきたのである。[18]

この戦いのなかそれぞれの陣営は、ステレオタイプ化された観点から相手を見てきた。古典的理論は、「文化はまったく無関係であり、遺伝こそ絶対的な運命だ」とする生物学的決定論として戯画化され、格差を生む社会的秩序を正当化するものとされてきた。この戯画化は、「他人とうまく折り合ってやっていくこと」より、「他人を出し抜くこと」を優先する見方を極端に誇張する。他方の構成主義は、個人を犠牲にした集団主義として、つまり「人類は『スタートレック』シリーズのボーグ〈機械の生命の集合体〉のような一大超個体（スーパーオーガニズム）であり、脳は、あらゆるニューロンがまったく同一の機能を果たす〈同質的なミートローフ〉にすぎない」と考える誤った見方として批判されてきた。[19] この戯画化は、「他人を出し抜くこと」より、「他人とうまく折り合ってやっていくこと」を優先する見方の極端な誇張である。このように、どちらの陣営も科学という分野につきものの機微や多様性を無視してきた。本書をここまで読んできた読者は、証拠に基づけば、「生物学的領域と文化的領域の境界は穴だらけだ」という、非常に示唆に富んだ結論が得られることを、すでに十分に理解していることだろう。文化は自然選択から生じ、脳や身体に入り込むことで、次世代の人間の形成に寄与していくのである。[20]

感情的現実主義は不可避のものとはいえ、人間は、それに対して無力なわけではない。最大の防御手段は、好奇心である。私は学生に、何かを読んでその内容を気に入ったり、嫌ったりしたときにはとりわけ注意せよと諭している。そのような感覚を抱いたことは、おそらくはそこに書かれている考えが、自分の感情的ニッチの範囲に確実に入ることを示しているからだ。だから、オープンな心を持って読むようにしよう。自分がいかなる気分を感じたのかは、そこに書かれている科学の良し悪しを示す証拠になりはしない。生物学者のステュアート・ファイアスタインは、著書『イグノランス——無知こそ科学の原動力』で、世界を学ぶ方法の一つに好奇心をあげている。不確実性に快さを感じ、謎に喜びを見出そう。何ごとにも疑問を感じるよう、注意深くなろう。[21] そう彼は提案する。そのような実践を通じて、自分の固い信念に反する証拠が出てきても、それを冷静に受け止めて、知識の渉猟の喜びを十分に享受できるようになるはずだ。

心に不可避なものの二つ目は、概念を持つことである。人間の脳は、概念システムを構築するべく配線されている。人間は、光や音の断片のような非常に細かな物理現象から、「印象派」「飛行機に持ち込んではならないもの（たとえば銃、ゾウの群れ、退屈なエドナおばたん）」などの、至極複雑な概念に至るまで、さまざまな概念を構築する。脳が構築する概念は、身体のエネルギー需要を満たしながら生きていくために必要な世界のモデルであり、最終的には自分の遺伝子をどの程度増やせるかを決める。

しかし人は、特定の概念を持っているという点で必然性を免れている。もちろん、脳の配線のために「肯定的（ポジティブ）」対「否定的（ネガティブ）」のような一定の基本的な概念を誰もが持っているはずだが、あらゆる心が、「感情」や「思考」に対応するはっきりとした概念を持つわけではない。脳にしてみれば、身体予算の調節が可能で生存が確保されるのなら、いかなる概念の集合であっても構わない。子どもの頃に学んだ情動概念は、その顕著な例の一つにすぎない。

　概念は、ただ「頭のなかに」存在するだけではない。あなたと私がコーヒーを飲みながら話をしていたとしよう。そして私が気の利いたことを言って、あなたが微笑み、頷いたとする。私の脳があなたの微笑みと頷きを予測し、私の脳に届いた視覚入力がそれを確認したとすると、私の予測は、頷き返すなどの行動になって現われる。あなたはあなたで、さまざまな可能性があるなかで私の頷きを予測していたかもしれない。するとそれは、あなたの感覚入力に変化を引き起こし、さらなる予測に影響を及ぼす。つまりあなたのニューロンは、直接的な相互結合を介してだけでなく、私とのやり取りという外部環境によって間接的にも私と影響を及ぼし合う。かくしてあなたと私は、予測と行動の同期したダンスを踊り、それぞれの身体予算を調節し合うのだ。このような同期は、社会的な結びつきや共感の基礎でもあり、それに基づいて人々は信用し合ったり、好意を抱き合ったりするのである。またそれは、親子の絆の維持にも必須の役割を果たしている。[22]

　したがって私たちの経験は、自己の行動を通して積極的に構築される。私たちは世界に働きかけ、世界は私たちに働きかけ返す。つまり私たちは、言葉の真の意味において、自己の経験と環境の建築家なのだ。自分の動作と他者の動作は、自分の感覚入力に交互に影響を及ぼす。そして感覚入力は、他のどんな経験とも同様、脳を再配線する。ゆえに私たちは、自己の経験の建築家であるばかりでなく、電気技師でもあるのだ。

概念は、生存に必須ではあれ、本質主義に至る扉を開きかねないがゆえに注意を要する。それは、実際には存在しないものを見るよう仕向ける。ファイアスタインは、「真っ暗な部屋の中で黒猫を探し出すのはとても難しい、そこに猫がいなければなおのこと」〔佐倉統・小田文子訳、東京化学同人〕という古いことわざを引用して『イグノランス』の幕を開ける。このことわざは、本質の探究をみごとに要約する。歴史をひもとけば、誤った概念を用いて自分の仮説を導き出したために、無益に本質を探し求める破目になった科学者の例などいくつでも見つかる。ファイアスタインは、宇宙に充満し、光の伝達媒体として機能する神秘的な物質、エーテルの例をあげている。彼によれば、エーテルは黒ネコであり、物理学者たちは真っ暗な部屋のなかで理論を考案して実験し、存在しないネコの存在する証拠を探し求めていたのだ。古典的情動理論にも同じことが言える。それが提起する心の成り立ちは、問いを答えと取り違えた人間の発明にすぎない。

また概念は、実在するものを見えないように仕向けることもある。縞模様をなすように見える虹は、実際には無数の周波数帯から成る。それにもかかわらず、「赤」や「青」などの色の概念は、多様な変化を無視するよう脳を仕向ける。同様に、への字に曲げた口という「悲しみ」のステレオタイプは、この情動カテゴリーの多様性を切り捨てる概念として作用する。

心に不可避なものの三つ目は、社会的現実に関するものである。生まれたばかりの頃は、ひとりで自分の身体予算を調節できず、誰かに調節してもらわなければならない。その過程で脳は、統計的に学習し、概念を生む。また、特定のあり方で社会を構造化してきた他者に満ちた環境に応じて、自らを配線する。やがて社会は、自分にとっても現実のものになる。社会的現実は人間にとっての超越的な力であり、私たちは、純然たる心的概念を用いてコミュニケーションを図ることのできる唯一の動物なのだ。また、個々の社会的現実はいずれも、必然的なものではなく、特定の集団で通用しているにすぎない（また、物理的環境によって制約を受ける）。

ある意味で、社会的現実は悪魔との契約とも見なせる。文明の構築などの人間が行なう重要な活動において、社会的現実は明確な利点をもたらしてくれる。文化は、人々が特に意識せずにお金や法律などの心的な創造物を信じている場合に、最大限に円滑に機能する。私たちは、これらの構築物に人間の手が（いわばニューロンが）関与しているとは特に考えておらず、単にそれらを現実として扱っているのだ。

だが、私たちをすぐれた文明の構築者にしているこの超越的な力は、自分たちがどのようにそれを達成しているのかに関する理解を得ることを困難にしている。私たちはつねに、知覚者に依存する概念（花、雑草、色、お金、人種、表情など）を、知覚者からは独立した現実と取り違えている。人々が純然たる身体的概念としてとらえているものの多くは、実際には情動などの身体に関する信念なのであり、また、生物学的に見えるものの多くは、実際には社会的なものである。視覚障害のように、明らかに生物学的だと思われる現象でさえ、生物学的に完全に客観的であるとは言えない。目が見えなくても難なく生きていけるので、自分を視覚障害とは考えていない人もいる[23]。

自分が社会的現実を生み出しながら、その事実を認識していないと、結果は惨憺たるものになる。たとえば、心理学者の多くは、あらゆる心理的概念が社会的現実であることを認識していない。私たちは、「意志力」「粘り強さ」「やり抜く力（グリット）」の違いを、あたかもそれらのおのおのが、集合的志向性を通して共有される構築物ではなく、本質的にはっきりと区別されるものかのように論じる。また、「情動」「情動の調節」「自己統制」「記憶」「想像力」「知覚」などのさまざまな心的カテゴリーを、それぞれ別物として扱う。しかしすべては、内受容と外界由来の感覚入力から生じ、コントロールネットワークの支援のもとに分類によって意味を与えられたものとして、説明できる。いかなる文化も、あらゆる概念を持つわけではない。脳は脳である点に鑑みれば、概念が社会的現実であることは自明であろう。心理学は、同じ現象を繰り返し発見し、新たな名前をつけ、脳の別の場所に位置づけようと試みてきた。だから私たちは、「自己」に関連する無数の概念を持っているのだ。脳のネットワークでさえ、複数の名前を持つ。内受容ネットワークの一部を構成するデフォルトモードネットワークなど、シャーロック・ホームズより多くの別名を持っている。[24]

社会的事象を身体的事象と取り違えると、外界と自分自身を混同する。この点において社会的現実は、それを持つことを認識している限りにおいて超越的な力になる。

❦ ❦ ❦

これら三つの心の必然性を考慮すると、構成主義は私たちに、もっと懐疑的になるよう教えてくれる。経験は現実に通じる窓ではない。脳は、自己の世界をモデル化するよう配線され、身体予算に関わる事象によって駆り立てられる。そして私たちは、このモデルを現実として経験する。一瞬一瞬の経験は、一つの画然とした心的状態が数珠つなぎに結ばれているかのごとく、断続的に続いているように感じられるかもしれない。だが、本書で学んできたとおり、脳の活動は、コアネットワークの働きを通じて切れ目なく連続している。経験は、頭蓋の外側に存在する世界によって引き起こされているかのように思われるかもしれない。だが実際には、次々に発せられる予測と訂正によって形成される。皮肉にも、私たちは皆、自分を誤解する心を生む脳を持っているのだ。

構成主義が懐疑を擁護するのに対し、本質主義は確実性に深くコミットしている。本質主義によれば、「心は脳の顕現である」。要するに、「あなたは思考（情動）を持つ。ゆえにあなたは、思考（情動）に対応する脳のかたまりを持っていなければならない」「あなたは他者に思考、情動、知覚を見出す。ゆえにそれに対応する脳のかたまりは普遍的なものでなければならず、誰もが同じ心的本質を備えていなければならない」「遺伝子は、あらゆる人間に共通する心を生む」と見なすのである。また、この動物、あの動物に情動を見出し（ダーウィンはハエにも情動を見出した）、だからそれらの動物も、私たちのものと同じ、普遍的な情動を司る脳のかたまりを持っているはずだと結論する。さらには、神経活動は、リレーで次の走者にバトンを渡すように、ある脳のかたまりから別のかたまりへと受け渡されると考える。

本質主義は、人間の本性に関する見方だけではなく、一つの世界観を繰り広げる。それによれば、社会における個人の地位は、遺伝子によって形作られる。だからあなたが他の人々より賢かったり、すばやかったり、力強かったりすれば、あなたは成功して当然だと見なされる。つまり人々は、自分に値するものを手にし、自分が手にしたものに値するのだ。この見方は、科学の仮面をまとうイデオロギーに支援され、遺伝によって正当化された世界への信念なのである。

私たちが「確実さ」として経験するもの、すなわち自分自身、他者、周囲の世界について何が正しいかを知っているという感覚は、日々を無事に生きていけるよう支援するために脳が作り出している幻想にすぎない。おりに触れてこの「確実さ」をわずかでも手放すことは、よい考えだ。一例をあげよう。私たちは皆、自分自身や他者について考えるとき、「彼は〈気前がよい〉」「彼女は〈忠実だ〉」「私の上司は〈意地が悪い〉」などのように、その人の性格で言い表わす。確実さの感覚は、気前のよさ、忠実さ、意地の悪さを、あたかもそのような本質が当人に実際に宿り、客観的に検知し測定できるかのように思わせる。そして、他者に対する自分の行動を決めるばかりでなく、自分のした行動が正当化されるかのように感じさせる。たとえ「気前のよい」彼が、自分を騙そうとしてそのように振舞っていたのだとしても、あるいは「忠実な」彼女がほんとうは利己的であったとしても、はたまた「意地の悪い」上司が家で寝ている子どもの病気で頭が一杯になっていたのだとしても、そう感じるのだ。かくして確実さの感覚は、他の理由を知る機会を奪う。私はここで、「私たちは現実を把握する能力を持たない」と言いたいのではなく、「把握すべきたった一つの現実など存在しない」と言いたいのだ。私たちの脳は、外界からやって来る感覚入力に対して複数の説明を生み出す。現実は、無限にではないとしても確実に複数存在する。

ある程度の懐疑は、遺伝によって正当化された世界という古典的理論の見方と異なる世界観を提示する。私たちが社会に占める位置は偶然決められたものではないが、必然的なものでもない。貧困家庭に生まれたアフリカ系アメリカ人の子どものことを考えてみればよい。彼らは、脳の発達の初期に、十分な栄養を摂取できない可能性が高い。とりわけ前頭前皮質（PFC）の発達が阻害されやすい。[25] PFCのニューロンは、学習（つまり予測エラーの処理）とコントロールに重要な役割を果たす。[26] 特に驚くべきことではないが、PFC領域の大きさや処理能力は、学校でよい成績を収めるために必要とされる多くのスキルに結びつく。栄養不足は、より薄いPFCを生み、転じてそれが学業成績の不振や、高校を卒業できないなど教育機会の損失の原因になり、それによってさらなる貧困に陥る。[27] このように、社会的現実を構成する、人種に関する社会のステレオタイプは、循環的なあり方で脳の配線という身体的現実になりうる。しかも貧困の原因が、もっぱら遺伝にあるかのように思わせるのだ。

その種のステレオタイプが、一般に考えられているより正確だと示唆しているように思える研究がある。[28] たとえばスティーブン・ピンカーは『人間の本性を考える——心は「空白の石版」か』で、国勢調査（センサス）によって得られた数値に照らすと、「アフリカ系アメリカ人が、白人に比べて福祉の世話になる確率が高いと考えている人々は、（……）より無分別なわけでも偏向しているわけでもない。この信念は正しい」と書いている。[29] ピンカーらによれば、多くの科学者がステレオタイプを不正確だとして退けるのは、私たちがポリティカル・コレクトネス（政治的妥当性）によって圧力を受けたり、一般の人々に対してへりくだっていたり、人間の本性に関して混乱した前提を抱いているせいで見方が偏向していたりするからだ。[30] だがここまで見てきたように、それ以外の可能性が考えられる。福祉に関する公式な統計が示唆する事態が真であるのは、私たちが社会として、それが真であるような状況を作ってきたからだ。

自分の価値観や習慣のゆえに、私たちは特定の人々の選択肢を制限して可能性を狭め、別の人々の選択肢や可能性を広げておきながら、「ステレオタイプは正確だ」と言う。ステレオタイプは、そもそも集合的な概念によって生み出された社会的現実に照らした場合にのみ正確なのである。人々は、ぶつかり合うビリヤードの球の集まりなどではない。私たちは、それぞれの身体予算を調節し合い、一緒に概念や社会的現実を築き、それによって心の構築を支援し、行動の結果に影響を及ぼし合う脳の集合なのだ。

そう考える構成主義的世界観を、「すべては相対的だ」と見なす、弱者に過度に同情するリベラルの学者の典型的な見方だと批判する読者もいることだろう。実のところ、この世界観は従来の政治的境界をまたぐ。人は文化によって形成されるという考えは、典型的にリベラルだ。それと同時に、第6章で見たように、広い意味において人は、最終的に行動を決定づける、自分の概念に責任を負っている。自己責任は、非常に保守主義的な考えだ。また人は、他者、それも弱者のみならず未来の人々に対してある程度の責任を負う。彼らの脳の配線にいかなる影響を及ぼすかに関して責任を負っているのだ。他者をどう扱うかは重要である。この考えは、本質的に宗教のようなものだと言えよう。伝統的なアメリカンドリームの見方に従えば、「努力すれば、何ごともなしうる」。構成主義は、「人は自分の運命を操る主体ではあるが、環境によって制限を受ける」という考えに同意する。部分的にせよ、文化によって決定づけられる脳の配線は、今後自分がとることのできる選択肢を左右する。

他の人がどう考えているのかはよくわからないが、私は多少の不確実さがあることに安堵を覚える。自分に与えられた概念に疑問を抱き、どれが身体的でどれが社会的なのかに興味を持つことは新鮮に感じられる。私たちは意味を生み出すために分類を行なっているのであり、したがって再分類によって意味を変えられるという点を認識することには一種の解放感がある。不確実さは、ものごとが見かけとは異なりうることを意味する。そのような認識は、困難な時代にあっては希望をもたらし、よき時代にあっては感謝の念を促す。

❦　❦　❦

ここで白状しなければならないことが一つある。予測、内受容、分類、そしてここまで取り上げてきたさまざまな脳のネットワークの役割は、客観的な事実ではなく、脳内の生理的活動を記述するために科学者が発明した概念なのである。私の考えでは、これらの概念は、ニューロンによって実行されている計算処理の特定の側面を理解するための最善の手段になる。しかし、脳の配線図を読む方法は他にもたくさんある。構成主義的情動理論は、いわゆる心理的本質や心の成り立ちを説明に用いる理論より正確に脳をマップする。将来、脳の構造に関する、より有益で、その機能をもっと正確に表わす概念が見出されても不思議ではないだろう。ファイアスタインが『イグノランス』で述べるように、いかなる事実も「最新の工具を手にした次世代の科学者の鋭い目から逃れられない」のだ[31]。

しかし科学の歴史は、建設的な方向へと緩慢ながら着実に発展してきた。物理学、化学、生物学は、素朴な現実主義と確実性に依拠する、直感に訴える本質主義的理論によって幕を開けた。そのような思考様式が克服されたのは、既存の知識が特定の条件のもとでしか通用しないことに人々が気づいたからだ。だから、概念を置き替える必要があった。政治改革が新たな政府や社会秩序をもって政治体制を入れ替えてきたのと同様、科学革命は、次々に社会的現実を置き替えてきた[32]。科学の分野では、新たな概念が、本質主義から変化の重視へと、また素朴な現実主義から構成主義へと私たちを繰り返し導いてきた。

構成主義的情動理論は、情動、心、脳に関する最新の科学的知見と合致し、それを予見さえする。とはいえ、脳に関しては多くがまだ謎に包まれている。脳内で重要な機能を果たしている細胞は、ニューロンだけではないことが判明しつつある。これまで長く無視されてきたグリア細胞は、さまざまな機能を果たしていることがわかった。おそらく、シナプス無しで相互に交換しているのかもしれない。胃腸をコントロールする腸神経系は、心を理解するために非常に重要であることがますます明らかになりつつあるにもかかわらず、観察測定がきわめてむずかしく、そのためにほとんど研究されていない。また内臓に宿る微生物が、心の状態に重大な影響を及ぼしていることがわかりつつあるが、そのあり方や理由はわかっていない。ここ一〇年間、非常に多くの革新的な研究が続けられており、今日の専門家は脳スキャナーを前にして、自分がプラトンになったかのように感じているのかもしれない。

技術が向上し、知識が増えるにつれ、現在私たちが考えている以上に脳が構築に専念していることが明確になってくるはずだ。もしかすると、背後でより細かな構築過程が進んでいることが発見され、内受容や概念などの核心的な構成要素でさえ、いつの日か、過剰に本質主義的なものと見なされるようになるかもしれない。言うまでもないことだが、科学はつねに発展している。科学の発展は、必ずしも答えの発見に関するものだとは限らない。それは、より良い問いを立てることに依存する。今日そのような問いを通じて、情動の科学、さらには広い範囲に及ぶ心や脳の科学には、パラダイムシフトを迫られている。

私の望むことは、今後、人間やラットやショウジョウバエの情動を司る脳のかたまりに関するニュース報道が世の中からなくなること。そして、脳や身体によってどのように情動が構築されるのかを解説するニュース報道が世間の注目を浴びることだ。そのときが来るまで、本質主義に浸りきった情動に関するニュースを聞いて、頭に疑いがもたげてきたら、あなたは自分が科学革命の一翼を担っていると考えていい。

科学におけるほとんどのパラダイムシフトと同じように、今回のパラダイムシフトは、私たちの健康、法律、そして私たち自身を変える力を、さらには新たな現実を作り出す力を持っている。あなた自身が、自分の経験することの建築家であること、そしてそれは周囲の人々の経験も含めて構築していることを本書から学んでもらえたのであれば、われわれはともに新しい現実を作り上げていけるはずだ。

子どもを育てるには村が必要だとよく言われる。私の娘が「かわいい弟（ベイビーブラザー）」と呼ぶ本書もその例外ではない。ここ三年半のあいだに、コメント、批評、科学的な情報、支援を提供してくれた人々の数は、本書の主題がいかに豊かなものか、そして幸運にも私が知り合うことのできたすばらしい友人、家族、同僚がいかに多いかを示している。

本書の家族構成は普通の家族とは異なる。そして生みの親がたくさんいる。ホートン・ミフリン・ハーコート社（ＨＭＨ）の編集者コートニー・ヤングとアンドレア・シュルツによって生を享（う）けたが、一八か月後には二人とも他社に引き抜かれた。そのため数か月間、ＨＭＨの発行人ブルース・ニコルスの支援を受けながら、シングルマザーの役割を務めていた。それからＨＭＨは新たな編集者として、子育てについての考え方が私とは著しく異なるアレックス・リトルフィールドを雇い入れ、本書は荒れた思春期を過ごした。しかしよくあることだが、最良のアイデアは激論のなかで育まれる。かくして私たちは、最終的により簡潔で説得力のある本を育て上げ、卒業の日を迎え、世に問うことができたことに対して、アレックスに感謝する。

最後の最後になって、あまりにも冗長で専門的になってしまった三つの章を削るよう助言してくれた、『ニューヨーク・タイムズ』紙のジェイミー・ライヤーソンにも感謝の言葉を述べたい。私は、文体と表現を維持しつつ、材料を必要最小限に切り詰めるジェイミーの技能に畏怖の念を覚える。彼は温厚な編集者に見えるが、ふさわしい光のもとに照らし出されると、彼のまとった騎士のよろいが燦然と輝くのを目撃できるだろう。

私のエージェントで村の魔法使いマックス・ブロックマンは、本書の完成に不可欠の役割を果たした。出版ビジネスを成功させる案内役になってくれたばかりでなく、長い執筆期間を通じて私が障害に突き当たったとき、つねに賢明な助言を与えてくれた。ありがとう。ありがとう。ありがとう。

そう、本を書くには村が必要だ。だが、情動研究という惑星には、私の村以外の村もある。私が「古典的理論」と呼ぶ大きな村は、多数の創造的で著名な科学者の故郷でもある。そのなかには私の同僚もいる。二つの村は土地を共有しているので、ときに競争やいさかいが起こる。だが夕方になると、夕食をとりながら、あるいは一杯やりながら議論に打ち興じる。かくして行なってきた二〇年にわたる活発な議論と友情に対し、ジェイムズ・グロス、ジョージ・ボナンノに感謝の言葉を述べたい。また、身体化された認知について教えていただいたポーラ・ニーデンタールと、ラリー・バーサルーに感謝する。アンドレア・スカランティーノ、ディサ・ソーター（ヒンバ族を対象に行なった彼女の研究の詳細を教えていただいた）、ラルフ・アドルフス、そしてスティーブン・ピンカーの諸氏とは、有益な会話ができたことに対してお礼を言いたい。また数年前、ジム・ラッセルと私の招待に応じてボストンを訪れ、一か月間大学院生を対象とするセミナーを開いて、自身の理論を解説していただいたヤーク・パンクセップに感謝する。

同様に私は、同僚のボブ・レヴェンソンに特別な感謝の念を抱いている。自分とは異なる見解を持つ人と誠実な会話をして魅力を感じるのは、その相手に才能がある証拠だ。ボブと話をするたびに思うのだが、彼は科学の探究において、まさにこの才能をいかんなく発揮している。そして、好奇心と洞察力に満ちた観察眼をもって、つねに私に鋭い論争を挑んでくる。私は彼を、もっとも貴重な同僚の一人と見なしている。また私は、これまで半世紀間、情動研究を先導してきたポール・エクマンを深く尊敬している。科学的な詳細に関してこそ、私たちは見解を異にするが、私は彼の偉業に賞賛の念を禁じえない。一九六〇年代にポールが自分の発見を発表し始めた頃、会議ではやじり倒され、ファシスト、あるいは人種差別主義者と呼ばれ、当時の風潮のために概して軽視されていた。* しかし彼は、堅忍不抜の態度で古典的理論を追究し、最終的に情動の科学を広く世に知らしめることに成功した。

構成主義的情動理論の村に戻ると、カレン・キグリーと私が運営しているノースイースタン大学学際的感情科学研究所と、マサチューセッツ総合病院に心からのお礼を述べたい。わが研究室は、科学者としての私の経歴のなかでも、変わらぬ喜びや栄誉を与えてくれるものの一つだ。勤勉かつ才能豊かな科学者、研究助手、大学院生、研究員（ポスドク）が集まる、このコミュニティーは、本書の刊行を可能にした知識体系に多大な貢献をしている。メンバー構成はaffective-science.org/people.shtmlで参照できる（過去に所属していた人々を含む）。クリステン・リンドクウィスト、エリザ・ブリス＝モロー、マリア・ジャンドロン、アレクサンドラ・トゥルトグロー、クリスティ・ウィルソン＝メンデンホール、アジャイ・サトピュート、エリカ・シーゲル、エリザベス・クラーク＝ポルナー、ジェニファー・

フューゲート、ケヴィン・ビッカート、マリアン・ヴィアリヒ、スザンヌ・ウスターウィク、守口善也、ロレーナ・チャネス、エリック・アンダーソン、ジャホー・チャン、ソ・ミョングの貴重な貢献については、本書でも言及した。科学的貢献に加え、私はわが研究室のメンバーの際限のない忍耐と励ましに感謝している。私はしばしば研究室を留守にしていたが、彼らは一度たりとも不平をもらしたことがない（少なくとも私の耳が届く範囲では）。また、私が本書の完成を急いでいたために、彼ら自身の研究の進捗がしばらく滞ったときにも、不満は聞かれなかった。

私はとりわけ、同僚の友情、献身、そして本書で取り上げた研究を実施するにあたって、彼らと行なった活発で洞察に満ちた議論に感謝したい。まず、概念に関する基本的な業績に対して、ラリー・バーサルーに深く感謝する。彼は、同世代の人々のなかでも、もっとも創造的かつ厳格な思索家の一人だ。私は、彼と共同研究する機会を持てたことにいつまでも感謝し続けることだろう。若き准教授であった頃、私の頭は少しネジが抜けているとほとんどの同僚が思っていたのに、私の考えを真剣に取り上げてくれたジム・ラッセルには、どのようにお礼を述べたらよいのかさえわからない。感情円環図に関する彼の業績は、この分野で非常に広く受け入れられるようになったため、人々は彼の名前を結びつけて、この図に言及することがほとんどなくなってしまった。ラリーとジムは、科学的な探究において、金銭や栄誉より、発見や解明をもっとも重要な営みと考えている。彼らのこの姿勢は実に啓発的だ（というのも、科学では、前者が後者の妨げになることがよくあるからだ）。その点で二人は、私の

＊＝スティーブン・ピンカーの『人間の本性を考える――心は「空白の石版」か』にそう書かれている。

論文指導担当者であったマイク・ロスとエリック・ウッディを思い起こさせる。彼らに対する感謝も、決して忘れないだろう。

また私は、情動と認知のあいだの偽りの境界を取り除いてくれたブラッド・ディッカーソン、気分が視覚に及ぼす影響の研究プロジェクトなど、多くのプロジェクトを共同で行なったモシェ・バー、共同でメタ分析を行なったトーア・ウェイガー、そして人間関係における情動の役割に関してともに研究してきたポーラ・ピエトロモナコにとても恩義がある。さらには、協同してわが研究室がナミビアのヒンバ族を対象に研究を行なうことを可能にしてくれたデビ・ロバーソンと、同様にタンザニアのハッツァ族を対象にして、情動の知覚の研究を実施できるよう取り計らってくれたアリサ・クリテンデンにもとりわけ感謝したい。

新たな協力の成果は、本書にも見て取れるはずだ。それに関して次の方々に熱狂的な賛辞を送りたい。カイル・シモンズ（予測する脳の構造と機能に関して共同研究を行なった）、マーティン・ファン・デン・ヒューヴェル（最終的にはそれほどおかしなものではないとわかったが、ネットワークの結合性や脳の中枢に関する私のぶっ飛んだ考えを傾聴してくれた）、ヴィム・ヴァンデュフェルとダンテ・マンティーニ（マカクザルの脳のネットワークの研究に関して）、タルマ・ヘンドラー（情動的な映画を見せてネットワークのダイナミクスを調査する研究を共同で行なった）、ウエイ・ガオ（新生児の脳の発達の研究へと私をいざなってくれた）、ティム・ジョンソン（パターン分類が神経学的な指標の存在する証拠を提示するものではないことを彼と共同で明らかにした）、ステイシー・マルセラ（バーチャルリアリティを用いたコンピューターモデルによって、シミュレーションや予測を研究する可能性に私の目を開かせてくれた）、さらにはダナ・ブルックス、デニズ・エルドグマス、ジェニファー・ダイ、サラ・ブラウン、ジョム・コル＝フォント、ならびにノースイースタン大学のB／SPIRALグループの他のメンバー（多大な関心と忍耐をもってわが村に移住し、構成主義的情動理論を検証するためにコンピューターモデルの開発に携わってくれた）に感謝の言葉を述べたい。

臨床心理学の領域から社会心理学、精神生理学、認知科学を経由して神経科学の領域へと至る旅をするにあたり、寛大にも私に専門的な知識を分け与えてくれた、より大きな村の同僚たちの支援がなければ、本書は日の目を見なかっただろう。友人のジム・ブラスコヴィッチとカレン・キグリーは、末梢神経系の基礎を教えてくれた。またカレンには、顔面筋電図も教わった。私が受けた神経科学の教育は、並ぶ者なきマイケル・ニューマンとともに始まった。彼は、私を激励し、つねに私の質問に答えてくれた。私が最初に脳における情動の基盤に関心を持ったときに励ましの言葉をいただき、私をマサチューセッツ総合病院のスコット・ローチに紹介してくれたリチャード・レーンにもお世話になった。スコットは、脳画像法を学ぶ機会を何度も与えてくれたが、当時の私は自分が何をしているのか、よく理解していなかった。また、私が初めて脳画像研究を行なったときに支援してくれたクリス・ライトにも多くを負っている。彼の支援を得て、私は国立老化研究所から、生涯で初めての大規模な脳画像研究のための助成金を獲得できた。また私の質問に答えてくれた、寛大で思慮深い同僚たちにも心からお礼を言いたい。痛覚と報酬と内受容処理の関係について、啓発的で魅力的な議論を喜んでしてくれたハワード・フィールズ、視覚系に対する私の突っ込んだ質問に対し、非常に有益な回答を与えてくれたヴィジャイ・バラスブラマニアン、嗅覚に関する知見を惜しげもなく共有してくれたトム・クリーランド、生きた人間を対象とする頭蓋内電子記録に関する内情について教えてくれたモラン・サーフ、予測のコード化に関する私の出し抜けな質問に、激励とともに洞察に満ちた回答を与えてくれたカール・フリストンの諸氏である。他の同僚も、eメールやスカイプを通じて私の質問に答えてくれた。光遺伝学を用いた研究について詳細な議論をしたダユ・リン、哺乳類の文脈学習の基礎を教えてくれたマーク・ブートン、一本のニューロンの活動を記録してマカクザルのカテゴリー学習を研究することの意義を説明してくれたアール・ミラー、前帯状皮質のマッピングに関する詳細情報を提供してくれたマシュー・ラッシュワースに感謝したい。

また、いかにわかりにくかろうが、喜んで私の執拗な質問に答えてくれた、神経解剖学を専攻する同僚たちにもお礼の言葉を述べたい。どんなことでも知っていて惜しげもなく知識を共有してくれるバーブ・フィンレイ、予測する脳という私の考えの基礎である、皮質における情報の流れに関するモデルを提起したヘレン・バルバス、神経解剖学を細胞レベルで詳しく説明してくれたミゲル・アンゲル・ガルシア・カベサス、世界中で誰よりも島皮質に詳しいバド・クレイグ、視床に関する質問に答えてくれたマレー・シャーマンらの科学者を紹介して、自身でも私の質問に迅速に答えてくれたラリー・スワンソン、そして脳の進化の専門家ゲオルク・シュトリーターの諸氏である。

次に発達心理学の専門家だが、リンダ・カムラスとハリエット・オスターには、乳幼児の情動能力に関して教えていただいた。第5章について論評してくれたフェイ・シュー、スーザン・ゲルマン、サンディ・ワックスマンは、認知の発達の研究と情動の発達の研究の垣根を積極的に取り払い、言語が乳児の情動概念の発達の基盤になるという考えの研究を支援してくれた。先天的な概念について議論したスーザン・ケアリーにも感謝する。

情動と法制度をテーマとする第11章は、親友のジュディ・イーダシャイムとアマンダ・プスティルニクの洞察と、彼女たちと行なった心理学、神経科学、法に関する十分な議論なくしては完成しなかった。この章は三人の協力の賜物だ。また、ハーバード法科大学院で開設されている法と神経科学の講座に私を招待してくれた、元連邦裁判所判事のナンシー・ガートナーにもお礼を言いたい。同様に私を招いてくれた、マサチューセッツ総合病院の法と脳と行動センターのスタッフに感謝する。第11章のDNAサンプルに関しては、ニタ・ファラハニーに感謝する。

本書は、さまざまな分野に属する多くの寛大な同僚たちから得た知見のおかげで、日の目を見ることができた。霊長類の認知はエリザ・ブリス＝モロー、ハーブ・テラス、松沢哲郎、文化に関連するトピックはアネタ・パヴレンコ、バチャ・メスキータ、ジーン・ツァイ、ミシェル・ゲルファンド、リック・シュウィーダー、微笑みの歴史はコリン・ジョーンズ、メアリー・ビアード、自閉症はジリアン・サリヴァン、マシュー・グッドウィン、オリバー・ワイルド＝スミス、本質主義はスーザン・ゲルマン、ジョン・コーリー、マージョリー・ローズ、感情的現実主義と経済はマーシャル・ソネンシャイン、瞑想の哲学や実践はクリスティ・ウィルソン＝メンデンホール、ジョン・ダン、ラリー・バーサルー、ポール・コンドン、ウェンディ・ハーゼンカンプ、アーサー・ザイアンス、トニー・バックにお世話になった。また、思慮と好奇心をもってつねに私を支援してくれたジェリー・クロアに大きな声で「ありがとう」と言いたい。抑うつの謎について何年もかけて話し合ったヘレン・メイバーグ、とりわけそのオープンな心に感銘を受けたジョー・ルドゥーにも感謝の言葉を述べたい。議論を通じて本書の完成に寄与してくれた人々には、他にも以下の諸氏がいる。アミタイ・シェンハヴ、ダグマール・スターナド、デイヴ・デステノ、デイヴィッド・ボースーク、デレク・イサコヴィッツ、エリッサ・エペル、エムレ・デミラルプ、アイリス・ベレント、ジョー＝アン・バコロウスキー、故マイケル・オウレン、ジョーダン・スモラー、フィリップ・シーンズ、レイチェル・ジャック、ホセ＝ミゲル・フェルナンデス＝ドルス、ケヴィン・オクスナー、カート・グレイ、リンダ・バルトシャック、マット・リーバーマン、マヤ・タミル、ナオミ・アイゼンベルガー、ポール・ブルーム、ポール・ウェイレン、マーガレット・クラーク、ピーター・サロヴェイ、フィル・ルービン、スティーブ・コール、タニヤ・シンガー、ウェンディ・メンデス、ウィル・カニンガム、ベアトリス・ド・ゲルダー、リー・サマーヴィル、ジョシュア・バックホルツである。

また次の方々は、草稿を読んで貴重なコメントや批評を提起してくれた。アーロン・スコット（非常に有能なグラフィックデザイナーでもあり、本書の図版のほとんどは彼に作成してもらった）、アン・クリング（もっとも信頼の置ける読み手で、貴重な意見をいただいた）、アジャイ・サトピュート、アレザ・ウォーレス、アマンダ・プスティルニク、アニタ・ネヴャス＝ウォーレス、アンナ・ニューマン、クリスティ・ウィルソン＝メンデンホール、ダナ・ブルックス、ダニエル・レンフロ、デボラ・バレット、エリザ・ブリス＝モロー、エミル・モルドヴァン、エリック・アンダーソン、エリカ・シーゲル、フェイ・シュー、フロリン・ルカ、ギブ・バックランド、ハーバート・テラス、イアン・クレックナー、ジャホー・チャン、ジョリー・ワームウッド、ジュディ・イーダシャイム、カレン・キグリー、クリステン・リンドクウィスト、ラリー・バーサルー、ロレーナ・チャネス、ニコル・ベッツ、ポール・コンドン、ポール・ゲード、サンディ・ワックスマン、シア・アツィル、スティーブン・バレット、スーザン・ゲルマン、トーニャ・ルベル、ヴィクトール・ダニルチェンコ、ザック・ロドリゴの諸氏である。

また、ノースイースタン大学心理学部の学部長ジョアン・ミラーをはじめ、心理学部の教員に感謝したい。彼女らの支援と忍耐のおかげで、私は本書を完成させることができた。

本書の執筆には、助成機関の援助が必要であった。それには哲学協会、心理科学学会のジェイムズ・マッキーン・キャッテル基金、さらには陸軍行動・社会科学研究所が含まれる。当時、陸軍研究所で私のプログラムを担当して激励し続けてくれたポール・ゲードには、とりわけ深い感謝の言葉を述べたい。また本書に報告されている研究は、それ以外の助成機関からも、プログラム担当者の有益な助言のもと寛大な支援を受けている。それに対して、国立科学財団とスティーブ・ブレックラー（初めて私が手にした神経科学の助成金を授与してくれた）、国立精神衛生研究所とスーザン・ブランドン（K02独立科学者賞に関して）、ケヴィン・クイン、ジャニン・シモンズ、国立老化研究所とリス・ニールセン、国立がん研究所とペイジ・グリーン、ベッキー・フェラー、国立衛生研究所長パイオニア賞、国立小児保健・人間発達研究所、陸軍行動・社会科学研究所とポール・ゲード、ジェイ・グッドウィン、心と生命研究所とウェンディ・ハーゼンカンプ、アーサー・ザイアンスに感謝する。

本書出版における法、管理、製作の面で、次の方々にお世話になった。フレッド・ポルナー（私の弁護士）、マイケル・ヒーリー（ブロックマン社の弁護士）、エマ・ヒッチコックとジャホー・チャン（脳の図版のいくつかを描いてくださった）、リダックス・ピクチャーズのローズマリー・マロウ、ポール・エクマン派のクリス・マーティンとエリナ・アンダーソン、（マーティン・ランドーの写真の使用を許可してくれた）ビバリー・オルンスタインとロナ・メナシェとディック・ガットマン、さらには必要な研究論文をたちどころに探し出してくれたニコル・ベッツ、アンナ・ニューマン、キルステン・エバンクス、サム・リオンズ、ジェフリー・ユージェニデスに感謝する。

また、FBI捜査官のロンダ・ハイリグと、ボストン・ローガン国際空港で保安対策責任者を務めているときに、米国運輸保安局（TSA）のSPOTプログラムを開発したピーター・ディドメニカに感謝する。二人は、古典的理論に基づく訓練が、FBIとTSAでいかに実施されていたかについてそれぞれ語ってくれた。

ホートン・ミフリン・ハーコート社のスタッフ、ナオミ・ギブス、タリン・レーダー、アイシャ・ミルツァ、レイラ・メグリオ、ロリ・グレイザー、ピラー・ガルシア＝ブラウン、マーガレット・ホーガン、レイチェル・デシャノにも、お礼の言葉を述べたい。

少し変に思われるかもしれないが、さまざまな分野から多量の情報を迅速に引き出し統合する必要があった本書の執筆には、インターネットも大きな役割を果たしたことを認めざるを得ない。何らかのアイデアが閃くと、関連する論文をダウンロードしたり、翌日には届く本をオンラインで購入したりと、迅速な調査を行なうことができた。それを可能にしてくれたグーグルやアマゾンのエンジニア、さらには科学雑誌をオンラインで公開しているサイトに心からお礼を言いたい（アマゾンに関して言えば、そこでお金を使ったことに対して、彼らも私に感謝していることだろう）。また本書には、Subversionやリナックスベースのツールなどのオープンソースソフトウェアを利用して執筆した部分もある。

本書を執筆しているあいだ、私の身体予算を支払い可能な状態に保ってくれた人々も、忘れるわけにはいかない。アン・クリング、バチャ・メスキータ、バーブ・フレデリクソン、ジェイムズ・グロス、ジュディ・エデルスハイム、カレン・キグリー、アンジー・ホーク、ジーン・ツァイの愛情と激励に深謝する。彼らは、チョコレートやコーヒーや他のおやつは言うまでもなく、長期にわたって知的な挑戦と慰めの両方を与えてくれた。社会的なサポートに関しては、フロリン&マグダレナ・ルカとカルメン・バレンシアにも感謝したい。私の拡大家族、すなわち義理の姉妹ルイーズ・グリーンスパンとデボラ・バレット、名づけ子のオリビア・アリソン、甥のザック・ロドリゴ、そして忘れるわけにはいかないケヴィン・アリソンおじさん（第6、7章参照）の支援にも感謝する。さらにはすばらしいトレーナーのマイク・アルヴェス、奇跡の人とも呼べる理学療法士バリー・メクリルにも深く感謝したい。二人は、一日一六時間じっとすわっていた私を、歩いたり、タイプしたりするよう促してくれた。私がこれまでに受けたもののなかで最高のマッサージセラピーを施してくれたヴィクトリア・クルタンにもお礼を言いたい。

私の娘ソフィアは、彼女の年齢に見合わない善意と忍耐をもって、三年間にわたり、私が朝も夜も週末も、彼女の「かわいい弟（本書を指す）」にかかりきりになっていたことを（またときおり私が癇癪を起こすのを）耐え忍んでいた。姉弟げんかが正当化されるのであれば、まさに彼女のケースをおいて他にはないだろう。ソフィアは私のいとしい娘だ。私は彼女のために本書を執筆した。私は彼女に、自分の心が持つ力を知ってもらいたい。まだ小さかった頃、彼女は悪夢から目覚めることがあった。そんなとき私たちは、彼女のベッドのまわりに、保護するかのように動物のぬいぐるみを並べた。それから私は「妖精の粉」を撒いた。すると彼女は再び眠りについた。ここで注目すべきは、彼女が魔法を信じていたことではなく、信じていなかったことである。彼女も私もそれがふりだということを知っていたにもかかわらず、効果があったのだ。四歳の元気あふれる小さな自我は、私と一緒に社会的現実を築く超越的な力を持っていた。そして現在では、勇敢で陽気で洞察力に満ちたティーンエイジャーの自我が、その超越的な力をいかんなく発揮している。このように、世界に圧倒されていると感じているときでさえ、あなたはあなたの経験の建築家なのだ。

　本書を執筆し始めた理由がソフィーにあるとするなら、完成した理由は夫のダンにある。ダンは、私が嵐のごとく荒れていても、たいてい平然としている。私の知る限り、彼は、尋常ならざることをする私の能力を固く信じているようだ。ダンは、草稿を何度もじっくりと読み込んで、私ひとりでは不可能なレベルへと本書を磨き上げてくれた。彼はよく、「これは一パーセントの読者を対象にしているのかね？」と私に尋ねる（つまり一般読者ではなく、同僚の科学者たちに向けて書いているのかという意味だ）。今では私の脳がこの言葉をシミュレートすると、私の顔からは微笑みがもれることが多くなったが。彼の持つ無数の超越的な力のなかでも特筆すべきは、本書を編集すると同時に私の不安をなだめ、背中をさすり、夕食の準備をし、文句一つ言わずに社交を断念し、せっぱつまったときにはテイクアウトメニューを集めてくる能力である。本書の執筆によって、当初私たちが予想していたよりもはるかに困難な状況に陥らざるを得ないことが明らかになったときにも、彼は平然としていた。ダンは他にも、（いつのときにもピッタリサイズのプラスチック製保存容器を選べるという摩訶不思議な能力を別にすると）何人（なんぴと）も私を笑わせられない事態にでも笑わせられるという超越的な力を持っている。なぜなら、彼は、私を他の誰よりよく知っているからだ。私は毎日、いつも彼がそばにいてくれるという感謝と畏敬の念に満たされながら目覚めている。

補足説明A　脳の基礎

ハロウィンがやって来ると、私はいつもゼラチンを使って脳の実物大のモデルをこしらえる。ピーチ風味のゼラチンに熱湯を注ぎ、コンデンスミルクを加えて不透明にする。そして緑色の着色料をしたたらせて灰色に変える。二〇〇四年以来、わが家族と研究室が慈善事業の一環として催している、手の込んだお化け屋敷の小道具としてこの脳を使っているのだ。[1] お化け屋敷を一巡した訪問者は皆、（再び普段どおり口をきけるようになったあとで）この脳に言及してそのリアルさに感嘆する。これは非常に興味深い。というのも、実物の脳は、情報伝達のために結合された数十億の脳細胞から成り、ゼラチンの均質的なかたまりとは似ても似つかぬものだからだ。

本書を最大限に理解するためには、人間の脳に関する基本的な知識が、ある程度必要になる。本書の議論でもっとも重要になる脳細胞のタイプは「ニューロン」である。ニューロンにはさまざまな種類があるが、概して言えば、図AA・1にあるように、細胞体、頭部に位置する樹状突起と呼ばれる枝のような構造、基部に位置する軸索（末端に軸索終末がある）と呼ばれる根のような構造が存在する。

あるニューロンの軸索終末は、（通常は数千本の）他のニューロンの樹状突起に近接しており、シナプスと呼ばれる結合を形成している。ニューロンは、軸索を介して軸索終末に向け電気信号を送ることで「発火」する。すると軸索終末は、神経伝達物質と呼ばれる化学物質をシナプスに放出する。こうして放出された神経伝達物質は、相手ニューロンの樹状突起上の受容体によって拾われる。神経伝達物質は、相手ニューロンを興奮させる、もしくは抑制することで、その発火率を変える。[2] この手順を通じて、一本のニューロンが他の数千本のニューロンに、また数千本のニューロンが一本のニューロンに同時に影響を及ぼす。かくして脳は機能するのである。

よりマクロのレベルで見た場合、人間の脳は、ニューロンの配置に基づいて三つの主要な部位に分けられる。[*]「皮質」は、四層から六層の階層に分かれ、神経回路やネット

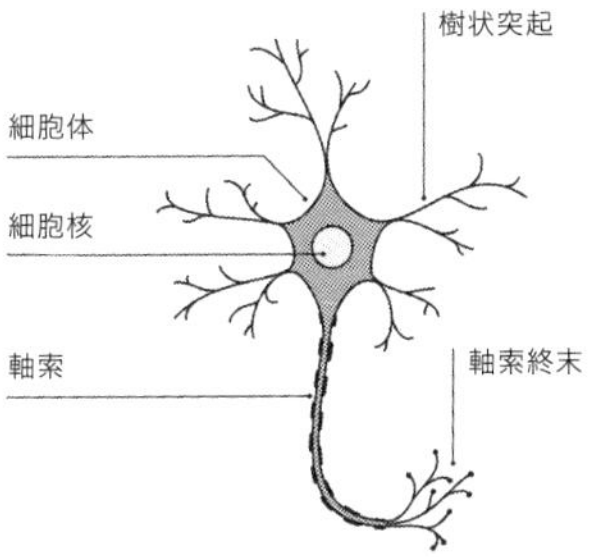

図AA.1
ニューロンはさまざまな形状をとるが、おのおのが細胞体と1本の長い軸索、ならびに樹状突起を備えている。

＊＝人々は、都合に応じてさまざまなあり方で脳を分割する。分割は、空間的でも（頭頂から基底部、後方から前方、外側から内側）、解剖学的でも（葉、領域、ネットワーク）、化学的でも（神経伝達物質）、機能的でも（どの部位がいかなる機能を実行するのか）ありうる。皮質領域と皮質下領域の分割は情動の研究において非常に重要なものなので、ここでは、それらの単純化された用語を使って脳について説明する。

ワークへと配線されたニューロンのシートをなす[3]（図AA・2を参照）。このシートの断面図は、ニューロンが皮質柱（カラムは細胞の集まりのこと）へと組織化されていることを示す。皮質の同一のカラムに属するニューロンは、それぞれのあいだ、あるいは他のカラムに属するニューロンとのあいだにシナプスを形成する。

皮質は「皮質下領域」を包み込む。層化された皮質とは対照的に、皮質下領域はニューロンのかたまりとして構造化されている（図AA・3参照）。たとえば、今や一般読者にもお馴染みになった扁桃体は、皮質下領域の一つである。

脳の三つ目の主要な部位は小脳で、脳の後方、基底部に向けて存在する。小脳は、身体の動きの調整、そしてそれに関する情報を他の脳の部位に伝えることに重要な役割を果たしている[4]。

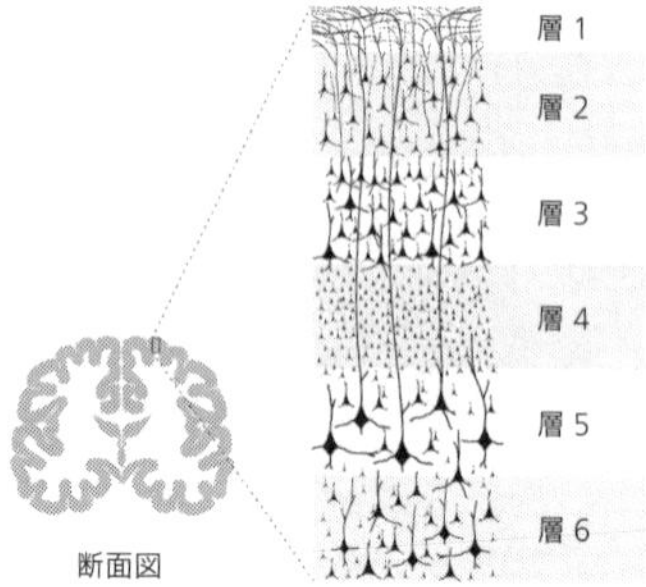

図AA.2　6層から成る皮質の断面図

科学者は、異なるニューロンの集合、つまり「脳領域」に言及しなければならないことがあり、そのためにいくつかの用語を考案してきた。*本書で繰り返し言及される皮質は、脳の大陸にもたとえられる、葉と呼ばれる領域に分かれる（図AA・4参照）。

科学者は、脳の部位を示すために、東や北西などの方位を表わす用語を使うのではなく、「背側前部」「内側」などの言い方を用いる（図AA・5参照）。

脳は「中枢神経系」の一部であり、「末梢神経系」と呼ばれる身体中に織り込まれたニューロンとははっきりと区別される。これまでのいきさつから（それには不合理なものも含まれる）、この二つ

＊＝神経科学者は、人によって異なった方法、用語で、自分の目的や好みに合わせて脳を区分する。ここでは、もっとも一般的な区分のみをあげる。

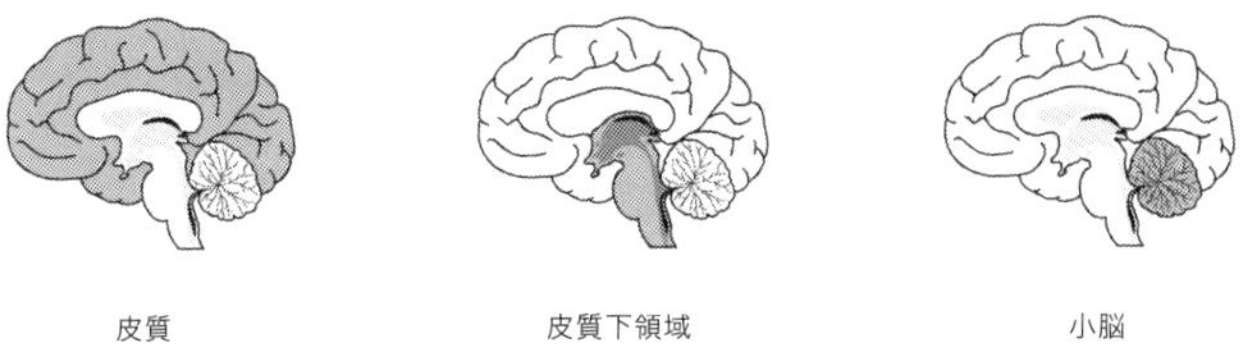

図AA.3　脳の3つの主要な部位

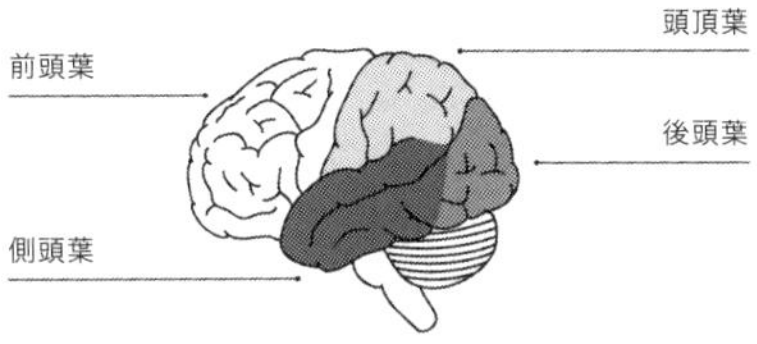

図AA.4　皮質の葉

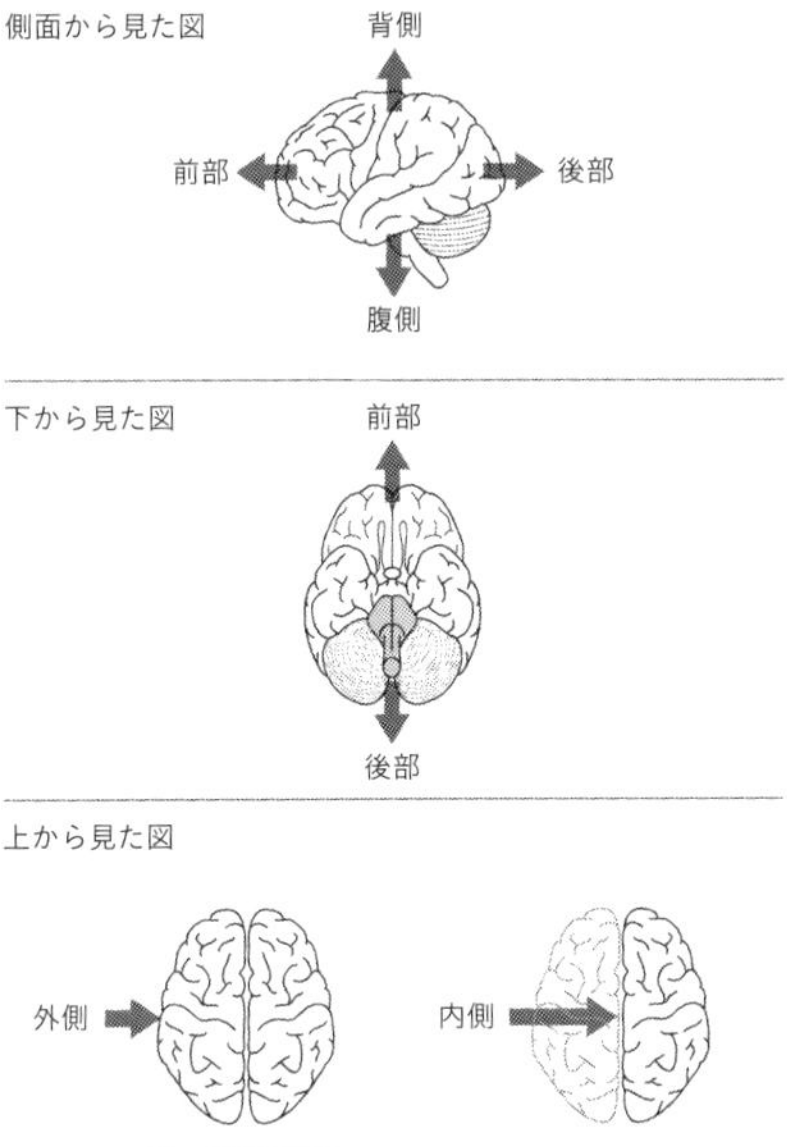

図AA.5　脳の道路標識

の神経系は通常、別個のシステムとして研究されている。(中枢神経系に属する)脊髄は、身体と脳のあいだで情報を伝達する。

自律神経系は、脳が身体の内部環境を調節する経路の一つであり、脳の指令を内臓として知られる身体器官に送り、内臓から脳へと感覚刺激を送る。またこの手順は、心拍、呼吸、発汗、消化、空腹、瞳孔の拡張、性的興奮などの、さまざまな身体機能をコントロールし、身体にエネルギー資源を使うよう指示する「闘争・逃走」反応や、エネルギー資源を補給する「休息や消化」に対する責任を担う。[5] 自律神経系はさらに、代謝、水分、体温、塩分、心臓や肺の機能、炎症など、身体のシステムが用いるあらゆる資源の予算管理の、支援を行なう。体性神経系は、筋肉、関節、腱、靭帯へのアクセスを脳に与える。

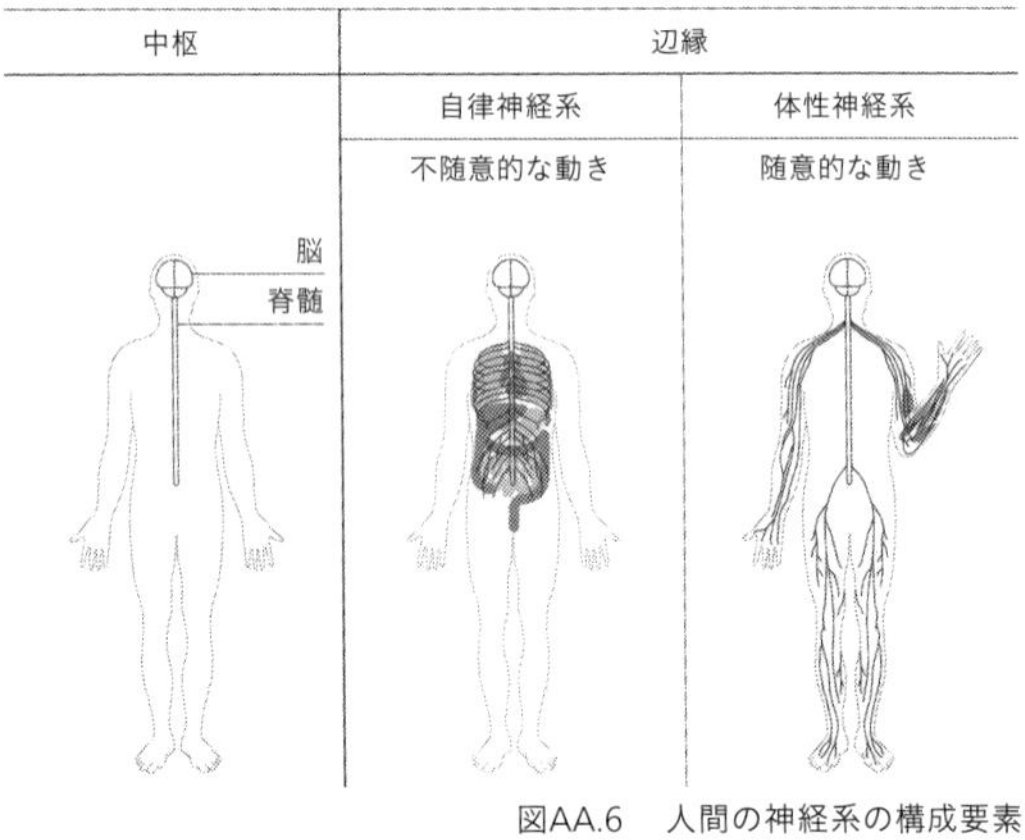

図AA.6　人間の神経系の構成要素

補足説明B

第2章冒頭の図版

このページをめくる前に、第2章の冒頭の説明を読むこと。

図AB.1　謎の画像の正体

補足説明C

第3章冒頭の図版

このページをめくる前に、第3章の冒頭の説明を読むこと。

図AC.1　2008年全米オープンテニスの準々決勝で姉のビーナスを破り、歓喜に浸るセリーナ・ウィリアムズ

補足説明D　概念の連鎖の証拠

階層をなすかのように見える脳について、私は二つの方法で説明してきた（それらは脳の活動の理解を促進するためのたとえであり、ニューロンは厳密な階層構造をなすように配線されているわけではない）。第6章で取り上げた最初の階層は、いかに脳が、類似性と差異性の階層として、感覚入力を用いて概念を形成するのかを示している。この階層はボトムアップに作用し、神経科学者にはよく知られたものである。一次感覚領域は最下層をなす。そこに位置するニューロンは、光の波長や気圧の変化など、身体から入って来る感覚刺激の多様な細部（それによって特定のインスタンスが構成される）を表象するために発火する。それに対して最上位の階層に属するニューロンは、インスタンスの多感覚的で効率的な要約（サマリー）を表象する。

第4章で取り上げた第二の階層は、いかに概念が、皮質の構造に基づいて予測として展開されるのかを説明する。この階層はトップダウンで作用し、その説明には私自身の発見も組み込まれている。脳のうるさ型たる、身体予算管理領域の神経回路（一般には内臓運動辺縁領域と呼ばれる）は、最上層を占め予測を発するが、受け取りはしない。一次感覚領域は最下層に位置し、予測を受け取るが、他の皮質領域に向けて発することはない。このようにして、身体予算管理領域は脳全体に向けて予測を発し、予測は次第に詳細なものに落とし込まれ、最終的に一次感覚領域に達するのである。

この二つの階層は同一の神経回路を表わすが、逆方向に作用する。前者の階層は、概念の学習のためのものであり、また、私が「概念の連鎖」と呼ぶ後者の階層は、概念を適用して知覚や行動を形成するためのものである。このように、分類は脳全体の活動であり、予測はシミュレートされた類似性から差異性へと流れていく。そして予測エラーは、それとは逆方向に流れる。

概念の連鎖のメカニズムには推測的な側面があるが、神経科学が示す証拠と合致する。われわれは現在、外部感覚系（視覚、聴覚など）が予測によって機能することを示す科学的証拠を握っている。[1] 同僚の神経科学者W・カイル・シモンズと私は、内受容ネットワークも、そのようなあり方で機能するよう構造化されていることを発見した。[2]

今日、科学者たちは視覚系内部の概念の連鎖に関して詳細な情報を持っている。[3] 本書で紹介した概念の連鎖の概観は、次の三つの堅実な証拠に基づいている。

1. 予測ならびに予測エラーが、皮質の構造を通していかに流れるかに関する解剖学的証拠[4]（第4章参照）。
2. 皮質が多様な感覚刺激を多感覚性の要約へと圧縮するべく構造化されていることを示す解剖学的証拠[5]（第6章参照）。
3. いくつかの脳のネットワークの機能に関する科学的な証拠（以下で検討する）。

予測は、概念の目的を表わす多感覚性の要約として、「デフォルトモードネットワーク（本章のみ、以下DMNで記す）」と呼ばれる内受容ネットワークの部位に由来する。ここで、「概念はDMN内に保存される」とは言わなかったことに注意してほしい。意図して「由来する」という表現を使っているのだ。概念は、あたかもそれが一つの実体をなすかのように、DMNなどの組織に宿っているわけではない。DMNは概念の一部、つまり概念の多数のインスタンスを要約する、感覚刺激に関する詳細情報を含まない効率的な多感覚性の要約をシミュレートするにすぎない。特定の状況のもとで、脳がたとえば「幸福」の概念をその場で構築するとき、縮重が作用する。つまり、おのおののインスタンスは、独自のニューロンのパターンによって生成される。インスタンスがそれぞれ類似していればいるほど、DMN内で活性化されるニューロンのパターンも、それだけ類似したものになる。それらの一部は重なり、同じニューロンがいくつか用いられるのだ。[6] また、異なる表象が脳内で分離している必要はない。分離可能なだけだ。

DMNは、内因性のネットワークであり、実のところ最初に発見された内因性ネットワークでもある。被験者が横になって安静にしているあいだに活動が増大する脳領域がいくつかあることに気づいた科学者が、それらを「デフォルトモード」と名づけた。[7] というのも、それに属する脳領域は、実験操作を通じて刺激されたり探索されたりしていないときにも、自発的に活動しているからだ。[8] 私が最初にこのネットワークについて学んだ頃は、内因性のネットワークは他にもいくつか見つかっていたので、その名称は不適切だと思った。[9] しかし「デフォルトモードネットワーク(DMN)」という名称は、皮肉にもこのネットワークの性質をうまく言い当てていることに気づいた。当初科学者は、脳の「デフォルト」(ここでは「安静時」の意)の活動が、いかなる課題も実行していないときの無目的で注意が散漫な状態を示すものと考えていたが、やがてこのネットワークは、脳内で実行されているあらゆる予測の核心をなすことが判明した。脳の「デフォルトモード」は、世界を解釈し、わたっていく、つまり概念を用いて予測するためのモードであり、その意味で非常に適切な名称だと言える。[10]

神経科学者は、DMNが概念のカギになる部分であることを、決定的な証拠をもって示してきた。この発見には、巧妙な科学的実験が必要とされた。単に特定の概念をシミュレートするよう被験者を

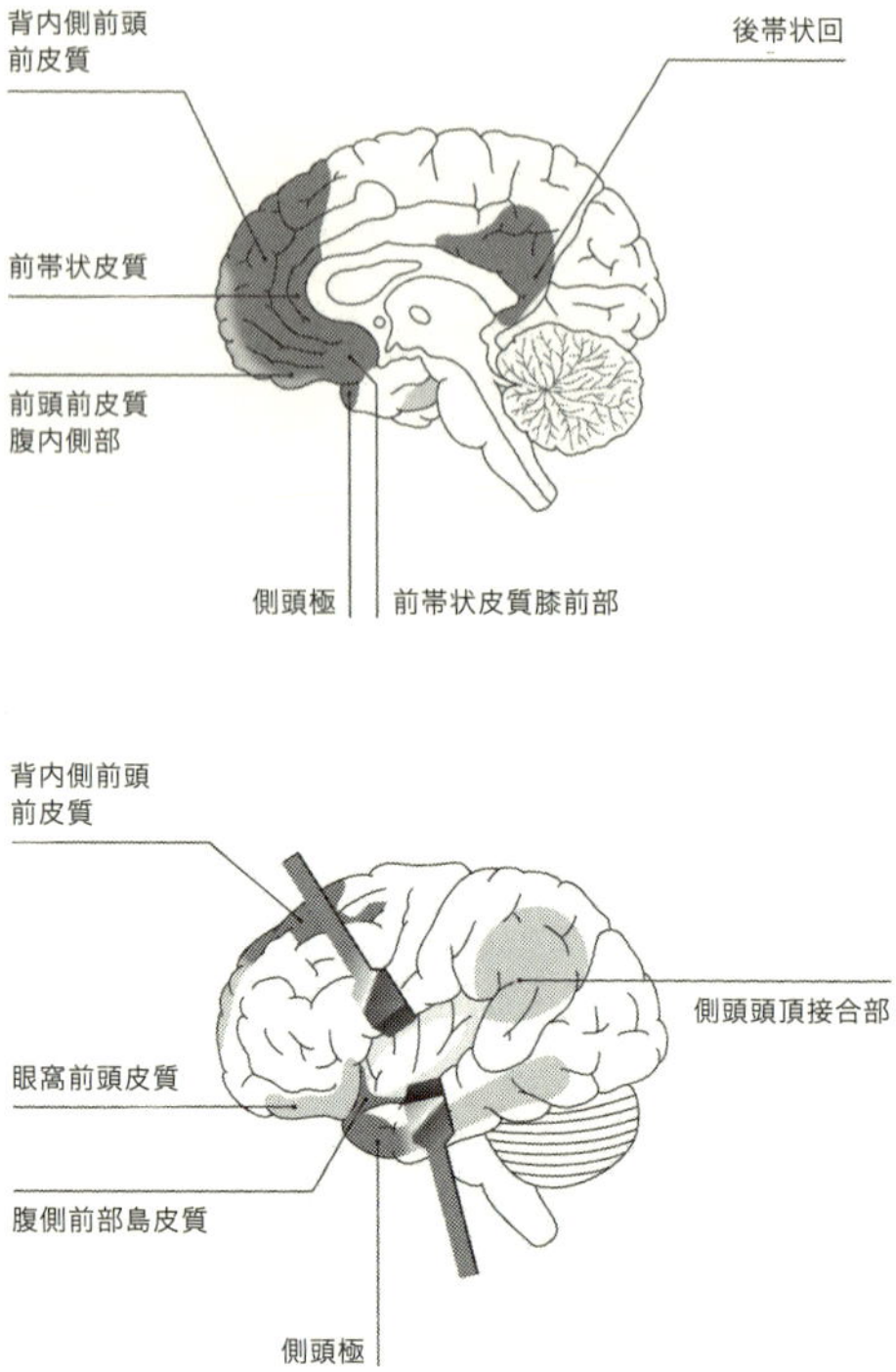

図AD.1　内受容ネットワーク内に位置するデフォルトモードネットワーク（DMN）
濃い灰色は、予測を発する身体予算管理領域を示す。この領域は、身体の組織や器官、代謝、免疫機能をコントロールする皮質下領域の神経核に指令を出す。上段は脳の内側の図であり、下段は側面から見た図である。

促しただけで、DMNの活動の増加を観察できるものではない。それだけでは大波に向かってつばを吐くようなものであり、渦を巻く内因性の活動はほとんど影響を受けないだろう。幸いにも、認知神経科学者のジェフリー・R・ビンダーらは、この問題を回避するための巧妙な脳画像実験を考案している。この実験は、必要となる概念的知識の度合いが異なる二つの課題から成り、一方の課題の結果から他方の課題の結果を「減算」し、差異を求めたのである。

最初の課題では、スキャナーに寝かされた被験者は、「キツネ」「ゾウ」「ウシ」などの動物の名称を聞き、（「この動物は、アメリカで見かけられ、人々に飼われていますか？」などの）純粋に心的な類似性に関する豊かな概念的知識が要求される問いに答えた。二つ目の課題では、知覚的類似性に基づく、概念的知識がそれほど必要とされない判断を行なった（たとえば「pa-da-su」のような音節を聴き、それに子音の「b」や「d」が含まれているか尋ねられた）。感覚および運動ネットワークの活動の増加はどちらの課題でも見られ、DMNの活動の増大は前者の課題でのみ見られることが予想された。ビンダーらは、一方の課題における脳の活動量から他方の課題における活動量を引くことで、感覚や運動に関する活動を「減算」し、予想どおりDMNの活動の増加を見出した。[11] この発見は、一二〇件にのぼる類似の脳画像実験のメタ分析でも再確認されている。[12]

DMNは心的推論、つまり心的概念を用いた他者の思考や感情の分類を支援する。ある実験では、被験者は「コーヒーを飲む」「歯を磨く」「アイスクリームを食べる」などの、行動に関する記述を読まされた。この実験のある試行では、人々が対応する行動をどのように行なうのかが尋ねられた。それに対して被験者は、たとえば「マグカップからコーヒーを飲む」「歯ブラシで歯を磨く」「スプーンでアイスクリームを食べる」などと答えた。実験の結果、被験者は、脳の運動野でこれらの活動をシミュレートしているらしいことがわかった。また別の試行では、行動の理由が尋ねられた。それに対して被験者は、「眠気覚ましのためにコーヒーを飲む」「虫歯にならないよう歯を磨く」「おいしいからアイスクリームを食べる」などと答えた。純然たる心的概念が必要とされるこの種の判断は、DMNの活動に強く結びついていた。[13]
DMNが一般的な機能を持つと考えている認知神経科学者、社会心理学者、神経科学者は増えつつある。DMNは、世界が現在の瞬間からどのように変化するかをシミュレートすることを可能にする。[14]それには、過去を想起し、異なる観点から未来を見ることが含まれる。この特筆すべき能力は、他者と折り合って生きていくこと、自己の利益を得るために他者を出し抜くことという、人生における二つの大きな課題に対処するにあたって役立つ。『幸せはいつもちょっと先にある——期待と妄想の心理学』の著者で、ユーモアあふれる雄弁な社会心理学者のダニエル・T・ギルバートは、DMNをパイロットを訓練するフライトシミュレーターになぞらえて、「経験シミュレーター」と呼んでいる。未来の世界をシミュレートすることで、効率良く今後の目標を達成できるようになるだろう。
DMNは、過去と現在と未来を統合する。概念として構築された過去の情報は、現在に関する予測を形成し、それを通して効率的に未来の目的の達成に導いてくれる。
私は、DMNが分類に重要な役割を果たすと考えると、有益だと思う。[15]このネットワークは予測を始動してシミュレーションを生み出し、世界をモデル化するという脳のマジックを可能にする。ここで言う「世界」には、外界、脳を持つ身体、他者の心が含まれる。シミュレーションは、情動を構築するときのように外界によって訂正される場合もあれば、何かを想像しているときや夢を見ているあいだなど、訂正されない場合もある。

もちろんDMNは、単独で機能するわけではなく、概念、すなわち予測の連鎖を始動する合目的的な多感覚性の心的知識の構築に必要とされるパターンの、一部を成すにすぎない。脳は、何かを想像する、あれこれ思いを巡らせるなどの内因性の活動を行なうときには、感覚ネットワークや運動ネットワークの領域に属する視覚、聴覚、身体予算の変化などの感覚をシミュレートする。したがって、DMNは、他のネットワークと相互作用しながら、概念のインスタンスを生成していると考えることは、十分に理にかなう[16]（というより以下に見るように、実際にそうしている）。

新生児には、十分に発達したDMNが備わっていない。だから予測ができず、注意散漫な「ランタン」しか持っていない[17]。新生児の脳は、十分な時間を費やして予測エラーをもとに学習しなければならないのだ。身体予算に根づく多感覚世界における経験は、DMNの発達を導くのに必要な入力情報を提供してくれるのかもしれない。この経験は、概念が脳の配線として次第に組み込まれていく、誕生後一年のあいだに生じる。こうして、環境によって脳が配線されるにつれ、「外部」が「内部」と化していくのである。

わが研究室は、ここしばらく概念と分類の生物学を研究してきた。そしてその結果、DMN、内受容ネットワークのそれ以外の部位、そしてコントロールネットワークの役割に関して多くの証拠を見出した。情動を経験している人々や、他者のまばたき、しかめ面、筋肉の引きつり、快活な声に情動を知覚している人々の脳を覗き込んだところ、それらのネットワークの主要な部位が活発に活動していることがわかったのだ。第1章で述べたように、わが研究室は、情動に関するあらゆる脳画像研究を調査したメタ分析を行なった。脳を「ボクセル」と呼ばれる小さな立方体に分割し（脳の「ピクセル」とも言えよう）、調査した情動カテゴリーに関して、一貫して有意な活動の増加が見られたボクセルを特定したのだ。その結果、いかなる情動カテゴリーも、特定の脳領域に位置づけることができなかった。[18] またこのメタ分析によって、構成主義的情動理論を支持する証拠も得られている。われわれは、ネットワークのごとく、高い確率でともに活性化されるボクセルのグループを特定することに成功し、特定されたボクセルのグループが、一貫して内受容ネットワークやコントロールネットワークの内部に見出されることを確認したのである。[19]

われわれが当時行なったメタ分析の対象は、数百人の科学者の手で行なわれた一五〇以上の独立した研究に及ぶ点を考慮すると（それらの研究では、顔を見る、においをかぐ、音楽を聴く、映画を観る、過去のできごとを思い出すなど、情動を喚起するさまざまな課題を被験者に与えている）、内受容ネットワークやコントロールネットワークの活性化を示す証拠には、とりわけ説得力がある。さらに言えば、メタ分析が対象としている研究は、構成主義的情動理論を検証するために考案されたものではないことを考えれば、この結果は瞠目すべきものだと私には思われる。実のところ、対象になった研究の多くは古典的理論に啓発され、各情動を特定の脳領域に位置づけることを目的としていたのだ。そして、情動カテゴリーのもっともステレオタイプ化された例しか研究対象として取り上げられておらず、日常生活で現われる各情動の変化はまったく考慮されていない。

わが研究室のメタ分析プロジェクトは、現在でも続けられており、これまでにほぼ四〇〇本の脳画像研究を集めた。われわれは、このデータをもとにパターン分類分析（第1章参照）を行ない、五つの情動カテゴリーの要約（図AD・2参照）を作成した。五つの情動カテゴリーのいずれにおいても、内受容ネットワークは重要な役割を果たしている。コントロールネットワークも、五つのいずれでも活性化しているが、幸福と悲しみではその度合いが低い。[20] ちなみに図AD・2が示しているのは、神経学的な指標ではなく、抽象的な要約であることに留意してほしい。いかなる怒り、嫌悪、怖れ、幸福、悲しみのインスタンスも、対応する要約とまったく同じように見えることはない。[21] 縮重の原理を考えてみればわかるように、おのおののインスタンスは、さまざまな組み合わせのニューロンを動員する。たとえばメタ分析で取り上げた怒りの研究では、脳の活動は、他の要約に比べて怒りの要約に近いので、怒りとして特定される。したがって、このような方法で怒りのインスタンスを診断することなら可能だが、どのニューロンが活性化されるのかは特定できない。言い換えると、われわれはダーウィンの個体群思考の原理を怒りの構築に適用したのである。なお、われわれが研究の対象とした他の四つの情動カテゴリーに関しても、同じ結果が得られている。

特に構成主義的情動理論を検証する目的で考案した実験を行なったときにも、類似の結果が得られた。ある研究で、同僚のクリスティン・D・ウィルソン＝メンデンホールとローレンス・W・バーサルー、そして私は、想像にふけるよう被験者に求め、そのあいだに脳画像を撮影した。その結果われわれは、感覚野や運動野の活動の増加として、シミュレーションの実行を示す証拠を得た。また、内受容ネットワークの変化に結びついた、身体予算の混乱を示す証拠も得ることができた。[22] その後の第二フェーズでは、被験者に単語を見せ、それによって生じた内受容感覚を、「怒り」か「怖れ」のいずれかに分類するよう求めた。すると被験者がこれらの概念をシミュレートするあいだ、内受容ネットワークの活動はさらに増大した。それに加え、低レベルの感覚情報や運動情報に基づく活動や、コントロールネットワークに属する主要な結節点（ノード）の活動の増加が見られた。

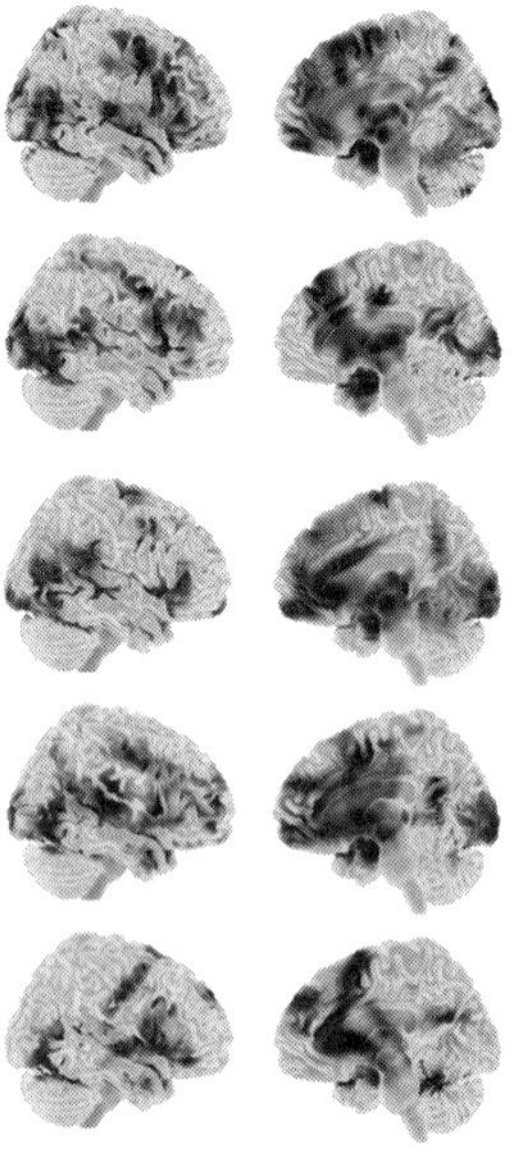

図AD.2　概念の統計的要約
上から下の順で、「怒り」「嫌悪」「怖れ」「幸福」「悲しみ」。これらは神経学的な指標ではない（第1章参照）。左は側面から見た図で、右は脳の内側の図である。

われわれはのちの研究で、ジェットコースターに乗ったときの快い怖れや、競技に勝ちながらも負傷したときの不快な幸福などの日常的に頻度の低いシミュレーションを実行するよう、被験者に求めた。そして、非典型的なシミュレーションを行なう際には、心的習慣に近い、快い幸福、不快な怖れなどの典型的なインスタンスをシミュレートするときと比べ、内受容ネットワークは、予測を発するために、より激しく活動しなければならないだろうと予測した。実験の結果、この予測が正しいことが判明した。[23]

最近行なったある実験では、情動を喚起する映画のシーンを被験者に見せ、内受容ネットワークが情動経験を生成する様子を観察できた。イスラエルのテルアビブ大学に所属するタルマ・ヘンドラーの研究室は、悲しみ、怖れ、怒りのさまざまな経験を生む動画を用いて実験を行なっている。たとえばある被験者は、『ソフィーの選択』（米・一九八二年）から抜粋した、メリル・ストリープ演じるアウシュヴィッツ強制収容所に送られた主人公が、自分のどの子どもを差し出すかを選ぶシーンを見せられた。また別の被験者が見たのは、『グッドナイト・ムーン』（米・一九九八年）の、スーザン・サランドン扮する母親が、自分ががんのために死につつあることを子どもたちに告げるシーンだった。そしてどちらのケースでも、被験者が強い情動経験を感じると報告したタイミングで、DMNを含めた内受容ネットワークの部位に活動の高まりが見出された。[24] また、それほど強い情動経験を感じないと報告したタイミングでは、活動の高まりはあまり見られなかった。

他の研究でも、情動の知覚をめぐって類似の結果が得られている。[25] ある研究では、被験者は映画を観て、登場人物の身体の動きを情動表現として分類するよう、つまり、身体の動きが何を意味するのかについて心的推論を行なうよう求められた。この課題を遂行するためには、概念が必要とされる。実験の結果、内受容ネットワーク、コントロールネットワークのノード、そしてモノが表象される視覚皮質に、活動の増加が見られた。

❦　❦　❦

概念について議論する際には、本質主義に陥らないよう注意する必要がある。脳内に概念が「保存」されていると考えるのは、きわめて自然だからだ。たとえば読者は、（感覚情報や運動情報とは別に要約が存在するかのごとく）概念がＤＭＮ内のみに存在すると考えているのかもしれない。しかし、あらゆる概念のいかなるインスタンスも、脳全体によって表象されることを示す証拠があまたある[26]（そして、そのことを疑う余地はほとんどない）。図ＡＤ・３のハンマーを見れば、手の動きをコントロールする運動皮質のニューロンは、発火率を上げるはずだ[27]（私の場合、親指の痛みをシミュレートするニューロンも激しく発火する）。この活動の増加は、「ハンマー」という語を読むだけでも生じる[28]。またハンマーを目にすることは、手でそれをつかむ動作を開始することを容易にする[29]。

図AD.3　運動皮質を刺激する

同様に「リンゴ」「トマト」「ストロベリー」「ハート」「ロブスター」という言葉を読めば、低次の視覚皮質内に存在する色の感覚を処理するニューロンの発火率が上がるはずだ（それらはすべて赤い）。このように概念は、ＤＭＮ内に心的な核を宿すわけではなく、脳全体で表象されるものなのである[30]。

本質主義の二つ目の誤りは、感覚や運動などに関する概念の他の側面が脳全体に分散していたとしても、各概念の目的については、小さな本質のように、ＤＭＮ内のただ一つのニューロン群が対応すると考えることだ[31]。しかし、それはあり得ない。もしそれが正しければ、いかなる条件のもとでも、この「本質」が真っ先に活性化されるはずである。なぜなら、それは概念の連鎖の先頭に位置し、それに続いて、状況によってさまざまに変化する感覚や運動に関する情報が処理されるはずだからだ。だが、そのような結果は得られていない[32]。

ここでも本質主義は、縮重を前にして撤退せざるを得ない。「幸福」のような、特定の目的（たとえば親友と一緒にいることなど）を持つ情動概念のインスタンスを生成するたびに、ニューロンの発火パターンは異なりうる。ＤＭＮ内のニューロン群によって表現される、「幸福」の最高レベルの多感覚性要約でさえ、その都度異なることがあるのだ。[33] これらのインスタンスは、相互に物理的に似ている必要はないが、それでも「幸福」のインスタンスである点に変わりはない。では、それらは何によって結びつけられているのか？　実は、それらを結びつけているものなど何もなく、いかなるあり方でも、恒久的に「結びつけられている」わけではない。しかし、予測として同時に発せられた可能性は高い。「幸福」という言葉を読んだり聞いたりしたとき、あるいは仲間に囲まれているとき、脳はさまざまな予測を発する。その際おのおのの予測は、その瞬間の状況にどれだけ合致するかを表わす可能性を持つ。言葉は強力だ。この考えは、「脳は縮重に基づいて機能する」「言葉は概念の学習に重要な役割を果たす」「ＤＭＮと言語ネットワークは、脳領域を多数共有する」という事実から導き出された、合理的な根拠に基づく私の推測である。

本質主義の三つ目の誤りは、概念を「事物」としてとらえることだ。学部生だった頃、私は天文学の授業で宇宙が膨張していることを学んだ。最初にそれを聞いた私は、困惑を感じた。何へと膨張しているのだろうか？　私が混乱した理由は、宇宙が空間へと膨張するという不正確な直感を抱いていたからだ。しばらく考えてから、私は「空間」を、文字どおり物理的な意味で、暗くて巨大な空のバケツのようなものとして考えていたことに気づいた。[34] そうではなく、「空間」とは理論的な概念であって、具体的な実体ではない。空間はつねに、他の何かとの関係に基づいて計算されるのだ。（時間と空間は、観察者の目のなかに存在する[35]）。

概念について考えるとき、それと似たようなことが起こる。「空間」が、宇宙がそこへと膨張していく物理的な実体ではないのと同様、概念は、脳内に存在する「事物」ではない。「概念」や「空間」は実体ではない。人間は概念システムを備えており、概念について語ることは都合がよい。「私たちは、畏怖の概念を持つ」と記述するとき、それは「私たちは、畏怖として分類される多数のインスタンスを持ち、それらのおのおのは、脳内で一つのパターンとして再構成される」ことを意味する。「畏怖の概念」は、その瞬間に畏怖に関して概念システム内で構築される知識の総体を指す。脳は、概念を「収納する」容器ではなく、計算的な物理量（モーメント）のようなものとして、それをしばらくのあいだ保持するのだ。「概念を用いる」とき、私たちは、実のところ対応する概念のインスタンスをその場で生成しているのである。私たちは、概念と呼ばれる知識が詰まった小箱を脳内に持っているわけではない。それは、脳内に「記憶」と呼ばれる小箱が保管されているわけではないのと同じことだ。[36] 概念は、それを構築する過程とは別の何かを持つのではない。

訳者あとがき

本書は *How Emotions Are Made: The Secret Life of the Brain*（Hougton Mifflin Harcourt, 2017）の全訳である。著者のリサ・フェルドマン・バレットはノースイースタン大学の心理学部教授で、心理学と神経科学の両面から情動を研究しており、その画期的な成果は米国議会やＦＢＩ、米国立がん研究所でも活用されている。

著者にとって初めての一般書となったこの本は、英語圏で一四万部売れ、翻訳版権を一三か国が取得しており、本書で提起されている革新的なアイデアが世界に広がっている様子がわかる。ベストセラー『やり抜く力　ＧＲＩＴ』の著者で心理学者のアンジェラ・ダックワースをはじめとして、ロバート・サポルスキー（神経科学・行動生物学）、ダニエル・ギルバート（社会心理学）、ポール・ブルーム（発達心理学）、ジョセフ・ルドゥー（神経科学）ら大御所たちも、本書に賛辞を寄せている。

最初に、本書の二つの主張を端的に記しておく。

一つは、情動についての従来の見方を覆す、著者独自の「構成主義的情動理論」を説明すること。

二つ目は、その理論が人間の本性についての新たな見方をもたらし、ひいては社会にも大きなインパクトを与えることだ。

本書は大きく分けると二つのパートから構成されており、前半（第1章〜第8章）ではおもに理論面が論じられ、後半（第9章〜第13章）では前半で提起された理論をもとにした実践的な応用例が検討されている。次に、各章の内容を簡単に紹介しよう。

第1章は、「怖れ」「悲しみ」などの特定の情動を識別する指標を見出そうとする試みがいかに無益かを論じる。第2章では、情動は動的に構築されるものであることが明らかにされる。第3章では、情動の普遍性を主張する既存の理論を、著者自身が行なったさまざまな実験に基づいて反証していく。第4章は感情がいかに生じるかを論じる。このあとの用語解説「気分」の項で述べるが、著者のいう感情は、おもに内受容刺激に由来する一種の気分（アフェクト）としてとらえられており、情動の生成に必要な一要素ではあっても、それのみでは情動は生じえない。

第5章は第6章とともに本書の核心をなす章で、情動の構築に不可欠な「概念」とは何かが詳しく説明される。第6章は、いかに情動が構築されるのかを大脳生理学的観点から論じる。そこで注目すべきは、近年の神経科学で盛んに議論されている「予測」の概念が動員されていることである。第7章は、社会的文脈での概念や情動の影響を論じる。第8章は情動を含めた人間の本性を考えるにあたって、これまで「本質主義」（二六二頁参照）的な見方が優位を占めてきた経緯や理由を概説する。

後半の第9章以降は、第8章までの議論の実践面での応用例が提示される。対象とする内容は、日常生活（第9章）、医療（第10章）、法制度（第11章）、動物（第12章）であり、最後の第13章で本書の内容をまとめ、この理論がもたらす展望を雄弁に語っている。

情動、ひいては人間の本性についてのまったく新たな見方を提起する本書の性格上、ややわかりづらい用語が使用されている。もちろん読み進めれば理解できるように書かれてはいるが、その一助となるべく、重要な用語のみに絞って読解の指針を紹介する。

❦ ❦ ❦

▼情動（emotion）――「情動」という用語は、日本だろうが英語圏であろうが、著者間で一貫性があるようには見受けられない。しかしこれまでの訳者の読書経験から言えば、主観的であるがゆえに本人の自己申告によってしか知りえない私的な経験として「感情」を、表情や、何らかの生理的な指標（たとえば心拍数など）によって客観的に（すなわち科学的に）測定可能な現象として「情動」をとらえている場合が多い。

本質主義を否定する著者がこの見方をとっていないことは本書冒頭から明らかになるが、著者本人にメールで問い合わせたところ、「慣例にしたがってそのように考えている科学者もいるが、自分はその見方をとらない」という回答があった。その内容は以下の三つに要約される。

❶「情動」は、感情（おもに自律的な内受容感覚）とは異なり、身体と外界の相互作用をもとに構築された知覚（perception）である。

❷前述の「知覚」は「意識」と同義で、無意識的であるような情動は存在しない。

❸知覚の構築には、「気分の性質」「行動」「世界を経験するための手段（すなわち評価）」「自律神経系の変化」などが関与している。

ここで特筆すべきは、著者は情動に関して意識の介在を前提としており、情動の構築には「概念」（後述）が必要だという本書の記述からも、情動構築の基盤の一つとして認知作用を据えていると読み解けることである。それについては本文の生理学的な記述からも傍証が得られるが、著名な神経科学者のジョセフ・ルドゥーも最新刊 *The Deep History of Ourselves*（Viking, 2019）の終盤で、バレット以上に明確に、情動が意識の存在を前提とし、認知を基盤に情動作用が働いていると主張している（この見解は極めて重要なので後半にあらためて述べる）。

▼**概念**（concept）と**インスタンス**（instance）——本書において極めて重要で、出現頻度の高いキーワードである。これら二つの用語は密接に関係しており、前者と後者は基本的に一対多の関係をなす。

インスタンス——英和辞典において instance の意味は、「事例」「実例」「場合」などと列記されている。しかしこれらの表現はいずれも、「ある普遍的な事象に属する一回一回の出現例」という instance が持つ本来の意味、そして本書で著者の用いる「個々の具体的な経験に対応する心的構築物」という意味を反映しきれていない。そのため、読者が既存の日本語の意味に引きずられないよう、「インスタンス」というカタカナ表記を採用した。

ちなみに「ある普遍的な事象に属する一回一回の出現例」とは、具体的には次のような意味である。

たとえば「古代ローマにおけるヴェスヴィオ火山の噴火」や「富士山の宝永大噴火」、あるいは「雲仙岳の平成大噴火」は、「火山の噴火」という普遍的な事象に属する、特定の場所と時代において歴史的に顕現した個別的なインスタンスと見なすことができる。

概念——本書における概念は、先に説明したインスタンスが、類似性に基づいてグループ化されたものをいう。ただしそこには著者独自の意味が込められているので、当面は一般的な「概念」の意味で読み進め、徐々に著者独自の用法を理解していけばよいだろう。

なお著者は、自己の情動の経験や他者の情動の知覚を可能にする概念を特に**情動概念**（emotion concept）と呼ぶ。したがって著者の見解では、情動概念を持たない限り、自己の情動を経験することも、他者の情動を知覚することもできない。

また、著者のいう概念とインスタンスの関係は、哲学でいうところの普遍と個別の関係とは合致しないという点にも注意しておきたい。著者のいう概念とは、イデアのような普遍的（先天的）なものではなく、学習過程を通じて神経活動によって築き上げられていくものである。それに関して、著者は次のように述べている。

構成主義的情動理論は、「情動は生得的なものではない。普遍的であるのなら、それは概念の共有によってである」と主張する。つまり普遍的なのは、（……）身体由来の感覚刺激を意味あるものにする、概念を形作る能力である。（七六頁）

普遍的、言い換えれば先天的なのは、概念を構築する能力であって、個々の概念ではない。言い換えると、人間はまったく白紙（ブランクスレート）の状態で生まれてくるのでもなければ、特定の概念、ましてや情動を先天的に備えているわけでもない。

なお、概念がいかに構築されるのかについて著者の考え方を図式的に把握するには、二〇二頁の図6・1を理解することが重要である。

▼**気分**（affect）――この用語は、心理学系の書物では「アフェクト」とカタカナ表記で記されるケースも多いのだが、本書は多くの一般読者を想定していること、そして出現頻度がかなり高いことに鑑みて、読みにくくならないよう「気分」という訳語を選んだ。

この訳語を採択するにあたっては、本文の「気分は内受容に依存することを覚えておいてほしい。つまり生涯を通じ、じっとしているときでも眠っているときでも、恒常的な流れとして存在し続ける」（一二七頁）などの記述を参照した。この訳語に問題を感じる読者は、本書で出現する「気分」は「アフェクト」と読み替えていただきたい。ちなみに著者にaffectとfeeling（感情）の違いを尋ねたところ、「ほぼ同義」という主旨の返事が戻ってきた（affectは専門的で、feelingは一般的な用語と考えているようである）。本文にも「本書における「気分」は、人が日常生活で経験している一般的な感情（フィーリング）のことを表わす」（一二六頁）とある。

▼**表情**（facial expression）と**相貌**（facial configuration）――著者は表情と相貌を明確に区別している。その理

由は、前者には「情動の指標が存在する」、言い換えると「表情とは、人間に本質的に備わる情動が、顔面に顕現したものである」という暗黙の前提があり、そのような本質主義的な見方を著者は否定しているからだ。したがって表情という用語は、古典的情動理論を批判する文脈でしか出現しない。それに対して相貌は、この前提を取り去った中立的な用語（顔の地形的な特徴程度の意味）として使用されている。

▼感情的ニッチ（affective niche）──「生態的地位」とも訳される生態学の用語「ニッチ」に類似する用語で、本書では身体予算（身体の生理的なバランス）に影響を及ぼす、環境内のあらゆる事象を指す。

▼縮重（degeneracy）──本書における縮重は、同一の経験が、いくつかの異なる神経活動のパターンによって実現可能であるという、脳の働きの特殊なあり方を指す。この用語は、哲学での「多重実現可能性」、コンピューター科学での「ポリモルフィズム」とほぼ同義だが、一般的には「ある機能を遂行するための物質レベルでの手段には、いくつかの方法や形態がありうる」といった意味である。

▼構成主義（constructionism）──「構築主義」とされるケースもあるが、いくつかの理由から「構成主義」を採用した。ただし動詞の construct が用いられている文章では、静態的・構造的な意味合いの強い「構成する」ではなく、「その場でつくられる」という動的な意味を持つ「構築する」を使用した。

革新的なアイデアを提起する本書については補足したい事項が山ほどあるのだが、紙幅の都合上、最後に一点に絞って指摘しておく。それは本書の持つ実践的な意義が広範囲に及ぶことである。

本書では実践面への応用として、日常生活、法制度、医療、動物の情動が取り上げられているが、訳者の見立てでは、さらに政治、経済、教育、メディア論など多方面の領域に著者の構成主義的情動理論を適用し、それらの分野を新たな視点でとらえ直すことができる。理論面でのその最大の理由は、用語説明の「情動」の項で述べたとおり、著者が情動の基盤の一つに認知作用を据えている点にある。

この見方をとった場合、従来的な知識体系は大きく揺るがざるをえない。それどころか、少しおおげさに言えば、啓蒙のあり方そのものに疑問が呈される結果になろう。それは次のような理由からだ。啓蒙が善であると絶対視する見方は、皮質下の辺縁系に属する古い脳領域が司る情動作用を、皮質という新しい脳領域が司る理性の働きによって抑え込み、後者が発達すればするほど情動を抑える効率が上がり、それにつれて人間社会の啓蒙の度合いも向上すると考える、三位一体脳的な前提に基づいているように思われる（「三位一体脳」は本書一四〇頁を参照）。

啓蒙の拡大を絶対的な善と見なす考え方は、現代世界では広く行き渡っている。だが、実際に現代という時代を見渡してみれば、民主主義が拡大すればポピュリズム（その定義や是非についてはここでは問わない）の問題が湧き起こり、人権を声高に叫べば移民問題が生じ、情報を瞬時に伝達する能力を持つインターネットやそれに基づくＳＮＳが普及すればフェイクニュースが蔓延するなどといった、数々の問題が噴出する有様となっている。

啓蒙に絶大な価値があることは否定すべくもないが、同時に生じるマイナス面も、しかと認識しておく必要があるだろう。

一九四七年に刊行された『啓蒙の弁証法』（徳永恂訳、岩波文庫、二〇〇七年）を著したテオドール・アドルノとマックス・ホルクハイマーから始まり、史上空前とも言えるレベルで啓蒙が拡大した現代に至るまで、そのマイナス面を指摘する識者は多い。メディア研究者・佐藤卓己の著書『流言のメディア史』（岩波新書、二〇一九年）には、「識字率の上昇、教育の発達、選挙権の拡大は、むしろメディア流言が拡大する前提条件にほかならない」（一〇四頁）とある。

なぜ正しい情報を効率的に伝達する手段であるべきインターネット上で、フェイクニュースが蔓延してしまうのか？　それは単なるモラルの問題なのか？　冷静な判断を必要とする政治的言説が、なぜ感情に煽られて左と右にわかれるのか？　長い歴史を通じて人類がようやく獲得した「人権」という気高い概念をいざ適用しようとすると、移民問題などの現実的な問題が噴出してしまうのはなぜか？

これらはすぐれて現代的かつ実際的な問いだが、ここで、認知を情動の基礎に据える著者バレットの革新的な理論の出番である。彼女の新たな情動理論は、このような問題が生じる理由を説明してくれるだろう。

啓蒙の拡大を絶対的な善とする見方が想定しているように、情動をコントロールする認知の働きが、啓蒙のプラスの側面に寄与することは確かにあるだろう。だが著者が指摘するように、そもそも情動の構築の基盤に認知作用が関与するのであれば、この、情動を生成する働きが、場合によって啓蒙のマイナスの側面に作用することは十分に考えられる。

そしてこの考えは、さまざまな分野に適用できるはずだ。たとえば行動経済学は、経済の領域における情動の影響を見据えた学問と見なせるが、脳科学に強く依拠した著者の情動理論をそこに適用すれば、さらにその知見が理論的に補強されるだろう。

あるいはメディア論への応用はどうか。先に引用した佐藤卓己が指摘するように、インターネットでは流言が拡大している。それどころか情動まみれの罵詈雑言が飛び交っている状況にある。その原因は、理性を欠いたネットユーザーが、負の情動を爆発させるにまかせているからなのか? それは違うはずだ。ネットユーザーはそもそもネットを駆使できることからして、決して理性を欠く無知な輩ではなく、「識字率の上昇、教育の発達、選挙権の拡大」の恩恵を受けた、啓蒙された人々なのである。

ではなぜこのような状況に陥っているのか? 激しい情動を触発する要因の一つに認知作用があるのなら、このような負の側面は、啓蒙時代の最高の手段の一つであるインターネットというメディアに最初から組み込まれている問題なのではないか?

メディア理論家のマーシャル・マクルーハンは、かつて「メディアはメッセージである」と言ったが、まさにインターネットというメディアが、現代人の心のあり方に強い影響を及ぼしているのだ。ここにバレットの情動理論を適用すれば、メディア論にも新たな視点が与えられるにちがいない。

このように本書には、実践面でも広く適用可能な革新的理論が提示されているが、それだけに侃々諤々たる議論を巻き起こすことが当然予想される。とりわけ心理学周辺の研究者や、心理学を学んだ読者にとっては、デファクトスタンダードとも言えるポール・エクマンらの情動理論がのっけから槍玉にあげられているのを読んで、まさしく負の情動を爆発させるかもしれない。だが、とにかく「情動」という用語に結びつく先入観は一度振り払って、本書を虚心坦懐に読んでみよう。著者の考えを肯定するにせよ批判するにせよ、まずはそれについて自分の頭で考え、他者の表明するさまざまな意見に耳を傾けては何度も考え直すなど、徹底的に理解を深めていってほしい。革新的なアイデアを提起する本を読む場合には、そのような態度が肝要である。本書がこの世界をより良い世界に導く強力なパワーを秘めていることを、訳者は固く信じている。

最後に、多忙にもかかわらず訳者からの数々の質問に回答してくださった著者リサ・フェルドマン・バレット氏にお礼の言葉を述べたい。また、訳者が非常に重要な本と見なしている本書の刊行に尽力してくれた、担当編集者の和泉仁士氏にも感謝の言葉を述べる。

二〇一九年九月　　高橋 洋

図版クレジット

図 1.1　Illustration by Aaron Scott.
図 1.2　Photos courtesy of Paul Ekman. Design layout by the author.
図 1.3　Photo courtesy of Paul Ekman. Design layout by the author.
図 1.4　Photos courtesy of Paul Ekman. Design layout by the author.
図 1.5　Photo by Aaron Scott.
図 1.6　Portrait of Martin Landau (center) by Howard Schatz from In Character: Actors Acting (Boston: Bulfinch Press, 2006). Other photos courtesy of Paul Ekman.
図 1.7　Illustration by Aaron Scott.
図 2.1　Image courtesy of Richard Enfield. Modification courtesy of the author.
図 3.1　Photo courtesy of Barton Silverman/New York Times/Redux.
図 3.2　Photo courtesy of Paul Ekman. Design layout by the author.
図 3.3　Photo courtesy of Paul Ekman. Design layout by the author.
図 3.4　Photos courtesy of Paul Ekman. Design layout by the author.
図 3.5　Photo courtesy of Debi Roberson.
図 4.1　Illustration by Aaron Scott.
図 4.2　Illustration by Aaron Scott.
図 4.3　Illustration by Aaron Scott.
図 4.4　Illustration by Aaron Scott.
図 4.5　Illustration by Aaron Scott.
図 4.6　Photo courtesy of Helen Mayberg.
図 4.7　Illustration by Aaron Scott.
図 5.1　Illustration by Aaron Scott.
図 5.2　Illustration by Aaron Scott.
図 5.3　Illustration by Aaron Scott.
図 6.1　Illustration by Aaron Scott.
図 6.2　Illustration by Aaron Scott.
図 7.1　Photo courtesy of the author.
図 7.2　Illustration by Aaron Scott.
図 12.1　Photo courtesy of Ann Kring and Angie Hawk.
図 12.2　Illustration by Aaron Scott.
図 AA.1　Illustration by Aaron Scott.
図 AA.2　Illustration by Aaron Scott.
図 AA.3　Illustration by Aaron Scott.
図 AA.4　Illustration by Aaron Scott.
図 AA.5　Illustration by Aaron Scott.
図 AA.6　Illustration by Aaron Scott.
図 AB.1　Photo (top) courtesy of Richard Enfield. Modification (bottom) courtesy of Daniel J. Barrett.
図 AC.1　Photo courtesy of Barton Silverman/New York Times/Redux.
図 AD.1　Illustration by Aaron Scott.
図 AD.2　Photo courtesy of Dr. Tor Wager and the author.
図 AD.3　Illustration by Aaron Scott.

Psychological Science 26 (8): 1316–1324.

Yoshikubo, Shin'ichi. 1985. "Species Discrimination and Concept Formation by Rhesus Monkeys (Macaca Mulatta)." *Primates* 26 (3): 285–299.

Younger, Jarred, Arthur Aron, Sara Parke, Neil Chatterjee, and Sean Mackey. 2010. "Viewing Pictures of a Romantic Partner Reduces Experimental Pain: Involvement of Neural Reward Systems." *PLOS One* 5 (10): e13309. doi:10.1093/cercor/bhv001.

Zachar, Peter. 2014. *A Metaphysics of Psychopathology*. Cambridge, MA: MIT Press.

Zachar, Peter, and Kenneth S. Kendler. 2007. "Psychiatric Disorders: A Conceptual Taxonomy." *American Journal of Psychiatry* 164: 557–565.

Zaki, J., N. Bolger, and K. Ochsner. 2008. "It Takes Two: The Interpersonal Nature of Empathic Accuracy." *Psychological Science* 19 (4): 399–404.

Zavadski, Katie. 2015. "Everything Known About Charleston Church Shooting Suspect Dylann Roof." *Daily Beast*, June 20. http://www.thedailybeast.com/articles/2015/06/18/everything-known-about-charleston-church-shooting-suspect-dylann-roof.html.

Zhang, F., H. Fung, T. Sims, and J. L. Tsai. 2013. "The Role of Future Time Perspective in Age Differences in Ideal Affect." 66th Annual Scientific Meeting of the Gerontological Society of America, New Orleans, November 20.24.

Zhuo, Min. 2016. "Neural Mechanisms Underlying Anxiety.Chronic Pain Interactions." *Trends in Neurosciences* 39 (3): 136–145.

Zilles, Karl, Hartmut Mohlberg, Katrin Amunts, Nicola Palomero-Gallagher, and Sebastian Bludau. 2015. "Cytoarchitecture and Maps of the Human Cerebral Cortex." In *Brain Mapping: An Encyclopedic Reference*, volume 2, edited by Arthur W. Toga, 115–136. Cambridge, MA: Academic Press.

Wilson-Mendenhall, Christine D., Lisa Feldman Barrett, and Lawrence W. Barsalou. 2013. "Situating Emotional Experience." *Frontiers in Human Neuroscience* 7: 1–16.

—— 2015. "Variety in Emotional Life: Within-Category Typicality of Emotional Experiences Is Associated with Neural Activity in Large-Scale Brain Networks." *Social Cognitive and Affective Neuroscience* 10 (1): 62–71.

Wilson-Mendenhall, Christine D., Lisa Feldman Barrett, W. Kyle Simmons, and Lawrence W. Barsalou. 2011. "Grounding Emotion in Situated Conceptualization." *Neuropsychologia* 49: 1105–1127.

Winkielman, P., K. C. Berridge, and J. L. Wilbarger. 2005. "Unconscious Affective Reactions to Masked Happy Versus Angry Faces Influence Consumption Behavior and Judgments of Value." *Personality and Social Psychology Bulletin* 31 (1): 121–135.

Wistrich, Andrew J., Jeffrey J. Rachlinski, and Chris Guthrie. 2015. "Heart versus Head: Do Judges Follow the Law or Follow Their Feelings." *Texas Law Review* 93: 855–923.

Wittgenstein, Ludwig. 1953. *Philosophical Investigations*. London: Blackwell.

Wolpe, Noham, and James B. Rowe. 2015. "Beyond the 'Urge to Move': Objective Measures for the Study of Agency in the Post-Libet Era." In *Sense of Agency: Examining Awareness of the Acting Self*, edited by Nicole David, James W. Moore, and Sukhvinder Obhi, 213–235. Lausanne, Switzerland: Frontiers Media.

Woo, Choong-Wan, Mathieu Roy, Jason T. Buhle, and Tor D. Wager. 2015. "Distinct Brain Systems Mediate the Effects of Nociceptive Input and Self-Regulation on Pain." *PLOS Biology* 13 (1): e1002036. doi:10.1371/journal.pbio.1002036.

Wood, Wendy, and Dennis Runger. 2016. "Psychology of Habit." *Annual Review of Psychology* 67: 289–314.

Wu, L. L., and L. W. Barsalou. 2009. "Perceptual Simulation in Conceptual Combination: Evidence from Property Generation." *Acta psychologica (amst)* 132 (2): 173–189.

Xu, Fei. 2002. "The Role of Language in Acquiring Object Kind Concepts in Infancy." *Cognition* 85 (3): 223–250.

Xu, Fei, Melissa Cote, and Allison Baker. 2005. "Labeling Guides Object Individuation in 12-Month-Old Infants." *Psychological Science* 16 (5): 372–377.

Xu, Fei, and Tamar Kushnir. 2013. "Infants Are Rational Constructivist Learners." *Current Directions in Psychological Science* 22 (1): 28–32.

Yang, Yang Claire, Courtney Boen, Karen Gerken, Ting Li, Kristen Schorpp, and Kathleen Mullan Harris. 2016. "Social Relationships and Physiological Determinants of Longevity Across the Human Life Span." *Proceedings of the National Academy of Sciences* 113 (3): 578–583.

Yeager, Mark P., Patricia A. Pioli, and Paul M. Guyre. 2011. "Cortisol Exerts Bi-Phasic Regulation of Inflammation in Humans." *Dose Response* 9 (3): 332–347.

Yeo, B. T., et al. 2011. "The Organization of the Human Cerebral Cortex Estimated by Intrinsic Functional Connectivity." *Journal of Neurophysiology* 106 (3): 1125–1165.

Yeo, B. T. Thomas, Fenna M. Krienen, Simon B. Eickhoff, Siti N. Yaakub, Peter T. Fox, Randy L. Buckner, Christopher L. Asplund, and Michael W. L. Chee. 2014. "Functional Specialization and Flexibility in Human Association Cortex." *Cerebral Cortex* 25 (10): 3654–3672.

Yeomans, Martin R., Lucy Chambers, Heston Blumenthal, and Anthony Blake. 2008. "The Role of Expectancy in Sensory and Hedonic Evaluation: The Case of Smoked Salmon Ice-Cream." *Food Quality and Preference* 19 (6): 565–573.

Yik, Michelle S. M., Zhaolan Meng, and James A. Russell. 1998. "Brief Report: Adults' Freely Produced Emotion Labels for Babies' Spontaneous Facial Expressions." *Cognition and Emotion* 12 (5): 723–730.

Yin, Jun, and Gergely Csibra. 2015. "Concept-Based Word Learning in Human Infants."

Stanley J. Watson, Audrey F. Seasholtz, and Huda Akil. 2012. "Early-Life Forebrain Glucocorticoid Receptor Overexpression Increases Anxiety Behavior and Cocaine Sensitization." *Biological Psychiatry* 71 (3): 224–231.

Weierich, M. R., C. I. Wright, A. Negreira, B. C. Dickerson, and L. F. Barrett. 2010. "Novelty as a Dimension in the Affective Brain." *Neuroimage* 49 (3): 2871–2878.

Weisleder, Adriana, and Anne Fernald. 2013. "Talking to Children Matters: Early Language Experience Strengthens Processing and Builds Vocabulary." *Psychological Science* 24 (11): 2143–2152.

Westermann, Gert, Denis Mareschal, Mark H. Johnson, Sylvain Sirois, Michael W. Spratling, and Michael S. C. Thomas. 2007. "Neuroconstructivism." Developmental *Science* 10 (1): 75–83.

Whitacre, James, and Axel Bender. 2010. "Degeneracy: A Design Principle for Achieving Robustness and Evolvability." *Journal of Theoretical Biology* 263 (1): 143–153.

Whitacre, James M., Philipp Rohlfshagen, Axel Bender, and Xin Yao. 2012. "Evolutionary Mechanics: New Engineering Principles for the Emergence of Flexibility in a Dynamic and Uncertain World." *Natural Computing* 11 (3): 431–448.

Widen, Sherri C. In press. "The Development of Children's Concepts of Emotion." In *Handbook of Emotions*, 4th edition, edited by Lisa Feldman Barrett, Michael Lewis, and Jeannette M. Haviland-Jones, 307–318. New York: Guilford Press.

Widen, Sherri C., Anita M. Christy, Kristen Hewett, and James A. Russell. 2011. "Do Proposed Facial Expressions of Contempt, Shame, Embarrassment, and Compassion Communicate the Predicted Emotion?" *Cognition and Emotion* 25 (5): 898–906.

Widen, Sherri C., and James A. Russell. 2013. "Children's Recognition of Disgust in Others." *Psychological Bulletin* 139 (2): 271–299.

Wiech, Katja, Chia-shu Lin, Kay H. Brodersen, Ulrike Bingel, Markus Ploner, and Irene Tracey. 2010. "Anterior Insula Integrates Information About Salience into Perceptual Decisions About Pain." *Journal of Neuroscience* 30 (48): 16324–16331.

Wiech, Katja, and Irene Tracey. 2009. "The Influence of Negative Emotions on Pain: Behavioral Effects and Neural Mechanisms." *Neuroimage* 47 (3): 987–994.

Wierzbicka, Anna. 1986. "Human Emotions: Universal or Culture-Specific?" *American Anthropologist* 88 (3): 584–594.

—— 1999. *Emotions Across Languages and Cultures: Diversity and Universals*. Cambridge: Cambridge University Press.

Wikan, Unni. 1990. *Managing Turbulent Hearts: A Balinese Formula for Living*. Chicago: University of Chicago Press.

Williams, David M., Shira Dunsiger, Ernestine G. Jennings, and Bess H. Marcus. 2012. "Does Affective Valence During and Immediately Following a 10-Min Walk Predict Concurrent and Future Physical Activity?" *Annals of Behavioral Medicine* 44 (1): 43–51.

Williams, J. Bradley, Diana Pang, Bertha Delgado, Masha Kocherginsky, Maria Tretiakova, Thomas Krausz, Deng Pan, Jane He, Martha K. McClintock, and Suzanne D. Conzen. 2009. "A Model of Gene-Environment Interaction Reveals Altered Mammary Gland Gene Expression and Increased Tumor Growth Following Social Isolation." *Cancer Prevention Research* 2 (10): 850–861.

Wilson, Craig J., Caleb E. Finch, and Harvey J. Cohen. 2002. "Cytokines and Cognition. The Case for a Head-to-Toe Inflammatory Paradigm." *Journal of the American Geriatrics Society* 50 (12): 2041–2056.

Wilson, Timothy D., Dieynaba G. Ndiaye, Cheryl Hahn, and Daniel T. Gilbert. 2013. "Still a Thrill: Meaning Making and the Pleasures of Uncertainty." In *The Psychology of Meaning*, edited by Keith D. Markman and Travis Proulx, 421–443. Washington, DC: American Psychological Association.

Van der Laan, L. N., D. T. de Ridder, M. A. Viergever, and P. A. Smeets. 2011. "The First Taste Is Always with the Eyes: A Meta-Analysis on the Neural Correlates of Processing Visual Food Cues." *Neuroimage* 55 (1): 296–303.

Van Essen, David C., and Donna Dierker. 2007. "On Navigating the Human Cerebral Cortex: Response to 'In Praise of Tedious Anatomy'." *Neuroimage* 37 (4): 1050–1054.

Vauclair, Jacques, and Joël Fagot. 1996. "Categorization of Alphanumeric Characters by Guinea Baboons: Within.and Between.Class Stimulus." *Cahiers de psychologie cognitive* 15 (5): 449–462.

Vernon, Michael L., Shir Atzil, Paula Pietromonaco, and Lisa Feldman Barrett. 2016. "Love Is a Drug: Parallel Neural Mechanisms in Love and Drug Addiction." Unpublished manuscript, University of Massachusetts, Amherst.

Verosupertramp85. 2012. "Lost in Translation." January 13. http://verosupertram.word press.com/2012/01/13/lost-in-translation.

Voorspoels, Wouter, Wolf Vanpaemel, and Gert Storms. 2011. "A Formal Ideal-Based Account of Typicality." *Psychonomic Bulletin and Review* 18 (5): 1006–1014.

Vouloumanos, Athena, Kristine H. Onishi, and Amanda Pogue. 2012. "Twelve-Month-Old Infants Recognize That Speech Can Communicate Unobservable Intentions." *Proceedings of the National Academy of Sciences* 109 (32): 12933–12937.

Vouloumanos, Athena, and Sandra R. Waxman. 2014. "Listen Up! Speech Is for Thinking During Infancy." *Trends in Cognitive Sciences* 18 (12): 642–646.

Wager, T. D., J. Kang, T. D. Johnson, T. E. Nichols, A. B. Satpute, and L. F. Barrett. 2015. "A Bayesian Model of Category-Specific Emotional Brain Responses." *PLOS Computational Biology* 11 (4): e1004066.

Wager, Tor D., and Lauren Y. Atlas. 2015. "The Neuroscience of Placebo Effects: Connecting Context, Learning and Health." *Nature Reviews Neuroscience* 16 (7): 403–418.

Wager, Tor D., Lauren Y. Atlas, Martin A. Lindquist, Mathieu Roy, Choong-Wan Woo, and Ethan Kross. 2013. "An fMRI-Based Neurologic Signature of Physical Pain." *New England Journal of Medicine* 368 (15): 1388–1397.

Walker, A. K., A. Kavelaars, C. J. Heijnen, and R. Dantzer. 2014. "Neuroinflammation and Comorbidity of Pain and Depression." *Pharmacological Reviews* 66 (1): 80–101.

Walker, Suellen M., Linda S. Franck, Maria Fitzgerald, Jonathan Myles, Janet Stocks, and Neil Marlow. 2009. "Long-Term Impact of Neonatal Intensive Care and Surgery on Somatosensory Perception in Children Born Extremely Preterm." *Pain* 141 (1): 79–87.

Walløe, Solveig, Bente Pakkenberg, and Katrine Fabricius. 2014. "Stereological Estimation of Total Cell Numbers in the Human Cerebral and Cerebellar Cortex." *Frontiers in Human Neuroscience* 8: 508.

Wang, Jing, Ronald J. Iannotti, and Tonja R. Nansel. 2009. "School Bullying Among Adolescents in the United States: Physical, Verbal, Relational, and Cyber." *Journal of Adolescent Health* 45 (4): 368–375.

Waters, Sara F., Tessa V. West, and Wendy Berry Mendes. 2014. "Stress Contagion Physiological Covariation Between Mothers and Infants." *Psychological Science* 25 (4): 934–942.

Waxman, Sandra R., and Susan A. Gelman. 2010. "Different Kinds of Concepts and Different Kinds of Words: What Words Do for Human Cognition." In *The Making of Human Concepts*, edited by Denis Mareschal, Paul C. Quinn, and Stephen E. G. Lea, 101–130. New York: Oxford University Press.

Waxman, Sandra R., and Dana B. Markow. 1995. "Words as Invitations to Form Categories: Evidence from 12- to 13-Month-Old Infants." *Cognitive Psychology* 29 (3): 257–302.

Wegner, Daniel M., and Kurt Gray. 2016. *The Mind Club: Who Thinks, What Feels, and Why It Matters*. New York: Viking.

Wei, Qiang, Hugh M. Fentress, Mary T. Hoversten, Limei Zhang, Elaine K. Hebda-Bauer,

Mantini, W. Vanduffel, B. Dickerson, and L. F. Barrett. 2016. "A Ventral Salience Network in the Macaque Brain." *Neuroimage* 132: 190–197.

Touroutoglou, A., K. A. Lindquist, B. C. Dickerson, and L. F. Barrett. 2015. "Intrinsic Connectivity in the Human Brain Does Not Reveal Networks for 'Basic' Emotions." *Social Cognitive and Affective Neuroscience* 10 (9): 1257–1265.

Tovote, Philip, Jonathan Paul Fadok, and Andreas Lüthi. 2015. "Neuronal Circuits for Fear and Anxiety." *Nature Reviews Neuroscience* 16 (6): 317–331.

Tracey, Irene. 2010. "Getting the Pain You Expect: Mechanisms of Placebo, Nocebo and Reappraisal Effects in Humans." *Nature Medicine* 16 (11): 1277–1283.

Tracy, Jessica L., and Daniel Randles. 2011. "Four Models of Basic Emotions: A Review of Ekman and Cordaro, Izard, Levenson, and Panksepp and Watt." *Emotion Review* 3 (4): 397–405.

Tranel, Daniel, Greg Gullickson, Margaret Koch, and Ralph Adolphs. 2006. "Altered Experience of Emotion Following Bilateral Amygdala Damage." *Cognitive Neuropsychiatry* 11 (3): 219–232.

Traub, Richard J., Dong-Yuan Cao, Jane Karpowicz, Sangeeta Pandya, Yaping Ji, Susan G. Dorsey, and Dean Dessem. 2014. "A Clinically Relevant Animal Model of Temporomandibular Disorder and Irritable Bowel Syndrome Comorbidity." *Journal of Pain* 15 (9): 956–966.

Triandis, Harry Charalambos. 1994. *Culture and Social Behavior.* New York: McGraw-Hill.

Trivedi, Bijal P. 2004. "'Hot Tub Monkeys' Offer Eye on Nonhuman 'Culture'." *National Geographic News,* February 6. http://news.nationalgeographic.com/news/2004/02/0206_040206_tvmacaques.html.

Trumble, Angus. 2004. *A Brief History of the Smile.* New York: Basic Books.

Tsai, Jeanne L. 2007. "Ideal Affect: Cultural Causes and Behavioral Consequences." *Perspectives on Psychological Science* 2 (3): 242–259.

Tsuda, Makoto, Simon Beggs, Michael W. Salter, and Kazuhide Inoue. 2013. "Microglia and Intractable Chronic Pain." *Glia* 61 (1): 55–61.

Tucker, Mike, and Rob Ellis. 2001. "The Potentiation of Grasp Types During Visual Object Categorization." *Visual Cognition* 8 (6): 769–800.

—— 2004. "Action Priming by Briefly Presented Objects." *Acta psychologica* 116 (2): 185–203.

Turati, Chiara. 2004. "Why Faces Are Not Special to Newborns: An Alternative Account of the Face Preference." *Current Directions in Psychological Science* 13 (1): 5–8.

Turcsán, Borbála, Flóra Szánthó, Ádám Miklósi, and Enikő Kubinyi. 2015. "Fetching What the Owner Prefers? Dogs Recognize Disgust and Happiness in Human Behaviour." *Animal Cognition* 18 (1): 83–94.

Turkheimer, Eric, Erik Pettersson, and Erin E. Horn. 2014. "A Phenotypic Null Hypothesis for the Genetics of Personality." *Annual Review of Psychology* 65: 515–540.

U.S. Census Bureau. 2015. "Families and Living Arrangements." http://www.census.gov/hhes/families.

Vallacher, Robin R., and Daniel M. Wegner. 1987. "What Do People Think They're Doing? Action Identification and Human Behavior." *Psychological Review* 94 (1): 3–15.

Van de Cruys, Sander, Kris Evers, Ruth Van der Hallen, Lien Van Eylen, Bart Boets, Lee de-Wit, and Johan Wagemans. 2014. "Precise Minds in Uncertain Worlds: Predictive Coding in Autism." *Psychological Review* 121 (4): 649–675.

Van den Heuvel, Martijn P., and Olaf Sporns. 2011. "Rich-Club Organization of the Human Connectome." *Journal of Neuroscience* 31 (44): 15775–15786.

—— 2013. "An Anatomical Substrate for Integration Among Functional Networks in Human Cortex." *Journal of Neuroscience* 33 (36): 14489–14500.

of Words on Feelings: Words May Facilitate Exposure Effects to Threatening Images." *Emotion* 8 (3): 307–317.

Tagkopoulos, Ilias, Yir-Chung Liu, and Saeed Tavazoie. 2008. "Predictive Behavior Within Microbial Genetic Networks." *Science* 320 (5881): 1313–1317.

Tamir, Maya. 2009. "What Do People Want to Feel and Why? Pleasure and Utility in Emotion Regulation." *Current Directions in Psychological Science* 18 (2): 101–105.

Tanaka, Masayuki. 2011. "Spontaneous Categorization of Natural Objects in Chimpanzees." In *Cognitive Development in Chimpanzees*, edited by T. Matsuzawa, M. Tomanaga, and M. Tanaka, 340–367. Tokyo: Springer.

Tang, Yi-Yuan, Britta K. Hölzel, and Michael I. Posner. 2015. "The Neuroscience of Mindfulness Meditation." *Nature Reviews Neuroscience* 16 (4): 213–225.

Tassinary, Louis G., and John T. Cacioppo. 1992. "Unobservable Facial Actions and Emotion." *Psychological Science* 3 (1): 28–33.

Tassinary, Louis G., John T. Cacioppo, and Eric J. Vanman. 2007. "The Skeletomotor System: Surface Electromyography." In *Handbook of Psychophysiology*, 3rd edition, edited by John T. Cacioppo and Louis G. Tassinary, 267–300. New York: Cambridge University Press.

Taumoepeau, Mele, and Ted Ruffman. 2006. "Mother and Infant Talk About Mental States Relates to Desire Language and Emotion Understanding." *Child Development* 77 (2): 465–481.

—— 2008. "Stepping Stones to Others' Minds: Maternal Talk Relates to Child Mental

State Language and Emotion Understanding at 15, 24, and 33 Months." *Child Development* 79 (2): 284–302.

TedMed. 2015. "Great Challenges." http://www.tedmed.com/greatchallenges.

Teicher, Martin H., Susan L. Andersen, Ann Polcari, Carl M. Anderson, and Carryl P. Navalta. 2002. "Developmental Neurobiology of Childhood Stress and Trauma." *Psychiatric Clinics* 25 (2): 397–426.

Teicher, Martin H., Susan L. Andersen, Ann Polcari, Carl M. Anderson, Carryl P. Navalta, and Dennis M. Kim. 2003. "The Neurobiological Consequences of Early Stress and Childhood Maltreatment." *Neuroscience and Biobehavioral Reviews* 27 (1): 33–44.

Teicher, Martin H., and Jacqueline A. Samson. 2016. "Annual Research Review: Enduring Neurobiological Effects of Childhood Abuse and Neglect." *Journal of Child Psychology and Psychiatry* 57 (3): 241–266.

Teicher, Martin H., Jacqueline A. Samson, Ann Polcari, and Cynthia E. McGreenery. 2006. "Sticks, Stones, and Hurtful Words: Relative Effects of Various Forms of Childhood Maltreatment." *American Journal of Psychiatry* 163: 993–1000.

Tejero-Fernández, Victor, Miguel Membrilla-Mesa, Noelia Galiano-Castillo, and Manuel Arroyo-Morales. 2015. "Immunological Effects of Massage After Exercise: A Systematic Review." *Physical Therapy in Sport* 16 (2): 187–192.

Tenenbaum, Joshua B., Charles Kemp, Thomas L. Griffiths, and Noah D. Goodman. 2011. "How to Grow a Mind: Statistics, Structure, and Abstraction." *Science* 331 (6022): 1279–1285.

Tiedens, Larissa Z. 2001. "Anger and Advancement Versus Sadness and Subjugation: The Effect of Negative Emotion Expressions on Social Status Conferral." *Journal of Personality and Social Psychology* 80 (1): 86–94.

Tomasello, Michael. 2014. *A Natural History of Human Thinking*. Cambridge, MA: Harvard University Press.

Tomkins, Silvan S., and Robert McCarter. 1964. "What and Where Are the Primary Affects? Some Evidence for a Theory." *Perceptual and Motor Skills* 18 (1): 119–158.

Tononi, Giulio, and Gerald M. Edelman. 1998. "Consciousness and Complexity." *Science* 282 (5395): 1846–1851.

Touroutoglou, A., E. Bliss-Moreau, J. Zhang, D.

Emotional Behavior." *Neuroimage* 59 (3): 3050–3059.

Spyridaki, Eirini C., Panagiotis Simos, Pavlina D. Avgoustinaki, Eirini Dermitzaki, Maria Venihaki, Achilles N. Bardos, and Andrew N. Margioris. 2014. "The Association Between Obesity and Fluid Intelligence Impairment Is Mediated by Chronic Low-Grade

Inflammation." *British Journal of Nutrition* 112 (10): 1724–1734.

Srinivasan, Ramprakash, Julie D. Golomb, and Aleix M. Martinez. In press. "A Neural Basis of Facial Action Recognition in Humans." *Journal of Neuroscience*.

Stanton, Annette L., Sharon Danoff-Burg, Christine L. Cameron, Michelle Bishop, Charlotte A. Collins, Sarah B. Kirk, Lisa A. Sworowski, and Robert Twillman. 2000. "Emotionally Expressive Coping Predicts Psychological and Physical Adjustment to Breast Cancer." *Journal of Consulting and Clinical Psychology* 68 (5): 875.

Stanton, Annette L., Sharon Danoff-Burg, and Melissa E. Huggins. 2002. "The First Year After Breast Cancer Diagnosis: Hope and Coping Strategies as Predictors of Adjustment." *Psycho-Oncology* 11 (2): 93–102.

Steiner, Adam P., and A. David Redish. 2014. "Behavioral and Neurophysiological Correlates of Regret in Rat Decision-Making on a Neuroeconomic Task." *Nature Neuroscience* 17 (7): 995–1002.

Stellar, Jennifer E., Neha John-Henderson, Craig L. Anderson, Amie M. Gordon, Galen

D. McNeil, and Dacher Keltner. 2015. "Positive Affect and Markers of Inflammation: Discrete Positive Emotions Predict Lower Levels of Inflammatory Cytokines." *Emotion* 15 (2): 129–133.

Stephens, C. L., I. C. Christie, and B. H. Friedman. 2010. "Autonomic Specificity of Basic Emotions: Evidence from Pattern Classification and Cluster Analysis." *Biological Psychology* 84 (3): 463–473.

Sterling, Peter. 2012. "Allostasis: A Model of Predictive Regulation." *Physiology and Behavior* 106 (1): 5–15.

Sterling, Peter, and Simon Laughlin. 2015. *Principles of Neural Design*. Cambridge, MA: MIT Press.

Stevenson, Seth. 2015. "Tsarnaev's Smirk." *Slate.com*, April 21. http://www.slate.com/articles/news_and_politics/dispatches/2015/04/tsarnaev_trial_sentencing_phase_prosecutor_makes_case_that_dzhokhar_tsarnaev.html.

Stolk, Arjen, Lennart Verhagen, and Ivan Toni. 2016. "Conceptual Alignment: How Brains Achieve Mutual Understanding." *Trends in Cognitive Sciences* 20 (3): 180–191.

Striedter, Georg F. 2006. "Précis of Principles of Brain Evolution." *Behavioral and Brain Sciences* 29 (1): 1–12.

Styron, William. 2010. *Darkness Visible: A Memoir of Madness*. New York: Open Road Media.

Sullivan, Michael J. L., Mary E. Lynch, and A. J. Clark. 2005. "Dimensions of Catastrophic Thinking Associated with Pain Experience and Disability in Patients with Neuropathic Pain Conditions." *Pain* 113 (3): 310–315.

Susskind, Joshua M., Daniel H. Lee, Andree Cusi, Roman Feiman, Wojtek Grabski, and Adam K. Anderson. 2008. "Expressing Fear Enhances Sensory Acquisition." *Nature Neuroscience* 11 (7): 843–850.

Suvak, M. K., and L. F. Barrett. 2011. "Considering PTSD from the Perspective of Brain Processes: A Psychological Construction Analysis." *Journal of Traumatic Stress* 24: 3–24.

Suvak, M. K., B. T. Litz, D. M. Sloan, M. C. Zanarini, L. F. Barrett, and S. G. Hofmann. 2011. "Emotional Granularity and Borderline Personality Disorder." *Journal of Abnormal Psychology* 120 (2): 414–426.

Swanson, Larry W. 2012. *Brain Architecture: Understanding the Basic Plan*. New York: Oxford University Press. [『ブレイン・アーキテクチャ――進化・回路・行動からの理解』石川裕二訳、東京大学出版会、2010 年]

Tabibnia, Golnaz, Matthew D. Lieberman, and Michelle G. Craske. 2008. "The Lasting Effect

Gandhi, Kleovoulos Tsourides, Annie L. Cardinaux, Dimitrios Pantazis, Sidney P. Diamond, and Richard M. Held. 2014. "Autism as a Disorder of Prediction." *Proceedings of the National Academy of Sciences* 111 (42): 15220–15225.

Siniscalchi, Marcello, Rita Lusito, Giorgio Vallortigara, and Angelo Quaranta. 2013. "Seeing Left- or Right-Asymmetric Tail Wagging Produces Different Emotional Responses in Dogs." *Current Biology* 23 (22): 2279–2282.

Skerry, Amy E., and Rebecca Saxe. 2015. "Neural Representations of Emotion Are Organized Around Abstract Event Features." *Current Biology* 25 (15): 1945–1954.

Slavich, George M., and Steven W. Cole. 2013. "The Emerging Field of Human Social Genomics." *Clinical Psychological Science* 1 (3): 331–348.

Slavich, George M., and Michael R. Irwin. 2014. "From Stress to Inflammation and Major Depressive Disorder: A Social Signal Transduction Theory of Depression." *Psychological Bulletin* 140 (3): 774.

Sloan, Erica K., John P. Capitanio, Ross P. Tarara, Sally P. Mendoza, William A. Mason, and Steve W. Cole. 2007. "Social Stress Enhances Sympathetic Innervation of Primate Lymph Nodes: Mechanisms and Implications for Viral Pathogenesis." *Journal of Neuroscience* 27 (33): 8857–8865.

Sloutsky, Vladimir M., and Anna V. Fisher. 2012. "Linguistic Labels: Conceptual Markers or Object Features?" *Journal of Experimental Child Psychology* 111 (1): 65–86.

Smith, Dylan M., George Loewenstein, Aleksandra Jankovic, and Peter A. Ubel. 2009. "Happily Hopeless: Adaptation to a Permanent, but Not to a Temporary, Disability." *Health Psychology* 28 (6): 787–791.

Smith, Edward E., and Douglas L. Medin. 1981. *Categories and Concepts*. Cambridge, MA: Harvard University Press.

So Bad So Good. 2012. "25 Handy Words that Simply Don't Exist in English." April 29. http://sobadsogood.com/2012/04/29/25-words-that-simply-dont-exist-in-english/.

Somerville, Leah H., and Paul J. Whalen. 2006. "Prior Experience as a Stimulus Category Confound: An Example Using Facial Expressions of Emotion." *Social Cognitive and Affective Neuroscience* 1 (3): 271–274.

Soni, Mira, Valerie H. Curran, and Sunjeev K. Kamboj. 2013. "Identification of a Narrow Post-Ovulatory Window of Vulnerability to Distressing Involuntary Memories in Healthy Women." *Neurobiology of Learning and Memory* 104: 32–38.

Soskin, David P., Clair Cassiello, Oren Isacoff, and Maurizio Fava. 2012. "The Inflammatory Hypothesis of Depression." *Focus* 10 (4): 413–421.

Sousa, Cláudia, and Tetsuro Matsuzawa. 2006. "Token Use by Chimpanzees (Pan Troglodytes): Choice, Metatool, and Cost." In *Cognitive Development in Chimpanzees*, edited by T. Matsuzawa, M. Tomanaga, and M. Tanaka, 411–438. Tokyo: Springer. [『チンパンジーの認知と行動の発達』京都大学学術出版会、2003 年]

Southgate, Victoria, and Gergely Csibra. 2009. "Inferring the Outcome of an Ongoing Novel Action at 13 Months." *Developmental Psychology* 45 (6): 1794–1798.

Spiegel, Alix. 2012. "What Vietnam Taught Us About Breaking Bad Habits." *National Public Radio*, January 2. http://www.npr.org/sections/health-shots/2012/01/02/144431794/what-vietnam-taught-us-about-breaking-bad-habits.

Sporns, Olaf. 2011. *Networks of the Brain*. Cambridge, MA: MIT Press.

Spunt, R. P., E. B. Falk, and M. D. Lieberman. 2010. "Dissociable Neural Systems Support Retrieval of How and Why Action Knowledge." *Psychological Science* 21 (11): 1593–1598.

Spunt, R. P., and M. D. Lieberman. 2012. "An Integrative Model of the Neural Systems Supporting the Comprehension of Observed cit: Beliefs About the Malleability of Empathy Predict Effortful Responses When Empathy Is Challenging." *Journal of Personality and Social Psychology* 107 (3): 475–493.

Schuster, Mary Lay, and Amy Propen. 2010. "Degrees of Emotion: Judicial Responses to Victim Impact Statements." *Law, Culture and the Humanities* 6 (1): 75–104.

Schwarz, Norbert, and Gerald L. Clore. 1983. "Mood, Misattribution, and Judgments of Well-Being: Informative and Directive Functions of Affective States." *Journal of Personality and Social Psychology* 45 (3): 513–523.

Schyns, P. G., R. L. Goldstone, and J. P. Thibaut. 1998. "The Development of Features in Object Concepts." *Behavioral and Brain Sciences* 21 (1): 1–17, 17–54.

Searle, John R. 1995. *The Construction of Social Reality*. New York: Simon and Schuster.

Selby, Edward A., Stephen A. Wonderlich., Ross D. Crosby, Scott G. Engel, Emily Panza, James E. Mitchell, Scott J. Crow, Carol B. Peterson, and Daniel Le Grange. 2013. "Nothing Tastes as Good as Thin Feels: Low Positive Emotion Differentiation and Weight-Loss Activities in Anorexia Nervosa." *Clinical Psychological Science* 2 (4): 514–531.

Seminowicz, D. A., H. S. Mayberg, A. R. McIntosh, K. Goldapple, S. Kennedy, Z. Segal, and S. Rafi-Tari. 2004. "Limbic-Frontal Circuitry in Major Depression: A Path Modeling Metanalysis." *Neuroimage* 22 (1): 409–418.

Seo, M.-G., B. Goldfarb, and L. F. Barrett. 2010. "Affect and the Framing Effect Within Individuals Across Time: Risk Taking in a Dynamic Investment Game." *Academy of Management Journal* 53: 411–431.

Seruga, Bostjan, Haibo Zhang, Lori J. Bernstein, and Ian F. Tannock. 2008. "Cytokines and Their Relationship to the Symptoms and Outcome of Cancer." *Nature Reviews Cancer* 8 (11): 887–899.

Settle, Ray H., Barbara A. Sommerville, James McCormick, and Donald M. Broom. 1994. "Human Scent Matching Using Specially Trained Dogs." *Animal Behaviour* 48 (6): 1443–1448.

Shadmehr, Reza, Maurice A. Smith, and John W. Krakauer. 2010. "Error Correction, Sensory Prediction, and Adaptation in Motor Control." *Annual Review of Neuroscience* 33: 89–108.

Sharrock, Justine. 2013. "How Facebook, A Pixar Artist, and Charles Darwin Are Reinventing the Emoticon." *Buzzfeed*, February 8. http://www.buzzfeed.com/justinesharrock/how-facebook-a-pixar-artist-and-charles-darwin-are-reinventi?utm_term=.ig1rx82Ky#.hxRb0da4w.

Shenhav, Amitai, Matthew M. Botvinick, and Jonathan D. Cohen. 2013. "The Expected Value of Control: An Integrative Theory of Anterior Cingulate Cortex Function." *Neuron* 79 (2): 217–240.

Shepard, Roger N., and Lynn A. Cooper. 1992. "Representation of Colors in the Blind, Color-Blind, and Normally Sighted." *Psychological Science* 3 (2): 97–104.

Sheridan, Margaret A., and Katie A. McLaughlin. 2014. "Dimensions of Early Experience and Neural Development: Deprivation and Threat." *Trends in Cognitive Sciences* 18 (11): 580–585.

Siegel, E. H., M. K. Sands, P. Condon, Y. Chang, J. Dy, K. S. Quigley, and L. F. Barrett. Under review. "Emotion Fingerprints or Emotion Populations? A Meta-Analytic Investigation of Autonomic Features of Emotion Categories."

Silva, B. A., C. Mattucci, P. Krzywkowski, E. Murana, A. Illarionova, V. Grinevich, N. S. Canteras, D. Ragozzino, and C. T. Gross. 2013. "Independent Hypothalamic Circuits for Social and Predator Fear." *Nature Neuroscience* 16 (12): 1731–1733.

Simon, Herbert A. 1991. "The Architecture of Complexity." *Proceedings of the American Philosophical Society* 106 (6): 467–482.

Simon, Jonathan. 2007. *Governing Through Crime: How the War on Crime Transformed American Democracy and Created a Culture of Fear*. New York: Oxford University Press.

Sinha, Pawan, Margaret M. Kjelgaard, Tapan K.

Takahiko Masuda, and Paula Marie Niedenthal. 2015. "Heterogeneity of Long-History Migration Explains Cultural Differences in Reports of Emotional Expressivity and the Functions of Smiles." *Proceedings of the National Academy of Sciences* 112 (19): E2429–E2436.

Sabra, Abdelhamid I. 1989. *The Optics of Ibn al-Haytham, Books I.III: On Direct Vision*. Vol. 1. London: Warburg Institute, University of London.

Safina, Carl. 2015. *Beyond Words: What Animals Think and Feel*. New York: Macmillan.

Salerno, Jessica M., and Bette L. Bottoms. 2009. "Emotional Evidence and Jurors' Judgments: The Promise of Neuroscience for Informing Psychology and Law." *Behavioral Sciences and the Law* 27 (2): 273–296.

Salminen, Jouko K., Simo Saarijärvi, Erkki Äärelä, Tuula Toikka, and Jussi Kauhanen. 1999. "Prevalence of Alexithymia and Its Association with Sociodemographic Variables in the General Population of Finland." *Journal of Psychosomatic Research* 46 (1): 75–82.

Salter, Michael W., and Simon Beggs. 2014. "Sublime Microglia: Expanding Roles for the Guardians of the CNS." *Cell* 158 (1): 15–24.

Sanchez, Raf, and Peter Foster. 2015. "'You Rape Our Women and Are Taking over Our Country,' Charleston Church Gunman Told Black Victims." *Telegraph*, June 18. http://www.telegraph.co.uk/news/worldnews/northamerica/usa/11684957/You-rape-our-women-and-are-taking-over-our-country-Charleston-church-gunman-told-black-victims.html.

Sauter, Disa A., Frank Eisner, Paul Ekman, and Sophie K. Scott. 2010. "Cross-Cultural Recognition of Basic Emotions Through Nonverbal Emotional Vocalizations." *Proceedings of the National Academy of Sciences* 107 (6): 2408–2412.

—— 2015. "Emotional Vocalizations Are Recognized Across Cultures Regardless of the Valence of Distractors." *Psychological Science* 26 (3): 354–356.

Sbarra, David A., and Cindy Hazan. 2008. "Coregulation, Dysregulation, Self-Regulation: An Integrative Analysis and Empirical Agenda for Understanding Adult Attachment, Separation, Loss, and Recovery." *Personality and Social Psychology Review* 12 (2): 141–167.

Scalia, Antonin, and Bryan A. Garner. 2008. *Making Your Case: The Art of Persuading Judges*. St. Paul, MN: Thomson/West.

Schacter, D. L., D. R. Addis, D. Hassabis, V. C. Martin, R. N. Spreng, and K. K. Szpunar. 2012. "The Future of Memory: Remembering, Imagining, and the Brain." *Neuron* 76 (4): 677–694.

Schacter, Daniel L. 1996. *Searching for Memory: The Brain, the Mind, and the Past*. New York: Basic Books.

Schacter, Daniel L., and Elizabeth F. Loftus. 2013. "Memory and Law: What Can Cognitive Neuroscience Contribute?" *Nature Neuroscience* 16 (2): 119–123.

Schachter, Stanley, and Jerome Singer. 1962. "Cognitive, Social, and Physiological Determinants of Emotional State." *Psychological Review* 69 (5): 379–399.

Schatz, Howard, and Beverly J. Ornstein. 2006. *In Character: Actors Acting*. Boston: Bulfinch Press.

Schilling, Elizabeth A., Robert H. Aseltine, and Susan Gore. 2008. "The Impact of Cumulative Childhood Adversity on Young Adult Mental Health: Measures, Models, and Interpretations." *Social Science and Medicine* 66 (5): 1140–1151.

Schnall, Simone, Kent D. Harber, Jeanine K. Stefanucci, and Dennis R. Proffitt. 2008. "Social Support and the Perception of Geographical Slant." *Journal of Experimental Social Psychology* 44 (5): 1246–1255.

Scholz, Joachim, and Clifford J. Woolf. 2007. "The Neuropathic Pain Triad: Neurons, Immune Cells and Glia." *Nature Neuroscience* 10 (11): 1361–1368.

Schumann, Karina, Jamil Zaki, and Carol S. Dweck. 2014. "Addressing the Empathy Defi-

brain/.
Reynolds, S. M., and K. C. Berridge. 2008. "Emotional Environments Retune the Valence of Appetitive Versus Fearful Functions in Nucleus Accumbens." *Nature Neuroscience* 11 (4): 423–425.
Richerson, Peter J., and Robert Boyd. 2008. *Not by Genes Alone: How Culture Transformed Human Evolution*. Chicago: University of Chicago Press.
Rieke, Fred. 1999. *Spikes: Exploring the Neural Code*. Cambridge, MA: MIT Press.
Rigotti, Mattia, Omri Barak, Melissa R. Warden, Xiao-Jing Wang, Nathaniel D. Daw, Earl K. Miller, and Stefano Fusi. 2013. "The Importance of Mixed Selectivity in Complex Cognitive Tasks." *Nature* 497 (7451): 585–590.
Rimmele, Ulrike, Lila Davachi, Radoslav Petrov, Sonya Dougal, and Elizabeth A. Phelps. 2011. "Emotion Enhances the Subjective Feeling of Remembering, Despite Lower Accuracy for Contextual Details." *Emotion* 11 (3): 553–562.
Riva-Posse, Patricio, Ki Sueng Choi, Paul E. Holtzheimer, Cameron C. McIntyre, Robert E. Gross, Ashutosh Chaturvedi, Andrea L. Crowell, Steven J. Garlow, Justin K. Rajendra, and Helen S. Mayberg. 2014. "Defining Critical White Matter Pathways Mediating Successful Subcallosal Cingulate Deep Brain Stimulation for Treatment-Resistant Depression." *Biological Psychiatry* 76 (12): 963–969.
Roberson, Debi, Jules Davidoff, Ian R. L. Davies, and Laura R. Shapiro. 2005. "Color Categories: Evidence for the Cultural Relativity Hypothesis." *Cognitive Psychology* 50 (4): 378–411.
Rosch, Eleanor. 1978. "Principles of Categorization." In *Cognition and Categorization*, edited by Eleanor Rosch and Barbara B. Lloyd, 2–48. Hillsdale, NJ: Erlbaum.
Roseman, I. J. 1991. "Appraisal Determinants of Discrete Emotions." *Cognition and Emotion* 5 (3): 161–200.
—— 2011. "Emotional Behaviors, Emotivational Goals, Emotion Strategies: Multiple Levels of Organization Integrate Variable and Consistent Responses." *Emotion Review* 3: 1–10.
Rossi, Alexandre Pongrácz, and César Ades. 2008. "A Dog at the Keyboard: Using Arbitrary Signs to Communicate Requests." *Animal Cognition* 11 (2): 329–338.
Rottenberg, Jonathan. 2014. *The Depths: The Evolutionary Origins of the Depression Epidemic*. New York: Basic Books.
Rowe, Meredith L., and Susan Goldin-Meadow. 2009. "Differences in Early Gesture Explain SES Disparities in Child Vocabulary Size at School Entry." *Science* 323 (5916): 951–953.
Roy, M., D. Shohamy, N. Daw, M. Jepma, G. E. Wimmer, and T. D. Wager. 2014. "Representation of Aversive Prediction Errors in the Human Periaqueductal Gray." *Nature Neuroscience* 17 (11): 1607–1612.
Roy, Mathieu, Mathieu Piché, Jen-I Chen, Isabelle Peretz, and Pierre Rainville. 2009. "Cerebral and Spinal Modulation of Pain by Emotions." *Proceedings of the National Academy of Sciences* 106 (49): 20900–20905.
Russell, J. A. 1991a. "Culture and the Categorization of Emotions." *Psychological Bulletin* 110 (3): 426–450.
—— 1991b. "In Defense of a Prototype Approach to Emotion Concepts." *Journal of Personality and Social Psychology* 60 (1): 37–47.
—— 1994. "Is There Universal Recognition of Emotion from Facial Expressions? A Review of the Cross-Cultural Studies." *Psychological Bulletin* 115 (1): 102–141.
—— 2003. "Core Affect and the Psychological Construction of Emotion." *Psychological Review* 110 (1): 145–172.
Russell, J. A., and L. F. Barrett. 1999. "Core Affect, Prototypical Emotional Episodes, and Other Things Called Emotion: Dissecting the Elephant." Journal of Personality and *Social Psychology* 76 (5): 805–819.
Rychlowska, Magdalena, Yuri Miyamoto, David Matsumoto, Ursula Hess, Eva Gilboa-Schechtman, Shanmukh Kamble, Hamdi Muluk,

iel M. Lambert, and Frank D. Fincham. 2012. "Emotion Differentiation Moderates Aggressive Tendencies in Angry People: A Daily Diary Analysis." *Emotion* 12 (2): 326–337.

Posner, M. I., C. R. Snyder, and B. J. Davidson. 1980. "Attention and the Detection of Signals." *Journal of Experimental Psychology* 109 (2): 160–174.

Posner, Michael I., and Steven W. Keele. 1968. "On the Genesis of Abstract Ideas." *Journal of Experimental Psychology* 77 (July): 353–363.

Power, Jonathan D., Alexander L. Cohen, Steven M. Nelson, Gagan S. Wig, Kelly Anne Barnes, Jessica A. Church, Alecia C. Vogel, Timothy O. Laumann, Fran M. Miezin, and Bradley L. Schlaggar. 2011. "Functional Network Organization of the Human Brain." *Neuron* 72 (4): 665–678.

Pratt, Maayan, Magi Singer, Yaniv Kanat-Maymon, and Ruth Feldman. 2015. "Infant Negative Reactivity Defines the Effects of Parent-Child Synchrony on Physiological and Behavioral Regulation of Social Stress." *Development and Psychopathology* 27 (4, part 1): 1191–1204.

Prebble, S. C., D. R. Addis, and L. J. Tippett. 2012. "Autobiographical Memory and Sense of Self." *Psychological Bulletin* 139 (4): 815–840.

Press, Clare, and Richard Cook. 2015. "Beyond Action-Specific Simulation: Domain-General Motor Contributions to Perception." *Trends in Cognitive Sciences* 19 (4): 176–178.

Pribram, Karl H. 1958. "Comparative Neurology and the Evolution of Behavior." In *Behavior and Evolution*, edited by Anne Roe and George Gaylord Simpson, 140–164. New Haven, CT: Yale University Press.

Quaranta, A., M. Siniscalchi, and G. Vallortigara. 2007. "Asymmetric Tail-Wagging Responses by Dogs to Different Emotive Stimuli." *Current Biology* 17 (6): R199–R201.

Quattrocki, E., and Karl Friston. 2014. "Autism, Oxytocin and Interoception." *Neuroscience and Biobehavioral Reviews* 47: 410–430.

Quoidbach, Jordi, June Gruber, Moira Mikolajczak, Alexsandr Kogan, Ilios Kotsou, and Michael I. Norton. 2014. "Emodiversity and the Emotional Ecosystem." *Journal of Experimental Psychology: General* 143 (6): 2057–2066.

Raichle, M. E. 2010. "Two Views of Brain Function." *Trends in Cognitive Science* 14 (4): 180–190.

Ramon y Cajal, Santiago. 1909–1911. *Histology of the Nervous System of Man and Vertebrates.* Translated by Neeley Swanson and Larry W. Swanson. New York: Oxford University Press.

Ranganathan, Rajiv, and Les G. Carlton. 2007. "Perception-Action Coupling and Anticipatory Performance in Baseball Batting." *Journal of Motor Behavior* 39 (5): 369–380.

Range, Friederike, Ulrike Aust, Michael Steurer, and Ludwig Huber. 2008. "Visual Categorization of Natural Stimuli by Domestic Dogs." *Animal Cognition* 11 (2): 339–347.

Raz, G., T. Touroutoglou, C. Wilson-Mendenhall, G. Gilam, T. Lin, T. Gonen, Y. Jacob, S. Atzil, R. Admon, M. Bleich-Cohen, A. Maron-Katz, T. Hendler, and L. F. Barrett. 2016. "Functional Connectivity Dynamics During Film Viewing Reveal Common Networks for Different Emotional Experiences." *Cognitive, Affective, and Behavioral Neuroscience* 16 (4):709–723.

Redelmeier, Donald A., and Simon D. Baxter. 2009. "Rainy Weather and Medical School Admission Interviews." *Canadian Medical Association Journal* 181 (12): 933.

Repacholi, Betty M., and Alison Gopnik. 1997. "Early Reasoning About Desires: Evidence from 14- and 18-Month-Olds." *Developmental Psychology* 33 (1): 12–21.

Repetti, Rena L., Shelley E. Taylor, and Teresa E. Seeman. 2002. "Risky Families: Family Social Environments and the Mental and Physical Health of Offspring." *Psychological Bulletin* 128 (2): 330–366.

Reynolds, Gretchen. 2015. "How Walking in Nature Changes the Brain." *New York Times*, July 22. http://well.blogs.nytimes.com/2015/07/22/how-nature-changes-the-

tients Recovering from Surgery." *Journal of Alternative and Complementary Medicine* 15 (9): 975–980.
Parker, George Howard. 1919. *The Elementary Nervous System*. Philadelphia: J. B. Lippincott.
Parr, Lisa A., Bridget M. Waller, Sarah J. Vick, and Kim A. Bard. 2007. "Classifying Chimpanzee Facial Expressions Using Muscle Action." *Emotion* 7 (1): 172–181.
Passingham, Richard. 2009. "How Good Is the Macaque Monkey Model of the Human Brain?" *Current Opinion in Neurobiology* 19 (1): 6–11.
Paulus, Martin P., and Murray B. Stein. 2010. "Interoception in Anxiety and Depression." *Brain Structure and Function* 214 (5.6): 451–463.
Pavlenko, Aneta. 2009. "Conceptual Representation in the Bilingual Lexicon and Second Language Vocabulary Learning." In *The Bilingual Mental Lexicon: Interdisciplinary Approaches*, edited by Aneta Pavlenko, 125–160. Bristol, UK: Multilingual Matters.
—— 2014. *The Bilingual Mind: And What It Tells Us About Language and Thought*. Cambridge: Cambridge University Press.
Peelen, M. V., A. P. Atkinson, and P. Vuilleumier. 2010. "Supramodal Representations of Perceived Emotions in the Human Brain." *Journal of Neuroscience* 30 (30): 10127–10134.
Percy, Elise J., Joseph L. Hoffmann, and Steven J. Sherman. 2010. "Sticky Metaphors and the Persistence of the Traditional Voluntary Manslaughter Doctrine." *University of Michigan Journal of Law Reform* 44: 383.
Perfors, Amy, Joshua B. Tenenbaum, Thomas L. Griffiths, and Fei Xu. 2011. "A Tutorial Introduction to Bayesian Models of Cognitive Development." *Cognition* 120 (3): 302–321.
Perissinotto, Carla M., Irena Stijacic Cenzer, and Kenneth E. Covinsky. 2012. "Loneliness in Older Persons: A Predictor of Functional Decline and Death." *Archives of Internal Medicine* 172 (14): 1078–1084.
Pessoa, L., E. Thompson, and A. Noe. 1998. "Finding Out About Filling-In: A Guide to Perceptual Completion for Visual Science and the Philosophy of Perception." *Behavioral and Brain Sciences* 21 (6): 723–748, 748–802.
Pillsbury, Samuel H. 1989. "Emotional Justice: Moralizing the Passions of Criminal Punishment." *Cornell Law Review* 74: 655–710.
Pimsleur. 2014. "Words We Wish Existed in English." *Pimsleur Approach*. https://www.pimsleurapproach.com/words-we-wish-existed-in-english/.
Pinker, Steven. 1997. *How the Mind Works*. New York: Norton. [『心の仕組み』上下巻、上巻＝椋田直子訳、下巻＝山下篤子訳、ちくま学芸文庫、2013年]
—— 2002. *The Blank Slate: The Modern Denial of Human Nature*. New York: Penguin. [『人間の本性を考える——心は「空白の石版」か』上中下巻、山下篤子訳、NHKブックス、2004年]
Pinto, A., D. Di Raimondo, A. Tuttolomondo, C. Butta, G. Milio, and G. Licata. 2012. "Effects of Physical Exercise on Inflammatory Markers of Atherosclerosis." *Current Pharmaceutical Design* 18 (28): 4326–4349.
Pisotta, Iolanda, and Marco Molinari. 2014. "Cerebellar Contribution to Feedforward Control of Locomotion." *Frontiers in Human Neuroscience* 8: 1–5.
Planck, Max. 1931. *The Universe in the Light of Modern Physics*. London: Allen and Unwin.
Ploghaus, Alexander, Charvy Narain, Christian F. Beckmann, Stuart Clare, Susanna Bantick, Richard Wise, Paul M. Matthews, J. Nicholas P. Rawlins, and Irene Tracey. 2001. "Exacerbation of Pain by Anxiety Is Associated with Activity in a Hippocampal Network." *Journal of Neuroscience* 21 (24): 9896–9903.
Pollack, Irwin, and James M. Pickett. 1964. "Intelligibility of Excerpts from Fluent Speech: Auditory vs. Structural Context." *Journal of Verbal Learning and Verbal Behavior* 3 (1): 79–84.
Pond, Richard S., Jr., Todd B. Kashdan, C. Nathan DeWall, Antonina Savostyanova, Nathan-

Obrist, Paul A., Roger A. Webb, James R. Sutterer, and James L. Howard. 1970. "The Cardiac-Somatic Relationship: Some Reformulations." *Psychophysiology* 6 (5): 569–587.

Ochsner, K. N., and J. J. Gross. 2005. "The Cognitive Control of Emotion." *Trends in Cognitive Science* 9 (5): 242–249.

Okamoto-Barth, Sanae, and Masaki Tomonaga. 2006. "Development of Joint Attention in Infant Chimpanzees." In *Cognitive Development in Chimpanzees*, edited by T. Matsuzawa, M. Tomanaga, and M. Tanaka, 155.171. Tokyo: Springer. [『チンパンジーの認知と行動の発達』京都大学学術出版会、2003 年]

Olausson, Håkan, Johan Wessberg, Francis McGlone, and Åke Vallbo. 2010. "The Neurophysiology of Unmyelinated Tactile Afferents." *Neuroscience and Biobehavioral Reviews* 34 (2): 185–191.

Olfson, Mark, and Steven C. Marcus. 2009. "National Patterns in Antidepressant Medication Treatment." *Archives of General Psychiatry* 66 (8): 848–856.

Oosterwijk, Suzanne, Kristen A. Lindquist, Morenikeji Adebayo, and Lisa Feldman Barrett. 2015. "The Neural Representation of Typical and Atypical Experiences of Negative Images: Comparing Fear, Disgust and Morbid Fascination." *Social Cognitive and Affective Neuroscience* 11 (1): 11–22.

Opendak, Maya, and Elizabeth Gould. 2015. "Adult Neurogenesis: A Substrate for Experience-Dependent Change." *Trends in Cognitive Sciences* 19 (3): 151–161.

Ortony, Andrew, Gerald L. Clore, and Allan Collins. 1990. *The Cognitive Structure of Emotions*. New York: Cambridge University Press.

Osgood, Charles Egerton, George John Suci, and Percy H. Tannenbaum. 1957. *The Measurement of Meaning*. Urbana: University of Illinois Press.

Oster, Harriet. 2005. "The Repertoire of Infant Facial Expressions: An Ontogenetic Perspective." In *Emotional Development: Recent Research Advances*, edited by J. Nadel and D. Muir, 261–292. New York: Oxford University Press.

—— 2006. "Baby FACS: Facial Action Coding System for infants and Young Children." Unpublished monograph and coding manual. New York University.

Owren, Michael J., and Drew Rendall. 2001. "Sound on the Rebound: Bringing Form and Function Back to the Forefront in Understanding Nonhuman Primate Vocal Signaling." *Evolutionary Anthropology: Issues, News, and Reviews* 10 (2): 58–71.

Palumbo, R. V., M. E. Marraccini, L. L. Weyandt, O. Wilder-Smith, H. A. McGee, S. Liu, and M. S. Goodwin. In press. "Interpersonal Autonomic Physiology: A Systematic Review of the Literature." *Personality and Social Psychology Review*.

Panayiotou, Aalexia. 2004. "Bilingual Emotions: The Untranslatable Self." *Estudios de sociolingüística: Linguas, sociedades e culturas* 5 (1): 1–20.

Panksepp, J. 1998. *Affective Neuroscience: The Foundations of Human and Animal Emotions*. New York: Oxford University Press.

—— 2011. "The Basic Emotional Circuits of Mammalian Brains: Do Animals Have Affective Lives?" *Neuroscience and Biobehavioral Reviews* 35 (9): 1791–1804.

Panksepp, Jaak, and Jules B. Panksepp. 2013. "Toward a Cross-Species Understanding of Empathy." *Trends in Neurosciences* 36 (8): 489–496.

Parise, Eugenio, and Gergely Csibra. 2012. "Electrophysiological Evidence for the Understanding of Maternal Speech by 9-Month-Old Infants." *Psychological Science* 23 (7): 728–733.

Park, Hae-Jeong, and Karl Friston. 2013. "Structural and Functional Brain Networks: From Connections to Cognition." *Science* 342 (6158): 1238411.

Park, Seong-Hyun, and Richard H. Mattson. 2009. "Ornamental Indoor Plants in Hospital Rooms Enhanced Health Outcomes of Pa-

Murai, Chizuko, Daisuke Kosugi, Masaki Tomonaga, Masayuki Tanaka, Tetsuro Matsuzawa, and Shoji Itakura. 2005. "Can Chimpanzee Infants (Pan Troglodytes) Form Categorical Representations in the Same Manner as Human Infants (Homo Sapiens)?" *Developmental Science* 8 (3): 240–254.

Murphy, G. L. 2002. *The Big Book of Concepts*. Cambridge, MA: MIT Press.

Mysels, David J., and Maria A. Sullivan. 2010. "The Relationship Between Opioid and Sugar Intake: Review of Evidence and Clinical Applications." *Journal of Opioid Management* 6 (6): 445–452.

Naab, Pamela J., and James A. Russell. 2007. "Judgments of Emotion from Spontaneous Facial Expressions of New Guineans." *Emotion* 7 (4): 736–744.

Nadler, Janice, and Mary R. Rose. 2002. "Victim Impact Testimony and the Psychology of Punishment." *Cornell Law Review* 88: 419.

National Institute of Mental Health. 2015. "Research Domain Criteria (RDoC)." https://www.nimh.nih.gov/research-priorities/rdoc/.

National Institute of Neurological Disorders and Stroke. 2013. "Complex Regional Pain Syndrome Fact Sheet." http://www.ninds.nih.gov/disorders/reflex_sympathetic_dystrophy/detail_reflex_sympathetic_dystrophy.htm.

National Sleep Foundation. 2011. "Annual Sleep in America Poll Exploring Connections with Communications Technology Use and Sleep." https://sleepfoundation.org/media-center/press-release/annual-sleep-america-poll-exploring-connections-communications-technology-use.

Nauert, Rick. 2013. "70 Percent of Americans Take Prescription Drugs." *PsychCentral*, June 20. http://psychcentral.com/news/2013/06/20/70-percent-of-americans-take-prescription-drugs/56275.html.

Neisser, Ulric. 2014. *Cognitive Psychology, Classic Edition*. New York: Psychology Press.

Neuroskeptic. 2011. "Neurology vs Psychiatry." *Neuroskeptic Blog*. http://blogs.discovermagazine.com/neuroskeptic/2011/04/07/neurology-vs-psychiatry.

New Jersey Courts, State of New Jersey. 2012. "Identification: In-Court and Out-of-Court Identifications." http://www.judiciary.state.nj.us/criminal/charges/idinout.pdf.

Nielsen, Mark. 2009. "12-Month-Olds Produce Others' Intended but Unfulfilled Acts." *Infancy* 14 (3): 377–389.

Nisbett, Richard E., and Dov Cohen. 1996. *Culture of Honor: The Psychology of Violence in the South*. Boulder, CO: Westview Press. [『名誉と暴力――アメリカ南部の文化と心理』石井敬子・結城雅樹訳、北大路書房、2009年]

Noble, Kimberly G., Suzanne M. Houston, Natalie H. Brito, Hauke Bartsch, Eric Kan, Joshua M. Kuperman, Natacha Akshoomoff, David G. Amaral, Cinnamon S. Bloss, and Ondrej Libiger. 2015. "Family Income, Parental Education and Brain Structure in Children and Adolescents." *Nature Neuroscience* 18 (5): 773–778.

Nobler, Mitchell S., Maria A. Oquendo, Lawrence S. Kegeles, Kevin M. Malone, Carl Campbell, Harold A. Sackeim, and J. John Mann. 2001. "Decreased Regional Brain Metabolism After ECT." *American Journal of Psychiatry* 158 (2): 305–308.

Nokia, Miriam S., Sanna Lensu, Juha P. Ahtiainen, Petra P. Johansson, Lauren G. Koch, Steven L. Britton, and Heikki Kainulainen. 2016. "Physical Exercise Increases Adult Hippocampal Neurogenesis in Male Rats Provided It Is Aerobic and Sustained." *Journal of Physiology* 594 (7): 1–19.

Norenzayan, Ara, and Steven J. Heine. 2005. "Psychological Universals: What Are They and How Can We Know?" *Psychological Bulletin* 131 (5): 763–784.

Nummenmaa, Lauri, Enrico Glerean, Riitta Hari, and Jari K. Hietanen. 2014. "Bodily Maps of Emotions." *Proceedings of the National Academy of Sciences* 111 (2): 646–651.

Obrist, Paul A. 1981. *Cardiovascular Psychophysiology: A Perspective*. New York: Plenum.

taged Preschoolers." *Journal of Experimental Child Psychology* 132: 14–31.

Mesman, Judi, Harriet Oster, and Linda Camras. 2012. "Parental Sensitivity to Infant Distress: What Do Discrete Negative Emotions Have to Do with It?" *Attachment and Human Development* 14 (4): 337–348.

Mesquita, Batja, and Nico H. Frijda. 1992. "Cultural Variations in Emotions: A Review." *Psychological Bulletin* 112 (2): 179–204.

Mesulam, M.-Marcel. 2002. "The Human Frontal Lobes: Transcending the Default Mode Through Contingent Encoding." In *Principles of Frontal Lobe Function*, edited by Donald T. Stuss and Robert T. Knight, 8–30. New York: Oxford University Press.

Metti, Andrea L., Howard Aizenstein, Kristine Yaffe, Robert M. Boudreau, Anne Newman, Lenore Launer, Peter J. Gianaros, Oscar L. Lopez, Judith Saxton, and Diane G. Ives. 2015. "Trajectories of Peripheral Interleukin-6, Structure of the Hippocampus, and Cognitive Impairment over 14 Years in Older Adults." *Neurobiology of Aging* 36 (11): 3038–3044.

Miller, Andrew H., Ebrahim Haroon, Charles L. Raison, and Jennifer C. Felger. 2013. "Cytokine Targets in the Brain: Impact on Neurotransmitters and Neurocircuits." *Depression and Anxiety* 30 (4): 297–306.

Miller, Antonia Elise. 2010. "Inherent (Gender) Unreasonableness of the Concept of Reasonableness in the Context of Manslaughter Committed in the Heat of Passion." *William and Mary Journal of Women and the Law* 17: 249.

Miller, Gregory E., and Edith Chen. 2010. "Harsh Family Climate in Early Life Presages the Emergence of a Proinflammatory Phenotype in Adolescence." *Psychological Science* 21 (6): 848–856.

Mitchell, Robert W., Nicholas S. Thompson, and H. Lyn Miles. 1997. *Anthropomorphism, Anecdotes, and Animals*. Albany, NY: SUNY Press.

Mobbs, Dean, Hakwan C. Lau, Owen D. Jones, and Christopher D. Frith. 2007. "Law, Responsibility, and the Brain." *PLOS Biology* 5 (4): e103. doi:10.1371/journal.pbio.0050103.

Montgomery, Ben. 2012. "Florida's 'Stand Your Ground' Law Was Born of 2004 Case, but Story Has Been Distorted." *Tampa Bay Times*, April 14. http://www.tampabay.com/news/publicsafety/floridas-stand-your-ground-law-was-born-of-2004-case-but-story-has-been/1225164.

Monyak, Suzanne. 2015. "Jury Awards $2.2M Verdict Against Food Storage Company in 'Defecator' DNA Case." *Daily Report*, June 22. http://www.dailyreportonline.com/id=1202730177957/Jury-Awards-22M-Verdict-Against-Food-Storage-Company-in-Defecator-DNA-Case.

Moon, Christine, Hugo Lagercrantz, and Patricia K. Kuhl. 2013. "Language Experienced in Utero Affects Vowel Perception After Birth: A Two-Country Study." *Acta paediatrica* 102 (2): 156–160.

Moore, Shelby A. D. 1994. "Battered Woman Syndrome: Selling the Shadow to Support the Substance." *Howard Law Journal* 38 (2): 297.

Morell, Virginia. 2013. *Animal Wise: How We Know Animals Think and Feel*. New York: Broadway Books. [『なぜ犬はあなたの言っていることがわかるのか——動物にも"心"がある』庭田よう子訳、講談社、2015年]

Moriguchi, Y., A. Negreira, M. Weierich, R. Dautoff, B. C. Dickerson, C. I. Wright, and L. F. Barrett. 2011. "Differential Hemodynamic Response in Affective Circuitry with Aging: An fMRI Study of Novelty, Valence, and Arousal." *Journal of Cognitive Neuroscience* 23 (5): 1027–1041.

Moriguchi, Yoshiya, Alexandra Touroutoglou, Bradford C. Dickerson, and Lisa Feldman Barrett. 2013. "Sex Differences in the Neural Correlates of Affective Experience." *Social Cognitive and Affective Neuroscience* 9 (5): 591–600.

Morrison, Adele M. 2006. "Changing the Domestic Violence (Dis) Course: Moving from White Victim to Multi-Cultural Survivor." *UC Davis Law Review* 39: 1061–1120.

Fontaine. 2008. "Mapping Expressive Differences Around the World: The Relationship Between Emotional Display Rules and Individualism Versus Collectivism." Journal of Cross-Cultural Psychology 39 (1): 55–74.

Matsuzawa, Tetsuro. 2010. "Cognitive Development in Chimpanzees: A Trade-Off Between Memory and Abstraction." In *The Making of Human Concepts*, edited by Denis Mareschal, Paul C. Quinn, and Stephen E. G. Lea, 227–244. New York: Oxford University Press.

Mayberg, Helen S. 2009. "Targeted Electrode-Based Modulation of Neural Circuits for Depression." *Journal of Clinical Investigation* 119 (4): 717–725.

Maye, Jessica, Janet F. Werker, and LouAnn Gerken. 2002. "Infant Sensitivity to Distributional Information Can Affect Phonetic Discrimination." *Cognition* 82 (3): B101.–B111.

Mayr, Ernst. 1982. *The Growth of Biological Thought: Diversity, Evolution, and Inheritance.* Cambridge, MA: Harvard University Press.

—— 2007. *What Makes Biology Unique? Considerations on the Autonomy of a Scientific Discipline.* New York: Cambridge University Press.

McEwen, Bruce S., Nicole P. Bowles, Jason D. Gray, Matthew N. Hill, Richard G. Hunter, Ilia N. Karatsoreos, and Carla Nasca. 2015. "Mechanisms of Stress in the Brain." *Nature Neuroscience* 18 (10): 1353–1363.

McEwen, Bruce S., and Peter J. Gianaros. 2011. "Stress- and Allostasis-Induced Brain Plasticity." *Annual Review of Medicine* 62: 431–445.

McGlone, Francis, Johan Wessberg, and Håkan Olausson. 2014. "Discriminative and Affective Touch: Sensing and Feeling." *Neuron* 82 (4): 737–755.

McGrath, Callie L., Mary E. Kelley, Boadie W. Dunlop, Paul E. Holtzheimer III, W. Edward Craighead, and Helen S. Mayberg. 2014. "Pretreatment Brain States Identify Likely Nonresponse to Standard Treatments for Depression." *Biological Psychiatry* 76 (7): 527–535.

McKelvey, Tara. 2015. "Boston in Shock over Tsarnaev Death Penalty." *BBC News*, May 16. http://www.bbc.com/news/world-us-canada-32762999.

McMenamin, Brenton W., Sandra J. E. Langeslag, Mihai Sirbu, Srikanth Padmala, and Luiz Pessoa. 2014. "Network Organization Unfolds over Time During Periods of Anxious Anticipation." *Journal of Neuroscience* 34 (34): 11261–11273.

McNally, Gavan P., Joshua P. Johansen, and Hugh T. Blair. 2011. "Placing Prediction into the Fear Circuit." *Trends in Neurosciences* 34 (6): 283–292.

Meganck, Reitske, Stijn Vanheule, Ruth Inslegers, and Mattias Desmet. 2009. "Alexithymia and Interpersonal Problems: A Study of Natural Language Use." *Personality and Individual Differences* 47 (8): 990–995.

Mena, Jesus D., Ryan A. Selleck, and Brian A. Baldo. 2013. "Mu-Opioid Stimulation in Rat Prefrontal Cortex Engages Hypothalamic Orexin/Hypocretin-Containing Neurons, and Reveals Dissociable Roles of Nucleus Accumbens and Hypothalamus in Cortically Driven Feeding." *Journal of Neuroscience* 33 (47): 18540–18552.

Mennin, Douglas S., Richard G. Heimberg, Cynthia L. Turk, and David M. Fresco. 2005. "Preliminary Evidence for an Emotion Dysregulation Model of Generalized Anxiety Disorder." *Behaviour Research and Therapy* 43 (10): 1281–1310.

Menon, V. 2011. "Large-Scale Brain Networks and Psychopathology: A Unifying Triple Network Model." *Trends in Cognitive Science* 15 (10): 483–506.

Mervis, Carolyn B., and Eleanor Rosch. 1981. "Categorization of Natural Objects." *Annual Review of Psychology* 32 (1): 89–115.

Merz, Emily C., Tricia A. Zucker, Susan H. Landry, Jeffrey M. Williams, Michael Assel, Heather B. Taylor, Christopher J. Lonigan, Beth M. Phillips, Jeanine Clancy-Menchetti, and Marcia A. Barnes. 2015. "Parenting Predictors of Cognitive Skills and Emotion Knowledge in Socioeconomically Disadvan-

Malik, Bilal R., and James J. L. Hodge. 2014. "Drosophila Adult Olfactory Shock Learning." *Journal of Visualized Experiments* (90): 1–5. doi:10.3791/50107.

Malt, Barbara, and Phillip Wolff. 2010. *Words and the Mind: How Words Capture Human Experience*. New York: Oxford University Press.

Marder, E., and A. L. Taylor. 2011. "Multiple Models to Capture the Variability in Biological Neurons and Networks." *Nature Neuroscience* 14: 133–138.

Marder, Eve. 2012. "Neuromodulation of Neuronal Circuits: Back to the Future." *Neuron* 76 (1): 1–11.

Mareschal, Denis, Mark H. Johnson, Sylvain Sirois, Michael Spratling, Michael S. C. Thomas, and Gert Westermann. 2007. *Neuroconstructivism-I: How the Brain Constructs Cognition*. New York: Oxford University Press.

Mareschal, Denis, Paul C. Quinn, and Stephen E. G. Lea. 2010. *The Making of Human Concepts*. New York: Oxford University Press.

Marmi, Josep, Jaume Bertranpetit, Jaume Terradas, Osamu Takenaka, and Xavier Domingo-Roura. 2004. "Radiation and Phylogeography in the Japanese Macaque, Macaca Fuscata." *Molecular Phylogenetics and Evolution* 30 (3): 676–685.

Martin, Alia, and Laurie R. Santos. 2014. "The Origins of Belief Representation: Monkeys Fail to Automatically Represent Others' Beliefs." *Cognition* 130 (3): 300–308.

Martin, René, Ellen E. I. Gordon, and Patricia Lounsbury. 1998. "Gender Disparities in the Attribution of Cardiac-Related Symptoms: Contribution of Common Sense Models of Illness." *Health Psychology* 17 (4): 346–357.

Martin, René, Catherine Lemos, Nan Rothrock, S. Beth Bellman, Daniel Russell, Toni Tripp-Reimer, Patricia Lounsbury, and Ellen Gordon. 2004. "Gender Disparities in Common Sense Models of Illness Among Myocardial Infarction Victims." *Health Psychology* 23 (4): 345–353.

Martins, Nicole. 2013. "Televised Relational and Physical Aggression and Children's Hostile Intent Attributions." *Journal of Experimental Child Psychology* 116 (4): 945–952.

Martins, Nicole, Marie-Louise Mares, Mona Malacane, and Alanna Peebles. In press. "Liked Characters Get a Moral Pass: Young Viewers' Evaluations of Social and Physical Aggression in Tween Sitcoms." *Communication Research*.

Martins, Nicole, and Barbara J. Wilson. 2011. "Genre Differences in the Portrayal of Social Aggression in Programs Popular with Children." *Communication Research Reports* 28 (2): 130–140.

—— 2012a. "Mean on the Screen: Social Aggression in Programs Popular with Children." *Journal of Communication* 62 (6): 991–1009.

—— 2012b. "Social Aggression on Television and Its Relationship to Children's Aggression in the Classroom." *Human Communication Research* 38 (1): 48–71.

Massachusetts General Hospital Center for Law, Brain, and Behavior. 2013. "Memory in the Courtroom: Fixed, Fallible or Fleeting?" http://clbb.mgh.harvard.edu/memory-in-the-courtroom-fixed-fallible-or-fleeting.

Master, Sarah L., David M. Amodio, Annette L. Stanton, Cindy M. Yee, Clayton J. Hilmert, and Shelley E. Taylor. 2009. "Neurobiological Correlates of Coping Through Emotional Approach." *Brain, Behavior, and Immunity* 23 (1): 27–35.

Mathers, Colin, Doris Ma Fat, and Jan Ties Boerma. 2008. *The Global Burden of Disease: 2004 Update*. Geneva: World Health Organization.

Mathis, Diane, and Steven E. Shoelson. 2011. "Immunometabolism: An Emerging Frontier." *Nature Reviews Immunology* 11 (2): 81–83.

Matsumoto, David, Dacher Keltner, Michelle N. Shiota, Maureen O'Sullivan, and Mark Frank. 2008. "Facial Expressions of Emotion." In *Handbook of Emotions*, 3rd edition, edited by Michael Lewis, Jeannette M. Haviland-Jones, and Lisa Feldman Barrett, 211–234. New York: Guilford Press.

Matsumoto, David, Seung Hee Yoo, and Johnny

man Barrett, and Bradford C. Dickerson. 2014. "Emotion Perception, but Not Affect Perception, Is Impaired with Semantic Memory Loss." *Emotion* 14 (2): 375–387.

Lindquist, Kristen A., Ajay B. Satpute, Tor D. Wager, Jochen Weber, and Lisa Feldman Barrett. 2015. "The Brain Basis of Positive and Negative Affect: Evidence from a Meta-Analysis of the Human Neuroimaging Literature." *Cerebral Cortex* 26 (5): 1910–1922.

Lindquist, Kristen A., Tor D. Wager, Hedy Kober, Eliza Bliss-Moreau, and Lisa Feldman Barrett. 2012. "The Brain Basis of Emotion: A Meta-Analytic Review." *Behavioral and Brain Sciences* 35 (3): 121–143.

Llinás, Rodolfo Riascos. 2001. *I of the Vortex: From Neurons to Self.* Cambridge, MA: MIT Press.

Lloyd-Fox, Sarah, Borbála Széplaki-Köllőd, Jun Yin, and Gergely Csibra. 2015. "Are You Talking to Me? Neural Activations in 6-Month-Old Infants in Response to Being Addressed During Natural Interactions." *Cortex* 70: 35–48.

Lochmann, Timm, and Sophie Deneve. 2011. "Neural Processing as Causal Inference." *Current Opinion in Neurobiology* 21 (5): 774–781.

Loftus, Elizabeth F., and J. C. Palmer. 1974. "Reconstruction of Automobile Destruction: An Example of the Interaction Between Language and Memory." *Journal of Verbal Learning and Verbal Behavior* 13 (5): 585–589.

Lokuge, Sonali, Benicio N. Frey, Jane A. Foster, Claudio N. Soares, and Meir Steiner. 2011. "Commentary: Depression in Women: Windows of Vulnerability and New Insights into the Link Between Estrogen and Serotonin." *Journal of Clinical Psychiatry* 72 (11): 1563–1569.

Lorch, Marjorie Perlman. 2008. "The Merest Logomachy: The 1868 Norwich Discussion of Aphasia by Hughlings Jackson and Broca." *Brain* 131 (6): 1658–1670.

Louveau, Antoine, Igor Smirnov, Timothy J. Keyes, Jacob D. Eccles, Sherin J. Rouhani, J. David Peske, Noel C. Derecki, David Castle, James W. Mandell, and Kevin S. Lee. 2015. "Structural and Functional Features of Central Nervous System Lymphatic Vessels." *Nature* 523: 337–341.

Lujan, J. Luis, Ashutosh Chaturvedi, Ki Sueng Choi, Paul E. Holtzheimer, Robert E. Gross, Helen S. Mayberg, and Cameron C. McIntyre. 2013. "Tractography-Activation Models Applied to Subcallosal Cingulate Deep Brain Stimulation." *Brain Stimulation* 6 (5): 737–739.

Luminet, Olivier, Bernard Rimé, R. Michael Bagby, and Graeme Taylor. 2004. "A Multimodal Investigation of Emotional Responding in Alexithymia." *Cognition and Emotion* 18 (6): 741–766.

Lutz, Catherine. 1980. *Emotion Words and Emotional Development on Ifaluk Atoll.* Ph.D. diss., Harvard University, 003878556.

—— 1983. "Parental Goals, Ethnopsychology, and the Development of Emotional Meaning." *Ethos* 11 (4): 246–262.

Lynch, Mona, and Craig Haney. 2011. "Looking Across the Empathic Divide: Racialized Decision Making on the Capital Jury." *Michigan State Law Review* 2011: 573.–607.

Ma, Lili, and Fei Xu. 2011. "Young Children's Use of Statistical Sampling Evidence to Infer the Subjectivity of Preferences." *Cognition* 120 (3): 403–411.

MacLean, P. D., and V. A. Kral. 1973. *A Triune Concept of the Brain and Behavior.* Toronto: University of Toronto Press.

Madrick, Jeff. 2014. *Seven Bad Ideas: How Mainstream Economists Have Damaged America and the World.* New York: Vintage. [『世界を破綻させた経済学者たち――許されざる七つの大罪』池村千秋訳、早川書房、2015 年]

Maihöfner, Christian, Clemens Forster, Frank Birklein, Bernhard Neundörfer, and Hermann O. Handwerker. 2005. "Brain Processing During Mechanical Hyperalgesia in Complex Regional Pain Syndrome: A Functional MRI Study." *Pain* 114 (1): 93–103.

Perception Science 3 (107): 1–5.

Lecours, S., G. Robert, and F. Desruisseaux. 2009. "Alexithymia and Verbal Elaboration of Affect in Adults Suffering from a Respiratory Disorder." *European Review of Applied Psychology.Revue europeenne de psychologie appliquee* 59 (3): 187–195.

LeDoux, Joseph E. 2014. "Coming to Terms with Fear." *Proceedings of the National Academy of Sciences* 111 (8): 2871–2878.

—— 2015. *Anxious: Using the Brain to Understand and Treat Fear and Anxiety*. New York: Penguin.

Lee, Marion, Sanford Silverman, Hans Hansen, and Vikram Patel. 2011. "A Comprehensive Review of Opioid-Induced Hyperalgesia." *Pain Physician* 14: 145–161.

Leffel, Kristin, and Dana Suskind. 2013. "Parent-Directed Approaches to Enrich the Early Language Environments of Children Living in Poverty." *Seminars in Speech and Language* 34 (4): 267–278.

Leppänen, Jukka M., and Charles A. Nelson. 2009. "Tuning the Developing Brain to Social Signals of Emotions." *Nature Reviews Neuroscience* 10 (1): 37–47.

Levenson, Robert W. 2011. "Basic Emotion Questions." *Emotion Review* 3 (4): 379–386.

Levenson, Robert W., Paul Ekman, and Wallace V. Friesen. 1990. "Voluntary Facial Action Generates Emotion-Specific Autonomic Nervous System Activity." *Psychophysiology* 27 (4): 363–384.

Levenson, Robert W., Paul Ekman, Karl Heider, and Wallace V. Friesen. 1992. "Emotion and Autonomic Nervous System Activity in the Minangkabau of West Sumatra." *Journal of Personality and Social Psychology* 62 (6): 972–988.

Levy, Robert I. 1975. *Tahitians: Mind and Experience in the Society Islands*. Chicago: University of Chicago Press.

—— 2014. "The Emotions in Comparative Perspective." In *Approaches to Emotion*, edited by K. Scherer and P. Ekman, 397–412. Hillsdale, NJ: Erlbaum.

Lewontin, Richard. 1991. *Biology as Ideology: The Doctrine of DNA*. New York: HarperPerennial. [『遺伝子という神話』川口啓明・菊地昌子訳、大月書店、1998年]

Li, Susan Shi Yuan, and Gavan P. McNally. 2014. "The Conditions That Promote Fear Learning: Prediction Error and Pavlovian Fear Conditioning." *Neurobiology of Learning and Memory* 108: 14–21.

Liberman, Alvin M., Franklin S. Cooper, Donald P. Shankweiler, and Michael Studdert-Kennedy. 1967. "Perception of the Speech Code." *Psychological Review* 74 (6): 431–461.

Lieberman, M. D., N. I. Eisenberger, M. J. Crockett, S. M. Tom, J. H. Pfeifer, and B. M. Way. 2007. "Putting Feelings into Words: Affect Labeling Disrupts Amygdala Activity in Response to Affective Stimuli." *Psychological Science* 18 (5): 421–428.

Lieberman, M. D., A. Hariri, J. M. Jarcho, N. I. Eisenberger, and S. Y. Bookheimer. 2005. "An fMRI Investigation of Race-Related Amygdala Activity in African-American and Caucasian-American Individuals." *Nature Neuroscience* 8 (6): 720–722.

Lin, Pei-Ying. 2013. "Unspeakableness: An Intervention of Language Evolution and Human Communication." http://uniquelang.peiyinglin.net/01untranslatable.html.

Lindquist, Kristen A., and Lisa Feldman Barrett. 2008. "Emotional Complexity." In *Handbook of Emotions*, 3rd edition, edited by Michael Lewis, Jeannette M. Haviland-Jones, and Lisa Feldman Barrett, 513–530. New York: Guilford Press.

—— 2012. "A Functional Architecture of the Human Brain: Emerging Insights from the Science of Emotion." *Trends in Cognitive Sciences* 16 (11): 533–540.

Lindquist, Kristen A., Lisa Feldman Barrett, Eliza Bliss-Moreau, and James A. Russell. 2006. "Language and the Perception of Emotion." *Emotion* 6 (1): 125–138.

Lindquist, Kristen A., Maria Gendron, Lisa Feld-

Press.［『科学革命の構造』中山茂訳、みすず書房、1971 年］

Kundera, Milan. 1994. *The Book of Laughter and Forgetting*. New York: HarperCollins.

Kupfer, Alexander, Hendrik Muller, Marta M. Antoniazzi, Carlos Jared, Hartmut Greven, Ronald A. Nussbaum, and Mark Wilkinson. 2006. "Parental Investment by Skin Feeding in a Caecilian Amphibian." *Nature* 440 (7086): 926–929.

Kuppens, P., F. Tuerlinckx, J. A. Russell, and L. F. Barrett. 2013. "The Relationship Between Valence and Arousal in Subjective Experience." *Psychological Bulletin* 139: 917–940.

Kuppens, Peter, Iven Van Mechelen, Dirk J. M. Smits, Paul De Boeck, and Eva Ceulemans. 2007. "Individual Differences in Patterns of Appraisal and Anger Experience." *Cognition and Emotion* 21 (4): 689–713.

LaBar, Kevin S., J. Christopher Gatenby, John C. Gore, Joseph E. LeDoux, and Elizabeth A. Phelps. 1998. "Human Amygdala Activation During Conditioned Fear Acquisition and Extinction: A Mixed-Trial fMRI Study." *Neuron* 20 (5): 937–945.

Lakoff, George. 1990. *Women, Fire, and Dangerous Things: What Categories Reveal About the Mind*. Chicago: University of Chicago Press.［『認知意味論――言語から見た人間の心』池上嘉彦・河上誓作・辻幸夫・西村善樹・坪井栄治郎・梅原大輔・大森文子・岡田禎之訳、紀伊國屋書店、1993 年］

Laland, Kevin N., and Gillian R. Brown. 2011. *Sense and Nonsense: Evolutionary Perspectives on Human Behaviour*. Oxford: Oxford University Press.

Lane, Richard D., Geoffrey L. Ahern, Gary E. Schwartz, and Alfred W. Kaszniak. 1997. "Is Alexithymia the Emotional Equivalent of Blindsight?" *Biological Psychiatry* 42 (9): 834–844.

Lane, Richard D., and David A. S. Garfield. 2005. "Becoming Aware of Feelings: Integration of Cognitive-Developmental, Neuroscientific, and Psychoanalytic Perspectives." *Neuropsychoanalysis* 7 (1): 5–30.

Lane, Richard D., Lee Sechrest, Robert Riedel, Daniel E. Shapiro, and Alfred W. Kaszniak. 2000. "Pervasive Emotion Recognition Deficit Common to Alexithymia and the Repressive Coping Style." *Psychosomatic Medicine* 62 (4): 492–501.

Lang, Peter J., Mark K. Greenwald, Margaret M. Bradley, and Alfons O. Hamm. 1993. "Looking at Pictures: Affective, Facial, Visceral, and Behavioral Reactions." *Psychophysiology* 30 (3): 261–273.

Laukka, Petri, Hillary Anger Elfenbein, Nela Söder, Henrik Nordström, Jean Althoff, Wanda Chui, Frederick K. Iraki, Thomas Rockstuhl, and Nutankumar S. Thingujam. 2013. "Cross-Cultural Decoding of Positive and Negative Non-Linguistic Emotion Vocalizations." *Frontiers in Psychology* 4 (353): 185–192.

Lawrence, T. E. (1922) 2015. *Seven Pillars of Wisdom*. Toronto: Aegitas.［『知恵の七柱』田隅恒生訳、平凡社、2008-2009 年］

Lazarus, R. S. 1998. "From Psychological Stress to the Emotions: A History of Changing Outlooks." In *Personality: Critical Concepts in Psychology*, vol. 4, edited by Cary L. Cooper and Lawrence A. Pervin, 179–200. London: Routledge.

Lea, Stephen E. G. 2010. "Concept Learning in Nonprimate Mammals: In Search of Evidence." In *The Making of Human Concepts*, edited by Denis Mareschal, Paul Quinn, and Stephen E. G. Lea, 173–199. New York: Oxford University Press.

Lebois, Lauren A. M., Christine D. Wilson-Mendenhall, and Lawrence W. Barsalou. 2015. "Are Automatic Conceptual Cores the Gold Standard of Semantic Processing? The Context-Dependence of Spatial Meaning in Grounded Congruency Effects." *Cognitive Science* 39 (8): 1764–1801.

Lebrecht, S., M. Bar., L. F. Barrett, and M. J. Tarr. 2012. "Micro-Valences: Perceiving Affective Valence in Everyday Objects." *Frontiers in*

Drives Workspace Configuration of Human Brain Functional Networks." *Journal of Neuroscience* 31 (22): 8259–8270.

Klatzky, Roberta L., James W. Pellegrino, Brian P. McCloskey, and Sally Doherty. 1989. "Can You Squeeze a Tomato? The Role of Motor Representations in Semantic Sensibility Judgments." *Journal of Memory and Language* 28 (1): 56–77.

Kleckner, I. R., J. Zhang, A. Touroutoglou, L. Chanes, C. Xia, W. K. Simmons, B. C. Dickerson, and L. F. Barrett. Under review. "Evidence for a Large-Scale Brain System Supporting Interoception in Humans."

Kluver, Heinrich, and Paul C. Bucy. 1939. "Preliminary Analysis of Functions of the Temporal Lobes in Monkeys." *Archives of Neurology and Psychiatry* 42: 979–1000.

Kober, H., L. F. Barrett, J. Joseph, E. Bliss-Moreau, K. Lindquist, and T. D. Wager. 2008. "Functional Grouping and Cortical-Subcortical Interactions in Emotion: A Meta-Analysis of Neuroimaging Studies." *Neuroimage* 42 (2): 998–1031.

Koch, Kristin, Judith McLean, Ronen Segev, Michael A. Freed, Michael J. Berry, Vijay Balasubramanian, and Peter Sterling. 2006. "How Much the Eye Tells the Brain." *Current Biology* 16 (14): 1428–1434.

Kohut, Andrew. 2015. "Despite Lower Crime Rates, Support for Gun Rights Increases." *Pew Research Center*, April 17. http://www.pewresearch.org/fact-tank/2015/04/17/despite-lower-crime-rates-support-for-gun-rights-increases.

Kolodny, Andrew, David T. Courtwright, Catherine S. Hwang, Peter Kreiner, John L. Eadie, Thomas W. Clark, and G. Caleb Alexander. 2015. "The Prescription Opioid and Heroin Crisis: A Public Health Approach to an Epidemic of Addiction." *Annual Review of Public Health* 36: 559–574.

Koopman, Frieda A., Susanne P. Stoof, Rainer H. Straub, Marjolein A. van Maanen, Margriet J. Vervoordeldonk, and Paul P. Tak. 2011. "Restoring the Balance of the Autonomic Nervous System as an Innovative Approach to the Treatment of Rheumatoid Arthritis." *Molecular Medicine* 17 (9): 937–948.

Kopchia, Karen L., Harvey J. Altman, and Randall L. Commissaris. 1992. "Effects of Lesions of the Central Nucleus of the Amygdala on Anxiety-Like Behaviors in the Rat." *Pharmacology Biochemistry and Behavior* 43 (2): 453–461.

Kostović, I., and M. Judaš. 2015. "Embryonic and Fetal Development of the Human Cerebral Cortex." In *Brain Mapping, An Encyclopedic Reference, Volume 2: Anatomy and Physiology, Systems*, edited by Arthur W. Toga, 167–175. San Diego: Academic Press.

Kragel, Philip A., and Kevin S. LaBar. 2013. "Multivariate Pattern Classification Reveals Autonomic and Experiential Representations of Discrete Emotions." *Emotion* 13 (4): 681–690.

Kreibig, S. D. 2010. "Autonomic Nervous System Activity in Emotion: A Review." *Biological Psychology* 84 (3): 394–421.

Kring, A. M., and A. H. Gordon. 1998. "Sex Differences in Emotion: Expression, Experience, and Physiology." *Journal of Personality and Social Psychology* 74 (3): 686–703.

Krugman, Paul. 2014. "The Dismal Science: 'Seven Bad Ideas' by Jeff Madrick." *New York Times*, September 25. http://www.nytimes.com/2014/09/28/books/review/seven-bad-ideas-by-jeff-madrick.html.

Kuhl, Patricia K. 2007. "Is Speech Learning 'Gated' by the Social Brain?" *Developmental Science* 10 (1): 110–120.

—— 2014. "Early Language Learning and the Social Brain." *Cold Spring Harbor Symposia on Quantitative Biology* 79: 211–220.

Kuhl, Patricia, and Maritza Rivera-Gaxiola. 2008. "Neural Substrates of Language Acquisition." *Annual Review of Neuroscience* 31: 511–534.

Kuhn, Thomas S. 1966. *The Structure of Scientific Revolutions*. Chicago: University of Chicago

'General Acceptance' of Eyewitness Testimony Research: A New Survey of the Experts." *American Psychologist* 56 (5): 405–416.

Katz, Lynn Fainsilber, Ashley C. Maliken, and Nicole M. Stettler. 2012. "Parental Meta-Emotion Philosophy: A Review of Research and Theoretical Framework." *Child Development Perspectives* 6 (4): 417–422.

Keefe, P. R. 2015. "The Worst of the Worst." *New Yorker*, September 14. http://www.newyorker.com/magazine/2015/09/14/the-worst-of-the-worst.

Keil, Frank C., and George E. Newman. 2010. "Darwin and Development: Why Ontogeny Does Not Recapitulate Phylogeny for Human Concepts." In *The Making of Human Concepts*, edited by Denis Mareschal, Paul Quinn, and Stephen E. G. Lea, 317–334. New York: Oxford University Press.

Kelly, Megan M., John P. Forsyth, and Maria Karekla. 2006. "Sex Differences in Response to a Panicogenic Challenge Procedure: An Experimental Evaluation of Panic Vulnerability in a Non-Clinical Sample." *Behaviour Research and Therapy* 44 (10): 1421–1430.

Keltner, Dacher, and Jonathan Haidt. 2003. "Approaching Awe, a Moral, Spiritual, and Aesthetic Emotion." *Cognition and Emotion* 17 (2): 297–314.

Khandaker, Golam M., Rebecca M. Pearson, Stanley Zammit, Glyn Lewis, and Peter B. Jones. 2014. "Association of Serum Interleukin 6 and C-Reactive Protein in Childhood with Depression and Psychosis in Young Adult Life: A Population-Based Longitudinal Study." *JAMA Psychiatry* 71 (10): 1121–1128.

Kiecolt-Glaser, Janice K. 2010. "Stress, Food, and Inflammation: Psychoneuroimmunology and Nutrition at the Cutting Edge." *Psychosomatic Medicine* 72 (4): 365–369.

Kiecolt-Glaser, Janice K., Jeanette M. Bennett, Rebecca Andridge, Juan Peng, Charles L. Shapiro, William B. Malarkey, Charles F. Emery, Rachel Layman, Ewa E. Mrozek, and Ronald Glaser. 2014. "Yoga's Impact on Inflammation, Mood, and Fatigue in Breast Cancer Survivors: A Randomized Controlled Trial." *Journal of Clinical Oncology* 32 (10): 1040–1051.

Kiecolt-Glaser, Janice K., Lisa Christian, Heather Preston, Carrie R. Houts, William B. Malarkey, Charles F. Emery, and Ronald Glaser. 2010. "Stress, Inflammation, and Yoga Practice." *Psychosomatic Medicine* 72 (2): 113–134.

Kiecolt-Glaser, Janice K., Jean-Philippe Gouin, Nan-ping Weng, William B. Malarkey, David Q. Beversdorf, and Ronald Glaser. 2011. "Childhood Adversity Heightens the Impact of Later-Life Caregiving Stress on Telomere Length and Inflammation." *Psychosomatic Medicine* 73 (1): 16–22.

Killingsworth, M. A., and D. T. Gilbert. 2010. "A Wandering Mind Is an Unhappy Mind." *Science* 330 (6006): 932.

Kim, Min Y., Brett Q. Ford, Iris Mauss, and Maya Tamir. 2015. "Knowing When to Seek Anger: Psychological Health and Context-Sensitive Emotional Preferences." *Cognition and Emotion* 29 (6): 1126–1136.

Kim, ShinWoo, and Gregory L. Murphy. 2011. "Ideals and Category Typicality." *Journal of Experimental Psychology: Learning, Memory, and Cognition* 37 (5): 1092–1112.

Kimhy, David, Julia Vakhrusheva, Samira Khan, Rachel W. Chang, Marie C. Hansen, Jacob S. Ballon, Dolores Malaspina, and James J. Gross. 2014. "Emotional Granularity and Social Functioning in Individuals with Schizophrenia: An Experience Sampling Study." *Journal of Psychiatric Research* 53: 141–148.

Kircanski, K., M. D. Lieberman, and M. G. Craske. 2012. "Feelings into Words: Contributions of Language to Exposure Therapy." *Psychological Science* 23 (10): 1086–1091.

Kirsch, Irving. 2010. *The Emperor's New Drugs: Exploding the Antidepressant Myth*. New York: Basic Books.［『抗うつ薬は本当に効くのか』石黒千秋訳、エクスナレッジ、2010 年］

Kitzbichler, Manfred G., Richard N. A. Henson, Marie L. Smith, Pradeep J. Nathan, and Edward T. Bullmore. 2011. "Cognitive Effort ly-Life Socioeconomic Status Was Low." *Psychological Science* 26 (10): 1620–1629.

Jones, Colin. 2014. *The Smile Revolution in Eighteenth Century Paris*. New York: Oxford University Press.

Josefsson, Torbjörn, Magnus Lindwall, and Trevor Archer. 2014. "Physical Exercise Intervention in Depressive Disorders: Meta-Analysis and Systematic Review." *Scandinavian Journal of Medicine and Science in Sports* 24 (2): 259–272.

Jussim, L., J. T. Crawford, S. M. Anglin, J. Chambers, S. T. Stevens, and F. Cohen. 2009. "Stereotype Accuracy: One of the Largest Relationships in All of Social Psychology." In *Handbook of Prejudice, Stereotyping, and Discrimination*, 2nd edition, edited by Todd D. Nelson, 31–64. New York: Psychology Press.

Jussim, Lee. 2012. *Social Perception and Social Reality: Why Accuracy Dominates Bias and Self-Fulfilling Prophecy*. New York: Oxford University Press.

Jussim, Lee, Thomas R. Cain, Jarret T. Crawford, Kent Harber, and Florette Cohen. 2009. "The Unbearable Accuracy of Stereotypes." *Handbook of Prejudice, Stereotyping, and Discrimination*, 2nd edition, edited by Todd D. Nelson, 199.227. New York: Psychology Press.

Kagan, Jerome. 2007. *What Is Emotion?: History, Measures, and Meanings*. New Haven, CT: Yale University Press.

Kahan, Dan M., David A. Hoffman, Donald Braman, and Danieli Evans. 2012. "They Saw a Protest: Cognitive Illiberalism and the Speech-Conduct Distinction." *Stanford Law Review* 64: 851.

Kahan, Dan M., and Martha C. Nussbaum. 1996. "Two Conceptions of Emotion in Criminal Law." *Columbia Law Review* 96 (2): 269–374.

Kahneman, Daniel. 2011. *Thinking, Fast and Slow*. New York: Macmillan. [『ファスト&スロー――あなたの意思はどのように決まるか？』村井章子訳、早川書房、2012年]

Kaiser, Roselinde H., Jessica R. Andrews-Hanna, Tor D. Wager, and Diego A. Pizzagalli. 2015. "Large-Scale Network Dysfunction in Major Depressive Disorder: A Meta-Analysis of Resting-State Functional Connectivity." *JAMA Psychiatry* 72 (6): 603–611.

Kaminski, Juliane, Juliane Brauer, Josep Call, and Michael Tomasello. 2009. "Domestic Dogs Are Sensitive to a Human's Perspective." *Behaviour* 146 (7): 979–998.

Karlsson, Håkan, Björn Ahlborg, Christina Dalman, and Tomas Hemmingsson. 2010. "Association Between Erythrocyte Sedimentation Rate and IQ in Swedish Males Aged 18-20." *Brain, Behavior, and Immunity* 24 (6): 868–873.

Karmiloff-Smith, Annette. 2009. "Nativism Versus Neuroconstructivism: Rethinking the Study of Developmental Disorders." *Developmental Psychology* 45 (1): 56–63.

Kashdan, Todd B., Lisa Feldman Barrett, and Patrick E. McKnight. 2015. "Unpacking Emotion Differentiation Transforming Unpleasant Experience by Perceiving Distinctions in Negativity." *Current Directions in Psychological Science* 24 (1): 10–16.

Kashdan, Todd B., and Antonina S. Farmer. 2014. "Differentiating Emotions Across Contexts: Comparing Adults With and Without Social Anxiety Disorder Using Random, Social Interaction, and Daily Experience Sampling." *Emotion* 14 (3): 629–638.

Kashdan, Todd B., Patty Ferssizidis, R. Lorraine Collins, and Mark Muraven. 2010. "Emotion Differentiation as Resilience Against Excessive Alcohol Use an Ecological Momentary Assessment in Underage Social Drinkers." *Psychological Science* 21 (9): 1341–1347.

Kassam, Karim S., and Wendy Berry Mendes. 2013. "The Effects of Measuring Emotion: Physiological Reactions to Emotional Situations Depend on Whether Someone Is Asking." *PLOS One* 8 (6): e64959. doi:10.1371/journal.pone.0064959.

Kassin, Saul M., V. Anne Tubb, Harmon M. Hosch, and Amina Memon. 2001. "On the *es* 19 (3): 126–132.

Irwin, Michael R., and Steven W. Cole. 2011. "Reciprocal Regulation of the Neural and Innate Immune Systems." *Nature Reviews Immunology* 11 (9): 625–632.

Iwata, Jiro, and Joseph E. LeDoux. 1988. "Dissociation of Associative and Nonassociative Concomitants of Classical Fear Conditioning in the Freely Behaving Rat." *Behavioral Neuroscience* 102 (1): 66–76.

Izard, Carroll E. 1971. *The Face of Emotion.* East Norwalk, CT: Appleton-Century-Crofts.

—— 1994. "Innate and Universal Facial Expressions: Evidence from Developmental and Cross-Cultural Research." *Psychological Bulletin* 115 (2): 288–299.

Jablonka, Eva, Marion J. Lamb, and Anna Zeligowski. 2014. *Evolution in Four Dimensions: Genetic, Epigenetic, Behavioral, and Symbolic Variation in the History of Life.* Revised edition. Cambridge, MA: MIT Press.

James, William. 1884. "What Is an Emotion?" *Mind* 34: 188–205.

—— (1890) 2007. *The Principles of Psychology.* Vol. 1. New York: Dover.

—— 1894. "The Physical Basis of Emotion." *Psychological Review* 1: 516–529.

Jamieson, J. P., M. K. Nock, and W. B. Mendes. 2012. "Mind over Matter: Reappraising Arousal Improves Cardiovascular and Cognitive Responses to Stress." *Journal of Experimental Psychology: General* 141 (3): 417–422.

Jamieson, Jeremy P., Aaron Altose, Brett J. Peters, and Emily Greenwood. 2016. "Reappraising Stress Arousal Improves Performance and Reduces Evaluation Anxiety in Classroom Exam Situations." *Social Psychological and Personality Science* 7 (6): 579–587.

Jamieson, Jeremy P., Wendy Berry Mendes, Erin Blackstock, and Toni Schmader. 2010.
"Turning the Knots in Your Stomach into Bows: Reappraising Arousal Improves Performance on the GRE." *Journal of Experimental Social Psychology* 46 (1): 208–212.

Jamieson, Jeremy P., Wendy Berry Mendes, and Matthew K. Nock. 2013. "Improving Acute Stress Responses: The Power of Reappraisal." *Current Directions in Psychological Science* 22 (1): 51–56.

Jamieson, Jeremy P., Matthew K. Nock, and Wendy Berry Mendes. 2013. "Changing the Conceptualization of Stress in Social Anxiety Disorder Affective and Physiological Consequences." *Clinical Psychological Science* 1: 363–374.

Jamison, Kay R. 2005. *Exuberance: The Passion for Life.* New York: Vintage Books.

Jeste, Shafali S., and Daniel H. Geschwind. 2014. "Disentangling the Heterogeneity of Autism Spectrum Disorder Through Genetic Findings." *Nature Reviews Neurology* 10 (2): 74–81.

Ji, Ru-Rong, Temugin Berta, and Maiken Nedergaard. 2013. "Glia and Pain: Is Chronic Pain a Gliopathy?" *Pain* 154: S10–S28.

Job, Veronika, Gregory M. Walton, Katharina Bernecker, and Carol S. Dweck. 2013. "Beliefs About Willpower Determine the Impact of Glucose on Self-Control." *Proceedings of the National Academy of Sciences* 110 (37): 14837–14842.

—— 2015. "Implicit Theories About Willpower Predict Self-Regulation and Grades in Everyday Life." *Journal of Personality and Social Psychology* 108 (4): 637 –647.

Johansen, Joshua P., and Howard L. Fields. 2004. "Glutamatergic Activation of Anterior Cingulate Cortex Produces an Aversive Teaching Signal." *Nature Neuroscience* 7 (4): 398–403.

John-Henderson, Neha A., Michelle L. Rheinschmidt, and Rodolfo Mendoza-Denton. 2015. "Cytokine Responses and Math Performance: The Role of Stereotype Threat and Anxiety Reappraisals." *Journal of Experimental Social Psychology* 56: 203–206.

John-Henderson, Neha A., Jennifer E. Stellar, Rodolfo Mendoza-Denton, and Darlene D. Francis. 2015. "Socioeconomic Status and Social Support: Social Support Reduces Inflammatory Reactivity for Individuals Whose Ear-

Review of Public Health 31: 329–347.
Hey, Jody. 2010. "The Divergence of Chimpanzee Species and Subspecies as Revealed in Multipopulation Isolation-with-Migration Analyses." *Molecular Biology and Evolution* 27 (4): 921–933.
Higashida, Naoki. 2013. *The Reason I Jump: The Inner Voice of a Thirteen-Year-Old Boy with Autism*. New York: Random House.［東田直樹『自閉症の僕が跳びはねる理由』KADOKAWA、2016年］
Higgins, E. Tory. 1987. "Self-Discrepancy: A Theory Relating Self and Affect." *Psychological Review* 94 (3): 319–340.
Hill, Jason, Terrie Inder, Jeffrey Neil, Donna Dierker, John Harwell, and David Van Essen. 2010. "Similar Patterns of Cortical Expansion During Human Development and Evolution." *Proceedings of the National Academy of Sciences* 107 (29): 13135–13140.
Hillix, William A., and Duane M. Rumbaugh. 2004. "Language Research with Nonhuman Animals: Methods and Problems." In *Animal Bodies, Human Minds: Ape, Dolphin, and Parrot Language Skills*, 25–44. New York: Kluwer Academic.
Hirsh-Pasek, Kathy, Lauren B. Adamson, Roger Bakeman, Margaret Tresch Owen, Roberta Michnick Golinkoff, Amy Pace, Paula K. S. Yust, and Katharine Suma. 2015. "The Contribution of Early Communication Quality to Low-Income Children's Language Success." *Psychological Science* 26 (7): 1071.1083. doi:10.1177/0956797615581493.
Hochschild, Arlie R. 1983. *The Managed Heart: Commercialization of Human Feeling*. Berkeley: University of California Press.［『管理される心——感情が商品になるとき』石川准・室伏亜希訳、世界思想社、2000年］
Hofer, Myron A. 1984. "Relationships as Regulators: A Psychobiologic Perspective on Bereavement." *Psychosomatic Medicine* 46 (3): 183–197.
—— 2006. "Psychobiological Roots of Early Attachment." *Current Directions in Psychological Science* 15 (2): 84–88.
Hohwy, Jakob. 2013. *The Predictive Mind*. Oxford: Oxford University Press.
Holt-Lunstad, Julianne, Timothy B. Smith, and J. Bradley Layton. 2010. "Social Relationships and Mortality Risk: A Meta-Analytic Review." *PLOS Med* 7 (7): e1000316. doi:1.1371/journal.pmed.1316.
Holtzheimer, Paul E., Mary E. Kelley, Robert E. Gross, Megan M. Filkowski, Steven J. Garlow, Andrea Barrocas, Dylan Wint, Margaret C. Craighead, Julie Kozarsky, and Ronald Chismar. 2012. "Subcallosal Cingulate Deep Brain Stimulation for Treatment-Resistant Unipolar and Bipolar Depression." *Archives of General Psychiatry* 69 (2): 150–158.
Horowitz, Alexandra. 2009. "Disambiguating the 'Guilty Look': Salient Prompts to a Familiar Dog Behaviour." *Behavioural Processes* 81 (3): 447–452.
Hoyt, Michael A., Annette L. Stanton, Julienne E. Bower, KaMala S. Thomas, Mark S. Litwin, Elizabeth C. Breen, and Michael R. Irwin. 2013. "Inflammatory Biomarkers and
Emotional Approach Coping in Men with Prostate Cancer." *Brain, Behavior, and Immunity* 32: 173–179.
Hunter, Richard G., and Bruce S. McEwen. 2013. "Stress and Anxiety Across the Lifespan: Structural Plasticity and Epigenetic Regulation." *Epigenomics* 5 (2): 177–194.
Huntsinger, Jeffrey R., Linda M. Isbell, and Gerald L. Clore. 2014. "The Affective Control of Thought: Malleable, Not Fixed." *Psychological Review* 121 (4): 600–618.
Innocence Project. 2015. "Eyewitness Misidentification." http://www.innocenceproject.org/causes-wrongful-conviction/eyewitness-misidentification.
International Association for the Study of Pain. 2012. "IASP Taxonomy." http://www.iasp-pain.org/Taxonomy.
Inzlicht, Michael, Bruce D. Bartholow, and Jacob B. Hirsh. 2015. "Emotional Foundations of Cognitive Control." *Trends in Cognitive Scienc-*

Distal Outcomes." *American Journal of Community Psychology* 51 (3.4): 530–543.

Halperin, Eran, Roni Porat, Maya Tamir, and James J. Gross. 2013. "Can Emotion Regulation Change Political Attitudes in Intractable Conflicts? From the Laboratory to the Field." *Psychological Science* 24 (1): 106–111.

Halpern, Jake. 2008. *Fame Junkies: The Hidden Truths Behind America's Favorite Addiction*. Boston: Houghton Mifflin Harcourt.

Hamlin, J. Kiley, George E. Newman, and Karen Wynn. 2009. "Eight-Month-Old Infants Infer Unfulfilled Goals, Despite Ambiguous Physical Evidence." *Infancy* 14 (5): 579–590.

Haney, Craig. 2005. *Death by Design: Capital Punishment as a Social Psychological System*. New York: Oxford University Press.

Hanson, Jamie L., Nicole Hair, Dinggang G. Shen, Feng Shi, John H. Gilmore, Barbara L. Wolfe, and Seth D. Pollak. 2013. "Family Poverty Affects the Rate of Human Infant Brain Growth." *PLOS One* 8 (12): e80954. doi:10.1371/journal.pone.0080954.

Hare, Brian, and Vanessa Woods. 2013. *The Genius of Dogs: How Dogs Are Smarter than You Think*. New York: Penguin. [『あなたの犬は「天才」だ』古草秀子訳、早川書房、2013年]

Harmon-Jones, Eddie, and Carly K. Peterson. 2009. "Supine Body Position Reduces Neural Response to Anger Evocation." *Psychological Science* 20 (10): 1209–1210.

Harre, Rom. 1986. *The Social Construction of Emotions*. New York: Blackwell.

Harris, Christine R., and Caroline Prouvost. 2014. "Jealousy in Dogs." *PLOS One* 9 (7): e94597. doi:10.1371/journal.pone.0094597.

Harris, Paul L., Marc de Rosnay, and Francisco Pons. In press. "Understanding Emotion." In *Handbook of Emotions*, 4th edition, edited by Lisa Feldman Barrett, Michael Lewis, and Jeannette M. Haviland-Jones, 293–306. New York: Guilford Press.

Harrison, Neil A., Lena Brydon, Cicely Walker, Marcus A. Gray, Andrew Steptoe, and Hugo D. Critchley. 2009. "Inflammation Causes Mood Changes Through Alterations in Subgenual Cingulate Activity and Mesolimbic Connectivity." *Biological Psychiatry* 66 (5): 407–414.

Harrison, Neil A., Lena Brydon, Cicely Walker, Marcus A. Gray, Andrew Steptoe, Raymond J. Dolan, and Hugo D. Critchley. 2009. "Neural Origins of Human Sickness in Interoceptive Responses to Inflammation." *Biological Psychiatry* 66 (5): 415–422.

Hart, Betty, and Todd R. Risley. 1995. *Meaningful Differences in the Everyday Experience of Young American Children*. Baltimore: Paul H. Brookes.

—— 2003. "The Early Catastrophe: The 30 Million Word Gap by Age 3." *American Educator* 27 (1): 4–9.

Hart, Heledd, and Katya Rubia. 2012. "Neuroimaging of Child Abuse: A Critical Review." *Frontiers in Human Neuroscience* 6 (52): 1–24.

Harvey, Allison G., Greg Murray, Rebecca A. Chandler, and Adriane Soehner. 2011. "Sleep Disturbance as Transdiagnostic: Consideration of Neurobiological Mechanisms." *Clinical Psychology Review* 31 (2): 225–235.

Hassabis, Demis, and Eleanor A. Maguire. 2009. "The Construction System of the Brain." *Philosophical Transactions of the Royal Society B: Biological Sciences* 364 (1521): 1263–1271.

Hathaway, Bill. 2015. "Imaging Study Shows Brain Activity May Be as Unique as Fingerprints." *YaleNews*, October 12. http://news.yale.edu/2015/10/12/imaging-study-shows-brain-activity-may-be-unique-fingerprints.

Hawkins, Jeff, and Sandra Blakeslee. 2004. *On Intelligence*. New York: St. Martin's Griffin.

Hermann, Christiane, Johanna Hohmeister, Sueha Demirakca, Katrin Zohsel, and Herta Flor. 2006. "Long-Term Alteration of Pain Sensitivity in School-Aged Children with Early Pain Experiences." *Pain* 125 (3): 278–285.

Hertzman, Clyde, and Tom Boyce. 2010. "How Experience Gets Under the Skin to Create Gradients in Developmental Health." *Annual*

Goodman, Morris. 1999. "The Genomic Record of Humankind's Evolutionary Roots." *American Journal of Human Genetics* 64 (1): 31–39.

Goodnough, Abby. 2009. "Harvard Professor Jailed; Officer Is Accused of Bias." *New York Times*, July 20. http://www.nytimes.com/2009/07/21/us/21gates.html.

Gopnik, Alison. 2009. *The Philosophical Baby: What Children's Minds Tell Us About Truth, Love and the Meaning of Life*. New York: Random House. [『哲学する赤ちゃん』青木玲訳、亜紀書房、2010年]

Gopnik, Alison, and David M. Sobel. 2000. "Detecting Blickets: How Young Children Use Information About Novel Causal Powers in Categorization and Induction." *Child Development* 71 (5): 1205–1222.

Gosselin, Frédéric, and Philippe G. Schyns. 2003. "Superstitious Perceptions Reveal Properties of Internal Representations." *Psychological Science* 14 (5): 505–509.

Gottman, John M., Lynn Fainsilber Katz, and Carole Hooven. 1996. "Parental Meta-Emotion Philosophy and the Emotional Life of Families: Theoretical Models and Preliminary Data." *Journal of Family Psychology* 10 (3): 243–268.

Government Accountability Office (GAO). 2013. "Aviation Security: TSA Should Limit Future Funding for Behavior Detection Activities (GAO-14.159)." http://www.gao.gov/products/GAO-14-159.

Grandin, Temple. 1991. "An Inside View of Autism." http://www.autism.com/advocacy_grandin.

—— 2009. "How Does Visual Thinking Work in the Mind of a Person with Autism? A Personal Account." *Philosophical Transactions of the Royal Society of London B: Biological Sciences* 364 (1522): 1437–1442.

Graziano, Michael S. A. 2013. *Consciousness and the Social Brain*. New York: Oxford University Press.

—— 2016. "Ethological Action Maps: A Paradigm Shift for the Motor Cortex." *Trends in Cognitive Sciences* 20 (2): 121–132.

Greene, Brian. 2007. *The Fabric of the Cosmos: Space, Time, and the Texture of Reality*. New York: Vintage. [『宇宙を織りなすもの——時間と空間の正体』青木薫訳、草思社、2009年]

Grill-Spector, Kalanit, and Kevin S. Weiner. 2014. "The Functional Architecture of the Ventral Temporal Cortex and Its Role in Categorization." *Nature Reviews Neuroscience* 15 (8): 536–548.

Gross, Cornelius T., and Newton Sabino Canteras. 2012. "The Many Paths to Fear." *Nature Reviews Neuroscience* 13 (9): 651–658.

Gross, James J. 2015. "Emotion Regulation: Current Status and Future Prospects." *Psychological Inquiry* 26 (1): 1–26.

Gross, James J., and Lisa Feldman Barrett. 2011. "Emotion Generation and Emotion Regulation: One or Two Depends on Your Point of View." *Emotion Review* 3 (1): 8–16.

Guarneri-White, Maria Elizabeth. 2014. *Biological Aging and Peer Victimization: The Role of Social Support in Telomere Length and Health Outcomes*. Master's thesis, University of Texas at Arlington, 1566471.

Guillory, Sean A., and Krzysztof A. Bujarski. 2014. "Exploring Emotions Using Invasive Methods: Review of 60 Years of Human Intracranial Electrophysiology." *Social Cognitive and Affective Neuroscience* 9 (12): 1880–1889.

Gweon, Hyowon, Joshua B. Tenenbaum, and Laura E. Schulz. 2010. "Infants Consider Both the Sample and the Sampling Process in Inductive Generalization." *Proceedings of the National Academy of Sciences* 107 (20): 9066–9071.

Hacking, Ian. 1999. *The Social Construction of What?* Cambridge, MA: Harvard University Press. [『何が社会的に構成されるのか』出口康夫・久米暁訳、岩波書店、2006年]

Hagelskamp, Carolin, Marc A. Brackett, Susan E. Rivers, and Peter Salovey. 2013. "Improving Classroom Quality with the Ruler Approach to Social and Emotional Learning: Proximal and

Emotion in Psychology." *Emotion Review* 1 (4): 316–339.
—— In press. "How and Why Are Emotions Communicated." In *The Nature of Emotion: Fundamental Questions*, 2nd edition, edited by A. S. Fox, R. C. Lapate, A. J. Shackman, and R. J. Davidson. Oxford: Oxford University Press.
Gendron, Maria, Kristen A. Lindquist, Lawrence W. Barsalou, and Lisa Feldman Barrett. 2012. "Emotion Words Shape Emotion Percepts." *Emotion* 12 (2): 314–325.
Gendron, Maria, Debi Roberson, Jacoba Marieta van der Vyver, and Lisa Feldman Barrett. 2014a. "Cultural Relativity in Perceiving Emotion from Vocalizations." *Psychological Science* 25 (4): 911–920.
—— 2014b. "Perceptions of Emotion from Facial Expressions Are Not Culturally Universal: Evidence from a Remote Culture." *Emotion* 14 (2): 251–262.
Gertner, Nancy. 2015. "Will We Ever Know Why Dzhokhar Tsarnaev Spoke After It Was Too Late?" *Boston Globe*, June 30. http://clbb.mgh.harvard.edu/will-we-ever-know-why-dzhokhar-tsarnaev-spoke-after-it-was-too-late.
Gibson, William T., Carlos R. Gonzalez, Conchi Fernandez, Lakshminarayanan Ramasamy, Tanya Tabachnik, Rebecca R. Du, Panna D. Felsen, Michael R. Maire, Pietro Perona, and David J. Anderson. 2015. "Behavioral Responses to a Repetitive Visual Threat Stimulus Express a Persistent State of Defensive Arousal in Drosophila." *Current Biology* 25 (11): 1401–1415.
Gilbert, Charles D., and Wu Li. 2013. "Top-Down Influences on Visual Processing." *Nature Reviews Neuroscience* 14 (5): 350–363.
Gilbert, D. T. 1998. "Ordinary Personology." In *The Handbook of Social Psychology*, edited by S. T. Fiske and L. Gardner, 89.150. New York: McGraw-Hill.
Giuliano, Ryan J., Elizabeth A. Skowron, and Elliot T. Berkman. 2015. "Growth Models of Dyadic Synchrony and Mother-Child Vagal Tone in the Context of Parenting At-Risk." *Biological Psychology* 105: 29–36.
Gleeson, Michael, Nicolette C. Bishop, David J. Stensel, Martin R. Lindley, Sarabjit S. Mastana, and Myra A. Nimmo. 2011. "The Anti-Inflammatory Effects of Exercise: Mechanisms and Implications for the Prevention and Treatment of Disease." *Nature Reviews Immunology* 11 (9): 607–615.
Goldapple, Kimberly, Zindel Segal, Carol Garson, Mark Lau, Peter Bieling, Sidney Kennedy, and Helen Mayberg. 2004. "Modulation of Cortical-Limbic Pathways in Major Depression: Treatment-Specific Effects of Cognitive Behavior Therapy." *Archives of General Psychiatry* 61 (1): 34–41.
Goldstein, Andrea N., and Matthew P. Walker. 2014. "The Role of Sleep in Emotional Brain Function." *Annual Review of Clinical Psychology* 10: 679–708.
Goldstone, Robert L. 1994. "The Role of Similarity in Categorization: Providing a Groundwork." *Cognition* 52 (2): 125–157.
Goleman, Daniel. 1998. *Working with Emotional Intelligence*. New York: Bantam. [『ビジネスEQ――感情コンピテンスを仕事に生かす』梅津祐良訳、東洋経済新報社、2000年]
—— 2006. *Emotional Intelligence*. New York: Random House. [『EQ――こころの知能指数』土屋京子訳、講談社、1998年]
Golinkoff, Roberta Michnick, Dilara Deniz Can, Melanie Soderstrom, and Kathy Hirsh-Pasek. 2015. "(Baby) Talk to Me: The Social Context of Infant-Directed Speech and Its Effects on Early Language Acquisition." Current Directions in Psychological *Science* 24 (5): 339–344.
Goodkind, Madeleine, Simon B. Eickhoff, Desmond J. Oathes, Ying Jiang, Andrew Chang, Laura B. Jones-Hagata, Brissa N. Ortega, Yevgeniya V. Zaiko, Erika L. Roach, and Mayuresh S. Korgaonkar. 2015. "Identification of a Common Neurobiological Substrate for Mental Illness." *JAMA Psychiatry* 72 (4): 305–315.

ence 344 (6189): 1293–1297.

Foulke, Emerson, and Thomas G. Sticht. 1969. "Review of Research on the Intelligibility and Comprehension of Accelerated Speech." *Psychological Bulletin* 72 (1): 50–62.

Franklin, David W., and Daniel M. Wolpert. 2011. "Computational Mechanisms of Sensorimotor Control." *Neuron* 72 (3): 425–442.

Freddolino, Peter L., and Saeed Tavazoie. 2012. "Beyond Homeostasis: A Predictive-Dynamic Framework for Understanding Cellular Behavior." *Annual Review of Cell and Developmental Biology* 28: 363–384.

Fridlund, Alan J. 1991. "Sociality of Solitary Smiling: Potentiation by an Implicit Audience." *Journal of Personality and Social Psychology* 60 (2): 229–240.

"Fright Night." 2012. *Science* 338 (6106): 450.

Frijda, Nico H. 1988. "The Laws of Emotion." *American Psychologist* 43 (5): 349–358.

Friston, Karl. 2010. "The Free-Energy Principle: A Unified Brain Theory?" *Nature Reviews Neuroscience* 11: 127–138.

Froh, Jeffrey J., William J. Sefick, and Robert A. Emmons. 2008. "Counting Blessings in Early Adolescents: An Experimental Study of Gratitude and Subjective Well-Being." *Journal of School Psychology* 46 (2): 213–233.

Frost, Ram, Blair C. Armstrong, Noam Siegelman, and Morten H. Christiansen. 2015. "Domain Generality Versus Modality Specificity: The Paradox of Statistical Learning." *Trends in Cognitive Sciences* 19 (3): 117–125.

Fu, Cynthia H. Y., Herbert Steiner, and Sergi G. Costafreda. 2013. "Predictive Neural Biomarkers of Clinical Response in Depression: A Meta-Analysis of Functional and Structural Neuroimaging Studies of Pharmacological and Psychological Therapies." *Neurobiology of Disease* 52: 75–83.

Fugate, Jennifer, Harold Gouzoules, and Lisa Feldman Barrett. 2010. "Reading Chimpanzee Faces: Evidence for the Role of Verbal Labels in Categorical Perception of Emotion." *Emotion* 10 (4): 544–554.

Ganzel, Barbara L., Pamela A. Morris, and Elaine Wethington. 2010. "Allostasis and the Human Brain: Integrating Models of Stress from the Social and Life Sciences." *Psychological Review* 117 (1): 134–174.

Gao, Wei, Sarael Alcauter, Amanda Elton, Carlos R. Hernandez-Castillo, J. Keith Smith, Juanita Ramirez, and Weili Lin. 2014. "Functional Network Development During the First Year: Relative Sequence and Socioeconomic Correlations." *Cerebral Cortex* 25 (9): 2919–2928.

Gao, Wei, Amanda Elton, Hongtu Zhu, Sarael Alcauter, J. Keith Smith, John H. Gilmore, and Weili Lin. 2014. "Intersubject Variability of and Genetic Effects on the Brain's Functional Connectivity During Infancy." *Journal of Neuroscience* 34 (34): 11288–11296.

Gao, Wei, Hongtu Zhu, Kelly S. Giovanello, J. Keith Smith, Dinggang Shen, John H. Gilmore, and Weili Lin. 2009. "Evidence on the Emergence of the Brain's Default Network from 2-Week-Old to 2-Year-Old Healthy Pediatric Subjects." *Proceedings of the National Academy of Sciences* 106 (16): 6790–6795.

Garber, Megan. 2013. "Tongue and Tech: The Many Emotions for Which English Has No Words." *Atlantic*, January 8. http://www.theatlantic.com/technology/archive/2013/01/tongue-and-tech-the-many-emotions-for-which-english-has-no-words/266956/.

Gardner, Howard. 1975. *The Shattered Mind: The Person After Brain Damage*. New York: Vintage. [『砕かれた心——脳損傷の犠牲者たち』酒井誠・大嶋美登子訳、誠信書房、1986 年]

Garland, Eric L., Brett Froeliger, and Matthew O. Howard. 2014. "Effects of Mindfulness-Oriented Recovery Enhancement on Reward Responsiveness and Opioid Cue-Reactivity." *Psychopharmacology* 231 (16): 3229–3238.

Gelman, Susan A. 2009. "Learning from Others: Children's Construction of Concepts." *Annual Review of Psychology* 60: 115–140.

Gendron, M., and L. F. Barrett. 2009. "Reconstructing the Past: A Century of Ideas About

Feigenson, Lisa, and Justin Halberda. 2008. "Conceptual Knowledge Increases Infants' Memory Capacity." *Proceedings of the National Academy of Sciences* 105 (29): 9926–9930.

Feinstein, Justin S., Ralph Adolphs, Antonio Damasio, and Daniel Tranel. 2011. "The Human Amygdala and the Induction and Experience of Fear." *Current Biology* 21 (1): 34–38.

Feinstein, Justin S., David Rudrauf, Sahib S. Khalsa, Martin D. Cassell, Joel Bruss, Thomas J. Grabowski, and Daniel Tranel. 2010. "Bilateral Limbic System Destruction in Man." *Journal of Clinical and Experimental Neuropsychology* 32 (1): 88–106.

Felitti, Vincent J., Robert F. Anda, Dale Nordenberg, David F. Williamson, Alison M. Spitz, Valerie Edwards, Mary P. Koss, and James S. Marks. 1998. "Relationship of Childhood Abuse and Household Dysfunction to Many of the Leading Causes of Death in Adults: The Adverse Childhood Experiences (ACE) Study." *American Journal of Preventive Medicine* 14 (4): 245–258.

Feresin, Emiliano. 2011. "Italian Court Reduces Murder Sentence Based on Neuroimaging Data." Nature News Blog, September 1. http://blogs.nature.com/news/2011/09/italian_court_reduces_murder_s.html.

Fernald, Anne, Virginia A. Marchman, and Adriana Weisleder. 2013. "SES Differences in Language Processing Skill and Vocabulary Are Evident at 18 Months." *Developmental Science* 16 (2): 234–248.

Fernández-Dols, José-Miguel, and María-Angeles Ruiz-Belda. 1995. "Are Smiles a Sign of Happiness? Gold Medal Winners at the Olympic Games." *Journal of Personality and Social Psychology* 69 (6): 1113–1119.

Fields, Howard L., and Elyssa B. Margolis. 2015. "Understanding Opioid Reward." *Trends in Neurosciences* 38 (4): 217–225.

Finger, Stanley. 2001. *Origins of Neuroscience: A History of Explorations into Brain Function.* New York: Oxford University Press.

Finlay, Barbara L., and Ryutaro Uchiyama. 2015. "Developmental Mechanisms Channeling Cortical Evolution." *Trends in Neurosciences* 38 (2): 69–76.

Finn, Emily S., Xilin Shen, Dustin Scheinost, Monica D. Rosenberg, Jessica Huang, Marvin M. Chun, Xenophon Papademetris, and R. Todd Constable. 2015. "Functional Connectome Fingerprinting: Identifying Individuals Using Patterns of Brain Connectivity." *Nature Neuroscience* 18 (11): 1664–1671.

Firestein, Stuart. 2012. *Ignorance: How It Drives Science*. New York: Oxford University Press. [『イグノランス――無知こそ科学の原動力』佐倉統・小田文子訳、東京化学同人、2014年]

Fischer, Håkan, Christopher I. Wright, Paul J. Whalen, Sean C. McInerney, Lisa M. Shin, and Scott L. Rauch. 2003. "Brain Habituation During Repeated Exposure to Fearful and Neutral Faces: A Functional MRI Study." *Brain Research Bulletin* 59 (5): 387–392.

Fischer, Shannon. 2013. "About Face." *Boston Magazine*, July. 68.73.

Fisher, Helen E., Lucy L. Brown, Arthur Aron, Greg Strong, and Debra Mashek. 2010. "Reward, Addiction, and Emotion Regulation Systems Associated with Rejection in Love." *Journal of Neurophysiology* 104 (1): 51–60.

Fodor, Jerry A. 1983. *The Modularity of Mind: An Essay on Faculty Psychology*. Cambridge, MA: MIT Press. [『精神のモジュール形式――人工知能と心の哲学』伊藤笏康・信原幸弘訳、産業図書、1985年]

Ford, Brett Q., and Maya Tamir. 2012. "When Getting Angry Is Smart: Emotional Preferences and Emotional Intelligence." *Emotion* 12 (4): 685–689.

Ford, Earl S. 2002. "Does Exercise Reduce Inflammation? Physical Activity and C-Reactive Protein Among US Adults." *Epidemiology* 13 (5): 561–568.

Fossat, Pascal, Julien Bacque-Cazenave, Philippe De Deurwaerdere, Jean-Paul Delbecque, and Daniel Cattaert. 2014. "Anxiety-Like Behavior in Crayfish Is Controlled by Serotonin." *Sci-*

Ekman, Paul, Wallace V. Friesen, Maureen O'Sullivan, Anthony Chan, Irene Diacoyanni-Tarlatzis, Karl Heider, Rainer Krause, William Ayhan LeCompte, Tom Pitcairn, and Pio E. Ricci-Bitti. 1987. "Universals and Cultural Differences in the Judgments of Facial Expressions of Emotion." *Journal of Personality and Social Psychology* 53 (4): 712–717.

Ekman, Paul, Robert W. Levenson, and Wallace V. Friesen. 1983. "Autonomic Nervous System Activity Distinguishes Among Emotions." *Science* 221 (4616): 1208–1210.

Ekman, Paul, E. Richard Sorenson, and Wallace V. Friesen. 1969. "Pan-Cultural Elements in Facial Displays of Emotion." *Science* 164 (3875): 86–88.

Elfenbein, Hillary Anger, and Nalini Ambady. 2002. "On the Universality and Cultural Specificity of Emotion Recognition: A Meta-Analysis." *Psychological Bulletin* 128 (2): 203–235.

Ellingsen, Dan-Mikael, Johan Wessberg, Marie Eikemo, Jaquette Liljencrantz, Tor Endestad, Håkan Olausson, and Siri Leknes. 2013. "Placebo Improves Pleasure and Pain Through Opposite Modulation of Sensory Processing." *Proceedings of the National Academy of Sciences* 110 (44): 17993–17998.

Ellis, Bruce J., and W. Thomas Boyce. 2008. "Biological Sensitivity to Context." *Current Directions in Psychological Science* 17 (3): 183–187.

Emmons, Robert A., and Michael E. McCullough. 2003. "Counting Blessings Versus Burdens: An Experimental Investigation of Gratitude and Subjective Well-Being in Daily Life." *Journal of Personality and Social Psychology* 84 (2): 377–389.

Emmons, Scott W. 2012. "The Mood of a Worm." *Science* 338 (6106): 475–476.

Ensor, Rosie, and Claire Hughes. 2008. "Content or Connectedness? Mother-Child Talk and Early Social Understanding." *Child Development* 79 (1): 201–216.

Epley, Nicholas, Adam Waytz, and John T. Cacioppo. 2007. "On Seeing Human: A Three-Factor Theory of Anthropomorphism." *Psychological Review* 114 (4): 864–886.

Erbas, Yasemin, Eva Ceulemans, Johanna Boonen, Ilse Noens, and Peter Kuppens. 2013. "Emotion Differentiation in Autism Spectrum Disorder." *Research in Autism Spectrum Disorders* 7 (10): 1221–1227.

Erbas, Yasemin, Eva Ceulemans, Madeline Lee Pe, Peter Koval, and Peter Kuppens. 2014. "Negative Emotion Differentiation: Its Personality and Well-Being Correlates and a Comparison of Different Assessment Methods." *Cognition and Emotion* 28 (7): 1196–1213.

Erickson, Kirk I., Michelle W. Voss, Ruchika Shaurya Prakash, Chandramallika Basak, Amanda Szabo, Laura Chaddock, Jennifer S. Kim, Susie Heo, Heloisa Alves, and Siobhan M. White. 2011. "Exercise Training Increases Size of Hippocampus and Improves Memory." *Proceedings of the National Academy of Sciences* 108 (7): 3017–3022.

Ernst, Aurélie, and Jonas Frisén. 2015. "Adult Neurogenesis in Humans-Common and Unique Traits in Mammals." *PLOS Biology* 13 (1): e1002045. doi:10.1371/journal.pbio.1002045.

ESPN. 2014. "Bucks Hire Facial Coding Expert." December 27. http://espn.go.com/nba/story/_/id/12080142/milwaukee-bucks-hire-facial-coding-expert-help-team-improve.

Etkin, Amit, and Tor D. Wager. 2007. "Functional Neuroimaging of Anxiety: A Meta-Analysis of Emotional Processing in PTSD, Social Anxiety Disorder, and Specific Phobia." *American Journal of Psychiatry* 164 (10): 1476–1488.

Fabre-Thorpe, Michèle. 2010. "Concepts in Monkeys." In *The Making of Human Concepts*, edited by Denis Mareschal, Paul C. Quinn, and Stephen E. G. Lea, 201–226. New York: Oxford University Press.

Fachner, George, Steven Carter, and Collaborative Reform Initiative. 2015. "An Assessment of Deadly Force in the Philadelphia Police Department." Washington, DC: Office of Community Oriented Policing Services.

of the Need for Reorientation in Psychology." *Psychological Review* 41 (2): 184–198.

—— 1941. "An Explanation of 'Emotional' Phenomena Without the Use of the Concept 'Emotion.'" *Journal of General Psychology* 25 (2): 283–293.

Dunfield, Kristen, Valerie A. Kuhlmeier, Laura O'Connell, and Elizabeth Kelley. 2011. "Examining the Diversity of Prosocial Behavior: Helping, Sharing, and Comforting in Infancy." *Infancy* 16 (3): 227–247.

Dunn, Elizabeth W., Daniel T. Gilbert, and Timothy D. Wilson. 2011. "If Money Doesn't Make You Happy, Then You Probably Aren't Spending It Right." *Journal of Consumer Psychology* 21 (2): 115–125.

Dunn, Elizabeth, and Michael Norton. 2013. *Happy Money: The Science of Smarter Spending.* New York: Simon and Schuster. [『「幸せをお金で買う」5つの授業』古川奈々子訳、KADOKAWA、2014年]

Dunsmore, Julie C., Pa Her, Amy G. Halberstadt, and Marie B. Perez-Rivera. 2009. "Parents' Beliefs About Emotions and Children's Recognition of Parents' Emotions." *Journal of Nonverbal Behavior* 33 (2): 121–140.

Durham, William H. 1991. *Coevolution: Genes, Culture, and Human Diversity*. Stanford, CA: Stanford University Press.

Edelman, Gerald M. 1987. *Neural Darwinism: The Theory of Neuronal Group Selection*. New York: Basic Books.

—— 1990. *The Remembered Present: A Biological Theory of Consciousness*. New York: Basic Books.

Edelman, G. M., and J. A. Gally. 2001. "Degeneracy and Complexity in Biological Systems." *Proceedings of the National Academy of Sciences* 98: 13763–13768.

Edelman, Gerald M., and Giulio Tononi. 2000. *A Universe of Consciousness: How Matter Becomes Imagination*. New York: Basic Books.

Edersheim, Judith G., Rebecca Weintraub Brendel, and Bruce H. Price. 2012. "Neuroimaging, Diminished Capacity and Mitigation." In *Neuroimaging in Forensic Psychiatry: From the Clinic to the Courtroom*, edited by Joseph R. Simpson, 163–193. West Sussex, UK: Wiley-Blackwell.

Einstein, Albert, Leopold Infeld, and Banesh Hoffmann. 1938. "The Gravitational Equations and the Problem of Motion." *Annals of Mathematics* 39 (1): 65–100.

Eisenberger, Naomi I. 2012. "The Pain of Social Disconnection: Examining the Shared Neural Underpinnings of Physical and Social Pain." *Nature Reviews Neuroscience* 13 (6): 421–434.

Eisenberger, Naomi I., and Steve W. Cole. 2012. "Social Neuroscience and Health: Neurophysiological Mechanisms Linking Social Ties with Physical Health." *Nature Neuroscience* 15 (5): 669–674.

Eisenberger, Naomi I., Tristen K. Inagaki, Nehjla M. Mashal, and Michael R. Irwin. 2010. "Inflammation and Social Experience: An Inflammatory Challenge Induces Feelings of Social Disconnection in Addition to Depressed Mood." *Brain, Behavior, and Immunity* 24 (4): 558–563.

Ekkekakis, Panteleimon, Elaine A. Hargreaves, and Gaynor Parfitt. 2013. "Invited Guest Editorial: Envisioning the Next Fifty Years of Research on the Exercise-Affect Relationship." *Psychology of Sport and Exercise* 14 (5): 751–758.

Ekman, Paul. 1992. "An Argument for Basic Emotions." *Cognition and Emotion* 6: 169–200.

—— 2007. *Emotions Revealed: Recognizing Faces and Feelings to Improve Communication and Emotional Life*. New York: Henry Holt.

Ekman, Paul, and Daniel Cordaro. 2011. "What Is Meant by Calling Emotions Basic." *Emotion Review* 3 (4): 364–370.

Ekman, Paul, and Wallace V. Friesen. 1971. "Constants Across Cultures in the Face and Emotion." *Journal of Personality and Social Psychology* 17 (2): 124–129.

—— 1984. *EM-FACS Coding Manual*. San Francisco: Consulting Psychologists Press.

2004. "A Meta-Analytic Review of the Effects of High Stress on Eyewitness Memory." *Law and Human Behavior* 28 (6): 687–706.

De Leersnyder, Jozefien, Batja Mesquita, and Heejung S. Kim. 2011. "Where Do My Emotions Belong? A Study of Immigrants' Emotional Acculturation." *Personality and Social Psychology Bulletin* 37 (4): 451–463.

Demiralp, Emre, Renee J. Thompson, Jutta Mata, Susanne M. Jaeggi, Martin Buschkuehl, Lisa Feldman Barrett, Phoebe C. Ellsworth, Metin Demiralp, Luis Hernandez-Garcia, and Patricia J. Deldin. 2012. "Feeling Blue or Turquoise? Emotional Differentiation in Major Depressive Disorder." *Psychological Science* 23 (11): 1410–1416.

Deneve, Sophie, and Renaud Jardri. 2016. "Circular Inference: Mistaken Belief, Misplaced Trust." *Current Opinion in Behavioral Sciences* 11: 40–48.

Denham, Joshua, Brendan J. O'Brien, and Fadi J. Charchar. 2016. "Telomere Length Maintenance and Cardio-Metabolic Disease Prevention Through Exercise Training." *Sports Medicine*, February 25, 1–25.

Denham, Susanne A. 1998. *Emotional Development in Young Children.* New York: Guilford Press.

Denison, Stephanie, Christie Reed, and Fei Xu. 2013. "The Emergence of Probabilistic Reasoning in Very Young Infants: Evidence from 4.5- and 6-Month-Olds." *Developmental Psychology* 49 (2): 243–249.

Denison, Stephanie, and Fei Xu. 2010. "Twelve- to 14-Month-Old Infants Can Predict Single-Event Probability with Large Set Sizes." *Developmental Science* 13 (5): 798–803.

—— 2014. "The Origins of Probabilistic Inference in Human Infants." *Cognition* 130 (3): 335–347.

"Developments in the Law: Legal Responses to Domestic Violence." 1993. *Harvard Law Review* 106 (7): 1498–1620.

Dixon-Gordon, Katherine L., Alexander L. Chapman, Nicole H. Weiss, and M. Zachary Rosenthal. 2014. "A Preliminary Examination of the Role of Emotion Differentiation in the Relationship Between Borderline Personality and Urges for Maladaptive Behaviors." *Journal of Psychopathology and Behavioral Assessment* 36 (4): 616–625.

Donoghue, Philip C. J., and Mark A. Purnell. 2005. "Genome Duplication, Extinction and Vertebrate Evolution." *Trends in Ecology and Evolution* 20 (6): 312–319.

Dowlati, Yekta, Nathan Herrmann, Walter Swardfager, Helena Liu, Lauren Sham, Elyse K. Reim, and Krista L. Lanctôt. 2010. "A Meta-Analysis of Cytokines in Major Depression." *Biological Psychiatry* 67 (5): 446–457.

Dreger, Alice Domurat. 1998. *Hermaphrodites and the Medical Invention of Sex.* Cambridge, MA: Harvard University Press.

—— 2015. *Galileo's Middle Finger: Heretics, Activists, and the Search for Justice in Science*, New York: Penguin.

Dreger, Alice D., Cheryl Chase, Aron Sousa, Philip A. Gruppuso, and Joel Frader. 2005. "Changing the Nomenclature/Taxonomy for Intersex: A Scientific and Clinical Rationale." *Journal of Pediatric Endocrinology and Metabolism* 18 (8): 729–734.

Dreyfus, Georges, and Evan Thompson. 2007. "Asian Perspectives: Indian Theories of Mind." In *The Cambridge Handbook of Consciousness*, edited by Philip David Zelazo, Morris Moscovitch, and Evan Thompson, 89.114. New York: Cambridge University Press.

Drnevich, J., et al. 2012. "Impact of Experience-Dependent and -Independent Factors on Gene Expression in Songbird Brain." *Proceedings of the National Academy of Sciences of the United States of America* 109: 17245–17252.

Dubois, Samuel, Bruno Rossion, Christine Schiltz, Jean-Michel Bodart, Christian Michel, Raymond Bruyer, and Marc Crommelinck. 1999. "Effect of Familiarity on the Processing of Human Faces." *Neuroimage* 9 (3): 278–289.

Duffy, Elizabeth. 1934. "Emotion: An Example

Crossley, Nicolas A., Andrea Mechelli, Jessica Scott, Francesco Carletti, Peter T. Fox, Philip McGuire, and Edward T. Bullmore. 2014. "The Hubs of the Human Connectome Are Generally Implicated in the Anatomy of Brain Disorders." *Brain* 137 (8): 2382–2395.

Crum, Alia J., William R. Corbin, Kelly D. Brownell, and Peter Salovey. 2011. "Mind over Milkshakes: Mindsets, Not Just Nutrients, Determine Ghrelin Response." *Health Psychology* 30 (4): 424–429.

Crum, Alia J., Peter Salovey, and Shawn Achor. 2013. "Rethinking Stress: The Role of Mind sets in Determining the Stress Response." *Journal of Personality and Social Psychology* 104 (4): 716–733.

Curry, John, Susan Silva, Paul Rohde, Golda Ginsburg, Christopher Kratochvil, Anne Simons, Jerry Kirchner, Diane May, Betsy Kennard, and Taryn Mayes. 2011. "Recovery and Recurrence Following Treatment for Adolescent Major Depression." *Archives of General Psychiatry* 68 (3): 263–269.

Damasio, Antonio. 1994. *Descartes' Error: Emotion, Reason and the Human Brain*. New York: Avon. [『デカルトの誤り――情動、理性、人間の脳』田中三彦訳、筑摩書房、2010年]

—— 1999. *The Feeling of What Happens: Body and Emotion in the Making of Consciousness*. New York: Harcourt Brace & Company. [『無意識の脳　自己意識の脳――身体と情動と感情の神秘』田中三彦訳、講談社、2003年]

Damasio, Antonio, and Gil B. Carvalho. 2013. "The Nature of Feelings: Evolutionary and Neurobiological Origins." *Nature Reviews Neuroscience* 14 (2): 143–152.

Danese, Andrea, and Bruce S. McEwen. 2012. "Adverse Childhood Experiences, Allostasis, Allostatic Load, and Age-Related Disease." *Physiology and Behavior* 106 (1): 29–39.

Dannlowski, Udo, Anja Stuhrmann, Victoria Beutelmann, Peter Zwanzger, Thomas Lenzen, Dominik Grotegerd, Katharina Domschke, Christa Hohoff, Patricia Ohrmann, and Jochen Bauer. 2012. "Limbic Scars: Long-Term Consequences of Childhood Maltreatment Revealed by Functional and Structural Magnetic Resonance Imaging." *Biological Psychiatry* 71 (4): 286–293.

Dantzer, Robert, Cobi Johanna Heijnen, Annemieke Kavelaars, Sophie Laye, and Lucile Capuron. 2014. "The Neuroimmune Basis of Fatigue." *Trends in Neurosciences* 37 (1): 39–46.

Dantzer, Robert, Jan-Pieter Konsman, Rose-Marie Bluthé, and Keith W. Kelley. 2000. "Neural and Humoral Pathways of Communication from the Immune System to the Brain: Parallel or Convergent?" *Autonomic Neuroscience* 85 (1): 60–65.

Danziger, Kurt. 1997. *Naming the Mind: How Psychology Found Its Language*. London: Sage. [『心を名づけること――心理学の社会的構成』河野哲也訳、勁草書房、2005 年]

Danziger, Shai, Jonathan Levav, and Liora Avnaim-Pesso. 2011. "Extraneous Factors in Judicial Decisions." *Proceedings of the National Academy of Sciences* 108 (17): 6889–6892.

Darwin, Charles. (1859) 2003. *On the Origin of Species*. Facsimile edition. Cambridge, MA: Harvard University Press. [『種の起原』八杉龍一訳、岩波書店、1990 年]

—— (1871) 2004. *The Descent of Man, and Selection in Relation to Sex*. London: Penguin Classics. [『人間の由来』長谷川眞理子訳、講談社、2016 年]

—— (1872) 2005. *The Expression of the Emotions in Man and Animals*. Stilwell, KS: Digireads.com. [『人及び動物の表情について』浜中浜太郎訳、岩波書店、1931 年]

Dashiell, John F. 1927. "A New Method of Measuring Reactions to Facial Expression of Emotion." *Psychological Bulletin* 24: 174–175.

De Boer, Sietse F., and Jaap M. Koolhaas. 2003. "Defensive Burying in Rodents: Ethology, Neurobiology and Psychopharmacology." *European Journal of Pharmacology* 463 (1): 145–161.

Deffenbacher, Kenneth A., Brian H. Bornstein, Steven D. Penrod, and E. Kiernan McGorty.

"Neural Fingerprinting: Meta-Analysis, Variation, and the Search for Brain-Based Essences in the Science of Emotion." In *Handbook of Emotions*, 4th edition, edited by Lisa Feldman Barrett, Michael Lewis, and Jeannette M. Haviland-Jones, 146–165. New York: Guilford Press.

Clave-Brule, M., A. Mazloum, R. J. Park, E. J. Harbottle, and C. Laird Birmingham. 2009. "Managing Anxiety in Eating Disorders with Knitting." *Eating and Weight Disorders-Studies on Anorexia, Bulimia and Obesity* 14 (1): e1–e5.

Clore, Gerald L., and Andrew Ortony. 2008. "Appraisal Theories: How Cognition Shapes Affect into Emotion." In *Handbook of Emotions*, 3rd edition, edited by Michael Lewis, Jeannette M. Haviland-Jones, and Lisa Feldman Barrett, 628–642. New York: Guilford Press.

Coan, James A., Hillary S. Schaefer, and Richard J. Davidson. 2006. "Lending a Hand: Social Regulation of the Neural Response to Threat." *Psychological Science* 17 (12): 1032–1039.

Cohen, Sheldon, William J. Doyle, David P. Skoner, Bruce S. Rabin, and Jack M. Gwaltney. 1997. "Social Ties and Susceptibility to the Common Cold." *JAMA 277* (24): 1940–1944.

Cohen, Sheldon, William J. Doyle, Ronald Turner, Cuneyt M. Alper, and David P. Skoner. 2003. "Sociability and Susceptibility to the Common Cold." *Psychological Science* 14 (5): 389–395.

Cohen, Sheldon, and Gail M. Williamson. 1991. "Stress and Infectious Disease in Humans." *Psychological Bulletin* 109 (1): 5–24.

Cole, Steven W., and Anil K. Sood. 2012. "Molecular Pathways: Beta-Adrenergic Signaling in Cancer." *Clinical Cancer Research* 18 (5): 1201–1206.

Consedine, Nathan S., Yulia E. Chentsova Dutton, and Yulia S. Krivoshekova. 2014. "Emotional Acculturation Predicts Better Somatic Health: Experiential and Expressive Acculturation Among Immigrant Women from Four Ethnic Groups." *Journal of Social and Clinical Psychology* 33 (10): 867–889.

Copeland, William E., Dieter Wolke, Adrian Angold, and E. Jane Costello. 2013. "Adult Psychiatric Outcomes of Bullying and Being Bullied by Peers in Childhood and Adolescence." *JAMA Psychiatry* 70 (4): 419–426.

Copeland, William E., Dieter Wolke, Suzet Tanya Lereya, Lilly Shanahan, Carol Worthman, and E. Jane Costello. 2014. "Childhood Bullying Involvement Predicts Low-Grade Systemic Inflammation into Adulthood." *Proceedings of the National Academy of Sciences* 111 (21): 7570–7575.

Cordaro, Daniel T., Dacher Keltner, Sumjay Tshering, Dorji Wangchuk, and Lisa M. Flynn. 2016. "The Voice Conveys Emotion in Ten Globalized Cultures and One Remote Village in Bhutan." *Emotion* 16 (1): 117–128.

Cosmides, Leda, and John Tooby. 2000. "Evolutionary Psychology and the Emotions." In *Handbook of Emotions*, 2nd edition, edited by Michael Lewis and Jeannette M.Haviland-Jones, 91–115. New York: Guilford Press.

Craig, A. D. 2015. *How Do You Feel? An Interoceptive Moment with Your Neurobiological Self.* Princeton, NJ: Princeton University Press.

Creswell, J. D., A. A. Taren, E. K. Lindsay, C. M. Greco, P. J. Gianaros, A. Fairgrieve, A. L. Marsland, K. W. Brown, B. M. Way, R. K. Rosen, and J. L. Ferris. In press. "Alterations in Resting State Functional Connectivity Link Mindfulness Meditation with Reduced Interleukin-6." *Biological Psychiatry.*

Crivelli, Carlos, Pilar Carrera, and José-Miguel Fernández-Dols. 2015. "Are Smiles a Sign of Happiness? Spontaneous Expressions of Judo Winners." *Evolution and Human Behavior* 36 (1): 52–58.

Crivelli, Carlos, Sergio Jarillo, James A. Russell, and José-Miguel Fernández-Dols. 2016. "Reading Emotions from Faces in Two Indigenous Societies." *Journal of Experimental Psychology* 145 (7): 830–843.

Emotion Differentiation Calibrates the Influence of Incidental Disgust on Moral Judgments." *Journal of Experimental Social Psychology* 49 (4): 719–725.

Camras, Linda A., Harriet Oster, Tatsuo Ujiie, Joseph J. Campos, Roger Bakeman, and Zhaolan Meng. 2007. "Do Infants Show Distinct Negative Facial Expressions for Fear and Anger? Emotional Expression in 11-Month-Old European American, Chinese, and Japanese Infants." *Infancy* 11 (2): 131–155.

Carhart-Harris, Robin L., Suresh Muthukumaraswamy, Leor Rosemana, Mendel Kaelena, Wouter Droog, et al. 2016. "Neural Correlates of the LSD Experience Revealed by Multimodal Neuroimaging." *Proceedings of the National Academy of Sciences* 113 (7): 4853–4858.

Caron, Rose F., Albert J. Caron, and Rose S. Myers. 1985. "Do Infants See Emotional Expressions in Static Faces?" *Child Development* 56 (6): 1552–1560.

Casey, Caroline. 2010. "Looking Past Limits." TED.com. https://www.ted.com/talks/caroline_casey_looking_past_limits.

Cassoff, Jamie, Sabrina T. Wiebe, and Reut Gruber. 2012. "Sleep Patterns and the Risk for ADHD: A Review." *Nature and Science of Sleep* 4: 73–80.

Centers for Disease Control and Prevention. 2015. "Prescription Opioid Analgesic Use Among Adults: United States, 1999.2012." http://www.cdc.gov/nchs/products/databriefs/db189.htm.

Ceulemans, Eva, Peter Kuppens, and Iven Van Mechelen. 2012. "Capturing the Structure of Distinct Types of Individual Differences in the Situation-Specific Experience of Emotions: The Case of Anger." *European Journal of Personality* 26 (5): 484–495.

Chanes, Lorena, and Lisa Feldman Barrett. 2016. "Redefining the Role of Limbic Areas in Cortical Processing." *Trends in Cognitive Sciences* 20 (2): 96–106.

Chang, Anne-Marie, Daniel Aeschbach, Jeanne F. Duffy, and Charles A. Czeisler. 2015. "Evening Use of Light-Emitting eReaders Negatively Affects Sleep, Circadian Timing, and Next-Morning Alertness." *Proceedings of the National Academy of Sciences* 112 (4): 1232–1237.

Chang, Luke J., Peter J. Gianaros, Stephen B. Manuck, Anjali Krishnan, and Tor D. Wager. 2015. "A Sensitive and Specific Neural Signature for Picture-Induced Negative Affect." *PLOS Biology* 13 (6): e1002180.

Chao, Linda L., and Alex Martin. 2000. "Representation of Manipulable Man-Made Objects in the Dorsal Stream." *Neuroimage* 12 (4): 478–484.

Charney, Evan. 2012. "Behavior Genetics and Postgenomics." *Behavioral and Brain Sciences* 35 (5): 331–358.

Chen, Lucy L. 2014. "What Do We Know About Opioid-Induced Hyperalgesia?" *Journal of Clinical Outcomes Management* 21 (3): 169–175.

Choi, Ki Sueng, Patricio Riva-Posse, Robert E. Gross, and Helen S. Mayberg. 2015. "Mapping the 'Depression Switch' During Intraoperative Testing of Subcallosal Cingulate Deep Brain Stimulation." *JAMA Neurology* 72 (11): 1252–1260.

Chomsky, Noam. 1980. "Rules and Representations." *Behavioral and Brain Sciences* 3 (1): 1–15.

Cisek, P., and J. Kalaska 2010. "Neural Mechanisms for Interacting with a World Full of Action Choices." *Annual Review of Neuroscience* 33: 269–298.

Clark, Andy. 2013. "Whatever Next? Predictive Brains, Situated Agents, and the Future of Cognitive Science." *Behavioral and Brain Sciences* 36: 281–253.

Clark-Polner, E., T. Johnson, and L. F. Barrett. In press. "Multivoxel Pattern Analysis Does Not Provide Evidence to Support the Existence of Basic Emotions." *Cerebral Cortex*.

Clark-Polner, Elizabeth, Tor D. Wager, Ajay B. Satpute, and Lisa Feldman Barrett. In press.

view 10: 3.

Brescoll, Victoria L., and Eric Luis Uhlmann. 2008. "Can an Angry Woman Get Ahead? Status Conferral, Gender, and Expression of Emotion in the Workplace." *Psychological Science* 19 (3): 268–275.

Briggs, Jean L. 1970. *Never in Anger: Portrait of an Eskimo Family*. Cambridge, MA: Harvard University Press.

Broly, Pierre, and Jean-Louis Deneubourg. 2015. "Behavioural Contagion Explains Group Cohesion in a Social Crustacean." *PLOS Computational Biology* 11 (6): e1004290. doi:10.1371/journal.pcbi.1004290.

Browning, Michael, Timothy E. Behrens, Gerhard Jocham, Jill X. O'Reilly, and Sonia J. Bishop. 2015. "Anxious Individuals Have Difficulty Learning the Causal Statistics of Aversive Environments." *Nature Neuroscience* 18 (4): 590–596.

Bruner, Jerome S. 1990. *Acts of Meaning*. Cambridge, MA: Harvard University Press. [『意味の復権――フォークサイコロジーに向けて』岡本夏木・仲渡一美・吉村啓子訳、ミネルヴァ書房、2016年]

Bryant, Richard A., Kim L. Felmingham, Derrick Silove, Mark Creamer, Meaghan O'Donnell, and Alexander C. McFarlane. 2011. "The Association Between Menstrual Cycle and Traumatic Memories." *Journal of Affective Disorders* 131 (1): 398–401.

Büchel, Christian, Stephan Geuter, Christian Sprenger, and Falk Eippert. 2014. "Placebo Analgesia: A Predictive Coding Perspective." *Neuron* 81 (6): 1223–1239.

Buckholtz, Joshua W., Christopher L. Asplund, Paul E. Dux, David H. Zald, John C. Gore, Owen D. Jones, and Rene Marois. 2008. "The Neural Correlates of Third-Party Punishment." *Neuron* 60 (5): 930–940.

Buckner, Randy L. 2012. "The Serendipitous Discovery of the Brain's Default Network." *Neuroimage* 62 (2): 1137–1145.

Bullmore, Ed, and Olaf Sporns. 2012. "The Economy of Brain Network Organization." *Nature Reviews Neuroscience* 13 (5): 336–349.

Burkett, J. P., E. Andari, Z. V. Johnson, D. C. Curry, F. B. M. de Waal, and L. J. Young. 2016. "Oxytocin-Dependent Consolation Behavior in Rodents." *Science* 351 (6271): 375–378.

Burns, Jeffrey M., and Russell H. Swerdlow. 2003. "Right Orbitofrontal Tumor with Pedophilia Symptom and Constructional Apraxia Sign." *Archives of Neurology* 60 (3): 437–440.

Bushnell, M. Catherine, Marta Čeko, and Lucie A. Low. 2013. "Cognitive and Emotional Control of Pain and Its Disruption in Chronic Pain." *Nature Reviews Neuroscience* 14 (7): 502–511.

Cabanac, M., and J. Leblanc. 1983. "Physiological Conflict in Humans: Fatigue vs. Cold Discomfort." *American Journal of Physiology* 244 (5): R621–628.

Cacioppo, John T., Gary G. Berntson, Jeff H. Larsen, Kristen M. Poehlmann, and Tiffany A. Ito. 2000. "The Psychophysiology of Emotion." In *Handbook of Emotions*, 2nd edition, edited by Michael Lewis and Jeannette M. Haviland-Jones, 173–191. New York: Guilford Press.

Caldwell-Harris, Catherine L., Angela L. Wilson, Elizabeth LoTempio, and Benjamin Beit-Hallahmi. 2011. "Exploring the Atheist Personality: Well-Being, Awe, and Magical Thinking in Atheists, Buddhists, and Christians." *Mental Health, Religion and Culture* 14 (7): 659–672.

Calhoun, Cheshire. 1999. "Making Up Emotional People: The Case of Romantic Love." In *The Passions of Law*, edited by Susan A. Bandes, 217–240. New York: New York University Press.

Calvin, Catherine M., G. David Batty, Gordon Lowe, and Ian J. Deary. 2011. "Childhood Intelligence and Midlife Inflammatory and Hemostatic Biomarkers: The National Child Development Study (1958) Cohort." *Health Psychology* 30 (6): 710–718.

Cameron, C. Daryl, B. Keith Payne, and John M. Doris. 2013. "Morality in High Definition:

"The Neurobiology of Semantic Memory." *Trends in Cognitive Sciences* 15 (11): 527–536.

Binder, Jeffrey R., Rutvik H. Desai, William W. Graves, and Lisa L. Conant. 2009. "Where Is the Semantic System? A Critical Review and Meta-Analysis of 120 Functional Neuroimaging Studies." *Cerebral Cortex* 19 (12): 2767–2796.

Binder, Jeffrey R., Julia A. Frost, Thomas A. Hammeke, P. S. F. Bellgowan, Stephen M. Rao, and Robert W. Cox. 1999. "Conceptual Processing During the Conscious Resting State: A Functional MRI Study." *Journal of Cognitive Neuroscience* 11 (1): 80–93.

Birklein, Frank. 2005. "Complex Regional Pain Syndrome." *Journal of Neurology* 252 (2): 131–138.

Black, Ryan C., Sarah A. Treul, Timothy R. Johnson, and Jerry Goldman. 2011. "Emotions, Oral Arguments, and Supreme Court Decision Making." *Journal of Politics* 73 (2): 572–581.

Bliss-Moreau, Eliza, and David G. Amaral. Under review. "Associative Affective Learning Persists Following Early Amygdala Damage in Nonhuman Primates."

Bliss-Moreau, Eliza, Christopher J. Machado, and David G. Amaral. 2013. "Macaque Cardiac Physiology Is Sensitive to the Valence of Passively Viewed Sensory Stimuli." *PLOS One* 8 (8): e71170. doi:10.1371/journal.pone.0071170.

Blow, Charles M. 2015. "Has the N.R.A. Won?" *New York Times*, April 20. http://www.nytimes.com/2015/04/20/opinion/charles-blow-has-the-nra-won.html.

Blumberg, Mark S., and Greta Sokoloff. 2001. "Do Infant Rats Cry?" *Psychological Review* 108 (1): 83–95.

Blumberg, Mark S., Greta Sokoloff, Robert F. Kirby, and Kristen J. Kent. 2000. "Distress Vocalizations in Infant Rats: What's All the Fuss About?" *Psychological Science* 11 (1): 78–81.

Boghossian, Paul. 2006. *Fear of Knowledge: Against Relativism and Constructivism*. Oxford: Clarendon Press.

Borsook, David. 2012. "Neurological Diseases and Pain." *Brain* 135 (2): 320–344.

Bourassa-Perron, Cynthia. 2011. *The Brain and Emotional Intelligence: New Insights*. Florence, MA: More Than Sound.

Bourke, Joanna. 2000. *An Intimate History of Killing: Face-to-Face Killing in Twentieth-Century Warfare*. New York: Basic Books.

Boyd, Robert, Peter J. Richerson, and Joseph Henrich. 2011. "The Cultural Niche: Why Social Learning Is Essential for Human Adaptation." *Proceedings of the National Academy of Sciences* 108 (Supplement 2): 10918–10925.

Brackett, Marc A., Susan E. Rivers, Maria R. Reyes, and Peter Salovey. 2012. "Enhancing Academic Performance and Social and Emotional Competence with the RULER Feeling Words Curriculum." *Learning and Individual Differences* 22 (2): 218–224.

Bradshaw, John. 2014. *Dog Sense: How the New Science of Dog Behavior Can Make You a Better Friend to Your Pet*. New York: Basic Books. [『犬はあなたをこう見ている――最新の動物行動学でわかる犬の心理』西田美緒子訳、河出書房新社、2012 年]

Brandone, Amanda C., and Henry M. Wellman. 2009. "You Can't Always Get What You Want: Infants Understand Failed Goal-Directed Actions." *Psychological Science* 20 (1): 85–91.

Bratman, Gregory N., J. Paul Hamilton, Kevin S. Hahn, Gretchen C. Daily, and James J. Gross. 2015. "Nature Experience Reduces Rumination and Subgenual Prefrontal Cortex Activation." *Proceedings of the National Academy of Sciences* 112 (28): 8567–8572.

Breiter, Hans C., Nancy L. Etcoff, Paul J. Whalen, William A. Kennedy, Scott L. Rauch, Randy L. Buckner, Monica M. Strauss, Steven E. Hyman, and Bruce R. Rosen. 1996. "Response and Habituation of the Human Amygdala During Visual Processing of Facial Expression." *Neuron* 17 (5): 875–887.

Brennan, William J., Jr. 1988. "Reason, Passion, and the Progress of the Law." *Cardozo Law Re-*

ioral and Brain Sciences 22 (4): 577–609.

—— 2003. "Situated Simulation in the Human Conceptual System." *Language and Cognitive Processes* 18: 513–562.

—— 2008a. "Cognitive and Neural Contributions to Understanding the Conceptual System." *Current Directions in Psychological Science* 17 (2): 91–95.

—— 2008b. "Grounded Cognition." *Annual Review of Psychology* 59: 617–645.

—— 2009. "Simulation, Situated Conceptualization, and Prediction." *Philosophical Transactions of the Royal Society B*: Biological Sciences 364 (1521): 1281–1289.

Barsalou, Lawrence W., W. Kyle Simmons, Aron K. Barbey, and Christine D. Wilson. 2003. "Grounding Conceptual Knowledge in Modality-Specific Systems." *Trends in Cognitive Sciences* 7 (2): 84–91.

Bartal, Inbal Ben-Ami, Jean Decety, and Peggy Mason. 2011. "Empathy and Pro-Social Behavior in Rats." *Science* 334 (6061): 1427–1430.

Beard, Mary. 2014. *Laughter in Ancient Rome: On Joking, Tickling, and Cracking Up*. Berkeley: University of California Press.

Bechara, Antoine, Daniel Tranel, Hanna Damasio, Ralph Adolphs, Charles Rockland, and Antonio R. Damasio. 1995. "Double Dissociation of Conditioning and Declarative Knowledge Relative to the Amygdala and Hippocampus in Humans." *Science* 269 (5227): 1115–1118.

Becker, Benjamin, Yoan Mihov, Dirk Scheele, Keith M. Kendrick, Justin S. Feinstein, Andreas Matusch, Merve Aydin, Harald Reich, Horst Urbach, and Ana-Maria Oros-Peusquens. 2012. "Fear Processing and Social Networking in the Absence of a Functional Amygdala." *Biological Psychiatry* 72 (1): 70–77.

Becquet, Celine, Nick Patterson, Anne C. Stone, Molly Przeworski, and David Reich. 2007. Genetic Structure of Chimpanzee Populations. *PLOS Genetics* 3 (4): e66. doi:10.1371/journal.pgen.0030066.

Beggs, Simon, Gillian Currie, Michael W. Salter, Maria Fitzgerald, and Suellen M. Walker. 2012. "Priming of Adult Pain Responses by Neonatal Pain Experience: Maintenance by Central Neuroimmune Activity." *Brain* 135 (2): 404–417.

Bekoff, Marc, and Jane Goodall. 2008. *The Emotional Lives of Animals: A Leading Scientist Explores Animal Joy, Sorrow, and Empathy——and Why They Matter*. Novato, CA: New World Library. [『動物たちの心の科学——仲間に尽くすイヌ、喪に服すゾウ、フェアプレイ精神を貫くコヨーテ』高橋洋訳、青土社、2014年]

Benedetti, Fabrizio. 2014. "Placebo Effects: From the Neurobiological Paradigm to Translational Implications." *Neuron* 84 (3): 623–637.

Benedetti, Fabrizio, Martina Amanzio, Sergio Vighetti, and Giovanni Asteggiano. 2006. "The Biochemical and Neuroendocrine Bases of the Hyperalgesic Nocebo Effect." *Journal of Neuroscience* 26 (46): 12014–12022.

Berent, Iris. 2013. "The Phonological Mind." *Trends in Cognitive Sciences* 17 (7): 319–327.

Bergelson, Elika, and Daniel Swingley. 2012. "At 6.9 Months, Human Infants Know the Meanings of Many Common Nouns." *Proceedings of the National Academy of Sciences* 109 (9): 3253–3258.

Berlau, Daniel J., and James L. McGaugh. 2003. "Basolateral Amygdala Lesions Do Not Prevent Memory of Context-Footshock Training." *Learning and Memory* 10 (6): 495–502.

Berns, Walter. 1979. *For Capital Punishment: Crime and the Morality of the Death Penalty*. New York: Basic Books.

"Better Than English." 2016. http://betterthanenglish.com/.

Beukeboom, Camiel J., Dion Langeveld, and Karin Tanja-Dijkstra. 2012. "Stress-Reducing Effects of Real and Artificial Nature in a Hospital Waiting Room." *Journal of Alternative and Complementary Medicine* 18 (4): 329–333.

Binder, Jeffrey R., and Rutvik H. Desai. 2011.

Natural Kinds?" *Perspectives on Psychological Science* 1 (1): 28–58.
—— 2006b. "Solving the Emotion Paradox: Categorization and the Experience of Emotion." *Personality and Social Psychology Review* 10 (1): 20–46.
—— 2009. "The Future of Psychology: Connecting Mind to Brain." *Perspectives on Psychological Science* 4 (4): 326–339.
—— 2011a. "Bridging Token Identity Theory and Supervenience Theory Through Psychological Construction." *Psychological Inquiry* 22 (2): 115–127.
—— 2011b. "Was Darwin Wrong about Emotional Expressions?" *Current Directions in Psychological Science* 20 (6): 400–406.
—— 2012. "Emotions Are Real." *Emotion* 12 (3): 413–429.
—— 2013. "Psychological Construction: The Darwinian Approach to the Science of Emotion." *Emotion Review* 5: 379–389.
Barrett, Lisa Feldman, and Moshe Bar. 2009. "See It with Feeling: Affective Predictions During Object Perception." *Philosophical Transactions of the Royal Society B: Biological Sciences* 364 (1521): 1325–1334.
Barrett, Lisa Feldman, and Eliza Bliss-Moreau. 2009a. "Affect as a Psychological Primitive." *Advances in Experimental Social Psychology* 41: 167–218.
—— 2009b. "She's Emotional. He's Having a Bad Day: Attributional Explanations for Emotion Stereotypes." *Emotion* 9 (5): 649–658.
Barrett, Lisa Feldman, James Gross, Tamlin Conner Christensen, and Michael Benvenuto. 2001. "Knowing What You're Feeling and Knowing What To Do About It: Mapping the Relation Between Emotion Differentiation and Emotion Regulation." *Cognition and Emotion* 15 (6): 713–724.
Barrett, Lisa Feldman, Kristen A. Lindquist, Eliza Bliss-Moreau, Seth Duncan, Maria Gendron, Jennifer Mize, and Lauren Brennan. 2007. "Of Mice and Men: Natural Kinds of Emotions in the Mammalian Brain? A Response to Panksepp and Izard." *Perspectives on Psychological Science* 2 (3): 297–311.
Barrett, Lisa Feldman, Kristen A. Lindquist, and Maria Gendron. 2007. "Language as Context for the Perception of Emotion." *Trends in Cognitive Sciences* 11 (8): 327–332.
Barrett, Lisa Feldman, Batja Mesquita, and Maria Gendron. 2011. "Context in Emotion Perception." *Current Directions in Psychological Science* 20 (5): 286–290.
Barrett, Lisa Feldman, Lucy Robin, Paula R. Pietromonaco, and Kristen M. Eyssell. 1998. "Are Women the 'More Emotional' Sex? Evidence from Emotional Experiences in Social Context." *Cognition and Emotion* 12 (4): 555–578.
Barrett, Lisa Feldman, and James A. Russell. 1999. "Structure of Current Affect: Controversies and Emerging Consensus." *Current Directions in Psychological Science* 8 (1): 10–14.
—— eds. 2015. *The Psychological Construction of Emotion*. New York: Guilford Press.
Barrett, Lisa Feldman, and Ajay B. Satpute. 2013. "Large-Scale Brain Networks in Affective and Social Neuroscience: Towards an Integrative Functional Architecture of the Brain." *Current Opinion in Neurobiology* 23 (3): 361–372.
Barrett, Lisa Feldman, and W. Kyle Simmons. 2015. "Interoceptive Predictions in the Brain." *Nature Reviews Neuroscience* 16 (7): 419–429.
Barrett, Lisa Feldman, Michele M. Tugade, and Randall W. Engle. 2004. "Individual Differences in Working Memory Capacity and Dual-Process Theories of the Mind." *Psychological Bulletin* 130 (4): 553–573.
Barsalou, Lawrence W. 1985. "Ideals, Central Tendency, and Frequency of Instantiation as Determinants of Graded Structure in Categories." *Journal of Experimental Psychology: Learning, Memory, and Cognition* 11 (4): 629–654.
—— 1992. *Cognitive Psychology: An Overview for Cognitive Scientists*. Mawah, NJ: Lawrence Erlbaum.
—— 1999. "Perceptual Symbol Systems." *Behav-*

seph Guarnaccia, and Rajita Sinha. 2012. "Cumulative Adversity and Smaller Gray Matter Volume in Medial Prefrontal, Anterior Cingulate, and Insula Regions." *Biological Psychiatry* 72 (1): 57–64.

Antoni, Michael H., Susan K. Lutgendorf, Steven W. Cole, Firdaus S. Dhabhar, Sandra E. Sephton, Paige Green McDonald, Michael Stefanek, and Anil K. Sood. 2006. "The Influence of Bio-Behavioural Factors on Tumour Biology: Pathways and Mechanisms." *Nature Reviews Cancer* 6 (3): 240–248.

Apkarian, A. Vania, Marwan N. Baliki, and Melissa A. Farmer. 2013. "Predicting Transition to Chronic Pain." *Current Opinion in Neurology* 26 (4): 360–367.

Arkowitz, Hal, and Scott O. Lilienfeld. 2010. "Why Science Tells Us Not to Rely on Eyewitness Accounts." Scientific American Mind, January 1. http://www.scientificamerican.com/article/do-the-eyes-have-it/.

Atkinson, Anthony P., Andrea S. Heberlein, and Ralph Adolphs. 2007. "Spared Ability to Recognise Fear from Static and Moving Whole-Body Cues Following Bilateral Amygdala Damage." *Neuropsychologia* 45 (12): 2772–2782.

Avena, Nicole M., Pedro Rada, and Bartley G. Hoebel. 2008. "Evidence for Sugar Addiction: Behavioral and Neurochemical Effects of Intermittent, Excessive Sugar Intake." *Neuroscience and Biobehavioral Reviews* 32 (1): 20–39.

Aviezer, Hillel, Ran R. Hassin, Jennifer Ryan, Cheryl Grady, Josh Susskind, Adam Anderson, Morris Moscovitch, and Shlomo Bentin. 2008. "Angry, Disgusted, or Afraid? Studies on the Malleability of Emotion Perception." *Psychological Science* 19 (7): 724–732.

Aviezer, Hillel, Yaacov Trope, and Alexander Todorov. 2012. "Body Cues, Not Facial Expressions, Discriminate Between Intense Positive and Negative Emotions." *Science* 338 (6111): 1225–1229.

Bachman, Jerald G., Lloyd D. Johnston, and Patrick M. O'Malley. 2006. "Monitoring the Future: Questionnaire Responses from the Nation's High School Seniors." Institute for Social Research Survey Research Center, University of Michigan. www.monitoringthefuture.org/datavolumes/2006/2006dv.pdf.

Balasubramanian, Vijay. 2015. "Heterogeneity and Efficiency in the Brain." *Proceedings of the IEEE* 103 (8): 1346–1358.

Bandes, Susan A. Forthcoming. "Share Your Grief but Not Your Anger: Victims and the Expression of Emotion in Criminal Justice." In *Emotional Expression: Philosophical, Psychological, and Legal Perspectives*, edited by Joel Smith and Catharine Abell. New York: Cambridge University Press.

Bandes, Susan A., and Jeremy A. Blumenthal. 2012. "Emotion and the Law." *Annual Review of Law and Social Science* 8: 161–181.

Banks, Siobhan, and David F. Dinges. 2007. "Behavioral and Physiological Consequences of Sleep Restriction." *Journal of Clinical Sleep Medicine* 3 (5): 519–528.

Bar, Moshe. 2007. "The Proactive Brain: Using Analogies and Associations to Generate Predictions." *Trends in Cognitive Sciences* 11 (7): 280–289.

—— 2009. "The Proactive Brain: Memory for Predictions." *Philosophical Transactions of the Royal Society B: Biological Sciences* 364 (1521): 1235–1243.

Barbas, Helen. 2015. "General Cortical and Special Prefrontal Connections: Principles from Structure to Function." *Annual Review of Neuroscience* 38: 269–289.

Barbas, Helen, and Nancy Rempel-Clower. 1997. "Cortical Structure Predicts the Pattern of Corticocortical Connections." *Cerebral Cortex* 7 (7): 635–646.

Bargmann, C. I. 2012. "Beyond the Connectome: How Neuromodulators Shape Neural Circuits." *Bioessays* 34 (6): 458–465.

Barrett, Deborah. 2012. *Paintracking: Your Personal Guide to Living Well with Chronic Pain.* New York: Prometheus Books.

Barrett, Lisa Feldman. 2006a. "Are Emotions

Abrams, Kathryn, and Hila Keren. 2009. "Who's Afraiwd of Law and the Emotions." *Minnesota Law Review* 94: 1997.

Adler, Nancy E., Thomas Boyce, Margaret A. Chesney, Sheldon Cohen, Susan Folkman, Robert L. Kahn, and S. Leonard Syme. 1994. "Socioeconomic Status and Health: The Challenge of the Gradient." *American Psychologist* 49 (1): 15–24.

Adolphs, Ralph, and Daniel Tranel. 1999. "Intact Recognition of Emotional Prosody Following Amygdala Damage." *Neuropsychologia* 37 (11): 1285–1292.

—— 2000. "Emotion Recognition and the Human Amygdala." In *The Amygdala. A Functional Analysis*, edited by J. P. Aggleton, 587–630. New York: Oxford University Press.

—— 2003. "Amygdala Damage Impairs Emotion Recognition from Scenes Only When They Contain Facial Expressions." *Neuropsychologia* 41 (10): 1281–1289.

Adolphs, Ralph, Daniel Tranel, Hanna Damasio, and Antonio Damasio. 1994. "Impaired Recognition of Emotion in Facial Expressions Following Bilateral Damage to the Human Amygdala." *Nature* 372 (6507): 669–672.

Aglioti, Salvatore M., Paola Cesari, Michela Romani, and Cosimo Urgesi. 2008. "Action Anticipation and Motor Resonance in Elite Basketball Players." *Nature Neuroscience* 11 (9): 1109–1116.

Akil, Huda. 2015. "The Depressed Brain: Sobering and Hopeful Lesson." National Institutes of Health Wednesday Afternoon Lectures, June 10. http://videocast.nih.gov/summary.asp?Live=16390.

Albright, Madeleine. 2003. *Madam Secretary: A Memoir*. New York: Miramax Books.

Allport, Floyd. 1924. *Social Psychology*. Boston: Houghton Mifflin.

Altschul, Drew, Greg Jensen, and Herbert S. Terrace. 2015. "Concept Learning of Ecological and Artificial Stimuli in Rhesus Macaques." *PeerJ Preprints* 3. doi:10.7287/peerj.preprints.967v1.

American Academy of Pain Medicine. 2012. "AAPM Facts and Figures on Pain." http://www.painmed.org/patientcenter/facts_on_pain.aspx.

American Kennel Club. 2016. "The Golden Retriever." http://www.akc.org/dog-breeds/golden-retriever/.

American Psychological Association. 2012. "Stress in America: Our Health at Risk." https://www.apa.org/news/press/releases/stress/2011/final-2011.pdf.

American Society for Aesthetic Plastic Surgery. 2016. "Initial Data from the American Society for Aesthetic Plastic Surgery Points to 20% Increase in Procedures in 2015." http://www.surgery.org/media/news-releases/initial-data-from-the-american-society-for-aesthetic-plastic-surgery-points-to-20percent-increase-in-procedures-in-2015-300226241.html.

Amso, Dima, and Gaia Scerif. 2015. "The Attentive Brain: Insights from Developmental Cognitive Neuroscience." *Nature Reviews Neuroscience* 16 (10): 606–619.

Anderson, Craig A., Leonard Berkowitz, Edward Donnerstein, L. Rowell Huesmann, James D. Johnson, Daniel Linz, Neil M. Malamuth, and Ellen Wartella. 2003. "The Influence of Media Violence on Youth." *Psychological Science in the Public Interest* 4 (3): 81–110.

Anderson, Eric, Erika H. Siegel, Dominique White, and Lisa Feldman Barrett. 2012. "Out of Sight but Not Out of Mind: Unseen Affective Faces Influence Evaluations and Social Impressions." *Emotion* 12 (6): 1210–1221.

Anderson, Michael L. 2014. *After Phrenology: Neural Reuse and the Interactive Brain*. Cambridge, Mass.: MIT Press.

Anleu, Sharyn Roach, and Kathy Mack. 2005. "Magistrates' Everyday Work and Emotional Labour." *Journal of Law and Society* 32 (4): 590–614.

Ansell, Emily B., Kenneth Rando, Keri Tuit, Jo-

18 Lindquist et al. 2012.

19 Kober et al. 2008.

20 Wager et al. 2015. 詳細は、第1章ならびに heam.info/patterns-1 を参照。

21 Clark-Polner, Johnson, et al., in press; Clark-Polner, Wager, et al., in press.

22 Wilson-Mendenhall et al. 2013. さらに注目すべきことに、被験者が身体的な危険を思い浮かべると、空間内で物体を位置づけ追跡する機能を果たすネットワークに神経活動の増加が見られたが、社会的なシナリオを思い浮かべると、他者の思考や感情の推論を支援するネットワークに活動の増加が見られた（Wilson-Mendenhall et al. 2011）。

23 Wilson-Mendenhall et al. 2015. Oosterwijk et al. 2015 も参照。構成主義的情動理論を裏づける、その他の脳画像研究は heam.info/TCE-1 を参照。

24 Raz et al. 2016. 詳細は heam.info/movies-1 を参照。

25 認知神経科学者ロバート・スパントらの研究を参照（Spunt and Lieberman 2012 など）。また Peelen et al. 2010; Skerry and Saxe 2015 および heam.info/dmn-3 を参照。

26 概念に関する2つの見方のあいだで妥協を見出そうとしている科学者もいる（感覚や運動に関する表象が関与するという見方と、感覚情報や運動情報に参照せずに蓄えられる「抽象的」なものととらえる見方）。heam.info/dmn-4 を参照。

27 Chao and Martin 2000. 論評は Barsalou 2008b を参照。

28 Tucker and Ellis 2004.

29 Klatzky et al. 1989; Tucker and Ellis 2001.

30 論評は Barsalou 2009 を参照。

31 この誤りについては、heam.info/concepts-20 を参照。

32 Lebois et al. 2015.

33 1つの概念には、重要性に関して優劣のない複数の目的があってもよい。heam.info/concepts-21 を参照。

34 数年後、ブライアン・グリーンが 2007 年に書いた『宇宙を織りなすもの——時間と空間の正体』を読み、第2章のタイトル「宇宙とバケツ——空間とは人間が考えた抽象なのか、それとも物理的実体なのか？」を見て、自分が犯した、きまりの悪い間違いを許すことにした（Greene 2007）。

35 同上 47.

36 Schacter 1996.

補足説明A　脳の基礎

1 "Fright Night" 2012.
2 Marder 2012. 伝送はグリア細胞の働きによって、いくぶん効率化されている(Ji et al. 2013; Salter and Beggs 2014)。heam.info/glial-2 を参照。
3 皮質と皮質下領域間の推移は不等皮質と呼ばれ、かろうじて見分けられる3層のカラムから成る(Zilles et al. 2015)。
4 小脳のおもな役割は、時間と空間内における身体の動きが、皮質で生じる予測やパターン完成〔不完全な情報から完全な情報の神経活動のパターンを再構築すること〕にいかなる影響を与えるのかを予期することにある(Pisotta and Molinari 2014; Shadmehr et al. 2010)。
5 自律神経系には3つの分枝がある。「闘争か逃走か」システムとも呼ばれる交感神経系は、身体にエネルギー資源を費消するよう指示する。皮膚の汗腺、血管を取り巻く平滑筋、内臓、瞳孔を広げる筋肉、免疫細胞を生成する身体部位などに情報を送る。「休息や消化」システムとも呼ばれる副交感神経系は、身体にエネルギー資源を補給するよう指示する。瞳孔筋の収縮、唾液やインシュリンの分泌、消化関連の機能の実行を、部分的に腸管神経系と呼ばれる3つ目の分枝と連絡を取り合いながら促す。heam.info/nervous-1 を参照。

補足説明D　概念の連鎖の証拠

1 要約は Chanes and Barrett 2016 を、詳細は heam.info/prediction-12 を参照。
2 Barrett and Simmons 2015.
3 Grill-Spector and Weiner 2014; Gilbert and Li 2013.
4 Barbas and Rempel-Clower 1997; Barbas 2015.
5 多くのニューロンは、より緊密に結合したニューロンに情報を受け渡す。したがってそこでは、圧縮や次元の削減が生じているはずである(Finlay and Uchiyama 2015)。
6 最近の研究によれば、概念的に類似する視覚インスタンスは、皮質内の近接した場所に蓄えられる。視覚皮質における例は Grill-Spector and Weiner 2014 を参照。
7 皮肉なことに、科学者は、外界から刺激を受けていないときには脳が「オフ」になっているものと仮定しているために、このネットワークに関する証拠を何度も見落としてきた。デフォルトモードネットワークの発見のいきさつについては Buckner 2012 を参照。
8 言うまでもないことだが、脳の内因性の活動は、実験中にのみ重要になるのではない。このネットワークを命名した科学者たちは、それが日常生活におけるあらゆる思考、感情、知覚にとって重要なものであることを正しく認識していなかった。
9 Yeo et al. 2011; Barrett and Satpute 2013.
10 デフォルトモードネットワークには、さまざまな名称がある。see heam.info/dmn-1 を参照。
11 ビンダーは、被験者が概念に関して明示的に尋ねられなくても、概念の処理が生じることを示した(Binder et al. 1999)。この実験については heam.info/binder-2 を参照。
12 Binder et al. 2009.
13 Spunt et al. 2010.
14 たとえば Barrett 2009; Bar 2007 を参照。論評は Buckner 2012 を参照。
15 Barrett 2012; Lindquist and Barrett 2012. 類似の見方は Edelman 1990; Binder and Desai 2011 を参照。
16 認知神経学者エレノア・A. マガイアの見方は、この考えに近い(Hassabis and Maguire 2009)。heam.info/maguire-1 を参照。
17 Gao, Alcauter, et al. 2014.

10 Tononi and Edelman 1998; Edelman and Tononi 2000.

11 独自の目的を持つニューロンに満ちた脳は、完全に同期した脳と同様、複雑性の度合いが低い。なぜなら、どちらのケースでも、大多数のニューロンは、情報を共有していないからだ（前者ではすべてのニューロンが異なった様態で、また、後者では同一の様態で振る舞う）。

12 Whitacre and Bender 2010, figure 10. heam.info/whitacre-1 も参照。

13 Edelman and Gally 2001. 縮重は自然選択をともない、負傷に対する脳の回復力を高める。それゆえ自然選択は、縮重を備えた脳を選好する。そもそも縮重が提供する変異は、自然選択の前提条件でもある。heam.info/degeneracy-4 を参照。

14 進化における脳の成功は、つねに変化する環境を、効率的な代謝を可能にする形態でモデル化する能力に依拠している（Edelman and Gally 2001; Whitacre and Bender 2010）。進化は、その種の脳を生み出す遺伝子の組み合わせ（この組み合わせは複数あり得、複雑である）を持つ個体を選択するはずだ。あるシステムが種の生存にとって重要であればあるほど、そのシステムをサポートする遺伝子には、縮重と複雑性に関する能力が含まれる可能性が高まる。それゆえ縮重と複雑性は、自然選択の前提条件であるとともに、必然的な産物であると言える。自然選択は恒常的に増大する複雑性を選好すると言いたいのではなく、複雑適応系を選好すると言いたいのである。

15 heam.info/properties-1 を参照。

16 heam.info/world-1 を参照。

17 脳は、ミツバチや車のような表象を構築して、それから自己に対するその意義を評価するのではない。身体予算に対する意義は、そもそも内受容予測を介して構築プロセスに組み込まれている。この見方は、最初に対象物を知覚し、しかるのちに自己との関連性、新奇性などといった基準に照らしてそれを評価すると考える、情動の因果評価理論と呼ばれる古典的理論と対立することに留意されたい。

18 世界観は他にもたくさんある。heam.info/world-1 を参照。

19 Pinker 2002, 40.

20 Durham 1991; Jablonka et al. 2014; Richerson and Boyd 2008.

21 Firestein 2012.

22 heam.info/synchrony-1 を参照。

23 活動家のキャロライン・ケイシーは、運転免許をとろうと決意した 17 歳になるまで、自分が盲目であることを知らなかった（Casey 2010）。

24 デフォルトモードネットワークとサリエンスネットワークは、多数の名称を持つ（Barrett and Satpute 2013）。heam.info/dmn-5 を参照。

25 皮質の上層のニューロンは、出生前期、最後に生じ、誕生後の乳幼児期、子ども期に次第に成熟し、結合度を高めていく（Kostović and Judaš 2015）。貧困は、脳の発達における他の側面にも有害である（Noble et al. 2015）。

26 Barrett and Simmons 2015; Finlay and Uchiyama 2015.

27 heam.info/children-1 を参照。

28 Jussim, Cain, et al. 2009; Jussim, Crawford, et al. 2009.

29 Pinker 2002, 204.

30 Jussim 2012; Pinker 2002.

31 Firestein 2012, 21.

32 「革命」という概念でさえ、社会的リアリティである。heam.info/revolution-1 を参照。

ら隔離されたときに、どうしてもケアを必要としていることを伝える能力を乳児のラットに与える。このように隔離は、保護者ラットに、子どものニーズに対処するよう求める警告を発する」と述べている（Panksepp 2011, 1799）。

86 Blumberg and Sokoloff 2001. これに関する議論は Barrett, Lindquist, Bliss-Moreau, et al. 2007 を参照。

87 彼の最近の論文は、凍りつきと「怖れ」のインスタンスをはっきりと区別している（LeDoux 2015）。

88 Burkett et al. 2016; Panksepp and Panksepp 2013. 誤解のないようつけ加えておくと、齧歯類は、お互いの身体予算を調節し合う社会的な動物であり、したがって苦痛を自ら感じたり、同種の他個体の苦痛を知覚したりする能力を持つ。社会的昆虫は、化学物質を用いて身体予算を調節し合う。哺乳類は、触覚と、おそらくは音を用いてそれを行なう。人間はそれらすべての手段と言葉を用いる。それでも、「これらの動物は皆、共感を覚えているのか？」「人間だけが、身体予算の調節を共感へと変える、追加の機能の実現に必要な合目的的概念を持っているのだろうか？」という問いは残る。

89 Mitchell et al. 1997. 他の理由については Epley et al. 2007; Wegner and Gray 2016 を参照。

90 Kupfer et al. 2006.

91 人間との類似性は単純なものでもありうる。heam.info/inference-4 を参照。

92 「擬人化」という用語の使用は避けた。heam.info/anthro-1 を参照。

93 古典的理論は、単純な脳が複雑なものに進化したとする「三位一体脳」神話に炊きつけられて、このうぬぼれを促進する。heam.info/evolution-4 を参照。

94 Matsuzawa 2010.

95 パンクセップの言う神経回路については heam.info/panksepp-1 を参照。

96 Barrett, Lindquist, Bliss-Moreau, et al. 2007.

97 生存のための神経回路は、情動概念と 1 対 1 の対応をなすわけではない。heam.info/surviv-al-1 を参照。

第13章 脳から心へ——新たなフロンティア

1 「思考・感情」という言葉によってもっともうまく表現できる単語を持つ文化もある（たとえば、Danziger 1997, chapter 1; William Reddy, personal communication, September 16, 2007; Wikan 1990）。heam.info/balinese-1 も参照。

2 Van Essen and Dierker 2007; Finn et al. 2015; Hathaway 2015.

3 Opendak and Gould 2015; Ernst and Frisen 2015.

4 heam.info/plasticity-1 を参照。

5 Bargmann 2012. 神経伝達物質はニューロン間の伝達効率を変える。heam.info/neuro-1を参照。

6 Sporns 2011, 272.

7 論評は Park and Friston 2013 を参照。たとえばネットワークは、認知に関する需要が高まると再構築される（Kitzbichler et al. 2011）。heam.info/wiring-2 も参照。

8 第 1 章と第 2 章で検討したように、1 個の脳細胞は、複数の心理状態に寄与し、多目的でありうる。heam.info/neurons-2 を参照。

9 Bullmore and Sporns 2012. 脳は複雑適応系である。つまり、環境（外界と身体）の変化に応じてニューロン間の結合度をつねに変えている。複雑系は、創発と呼ばれる現象を生む。つまりシステム全体によって生み出されたものは、そのシステムの構成要素の総和に還元されない（Simon 1991）。脳の複雑さは、その活動パターンにおいて変化が標準であることを意味する。heam.info/complexity-1 を参照。

59 Bradshaw 2014, 200 を参照。
60 Hare and Woods 2013, 50.
61 Kaminski et al. 2009; Hare and Woods 2013, 129.
62 Owren and Rendall 2001.
63 Rossi and Ades 2008.
64 Horowitz 2009.
65 Harris and Prouvost 2014.
66 飼い主の微妙な動作でさえ、(統計的学習のために)動物の行動に多大な影響を与えうる。heam.info/animals-4 を参照。
67 行動は、身体予算に対する負荷を除去する(たとえばBartal et al. 2011)。heam.info/burden-1 を参照。
68 Dunfield et al. 2011. heam.info/burden-2 を参照。
69 オオカミが本来攻撃的ではない理由については Bradshaw 2014. heam.info/wolves-1 を参照。
70 Morell 2013, 148; Bekoff and Goodall 2008, 66.
71 Vernon et al. 2016.
72 Fisher et al. 2010.
73 類似の指摘はジェローム・ケイガンによってなされている(Kagan 2007)。
74 「三位一体脳」を前提とする「恐怖学習」研究は、古典的理論を支持し、人間を対象にも行なわれている(たとえば LaBar et al. 1998)。
75 たとえば神経科学者ジョゼフ・ルドゥーの画期的な研究は、扁桃体の主たる部位でいかにシナプスが変化し、音のような中立的な感覚入力が、凍りつきなどの先天的な防御反応を自動的に引き起こすのかを示した(LeDoux 2015)。
76 Wegner and Gray 2016. 心的推論は、欧米文化のもとではきわめて広く行なわれているので、学者は発見するたびに、別の名称で呼んでいる。heam.info/inference-1 を参照。
77 この方法は 19 世紀後半にヴィルヘルム・ヴントの手で行なわれた、最初の心理実験に端を発する。heam.info/wundt-2 を参照。
78 この混同は、行動主義全盛の時代に心理学の内部で制度化された。heam.info/behaviorism-1 を参照。
79 たとえば Berlau and McGaugh 2003 を参照。また heam.info/rats-1 も参照。
80 Reynolds and Berridge 2008. heam.info/rats-2 を参照。
81 Iwata and LeDoux 1988.
82 恐怖学習には、必ずしも扁桃体が関与しているわけではない。捕食者に対する攻撃(「ディフェンシブトレディング」「ベリーイング」などとも呼ばれる)は、扁桃体に依存しない(De Boer and Koolhaas 2003; Kopchia et al. 1992)。扁桃体は、脅威が非常にあいまいで学習が必要とされる場合に(つまり予測エラーの処理が必要になる場合に(Li and McNally 2014))関与する。扁桃体のニューロンは学習につねに関与しているとしても、学習が生じるためにつねに必要とされるわけではない。たとえば、誕生後およそ 2 週間で扁桃体を除去されたサルの乳児は、嫌悪を催すものを学習する。そのようなサルの身体予算管理領域(前帯状皮質)は、脳が発達するあいだに拡大していた。この領域は、嫌悪の学習を支援する(Bliss-Moreau and Amaral, under review)。
83 Gross and Canteras 2012; Silva et al. 2013. heam.info/inference-2 も参照。
84 Tovote et al. 2015. heam.info/inference-3 を参照。
85 Blumberg et al. 2000. 神経科学者のヤーク・パンクセップ(Panksepp 1998)によれば、「苦痛／パニック」の泣き声は、社会的に隔離された乳児のラットによって発せられる。たとえば彼は、最近の論文で「泣き声を生み出す情動の力は、とりわけ実験者の手で保護者ラットか

language-2 を参照。

34 Tomasello 2014, 105. heam.info/animals-2 も参照。

35 類人猿に言語を教えるよく知られた試みについては heam.info/animals-3 を参照。

36 つまり、あからさまに報酬を与えずに、シンボルに基づく言語にチンパンジーをさらすことである（Matsuzawa 2010; Hillix and Rumbaugh 2004 など）。

37 Tanaka 2011. チンパンジーは、外見の異なるモノが同一の機能を果たしうるということを認識できるらしい。ただし、その機能が何らかの直接的な運動行動に結びついていればだが。たとえばチンパンジーは、地面を這うシロアリを捕らえる、食べ物の缶を開ける、木を揺すって果物を落とすなど、棒をさまざまな用途で使って食べ物を獲得できることを理解している場合がある。はしごが、木になる果物を揺すって落とすための「道具」であることさえ理解しているのかもしれない。しかし、石を使って木の実を砕く、木になる果物に手が届くようはしごを使って登るなど、外見の異なるモノを、まったく違う行動に使った場合、それらがどちらも「道具」であると認識しているのだろうか？　また、軽い物体が風に吹き飛ばされないよう重しに使うなど、同じ石を食べ物とは無関係の用途に使った場合、それを「道具」として理解しているのか？　チンパンジーが棒を使って階級の低い個体を脅す場合、あるいは人間に食べ物を要求する場合、棒や人間が同様に「道具」であると理解しているのだろうか？

38 Herb Terrace, personal communication, June 6, 2015.

39 モノやできごとが動物の身体予算を攪乱しなければ、そしてエネルギーの調節とは無関係であれば、それに関する概念を築くために資源を投下する必要はそれほどない。たとえば認知心理学者パトリシア・K. クールの研究によれば、言語の学習は、脳の身体予算管理領域の働きを必要とする。Kuhl 2014 を参照。

40 チンパンジーとボノボは、およそ100万年前に共通の祖先から分かれた（Becquet et al. 2007; Hey 2010）。

41 チンパンジーとボノボの比較は heam.info/chimp-2 を参照。

42 Tetsuro Matsuzawa, personal communication, June 12, 2015. heam.info/chimp-3 も参照。

43 Murai et al. 2005.

44 Tomasello 2014, 29.

45 同上。それには、チンパンジーの脳の配線によってはおそらく不可能なタイプのシミュレーションが必要とされる（Mesulam 2002）。

46 チンパンジーの乳児は、誕生後1年経つあいだに、母親の視線を追わなくなる（Matsuzawa 2010）。チンパンジーの成獣は、状況次第で視線を追う。heam.info/chimp-4 を参照。

47 Sousa and Matsuzawa 2006. チンパンジーは、複雑なあり方で道具を作り出し使う能力を持つ。heam.info/chimp-5 を参照。

48 Trivedi 2004. 議論は Jablonka et al. 2014 を参照。

49 同様な見解を持つ科学者は他にもいる。heam.info/reality-2 を参照。

50 Morell 2013, 222–223.

51 ベリャーエフのストーリーについては Hare and Woods 2013 を参照。

52 人間とイヌの身体予算の調節に関する実験については heam.info/dogs-1 を参照。

53 Quaranta et al. 2007.

54 Siniscalchi et al. 2013. heam.info/sides-1 を参照。

55 Turcsán et al. 2015.

56 Range et al. 2008.

57 Settle et al. 1994.

58 Hare and Woods 2013, 50–51.

ムズ』『ニューヨーク・タイムズ』の各新聞、雑誌をざっと調査したところ、2009年から2014年にかけて、動物には情動が備わっていると主張する記事が26本見つかった。

6 Safina 2015, 34.

7 LeDoux 2014.

8 Swanson 2012; Donoghue and Purnell 2005.

9 Goodman 1999. これらの種はその後、自らの生息地に適応し進化していった。したがって現形態は、進化的な比較の対象にはならない。科学者たちは、実験の結果を解釈するにあたって、なるべくその点を考慮に入れようとしている。

10 Touroutoglou et al. 2016. より一般的に言えば、マカクザルと人間の脳は、おもに脳の前面にいくつかの顕著な相違はあるものの（Hill et al. 2010）、お互い非常に似通っている（Barbas 2015）。heam.info/macaque-1 も参照。

11 Bliss-Moreau et al. 2013. heam.info/macaque-2 も参照。

12 Malik and Hodge 2014.

13 ベンサムは功利主義を信奉していた。heam.info/bentham-1 を参照。

14 グローバリゼーションは、私たちの感情的ニッチの大規模な拡大とも見なせる。heam.info/niche-1 を参照。

15 Amso and Scerif 2015. 乳児と保護者は注意を共有している。heam.info/sharing-1 を参照。

16 Okamoto-Barth and Tomonaga 2006. heam.info/gaze-1 も参照。

17 Passingham 2009.

18 進化による変化のほとんどは、予測エラーを処理する多数のニューロンが存在する皮質領域で生じている。heam.info/evolution-2 を参照。

19 動物は概念を持つ（Lea 2010）。一次嗅覚皮質は、内臓運動辺縁領域に密接に結合する構造を持つ。論評は Chanes and Barrett 2016 を参照。

20 哺乳類では嗅覚概念が、鳥類では視覚概念が優勢である。哺乳類と鳥類は、およそ2億年前に共通の祖先から分かれた。

21 Lea 2010.

22 Mareschal et al. 2010. heam.info/animals-1 も参照。

23 Vauclair and Fagot 1996.

24 Fabre-Thorpe 2010.

25 Yoshikubo 1985; Marmi et al. 2004. 他の例として Fabre-Thorpe 2010 を参照。

26 4頭のマカクザルが、モネ、ゴッホ、ダリ、そしてジャン＝レオン・ジェローム〔フランスの画家〕の絵画の一部を識別するよう訓練された。提示された部分には、記憶することのできる顔や物体全体は含まれていなかった。つまりサルは、絵画の様式に注意を向けるよう促された（Altschul et al. 2015）。

27 Goodman 1999. heam.info/evolution-2 も参照。

28 Vallacher and Wegner 1987; Gilbert 1998.

29 Martin and Santos 2014.

30 たとえば Tomasello 2014; Hare and Woods 2013 を参照。

31 マイケル・トマセロによれば、大型類人猿は、単なる知覚的な類似性を超えた概念を形成し、状況（エサがあるかないかなど）に関する情報を心的に表象する（Tomasello 2014, 27–29）。また、既存の経験の断片を用いて、ある程度まで新たな予測を生成する能力を持つ可能性も高い（同上 28）。「登る」という概念に関する議論は（同上 29）に見られる。

32 人間とチンパンジーの脳のデフォルトモードネットワークは、互いに結合している脳領域という点では類似するが、ミクロの配線という点では異なる。heam.info/chimp-1 を参照。

33 科学者たちは、人間の言語を司る脳のメカニズムについて活発に議論している。heam.info/

「侮辱や公衆の好奇心から（……）つねに保護されねばならない（第13条）」。

91 合衆国憲法修正第8条。

92 Guarneri-White 2014.

93 Wikipedia, s.v. "Suicide of Phoebe Prince," last modified January 30, 2016, https://en.wikipedia.org/wiki/Suicide_of_Phoebe_Prince

94 いじめをめぐる問題は、私たちの文化がいじめを規範的なものとしてモデル化しているという事実によって、より複雑化している。heam.info/bully-1 を参照。

95 2005年の2か月間の調査。7000人以上の全国の子ども（6年生から10年生）が対象とされている（Wang et al. 2009）。

96 Monyak 2015.

97 弁護士は陪審員にアメリカ全土にメッセージを送るよう求めた。heam.info/atlanta-1 を参照。

98 民事訴訟の大多数は、法廷外で示談によって解決されることに留意されたい。heam.info/harm-2 を参照。

99 どうやって苦痛をドルに換算できるのか？ heam.info/harm-3 を参照。

100 Fisher et al. 2010.

101 Zaki et al. 2008.

102 Schumann et al. 2014.

103 生物学的な性別でさえ、自然なものではない。これに関する有益な議論は、Dreger 1998, and Dreger et al. 2005 を参照。また、Dreger 2015 も参照。

104 予備尋問で用いることのできる有用なアプローチの1つは、弁護士のダン・ケイハンの研究に見られる。heam.info/kahan-1 を参照。

105 客観的な証拠は間違いがない、あるいは人間の判断とは無縁であると言いたいのではない。

106 判事や法律家は、一貫性が必ずしも公正さをもたらすわけではないことを、つまり擬陽性の誤り（無実の人々が有罪にされるケース）が生じることを認識しなければならない。その意味するところは、システムが正常に機能するためには、ある程度の犠牲が必要になるというようなところになろうが、それについて考えると、不安や警戒心が頭をもたげてこざるを得ない。『ハンガー・ゲーム』は、はたしてまったくのフィクションだと言えるのだろうか？

107 Pillsbury 1989, 705n155.

108 この言い回しは、マサチューセッツ総合病院法／脳／行動センターの副センター長を務める、私の友人で同僚のジュディス・イーダシャイムから借用したものである。

109 Fachner et al. 2015, 27.30.

110 他の例として、多くの人々にとって人種差別主義を象徴していた南軍の軍旗があげられる。それは、州議会議事堂の頂上ではためき、2つの州の州旗の一部に取り入れられてさえいた。heam.info/flag-1 を参照。

第12章 うなるイヌは怒っているのか？

1 Harris and Prouvost 2014.

2 Steiner and Redish 2014.

3 Fossat et al. 2014.

4 Gibson et al. 2015.

5 『タイム』『パシフィック・スタンダード』『ニューズウィーク』『アトランティック・マンスリー』『ボストン・グローブ』『シカゴ・トリビューン』『USAトゥデイ』『ロサンゼルス・タイ

72 United States v. Ballard, 322 U.S. 78, 93.94（1944）（Jackson, J., dissenting）.

73 Danziger et al. 2011.

74 Wistrich et al. 2015.

75 Black et al. 2011.

76 皮肉にも故アントニン・スカリア最高裁判事は、独自の情動表現のスタイルで知られていた。heam.info/scalia-1 を参照。

77 Wikipedia, s.v. "David Souter," last modified March 30, 2016, http://en.wikipedia.org/wiki/David_Souter

78 社会学者のアーリー・ホックシールドは、それを「情動労働（emotional labor）」と呼んでいる（Hochschild 1983）。

79 1972年、最高裁は「死刑を課するいかなる裁定も、気まぐれや情動ではなく理性に基づくか、そうであるように見えなければならない」と命じた（Furman v. Georgia, 408 U.S. 238, 311［1972］,［Stewart, J., concurring］, as cited in Pillsbury 1989, 655n2）。それ以来最高裁は、判決手続きから情動的な考慮を排除しようと努めてきた。ここには、判事が情動の支援なしに規則に従っていれば、結果は公正なものになるという前提がある。もちろん脳の配線が明らかにするところでは、いかなる判断も、身体予算に対する考慮から自由ではなく、それゆえ判事は、気づかぬうちに感情的現実主義（第4章参照）の影響を受けながら裁定を下しうる。皮肉にも判事は、自分の仕事を全うするのに一定の気分が必要であることを心得ている。ある判事は次のように述べている。「あなたに起こりうることは2つある。1つは、良識を保ち、情動の影響を受けてひどく動転することである（あなたはつねに感情を刺激されている）。もう1つは、サイのように厚い皮膚を発達させることである。その場合、あなたは裁判官としてふさわしくない人物になると、私は考える。なぜなら、ひとたび人間性を失えば、つまり失ってはならない人間性に対する感情を失ってしまえば、あなたは仕事を完遂できなくなるはずだからだ（Anleu and Mack 2005, 612）。heam.info/judges-1 を参照。

80 Brennan 1988, as cited in Wistrich et al. 2015. ブレナンの見解は、アントニオ・ダマシオを予示する。ここでは、科学はブレナン判事の味方である。感情的現実主義の影響を免れられる人はいない（第4章参照）。

81 Wikipedia, s.v. "2012 Aurora Shooting," last modified April 21, 2016, http://en.wikipedia.org/wiki/2012_Aurora_shooting.

82 怒りはふさわしく、有益でさえあると言えるかもしれない。なぜならそれは、他者に対する敬意を奨励する社会において、道徳的な秩序の維持に努めるよう判事に勧告する社会的リアリティの一形態でもあるからだ。Berns 1979, in Pillsbury 1989, 689n112 を参照。また Ortony et al. 1990 も参照。

83 Pillsbury 1989. 裁判における共感と情動の役割をめぐって長く論争が続けられてきた。興味のある読者は heam.info/empathy-2 を参照。

84 無知としての怒りという見方は、仏教などの観照的な哲学に起源を持つ。

85 Pillsbury 1989. 判事が自分自身を被告に類似する存在であると見なすのはむずかしい。おそらくはそのために、判事は被告に最高刑を言い渡すことが多いのだろう。

86 heam.info/empathy-3 を参照。情動粒度の向上が道徳的な判断を改善する例は Cameron et al. 2013 を参照。

87 Copeland et al. 2013.

88 Kiecolt-Glaser et al. 2011.

89 Borsook 2012.

90 Convention（III）relative to the Treatment of Prisoners of War. Geneva, August 12, 1949. 戦争捕虜は、「いかなる状況のもとでも、人格と名誉を尊重される権利を持つ（第14条）」、そして

38 Abrams and Keren 2009, 2032.
39 Feresin 2011.
40 論評は Edersheim et al. 2012 を参照。
41 Graziano 2016.
42 ほぼ6000件にのぼる脳画像研究のメタ分析によって示されている。heam.info/meta-1 を参照。
43 これは「逆推論問題」と呼ばれる。heam.info/rev-1 を参照。
44 脳領域の大きさと自由意志に関しては heam.info/size-1 を参照。
45 Burns and Swerdlow 2003; Mobbs et al. 2007.
46 それと同じ議論は、アルベルタニを牢屋に閉じ込める理由としても使えるだろう。heam.info/albertani-1 を参照。
47 McKelvey 2015.
48 Stevenson 2015.
49 Haney 2005, 189.209; Lynch and Haney 2011. heam.info/empathy-1 も参照。そこでは、(マグナ・カルタや合衆国権利章典に謳われる)同輩で構成される陪審員による判決という考えは通用しない。
50 Wikipedia, s.v. "Chechen Wolf," last modified March 18, 2015, http://en.wikipedia.org/wiki/Chechen_wolf.
51 Nisbett and Cohen 1996.
52 殺人で起訴された被告が、裁判中ずっと微笑んでいるところを想像してみればよい。heam.info/trial-1 を参照。
53 Keefe 2015. Gertner 2015 も参照。
54 実際、被告が自責の念を抱いているか否かに関する知覚は、死刑に値するか否かに関する陪審員の判断に大きな影響を及ぼす(Lynch and Haney 2011)。
55 6人が辞職したという報告もある。heam.info/tsarnaev-1 を参照。
56 Riggins v. Nevada, 504 U.S. 127, 142 (1992) (Kennedy, J., concurring). 陪審員による自責の念の知覚を阻害する事象によって、被告は公正な裁判の機会を失うと想定されている。
57 このような心的推定は、欧米の文化のもとでは、きわめて広く行なわれているため、学者たちは何度もそれを発見し続け、「心の知覚」「対人知覚」「メンタライジング」など、数々の名称で呼んできた。これに関しては Wegner and Gray 2016 を参照。
58 Gilbert 1998.
59 Kahan et al. 2012.
60 Nadler and Rose 2002; Salerno and Bottoms 2009, both in Bandes, forthcoming. Bandes and Blumenthal 2012 も参照。
61 Kelly v. California, 555 US 1020 (2008).
62 Goodnough 2009.
63 Montgomery 2012.
64 合衆国憲法修正第2条の全文は、heam.info/second を参照。
65 Kohut 2015, in Blow 2015.
66 Loftus and Palmer 1974; Kassin et al. 2001.
67 Massachusetts General Hospital Center for Law, Brain, and Behavior 2013.
68 Innocence Project 2015; Arkowitz and Lilienfeld 2010.
69 New Jersey Courts 2012; State v. Lawson, 291 P.3d 673, 352 Or. 724 (2012); Commonwealth v. Gomes, 470 Mass. 352, 22 N.E.3d 897 (2015).
70 Schacter and Loftus 2013; Deffenbacher et al. 2004.
71 Scalia and Garner 2008.

2012)。heam.info/anger-2 も参照。

11 Zavadski 2015; Sanchez and Foster 2015.

12 Barrett et al. 2004. heam.info/control-1 も参照。

13 Cisek and Kalaska 2010.

14 外見では、ただ1つの運動作用が存在するかのように思える。しかし運動作用には縮重が適用されるので、異なる運動作用によって同一の行動を実行できる。要約はAnderson 2014, Interlude 5 を参照。また Franklin and Wolpert 2011 も参照。

15 Swanson 2012. この研究は、ジョージ・ハワード・パーカー(Parker 1919)と、神経科学者でノーベル賞受賞者のサンティアゴ・ラモン・イ・カハル(Ramon y Cajal 1909-1911)に従っている。heam.info/association-1 も参照。

16 コントロールネットワークは、本人が気づいていようがいまいが、つねに能動的に作用している。heam.info/control-2 を参照。

17 コントロールの感覚は、気づき(コントロールしようとする試みの報告、反省)、主体性(主体として自分が自分をコントロールしていると感じる)、努力(そのプロセスが努力を要すると感じられる)、コントロール(自動的なプロセスが生じ、それを抑制するべく動機づけられていることへの気づき)として定義されている。heam.info/control-3 を参照。

18 私の考えでは、脳はコントロールの経験を、他のいかなる経験とも同様にして作り出している。つまり「主体性」という概念を持ち、一群の感覚刺激に対し、それを予測として適用しているのである。同様な見方は Graziano 2013 を参照。

19 男性と女性の情動をめぐるステレオタイプに関しては heam.info/stereo-1 を参照。

20 Albright 2003. heam.info/albright-1 も参照。

21 Barrett et al. 1998.

22 神経科学によって得られた証拠によれば、「女性脳」や「男性脳」という概念は神話である。heam.info/stereo-2 を参照。

23 Kring and Gordon 1998; Dunsmore et al. 2009. 実のところ、女性は一般に、顔面の筋肉をよく動かす。実際に「情動表現が豊か」であるのではない(Kelly et al. 2006)。また、顔面筋電図を用いた研究では、性差が見出されなかった研究は、見出された研究と同じくらい存在する(Barrett and Bliss-Moreau 2009b)。

24 Kahan and Nussbaum 1996.

25 Tiedens 2001.

26 あらゆる哺乳類が脅威を受けると攻撃するにもかかわらず、この信念は通用している。heam.info/attack-1 を参照。

27 Brescoll and Uhlmann 2008; Tiedens 2001.

28 ヒラリー・クリントンは一例である。heam.info/clinton-1 を参照。

29 Percy et al. 2010; Miller 2010.

30 Morrison 2006; Moore 1994. "Developments in the Law" 1993 も参照。被害者の女性を「無力で、受動的で、心理的に混乱している」(1592)と述べる法廷意見が引用されている。

31 Moore 1994.

32 アフリカ系アメリカ人の女性は、板挟み状態に置かれている。heam.info/defense-1 を参照。

33 Schuster and Propen 2010, in Bandes, forthcoming.

34 Barrett and Bliss-Moreau 2009b.

35 Abrams and Keren 2009.

36 Calhoun 1999.

37 たとえばリチャード・ニクソンによって実施された「戦争犯罪」に関連する法は、アメリカにおいて特定の民族集団に対する怖れの文化を作り出した(Simon 2007)。

95 Van de Cruys et al. 2014; Quattrocki and Friston 2014; Sinha et al. 2014.

96 heam.info/autism-3 を参照。

97 子どもやティーンエイジャーが、メディアから暴力や関係性攻撃を学習していることを示す証拠はあまたある（Anderson et al. 2003）。子ども向けか一般視聴者向けかを問わず、ホームコメディーは、標本に選択された番組の 90 パーセント以上に何らかの攻撃的表現が見出された。それに対し、リアリティ番組では71 パーセントだった（Martins and Wilson 2011）。2 ～ 11 歳の子どもにもっとも人気のある 50 本のテレビ番組を対象とした調査によれば、1 時間につき平均して 14 件（4 ～ 5 分ごとに 1 件）の関係性攻撃に関するシーンが含まれていた（Martins and Wilson 2012a）。ティーンエイジャーたちは、ティーン向け番組で暴力や関係性攻撃が好ましい人物によって演じられると、それを（動転させるものとしてではなく）愉快なものと見なす。加えて、その行為を自分でも真似するだろうと答えるティーンエイジャーも多い（Martins et al., in press）。また、関係性攻撃に関するシーンをテレビで観たあと、それを学校で模倣するだろうと答える女子小学生も多い（Martins and Wilson 2012b）。もっとも憂慮すべきは、そのようなテレビ番組、とりわけリアリティ番組では、犠牲者が痛みを感じていないように描かれている場合が多いことだ（Martins and Wilson 2011）。テレビ番組は、子どもやティーンエイジャーの行動のみならず、他者に対する期待にも影響を及ぼす。たとえば、登場人物の 1 人が別の登場人物を、身体的もしくは関係的に乱暴なあり方で扱い傷つけるテレビ番組のシーンを観たあと、子どもは、他者が敵対的な意図を抱いていると見なすようになりやすい（Martins 2013）。

98 Kolodny et al. 2015.

99 Mena et al. 2013.

100 Mysels and Sullivan 2010.

101 Avena et al. 2008.

102 それらの研究の結果によって、国立精神衛生研究所（NIMH）は、構成主義的情動理論を思わせるようなあり方で、科学的なアプローチの仕方を根本的に見直している。科学者たちは、名づけられた各疾病を独自の本質を持つものとしてではなく、変化に富んだカテゴリーと見なしつつ、共通する根源的な原因を追求するようになっている（NIMH 2015）。

第 11 章　情動と法

1 私の長年の友人で、筋萎縮性側索硬化症（ALS）のために 2013 年に死去した社会心理学者のダン・ウェグナーの葬式でなければだが。彼の葬式では、生前の希望に従って、弔辞の話者は、プラスチック製のグルーチョ・マルクス・メガネをかけ、付け鼻をつけて歩き回った。

2 犯罪行為に対しては法的な責任を問われるが、民事訴訟では、あるいは業務上過失のような過失行為に対しては必ずしも問われない。

3 その例外に「挑発的言辞」がある。これは、他者の発した言葉があまりにも攻撃的なために、その人を傷つけることを正当化しうるケースがあるという考えを指す。

4 法は、行為、意図、動機を区別する。heam.info/harm-1 を参照。

5 People v. Patterson, 39 N.Y.2d 288（1976）.

6 Kahan and Nussbaum 1996; Percy et al. 2010. 興味深いメタファーが Lakoff 1990 に見られる。

7 情動が理性とは別物ではなく、その一形態であることを認める法学者もいる。heam.info/rational-1 を参照。

8 Kreibig 2010; Siegel et al., under review.

9 Kuppens et al. 2007.

10 Kim et al. 2015. 怒るべきときを知ることは、心の知能の重要な側面である（Ford and Tamir

2014; Seminowicz et al. 2004; Mayberg 2009; Goldapple et al. 2004; Nobler et al. 2001)。メタ分析は Fu et al. 2013 を参照。

76 McGrath et al. 2014.

77 不安障害における内受容ネットワークとコントロールネットワークの結合度に関しては McMenamin et al. 2014 を参照。不安障害と慢性疼痛の類似性については Zhuo 2016, and Hunter and McEwen 2013 を参照。不安障害が予測を介して痛みを激化させるという考えを裏づける証拠は Ploghaus et al. 2001 を参照。

78 Paulus and Stein 2010.

79 たとえば Menon 2011; Crossley et al. 2014 を参照。怖れや不安でさえ、かつては他の神経回路によって引き起こされると考えられていた (Tovote et al. 2015)。heam.info/anxiety-1 も参照。

80 Compare Suvak and Barrett 2011; Etkin and Wager 2007. heam.info/anxiety-2 も参照。

81 不安障害の次に抑うつを発症することは、抑うつの次に不安障害を発症するより状況的に悪いかもしれない。というのも後者のケースでは、再び予測エラーを処理し始めるからだ。

82 van den Heuvel and Sporns 2013.

83 Browning et al. 2015.

84 予測エラーに満たされた脳が、つねに不安を抱えているわけではない。乳児の注意のランタン (第 6 章) や、新奇性や不確実性が快になるケース (新たな恋人に出会うなど) を考えてみればよい。たとえば Wilson et al. 2013 を参照。heam.info/anxiety-3 を参照。

85 Damasio and Carvalho 2013; Paulus and Stein 2010.

86 とりわけ予測エラーを「教示信号」として用いる場合 (McNally et al. 2011; Fields and Margolis 2015)。

87 大きな手術 (結腸瘻(ろう)造設術) を行なった 6 か月後、症状が逆転する見込みが得られた患者は、治る見込みのない患者に比べて、自分の生活に満足を感じていない (Smith et al. 2009)。願望は残酷な主人になりうる。

88 ここで明確にしておくと、抑うつと慢性疼痛が同一の現象だと言いたいのではない。共通の要因がいくつかあると言いたいのである。特定の慢性疼痛症候群が抑うつの現われなのか、それとも抑うつとは独立しているのかが、長いあいだ議論されてきた。この議論はかつて、「それらはすべて、頭のなかに存在する」という説をめぐる議論の一環としてなされていた。この説では、組織の損傷が見られないにもかかわらず痛みを経験することは、心の病の徴候だと見なされる。この手の議論には、抑うつが心の病にすぎないという前提が存在する。しかしこの種の従来的な区別は、最新の神経科学の知見に照らせば意味がない。抑うつも慢性疼痛も、代謝や炎症に起源を持つ、神経変性脳疾患と見なしうる。ある形態の抑うつは緩和できるが、慢性疼痛にはまったく効果がない (あるいはその逆の) 薬が存在する事実は、抑うつと慢性疼痛が生物学的にはっきりと区別できるカテゴリーをなすことを意味するわけではない。というのも、抑うつには縮重によってさまざまな要因がありうるからだ。抑うつを抱えている誰もが (つまりそのカテゴリーに属する多様なメンバーのすべてが)、同一の薬によって効果的に治療できるわけではない (要するに変化が標準なのである)。おそらく、同じ論理は慢性疼痛のいかなるカテゴリーにも当てはまるだろう。

89 Barrett 2013.

90 自閉症の診断症状はこの記述と一致している。heam.info/autism-1 を参照。

91 Jeste and Geschwind 2014. heam.info/autism-2 も参照。

92 Grandin 1991.

93 Grandin 2009.

94 Higashida 2013.

8 Louveau et al. 2015.

9 Soskin et al. 2012; Ganzel et al. 2010; McEwen and Gianaros 2011; McEwen et al. 2015. heam.info/inflammation-2 を参照。

10 Karlsson et al. 2010.

11 ここには悪循環が見られる。子どもの頃に経験した逆境や貧困にしばしば結びつけられるIQの低さは、中年になってからの炎症レベルの高さを予兆する（Calvin et al. 2011）。Metti et al. 2015 も参照。

12 サイトカインとコルチゾールのレベルの関係については、heam.info/cortisol-2 を参照。

13 Dantzer et al. 2014; Miller et al. 2013. この状況は、その人を内受容刺激や痛覚刺激に対して敏感にする（Walker et al. 2014）。

14 Dowlati et al. 2010; Slavich and Cole 2013; Slavich and Irwin 2014; Seruga et al. 2008.

15 Irwin and Cole 2011; Slavich and Cole 2013. ストレス、遺伝子、サイトカインに関しては、heam.info/cytokines-1 を参照。また、heam.info/glial-1 も参照。

16 ストレスに起因するβアドレナリン作動性交感神経系（SNS）の活動の増加は、細胞増殖の際に炎症性遺伝子の発現を促し、抗ウイルス免疫遺伝子の発現を抑える（Irwin and Cole 2011）。この転写時の効果は、胸部の組織、リンパ節、脳に観察されている（Williams et al. 2009; Sloan et al. 2007; Drnevich et al. 2012）。かくして急性の生理的状態は、日、週、月、さらには年の単位でさえ、細胞の構成に影響を及ぼし（Slavich and Cole 2013）、がんに対する脆弱性を高める。また、ストレスに起因するSNSの活動の増加は、腫瘍細胞のミクロ環境に直接的な影響を及ぼして、転移を促進し、腫瘍細胞の能力を増大させ、死亡率を高める（Antoni et al. 2006; Cole and Sood 2012）。

17 Zachar and Kendler 2007; Zachar 2014.

18 Menon 2011; Crossley et al. 2014; Goodkind et al. 2015.

19 子どもの頃の逆境と早死に関する議論はDanese and McEwen 2012を、孤独に起因する死についてはPerissinotto et al. 2012を、貧困と脳の発達の関係に関してはHanson et al. 2013を、（家族歴、民族、喫煙などの他の因子とは独立した）貧困家庭で育つことと早死の結びつきについてはHertzman and Boyce 2010をそれぞれ参照。Adler et al. 1994も参照。

20 まれな反例にLazarus 1998がある。

21 Ganzel et al. 2010; McEwen and Gianaros 2011; McEwen et al. 2015.

22 たとえばDanese and McEwen 2012; Sheridan and McLaughlin 2014; Schilling et al. 2008; Ansell et al. 2012; Hart and Rubia 2012; Teicher and Samson 2016; Felitti et al. 1998を参照。子どもの頃の逆境経験によっていかに脳が配線されるかについてはheam.info/adversity-1 を参照。

23 Miller and Chen 2010.

24 Teicher et al. 2002; Teicher et al. 2003; Teicher et al. 2006; Teicher and Samson 2016.

25 Teicher et al. 2002; Teicher et al. 2003; Teicher et al. 2006.

26 Copeland et al. 2014.

27 Repetti et al. 2002. ストレスの悪影響についてはheam.info/stress-3 を参照。

28 Hoyt et al. 2013.

29 Master et al. 2009.

30 Hoyt et al. 2013.

31 Stanton et al. 2000; Stanton et al. 2002.

32 ラベリングは、ネガティブなイメージに対する交感神経系の反応性を1週間低下させた（Tabibnia et al. 2008）。

33 International Association for the Study of Pain 2012. IASPは現在、痛みを情動経験として定義し、「痛みはつねに主観的なものであり、各個人が子どもの頃の負傷に関連する経験を通じ造企業〕製なので、表面に「ウィルソン」と銘打たれていた。

68 自己は概念ではあるが、社会心理学者が言う意味においてではない。heam.info/self-4 を参照。

69 社会学者ヘイゼル・マーカスの画期的な研究による。heam.info/markus-1 を参照。

70 「あなたの自己」というインスタンスの集合は、言葉、おそらくはあなたの名前によってまとめられるのだろうか？ heam.info/self-5 を参照。

71 Lebrecht et al. 2012.

72 他の科学者や哲学者も類似の直感を抱いている（Damasio 1999; Craig 2015）。

73 Prebble et al. 2012.

74 自己の解体は、心の毒を退けて、経験の真の本性、伝統的な仏教の用語を借りればダルマを明らかにする。

75 誰かに捨てられたときの落胆は、扱いが少しむずかしい。というのも、誰かに愛着することは、2人がお互いの身体予算を調節し合うことを意味するからだ。したがって離別や喪失は、その説明のために身体予算の再調整を要する。

76 Tang et al. 2015; Creswell et al., in press. 3タイプの瞑想方法の脳への影響に関しては heam.info/meditation-1 を参照。

77 瞑想がいかに自己を解体し、注意の維持に役立つのかは、解明されていない。heam.info/meditation-2 を参照。

78 Keltner and Haidt 2003. 無神論者の感じる畏怖は、宗教を信奉している人々の信仰心に類似する（Caldwell-Harris et al. 2011）。

79 鳴くのはオスのコオロギだけであり、目的に応じて異なる歌をうたう。とはいえ、たいていメスを惹きつけるためだ。だから少しばかり心的推論を行なって、コオロギの鳴き声を自然の熱狂的なラブソングとして考えるようにするとよい。

80 Stellar et al. 2015.

81 Rimmele et al. 2011.

82 Gendron and Barrett, in press; Stolk et al. 2016.

83 間接的な裏づけは、Giuliano et al. 2015 を参照。

84 それを「感情同期（affective synchrony）」あるいは「感情汚染（affective contagion）」と呼ぶ科学者もいる。

85 Broly and Deneubourg 2015.

86 Zaki et al. 2008.

第10章 情動と疾病

1 Cohen and Williamson 1991.

2 Cohen et al. 2003.

3 Yeager et al. 2011. 炎症に関しては heam.info/imflammation-1 を参照。

4 実験では、被験者に、一時的に炎症性サイトカインを増加させる腸チフスワクチンを注射すると、内受容ネットワークの活動の増大がもたらされ、疲労や強い不快感を覚えたという自己報告が得られている（Eisenberger et al. 2010; Harrison, Brydon, Walker, Gray, Steptoe, and Critchley 2009; Harrison, Brydon, Walker, Gray, Steptoe, Dolan, et al. 2009）。

5 Mathis and Shoelson 2011.

6 Yang et al. 2016; Cohen et al. 1997; Holt-Lunstad et al. 2010.

7 炎症性サイトカインは、血液脳関門を越境する（Dantzer et al. 2000; Wilson et al. 2002; Miller et al. 2013）。

34 Mennin et al. 2005, Study 1; Erbas et al. 2014, Studies 2 and 3.
35 Kimhy et al. 2014.
36 たとえば Emmons and McCullough 2003; Froh et al. 2008 を参照。
37 Ford and Tamir 2012.
38 Gottman et al. 1996; Katz et al. 2012.
39 たとえば Taumoepeau and Ruffman 2006, 2008 を参照。論評は Harris et al., in press を参照。
40 Ensor and Hughes 2008.
41 論評は Merz et al. 2015 を参照。
42 Brackett et al. 2012. heam.info/yale-1 も参照。
43 Hagelskamp et al. 2013.
44 Hart and Risley 1995. この研究の詳細については heam.info/words-1 を参照。
45 Fernald et al. 2013.
46 Merz et al. 2015; Weisleder and Fernald 2013; Leffel and Suskind 2013; Rowe and Goldin-Meadow 2009; Hirsh-Pasek et al. 2015.
47 Hart and Risley 2003.
48 乳児は、顔より早く、声に気分を知覚することを学ぶ。heam.info/affect-10 を参照。
49 Reynolds 2015; Bratman et al. 2015.
50 Spiegel 2012. Wood and Runger 2016 も参照。
51 Mysels and Sullivan 2010.
52 このトピックは「ストレス再評価」として知られている（Jamieson, Mendes, et al. 2013）。
53 Jamieson et al. 2010; Jamieson et al. 2012; Jamieson, Nock, et al. 2013.
54 Crum et al. 2013.
55 John-Henderson, Rheinschmidt, et al. 2015.
56 Jamieson et al., 2016.
57 数学の補習クラスの学生のうち、学士号を取得したのは27パーセントである。詳細はheam.info/math-1 を参照。
58 Cabanac and Leblanc 1983; Ekkekakis et al. 2013; Williams et al. 2012. 海兵隊の例を教えてくれたイアン・クレックナーにも感謝の言葉を述べたい。
59 Sullivan et al. 2005.
60 Garland et al. 2014.
61 Chen 2014.
62 西洋心理学における自己の扱いに関しては heam.info/self-1 を参照。
63 仏教徒は、自己を証明するための物的所有や賛辞を「心の毒」と呼ぶ。それは苦痛（たとえばぺてん師のように感じるなど）だけでなく、自分を承認しないもの、あるいは虚構の自己の化けの皮を剝がす怖れのあるものは何であれ傷つけようとする衝動を引き起こす。虚構の自己の例に関しては、heam.info/self-2 を参照。
64 人はいつまでも同じままでいるという虚構を捨てるのも、よい考えである。heam.info/self-3 を参照。
65 「自己」は単に、他者が自分をどう見ているのか、いかに扱っているのかの反映であると言いたいわけではない。その考えは、哲学者のジョージ・ハーバート・ミードや社会学者のC. H. クーリーが提起するシンボリック相互作用論である。誰も自分を知らない、まったく新たな文脈のもとで（飛行機に乗ったときなど）、あなたはいつもとは非常に異なるあり方で振る舞ったり、感じたりするだろうか？
66 これは社会心理学者ヘイゼル・マーカスの決めぜりふである。
67 バレーボールはウィルソン・スポーティング・グッズ・カンパニー〔実在するスポーツ用品製

がオピオイドや抗うつ薬の処方を受けていると報告しており、この高い数値を裏づけている（Nauert 2013）。また、調査対象者の80パーセントから90パーセントが、ストレスを緩和するために人々が薬を服用しているととらえている（American Psychological Association 2012）。2002年から2012年にかけての10年間で、モルヒネより強いオピオイドの使用が200パーセント増加しており、オピオイドの処方を受けている人々の大多数（80パーセント）は、モルヒネと同等かそれより強い薬を服用している。これは、2012年のアメリカの成人人口のほぼ7パーセントに達する（Center for Disease Control and Prevention 2015）。

8 数々の研究によって、さまざま見地から運動が健康に有益であることが示されている（Gleeson et al. 2011; Denham et al. 2016; Erickson et al. 2011）。少なくともあなたがラットなら、とりわけジョギングをするとよい（Nokia et al. 2016）。

9 Goldstein and Walker 2014.

10 Olausson et al. 2010; McGlone et al. 2014.

11 たとえばTejero-Fernandez et al. 2015を参照。

12 深くゆっくりとした呼吸は、副交感神経系を活性化し、それによって鎮静効果が得られる。この方法は、身体予算管理領域の活動を自発的にコントロールするための簡単な手段になる。すばやく短い呼吸には逆の効果がある。

13 Kiecolt-Glaser et al. 2014; Kiecolt-Glaser et al. 2010.

14 Pinto et al. 2012; Ford 2002; Josefsson et al. 2014.

15 Park and Mattson 2009; Beukeboom et al. 2012. また第10章で見るように、騒音、緑の空間の欠如、不安定な室温、過密、新鮮な野菜の不足や、その他の貧困に起因する問題は、よく知られている。

16 泣いて呼吸が遅くなると、副交感神経系に作用が及び、落ち着くのに役立つ。heam.info/crying-1を参照。

17 Dunn et al. 2011. See also Dunn and Norton 2013.

18 Clave-Brule et al. 2009.

19 Goleman 1998, 34.

20 たとえばBourassa-Perron 2011を参照。

21 Barrett and Bliss-Moreau 2009a.

22 Quoidbach et al. 2014, Study 2. この研究は1万人の被験者を対象にしている。

23 heam.info/emotions-1を参照。

24 Kircanski et al. 2012.「情動ラベリング」「気分ラベリング」は、内受容ネットワークの身体予算管理領域の活動の低下と、コントロールネットワーク領域の活動の増大と結びついている（Lieberman et al. 2007; Lieberman et al. 2005）。

25 Barrett et al. 2001. この論文は、強いネガティブな気分が、情動経験として分類されれば、情動の調節の向上につながることを初めて示した。Kashdan et al. 2015、ならびにheam.info/negative-1を参照。

26 彼らは、情動粒度が低い人に比べ、40パーセントほどアルコールの消費量が少なかった（Kashdan et al. 2010）。

27 20～50パーセント低い（Pond et al. 2012）。

28 Kimhy et al. 2014.

29 Demiralp et al. 2012.

30 Kashdan and Farmer 2014.

31 Selby et al. 2013.

32 Erbas et al. 2013.

33 Suvak et al. 2011; Dixon-Gordon et al. 2014.

52 今日では、どちらの見方も実践されている（Dreyfus and Thompson 2007）。
53 Sabra 1989, cited in Hohwy 2013, 5.
54 これらのキリスト教神学者については heam.info/medieval-1 を参照。
55 James（1890）2007, 28.
56 heam.info/war-1 を参照。
57「私は心の機能を、システム1とシステム2という2つのエージェントにたとえる。前者はすばやい思考を、後者はゆっくりとした思考を生む。私は直感的な思考と熟慮的な思考の特徴に関して、心のなかに2つの性格を持つ特質や性向が存在するかのように語る。最近の研究の成果によれば、直感的なシステム1は経験から感じられる以上に影響力が強く、人間が行なう多くの選択や判断の隠れた構築者になっている」（Kahneman 2011, 13）。たいていの心理学理論と同様、システム1とシステム2は、人々が合意のもとで用いる社会的リアリティに関するたとえや概念なのであり、プロセスや脳のシステムではなく現象を指す。具体的に言えば、システム1は予測エラーによって予測がそれほど訂正されていないときを、システム2は予測エラーによって多くの予測が訂正されているときを指す。
58 Schacter 1996.
59 Pinker 2002.
60 たとえば Charney 2012 を参照。heam.info/genes-1 も参照。
61 Pinker 2002, 40-41.
62 heam.info/evolution-3 を参照。
63 これらの行動は、1958年に心理学者のカール・H. プリブラムによってグループ化して言及された。ただし彼は、4つ目の「F」を「セックス（sex）」として言及している（Pribram 1958）。
64 Neisser 2014; Fodor 1983; Chomsky 1980; Pinker 1997.
65 Duffy 1934, 1941.
66 短い一覧は heam.info/chorus-1 を参照。
67 Gendron and Barrett 2009.
68 Kuhn 1966, 79.
69 マイクロソフト社やアップル社などの表情を読み取ろうとする試みは heam.info/faces-3 を参照。
70 Lewontin 1991.
71 劇的な変化ではなく、小さな漸次的変化を指す。

第9章　自己の情動を手なずける

1 自己啓発書に見られる情動調節の通俗的な理論は、心理学者ジェイムズ・J. グロスに由来する。最近の例は Gross 2015 および heam.info/gross-1 を参照。
2 Kiecolt-Glaser 2010.
3 National Sleep Foundation 2011.
4 Cassoff et al. 2012; Banks and Dinges 2007; Harvey et al. 2011; Goldstein and Walker 2014.
5 人々が非現実的な目標を抱いている証拠として次のような事例があげられる（Rottenberg 2014）。2006年、高収入を得ることが自分にとって非常に重要であると答えた高校生は、1976年の16パーセントから25パーセント以上へと上昇した（Bachman et al. 2006）。また、31パーセントが将来有名になることが目標であると言い（Halpern 2008）、形成外科手術を受けた人の数は、2015年だけで20パーセント、1997年から2007年にかけて500パーセント上昇している（American Society for Aesthetic Plastic Surgery 2016）。
6 Chang, Aeschbach, et al. 2015 .heam.info/sleep-1 を参照。
7 TedMed 2015. メイヨークリニックが実施した最近の研究は、アメリカ人の26パーセントつの概念のカテゴリーにまとめることである。

18 『種の起源』には、5つの概念的な革新が含まれる。heam.info/origin-1 を参照。

19 ダーウィンが偽善に走った理由は何だったのか？　heam.info/darwin-3 を参照。

20 Darwin (1872) 2005, 188.

21 これは代表性バイアスの格好の例である。heam.info/frizzy を参照。

22 James 1894, 206.

23 Damasio 1994.

24 Damasio and Carvalho 2013. ダマシオはソマティック・マーカー仮説について、さらに3冊のベストセラーで敷衍している。heam.info/damasio-1 も参照。

25 Damasio and Carvalho 2013.

26 科学では、願望は危険なものになりうる。heam.info/essentialism-1 を参照。

27 第5章に登場した発達心理学者のフェイ・シューは、言葉を「本質のプレースホルダー」と呼ぶ (Xu 2002)。

28 James (1890) 2007, 195.

29 哲学者は、本質を備えたカテゴリーを記述するのに「自然種」という言葉を用いる。そのようなカテゴリーは、自然界に確固たる境界を持つ。たとえば、ある情動カテゴリーを自然種として想定すると、あらゆるインスタンスを記述するための必要にして十分な特徴として指標が要請される。それは類似性（アナロジー）によって情動の種類を定義する。情動の基盤をなす原因は、相同関係（ホモロジー）によってそのカテゴリーを定義する (Barrett 2006a)。

30 Gopnik and Sobel 2000.

31 乳児も多くの概念を持ち、帰納を行なう。たとえば Bergelson and Swingley 2012; Parise and Csibra 2012 を参照。

32 詳細は heam.info/finlay-2 を参照。

33 Darwin (1871) 2004, 689.

34 これに関するアリストテレス、ダーウィンらの見方は heam.info/beast-1 を参照。

35 古典的理論の流派によって、この境界は異なる枠組みでとらえられている。heam.info/boundary-1 を参照。

36 Darwin (1872) 2005, 11.

37 同上 19 (2回), 25, 27 (2回), 30 (2回), 32, 39, 44 (3回), 46, 187 (2回).

38 彼の多くの同時代人を怒らせた主張である。heam.info/darwin-4 を参照。

39 現代の心理学でフロイド・オールポートが取り上げられることはあまりないが、彼の弟のゴードン・オルポートは社会心理学の巨人で、パーソナリティーや偏見に関して重要な著作を残し、20世紀に活躍した、もっとも影響力のある心理学者の何人かを教えている。

40 Allport 1924, 215.

41 Gardner 1975.

42 Finger 2001.

43 これは当時得られていた他の証拠とも合致する。heam.info/broca-1 を参照。

44 Lorch 2008. heam.info/broca-2 も参照。

45 ブローカ野に関しては heam.info/broca-3 を参照。

46 『人間の由来』に関しては heam.info/darwin-5 を参照。

47 Darwin (1871) 2004, 89, 689.

48 「辺縁」という言葉は17世紀の解剖学に起源を持つ。heam.info/limbic-1 を参照。

49 ダーウィンの考えは、プラトンとアリストテレスに由来する。heam.info/darwin-6 を参照。

50 辺縁系という概念の批判は heam.info/limbic-2 を参照。

51 プラトンは、彼のモデルを「魂の三分説」と呼んだ。heam.info/plato-1 を参照。

第8章　人間の本性についての新たな見方

1　人間の脳は、思春期後期まで発達する。しかしもっとも重要な時期は、妊娠初期に始まり、誕生後数年間続く。そのことは、とりわけ身体予算、コントロール、学習に関与する脳領域に当てはまる（Hill et al. 2010）。貧困家庭で育つ乳幼児では、これらの脳領域が通常より薄くなる（ニューロン間の結合が少なく、ニューロンの数が少ないことすらある）。重要な点を指摘しておくと、そのような子どもの脳はもともと小さいのではなく、誕生後3年間における発達が遅れるのだ（Hanson et al. 2013）。発達は、とりわけニューロン間の結合に関して生じる（Kostović and Judaš 2015）。したがって脳の結合度の低下は、概念の発達を阻害し、IQと強く関連するプロセスの処理速度を低下させる。こうして、社会的リアリティは物理的リアリティと化す。heam.info/children-1 を参照。

2　コントロールしているという経験は気分や信念に基づく場合が多く、そのほとんどが実際のコントロールの程度とは無関係である（Job et al. 2013; Inzlicht et al. 2015; Job et al. 2015; Barrett et al. 2004）。heam.info/control-7 を参照。

3　Halperin et al. 2013. これらの研究で用いられている再分類の方法は「再評価（reappraisal）」と呼ばれ、状況の意味を変えることとして定義される。

4　Sporns 2011.

5　Darwin（1872）2005.

6　本質の定義をめぐっては、哲学者のあいだで論争がある。heam.info/essences-1 を参照。

7　Panksepp 1998; Pinker 2002, 220; Tracy and Randles 2011.

8　Pinker 1997. おのおのの情動は、人類の祖先がアフリカのサバンナで暮らすにあたり、それぞれ独自の問題を解決し、自身の遺伝子が次世代に無事に受け渡される可能性を高めるために設計された、特殊な「計算器官」から発せられるとされている。心的な器官や進化の概念については、多くのことが書かれてきた。heam.info/organs-1 を参照。

9　Cosmides and Tooby 2000; Ekman and Cordaro 2011. ピンカーは、本質としての情動プログラムという見方には肩入れしておらず、より慎重なアプローチをとっている。彼は『心の仕組み』で、「情動の問題は、それが動物の祖先の痕跡たる飼い慣らされていない力であることによるのではない。幸福、知恵、道徳的価値観を促進するためではなく、それらの力を構築する遺伝子のコピーを増殖するために設計されている点にある」と書いている（Pinker 1997, 370）。したがって石器時代の脳によって生み出された石器時代の心を携えて生きていかなければならなかったとしても、情動は「はるか昔に生きていた祖先と同じように感じなければならないほど、脳の奥深くに焼きつけられているわけではない」（同上 1997, 371）。

10　科学者のあいだで、どの情動が基本的なのかをめぐって論争がある。heam.info/basic-1 を参照。

11　たとえば Frijda 1988; Roseman 1991 を参照。

12　Darwin（1859）2003.

13　Mayr 1982, 87. heam.info/darwin-2 も参照。

14　動物のタイプは、見た目によって厳密に順序づけられ、分類された。これは類型学として知られる。heam.info/typology を参照。

15　American Kennel Club 2016.

16　「適者生存」という言葉は、ダーウィンの『種の起源』を読んだハーバート・スペンサーが1864年に造語した。

17　「種（しゅ）」は合目的的概念であり、その目的は繁殖の成功である。この概念の説明に用いることのできる特質やメカニズムは他にもある。Mayr 2007, chapter 10 を参照。種の概念を用いて、同じ繁殖コミュニティに属するものとして個体を分類することは、それらの個体を1

and Brown 2011, 9)。遺伝学者のエヴァ・ヤブロンカの定義には、行動と産物が加えられている(Jablonka et al. 2014)。

28 Boyd et al. 2011. この論文では、人間の行動のコントロールをめぐって、(認知と情動が争そっているわけではないのと同様に)生物学的構造と文化が争っているのではないと論じられている。そのような争いは、私たちの心のなかに存在するにすぎない。つまりそれは、遺伝子とともに文化の影響の結果でもある心によって作り出された社会的リアリティなのである。ロバート・ボイドらは、それについて「文化は骨盤と同じ程度に、人間の生物学的構造の一部なのである」と述べている(Boyd et al. 2011, 10924)。要するに情動概念を形成して他者と共有し、それを用いて社会的リアリティを構築する能力は、私たちの生物学的構成の一部なのである。

29 通常のキーボードでロシア語のｐａдｙｒａを入力するには、translate.google.com を開いて「rainbow」をロシア語に翻訳してコピペすればよい。

30 他の文化の例として、欧米文化のもとでは「緑」や「青」に属すると見なされるいくつかの濃淡を１つの色と見なすヒンバ族、５つの色のカテゴリーしか持たないパプアニューギニアのベリンモ族があげられる。

31 すぐれた要約として、Russell 1991a; Mesquita and Frijda 1992; and Pavlenko 2014 がある。

32 So Bad So Good 2012.

33 Verosupertramp85 2012.

34 同上

35 Wikipedia, s.v. “Saudade,” last modified April 1, 2016, http://en.wikipedia.org/wiki/Saudade.

36 So Bad So Good 2012.

37 Garber 2013; So Bad So Good 2012.

38 “Better Than English” 2016.

39 Pimsleur 2014.

40 Lutz 1980; Russell 1991b.

41 Kundera 1994.

42 So Bad So Good 2012.

43 Briggs 1970.

44 Levy 1975; Levy 2014.

45 Nummenmaa et al. 2014. 歴史を通じてさまざまな学者たちが、情動を身体内に見出してきた。heam.info/body-3 を参照。

46 Pavlenko 2014.

47 同上

48 Wierzbicka 1986, 584.

49 Danziger 1997.

50 言葉と概念の表象のマッピングは、単純でも普遍的でもない。heam.info/concepts-13 を参照。

51 Malt and Wolff 2010, 7.

52 私の夫の同僚ヴィクトール・ダニルチェンコによれば、彼の故郷のウクライナでは、習慣的な微笑みは普通ではなく、「アメリカ流の微笑み」という言い回しは不誠実な作った微笑みを意味するらしい。

53 Tsai 2007.

54 De Leersnyder et al. 2011.

55 Consedine et al. 2014.

8 Susskind et al. 2008.

9 たとえば16世紀の哲学者フランシス・ベーコンは、科学に日常言語を取り込まないよう警告している。本来正当化しえない、その言葉の指示対象が持ち込まれるからだ。ウィリアム・ジェイムズも同様の警告を発している。それ以来、多くの科学者や哲学者が「素朴心理学」の問題について警告するようになった。常識的な概念や言葉は、基礎的なメカニズムを探究するにあたって、最善の道案内にはならない場合がある。

10 Barrett 2006a.

11 Searle 1995. エルンスト・カッシーラーは、社会的リアリティの概念を先取りしていた。heam.info/reality-3 を参照。

12 1つの概念は、物理的には異なりうるが、特定の目的に照らして類似するものとして扱われる複数のインスタンスから構成される。社会的リアリティにおいては、その目的とは、インスタンスの物理的な本性を超えて人々が課す一連の機能を意味する(つまり人々はインスタンスを、物理的な差異に関わりなく、心的に類似するものとして扱う)。

13 集合的志向性については heam.info/collective-1 を参照。

14 私は協調的な相互行為としての分類を通して、わが研究室を立ち上げた。私と研究をともにする人々を集め、(共通の目的を持つグループとして自分たちを特定できるように)グループに名前をつけ、即席で研究室を立ち上げたのである。研究室のロゴが入ったTシャツやマウスパッドも役に立った。

15 Tomasello 2014.

16 言葉なくしていかに概念の学習が生じるかについては heam.info/concepts-3 を参照。

17 言語学者のジョージ・レイコフは、情動を本質的に競合し合う概念としてとらえている。というのも、アメリカ文化のもとで暮らす人々は、情動が存在するという点には同意するものの、定義に関しては必ずしも同意が得られておらず、科学者たちはその問題に決着をつけられていないからだ。私には、競合する概念は、誰の概念が勝利して定義になるのかという、社会的リアリティをめぐる争いの帰結であるように思われる。

18 Tomasello 2014.

19 情動を感じている人とそれを知覚している人では、同一の心理的瞬間を分類しているわけではない。heam.info/concepts-4 を参照。

20 これは「カテゴリーエラー」の一例である。哲学者のギルバート・ライルによれば、カテゴリーエラーとは、あるカテゴリーに属するものごとが、別のカテゴリーに属するものとして取り違えられる存在論的なエラーである。ここでは、社会的リアリティが物理的リアリティと取り違えられている。

21 Bourke 2000; Jamison 2005; Lawrence (1922) 2015.

22 心理学者のマヤ・タミアは、道具的情動調節の例としてそれに言及している。人々が不快な情動を構築するのは、特定の状況のもとではそれが有用になるからである(Tamir 2009)。

23 Boyd et al. 2011.

24 普遍性は、先天性を意味するのでもない。コカコーラを考えてみればよい。

25 更新世以来、少なくとも15万年間アフリカのサバンナで暮らしてきたタンザニアのハッツァ族は、わが研究室のメンバーが2016年に現地を訪れて行なった研究に基づいて言うと、作られた怖れの相貌を認識しない。文化と進化の関係に関してはLaland and Brown 2011; Richerson and Boyd 2008; and Jablonka et al. 2014 および heam.info/culture-1 も参照。

26 クン族や、「怖れ」という言葉がないと思しき言語については、heam.info/kung-1 を参照。

27 社会的リアリティは、文化の定義に埋め込まれている。動物学者のケヴィン・N. ラランドとジリアン・R. ブラウンは、文化を「個人間で伝達され社会的学習を通して獲得される、一連の一貫した心的表象、ならびにアイデア、信念、価値観の集合」と定義している(Laland

章で説明したように、つねに1から知覚を計算し、行動を計画するのは代謝の面で非効率である。人類は、（代謝という観点から浪費と見なせる）冗長性を最小限に抑えることでコストを削減する効率的な神経系を進化させた。脳は、感覚刺激やできごとには規則的に再起する傾向があるという事実を巧みに利用し、新奇かつ身体予算に関係する事象のみを学ぶ（すなわちニューロンの発火率を変え、やがて新たなニューロンや神経結合を生み出す）。だから脳は、同じ事象を何度も発見して資源を食いつぶすより、可能なかぎり規則性を予測（再構築、推論、推測）しようとするのである。heam.info/present-1 を参照。

15 Edelman 1990.

16 無数の予測が発せられるため、たくさんの予測が同時に活動状態に置かれる。しかしやって来る感覚入力にもっとも合致したものが経験となり、自己の行動を確認したり訂正したりする。おそらく、怒りの感情が、場合によってわずかに異なる理由の1つはそこにあるのだろう。個々の予測は互いに異なりうるのだから。正確な同一性を達成するには、1本のニューロンのレベルで高い精度が求められるのかもしれないが、（ノイズや文脈のゆえに）これは脳の能力を超える。

17 この目的に資する、重なり合う3つの内因性ネットワークが特定されている（たとえば Power et al. 2011）。heam.info/control-4 を参照。

18 脳には他の選択メカニズムも備わっている。heam.info/selection-1 を参照。

19 heam.info/edelman-1 で、エーデルマンの「神経ダーウィニズム」理論について簡単に論じた。

20 心に目的を保つこと、注意の集中、最善の行動の選択など、心理学にはこの調整を記述するさまざまな言い方がある。また、ワーキングメモリー、選択的注意など、さまざまなプロセスとして言及される。heam.info/control-5 を参照。

21 heam.info/selection-1 を参照。

22 Gross and Barrett 2011; Ochsner and Gross 2005. heam.info/regulation-1 を参照。

23 この効率的な構造は、豊かな中枢（ハブ）を持つスモールワールド構造である。heam.info/hubs-1 を参照。

24 Chanes and Barrett 2016. heam.info/meg-1 も参照。

25 とりわけ前部島皮質と前帯状皮質に当てはまる（Menon 2011; Crossley et al. 2014）。

26 認知心理学者のジェローム・S. ブルーナーは「意味の行為（acts of meaning）」という言葉を造語した。heam.info/bruner-1 も参照。

第7章　社会的現実としての情動

1 振動を、それがなければ音が聴こえないという理由で、音の本質と見なす人もいる。しかしこの説明は論点がずれている。振動は、音が生じることの十分条件にはならない。音には、たった1つの単純な原因などない。heam.info/sound-1 を参照。

2 赤のようなたった1つの色のカテゴリーを知覚するにも、3種類の光受容体のすべてが協調し合わなければならない。heam.info/cones-1 を参照。

3 Shepard and Cooper 1992. heam.info/shepard-1 を参照。

4 Roberson et al. 2005. heam.info/color-1 を参照。

5 哲学者は、それを「存在論的に客観的である」と言う。heam.info/perceiver-1 を参照。

6 生物学者の持つ花と雑草の基準でさえ、主観的なものである。heam.info/flower-1 を参照。

7 Einstein et al. 1938. あるいはマックス・プランクのもっと辛辣な発言を参照（『現代物理学に照らして見た宇宙（*The Universe in the Light of Modern Physics*）』）。「いかなるものであれ物理法則が存在する、これまで存在してきた、今後も同様なあり方で存在し続けると仮定する権利は、私たちにはない」（Planck 1931, 58-59）

67 Feigenson and Halberda 2008.

68 Salminen et al. 1999.「アルキシサイミア（alexithymia）」という用語は、「欠ける（a）」「言葉（lexis）」「気分（thymos）」から成る。論評は Lindquist and Barrett 2008 を参照。heam.info/alexithymia-1 も参照。

69 Lane et al. 1997; Lane and Garfield 2005.

70 Lane et al. 2000. heam.info/alexithymia-1 を参照。

71 Lecours et al. 2009; Meganck et al. 2009. heam.info/alexithymia-1 を参照。

72 Luminet et al. 2004.

73 Frost et al. 2015.

74 heam.info/shepard-1 を参照。

75 ベイズの蓋然性ルールを用いる（Perfors et al. 2011）。heam.info/bayes-1 を参照。

76 それにもかかわらず、私たちはできごとの時間的秩序を積極的に構築する。heam.info/causality-1 を参照。

第6章　脳はどのように情動を作るのか

1 欧米の文化における「怒り」の共通の目的は、脅威や危険から自分自身を守ることである（Clore and Ortony 2008; Ceulemans et al. 2012）。

2 heam.info/anger-1 を参照。

3 Gopnik 2009. heam.info/gopnik-1 も参照。

4 Posner et al. 1980.

5 異なる感覚同士で「サポートする役割」を演じ合う。heam.info/multi-2 を参照。

6 多くの論文で、概念の形成を説明するために顔が典型例として持ち出されている。というのも、視覚システムは他の感覚システムと比較して、よく研究され理解されており、人間は感覚入力に顔を見出すことに長けているからだ。顔を用いたわかりやすい例は Hawkins and Blakeslee 2004 を参照。heam.info/muller-1 も参照。

7 このようなニューロンの分散された反応パターンについては、heam.info/concepts-2 を参照。

8 ここまで述べてきたように、概念が関与する場合も含め、ニューロンは多目的的である。ニューロンは、異なるニューロン群に参加するにあたって発火率を変える。したがって一本のニューロンが、同じ、もしくは異なる概念のさまざまなインスタンスに寄与することができる。もちろん「多目的」は「全能」を意味するわけではない。同じ概念のインスタンス同士であっても、同じニューロンを共有する必要はない。また、異なる概念のインスタンスであっても、必ずしも互いに異なるニューロン群に配置されねばならないわけではない。異なるインスタンス同士は、分離可能でなければならないが、実際に分離している必要はない。Grill-Spector and Weiner 2014. heam.info/multi-1 を参照。

9 heam.info/multi-1 を参照。

10 また、「脳がある概念のインスタンスを学ぶ」と言うとき、それは「脳が感覚入力を受け取って、すなわち予測エラーを検知することで、既存の特定のインスタンスになるべく類似し、それ以外のインスタンスに類似しない新たなインスタンスを生成する」と言うに等しい。

11 Chanes and Barrett 2016. ものごとがあまりにもすばやく予測され決定されれば、予測は文脈に適合しているようには思えないだろう。これは、精神病理の徴候と見なせよう。

12 Lin 2013.

13 「見通し（prospection）」とも呼ばれる（たとえば、Schacter et al. 2012; Buckner 2012; Mesulam 2002）。

14 Clark 2013; Friston 2010; Bar 2009; Bruner 1990; Barsalou 2009. 第4章の図4.3を参照。第5

35 Keil and Newman 2010; Gelman 2009. 他者の心の内部に存在する情報は、概念システムによって生み出された類似性である。

36 Repacholi and Gopnik 1997.

37 Ma and Xu 2011.

38 この実験の詳細は heam.info/ball-1 を参照。

39 Southgate and Csibra 2009; Vouloumanos et al. 2012. 生後8か月の乳児でさえ目的を推論することができる（Hamlin et al. 2009; Nielsen 2009; Brandone and Wellman 2009）。

40 Vouloumanos and Waxman 2014; Vouloumanos et al. 2012; Keil and Newman 2010; Lloyd-Fox et al. 2015; Golinkoff et al. 2015.

41 Sloutsky and Fisher 2012.

42 Waxman and Gelman 2010; Waxman and Markow 1995.

43 他の音にも効果はなかった。heam.info/sounds-1 を参照。

44 Waxman and Gelman 2010.

45 Xu et al. 2005.

46 heam.info/goals-2 を参照。

47 Yin and Csibra 2015. 実験で得られた結果は heam.info/goals-3 を参照。

48 Turati 2004. heam.info/faces-1 も参照。

49 たとえば Denham 1998; Izard 1994; Leppanen and Nelson 2009 がある。

50 Clore and Ortony 2008; Ceulemans et al. 2012; Roseman 2011.

51 Schyns et al. 1998.

52 そのときに子どもは、情動によって行動が引き起こされることを学び始めるのかもしれない。heam.info/knowledge-1 を参照。

53 怒りに関連する目的については heam.info/anger-1 を参照。

54 心理学者のジェイムズ・A. ラッセルとシェリ・C. ウィデンは、子どもの情動概念に関する長期的な研究プログラムを実施している。論評は Widen, in press を参照。また heam.info/russell-2 も参照。

55 乳児の気分の概念に関しては heam.info/infants-1 を参照。

56 Parr et al. 2007.

57 Fugate et al. 2010.

58 Harris et al., in press.

59 Panayiotou 2004.

60 Pavlenko 2014.

61 Pavlenko 2009. heam.info/language-1 も参照。

62 Pavlenko 2009, chapter 6.

63 私の夫の同僚で、ウクライナ移民のコンピューターサイエンティスト、ヴィクトール・ダニルチェンコはロシア語を母語とし、アメリカで暮らしている人々が、ロシア語を話しているときにも英語の言い回しを使うことがあると私に語ってくれた。私のお気に入りの例は「砂糖を切らす（to run out of sugar）」で、文字どおりに訳そうとすれば「砂糖の山から逃げ出す」になる。

64 Wu and Barsalou 2009. heam.info/combination-1 も参照。

65 これも構成主義的情動理論が古典的理論と異なる点の1つである。古典的理論なら、まったく新たな情動経験が構築されるのではなく、そのような情動が客観的に識別可能であるかのごとく、「同時にいくつかの情動を感じている」ものとして、その状況を記述するだろう。

66 heam.info/combination-1 を参照。

9 数や原因などのいくつかの概念が生得的なのか否かに関して、活発かつ重要な論争がある。しかしこの論争は、本書の議論にとって重要ではない。なぜなら、その帰趨によって構成主義的情動理論や、それに関する実験の解釈が変わることはないからだ。とはいえ、関連するケースではその論争に言及する。

10 哲学者のイマニュエル・カントは、私たちが概念によって世界を知覚すると書いている。heam.info/kant-2 を参照。

11 Smith and Medin 1981; Murphy 2002.

12 Murphy 2002.

13 哲学者のルートヴィヒ・ウィトゲンシュタインは、ほとんどの概念が、必要にして十分な条件のもとで定義することはできず、家族的類似性が選好されると指摘している(Wittgenstein 1953; Murphy 2002; Lakoff 1990)。

14 Murphy 2002.

15 Rosch 1978; Mervis and Rosch 1981; Posner and Keele 1968.

16 家族的類似性とも呼ばれる。heam.info/prototype-1 を参照。

17 たとえばJ. A. ラッセルは、プロトタイプに基づく情動概念の理論を提起している(Russell 1991b)。heam.info/russell-1 を参照。

18 私はその状況を「情動パラドックス」と呼ぶ(Barrett 2006b)。heam.info/paradox-1 を参照。

19 脳は概念結合を行なう。それについては本章の後半で説明する。heam.info/combination-1 を参照。

20 脳は、パターン分類のようなプロセスを用いている。heam.info/pattern-2 を参照。

21 Posner and Keele 1968.

22 各情動概念が、脳内の固定化されたプロトタイプであると考えている科学者は今でもいる。heam.info/prototype-2 を参照。

23 Barsalou 1985; Voorspoels et al. 2011. しかしながら Kim and Murphy 2011 を参照。それに関する議論については Murphy 2002 を参照。

24 脳は、過去の経験の断片を結びつけて、その瞬間の感覚入力にもっとも適合した概念を構築する。それによって、当該の状況における目的を達成することが可能になる。バーサルーは、概念が動的かつ柔軟に構築されることを示した(Barsalou 1985)。heam.info/goals-1 を参照。

25 この考えは、エーデルマンに見られるものと、まったく同じではないが類似する(Edelman 1987)。heam.info/edelman-1 を参照。

26 Xu and Kushnir 2013; Tenenbaum et al. 2011. 統計的学習については heam.info/stats-1 を参照。

27 これは先天論か経験論かの論争である。heam.info/concepts-1 を参照。

28 Vouloumanos and Waxman 2014.

29 Moon et al. 2013.

30 Maye et al. 2002, in Kuhl 2007. (音素などの)音の概念のパターンは、経験を通じて学習されるのか、それとも経験によってきっかけが与えられるのか(つまり生得的なのか)は、大きな論争になっている。先天論に関しては Berent 2013 を、また、経験論、ならびに、類似性によっていかに概念を学習できるのかに関しては Goldstone 1994 を参照。heam.info/concepts-5 も参照。

31 使われない神経結合は刈り取られる可能性が高い。Kuhl and Rivera-Gaxiola 2008 を参照。

32 Gweon et al. 2010.

33 Denison and Xu 2010. 乳児は生後6か月の時点ですでに確率に対して敏感で(Denison et al. 2013)、それを用いて予測したり判断したりすることができる(Denison and Xu 2014)。

34 Freddolino and Tavazoie 2012.

99 「危機→規制強化→不満→規制緩和→さらなる危機」という、シーソーのような前世紀の経済的な推移に注目されたい。heam.info/econ-1 も参照。

100 Madrick 2014.

101 Krugman 2014. 他の条件は、「人々は、価格と商品に関する必要な情報を手にしている」というものである。そのような状況は、現実世界ではめったに起こらない（Marshall Sonenshine, professor of finance and economics at Columbia University, personal communication, May 10.July 31, 2013）。

102 他の経済恐慌も、人間の皮質の構造に促されたのかもしれない。heam.info/crises を参照。

103 「新皮質」は、実際には哺乳類の脳にとって新しいものではない。heam.info/triune-1 を参照。

104 MacLean and Kral 1973. heam.info/triune-2 を参照。

105 Goleman 2006. 彼はそれ以後の著書でも、特定のバージョンの三位一体脳説に依拠し続けている。

106 学術誌『*Brain, Behavior and Evolution*』の編集者で、『脳の進化の原理（*Principles of Brain Evolution*）』（2005）の著者でもある進化生物学者のゲオルク・ストリーターは、「脊椎動物の脳がいかに進化したのかに関する〈古典的な〉概念（たとえば祖先の〈嗅覚脳〉に新皮質が加わることで進化したなど）の多くが、とっくに反証されているにもかかわらず、専門外の多くの人々のあいだで支持され続けている」と書いている（Striedter 2006, 2）。

107 フィンレイからのさらなる引用は heam.info/finlay-1 を参照。

108 Striedter 2006; Finlay and Uchiyama 2015. 脳の進化については heam.info/evolution-1 を参照。

109 下段の図に描かれている矢印は、予測がたった 1 つのニューロンから V1 に送られることを意味しているのではない。この例に関する詳細は heam.info/vision-2 を参照。

110 Carhart-Harris et al. 2016; Barrett and Simmons 2015; Chanes and Barrett 2016. heam.info/LSD を参照。

111 デフォルトモードネットワークとサリエンスネットワークが対立的に作用することを示唆する研究が数多くある。それらによれば、脳はデフォルトモードネットワークが「活性化」され、サリエンスネットワークが「非活性化」されることで（つまり一方のネットワークが安静時により多くの信号を送り、他方のネットワークが活動をあまり示さないことで）内部モードに入ることができる。また、逆のパターンが生じることで、外部モードに入ることもできる。この対立は、分析による構築物であり、2 つのネットワークは協調する場合もあれば対立する場合もある。内受容ネットワークに属する皮質領域ならびに皮質下領域の一覧は heam.info/regions-1 を参照。

第5章　概念、目的、言葉

1 このプロセスは「範疇的（カテゴリカル）な知覚」と呼ばれる。heam.info/rainbow-1 を参照。

2 馴染みのない言語の話し言葉に、語間の境界を識別するのは困難なことがある。heam.info/speech-1 を参照。

3 この記述に関してラリー・バーサルーに感謝する。Barsalou 1992, chapter 9.

4 Pollack and Pickett 1964.

5 Foulke and Sticht 1969; Liberman et al. 1967.

6 Grill-Spector and Weiner 2014.

7 ホルヘ・ルイス・ボルヘスの物語「記憶の人フネス」（所収『伝奇集』鼓直訳、岩波文庫）は、この状態をドラマ化している。heam.info/funes を参照。

8 ウィリアム・ジェイムズは「花が咲き乱れ、虫がブンブン飛び交う混乱」という表現を用いて、新生児が世界を知覚するあり方を記述した。

74 Anderson et al. 2012. 気分は、そのとき心にのぼったもののすべてを対象にする。heam.info/realism-1 を参照。

75 感情的現実主義は、責任を回避する。heam.info/realism-2 を参照。

76 Shenhav et al. 2013; Inzlicht et al. 2015.

77 ロイターの記者ナミア・ヌア＝エルディーン、運転手のサイード・チマーら数人が殺害されている。heam.info/gunner-1 を参照。

78 Fachner et al. 2015, 27.30.

79 動脈には、圧受容器と呼ばれる特殊な細胞が含まれる。heam.info/budget-2 を参照。

80 heam.info/interoception-8 を参照。

81 Barrett and Simmons 2015.

82 heam.info/cortex-1 を参照。

83 身体予算管理領域は、たとえば生命が危険にさらされたときなど、予測を変えるために迅速に機能する場合がある。高速道路を走っているときに他の車が割り込んでくると、身体予算管理領域は、ただちに自車の進路を訂正させる。

84 Barrett and Simmons 2015. わが研究室は、気分のほとんどが予測であることを示す証拠を得ている。heam.info/affect-5 を参照。

85 脳画像法を用いて人間の脳を覗き込み、内受容予測がいかに気分に変換されるのかを観察することは可能だろうか？　残念ながら、今のところ無理である。しかし、わが研究室のメンバーによって行なわれた、400 以上の脳画像研究を調査したメタ分析は、内受容ネットワーク内の、内受容予測を発する身体予算管理領域の活動が、被験者が気分の大きな変化を経験しているときに、一貫して高まることを見出している（Lindquist et al. 2015）。

86 Holtzheimer et al. 2012; Lujan et al. 2013.

87 具体的に言うと、内受容ネットワーク内のいくつかの身体予算管理領域を結合する軸索の束。heam.info/mayberg-1 を参照。

88 Choi et al. 2015.

89 ただし、メイバーグによって刺激されたニューロンは、気分のみに関与しているわけではない。heam.info/affect-6 を参照。

90 Feinstein et al. 2010. heam.info/HSE を参照。

91 これは意外ではない。というのも、辺縁の組織は、それらの身体機能を調節しているからである。

92 ロジャーは正常な自律神経系、内分泌系、免疫系を備えており、内受容に関与している皮質下の領域のほとんどが（脳幹や視床下部と同様）無傷なので、彼の内受容皮質は、依然として身体からの感覚入力を受け取っており、それを用いて予測エラーを検知できるはずである。heam.info/roger を参照。

93 これらの患者は依然として内受容知覚を持っている。heam.info/PAF を参照。

94 van den Heuvel and Sporns 2011, 2013.

95 Chanes and Barrett 2016. 著名な神経解剖学者ヘレン・バルバスによれば、身体予算管理領域（「辺縁」領域とも呼ばれる）は、他の皮質領域との結合パターンに基づく、脳内でももっとも強力なフィードバックシステムである。「フィードバック」の別名は「予測」である。Barbas and Rempel-Clower 1997 ならびに heam.info/cortex-1 を参照。

96 Seo et al. 2010. 神経経済学は、脳がいかに複数の選択肢の価値を見積もって、どのように意思決定をするのかについての解明を目指している。価値と気分は関連する概念である。heam.info/neuroeconomics を参照。

97 Damasio 1994.

98 デイヴィッド・ヒュームなどの哲学者も、同じ見解を抱いていた。heam.info/affect-7 を参照。

51 John-Henderson, Stellar, et al. 2015. 第 10 章と heam.info/children-2 を参照。

52 Sbarra and Hazan 2008; Hofer 1984, 2006.

53 それを「気分（ムード）」と呼ぶ人もいる。

54 学者や科学者は何世紀にもわたり、気分と情動を混同してきた。heam.info/affect-1 を参照。情動の科学では、「気分」という用語は、情動に関するあらゆる事象を意味するものとして使われることがある。しかし本書ではそれを、ヴェイレンスと覚醒の度合いを持つ感情として経験される内的な環境の変化という特定の意味に限定する。この現代的な気分の概念は、ヴィルヘルム・ヴントによって考案された。heam.info/wundt-1 を参照。

55 Barrett and Bliss-Moreau 2009a; Russell 2003. 「感情価（ヴェイレンス）」という用語は、科学では別の意味でも使われている。heam.info/valence-1 を参照。

56 東洋哲学も西洋哲学も、感情価と覚醒を人間の基本的な経験として記述している。heam.info/affect-2 を参照。

57 乳児が情動を経験していることを示す一貫した証拠はないが、気分は経験している（Mesman et al. 2012）。heam.info/affect-3 を参照。

58 Barrett and Bliss-Moreau 2009a; Quattrocki and Friston 2014. heam.info/affect-4 を参照。

59 皮質の構造は、気分の謎を解くヒントを与えてくれる。heam.info/cortex-2 を参照。

60 内受容が、感情の「ために」存在していると人々が信じているのは、人々にとって感情が重要なものであり、人間として科学者たちが、自分たちにとって重要な事象を説明するための因果的な仮説を提起しようとするからである。heam.info/teleology を参照。

61 不快な気分は、身体予算のバランスの乱れを報せる脳の信号なのかもしれない。heam.info/budget-1 を参照。

62 たとえば、覚醒は学習のきっかけになる。つまり予測エラーを処理する（Johansen and Fields 2004; Fields and Margolis 2015; McNally et al. 2011）。学習すると予測や分類、そしてそれゆえ行動計画の精度があがる。

63 類似の概念に「生態的ニッチ」がある。この言葉は、自己の生存に関連する、物理環境のあらゆる側面を意味する。

64 円環図は、円を用いて関係を表現する（Barrett and Russell 1999）。heam.info/circumplex を参照。

65 過去 30 年間に行なわれた数百の研究によって、おのおの感情が感情円環図の特定の点によって特徴づけられることが示されている（Russell and Barrett 1999; Barrett and Bliss-Moreau 2009a）。感情価と覚醒が一緒に変化するのを感じる人もいれば、2 つが独立して感じられる人もいる（Kuppens et al. 2013）。

66 Tsai 2007; Zhang et al. 2013.

67 哲学者はこれを「世界に焦点を置く」気分と呼ぶ。heam.info/affect-8 を参照。

68 Danziger et al. 2011. 実験では、被験者が強い気分に影響されて厳格な裁定を下したときには、内受容ネットワークの内臓運動領域に活動の高まりが見出されている（Buckholtz et al. 2008）。

69 Huntsinger et al. 2014. 人は、自分の注意の焦点になっているものに関する情報として気分を用いる。heam.info/realism-3 を参照。

70 Schwarz and Clore 1983.

71 応募者は、雨天の日には否定的に評価されやすい。Redelmeier and Baxter 2009. heam.info/realism-4 を参照。

72 「空腹」の概念は、この経験を指すために発明されたのだろう。

73 何かを飲むなどといった単純な行為でも、感情的現実主義として経験される（Winkielman et al. 2005）。heam.info/realism-5 を参照。

を出す。内分泌系はホルモンによって代謝やイオン(ナトリウム)などを調節し、免疫系は疾病から身体を守る。heam.info/interoception-7 を参照。

29 内受容は、最初にサー・チャールズ・スコット・シェリントンによって定義された。Craig 2015 ならびに heam.info/interoception-1 を参照。

30 内受容情報は、ノイズに満ちていてあいまいである。heam.info/interoception-2 を参照。

31 Barrett and Simmons, 2015.

32 炎症を起こした組織でさえ、感覚刺激を生成しないことがある。heam.info/interoception-3 を参照。身体感覚に関する自己報告が、実際の感覚に一致することはめったにない。heam.info/interoception-6 を参照。

33 heam.info/interoception-2 を参照。

34 激しい内受容刺激が身体的徴候として経験される場合もあれば、情動として経験される場合もある理由は、まだ解明されていない。

35 Kleckner et al., under review. 内受容ネットワークは、2つの重なり合うネットワークによって構成される。それらは、科学者の関心に応じて、さまざまな名称で呼ばれている。heam.info/interoception-12 を参照。

36 実のところ内受容は、このネットワークに依拠する脳全体のプロセスである。heam.info/interoception-9 を参照。

37 一次内受容皮質については heam.info/interoception-10 を参照。

38 Barrett and Simmons 2015. 他のあらゆる脳の内因性ネットワークは、少なくとも1つの脳領域で内受容ネットワークと重なる(van den Heuvel and Sporns 2013)。したがって内受容ネットワークは、すべての予測を単独で生み出しているわけではない。heam.info/interoception-11 を参照。

39 科学者はこの予算のバランスの維持を「アロスタシス」と呼ぶ(Sterling 2012)。heam.info/allostasis-1 を参照。

40 これらの領域は「辺縁」と呼ばれ、それには扁桃体、側坐核やその他の線条体の組織、前/中/後帯状皮質、前頭前皮質腹内側部(眼窩前頭皮質の一部)、前部島(とう)皮質などが含まれる。

41 コルチゾールについては、heam.info/cortisol-1 を参照。

42 エリカの内分泌系や免疫系の反応を測定していたら、活動が高まっていることがわかったはずだ。たとえば身体予算管理領域の神経回路は、自律神経系に指令を出して免疫反応を調節し、動いているあいだに関節に炎症が起こらないようにする。Koopman et al. 2011 を参照。

43 写真画像は IAPS(International Affective Picture System)を利用した(Lang et al. 1993)。

44 heam.info/galvanic-1 を参照。

45 Weierich et al. 2010; Moriguchi et al. 2011. heam.info/fMRI も参照。

46 わが研究室は、認知科学者のラリー・バーサルーとクリスティ・ウィルソン=メンデンホール(博士課程ではラリーが指導していた学生で、その後わが研究室のポスドク生になった)と協力し合いながら、それを確かめた。この実験では、われわれは被験者に、与えられたシナリオの内容を思い浮かべるよう指示し、そのあいだに fMRI を用いて脳活動を観察した(Wilson-Mendenhall et al. 2011)。heam.info/scenarios を参照。

47 Killingsworth and Gilbert 2010.

48 Palumbo et al., in press. 同期は、あなたかパートナーのどちらか一方がストレスを受けていると、コストにもなりうる。Waters et al. 2014; Pratt et al. 2015 を参照。

49 科学者たちは、電撃を用いた実験でそれを発見している(Coan et al. 2006; Younger et al. 2010)。論評は Eisenberger 2012; Eisenberger and Cole 2012 を参照。

50 Schnall et al. 2008.

4 このたとえの根はきわめて深い。heam.info/stimulus-1 を参照。

5 Walløe et al. 2014. heam.info/neurons-1 を参照。

6 たとえば Llinás 2001; Raichle 2010; Swanson 2012 を参照。

7 Yeo et al. 2011. これらのネットワークのいくつかは、誕生時にすでに脳に備わっている。また、物理環境や社会環境と相互作用するにつれ、誕生後数年のあいだに発達するものもある（たとえば Gao et al. 2009; Gao, Alcauter, et al. 2014; Gao, Elton, et al. 2014）。

8 Marder and Taylor 2011; Marder 2012. モジュールやハブのレベルよりネットワークレベルで機能を考えたほうがよい。heam.info/network-1 を参照。

9 heam.info/intrinsic-1 を参照。

10 内因性活動は、デフォルトモード活動、あるいは安静状態とも呼ばれる。heam.info/resting-1 を参照。

11 これはフレッド・リーケらによる、「脳はそれ自体の状態にのみアクセスできるブラックボックスである」とする観察とはやや異なる（Rieke 1999）。

12 Bar 2007.

13 Clark 2013; Hohwy 2013; Friston 2010; Bar 2009 ; Lochmann and Deneve 2011.

14 記憶も類似のあり方で作用する。heam.info/memory-1 を参照。

15 Clark 2013; Hohwy 2013 ; Deneve and Jardri 2016.

16 その際リンゴを味わうことができれば（甘いか酸っぱいか）、味覚皮質のニューロンは、味覚の予測として発火パターンを変えるだろう。また、リンゴをかじる音を聞き、あごを伝って流れる果汁を感じれば、聴覚皮質と体性感覚皮質の発火パターンは、聴覚および体性感覚の予測として変化するはずだ。

17 Wolpe and Rowe 2015.

18 自由意志の幻想を扱った読んでおもしろい本は heam.info/free-1 を参照。

19 Koch et al. 2006. 外界から脳に到達する感覚入力は、完全なものではない。heam.info/vision-1 を参照。

20 Sterling and Laughlin 2015; Balasubramanian 2015.

21 Raichle 2010. この内因性活動は、代謝の点で高くつく。heam.info/expensive-1 を参照。

22 通常、ボールを捕球すべき位置へと動くまで、およそ 688 ミリ秒をかけられる。プロ野球の選手〔打者〕は例外で、400 ミリ秒しかかけられないようだ。heam.info/baseball-1 を参照。

23 Ranganathan and Carlton 2007. 同じことは、バスケットボールにも当てはまる。Aglioti et al. 2008 を参照。

24 物体の位置を割り出しそれに働きかける準備を整えることには、視覚系の背側の部位が大きく関与している。意識的な視覚に重要な役割を果たす腹側の視覚系に比べ背側の部位は、外界の情報をもとに検出された予測エラーを少しばかり迅速に伝達する（Barrett and Bar 2009）。heam.info/dorsal-1 を参照。

25 脳は、予測される位置にボールを意識的に見出す前に、捕球する動作を開始する。しかし、現位置を飛ぶボールを見ていることに気づくのとほぼ同時に、腕を動かそうとしている自分の意図に気づく。そのために、ボールを見て、それから捕球するために手を伸ばしたように思えるのである。heam.info/ventral-1 を参照。

26 他の例に非注意性盲目がある。heam.info/blind-1 を参照。

27 Chanes and Barrett 2016. ラットを用いた実験によって、味覚が予測によって機能するという結果が得られている。しかし現時点では、人間を対象にした実験は行なわれていない。第 2 章であげた悪食誕生パーティーとサーモンアイスクリームの例は、嗅覚や味覚の予測が働いていることを示す。

28 脳は自律神経系とともに、身体の動きを可能にしている体内の他の 2 つのシステムに指令

26 別の実験では、われわれは分類課題のために情動語を用意した。その結果作られた山は、基本情動測定法を用いた実験で得られた結果に少しばかり近づいたが、それほど劇的ではなかった。Gendron et al. 2014b を参照。

27 Sauter et al. 2010. ソーターの実験に関しては heam.info/sauter-1 を参照。

28 ソーターらの発見は、他のいくつかの研究でも再現されている(Laukka et al. 2013; Cordaro et al. 2016)。

29 Gendron et al. 2014a. 詳細は heam.info/himba-3 を参照。

30「被験者がストーリーを正しく理解したことを検証するために、その人物がどう感じているのかを、ストーリーを聞かせたあとで尋ねた」(Sauter et al. 2015, 355)。ソーターらは、このステップを「操作チェック(manipulation check)」と呼んでいる。heam.info/himba-4 を参照。

31 Sauter et al. 2015, 355.

32 Gendron et al. 2014a.

33 ヒンバ族の被験者は、「そのストーリーに基づく、いくつかのトライアルに進む前に、そこに意図されている情動を自分の言葉で説明しなければならなかった」(Sauter et al. 2015, 355)。それから、すべてのトライアルが連続的に行なわれた。科学者はこれをトライアルの「ブロック」と呼ぶ。heam.info/himba-4 を参照。

34 Trumble 2004, 89.

35 Jones 2014.

36 Beard 2014, 75. heam.info/smile-1 も参照。

37 微笑みの意味は文化によって変わる(Rychlowska et al. 2015)。heam.info/smile-2 を参照。

38 Fischer 2013.

39 世界各地の人々が、基本情動測定法を用いていない実験で、快感情と不快な感情を知覚することができる。heam.info/valence-2 を参照。

40 Crivelli et al. 2016.

41 要約は Russell 1994; Gendron et al. 2014b を参照。

42 この条件に関しては Norenzayan and Heine 2005 を参照。

43 Ekman 2007, 7.

44「表情」という言葉に潜む前提を指摘した、社会心理学者ロバート・ザイアンスに感謝したい。

45 たとえば heam.info/japanese-1 を参照。

46 Lutz 1980; Lutz 1983.

47 Russell 1994.

48 Firestein 2012, 22.

49 このプロジェクトは、若く大胆な心理学者デイヴィッド・コーダロによって着手された。heam.info/cordaro を参照。

第4章　感情の源泉

1 快と不快は第6感のようなものである。heam.info/pleasure-1 を参照。

2 これまで研究されてきたすべての言語に、「快」「不快」に対応する言葉がある(Wierzbicka 1999)。また、数々の言語におけるさまざまな言葉が、快や不快を意味する(Osgood et al. 1957)。このような発見を根拠として、J. A. ラッセルらの心理学者は、感情価や覚醒が普遍的であると主張した(Russell 1991a)。heam.info/pleasure-2 を参照。

3 身体はもろもろのシステムの寄せ集めである。heam.info/systems-1 を参照。

第3章　普遍的な情動という神話

1　類似の例はBarrett, Lindquist, and Gendron 2007; Aviezer et al. 2012を参照。詳細はheam.info/aviezer-1を参照。
2　類似の現象は、マガーク効果でも生じる。マガーク効果では、誰かがあなたに話しかけると、あなたが見ているもの（口の動き）が、聴くもの（知覚される音声）に影響を及ぼす。heam.info/mcgurkを参照。
3　さまざまな写真のなかから、ある人を特定の人物として認識するには、その人に関する知識が必要になる。heam.info/faces-4を参照。
4　たとえばIzard 1994を参照。
5　基本情動測定法は、予想されていた情動語が選択されることを「正確さ」と呼ぶ。この言い方は不適切である。heam.info/bem-1を参照。
6　Russell 1994, table 2. heam.info/bem-2を参照。
7　たとえばWiden et al. 2011を参照。
8　heam.info/priming-1を参照。このプロセスはプライミングと呼ばれる。それは「シロクマを思い浮かべてはならない」と言われるようなものである。heam.info/wegner-1を参照。
9　シミュレーションの興味深い例はGosselin and Schyns 2003を参照。
10　これは、私がかつて教えていた大学院生マリア・ジャンドロンの博士論文のための研究である（Gendron et al. 2012）。
11　逆向きに再生した音楽を聴いても、このプライミングを経験できる。heam.info/stairwayを参照。
12　この研究は、私がかつて教えていた大学院生クリステン・リンドクイストが行なったものである（Lindquist et al. 2006）。
13　同様にして、読者も自分の持つ情動概念を一時的に抑制することができる。heam.info/satiate-1を参照。
14　被験者は、提示された情動語によって、いかなる概念が心に呼び起こされたかに従って、文字どおり異なったあり方で顔を見ている。heam.info/gendron-1を参照。
15　Lindquist et al. 2014. 全被験者が、描かれている感情によって顔を分類した。そして同じ山に分類された写真の人物が、同じように感じていることに確信を持っていた。またわれわれは、被験者が指示を正しく理解し実行していることを確認するために、俳優別に写真を分類するよう求めた。
16　他の実験では、患者はランダムに山を作った。heam.info/dementia-1を参照。
17　この実験は、3人の患者を対象にしている。heam.info/dementia-2を参照。
18　Widen, in press. heam.info/widen-1を参照。
19　Caron et al. 1985。この現象はtoothinessと呼ばれる。heam.info/teeth-1を参照。
20　被験者の成績は、自然でリアルな顔面の動きを見せられると、基本情動測定法の写真を見せられたとき以上に落ちる。というより、惨憺たるものになる（Crivelli et al. 015; Naab and Russell 2007; Yik et al. 1998）。
21　Roberson et al. 2005. ロバーソンは、人が普遍的なあり方で色を知覚しているわけではないことを示した。色のカテゴリーが普遍的か否かに関しては、heam.info/color-1を参照。
22　heam.info/himba-1を参照。
23　マサチューセッツ州にはヒンバ族出身の人がいなかったので、36枚の写真を注意深く撮影しなければならなかった。heam.info/himba-2を参照。
24　Gendron et al. 2014b.
25　Vallacher and Wegner 1987.

9 Danziger et al. 2011.
10 喫茶店での私の経験は、典型的にジェイムズ的である。heam.info/coffee を参照。
11 学術論文では、私はそれを「情動のコンセプト行為理論（Conceptual Act Theory of Emotion）」と呼んでいる。編集者たちに感謝する。
12 科学者はそれを「感情の誤帰属（affective misattribution）」と呼ぶ。heam.info/affect-9 を参照。
13 情動概念を欠き、その代わりに身体的な病気として経験する文化もある。それについては第7章で論じる。
14 構成主義に関しては heam.info/construction-1 を参照。
15 Freddolino and Tavazoie 2012; Tagkopoulos et al. 2008.
16 社会構成主義のさまざまな具体例は Hacking 1999 を参照。
17 Harre 1986.
18 これらの哲学者に関しては heam.info/construction-2 を参照。
19 James 1884, 188.
20 Schachter and Singer 1962. シャクターとシンガーの有名な実験についてはheam.info/arousal-1を参照。
21 心理学の創始者であるウィリアム・ジェイムズとヴィルヘルム・ヴントは、情動の器官という考えに疑念を抱いていた。heam.info/james-wundt を参照。
22 他の新たな心理構成主義的理論の例は Barrett and Russell 2015; LeDoux 2014, 2015 を参照。
23 構成主義の起源は心の哲学にさかのぼる。heam.info/construction-3 を参照。
24 脳のおおまかな配線は、魚類を含めたあらゆる脊椎動物が持つ古来のホメオティック遺伝子に依拠するが、人間の活動は、将来の使用のために経験を統合する、脳のミクロの配線に影響を及ぼす（Donoghue and Purnell 2005）。
25 Mareschal et al. 2007; Karmiloff-Smith 2009; Westermann et al. 2007.
26 ジェイムズは次のように書いている。「存在可能な情動の種類に限界はない。また、個体によって情動が無限に変化しうる理由にも限界はない。それは、その構成や、それを引き起こすものの両方に関して言える（James 1894, 454）」
27 実例は heam.info/chocolate-1 を参照。
28 Barrett 2009.
29 Marder and Taylor 2011.
30 クロワッサンを味わうことで、逆行分析（リバースエンジニアリング）してそのレシピを作ろうと試みたらどうなるかを考えてみればよい。heam.info/croissant を参照。逆行分析の不可能性は、その対象が創発によって生まれたものであることを示す（Barrett 2011a）。すなわち、対応するシステムは、構成要素の総和を超えた性質を持つ。heam.info/emergence-1 を参照。
31 これは、遺伝学では「反応基準」と呼ばれている。heam.info/holism-1 を参照。
32 Whitacre and Bender 2010; Whitacre et al. 2012.
33 Rigotti et al. 2013; Balasubramanian 2015.
34 縮重は、自然選択の前提条件の1つである。heam.info/degeneracy-3 を参照。
35 カップケーキとマフィンは、どちらもスナック菓子である。朝食でもありデザートでもあるバナナブレッドは、バナナマフィンやバナナカップケーキと、形状以外ほとんど同じである。
36 Crum et al. 2011.
37 それに対し、人は顔面筋の動きをどの程度「正確に」検知できるかと問われれば、評価可能である。なぜなら、第1章で見たように、顔面筋の動きは電気的に測定できるからだ。Srinivasan et al., in press も参照。

減少」などと記す。heam.info/fMRI を参照。

64 Moriguchi et al. 2013.

65 詳細は heam.info/degeneracy-2 を参照。

66 Barrett and Satpute 2013. 哲学者のマイク・アンダーソンはそれを、多目的という意味で多用途と呼ぶ。

67 一対多の関係は、個々の脳領域のレベルでも見られる。たとえば Yeo et al. 2014 を参照。

68 fMRI は、病院で見かける MRI に非常に似ているが、いくつかの改良が加えられている。heam.info/fMRI を参照。

69 Breiter et al. 1996.

70 Fischer et al. 2003.

71 この効果を最初に観察したのはデュボアらである (Dubois et al. 1999)。heam.info/novelty を参照。

72 Somerville and Whalen 2006.

73 怖れに関する初期の実験の 1 つは、同様な経緯をたどった。heam.info/amygdala-1 を参照。

74 この研究は、かつてわが研究室に所属していた大学院生クリステン・A. リンドクウィストの博士論文として結実した (Lindquist et al. 2012)。

75 メタ分析に関する詳細は heam.info/meta-analysis-2 を参照。

76 Touroutoglou et al.

77 Guillory and Bujarski 2014.

78 Barrett, Lindquist, Bliss-Moreau, et al. 2007. heam.info/stimulation-1 を参照。

79 Levenson 2011.

80 もちろんこのような変化は無限ではなく、身体の可能性や、文化条件によって制限される。情動には音声やホルモンによるしるしが存在しないことを示す証拠は、heam.info/vocal-1 を参照。わが研究室が発表した 2 本の論文には、ある情動カテゴリーにおける脳活動のさまざまなパターンが示されている。Wilson-Mendenhall et al. 2011 と、Wilson-Mendenhall et al. 2015 である。

81 Clark-Polner, Johnson, et al., in press. パターン分類は、情動の指標の探求に誤って適用されている。heam.info/pattern-1 を参照。

82 Wager et al. 2015.

第2章 情動は構築される

1 Barsalou 1999; Barsalou 2008b. 科学の世界ではよくあることだが、この心的現象の呼び方は、自己の関心に基づき心理学者によって異なりうる。たとえば「知覚推論 (perceptual inference)」「知覚補完 (perceptual completion)」(Pessoa et al. 1998)、あるいは「身体化された認知 (embodied cognition)」「基盤づけられた認知 (grounded cognition)」などがある。

2 感覚ニューロンは運動中にも発火し、運動ニューロンは感覚刺激を処理しているあいだにも発火する。たとえば Press and Cook 2015; Graziano 2016 を参照。

3 Barsalou 1999.

4 シミュレーションは、古代ギリシア人が星に神や怪物を見た理由を説明する。heam.info/simulation-2 を参照。

5 論評は Chanes and Barrett 2016 を参照。

6 Barsalou 2003, 2008a.

7 同様なたとえは Boghossian 2006 にも見られる。

8 Yeomans et al. 2008.

古典的理論を支持した。

39 アフリカ人被験者が、欧米化された情動概念を共有していたかどうかは定かでない。heam.info/sumatra-1 を参照。

40 heam.info/body-4 を参照。

41 識別は気分に関してのみ見られた。heam.info/body-2 を参照。

42 Kragel and LaBar 2013; Stephens et al. 2010.

43 Siegel et al., under review. この研究は、私がかつて教えていた大学院生エリカ・シーゲルが、博士論文研究として行なったものである。

44 メタ分析の詳細は heam.info/meta-analysis-1 を参照。

45 古典的理論には、人による相違を説明するために考案されたバージョンがある。たとえば古典的評価理論（第 8 章参照）は、怒りを引き起こすためには、その人が特定のあり方で状況を評価する必要があると主張する。heam.info/appraisal-1 を参照。

46 交感神経系と副交感神経系は、合わせて自律神経系と呼ばれ、身体の動きを支援するために進化した（そのおかげで、たとえば立っていても気絶しない）。交感神経系の活動が、実際の行動（cardio-somatic coupling; Obrist et al. 1970）や予想される条件（たとえば supra-metabolic activity; Obrist 1981）に結びついた代謝需要のために動員されることは広く知られている。heam.info/threat-1 も参照。

47 Kassam and Mendes 2013; Harmon-Jones and Peterson 2009.

48 被験者は、実験者が予想していたタイミングで特定の情動（悲しみなど）を感じたと報告したが、それにともなってさまざまな身体反応が測定された。

49 heam.info/variation-1 を参照。

50 Darwin（1859）2003.

51 Mayr 2007.

52 アメリカの家庭の平均人数は 3.14 人である（U.S. Census Bureau 2015）。

53 Kluver and Bucy（1939）は、これを「心盲（psychic blindness）」と呼んでいる。heam.info/kluver-1 を参照。

54 Adolphs and Tranel 2000; Tranel et al. 2006; Feinstein et al. 2011.

55 Adolphs et al. 1994.

56 Bechara et al. 1995.

57 Adolphs and Tranel 1999; Atkinson et al. 2007. また SM は、顔が映し出されているときにのみ、その場面に怖れを見出すことに困難を覚えた。Adolphs and Tranel 2003 を参照。SM の覚えた困難には、怖れとは無関係な説明を与えることも可能である。heam.info/SM-1 を参照。

58 SM は、特定の状況下では顔に怖れを見出した。heam.info/SM-2 を参照。

59 Becker et al. 2012.

60 Becker et al. 2012. heam.info/twins-1 を参照。

61 概して言えば、脳の損傷をもとに情動を研究することには問題がある。heam.info/lesions-1 を参照。

62 Edelman and Gally 2001. 縮重は、個々の情動経験にも適用できる。heam.info/degeneracy-1 を参照。

63 科学者が脳の活動の「高まり」という表現を用いるときはつねに、対照群と比較しての高まりを意味する。簡潔さを保つため、以後も「対照群と比較して」とは記さない。また、「脳活動の高まり」などといった言い方は単純化されたものである。科学的に言えば、脳画像法（とりわけ機能的磁気共鳴画像法〈fMRI〉）は、神経活動の変化に結びついた血流の変化に起因する磁場の変化を測定する。いずれにせよ、以後も慣習に従って「活動の増加」「活動のている。

14 Cacioppo et al. 2000.

15 Ekman and Friesen 1984. FACSは、スウェーデンの解剖学者カール＝ヘルマン・ヨルトシェーによって1969年に開発された方法を改良したものである。heam.info/FACS を参照。

16 Matsumoto, Keltner, et al. 2008. 情動表現に関しては数百の論文が発表されている。しかしこの研究は、自発的な顔面筋の動きを測定した25の研究のみを報告している。これらの動きが、予想される相貌とマッチしていたのは、FACSを用いた研究の半分のみにおいてであった。それに対し、それほど厳密ではないバージョンのFACSを用いた研究では、そのすべてにおいてマッチしていた。すべての研究によって、人々は情動が喚起されるあいだ、予想される相貌とマッチする自発的な顔面筋の動きを見せるという主張を支持する証拠が得られている。heam.info/FACS を参照。

17 古典的理論はそれを「ディスプレールール」と呼ぶ（Matsumoto, Yoo, et al. 2008）。

18 Camras et al. 2007. この研究で用いられたFACSメソッドは、特に乳児を対象に設計されていた（Oster 2006）。乳児の情動については heam.info/infants-2 を参照。

19 乳児も文化的な相違を示す。heam.info/camras-1 を参照。

20 乳児の顔の動きは、視線の向き、頭の位置、呼吸などの非情動的な要因にも結びついている（Oster 2005）。

21 heam.info/newborns-1 を参照。また乳児は、情動によって異なる泣き方をするわけではない。heam.info/newborns-2 を参照。

22 Aviezer et al. 2008.

23 Tomkins and McCarter 1964. これは、ダーウィン（[1972] 2005）によって引用されているフランスの神経学者ギヨーム＝ベンヤミン＝アマン・デュシェンヌの撮影した写真をもとに製作した。Widen and Russell 2013 も参照。

24 この研究は私が指導していた大学院生で、現在は研究生（ポスドク）のマリア・ジャンドロンの手で行なわれた。

25 Schatz and Ornstein 2006.

26 残念なことに、彼女の広報担当はこの有益な写真のコピーを入手したいという私の依頼を断わった。

27 Susskind et al. 2008.

28 Fridlund 1991; Fernandez-Dols and Ruiz-Belda 1995.

29 Barrett 2011b; Barrett et al. 2011.

30 人間以外の霊長類が、表情に関して人間と類似するか否かについては heam.info/primates-1 を参照。先天的な盲目を抱える人が表情を示すか否かについては、heam.info/blind-2 を参照。

31 Ekman et al. 1983.

32 自律神経系は、（脳や脊髄などの中枢神経系に対する）末梢神経系の一部で、心臓や肺などの身体器官をコントロールする。皮膚コンダクタンスは、皮膚電気反射、あるいはガルバニック皮膚反応とも呼ばれる。heam.info/galvanic-1 を参照。

33 heam.info/recall-1 を参照。

34 顔面筋は、情動を知覚するあいだ動くことがある。heam.info/faces-2 を参照。

35 結果には、特に驚くべきではないものと謎に思われるものがある。heam.info/body-1 を参照。

36 Levenson et al. 1990, Study 4.

37 Barsalou et al. 2003. heam.info/simulation-1 を参照。

38 Levenson et al. 1992. これらの実験は、信頼性を確立したばかりでなく特定性を向上させ、

原注

ウェブサイト how-emotions-are-made.com に、科学的な詳細情報やコメント、さらには情動の構築とそれに関連するトピックについてのストーリーを掲載しておいた。この注の多くには heam.info（たとえば heam.info/malloy など）へのリンクが含まれるが、これは how-emotions-are-made.com の該当ページへのショートカットである〔URL としてそのまま入力できる〕。

序 2000年来の前提

1 動画と演説の内容は heam.info/malloy を参照。
2 Tracy and Randles 2011; Ekman and Cordaro 2011; Roseman 2011.
3 わが研究室の調査に基づく。heam.info/magazines を参照。
4 Sharrock 2013. heam.info/facebook-1 も参照。
5 heam.info/analytics-1 を参照。
6 ESPN 2014. heam.info/bucks も参照。
7 最近まで FBI ナショナルアカデミーは、ポール・エクマンの研究に基づく訓練コースを設けていた。
8 Searle 1995.
9 Government Accountability Office 2013. HIDE（Hostile Intent Detection and Evaluation）と呼ばれる SPOT の新しいバージョンは、新たな証拠に合致するかもしれない。heam.info/spot-1 を参照。
10 この診断の差異は、女性が心臓発作の高いリスクを抱えていると医師が告げられていた場合でも見られる（Martin et al. 1998; Martin et al. 2004）。
11 Triandis 1994, 29.

第1章 情動の指標の探求

1 Higgins 1987.
2 情動粒度の発見は、新たな情動研究の領域を切り開いた。heam.info/granularity-1 を参照。
3 この著書は心理学に多大な影響を及ぼしてきた。heam.info/darwin-1 を参照。
4 Tassinary et al. 2007.
5 Ekman et al. 1969; Izard 1971; Tomkins and McCarter 1964.
6 たとえば Ekman et al. 1969; Izard 1971 を参照。
7 たとえば Ekman and Friesen 1971 を参照。この方法は、それを発明した心理学者ジョン・ダシールの名をとって「ダシールメソッド」と呼ばれている（Dashiell 1927）。
8 Ekman and Friesen 1971; Ekman et al. 1987.
9 Ekman et al. 1969; Ekman and Friesen 1971. ニューギニアのフォレ族を対象に行なわれた研究プログラムの概要は Russell 1994 を参照。
10 Russell 1994; Elfenbein and Ambady 2002.
11 「情動の識別が可能であることを示すもっとも強力な証拠は、表情の研究から得ることができる。怒り、怖れ、喜び、悲しみ、嫌悪に対応する普遍的な表情が存在することを示す堅実な証拠が存在する」（Ekman 1992, 175–176）
12 Tassinary and Cacioppo 1992.
13 計算は、ランダムな動き、情動が喚起されていないあいだに生じた動きを統計的に抑制（コントロール）し

［マ行］

［ヤ行］

［ラ行］

［ワ行］

［ハ行］

［**サ行**］

索引

★を付した索引項目では、主要なページのみ掲出した。